INTERNATIONAL STANDARDS FOR PHYTOSANITARY MEASURES

植物卫生措施国际标准

周建安 鄢建 主编

中国农业科学技术出版社

图书在版编目（CIP）数据

植物卫生措施国际标准/周建安，鄢建主编．—北京：中国农业科学技术出版社，2013.4
ISBN 978-7-5116-1242-7

Ⅰ．①植…　Ⅱ．①周…②鄢…　Ⅲ．①植物检疫-国际标准　Ⅳ．①S41-65

中国版本图书馆 CIP 数据核字（2013）第 054000 号

责任编辑	贺可香
责任校对	贾晓红　郭苗苗
出 版 者	中国农业科学技术出版社
	北京市中关村南大街 12 号　邮编：100081
电　　话	（010）82106638（编辑室）　（010）82109702（发行部）
	（010）82109709（读者服务部）
传　　真	（010）82106650
网　　址	http://www.castp.cn
经 销 者	各地新华书店
印 刷 者	北京富泰印刷有限责任公司
开　　本	880 mm×1230 mm　1/16
印　　张	37.25
字　　数	1200 千字
版　　次	2013 年 4 月第 1 版　2013 年 4 月第 1 次印刷
定　　价	120.00 元

━━━━━ 版权所有·翻印必究 ━━━━━

《植物卫生措施国际标准》编委会

主　　任：钱　琏

副 主 任：张柏青　李春风　林　伟　唐光江　陈洪俊
　　　　　李志红　杜　琦

委　　员：张铁军　王永芳　范京安　白　露　汤德良
　　　　　蒲　民　刘学惠　商兰静　马　昕　鞠　波
　　　　　陈彦兵　王荣光

主　　编：周建安　鄢　建

副 主 编：王洪兵　张艺兵　陈洪波　张铁军　孙明钊
　　　　　江兴培　谭青安

参加编译的人员（按姓氏笔画排列）：

于立欣　于红光　门爱军　王守国　田莹哲
田富森　吕兴胜　吕　朋　刘　佩　刘学科
刘海鹏　刘　敏　刘　强　孙双燕　杨　华
李少骞　李西峰　李启新　李英强　李　林
吴　昊　何金英　张小霞　张成标　张　明
张　蓉　陈　艳　陈德明　范勇超　周洪波
郑大勇　赵怡芳　赵　莎　胡　刚　徐　卫
徐海涛　鹿　宁　梁　炜　葛　岚　焦宏强
鄢　建　赖　凡　熊先军

前　　言

这是我国目前收录最全、内容最完整、版本最新的一套植物卫生措施国际标准，其中包括了联合国粮农组织（FAO）、植物保护国际公约（IPPC）秘书处公布的经植物卫生措施委员会正式批准的全部 36 个标准及标准所有附件。这些标准可以为我国自由贸易区建设谈判提供技术指导。

植物保护国际公约是 WTO/SPS 协定最为重要的三个姊妹国际标准组织之一。建立在该公约基础之上的植物卫生措施国际标准（ISPMs）体系，是 WTO/SPS 成员制定其进口植物卫生要求及 SPS 措施的理论根据和指导原则。这些根据、原则和程序，已为全世界各成员所公认，并且成为解决国际贸易争端、推动国际贸易健康稳定发展的最重要法规基础和最有效手段，尤其是在自由贸易协定框架下，为管理好自由贸易货物，防止有害生物的传入和扩散，保护我国经济和生态安全，制定适合我国特点的植物卫生法律法规，打下良好基础。

在 2008 年我们编写植物卫生相关的书籍时，国内还不曾有这方面的书出版，即使在植物保护国际公约的官方网站上，也只有少量中文版标准可以参考。然而随着中国国际贸易的巨大发展，2012 年成为第二贸易大国（进出口额达 38 667 亿美元）。五年之后，不仅在国内已开始陆续出版相关书籍，而且在公约的国际门户网站上已开始发布标准中文版。由此可见，这些标准在我国已开始受到重视，其研究在不断深入，其应用在不断推广。同时，从另一个侧面也可以看出，中国在 IPPC 组织中的影响力在与日俱增。这的确是一件令人十分欣慰的事情！

然而，当我们静下心来，认真研读这些书籍乃至国际网站上的中文标准时，却不得不让人望而生畏。问题出在哪里呢？问题主要出在：一是标准中文版译文过于晦涩，有时甚至读完之后不知所云；二是中英文不匹配，内容不一致；三是有的翻译明显有误特别是一些关键性错误，如在 ISPM 27 中将"阳性与阴性对照"（Positive and negative controls），译成了"积极和消极防治"，令人费解乃至误解；四是标准版面凌乱，有的残缺不全；五是把参考文献译成中文，读者无法查找原始文献。诸如此类，不一而足。这大大影响了读者对国际标准的正确理解和在实际工作中的适当应用。加之，在 2011 年，IPPC 秘书处不仅对标准版本格式作了修改，而且还修订了许多旧标准，增加了大量新标准和标准附件。标准的时效性是标准的灵魂，因此，这就要求我们必须对照新版标准，在前人工作的基础上，仔细研究，重新翻译，细心校对，最终整理汇编成册，它便是包括《植物保护之植物卫生原则及植物卫生措施在国际贸易中的应用》《植物卫生术语表》《植物卫生证书》等标准及其附（录）件在内的、更加方便读者使用的《植物卫生措施国际标准》。

遵守国际公约规则，履行公约义务，是每个缔约成员不可推卸的责任。实际上，在促进国际贸易正常稳定发展、解决因 SPS 措施引起的贸易争端方面，尤其是在自由贸易协定框架下，应用国际标准是最佳选择，也最容易被当事方所接受，往往能收到事半功倍的效果。中国作为缔约成员，作为食品农产品贸易大国，尤其是作为纯进口大国，不熟练掌握和更好地利用这套国际标准所赋予的权利，履行好自己的义务，的确是一件令人不可思议的事情。

本书适用于我国制定国际贸易植物卫生相关法律法规的法制部门、农业、林业、环保、外经贸、海关、检验检疫、港口管理，特别是自由贸易协定框架下的货物管理等管理部门；适合于从事植物及植物产品等的种植、生产、储藏、运输和进出口贸易企业；适合于大中专院校、科研部门的植物卫生与检疫专业，学习、研究和应用参考。同时，也可以作为国际贸易谈判、争端解决、WTO/SPS 评议和国际合作与交流的重要技术文献。当然研究标准，学习标准，旨在应用。学以致用，是我们不惜花费如此大量心血的最大愿望。

书中的国际标准技术性强、适用范围广。我们希望能将它们编译得既准确清晰，又容易阅读理解。然而要做到这一点，却是一件极不容易的事。尽管我们竭尽全力，孜孜不倦，对标准本身的错误进行了更正，对难于理解或可能引起歧义的地方作了注释，几易其稿，力争做得更好一些。可是由于专业水平、技术能力和翻译技巧等原因，书中一定存在许多不足甚至错误之处，敬请读者批评指正，并多提建设性意见和建议。在此深表谢意！

在本书的编写过程中，得到了山东出入境检验检疫局食品处和潍坊检验检疫局领导和同事们的大力支持和帮助，得到了我国植物检疫界的前辈、专家的无私指导，得到了海内外朋友的热情鼓励和中肯建议，在此一并表示衷心感谢！

温馨提示：请注意使用最新版标准。

作　者
2013 年 3 月于青岛

内容简介

这是我国目前收录最全、内容最完整、版本最新的一套植物卫生措施国际标准，其中，包括了联合国粮农组织、植物保护国际公约秘书处公布的经植物卫生措施委员会正式批准的 36 个标准及标准所有附件。

本书适用于我国制定国际贸易植物卫生相关法律法规的法制部门、农业、林业、环保、外经贸、海关、检验检疫、港口管理等管理部门，适合于从事植物及植物产品等的种植、生产、储藏、运输和进出口贸易企业，适合于大中专院校、科研部门的植物卫生与检疫专业，学习、研究和应用参考。同时，也可以作为国际贸易谈判、贸易争端解决、WTO/SPS 评议、自由贸易货物管理、国际合作与交流的重要技术文献。

——请注意使用最新版标准。

目 录

植物保护国际公约（IPPC） ……………………………………………………………… （1）
植物卫生措施国际标准（ISPMs） ………………………………………………………… （24）
ISPM 1　植物保护之植物卫生原则及植物卫生措施在国际贸易中的应用 ……………… （25）
ISPM 2　有害生物风险分析（PRA）框架 ………………………………………………… （33）
ISPM 3　生物防治材料及其他有益生物出口、运输、进口与释放准则 ………………… （47）
ISPM 4　建立无有害生物区要求 …………………………………………………………… （57）
ISPM 5　植物卫生术语表 …………………………………………………………………… （65）
ISPM 6　监督准则 …………………………………………………………………………… （95）
ISPM 7　植物卫生认证体系 ………………………………………………………………… （102）
ISPM 8　某地区有害生物状况确定 ………………………………………………………… （110）
ISPM 9　有害生物根除计划准则 …………………………………………………………… （121）
ISPM 10　建立无有害生物生产地和生产点要求 ………………………………………… （130）
ISPM 11　检疫性有害生物风险分析，包括对环境风险和活体改良生物的分析 ……… （138）
ISPM 12　植物卫生证书 …………………………………………………………………… （166）
ISPM 13　违规及紧急行动通报准则 ……………………………………………………… （183）
ISPM 14　系统方法之综合措施在有害生物风险管理中的应用 ………………………… （190）
ISPM 15　国际贸易木质包装材料规定 …………………………………………………… （200）
ISPM 16　规定非检疫性有害生物：概念及应用 ………………………………………… （214）
ISPM 17　有害生物报告 …………………………………………………………………… （222）
ISPM 18　植物卫生措施——辐照应用准则 ……………………………………………… （230）
ISPM 19　规定有害生物名录制定准则 …………………………………………………… （245）
ISPM 20　进口植物卫生管理体系准则 …………………………………………………… （252）
ISPM 21　规定非检疫性有害生物风险分析 ……………………………………………… （268）
ISPM 22　建立有害生物低流行区要求 …………………………………………………… （284）
ISPM 23　检查准则 ………………………………………………………………………… （292）

ISPM 24 植物卫生措施等效性确定及认可准则	（300）
ISPM 25 过境货物	（308）
ISPM 26 实蝇（实蝇科）无有害生物区的建立	（315）
ISPM 27 规定有害生物诊断协议	（354）
ISPM 28 规定有害生物植物卫生处理	（426）
ISPM 29 无有害生物区和有害生物低流行区认可	（479）
ISPM 30 实蝇（实蝇科）有害生物低流行区的建立	（489）
ISPM 31 货物抽样方法	（504）
ISPM 32 按有害生物风险进行的商品归类	（523）
ISPM 33 国际贸易无有害生物马铃薯（茄属 *SOLANUM* SPP.）微繁殖材料及微型薯	（534）
ISPM 34 入境后植物检疫站的设计及运作	（551）
ISPM 35 实蝇（实蝇科）有害生物风险管理系统方法	（561）
ISPM 36 栽培植物综合措施	（569）

植物保护国际公约（IPPC）

(1997 年 11 月 FAO 大会第 29 次会议批准)

导　言

各缔约方：

——认识到为了控制植物和植物产品有害生物，防止其在国际上尤其是向受威胁地区的扩散，有必要加强国际合作；

——认识到植物卫生措施应该是技术合理的、透明的，尤其是在国际贸易中，不应成为一种随意的、不适当的歧视或者变相的限制手段；

——期望这些措施与其要达到的目的是密切对等的；

——期望为制定和应用协调一致的植物卫生措施提供一个框架，为制定达到此效果的国际标准提供细则；

——考虑到为了保护植物、人和动物健康以及环境而制定国际公认准则；

——注意到乌拉圭回合多边贸易谈判（the Uruguay Round of Multilateral Trade Negotiations）成果，包括《SPS 措施协定》（the Agreement on the Application of Sanitary and Phytosanitary Measures）。

特协定如下：

第一条　目的与责任

1. 为了确保防止植物及其产品有害生物的扩散及传入，共同采取有效行动，适当提高控制措施，缔约方承诺，依照本公约和公约第十六条补充协定之规定，采取立法、技术及行政措施。

2. 为了保证能全面履行本公约各项要求，缔约方应该恪尽职守，不得违背其他国际协定赋予的责任。

3. 为了保证能全面履行本公约的各项要求，联合国粮农组织（简称 FAO，下同）的成员组织及其缔约成员应该根据其能力，分担相应责任。

4. 缔约方可以根据本公约规定将范围作适当扩展，即除了植物和植物产品外，还包括储藏、包装、运输、集装箱、土壤、其他生物，以及在国际运输过程中能滋生和传播植物有害生物的物品和原材料。

第二条　术　　语

1. 根据本公约，定义如下术语：

"有害生物低流行区，Area of low pest prevalence"：指这样一个地区，无论是一个正式确立的国家、一个国家的一部分，还是多个国家的全部或一部分。在其中，特定有害生物发生程度低，且对其采取了有效监督、控制和根除措施；

"委员会，Commission"：指根据第十一条设立的植物卫生措施委员会；

"受威胁地区，Endangered area"：指生态因子适宜有害生物定殖、定殖后会造成重大经济损失的地区；

"定殖，Establishment"：指有害生物进入某个地区后，在可预见的将来能够永远生存下去；

"协调一致的植物卫生措施，Harmonized phytosanitary measures"：各缔约方根据国际标准制定的植物卫生措施；

"国际标准，International standards"：指根据第十条第1款、第2款规定制定的国际性标准；

"传入，Introduction"：指有害生物进入并定殖；

"有害生物，Pest"：对植物和植物产品造危害的任何动植物或病原体的种、品（株）系和生物型；

"有害生物风险分析，Pest risk analysis"：根据有害生物生物学、其他科学和经济学证据，确定其是否为规定有害生物，并因此对其采取植物卫生措施的过程；

"植物卫生措施，Phytosanitary measure"：为了防止检疫性有害生物的传入和/或扩散，减少规定非检疫性有害生物造成的经济损失而制定的法律法规、规定或官方程序；

"植物产品，Plant products"：经加工的植物原料（包括谷物）及虽经加工但仍然存在有害生物传入和扩散风险的植物加工产品；

"植物，Plants"：活体植物和植物部分，包括种子和种质；

"检疫性有害生物，Quarantine pest"：指对受威胁地区具有潜在经济重要性，尚未发生，或虽有发生但分布未广，且在官方控制之下，这种有害生物称为检疫性有害生物；

"区域性标准，Regional standards"：为了指导本辖区成员工作，由区域性植物保护组织（简称RPPO，下同）制定的相关标准；

"规定应检物，Regulated article"：尤指在国际贸易中，能够滋生或传播有害生物、需要对其采取植物卫生措施的植物、植物产品、储藏场所、包装、运输工具、集装箱、土壤、其他生物或原材料；

"规定非检疫性有害生物，Regulated non-quarantine pest"：指通过为害栽培植物而影响植物的预期用途，造成不可接受的经济损失，而被进口缔约方控制的非检疫性有害生物；

"规定有害生物，Regulated pest"：检疫性有害生物和规定非检疫性有害生物的总称；

"秘书，Secretary"：根据第十二条规定任命的委员会秘书；

"技术合理的，Technically justified"：即技术合理性，是建立在通过适当的有害生物风险分析，或者通过对可靠的科学信息进行比较验证和评估而得出正确结论基础上的合理技术。

2. 本条定义只适用于此公约，不应该影响缔约方国内法律和规定术语的定义。

第三条 与其他国际协定的关系

缔约方在享受相关国际协定赋予的权力和履行其义务时，不受本公约的约束。

第四条 设立国家植物保护组织的一般规定

1. 各缔约方应该尽量按本款规定的职责（能），设立国家植物保护组织（简称NPPO，下同）。

2. NPPO的职责（能）如下：

（a）根据缔约方进口植物、植物产品和其他应检物的植物卫生规定，签发相关证书；

（b）对植物生长情况进行监督，包括种植地（大田、种植园、苗圃、花园、温室和实验室）及野生植物区系，植物和植物产品的储存和运输，特别是要对有害生物发生、爆发和扩散（传播）以及控制情况进行报告，报告要求参见第八条第1款第a项之规定；

（c）对国际贸易植物、植物产品及其他规定应检物进行检查，从而防止有害生物的传入和/或扩散；

（d）按照植物卫生要求，对国际贸易植物、植物产品和其他规定应检物进行除害或消毒处理；

（e）保护受威胁地区和目的地，对无有害生物区和有生物低流行区进行确定、维持和监督；

（f）开展有害生物风险分析（简称 PRA，下同）工作；

（g）通过适当程序，确保认证货物在出口前的植物卫生安全，如不改变货物成分，不被调换和不被有害生物侵染；

（h）人员培训和人力开发。

2. 各缔约方应该作出规定，努力做到：

（a）发布其规定有害生物及其预防和控制措施信息；

（b）研究和调查大田植物保护情况；

（c）签署植物卫生规定；

（d）履行本公约规定的其他义务。

4. 各缔约方应该向秘书提交官方植物保护组织的名称及变更信息。应缔约方要求，也应该提供其植物保护组织的名称。

第五条 植物卫生认证

1. 缔约方应开展植物卫生认证工作，确保出口植物、植物产品和其他规定应检物及其货物符合本条第 2 款第 b 项之规定。

2. 各缔约方在签发植物卫生证书时，应遵守下列规定：

（a）与签发植物卫生证书相关的检查和其他工作，只能由官方 NPPO 或在其授权之下开展。植物卫生证书由公务员签发，这些官员应该是技术合格的，经官方 NPPO 适当授权而履行职责，且在 NPPO 的管理之下，其所签发的植物卫生证书得到进口缔约方信任而被接受。

（b）植物卫生证书或进口缔约方认可的电子文本，应该按本公约附件的规定格式进行制作。这些证书应该内容完整，且按相关国际标准签发。

（c）未经官方证明，证书变更或涂改无效。

3. 各缔约方不得要求进口植物、植物产品和其他规定应检物随附不符合本公约附录规定的植物卫生证书。任何附加声明要求，应限于技术合理的范畴。

第六条 规定有害生物

1. 各缔约方可以对检疫性有害生物和规定非检疫性有害生物采取植物卫生措施。对这些措施规定如下：

（a）如果某类有害生物在进口缔约方领土内已有发生，不得对（出口缔约方的）同类有害生物采取更加严厉的措施；

（b）这些措施仅限于：必须是为了保护植物健康和/或保证预期使用目的，且相关缔约方认为是技术合理的。

2. 缔约方不应该要求对非规定有害生物采取植物卫生措施。

第七条 进口要求

1. 为了防止规定有害生物传入和/或扩散，进口缔约方有权根据切实可行的国际协定，对进口植物、植物产品和其他规定应检物做出规定。为达到此目的，可以：

（a）对所涉及的进口植物、植物产品和其他规定应检物制定或采取植物卫生措施，包括检查、禁止进口和处理；

（b）对违反上述（a）植物卫生措施规定的植物、植物产品和其他规定应检物或货物，采取如拒绝入境、扣留、处理、销毁或清除等植物卫生措施；

（c）禁止或限制规定有害生物传入其领土；

（d）禁止或限制生物防治材料或者其他涉及植物卫生的有益生物传入其领土。

2. 为了把对国际贸易的妨碍降低到最低程度，各缔约方在行使上述权力时，应该遵守下列规定：

（a）除非必须采取植物卫生措施且技术合理，各缔约方不应该根据其植物卫生规定，采取本条第 1 款规定的植物卫生措施。

（b）当缔约方采取的措施，可能对其他缔约方造成直接影响时，应立即将其植物卫生要求、限制和禁止措施，向他们公布并传送。

（c）应对方要求，该缔约方应该对其植物卫生要求、禁止和限制措施的根据做出说明。

（d）如果某缔约方要对特定植物、植物产品指定进境口岸，则需要精心挑选，不得影响国际贸易，且要将指定口岸名单向委员会秘书、区域性植物保护组织（其为该组织成员）和其他缔约方通报。除非进口植物、植物产品和其他规定应检物必须随附植物卫生证书，或者需要接受检查、处理，否则不得做出指定入境口岸的限制规定。

（e）由于进口植物、植物产品或其他规定应检物容易腐烂，进口缔约方 NPPO 应尽快完成检查或植物卫生程序。

（f）进口缔约方应该尽快通报出口缔约方，或尽可能通报转口缔约方关于其违反植物卫生认证要求的重大违规情况。出口缔约方或转口缔约方应进口缔约方要求，尽快向进口缔约方通报调查结果。

（g）各缔约方所制定的植物卫生措施只能是技术合理的、与有害生物风险相一致、对国际间人员流动、商品贸易和交通工具的转运影响最小。

（h）随着情况发生变化，如果实施原植物卫生措施已经没有必要，各缔约方应该及时对它们进行修订或将其废除。

（i）各缔约方应该尽可能制定和更新规定有害生物名录（学名），通报 IPPC 秘书和区域性植物保护组织（RPPOs），并按其他缔约方的要求向他们进行通报。

（j）各缔约方应该尽量开展有害生物监督，为有害生物归类及制定适当植物卫生措施，充分提供有害生物状况信息。这些信息也应该按要求，通报给相关缔约方。

3. 有害生物进入后可能不会定殖，但会造成重大经济损失，缔约方可以采取本款设立的植物卫生措施。但这些措施必须是技术合理的。

4. 当货物过境，必须防止有害生物的传入和/或扩散时，缔约方可以采取本条规定的植物卫生措施，但这些措施必须是技术合理的。

5. 本条不妨碍进口缔约方为了适当的安全要求，如为了科研、教育或其他特殊目的，进口植物和植物产品、其他规定应检物和植物有害生物，制定特殊规定。

6. 本条不妨碍缔约方采取适当的紧急行动，对可能威胁本方的有害生物进行监测，对监测结果进行报告。但应该尽快对这些紧急措施进行评估，并立即向缔约方、委员会秘书、区域性植物保护组织（为该组织成员）通报。

第八条 国际合作

1. 为达到本公约之目的，各缔约方彼此应该加强最广泛且行之有效的合作，尤其是要：

（a）开展植物有害生物信息交流，特别是要对可能导致直接或潜在危害的有害生物的发生、爆发或扩散情况，按委员会制定的程序进行通报；

（b）切实参加应对严重威胁作物生长的有害生物的防治活动，参与国际紧急行动；

（c）开展广泛合作，为 PRA 提供必要的技术信息和生物学信息。

2. 为实施本公约，开展信息交流，各缔约方应该指定一个联络点。

第九条 区域性植物保护组织（RPPOs）

1. 各缔约方应该相互合作，在适宜的地区建立区域性植物保护组织。

2. 为实现本公约之目的，区域性植物保护组织应该代表本地区成员履行职责，参加本公约所要求的各项活动，适时收集和分发相关信息。

3. 为实现本公约之目的，区域性植物保护组织应该与秘书合作，同秘书和委员会一道制定国际标准。

4. 秘书应该定期召开由区域性植物保护组织代表参加的技术咨询会：

（a）在植物卫生措施方面，加强相关国际标准的制定和应用；

（b）在控制和防止有害生物传入和/或扩散方面，鼓励各区域之间加强合作，制定协调一致的植物卫生措施。

第十条 标 准

1. 各缔约方同意相互配合，按委员会规定程序制定国际标准。

2. 委员会应该采用国际标准。

3. 区域性标准应该符合本公约之规定原则。如果要广泛推广这些标准，委员会可以考虑将其备案并作为制定植物卫生措施的预选方案。

4. 缔约方在采取与本公约相关的行动时，宜尽量采用国际标准。

第十一条 植物卫生措施委员会（CPM）

1. 各缔约方同意在联合国 FAO 架构内，设立植物卫生措施委员会（简称 CPM，下同）。

2. 该委员会旨在全面促进本公约实施，尤其是：

（a）审核全球植物保护状况，确定是否要对有害生物在国际上的扩散及传入到受威胁地区进行控制而采取行动。

（b）根据复审，建立制定和维持国际标准的制度和程序，并采纳批准国际标准。

（c）按照本公约第八条制定争端解决规则和程序。

（d）建立委员会附属机构，更好履行职责。

（e）在区域性植物保护组织之间的认可方面，采纳通行准则。

（f）与本公约相关的国际组织建立合作关系。

（g）必要时采纳本公约实施的相关建议。

（h）必要时履行本公约规定的其他职责。

3. 向各缔约方公开委员会成员情况。

4. 各缔约方可以派一名代表出席委员会会议，其他随行人员可由代理人、专家和顾问组成。代理人、专家和顾问可以参加会议，但没有选举权，除非代理人被正式授权代替代表除外。

5. 各缔约方应该就所有问题努力达成一致。如果各方已尽最大努力，但尚无法达成一致的，各缔约方应该诉诸投票，按 2/3 票表决通过。

6. 作为 FAO 的成员组织，每个缔约方及其组织缔约成员，应该行使其权力，同时也应该遵照 FAO 章程及总则，履行其义务。

7. 根据需要，委员会可以决定采纳批准或修订其程序规则，但这些规则应该符合本公约和 FAO 章程规定。

8. 委员会主席应该定期召开委员会年会。

9. 应超过 1/3 缔约成员要求，委员会主席应该召集特别委员会会议。

10. 委员会应该选举主席和副主席，副主席不超过 2 人。主席和副主席的任期为两年。

第十二条 秘书处

1. 委员会秘书应该由 FAO 总干事任命。

2. 秘书处全体成员应该协助秘书的工作。

3. 秘书应该负责贯彻委员会政策，开展活动，履行本公约赋予的其他职责，并向委员会报告相关事宜。

4. 秘书应该发布以下信息：

（a）在国际标准采纳批准后，6 天之内向各缔约方通报；

（b）按第八条第 2 款第 d 项之规定，向各缔约方通报入境口岸名单；

（c）向各缔约方和区域性植物保护组织通报规定有害生物名录，包括被禁止进境的或第七条第 2 款第 i 项所规定的名录；

（d）收集各缔约方的植物卫生要求、限制或禁止措施（见第七条第 2 款第 b 项之规定）以及官方国家植物保护组织名称等信息（见第四条第 4 款之规定）。

5. 秘书应该向各缔约方，提供委员会会议文件和国际标准的 FAO 官方语言翻译文本。

6. 秘书应该与区域性植物保护组织合作，以实现（达到）本公约既定目标（目的）。

第十三条　争端解决

1. 如果对本公约的解释、应用或者一方对另一方采取的有悖于本公约之规定的行动出现争端，尤其是缔约方对另一方进口植物、植物产品或其他规定应检物采取禁止或限制措施发生争端时，相关各方应该相互磋商，尽快解决。

2. 如果上述办法仍然无法解决争端，相关各方可以向 FAO 总干事提出申请，拟任命一个专家委员会，根据本委员会的争端解决规则和程序加以解决。

3. 专家委员会应该由各缔约方的代表组成。委员会在解决争端时，应该研究争端各方提供的各种文件和证据，还要准备争端解决技术报告。报告的撰写和批准，须按委员会的规则和程序进行，由 FAO 总干事向各争端方通报。根据需要，还应该向有资质的、负责贸易争端解决的国际组织通报。

4. 缔约方同意，在未形成最终文件之前，如果相关方争执不下，应该以专家委员会的意见为基础进行修订。

5. 有关各方应该共同分担专家费用。

6. 本规定，将促进而不是削弱其他国际协定关于争端解决程序的执行。

第十四条　取代旧公约

1881 年 11 月 3 日《防止葡萄根瘤蚜措施国际公约》及 1889 年 4 月 15 日（伯尔尼）附加公约，1929 年 4 月 16 日《植物保护国际公约》（罗马）将由本公约取代。

第十五条　在缔约方领土内实施

1. 缔约方可以在批准或遵照执行时，或者在随后的任何时候向 FAO 总干事提出声明，表示该公约将在其所属的国际关系领土内，部分或全部得以实施。自总干事收到该声明第 30 天后，表明公约在缔约方所声明的领土内实施。

2. 缔约方可以在上述声明后的任何时间，将其在声明中对现行公约实施范围的修订意见以及终止实施条款的情况，向 FAO 总干事提出声明。对这些修订和中止条款执行的时间，应该在 FAO 总干事收到该声明第 30 天后正式生效。

3. FAO 总干事应该将上述任何声明，通报给各缔约方。

第十六条　补充协定

1. 为了满足特殊的植物保护目的，需要特别关注或需要采取特殊行动的，缔约方可以签订补充协定。这些协定可以应用到特定地区、特定有害生物、特定植物和植物产品、对植物和植物产品采取特定运输方式。此外，还可将它们作为本公约的附加条款。

2. 一旦接受了这些补充协定，各缔约方就应该付诸实施。

3. 补充协定旨在促进本公约实施，应该与公约之原则和条款相一致，尤其是对于国际贸易而言，还要符合透明度原则、非歧视性原则和避免变相限制等规定。

第十七条 批准及遵照执行

1. 本公约应该于1952年5月1日前，向各缔约方开放并尽快签署。签署文件由FAO总干事备案保存，并将备案时间通报给各签署方。

2. 按本公约第十二条规定，公约一旦生效，就应该向非缔约方和FAO成员组织公布并遵照执行。遵照执行文件由FAO总干事备案后即生效，并通报各缔约方。

3. 按照FAO章程第二条第7款规定，当FAO成员组织成为本公约的缔约方后，应该将其执行情况如修订意见或执行能力等，适时进行通报，以便确认其对本公约的执行能力是否符合FAO章程第二条第5款的规定。本公约各缔约方可以在任何时候要求FAO成员组织，在成员组织之间及其成员之间，通报关于实施本公约特别事项的相关信息。通报时间应该合情合理。

第十八条 非缔约方

各缔约方应鼓励FAO成员、成员组织及IPPC非缔约方承认本公约，也鼓励所有非缔约方采取与本公约规定相一致的植物卫生措施，采纳相应国际标准。

第十九条 语　　言

1. 本公约的规定语言应为FAO的官方语言。

2. 除了下面第3款的声明外，本公约不要求缔约方在提供或公布文件及副本时，用非本国语言翻译。

3. 下列文件应该至少使用FAO官方语言之一提供：

（a）提供第四条第4款的信息；

（b）提供第七条第2款第b项文件中的文献目录；

（c）提供第七条第2款第b、d、i、j项规定的信息；

（d）提供第八条第1款第a项规定文件中的文献目录和摘要；

（e）提供联络点及回复情况信息，但不包括附件；

（f）缔约方向委员会提交的会议文件。

第二十条 技术援助

为了促进IPPC公约的实施，各缔约方同意向其他缔约方，尤其是向发展中缔约方提供技术援助。这种援助可以通过双边，也可以通过适当的国际组织进行。

第二十一条 修正案

1. 缔约方对本公约的修正案，均应该通报给FAO总干事。

2. FAO总干事收到缔约方对本公约的修正案后，应该召开一次常务或特别委员会会议。如果涉及重大技术改变问题，或者要对缔约方另外强加责任，FAO应该在委员会会议之前召开一个专家委员会咨询会议。

3. FAO总干事应该将对本公约的拟议修正案（不包括附件），通知到各缔约方。通报时间，应该以不影响委员会讨论相关问题为宜。

4. 本公约的修正案应该得到委员会批准，且在获得2/3缔约方同意的第30天后生效。因此，制定本条的目的，在于要求FAO成员组织所做的文件备案保管，不应该当成是该FAO成员的一个补充备案保管。

5. 涉及缔约方新责任的修订条款，应该在每个缔约方同意的第 30 天后生效。FAO 总干事要对此文件进行备案保管，并通知所有缔约方付诸实施。

6. 对本公约附件中关于植物卫生证书格式的修正案，应该寄送给秘书，并经委员会批准。在秘书将此批准件通知到缔约方 90 天后，植物卫生证书修订格式正式生效。

7. 在植物卫生证书从修订到生效之前，不超过 12 个月的时间内，原旧版植物卫生证书仍然有效。

第二十二条 生　　效

一旦有三个缔约成员国签署批准，该公约就应该在三国生效。待 FAO 成员或成员组织的批准文件或遵照执行文件被备案保管后，公约生效。

第二十三条 退出公约

1. 缔约方可以在任何时间，向 FAO 总干事通报声明退出该公约。FAO 总干事应该立即向各缔约方通报相关情况。

2. 自 FAO 总干事收到该退出声明通报一年后，声明将生效。

附录 ANNEX

出口植物卫生证书样本
(Model phytosanitary certificate for export)

编号 No. _____

XX 植物保护组织 Plant Protection Organization of _____
致：XX 植物保护组织 TO：Plant Protection Organization（s）_____

I. 货物描述 (Description of Consignment)

出口商名称及地址 Name and address of exporter：_____
收货人名称及地址 Declared name and address of consignee：_____
包装种类及数量 Number and description of packages：_____
标记 Distinguishing marks：_____
原产地 Place of origin：_____
运输方式 Declared means of conveyance：_____
入境口岸 Declared point of entry：_____
产品名称及数量 Name of produce and quantity declared：_____
植物学名 Botanical name of plants：_____

兹证明该植物、植物产品或其他规定应检物已按适当的官方程序进行检查和/或检验，被认为不带进口缔约方规定的检疫性有害生物，符合其现行植物卫生要求，包括对规定非检疫性有害生物的相关规定。This is to certify that the plants, plant products or other regulated articles described herein have been inspected and/or tested according to appropriate official procedures and are considered to be free from the quarantine pests specified by the importing contracting party and to conform with the current phytosanitary requirements of the importing contracting party, including those for regulated non-quarantine pests.

它们基本不带其他有害生物*。They are deemed to be practically free from other pests*.

II. 附加声明 Additional Declaration

III. 除害和/或消毒处理 Disinfestation and/or Disinfection Treatment

日期 Date _____ 处理 Treatment _____ 化学药品（活性成分）Chemical（active ingredient）_____
处理时间及温度 Duration and temperature _____
浓度 Concentration _____
补充信息 Additional information _____

（组织印章 Stamp of Organization）

签证地 Place of issue _____
被授权官员姓名 Name of authorized officer _____
日期 Date _____
（签名 Signature）

植物保护组织_____（名称），其官员或代表，不承担财经责任*。No financial liability with respect to this certificate shall attach to _____ (name of Plant Protection Organization) or to any of its officers or representatives. *

*供选项 * Optional clause

转口植物卫生证书样本（Model phytosanitary certificate for re-export）

编号 No. _____

XX 转口缔约方植物保护组织 Plant Protection Organization of _____ （contracting party of re-export）

致：XX 植物保护组织 TO：Plant Protection Organization（s）of _____ （contracting party（ies）of import）

I. 货物描述 Description of Consignment

出口商名称及地址 Name and address of exporter：_____

收货人名称及地址 Declared name and address of consignee：_____

包装种类及数量 Number and description of packages：_____

标记 Distinguishing marks：_____

原产地 Place of origin：_____

运输方式 Declared means of conveyance：_____

入境口岸 Declared point of entry：_____

产品名称及数量 Name of produce and quantity declared：_____

植物学名 Botanical name of plants：_____

兹证明上述植物、植物产品或其他规定应检物从（原产地缔约方）进口到（转口缔约方）时，带有植物卫生证书，编号为：_____，*正本□副本确认件□随附该证书；由原包装□重新包装□用原来的□新*□集装箱装运，按原植物卫生证书□和另行检查□，被认为符合进口缔约方现行植物卫生要求；在（转口缔约方）储藏期间，未受到有害生物侵害或侵染威胁。This is to certify that the plants, plant products or other regulated articles described above _____ were imported into (contracting party of re-export) _____ from _____ (contracting party of origin) covered by Phytosanitary certificate No. _____ *, original□ certified true copy□of which is attached to this certificate; that they are packed□ repacked□ in original□ *new□containers, that based on the original phytosanitary certificate□ and additional inspection□, they are considered to conform with the current phytosanitary requirements of the importing contracting party, and that during storage in _____ (contracting party of re-export), the consignment has not been subjected to the risk of infestation or infection.

在适当的□内划"√" Insert tick in appropriate□ boxes

II. 附加声明 Additional Declaration

III. 除害和/或消毒处理 Disinfestation and/or Disinfection Treatment

日期 Date _____ 处理 Treatment _____ 化学药品（活性成分）Chemical（active ingredient）_____

处理时间及温度 Duration and temperature _____

浓度 Concentration _____

补充信息 Additional information _____

（组织印章 Stamp of Organization）

签证地 Place of issue _____

被授权官员姓名 Name of authorized officer _____

日期 Date _____

（签名 Signature）

植物保护组织（名称），其官员或代表，不承担财经责任**。No financial liability with respect to this certificate shall attach to_ (name of Plant Protection Organization) or to any of its officers or representatives. **

供选项 Optional clause

INTERNATIONAL PLANT PROTECTION CONVENTION (1997)
NEW REVISED TEXT

PREAMBLE

The contracting parties,

recognizing the necessity for international cooperation in controlling pests of plants and plant products and in preventing their international spread, and especially their introduction into endangered areas;

recognizing that phytosanitary measures should be technically justified, transparent and should not be applied in such a way as to constitute either a means of arbitrary or unjustified discrimination or a disguised restriction, particularly on international trade;

desiring to ensure close coordination of measures directed to these ends;

desiring to provide a framework for the development and application of harmonized phytosanitary measures and the elaboration of international standards to that effect;

taking into account internationally approved principles governing the protection of plant, human and animal health, and the environment;

noting the agreements concluded as a result of the Uruguay Round of Multilateral Trade Negotiations, including the Agreement on the Application of Sanitary and Phytosanitary Measures.

have agreed as follows:

ARTICLE I Purpose and responsibility

1. With the purpose of securing common and effective action to prevent the spread and introduction of pests of plants and plant products, and to promote appropriate measures for their control, the contracting parties undertake to adopt the legislative, technical and administrative measures specified in this Convention and in supplementary agreements pursuant to Article XVI.

2. Each contracting party shall assume responsibility, without prejudice to obligations assumed under other international agreements, for the fulfilment within its territories of all requirements under this Convention.

3. The division of responsibilities for the fulfilment of the requirements of this Convention between member organizations of FAO and their member states that are contracting parties shall be in accordance with their respective competencies.

4. Where appropriate, the provisions of this Convention may be deemed by contracting parties to extend, in addition to plants and plant products, to storage places, packaging, conveyances, containers, soil and any other organism, object or material capable of harbouring or spreading plant pests, particularly where in-

ternational transportation is involved.

ARTICLE II Use of terms

1. For the purpose of this Convention, the following terms shall have the meanings hereunder assigned to them:

"Area of low pest prevalence" —an area, whether all of a country, part of a country, or all or parts of several countries, as identified by the competent authorities, in which a specific pest occurs at low levels and which is subject to effective surveillance, control or eradication measures;

"Commission" —the Commission on Phytosanitary Measures established under Article XI;

"Endangered area" —an area where ecological factors favour the establishment of a pest whose presence in the area will result in economically important loss;

"Establishment" —perpetuation, for the foreseeable future, of a pest within an area after entry;

"Harmonized phytosanitary measures" —phytosanitary measures established by contracting parties based on international standards;

"International standards" —international standards established in accordance with Article X, paragraphs 1 and 2;

"Introduction" —the entry of a pest resulting in its establishment;

"Pest" —any species, strain or biotype of plant, animal or pathogenic agent injurious to plants or plant products;

"Pest risk analysis" —the process of evaluating biological or other scientific and economic evidence to determine whether a pest should be regulated and the strength of any phytosanitary measures to be taken against it;

"Phytosanitary measure" —any legislation, regulation or official procedure having the purpose to prevent the introduction and/or spread of pests;

"Plant products" —unmanufactured material of plant origin (including grain) and those manufactured products that, by their nature or that of their processing, may create a risk for the introduction and spread of pests;

"Plants" —living plants and parts thereof, including seeds and germplasm;

"Quarantine pest" —a pest of potential economic importance to the area endangered thereby and not yet present there, or present but not widely distributed and being officially controlled;

"Regional standards" —standards established by a regional plant protection organization for the guidance of the members of that organization;

"Regulated article" —any plant, plant product, storage place, packaging, conveyance, container, soil and any other organism, object or material capable of harbouring or spreading pests, deemed to require phytosanitary measures, particularly where international transportation is involved;

"Regulated non-quarantine pest" —a non-quarantine pest whose presence in plants for planting affects the intended use of those plants with an economically unacceptable impact and which is therefore regulated within the territory of the importing contracting party;

"Regulated pest" —a quarantine pest or a regulated non-quarantine pest;

"Secretary" —Secretary of the Commission appointed pursuant to Article XII;

"Technically justified" —justified on the basis of conclusions reached by using an appropriate pest risk analysis or, where applicable, another comparable examination and evaluation of available scientific information.

2. The definitions set forth in this Article, being limited to the application of this Convention, shall not be deemed to affect definitions established under domestic laws or regulations of contracting parties.

ARTICLE III Relationship with other international agreements

Nothing in this Convention shall affect the rights and obligations of the contracting parties under relevant international agreements.

ARTICLE IV General provisions relating to the organizational arrangements for national plant protection

1. Each contracting party shall make provision, to the best of its ability, for an official national plant protection organization with the main responsibilities set out in this Article.

2. The responsibilities of an official national plant protection organization shall include the following:

(a) the issuance of certificates relating to the phytosanitary regulations of the importing contracting party for consignments of plants, plant products and other regulated articles;

(b) the surveillance of growing plants, including both areas under cultivation (*inter alia* fields, plantations, nurseries, gardens, greenhouses and laboratories) and wild flora, and of plants and plant products in storage or in transportation, particularly with the object of reporting the occurrence, outbreak and spread of pests, and of controlling those pests, including the reporting referred to under Article VIII paragraph 1 (a);

(c) the inspection of consignments of plants and plant products moving in international traffic and, where appropriate, the inspection of other regulated articles, particularly with the object of preventing the introduction and/or spread of pests;

(d) the disinfestation or disinfection of consignments of plants, plant products and other regulated articles moving in international traffic, to meet phytosanitary requirements;

(e) the protection of endangered areas and the designation, maintenance and surveillance of pest free areas and areas of low pest prevalence;

(f) the conduct of pest risk analyses;

(g) to ensure through appropriate procedures that the phytosanitary security of consignments after certification regarding composition, substitution and reinfestation is maintained prior to export; and

(h) training and development of staff.

3. Each contracting party shall make provision, to the best of its ability, for the following:

(a) the distribution of information within the territory of the contracting party regarding regulated pests and the means of their prevention and control;

(b) research and investigation in the field of plant protection;

(c) the issuance of phytosanitary regulations; and

(d) the performance of such other functions as may be required for the implementation of this Convention.

4. Each contracting party shall submit a description of its official national plant protection organization and of changes in such organization to the Secretary. A contracting party shall provide a description of its organizational arrangements for plant protection to another contracting party, upon request.

ARTICLE V Phytosanitary certification

1. Each contracting party shall make arrangements for phytosanitary certification, with the objective of ensuring that exported plants, plant products and other regulated articles and consignments thereof are in con-

formity with the certifying statement to be made pursuant to paragraph 2 (b) of this Article.

2. Each contracting party shall make arrangements for the issuance of phytosanitary certificates in conformity with the following provisions:

(a) Inspection and other related activities leading to issuance of phytosanitary certificates shall be carried out only by or under the authority of the official national plant protection organization. The issuance of phytosanitary certificates shall be carried out by public officers who are technically qualified and duly authorized by the official national plant protection organization to act on its behalf and under its control with such knowledge and information available to those officers that the authorities of importing contracting parties may accept the phytosanitary certificates with confidence as dependable documents.

(b) Phytosanitary certificates, or their electronic equivalent where accepted by the importing contracting party concerned, shall be as worded in the models set out in the Annex to this Convention. These certificates should be completed and issued taking into account relevant international standards.

(c) Uncertified alterations or erasures shall invalidate the certificates.

3. Each contracting party undertakes not to require consignments of plants or plant products or other regulated articles imported into its territories to be accompanied by phytosanitary certificates inconsistent with the models set out in the Annex to this Convention. Any requirements for additional declarations shall be limited to those technically justified.

ARTICLE VI Regulated pests

1. Contracting parties may require phytosanitary measures for quarantine pests and regulated non-quarantine pests, provided that such measures are:

(a) no more stringent than measures applied to the same pests, if present within the territory of the importing contracting party; and

(b) limited to what is necessary to protect plant health and/or safeguard the intended use and can be technically justified by the contracting party concerned.

2. Contracting parties shall not require phytosanitary measures for non-regulated pests.

ARTICLE VII Requirements in relation to imports

1. With the aim of preventing the introduction and/or spread of regulated pests into their territories, contracting parties shall have sovereign authority to regulate, in accordance with applicable international agreements, the entry of plants and plant products and other regulated articles and, to this end, may:

(a) prescribe and adopt phytosanitary measures concerning the importation of plants, plant products and other regulated articles, including, for example, inspection, prohibition on importation and treatment;

(b) refuse entry or detain, or require treatment, destruction or removal from the territory of the contracting party, of plants, plant products and other regulated articles or consignments there of that do not comply with the phytosanitary measures prescribed or adopted under subparagraph (a);

(c) prohibit or restrict the movement of regulated pests into their territories;

(d) prohibit or restrict the movement of biological control agents and other organisms of phytosanitary concern claimed to be beneficial into their territories.

2. In order to minimize interference with international trade, each contracting party, in exercising its authority under paragraph 1 of this Article, undertakes to act in conformity with the following:

(a) Contracting parties shall not, under their phytosanitary legislation, take any of the measures specified in paragraph 1 of this Article unless such measures are made necessary by phytosanitary considerations and are technically justified.

(b) Contracting parties shall, immediately upon their adoption, publish and transmit phytosanitary requirements, restrictions and prohibitions to any contracting party or parties that they believe may be directly affected by such measures.

(c) Contracting parties shall, on request, make available to any contracting party the rationale for phytosanitary requirements, restrictions and prohibitions.

(d) If a contracting party requires consignments of particular plants or plant products to be imported only through specified points of entry, such points shall be so selected as not to unnecessarily impede international trade. The contracting party shall publish a list of such points of entry and communicate it to the Secretary, any regional plant protection organization of which the contracting party is a member, all contracting parties which the contracting party believes to be directly affected, and other contracting parties upon request. Such restrictions on points of entry shall not be made unless the plants, plant products or other regulated articles concerned are required to be accompanied by phytosanitary certificates or to be submitted to inspection or treatment.

(e) Any inspection or other phytosanitary procedure required by the plant protection organization of a contracting party for a consignment of plants, plant products or other regulated articles offered for importation, shall take place as promptly as possible with due regard to their perishability.

(f) Importing contracting parties shall, as soon as possible, inform the exporting contracting party concerned or, where appropriate, the re-exporting contracting party concerned, of significant instances of non-compliance with phytosanitary certification. The exporting contracting party or, where appropriate, the re-exporting contracting party concerned, should investigate and, on request, report the result of its investigation to the importing contracting party concerned.

(g) Contracting parties shall institute only phytosanitary measures that are technically justified, consistent with the pest risk involved and represent the least restrictive measures available, and result in the minimum impediment to the international movement of people, commodities and conveyances.

(h) Contracting parties shall, as conditions change, and as new facts become available, ensure that phytosanitary measures are promptly modified or removed if found to be unnecessary.

(i) Contracting parties shall, to the best of their ability, establish and update lists of regulated pests, using scientific names, and make such lists available to the Secretary, to regional plant protection organizations of which they are members and, on request, to other contracting parties.

(j) Contracting parties shall, to the best of their ability, conduct surveillance for pests and develop and maintain adequate information on pest status in order to support categorization of pests, and for the development of appropriate phytosanitary measures. This information shall be made available to contracting parties, on request.

3. A contracting party may apply measures specified in this Article to pests which may not be capable of establishment in its territories but, if they gained entry, cause economic damage. Measures taken against these pests must be technically justified.

4. Contracting parties may apply measures specified in this Article to consignments in transit through their territories only where such measures are technically justified and necessary to prevent the introduction and/or spread of pests.

5. Nothing in this Article shall prevent importing contracting parties from making special provision, subject to adequate safeguards, for the importation, for the purpose of scientific research, education, or other specific use, of plants and plant products and other regulated articles, and of plant pests.

6. Nothing in this Article shall prevent any contracting party from taking appropriate emergency action on the detection of a pest posing a potential threat to its territories or the report of such a detection. Any such action shall be evaluated as soon as possible to ensure that its continuance is justified. The action taken shall be immediately reported to contracting parties concerned, the Secretary, and any regional plant protection organization of which the contracting party is a member.

ARTICLE VIII International cooperation

1. The contracting parties shall cooperate with one another to the fullest practicable extent in achieving the aims of this Convention, and shall in particular:

(a) cooperate in the exchange of information on plant pests, particularly the reporting of the occurrence, outbreak or spread of pests that may be of immediate or potential danger, in accordance with such procedures as may be established by the Commission;

(b) participate, in so far as is practicable, in any special campaigns for combatting pests that may seriously threaten crop production and need international action to meet the emergencies; and

(c) cooperate, to the extent practicable, in providing technical and biological information necessary for pest risk analysis.

2. Each contracting party shall designate a contact point for the exchange of information connected with the implementation of this Convention.

ARTICLE IX Regional plant protection organizations

1. The contracting parties undertake to cooperate with one another in establishing regional plant protection organizations in appropriate areas.

2. The regional plant protection organizations shall function as the coordinating bodies in the areas covered, shall participate in various activities to achieve the objectives of this Convention and, where appropriate, shall gather and disseminate information.

3. The regional plant protection organizations shall cooperate with the Secretary in achieving the objectives of the Convention and, where appropriate, cooperate with the Secretary and the Commission in developing international standards.

4. The Secretary will convene regular Technical Consultations of representatives of regional plant protection organizations to:

(a) promote the development and use of relevant international standards for phytosanitary measures; and

(b) encourage inter-regional cooperation in promoting harmonized phytosanitary measures for controlling pests and in preventing their spread and/or introduction.

ARTICLE X Standards

1. The contracting parties agree to cooperate in the development of international standards in accordance with the procedures adopted by the Commission.

2. International standards shall be adopted by the Commission.

3. Regional standards should be consistent with the principles of this Convention; such standards may be deposited with the Commission for consideration as candidates for international standards for phytosanitary measures if more broadly applicable.

4. Contracting parties should take into account, as appropriate, international standards when undertaking activities related to this Convention.

ARTICLE XI Commission on Phytosanitary Measures

1. Contracting parties agree to establish the Commission on Phytosanitary Measures within the framework of the Food and Agriculture Organization of the United Nations (FAO).

2. The functions of the Commission shall be to promote the full implementation of the objectives of the Convention and, in particular, to:

(a) review the state of plant protection in the world and the need for action to control the international spread of pests and their introduction into endangered areas;

(b) establish and keep under review the necessary institutional arrangements and procedures for the development and adoption of international standards, and to adopt international standards;

(c) establish rules and procedures for the resolution of disputes in accordance with Article XIII;

(d) establish such subsidiary bodies of the Commission as may be necessary for the proper implementation of its functions;

(e) adopt guidelines regarding the recognition of regional plant protection organizations;

(f) establish cooperation with other relevant international organizations on matters covered by this Convention;

(g) adopt such recommendations for the implementation of the Convention as necessary; and

(h) perform such other functions as may be necessary to the fulfilment of the objectives of this Convention.

3. Membership in the Commission shall be open to all contracting parties.

4. Each contracting party may be represented at sessions of the Commission by a single delegate who may be accompanied by an alternate, and by experts and advisers. Alternates, experts and advisers may take part in the proceedings of the Commission but may not vote, except in the case of an alternate who is duly authorized to substitute for the delegate.

5. The contracting parties shall make every effort to reach agreement on all matters by consensus. If all efforts to reach consensus have been exhausted and no agreement is reached, the decision shall, as a last resort, be taken by a two-thirds majority of the contracting parties present and voting.

6. A member organization of FAO that is a contracting party and the member states of that member organization that are contracting parties shall exercise their membership rights and fulfil their membership obligations in accordance, *mutatis mutandis*, with the Constitution and General Rules of FAO.

7. The Commission may adopt and amend, as required, its own Rules of Procedure, which shall not be inconsistent with this Convention or with the Constitution of FAO.

8. The Chairperson of the Commission shall convene an annual regular session of the Commission.

9. Special sessions of the Commission shall be convened by the Chairperson of the Commission at the request of at least one-third of its members.

10. The Commission shall elect its Chairperson and no more than two Vice-Chairpersons, each of whom shall serve for a term of two years.

ARTICLE XII Secretariat

1. The Secretary of the Commission shall be appointed by the Director-General of FAO.

2. The Secretary shall be assisted by such secretariat staff as may be required.

3. The Secretary shall be responsible for implementing the policies and activities of the Commission and carrying out such other functions as may be assigned to the Secretary by this Convention and shall report there-

on to the Commission.

4. The Secretary shall disseminate:

(a) international standards to all contracting parties within sixty days of adoption;

(b) to all contracting parties, lists of points of entry under Article VII paragraph 2 (d) communicated by contracting parties;

(c) lists of regulated pests whose entry is prohibited or referred to in Article VII paragraph 2 (i) to all contracting parties and regional plant protection organizations;

(d) information received from contracting parties on phytosanitary requirements, restrictions and prohibitions referred to in Article VII paragraph 2 (b), and descriptions of official national plant protection organizations referred to in Article IV paragraph 4.

5. The Secretary shall provide translations in the official languages of FAO of documentation for meetings of the Commission and international standards.

6. The Secretary shall cooperate with regional plant protection organizations in achieving the aims of the Convention.

ARTICLE XIII   Settlement of disputes

1. If there is any dispute regarding the interpretation or application of this Convention, or if a contracting party considers that any action by another contracting party is in conflict with the obligations of the latter under Articles V and VII of this Convention, especially regarding the basis of prohibiting or restricting the imports of plants, plant products or other regulated articles coming from its territories, the contracting parties concerned shall consult among themselves as soon as possible with a view to resolving the dispute.

2. If the dispute cannot be resolved by the means referred to in paragraph 1, the contracting party or parties concerned may request the Director-General of FAO to appoint a committee of experts to consider the question in dispute, in accordance with rules and procedures that may be established by the Commission.

3. This Committee shall include representatives designated by each contracting party concerned. The Committee shall consider the question in dispute, taking into account all documents and other forms of evidence submitted by the contracting parties concerned. The Committee shall prepare a report on the technical aspects of the dispute for the purpose of seeking its resolution. The preparation of the report and its approval shall be according to rules and procedures established by the Commission, and it shall be transmitted by the Director-General to the contracting parties concerned. The report may also be submitted, upon its request, to the competent body of the international organization responsible for resolving trade disputes.

4. The contracting parties agree that the recommendations of such a committee, while not binding in character, will become the basis for renewed consideration by the contracting parties concerned of the matter out of which the disagreement arose.

5. The contracting parties concerned shall share the expenses of the experts.

6. The provisions of this Article shall be complementary to and not in derogation of the dispute settlement procedures provided for in other international agreements dealing with trade matters.

ARTICLE XIV   Substitution of prior agreements

This Convention shall terminate and replace, between contracting parties, the International Convention respecting measures to be taken against the *Phylloxera vastatrix* of 3 November 1881, the additional Convention signed at Berne on 15 April 1889 and the International Convention for the Protection of Plants signed at Rome on 16 April 1929.

ARTICLE XV Territorial application

1. Any contracting party may at the time of ratification or adherence or at any time thereafter communicate to the Director-General of FAO a declaration that this Convention shall extend to all or any of the territories for the international relations of which it is responsible, and this Convention shall be applicable to all territories specified in the declaration as from the thirtieth day after the receipt of the declaration by the Director-General.

2. Any contracting party which has communicated to the Director-General of FAO a declaration in accordance with paragraph 1 of this Article may at any time communicate a further declaration modifying the scope of any former declaration or terminating the application of the provisions of the present Convention in respect of any territory. Such modification or termination shall take effect as from the thirtieth day after the receipt of the declaration by the Director-General.

3. The Director-General of FAO shall inform all contracting parties of any declaration received under this Article.

ARTICLE XVI Supplementary agreements

1. The contracting parties may, for the purpose of meeting special problems of plant protection which need particular attention or action, enter into supplementary agreements. Such agreements may be applicable to specific regions, to specific pests, to specific plants and plant products, to specific methods of international transportation of plants and plant products, or otherwise supplement the provisions of this Convention.

2. Any such supplementary agreements shall come into force for each contracting party concerned after acceptance in accordance with the provisions of the supplementary agreements concerned.

3. Supplementary agreements shall promote the intent of this Convention and shall conform to the principles and provisions of this Convention, as well as to the principles of transparency, non-discrimination and the avoidance of disguised restrictions, particularly on international trade.

ARTICLE XVII Ratification and adherence

1. This Convention shall be open for signature by all states until 1 May 1952 and shall be ratified at the earliest possible date. The instruments of ratification shall be deposited with the Director-General of FAO, who shall give notice of the date of deposit to each of the signatory states.

2. As soon as this Convention has come into force in accordance with Article XXII it shall be open for adherence by non-signatory states and member organizations of FAO. Adherence shall be effected by the deposit of an instrument of adherence with the Director-General of FAO, who shall notify all contracting parties.

3. When a member organization of FAO becomes a contracting party to this Convention, the member organization shall, in accordance with the provisions of Article II paragraph 7 of the FAO Constitution, as appropriate, notify at the time of its adherence such modifications or clarifications to its declaration of competence submitted under Article II paragraph 5 of the FAO Constitution as may be necessary in light of its acceptance of this Convention. Any contracting party to this Convention may, at any time, request a member organization of FAO that is a contracting party to this Convention to provide information as to which, as between the member organization and its member states, is responsible for the implementation of any particular matter covered by this Convention. The member organization shall provide this information within a reasonable time.

ARTICLE XVIII   Non-contracting parties

The contracting parties shall encourage any state or member organization of FAO, not a party to this Convention, to accept this Convention, and shall encourage any non-contracting party to apply phytosanitary measures consistent with the provisions of this Convention and any international standards adopted hereunder.

ARTICLE XIX   Languages

1. The authentic languages of this Convention shall be all official languages of FAO.

2. Nothing in this Convention shall be construed as requiring contracting parties to provide and to publish documents or to provide copies of them other than in the language (s) of the contracting party, except as stated in paragraph 3 below.

3. The following documents shall be in at least one of the official languages of FAO:

(a) information provided according to Article IV paragraph 4;

(b) cover notes giving bibliographical data on documents transmitted according to Article VII paragraph 2 (b);

(c) information provided according to Article VII paragraph 2 (b), (d), (i) and (j);

(d) notes giving bibliographical data and a short summary of relevant documents on information provided according to Article VIII paragraph 1 (a);

(e) requests for information from contact points as well as replies to such requests, but not including any attached documents;

(f) any document made available by contracting parties for meetings of the Commission.

ARTICLE XX   Technical assistance

The contracting parties agree to promote the provision of technical assistance to contracting parties, especially those that are developing contracting parties, either bilaterally or through the appropriate international organizations, with the objective of facilitating the implementation of this Convention.

ARTICLE XXI   Amendment

1. Any proposal by a contracting party for the amendment of this Convention shall be communicated to the Director-General of FAO.

2. Any proposed amendment of this Convention received by the Director-General of FAO from a contracting party shall be presented to a regular or special session of the Commission for approval and, if the amendment involves important technical changes or imposes additional obligations on the contracting parties, it shall be considered by an advisory committee of specialists convened by FAO prior to the Commission.

3. Notice of any proposed amendment of this Convention, other than amendments to the Annex, shall be transmitted to the contracting parties by the Director-General of FAO not later than the time when the agenda of the session of the Commission at which the matter is to be considered is dispatched.

4. Any such proposed amendment of this Convention shall require the approval of the Commission and shall come into force as from the thirtieth day after acceptance by two-thirds of the contracting parties. For the purpose of this Article, an instrument deposited by a member organization of FAO shall not be counted as additional to those deposited by member states of such an organization.

5. Amendments involving new obligations for contracting parties, however, shall come into force in respect of each contracting party only on acceptance by it and as from the thirtieth day after such acceptance. The

instruments of acceptance of amendments involving new obligations shall be deposited with the Director-General of FAO, who shall inform all contracting parties of the receipt of acceptance and the entry into force of amendments.

6. Proposals for amendments to the model phytosanitary certificates set out in the Annex to this Convention shall be sent to the Secretary and shall be considered for approval by the Commission. Approved amendments to the model phytosanitary certificates set out in the Annex to this Convention shall become effective ninety days after their notification to the contracting parties by the Secretary.

7. For a period of not more than twelve months from an amendment to the model phytosanitary certificates set out in the Annex to this Convention becoming effective, the previous version of the phytosanitary certificates shall also be legally valid for the purpose of this Convention.

ARTICLE XXII Entry into force

As soon as this Convention has been ratified by three signatory states it shall come into force among them. It shall come into force for each state or member organization of FAO ratifying or adhering thereafter from the date of deposit of its instrument of ratification or adherence.

ARTICLE XXIII Denunciation

1. Any contracting party may at any time give notice of denunciation of this Convention by notification addressed to the Director-General of FAO. The Director-General shall at once inform all contracting parties.

2. Denunciation shall take effect one year from the date of receipt of the notification by the Director-General of FAO.

ANNEX

Model Phytosanitary Certificate

No. _____

Plant Protection Organization of _____

TO: Plant Protection Organization (s) of _____

I. Description of Consignment

Name and address of exporter: _____

Declared name and address of consignee: _____

Number and description of packages: _____

Distinguishing marks: _____

Place of origin: _____

Declared means of conveyance: _____

Declared point of entry: _____

Name of produce and quantity declared: _____

Botanical name of plants: _____

This is to certify that the plants, plant products or other regulated articles described herein have been inspected and/or tested according to appropriate official procedures and are considered to be free from the quarantine pests specified by the importing contracting party and to conform with the current phytosanitary requirements of the importing contracting party, including those for regulated non-quarantine pests.

They are deemed to be practically free from other pests. *

II. Additional Declaration

III. Disinfestation and/or Disinfection Treatment

Date _____ Treatment _____ Chemical (active ingredient) _____

Duration and temperature _____

Concentration _____

Additional information _____

_____

(Stamp of Organization)

Place of Issue _____

Name of authorized officer _____

Date _____ _____

(Signature)

No financial liability with respect to this certificate shall attach to _____ (name of Plant Protection Organization) or to any of its officers or representatives. *

* Optional clause

植物保护国际公约（IPPC）

Model Phytosanitary Certificate for Re-Export

No. _____

Plant Protection Organization of _____ (contracting party of re-export)

TO: Plant Protection Organization (s) of _____ (contracting party (ies) of import)

I. Description of Consignment

Name and address of exporter: _____

Declared name and address of consignee: _____

Number and description of packages: _____

Distinguishing marks: _____

Place of origin: _____

Declared means of conveyance: _____

Declared point of entry: _____

Name of produce and quantity declared: _____

Botanical name of plants: _____

This is to certify that the plants, plant products or other regulated articles described above _____ were imported into (contracting party of re-export) _____ from _____ (contracting party of origin) covered by Phytosanitary Certificate No. _____ , * original ☐ certified true copy ☐ of which is attached to this certificate; that they are packed ☐ repacked ☐ in original ☐ * new ☐ containers, that based on the original phytosanitary certificate ☐ and additional inspection ☐ , they are considered to conform with the current phytosanitary requirements of the importing contracting party, and that during storage in _____ (contracting party of re-export), the consignment has not been subjected to the risk of infestation or infection.

* Insert tick in appropriate ☐ boxes

II. Additional Declaration

III. Disinfestation and/or Disinfection Treatment

Date _____ Treatment _____ Chemical (active ingredient) _____

Duration and temperature _____

Concentration _____

Additional information _____

(Stamp of Organization)

Place of Issue _____

Name of authorized officer _____

Date _____

(Signature)

No financial liability with respect to this certificate shall attach to _____ (name of Plant Protection Organization) or to any of its officers or representatives. **

** Optional clause

植物卫生措施国际标准

INTERNATIONAL STANDARDS FOR
PHYTOSANITARY MEASURES

ISPMs

植物卫生措施国际标准 ISPM 1

植物保护之植物卫生原则及植物卫生措施在国际贸易中的应用

PHYTOSANITARY PRINCIPLES FOR THE PROTECTION OF PLANTS AND THE APPLICATION OF PHYTOSANITARY MEASURES IN INTERNATIONAL TRADE

(2006 年)

IPPC 秘书处

© FAO 2011

发布历史

本部分不属于标准正式内容。

1989-09 TC-RPPOs added topic *Plant quarantine principles* (1989-001)

1990-07 EWG developed draft text

1991-05 TC-RPPOs revised draft text and approved for MC

1991 Sent for MC

1992-05 TC-RPPOs revised draft text and requested harmonization with GATT Uruguay Round

1993-05 TC-RPPOs revised draft text for adoption

1993-11 27th FAO Conference adopted standard

ISPM 1. 1993. *Principles of plant quarantine as related to international trade.* Rome, IPPC, FAO.

1998-05 CEPM introduced revised text developed by IPPC secretariat (1998-001)

1998-11 ICPM-1 endorsed topic revision of ISPM 1

2001-05 ISC-3 approved Specification 2 *Revision of ISPM No. 1*

2002-04 ICPM-4 noted high priority topic

2003-05 SC-7 revised Specification 2

2004-02 EWG revised standard

2004-04 SC revised standard and returned to EWG

2004-10 EWG revised standard

2005-04 SC revised standard and approved for MC

2005-06 Sent for MC

2005-11 SC revised standard for adoption

2006-04 CPM-1 adopted revised standard

ISPM 1. 2006. *Phytosanitary principles for the protection of plants and the application of phytosanitary measures in international trade.* Rome, IPPC, FAO.

2011 年 8 月最后修订。

目　　录

批准

引言

范围

参考文献

定义

要求概述

背景

原则

1　基本原则（Basic principles）

1.1　主权（Sovereignty）

1.2　必要性（Necessity）

1.3　风险管理（Managed risk）

1.4　影响最小（Minimal impact）

1.5　透明度（Transparency）

1.6　协调一致（Harmonization）

1.7　非歧视性（Non-discrimination）

1.8　技术合理性（Technical justification）

1.9　合作（Cooperation）

1.10　植物卫生措施等效性（Equivalence of phytosanitary measures）

1.11　修订（Modification）

2　操作原则（Operational principles）

2.1　有害生物风险分析（Pest risk analysis）

2.2　有害生物名录制定（Pest listing）

2.3　无有害生物区和有害生物低流行区认可（Recognition of pest free areas and areas of low pest prevalence）

2.4　规定有害生物官方控制（Official control for regulated pests）

2.5　系统方法（Systems approach）

2.6　监督（Surveillance）

2.7　有害生物报告（Pest reporting）

2.8　植物卫生认证（Phytosanitary certification）

2.9　货物的植物卫生完整性与安全性（Phytosanitary integrity and security of consignments）

2.10　快速反应行动（Prompt action）

2.11　紧急措施（Emergency measures）

2.12　对 NPPO 的规定（Provision of a NPPO）

2.13　争端解决（Dispute settlement）

2.14　避免不适当拖延（Avoidance of undue delays）

2.15　违规情况通报（Notification of non-compliance）

2.16　信息交流（Information exchange）

2.17　技术援助（Technical assistance）

批准

本标准首次于 1993 年 11 月经 FAO 大会第 27 次会议批准，标准名称为：《有关国际贸易之植物检疫原则》。ISPM 1:2006，是第一个修订版，于 2006 年 4 月经植物检疫措施委员会（CPM）第 1 次会议批准。

引言

范围

本标准所述的植物保护之植物卫生原则（原理），是植物保护国际公约（IPPC）在植物卫生措施国际标准方面的具体体现。标准涉及植物保护相关原则，包括栽培、非栽培/自然生长、野生植物和水生植物，以及在国际间的人员流动、商品运输、交通工具及 IPPC 规定的应检物等。本标准不是修改 IPPC 的规定，也不扩大其现行义务，更不是对其他协定或法律主体做解释。

参考文献

IPPC. 1997. *International Plant Protection Convention.* Rome，IPPC，FAO.
ISPM 5. *Glossary of phytosanitary terms.* Rome，IPPC，FAO.
—— All International Standards for Phytosanitary Measures.
WTO. 1994. *Agreement on the Application of Sanitary and Phytosanitary Measures.* Geneva，World Trade Organization.

定义

本标准引用的植物卫生术语定义，见 ISPM 5（植物卫生术语表）。

要求概述

本标准描述了 IPPC 规定的基本原则，包括：主权、必要性、风险管理、影响最小、透明度、协调一致、非歧视性、技术合理性、合作、植物卫生措施等效性及其修订。本标准还描述了 IPPC 规定的操作原则，如植物卫生措施的制订、实施和监控，以及官方植物卫生体系管理。操作原则包括：有害生物风险分析、有害生物名录制定、无有害生物区和有害生物低流行区认可、规定有害生物官方控制、系统方法、监督、有害生物报告、植物卫生认证、货物的植物卫生完整性与安全性、快速反应行动、紧急措施、对国家植物保护组织（简称 NPPOs，下同）的规定、争端解决、避免不适当拖延、违规情况通报、信息交流和技术援助。

背景

ISPM 1（原名为：有关国际贸易之植物卫生原则），于 1993 年 FAO 大会第 27 次会议批准，作为一个基准参照标准。当时，WTO 关于实施卫生和植物卫生措施协定（简称 SPS 措施协定，下同）正在谈判之中，这有助于澄清关于 SPS 的一些争议问题。SPS 措施协定于 1994 年 4 月获得通过，自此获得了实施相关植物卫生措施的经验。

现行 IPPC 版本是 1997 年在 FAO 大会上通过的，与 1979 年版相比，做了多处修改。根据 1997 版本，ISPM 1 亦需要做出修订。

此外，除了 SPS 协定外，还直接或间接涉及植物保护的其他国际公约。

本标准旨在帮助理解 IPPC，并为掌握植物卫生体系的基本内容提供指导。下面所述的基本原则，也是 IPPC 的主要原则。此外，在某些情况下，还为这些基本内容提供指导。在翻译本标准时，应该完整引用 IPPC 文本。凡引述 IPPC 内容的，均以标注符号和斜体标明。

原则

这些原则涉及 IPPC 缔约方的权力和责任,应该是对 IPPC 版本的完整翻译,而不是断章取义。

1 基本原则

1.1 主权

按照国际协定,缔约方在制定和采取植物卫生措施、保护国内植物健康、制定其适当健康保护水平标准时,享有主权。

关于植物卫生措施,IPPC 规定:

为了防止规定有害生物传入和/或扩散,进口缔约方有权根据切实可行的国际协定,对进口植物、植物产品和其他规定应检物做出规定。为达到此目的,可以:

(a) 对所涉及的进口植物、植物产品和其他规定应检物制定或采取植物卫生措施,包括检查、禁止进口和处理;

(b) 对违反上述(a)植物卫生措施规定的植物、植物产品和其他规定应检物或货物,采取如拒绝入境、扣留、处理、销毁或清除等植物卫生措施;

(c) 禁止或限制规定有害生物传入其领土;

(d) 禁止或限制生物防治材料或者其他涉及植物卫生的有益生物传入其领土。

在行使上述权力时,也应该遵守 IPPC 第七条第 2 款"为了把对国际贸易的妨碍降低到最小程度",各缔约方在采取行动时,应该与该规定保持一致。

1.2 必要性

只有当植物卫生措施用于防止植物检疫性有害生物的传入和/或扩散,用于控制规定非检疫性有害生物造成经济损失时,各缔约方才可以采取这些措施,因此 IPPC 规定:"除非必须采取植物卫生措施且技术合理,各缔约方不应该根据其植物卫生规定,采取本条第 1 款规定的植物卫生措施……"(IPPC 第七条第 2 款第 a 项)。第六条第 1 款第 b 项规定:"这些措施仅限于:必须是为了保护植物健康和/或保证预期使用目的,且相关缔约方认为是技术合理的……",本条第 2 款同时规定"缔约方不应该要求对非规定有害生物采取植物卫生措施"。

1.3 风险管理

缔约方应该根据有害生物传入和/或扩散的管理风险,对进口植物、植物产品和其他规定应检物采取植物卫生措施。"缔约方所制定的植物卫生措施应该是……与有害生物风险相一致……(见 IPPC 第七条第 2 款第 g 项)"。

1.4 影响最小

缔约方采取的植物卫生措施,应该影响最小,因此 IPPC 规定:"采取的植物卫生措施……对国际间人员流动、商品贸易和交通工具的转运影响最小(见 IPPC 第七条第 2 款第 g 项)。"

1.5 透明度

按 IPPC 规定,各缔约方应该向对方通报相关信息,如:

——"当缔约方采取的措施,可能对其他缔约方造成直接影响时,应立即将其植物卫生要求、限制和禁止措施,向他们公布并传送(见 IPPC 第七条第 2 款第 b 项)"。

——"应对方要求,缔约方应该对其植物卫生要求、禁止和限制措施的根据做出说明(见 IPPC 第七条第 2 款第 c 项)"。

——"缔约方应该……合作,开展植物有害生物信息交流(见 IPPC 第八条第 1 款及第 1 款第 a 项)"。

——"缔约方应该尽可能制定和更新规定有害生物名录(学名),……向他们进行通报(见 IPPC 第七条第 2 款第 i 项)"。

——"缔约方应该尽量……充分提供有害生物状况信息……这些信息也应该……通报相关缔约方（见 IPPC 第七条第 2 款第 j 项）"。

1.6 协调一致

各缔约方应该相互合作，制定协调一致的植物卫生措施标准。因此，IPPC 规定："各缔约方同意相互配合，按委员会规定程序制定国际标准……（见 IPPC 第十条第 1 款）。""缔约方在采取与本公约相关的行动时，宜尽量采用国际标准……（见 IPPC 第十条第 4 款）。""缔约方应该鼓励 FAO 成员、成员组织或 IPPC 非缔约方……，采取与本公约规定相一致的植物卫生措施，采纳相应国际标准（见 IPPC 第十八条）。"

1.7 非歧视性

按照 IPPC 规定，缔约一方证明其植物卫生状况与另一缔约方相同，并采取了等同或等效植物卫生措施，则另一方不应该采取歧视性植物卫生措施。

在国内和国际植物卫生状况类似的情况下，缔约方也不应该采取歧视性植物卫生措施。

因此，IPPC 规定：

—— 植物卫生措施"……尤其是在国际贸易中，不应成为一种随意的、不适当的歧视或者变相的限制手段（见 IPPC 导言）"。

—— 缔约方可以采取植物卫生措施，但规定："如果某类有害生物在进口缔约方领土内已有发生，不得对（出口缔约方的）同类有害生物采取更加严厉的措施"（见 IPPC 第六条第 1 款第 a 项）。

1.8 技术合理性

缔约方应该采取技术合理的植物卫生措施："技术合理性，是建立在通过适当的有害生物风险分析，或者通过对可靠的科学信息进行比较验证和评估而得出正确结论基础上的合理技术……"（见 IPPC 第二条第 1 款）。因此，IPPC 规定"除非必须采取植物卫生措施且技术合理，各缔约方不应该根据其植物卫生规定，采取本条第 1 款规定的植物卫生措施"（见 IPPC 第七条第 2 款第 a 项）。第六条第 1 款第 a 项也涉及技术合理问题。凡是 ISPM 标准都必须是技术合理的。

1.9 合作

为达到本公约之目的，各缔约方彼此应该合作，"……各缔约方彼此应该加强最广泛且行之有效的合作，尤其是要……"（见 IPPC 第八条）。缔约方还应该积极加入按 IPPC 规定建立的各种机构。

1.10 植物卫生措施等效性

只要出口缔约方采取的植物卫生措施能够达到进口方的适当保护水平标准，进口方就应该认可其任意一种植物卫生措施，并视为具有等效性（参见 ISPM 24）。

1.11 修订

对植物卫生措施的修订，应该根据新的或已经更新的有害生物风险分析及其他相关科学证据。缔约方不应该随意修订植物卫生措施。"随着情况发生变化，如果实施原植物卫生措施已经没有必要，各缔约方应该及时对它们进行修订或将其废除"时，才能修订（见 IPPC 第七条第 2 款第 h 项）。

2 操作原则

IPPC 的操作原则涉及植物卫生措施的制定、实施、监控及官方植物卫生体系管理。

2.1 有害生物风险分析

NPPOs 在开展有害生物风险分析时，应该按照 ISPMs 程序，根据生物学或者其他科学及经济学证据进行。由于有害生物对植物的影响，可能对生物多样性构成威胁，因此也应该将其一并考虑进去（参见 IPPC 导言、第一条、第四条第 2 款第 f 项、第七条第 2 款第 g 项，ISPM 2、ISPM 5 及其补编 2、ISPM 11 和 ISPM 21）。

2.2 有害生物名录制定

各缔约方"应该尽量制定和更新规定有害生物名录……（见 IPPC 第七条第 2 款第 i 项）（参见

IPPC 第七条第 2 款第 i 项、ISPM 19）"

2.3 无有害生物区和有害生物低流行区认可

当货物进口到缔约方，若要对其采取植物卫生措施，应该考虑出口国 NPPOs 发布的有害生物区状况信息。在这些区域内，规定有害生物可能未发生，或者低流行，或者属于无有害生物生产地和无有害生物生产点（参见 IPPC 第二条，ISPM 4、ISPM 8、ISPM 10 和 ISPM 22）。

2.4 规定有害生物官方控制

当植物检疫性有害生物或规定非检疫性有害生物在某缔约方发生时，该缔约方应该确保有害生物在官方控制之下（参见 ISPM 5 及补编 1）。

2.5 系统方法

进口缔约方可以采取综合而不是单一措施，对有害生物进行风险管理，从而达到适当的植物卫生保护水平标准（参见 ISPM 14）。

2.6 监督

为了确保植物卫生认证的真实性，保证植物卫生措施的技术合理性，各缔约方应该收集和记录有害生物发生或未发生情况。因此，IPPC 规定："各缔约方应该尽量开展有害生物监督，为有害生物归类及制定适当植物卫生措施，充分提供有害生物状况信息。"（见 IPPC 第七条第 2 款第 j 项）（参见 IPPC 第四条第 2 款第 b、e 项、第七条第 2 款第 j 项，ISPM 6 和 ISPM 8）。

2.7 有害生物报告

各缔约方"开展植物有害生物信息交流，特别是要对可能导致直接或潜在危险的有害生物的发生、暴发或扩散情况，按委员会制定的程序进行通报（参 IPPC 第八条第 1 款第 a 项）"。因此，各缔约方应该遵守 ISPM 17:2002 和其他相关规定（参见 IPPC 第八条第 1 款第 a 项、ISPM 17）。

2.8 植物卫生认证

各缔约方应该建立出口认证体系，并保证植物卫生证书及其附加声明的内容准确。"各缔约方在签发植物卫生证书时，应遵守下列规定……"（见 IPPC 第五条）（参见 IPPC 第四条第 2 款第 a 项、第五条和 ISPM 7 和 ISPM 12）。

2.9 货物的植物卫生完整性与安全性

为了保持所认证货物的完整性，各缔约方应该由 NPPOs "通过适当程序，确保认证货物在出口前的植物卫生安全，如不改变货物成分，不被调换和不被有害生物侵染"（见 IPPC 第四条第 2 款第 g 项）（参见 IPPC 第四条第 2 款第 g 项、第五条，ISPM 7 和 ISPM 12）

2.10 快速反应行动

各缔约方应该保证在进口检查，实施其他植物卫生措施时，要求做到："……由于进口植物、植物产品或其他规定应检物容易腐烂，进口缔约方 NPPO 应尽快完成检查或植物卫生程序……"（见 IPPC 第七条第 2 款第 e 项）（参见 IPPC 第七条第 2 款第 e 项）。

2.11 紧急措施

当出现新的或者未曾预料到的植物卫生风险时，各缔约方可以采取和/或实施紧急行动，包括采取紧急措施[①]。但紧急措施应该是暂时的。如果要继续实施这些措施，就应该立即进行有害生物风险分析或者参照其他证据进行验证，确保其技术合理性（参见 IPPC 第七条第 6 款、ISPM 13）。

2.12 对 NPPO 的规定

"各缔约方应该尽量按本款规定的职责，设立国家植物保护组织（简称 NPPO），见 IPPC 第四条第 1 款"（参见 IPPC 第四条）。

2.13 争端解决

各缔约方应该就其植物卫生措施向对方提供咨询。如果遇到扣留、在应用 IPPC 和 ISPM 的规定

---

① IPPC 第七条第 6 款的紧急行动，已定义在 ISPM 5 的紧急措施中。

发生争端，或者认为对方违背了 IPPC 和 ISPM 规定的义务时，"……相关各方应该相互协商，尽快解决。"（见 IPPC 第十三条第 1 款）。如果借此仍然不能解决，可参照第十三条及其他争端解决机制加以解决[①]（参见 IPPC 第十三条）。

2.14 避免不适当拖延

当情况发生改变，或者出现了新的情况，缔约方要求另一方重新制定、修订或废除植物卫生措施，被要求方不应该无故拖延。相关程序，包括但不仅限于有害生物风险分析、无有害生物区认可、等效性认可等，都应该迅速启动（参见 IPPC 第七条第 2 款第 h 项，ISPM 24 第 2.7 项和附录 1 第 7 步）。

2.15 违规情况通报

进口方应该及时向出口方通报"……应该，尽可能通知出口缔约方……关于违反植物卫生认证要求的重大违规情况。"（见 IPPC 第七条第 2 款第 f 项）（参见 IPPC 第七条第 2 款第 f 项，ISPM 13）。

2.16 信息交流

按照 IPPC 规定，缔约方应该提供如下信息：

—— 官方联络点（见 IPPC 第八条第 2 款）。

—— NPPOs 名称及组织机构（见 IPPC 第四条第 4 款）。

—— 植物卫生要求、限制和禁止措施（见 IPPC 第七条第 2 款第 b 项）（包括指定入境口岸，见 IPPC 第七条第 2 款第 d 项）及其根据（见 IPPC 第七条第 2 款第 c 项）。

—— 规定有害生物名录（见 IPPC 第七条第 2 款第 i 项）。

—— 有害生物报告，包括有害生物发生、暴发和扩散情况（见 IPPC 第四条第 2 款第 b 项、第八条第 1 款第 a 项）。

—— 紧急行动（见 IPPC 第七条第 6 款）及违规情况（见 IPPC 第七条第 2 款第 f 项）。

—— 有害生物状况（见 IPPC 第七条第 2 款第 j 项）。

——（开展广泛合作）为 PRA 提供必要的技术信息和生物学信息（见 IPPC 第八条第 1 款第 c 项）。

2.17 技术援助

各缔约方"……为了促进 IPPC 公约的实施，各缔约方同意向其他缔约方，尤其是向发展中缔约方提供技术援助……"（参见 IPPC 第二十条）。

[①] IPPC 已建立了非义务性争端解决机制，可为各缔约方采用。

植物卫生措施国际标准 ISPM 2

有害生物风险分析（PRA）框架
FRAMEWORK FOR PEST RISK ANALYSIS

（2007 年）

IPPC 秘书处

发布历史

本部分不属于标准正式内容。

1989-09 TC-RPPOs added topic Pest risk assessment process （1989-002）
1990-10 EWG developed draft text
1991-05 TC-RPPOs revised draft text and proceeded with the discussion
1991-11 EWG revised draft text
1992-05 TC-RPPOs revised draft text and unable to recommend
1993-05 TC-RPPOs revised draft text and approved for MC
1994-05 CEPM-1 revised draft text and requested to add PRA definitions to Glossary
1995-05 CEPM-2 revised draft text for adoption
1995-11 28th FAO Conference adopted standard
ISPM 2. 1995. Guidelines for pest risk analysis. Rome，IPPC，FAO.
1998-05 CEPM-added topic Revision of ISPM No. 2 （1989-002）
1999-10 ICPM-2 added topic
2001-05 ISC-3 approved Specification 3 Revision of ISPM No. 2
2002-04 ICPM-4 noted high priority topic
2003-05 SC-7 revised Specification 3 （rev 1）
2003-11 SC revised Specification 3 （rev 2）
2004-01 EWG revised standard
2004-04 SC revised standard and Specification 3 （rev 3） and returned to EWG
2004-06 EWG revised standard and Specification 3
2005-04 SC revised standard and requested review by International Plant Health Risk Analysis Network
2006-05 SC reviewed standard and approved for MC （*without any revision）
2006-06 Sent for MC
2006-11 SC revised standard for adoption
2007-03 CPM-2 adopted revised standard
ISPM 2. 2007. Framework for pest risk analysis. Rome，IPPC，FAO.
2011 年 8 月最后修订。

目　录

批准

引言

范围

参考文献

定义

要求概述

背景

要求

1　PRA 第一步：起始

1.1　起始点

1.1.1　确定传入途径

1.1.2　确定有害生物

1.1.3　对植物卫生政策进行复审

1.1.4　确定以前未知的有害生物

1.2　确定某种生物为有害生物

1.2.1　有害植物

1.2.2　生物防治材料及其他有益生物

1.2.3　未曾完整描述或难于鉴定的生物

1.2.4　活体改良生物（LMO）

1.2.5　进口特殊用途的生物

1.3　确定 PRA 地区

1.4　先前的 PRA

1.5　起始 结论

2　PRA 第二、第三步概述

2.1　相关标准

2.2　PRA 第二步概述：有害生物风险评估

2.3　PRA 第三步概述：有害生物风险管理

3　PRA 的共性问题

3.1　不确定性

3.2　信息收集

3.3　文件

3.3.1　通用 PRA 程序文件

3.3.2　每个具体的 PRA 文件

3.4　风险交流

3.5　 PRA 一致性

3.6　避免不适当拖延

附件 1　有害生物风险分析（PRA）流程图

批准

本标准首次于 1995 年 11 月经 FAO 大会第 28 次会议批准，标准名称为：《有害生物风险分析指南》。现行标准（有害生物风险分析框架）ISPM 2:2007，是第一次修订版，于 2007 年 3 月经植物卫生措施委员会（CPM）第 2 次会议批准。

引言

范围

本标准是按 IPPC 规定制定的有害生物风险分析（PRA）框架。标准介绍了 PRA 的 3 个步骤，即起始、有害生物风险评估和有害生物风险管理。标准重点集中在起始步骤，但也对共性问题，诸如信息收集、文件、风险交流、不确定性及一致性作了强调。

参考文献

IPPC. 1997. *International Plant Protection Convention*. Rome，IPPC，FAO.

ISPM 1. 2006. *Phytosanitary principles for the protection of plants and the application of phytosanitary measures in international trade*. Rome，IPPC，FAO.

ISPM 3. 2005. *Guidelines for the export, shipment, import and release of biological control agents and other beneficial organisms*. Rome，IPPC，FAO.

ISPM 5. *Glossary of phytosanitary terms*. Rome，IPPC，FAO.

ISPM 5. Supplement 2. 2003. *Guidelines on the understanding of potential economic importance and related terms including reference to environmental considerations*. Rome，IPPC，FAO.

ISPM 11. 2004. *Pest risk analysis for quarantine pests including analysis of environmental risks and living modified organisms*. Rome，IPPC，FAO.

ISPM 14. 2002. *The use of integrated measures in a systems approach for pest risk management*. Rome，IPPC，FAO.

ISPM 21. 2004. *Pest risk analysis for regulated non-quarantine pests*. Rome，IPPC，FAO.

WTO. 1994. *Agreement on the Application of Sanitary and Phytosanitary Measures*. Geneva，World Trade Organization.

定义

本标准引用的植物卫生术语定义，见 ISPM 5（植物卫生术语表）。

要求概述

PRA 是用于确定适当植物卫生措施的技术工具。PRA 适用于那些未曾公认的有害生物的生物（如植物、生物防治材料及其他有益生物、活体改良生物）、已公认的有害生物、传入途（路）径及植物卫生政策复审等范畴。PRA 包括 3 个步骤：①起始；②有害生物风险评估；③有害生物风险管理。

本标准对第一步骤作了详细指导，对第二、第三步进行了概述，并强调了 PRA 的共性问题。第二、第三步需要参考 ISPM 3:2005、ISPM 11:2004 及 ISPM 21:2004 中涉及 PRA 的相关内容。

在第一步，涉及确定需要进行 PRA 的某种生物、传播路（途）径、现行植物卫生措施复审、PRA 地区确定等内容。首先要确定或确认某种生物是否为有害生物。如果不是，则 PRA 终止；如果是，则按相关标准，进入第二步、第三步。同时要注意 PRA 的共性问题，如信息收集、文件、风险交流、不确定性及一致性。

背景

有害生物风险分析（Pest Risk Analysis，PRA），是为某个 PRA 地区制定植物卫生措施的基础。

它是依据科学根据进行评估，确定某种生物是否为有害生物。如果是有害生物，则需要根据其生物学、其他科学及经济学证据，评估其传入可能性及扩散可能性、在确定区域的潜在经济重要性。如果该风险是无法接受的，就要提出降低风险（到可接受水平标准）的管理方案。然后根据管理方案，制定植物卫生措施。

对于有些生物，曾经就是有害生物，而对另一些则还不知道它们是否为有害生物，这就需要加以确定[①]。

有害生物风险，往往表现为生物的传入，尤其与传入途径直接相关，如某种商品，因此，在开展 PRA 时，就应该加以考虑。商品本身并没有有害生物风险，而是因为它们携带了有害生物，才存在风险。在 PRA 开始时，就要编制这类生物名录。对于有害生物，可以单个地进行分析；但如果某些种类的生物学习性相同，也可以按类进行分析。

商品本身不会有有害生物风险。但是，有害生物随着商品（栽培植物、生物防治材料、其他有益生物、活体改良生物）进口时，它们传入到新地区，在预知栖息地定殖，然后再扩散到非预知栖息地，对植物及其产品造成为害，这就表现出了风险。这种风险，可以通过 PRA 进行评估。

按 IPPC 规定，PRA 可以适用于栽培作物有害生物的风险分析，也可以适用于野生植物有害生物的风险分析，但它未涵盖 IPPC 范围之外的其他风险分析。而在其他国际协定中，对风险评估亦有规定［如生物多样性公约（the Convention on Biological Diversity，CBD）及其 Cartagena 生物安全议定书（Cartagena Protocol）］。

要求

PRA 基本架构

PRA 包括以下 3 个步骤：
—— 第一步 起始。
—— 第二步 有害生物风险评估。
—— 第三步 有害生物风险管理。

在 PRA 过程中，还包括信息收集、文件和风险交流。PRA 不一定是线性过程，因为在整个过程中，各步骤之间需要前后交叉进行。

对本标准的修订

在对 ISPM 2 的修订中，特别强调以下问题：
—— 参照 IPPC 1997 年的修订文本。
—— 参照 ISPM 3:2005、ISPM 11:2004 和 ISPM 21:2004 关于 PRA 范围、程序的相关概念发展情况。
—— PRA 包含了规定非检疫性有害生物（RNQPs）。
—— PRA 包括了以前不曾作为有害生物的生物。
—— 包括了 PRA 的共性问题。

所以，本标准详细规定了 PRA 的第一步骤，强调了 PRA 的共性问题，并提出了在第二、第三步骤参照的其他标准（见表1）。对评估人员来说，本标准只是一个概念上的框架，而不是详细的操作指南或方法指南。整个 PRA 步骤见附件1。

IPPC 关于 PRA 的规定

在 IPPC（IPPC 第七条第 2 款 a 项）规定："除非必须采取植物卫生措施且技术合理，各缔约方

---

① IPPC 对有害生物的定义是："对植物和植物产品造成危害的任何动植物或病原体的种、品（株）系和生物型"，因此这里的有害生物包括直接或间接为害栽培或非栽培（管理或非管理）植物的生物（参见 ISPM 11:2004 附录1）

不应该根据其植物卫生规定，采取本条第1款规定的植物卫生措施。"

第六条第1款第b项对植物卫生措施的规定是："这些措施仅限于：必须是为了保护植物健康和/或保证预期使用目的，且相关缔约方认为是技术合理的。"

"技术合理的"，在IPPC第二条第1款的规定是："即技术合理性，是建立在通过适当的有害生物风险分析，或者通过对可靠的科学信息进行比较验证和评估而得出正确结论基础上的合理技术"。

IPPC第四条第2款第f项规定：NPPO的责任包含"开展有害生物风险分析"。按此规定，各缔约方应该签署法规，履行其义务，虽然它们可以将此义务委托给其NPPO。

在开展PRA时，应该履行IPPC规定的义务，这些义务包括：
—— 在信息提供方面的合作。
—— 影响最小。
—— 非歧视性。
—— 协调一致。
—— 透明度。
—— 避免不适当拖延。

要求

1 PRA第一步：起 始

起始步骤是要为PRA地区确定出与PRA相关的生物和传入途径。

PRA可能由于下述原因（起始点，见第1.1项）引起：
—— 要求对传入途径采取植物卫生措施。
—— 被鉴定出的有害生物适合采取植物卫生措施。
—— 需要对植物卫生措施或政策进行复审或修订。
—— 要求对生物是否为有害生物做出判定。

第一步骤又包括以下四小步：
—— 确定某种生物是否为有害生物（见第1.2项）。
—— 确定PRA地区（见第1.3项）。
—— 评估先前的PRA（见第1.4项）。
—— 结论（见第1.5项）。

如果PRA是由传入途径引起的，就需要将与传入途径相关、可能引起关注的生物列出一个名录。

在本步骤，还必须确定生物及其潜在的经济损失（包括对环境的损害[①]）信息。此外，还包括生物地理分布、寄主植物、栖息地及相关商品信息［或者，是否为规定非检疫性有害生物（RNQP），以及它们与栽培植物的关系］。对于传入途径，涉及商品的信息还包括运输方式，最终预期用途等。

1.1 起始点

1.1.1 确定传入途径

要求针对某个传入途径开展新的PRA，或修订PRA，可能基于以下原因：
—— 所进口商品是以前未曾进口过的，或者来源于新产地。
—— 为了选种或科研，准备进口植物物种或品种，但它们可能是有害生物的潜在寄主。
—— 该传入途径（不是进口商品）已经被确定（如自然扩散、包装材料、邮件、垃圾、混合肥料、旅客行李等）。
—— 植物对有害生物的易感性发生变化已被确定。

---

① 更多信息请参阅ISPM 5 补编2 ［潜在经济重要性及相关术语（包括环境损害）理解准则］

—— 有害生物的毒性/侵染性或寄主范围发生了变化。

这里是指商品本身不为有害生物的情形。但如果商品本身就是有害生物，则应该遵照第1.1.4项的规定。

应该制定一个与传入途径相关联的生物名录，当然其中要包括尚未明确其是否为有害生物的生物。如果商品已经开始贸易，针对它们开展PRA时，就应该把贸易中实际截获的有害生物情况，作为制定有害生物名录的基础。

1.1.2 确定有害生物

要求对某种有害生物开展新的PRA，或修订PRA，可能基于下列原因：

—— 发现某种新的有害生物发生侵（染）害或暴发。
—— 经科学研究证明该有害生物为一种新的有害生物。
—— 据悉该有害生物比以前更具有危害性。
—— 该生物被证实为已知有害生物的媒介生物。
—— 该有害生物在PRA地区的状况或发生情况发生了变化。
—— 在进口商品中截获了新的有害生物。
—— 该有害生物在进口时反复被截获。
—— 为了科研或其他目的而进口有害生物。

这里所指的有害生物，需要进行记录，并进入PRA第二步。

1.1.3 对植物卫生政策进行复审

需要开展新的PRA，或修订PRA，可能是由下列原因引起：

—— 需要在国家层面开展对植物卫生法规、要求或操作规程进行复审。
—— 制定官方控制计划（如围绕认证计划），以避免RNQPs对栽培植物造成不可接受的经济损失。
—— 其他国家或国际组织提出评估建议。
—— 引入新体系、步骤和程序，得到新信息，而它们可能会影响先前的决策（如有新的监控结果，重新处理或取消处理，出现新的诊断方法）。
—— 植物卫生措施引起国际争端。
—— 一个国家的植物卫生情况发生了变化，或者国界发生了改变。

在这里，如果有害生物已经确定，则需要记录相关情况，并进入PRA第二步。

如果贸易早已开展，除非经过PRA证明必须实施必要的紧急措施，否则不得再采取新的措施。

1.1.4 确定以前未知的有害生物

在下列情况下，开展PRA时，需要将某种生物考虑进去：

—— 准备进口新的植物物种、品种，用于栽培、美化或改善环境。
—— 打算进口生物防治材料或其他有益生物，并准备释放到自然界中。
—— 某种生物定名还不完整、描述还不准确，或难于鉴定。
—— 准备进口生物，用于研究、分析或其他目的。
—— 准备进口活体改良生物（LMO）且打算释放到自然界中。

在这种情况下，需要确定生物是否为有害生物，并按本标准相关指导（见第1.2项），确定是否进入PRA第二步。

1.2 确定某种生物为有害生物

有时候用术语进行预选或筛选，这些术语包含在PRA先前的步骤中，该步骤就是要确定某种生物是否为有害生物。

对生物的分类鉴定，必须详细具体，因为这些生物学及其他相关信息就是对应着该生物的。如果该生物定名还不完整，或者描述不全面，如果要确定其为有害生物，则至少要表明它是可以分类的，且肯定会对植物或植物产品造成为害（如形成为害症状、降低生长率、降低产量或造成其他损失），能够传播或扩散。

在PRA中，生物的分类单元通常是种。如果采用高于或低于种的分类单元时，就需要有可靠的科学根据。当用低于种级分类单元进行分析时，应该明确指出这些生物的显著差异，如毒性、对杀虫剂的抗性、对环境的适应性、其寄主范围以及可否作为媒介生物。

如果发现该生物具有有害生物特性的一些预兆性标志，就意味着它可能是一种有害生物，因此就要针对这些标志，进行检查；如果没有发现这些标志，说明该生物不是有害生物，因而分析到此结束，然后记录下分析确定的根据。

下面这些标志需要加以考虑：
—— 该生物以前有过在新区成功定殖的历史记录。
—— 该生物具有植食性特征。
—— 在未弄清该生物的相关原因之前，经监测发现它为害植物、伤害有益生物等。
—— 所在的分类单元（科、属）里包含有已知的有害生物。
—— 成为有害生物的媒介生物。
—— 对植物有益的非目标生物（如传粉昆虫、害虫的捕食天敌）产生不利影响。

尤其是在分析植物、生物防治材料和其他有益生物时要特别注意，因为这些生物或者定名不完整，或者描述不全面，难于鉴定；或者是有意进口的生物，以及LMOs。对遗传改良型植物（LM-Plant）的分析，参见第1.2.4项。

1.2.1 有害植物

千百年来，植物在国家与国家之间、大陆与大陆之间进行人为传播，为了栽培、美化或改善环境，新植物及其品种，一直在不断进口。一些植物物种或栽培品种，不仅远远超过其自然扩散能力，而且从最初的释放地蔓延并侵入到未曾预料到的栖息地，诸如耕地、天然栖息地和半天然栖息地，成为了有害生物。

有害植物可能不是有意被传入到某个国家的，如在种子、谷物或饲料、羊毛、土壤、机械、设备、运输工具、集装箱或压舱水中混入的杂草籽。

有害植物影响其他植物，可以通过与它们竞争水源、光照、矿物质等，或者直接寄生于植物上，从而抑制其生长，甚至将它们毁灭。进口植物如杂交品种，可以影响栽培植物种群，也可以影响野生植物群落，并因此成为有害生物。详情请参考ISPM 11:2004相关文本。

某种植物在PRA地区是否成为有害植物的标志，是已有文献记录过它是有害生物。有些内在特征也表明它可能成为有害生物，这些情况包括：
—— 能适应广泛的生态环境。
—— 同植物的竞争能力强。
—— 繁殖力强。
—— 能够建立永久的土壤—杂草储藏库（soil-seed bank）。
—— 繁殖体的活动能力强。
—— 产生植物相克（异种克生 allelopathy）现象。
—— 有寄生能力。
—— 有杂交能力。

然而，需要说明的是，不具备上述特征的植物亦能成为有害生物，但需要花费很长时间去进行观察，才能得到所引进的新植物是否成为有害生物的证据。

1.2.2 生物防治材料及其他有益生物

生物防治材料及其他有益生物，对植物是有益的，所以，在开展PRA时，主要关注其对非目标生物的潜在为（危）害[①]。关注内容包括：

---

① ISPM 3:2005建议NPPO应该待生物防治材料或其他有益生物在进口或释放前开展PRA

—— 有益生物培养基可能污染其他生物，这个培养基就成为传播有害生物的传入途径。
—— 如果需要采取扑灭措施，处理设施是否可靠。

1.2.3　未曾完整描述或难于鉴定的生物

如果有些生物标本（在进口货物中截获的，或者在监督时发现的）损坏了，或其发育世代无法鉴定，从而致使定名不完整，描述不全面，难于鉴定。在这种情况下，要决定是否采取植物卫生行动，采取哪种植物卫生措施，其根据就是 PRA 信息，尽管它尚有限。对此，建议应该将标本保存好，以便在收集到参考资料后，做进一步的鉴定。

1.2.4　活体改良生物（LMO）

LMOs（Living modified organisms）是一类采用遗传材料的新组合，包括采用现代生物技术，可表达一种或多种新的或改良性状的生物。对于 LMO 的 PRA，包括以下内容：

—— 植物，用于农业、园艺、林业、土壤的生物改良、工业、医药制剂（如强化维生素含量的 LMO 植物）。
—— 生物防治材料及其他有益生物，改良后可提高其性能。
—— 有害生物，改良后改变其致病性。

经过改良后，生物体可能表现出有害生物习性的新特征，而未改良前其受体、供体或相似生物体没有这种特征。在作风险分析时，需要考虑以下因素：

—— 是否增加了定殖潜力和扩散潜力。
—— 插入基因序列后，产生了能独立生存的生物，但这种后果不是蓄意制造的。
—— 将基因序列插入到它的驯化近亲或野生近亲后，这些生物可以充当媒介生物，从而增加了它们成为有害生物的风险。
—— 将有害基因序列插入到近亲后，增加了这些改良植物充当媒介生物的潜能。

在做 PRA 时，大多关心表现型，而不是基因型。但是，在分析 LMOs 时，应该考虑基因型特征。关于 LMO 的预兆性标志，大多是下列内在特征：

—— 与有害生物表现型有相似性，或与它们有遗传关系。
—— 传入习性改变，如适应性改变，导致传入潜力或扩散潜力增强。
—— 表现型和基因型表现出不稳定性。

要鉴定 LMOs，涉及的相关信息包括：受体和供体生物的分类地位、媒介特征、遗传改良性状、基因序列、基因在受体染色体中的插入位点等。

关于 LMOs 风险分析，详见 ISPM 11:2004 附录 3。通过 PRA，可以确定 LMOs 是否为有害生物，然后进一步评估有害生物风险。

1.2.5　进口特殊用途的生物

当要求进口某种有害生物，用于科研、教学、工业或其他目的，应该明确它的种类名称。根据该生物或其近缘生物的相关信息，判定其是否为有害生物。如果被判定为有害生物，则需继续进行有害生物风险评估。

1.3　确定 PRA 地区

PRA 地区，要确定清楚。它可以是一个国家、一个国家的一部分，几个国家的一部分。尽管可以广泛收集信息，但定殖、扩散和经济损失应该是针对 PRA 地区的。

在 PRA 第二步，还要确定受威胁地区。但在第三步，如果符合技术合理性，不违反非歧视性原则，这个规定区域可以比受威胁地区范围大。

1.4　先前的 PRA

在开展新的 PRA 之前，应该确定该生物、有害生物或传入途径是否符合先前的 PRA。但是由于情况和信息已经发生变化，现行的 PRA 是否仍然有效，需要加以验证。其所对应的 PRA 地区，亦需要进行确认。

尤其是在某种有害生物的信息不全或缺失时，可以采用类似的生物、有害生物或传入途径进行分析。如果有其他综合信息，如同种生物或近缘生物对环境损害的评估信息，亦可以采用这种方法，也非常有用，但它不能代替PRA。

1.5 起始 结论

在PRA第一步结束时，所关注的有害生物、传入途径和PRA地区均已确定。相关信息已经收集，需要进一步评估的有害生物得以确定，这些有害生物可以只是有害生物，也可以将它们与传入途径相关联。

如果未被确定为有害生物或传入途径，则不需要进行风险评估。但是这些决定和根据都应该记录下来，且要适时沟通。

如果生物是有害生物，则进入PRA第二步。对应着某个传入途径，会得到一个有害生物名录，在评估时，可以根据其相似的生物学习性，按类进行分析，也可以单个地进行分析。

如果PRA只是要确定有害生物是否可规定为检疫性有害生物，可以直接进入有害生物风险评估ISPM 11:2004（PRA第二步）的归类步骤。这个确定标准如下：

——在PRA地区未发生，或虽已发生但发生未广，且已经或将要在官方的控制之下；
——在PRA地区对植物及其产品构成潜在危害；
——在PRA地区具有潜在的定殖潜力和扩散潜力。

如果只是确定某种有害生物是否为规定非检疫性有害生物（RNQPs），可以直接进入有害生物风险评估ISPM 21:2004（PRA第二步）的归类步骤。这个判定标准是：

——在PRA地区已发生，已经或将在官方控制之下；
——在PRA地区，栽培植物是有害生物的传入途径；
——在PRA地区，对栽培植物的预期用途造成不可接受的经济损失。

2 PRA 第二、第三步概述

2.1 相关标准

PRA关于有害生物的归类内容，分布在各ISPMs中，现归纳于表1内。由于情况发生变化，技术更新，要求制定新标准等，亦需要对旧标准进行修订。

表1 与ISPM 2相关的标准

ISPMs	名　称	包含的PRA内容
ISPM 11:2004	检疫性有害生物风险分析，包括对环境风险和活体改良生物的分析	对检疫性有害生物，PRA的具体指导包括： ——第一步：起始① ——第二步：有害生物风险评估，包括对环境风险和LMO的评估 ——第三步：有害生物风险管理
ISPM 21:2004	规定非检疫性有害生物风险分析	对规定非检疫性有害生物，PRA的具体指导包括： ——第一步：起始① ——第二步：主要对栽培植物是否为主要侵染源、其对预期用途造成的经济损失的有害生物风险评估 ——第三步：有害生物风险管理
ISPM 3:2005	生物防治材料及其他有益生物体的出口、运输、进口和释放准则	对生物防治材料和有益生物的有害生物风险管理的具体指导②

---

① 在ISPM 11:2004、ISPM 21:2004和修订前的ISPM 2中，分别对PRA第一步关于QP和RNQP做过指导；
② ISPM 3:2005又对PRA第一步做了更详细的指导，包括向有关方提供必要信息、文件，加强交流等

2.2 PRA 第二步概述：有害生物风险评估

本步骤包括以下几步：

—— 有害生物归类：分别确定有害生物是检疫性有害生物（QP），还是规定非检疫性有害生物（RNQP）；

—— 对传入和扩散进行评估；

· 候选为检疫性有害生物的：确定受威胁地区，评估其传入和扩散可能性；

· 候选为 RNQP 的：评估栽培植物是否成为或将可能成为有害生物的主要侵染源，并与其他地区的侵染源进行比较；

—— 评估经济损失；

· 候选为检疫性有害生物的：评估经济损失，包括环境损害；

· 候选为 RNQP 的：评估在 PRA 地区对栽培植物预期用途的潜在经济损失，包括对侵染阈值和容许量水平的分析；

—— 结论：通过对传入、扩散、检疫性有害生物的潜在经济损失和规定非检疫性有害生物的不可接受的经济损失的评估，得出有害生物风险评估的全面结论。

根据评估结果，确定是否必须进入第三步——有害生物风险管理。

2.3 PRA 第三步概述：有害生物风险管理

第三步，就是要确定植物卫生措施（单个措施或综合措施），将风险降低到可接受水平标准。如果有害生物风险是可接受的，或者措施不可行（如有害生物自然扩散），则采取这些植物卫生措施就不合理。然而，尽管如此，缔约方可能还是要求维持低风险水平标准，根据有害生物的风险情况，开展监督或审查，以确保能应对将来在风险确定后可能出现的变化情况。

本步的结论是：是否需要采取适当的植物卫生措施，将有害生物风险降低到可接受水平标准。而且这些措施要有效、划算（有成本效益）、可行。

除了表 1 中所罗列的有关 PRA 的一些标准外，还有其他标准提供了关于有害生物风险管理的具体技术指导。

3 PRA 的共性问题

3.1 不确定性

不确定性，是风险分析中的重要内容，因此，在开展 PRA 时，不仅要承认这一点，而且要将此记录在案。对于某个 PRA 而言，其不确定性可能来自：信息缺失、信息不完整、数据前后不一致或自相矛盾、生物系统的天然差异、分析过程中的主观性以及取样的随机性等原因。这些不确定性原因、来源以及有害生物携带者不表现出症状等，均可能带来一定风险。

在分析过程中出现不确定性的性质及不确定度，都应该建立文件档案，并要与相关各方进行沟通。分析结果是否为专家判定，亦需要加以注明。如果要加强植物卫生措施，建议将不确定因素考虑进去，以便将来加以补偿，并做好记录。建立不确定性档案，不仅有助于提高透明度，而且可以用来确定是否需要开展研究，以及要开展研究的优先顺序。

由于不确定性是 PRA 的内在属性，因此，需要适时监控植物卫生状况，因为这些措施所来源的相关法规，是根据某个特定的 PRA 以及对先前决策的评估结果而制定的。

3.2 信息收集

在开展 PRA 过程中，应该将所得出建议及结论的相关信息，加以收集，进行分析。科学文献和技术信息，如调查数据、截获数据都与之密切相关。因为在分析过程中，如果信息缺乏，则需要再进一步咨询或研究；当信息不充分时，或者只有非决定性信息时，则需要求助于专家作出判定。

加强信息合作，提供信息和信息咨询，可以借助官方咨询点，这是 IPPC 对各成员规定的一项义务（见 IPPC 第八条第 1 款第 c 项和第 2 款）。如果一方要向另一方提出咨询，应该尽可能提得具体些，而且仅限于风险分析所必需的信息。为了适时开展风险分析，也可以从其他机构获取相关信息。

3.3 文件

根据透明度原则，各缔约方应该通报其采取植物卫生措施的技术合理性，所以，PRA 文件一定要完备。

—— 通用 PRA 程序文件。

—— 每个具体的 PRA 文件。

3.3.1 通用 PRA 程序文件

NPPO 应该优先建立通用 PRA 程序及标准文件。

3.3.2 每个具体的 PRA 文件

对于每个具体 PRA 分析的全过程，包括从起始到有害生物风险管理措施的提出，都应该建立完整的文件档案，以便能清楚说明管理决策的信息来源、决策的根据。但是，PRA 不必搞得太长、太复杂。如果几步就能完成，并可以得出合理结论，言简意赅，足矣。

需要记录的主要内容包括：

—— 开展 PRA 的目的。

—— 生物学名。

—— PRA 地区。

—— 该生物的生物学特性及危害能力。

—— 如果是检疫性有害生物，记录：有害生物、传播途径和受威胁地区。

—— 如果是 RNQPs，记录：有害生物、寄主、植物/植物部分/植物类、侵染源和植物的预期用途。

—— 信息来源。

—— 不确定性的性质和不确定度，以及对不确定性的补偿方法。

—— 如果始于传入途径的分析，记录：商品种类、有害生物名录归类。

—— 经济损失，包括环境损害。

—— 有害生物评估结论（可能性及结果）。

—— 结束 PRA 的决定及其根据。

—— 有害生物风险管理：植物卫生措施确定、评估及推荐。

—— 完成时间及负责分析的 NPPO，尽可能包括作者姓名、其他协助人员及评审人员。

其他可能记录的还有[①]：

—— 特别需要对拟提出的植物卫生措施的效果进行监督；

—— 在 IPPC 管辖范围之外的危害及与其他机构的联络情况。

3.4 风险交流

风险交流，通常是一个相互认可的过程，允许 NPPO 和利益相关者之间进行信息交流。这不是一个单向的信息交流，或者只是让利益攸关者知道风险状况，而是让科学家、利益攸关者和政治家协调观点，诸如此类，以便于：

—— 对有害生物风险达成共识。

—— 制定可靠的有害生物风险管理措施方案。

—— 制定应对有害生物风险的可靠且协调一致的法规和政策。

—— 提高对植物卫生有关问题的认识。

当 PRA 结束后，应该将降低风险的拟议措施和不确定性，与利益或权益攸关者进行沟通，其包括相关缔约方、RPPOs 及 NPPOs 等。

---

① ISPM 3:2005 列出了该类有害生物的其他文件要求

根据 IPPC 第七条第 2 款第 b 项的规定，当 PRA 完成后，要实施相应的植物卫生要求、采取限制或禁止措施，如果会对其他缔约方造成直接影响，就应该立即向他们通报。同时，应其要求，应该向各缔约方通报所采取措施的根据（见 IPPC 第七条第 2 款第 c 项）。

在 PRA 完成之后，如果这些植物卫生要求、限制及禁止措施不被采纳，也鼓励做出通报。

鼓励 NPPOs 向其他有关机构通报有害生物风险之外的其他危害（如与人类及动物健康有关的危害）。

3.5 PRA 一致性

建议 NPPO 在开展 PRA 时，力求保证它们的一致性。一致性的好处是多方面的，包括：

—— 有利于遵守非歧视性原则和透明度原则。

—— 增强对 PRA 的认知度。

—— 提高完成 PRA 工作和数据管理的效率。

—— 提高对类似产品或有害生物 PRA 的可比较性，反过来又有助于制定、实施类似或等效的管理措施。

一致性还可以帮助细化诸如一般性的决策标准、程序步骤，对 PRA 人员的培训，以及对 PRA 草案的复审等工作。

3.6 避免不适当拖延

如果其他缔约方直接受到影响，NPPO 应该根据要求向他们提供每个 PRA 的完成情况，如果可能，最好有个任务完成时间表，从而避免造成不适当的拖延（见 ISPM 1:2006 第 2.14 项）。

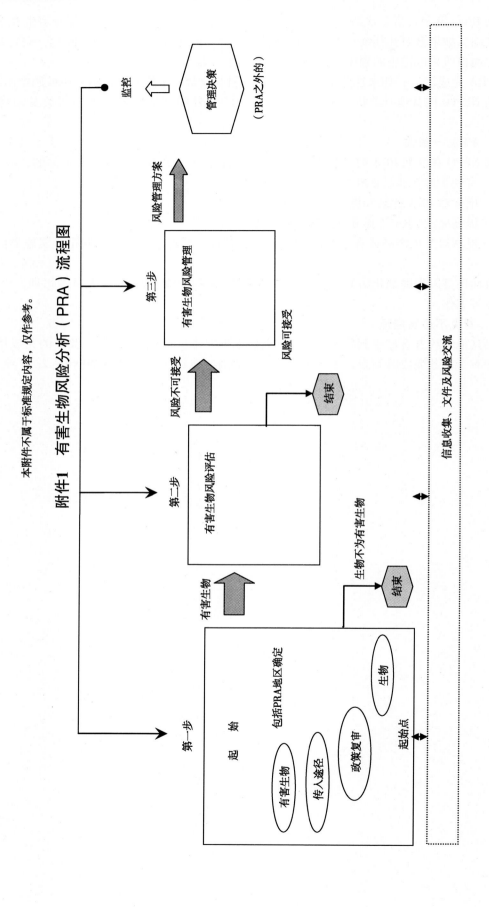

附件1 有害生物风险分析（PRA）流程图

植物卫生措施国际标准 ISPM 3

生物防治材料及其他有益生物出口、运输、进口与释放准则

GUIDELINES FOR THE EXPORT, SHIPMENT, IMPORT AND RELEASE OF BIOLOGICAL CONTROL AGENTS AND OTHER BENEFICIAL ORGANISMS

（2005 年）

IPPC 秘书处

© FAO 2011

发布历史

本部分不属于标准正式内容。

1991-09 EWG developed draft text

1992-05 TC-RPPOs added topic Code of conduct for the import and release of biological control agents (1992-001)

1992-05 TC-RPPOs revised draft text and approved for MC

1993 Sent for MC

1994-05 CEPM-1 revised draft text and requested draft completion

1995-05 CEPM-2 revised draft text for adoption

1995-11 28th FAO Conference adopted standard

ISPM 3. 1995. Code of conduct for the import and release of exotic biological control agents. Rome, IPPC, FAO.

2000-05 ISC-1 added topic Revision of ISPM No. 3 (2000-001)

2001-05 ISC-3 approved Specification 4 Revision of ISPM No. 3

2002-04 ICPM-4 added topic

2002-12 EWG revised standard

2003-04 ICPM-5 noted high priority topic

2003-05 SC-7 revised standard and requested CAB (Caribbean and Latin American Regional Centre) expert review

2003 CAB review submitted (Bio control news and Information 2003 vol. 24)

2004-04 SC revised standard and approved for MC

2004-06 Sent for MC

2004-11 SC revised standard for adoption

2005-04 ICPM-7 adopted revised standard

ISPM 3. 2005. Guidelines for the export, shipment, import and release of biological control agents and other beneficial organisms. Rome, IPPC, FAO.

2010-07 IPPC Secretariat applied ink amendments as noted by CPM-5 (2010)

2011年8月最后修订。

目 录

批准

引言

范围

参考文献

定义

要求概述

背景

要求

1 负责机构设置及其一般责任

1.1 各缔约方

1.2 一般责任

2 有害生物风险分析

3 进口前缔约方的责任

3.1 进口缔约方的责任

3.2 出口缔约方 NPPO 的责任

4 进口商进口前的文件责任

4.1 关于目标有害生物的文件要求

4.2 关于生物防治材料或其他有益生物的文件要求

4.3 关于潜在危害和紧急预案的文件要求

4.4 关于检疫研究用生物材料的文件要求

5 出口商的责任

5.1 对大规模释放生物的具体责任

6 进口缔约方 NPPO 或其他负责机构的责任

6.1 检查

6.2 检疫

6.3 释放

7 NPPO 或其他负责机构在释放前、释放时和释放后的责任

7.1 释放

7.2 文件

7.3 监控及评估

7.4 紧急预案

7.5 交流

7.6 报告

批准

本标准首次于 1995 年 11 月在 FAO 第 28 次会议上批准，名称为：外来生物防治材料的进口和释放操作规程。现行标准 ISPM 3:2005 为第一个修订版，于 2005 年 4 月经植物卫生措施临时委员会（ICPM）批准。

引言

范围

本标准[①]为出口、运输、进口和释放生物防治材料和其他有益生物的风险管理提供准则。它规定了 IPPC"各缔约方"、NPPOs、其他负责机构、进口商、（本标准规定的）出口商的相关责任。标准强调的是具有自我复制能力的生物体（如拟寄生物、捕食者、寄生物、线虫、植食性生物及植物病原体如真菌、细菌和病毒），包括不育昆虫及其他商业性生物（如菌根和传粉昆虫），也包括封装的或配制的商业制品。标准还涉及那些用于检疫研究目的的外来生物防治材料及其他有益生物。

本标准不包括活体改良生物（LMOs），也不涉及需要登记的生物杀虫剂和防治脊椎动物有害生物的微生物制剂。

参考文献

CBD. 1992. *Convention on Biological Diversity.* Montreal, CBD.

IPPC. 1997. *International Plant Protection Convention.* Rome, IPPC, FAO.

ISPM 2. 2007. *Framework for pest risk analysis.* Rome, IPPC, FAO.

ISPM 5. *Glossary of phytosanitary terms.* Rome, IPPC, FAO.

ISPM 11. 2004. *Pest risk analysis for quarantine pests including analysis of environmental risks and living modified organisms.* Rome, IPPC, FAO.

ISPM 12. 2001. *Guidelines for phytosanitary certificates.* Rome, IPPC, FAO.

ISPM 17. 2002. *Pest reporting.* Rome, IPPC, FAO.

ISPM 19. 2003. *Guidelines on lists of regulated pests.* Rome, IPPC, FAO.

ISPM 20. 2004. *Guidelines for a phytosanitary import regulatory system.* Rome, IPPC, FAO.

定义

本标准引用的植物卫生术语定义，见 ISPM 5（植物卫生术语表）。

要求概述

本标准旨在加强生物防治材料或其他有益生物出口、运输和进口安全，确立各缔约方、NPPOs、其他负责机构、进口商和出口商的责任。

各缔约方或者其他指定机构，应该考虑对出口、运输、进口和释放生物防治材料或者其他有益生物，采取适当的植物卫生措施，并在必要时签发进口许可证。

根据本标准规定，NPPO 或其他负责机构应该：

—— 在有害生物防治材料或其他有益生物进口、释放前开展 PRA 工作。

—— 确保在进口时符合进口缔约方的各项植物卫生要求。

—— 能适当获取、提供和评估关于有害生物防治材料或其他有益生物出口、运输、进口和释放

[①] 各缔约方在享有其他国际协定的权力、履行义务时，不受本公约制约。其他国际公约如生物多样性公约，一并有效。

的相关文件。
——确保生物防治材料或其他有益生物，直接送到指定的检疫设施或大规模饲养设施中进行饲养，或者如果允许，直接释放到环境中。
——鼓励在生物防治材料或其他有益生物释放后进行监测，以便评估其对目标生物或非目标生物的影响。

要求出口商，确保每批进口的生物防治材料或其他有益生物，符合进口缔约方的植物卫生要求和国际协定、包装安全，以及提供必要的文件。

要求进口商，向进口缔约方的NPPO或者其他负责机构，提供关于有害生物防治材料或其他有益生物与目标有害生物相关的必要文件。

背景

为了确保防止植物及其产品有害生物的扩散及传入，共同采取有效行动，适当提高控制措施（见IPPC第一条，1997）。因此，IPPC对能够尤其是通过国际运输方式滋生或传播植物有害生物的，也做出了规定（见IPPC第一条，1997）。

根据IPPC第七条第1款，对进口有害生物防治材料或其他有益生物的规定如下：

为了防止规定有害生物传入和/或扩散，进口缔约方有权根据切实可行的国际协定，对进口植物、植物产品和其他规定应检物做出规定。为达到此目的，可以：

（c）限制或禁止规定有害生物进入其领土。

（d）限制或禁止生物防治材料或其他有益生物进入其领土。

在ISPM 20:2004第4.1项中，关于进口生物防治材料的规定是：

"可能成为规定应检物的进口商品，包括那些可能被规定有害生物侵染或感染的商品，"如：

——有害生物及生物防治材料。

本修订版提供了相关植物卫生措施准则，也提供了安全使用生物防治材料或其他有益生物的准则。在某些情况下，这些准则的使用范围可以超过IPPC规定的范畴，如标准中的"安全"一词，含义广泛，这里是指将其他非植物卫生的负面影响降到最低。引进新的生物防治材料，可能主要影响到非目标生物，但它可能对植物造成为害，或者影响栖息地或生态系统中植物的健康，从而产生植物卫生问题。当然，这并不意味着它改变了IPPC所规定的范围和义务，也不是对其他ISPMs标准的细化。

本修订版沿用了ISPM 3:1995的结构，其主要内容是关于使用生物防治材料或其他有益生物时的风险管理问题。现在公认的关于PRA的标准（ISPM 2:2004和ISPM 11:2004），规定了对生物防治材料或其他有益生物开展有害生物风险评估的基本步骤，尤其是ISPM 11:2004，涉及对环境的风险评估，这里面就包括生物防治材料的使用问题。

IPPC重视国际上通行的环境保护准则（见导言），其目的在于促进植物卫生措施的正确应用（见第一条第1款）。在按照本标准或其他标准，开展有害生物风险分析、制定和实施相关植物卫生措施时，各缔约方应该更加关注在生物防治材料或其他有益生物释放后对环境造成的影响[①]上（比如对非目标无脊动物的影响）。

本标准在大多数情况下，是假定生物防治材料或其他有益生物本身是一种潜在的有害生物，从而按IPPC第七条第1款第c项的规定，各缔约方可以采取限制或者禁止规定有害生物传入其领土内的措施。在某些情况下，生物防治材料或其他有益生物，可以充当植物有害生物的媒介生物或传播途径，如重拟寄生物、重寄生物和昆虫病原体。这样，生物防治材料或其他有益生物，就属于IPPC第七条第1款和ISPM 20:2004中的规定应检物。

制定本标准的目的

---

① 应该适当考虑国际上在环境风险分析领域的专家的意见、办法及其工作

目的是：
—— 为了加强生物防治材料或其他有益生物的出口、运输、进口和释放安全，给所有公共或私人机构提供准则，尤其是为无相关法规的国家开展立法工作提供准则。
—— 对进出口缔约方的合作规定如下：
- 使用生物防治材料或其他有益生物获得了利益，但其副作用要降低到最小。
- 在使用（生物防治材料或其他有益生物）时，由于采取了适当的控制措施，确保了使用的有效性和安全，对环境的风险降低到最小。

因此，准则规定：
—— 鼓励负责任的贸易行为。
—— 协助各国制定法规，加强对生物防治材料和其他有益生物的控制、评估和使用安全。
—— 为生物防治材料或其他有益生物的出口、运输、进口和释放安全提供风险管理意见。
—— 促进生物防治材料或其他有益生物的安全使用。

要求

1 负责机构设置及其一般责任

1.1 各缔约方

各缔约方应该遵照相关植物卫生措施和程序，设立与其能力相一致的权力机构（通常是NPPOs），负责生物防治材料或其他有益生物的出口证书管理，规定进口和释放要求。

各缔约方应该就生物防治材料或其他有益生物的出口、运输、进口和释放，制定实施适当的植物卫生措施规定。

1.2 一般责任

NPPO或其他负责机构，应制定执行本标准的实施程序，包括对第4项规定的相关文件的评估。

NPPO或其他负责机构应该：
—— 在生物防治材料或其他有益生物进口和释放之前，事先开展有害生物风险分析。
—— 确保符合进口缔约方的法规要求。
—— 提供并评估生物防治材料或其他有益生物出口、运输、进口和释放的相关文件。
—— 确保生物防治材料或其他有益生物，直接送到指定的检疫设施或大规模饲养设施中饲养，或者直接释放到环境中。
—— 确保出口商和进口商履行其义务。
—— 要考虑到可能对环境造成的影响，如对非目标无脊椎动物的影响。

NPPOs或其他负责机构，彼此应该沟通，就以下问题相互协调：
—— 生物防治材料或其他有益生物的特性。
—— 风险评估，包括环境风险评估。
—— 运输过程中的标识、包装和储藏管理。
—— 分发和搬运程序。
—— 销售及贸易。
—— 释放。
—— 执行情况评估。
—— 信息交流。
—— 发生的意外和/或为害事件，包括所采取的补救行动。

2 有害生物风险分析

进口缔约方NPPO，应该确定对哪种生物开展PRA。NPPO或其他负责机构也可以负责确保其国内法规符合进口缔约方的要求，但这不属 IPPC 规定的义务。

在开展 PRA 时，不但应该遵照 ISPM 2:2007 和/或 ISPM 11:2004 第二步的规定，还应该考虑到不确定因素和对环境的潜在风险。此外，各缔约方在开展有害生物风险评估时，也应考虑到可能对环境造成的影响，如对非目标无脊椎动物的影响。

大多数缔约方，要求在进口前完成 PRA 工作。按照 ISPM 20:2004 规定，通过 PRA 才能确定规定有害生物名录，并对其采取植物卫生措施。但在实际工作中，对于某种拟议生物的 PRA 工作，可能在进口前尚未完成，那么应该在释放前完成（见第 7 项）。然而，进口的生物防治材料或其他有益生物，在释放前，将要放置在安全可靠的设施内进行研究和评估，因而也可以进口。ISPM 20 也规定，用于科研目的而进口生物防治材料或其他有益生物，各缔约方可以做出特殊规定，在确保安全的情况下，允许进口。为了进口需要，NPPO 应该按 ISPM 11:2004 的要求，在释放前做好一份完整的 PRA 报告。如果能确认其不存在植物卫生风险，就可以参照其他相关机关所采取的可行行动。

为了确保进口生物防治材料或其他有益生物的 PRA 结论的准确性和可靠性，在出口缔约方深入开展科学调查是十分重要的。如果条件允许，NPPO 或其他负责机构，可以根据相关程序和规定，与出口缔约方共同开展合作调研。

3 进口前缔约方的责任

3.1 进口缔约方的责任

进口缔约方及其 NPPO 或相关负责机构应该：

3.1.1 加强通报并遵守本标准，要对生物防治材料和其他有益生物的进口、运输和释放管理，制定必要的植物卫生措施，并按规定有效实施。

3.1.2 评估进口商提供的目标有害生物、生物防治材料或其他有益生物的相关文件，确定其是否达到可接受水平标准（见第 4 项）。各缔约方应该根据所做的风险评估，就生物防治材料进口、运输、检疫设施（包括对研究机构设施的批准、扑灭及处理等植物卫生措施）或释放，制定出适当的植物卫生措施。如果这些生物防治材料或有益生物在本国已经存在，规定可能只要求它们不会造成污染或侵染，或保证它们与本地物种进行杂交后不会导致新的植物卫生风险。因此，这或许要求限制其大规模释放。

3.1.3 出口缔约方、出口商和进口商签署相关文件[①]，表明将严格遵守相关要求。如果适当，这些要求可能包括：

—— 签发随附的许可文件（进口许可或许可证）。
—— 签发植物卫生证书（按 ISPM 12:2001）。
—— 特定的认证文件。
—— 在检疫其间对生物体进行权威鉴定并提供参照标本。
—— 对生物防治材料或其他有益生物的来源作详细说明，如果适当还包括相关原产地和/或生产点等。
—— 采取预防措施，避免它们可能带有天敌，并出现污染或侵染问题。
—— 对运输或储藏期间的包装要求。
—— 包装处理程序。
—— 对文件内容的验证方法。
—— 对货物的验证方法。
—— 包装开封条件。
—— 指定的进境口岸。

---

① 其他国际协定对进口生物防治材料或其他有益生物的规定（如生物多样性公约）

—— 收货人或机构名称。
　　—— 对存放生物防治材料或其他有益生物的设施的要求。
　　3.1.4　确保适时建立下列程序文件档案：
　　—— 有害生物风险分析。
　　—— 进口生物（名称、原产地和日期）。
　　—— 培育、饲养或繁殖。
　　—— 释放（数量、日期和地点）。
　　—— 其他相关数据。
　　在保护知识产权的同时，应该尽可能将上述记录向科学团体或公众开放。
　　3.1.5　要确保货物进境及必要的检疫处理在检疫设施中进行。如果进口缔约方没有安全的检疫设施，若进口国同意，也可以经由第三方（国）检疫站进口。
　　3.1.6　通过 PRA，可考虑到随生物防治材料或有益生物传入其他生物的风险。因此这些植物卫生措施（注意：必须记住必要性和影响最小原则），包括在释放前，对它们进行检疫饲养的时间不得少于一个世代，以便于纯化和确认它们是否不带有重寄生物、病原体及其他有害生物，也为权威鉴定提供根据，这对源于野生种群的生物防治材料或其他有益生物，尤为重要。
　　3.1.7　保存好进口生物防治材料或其他有益生物的权威鉴定标本材料（应该尽量保存寄主材料）。如果可能，最好保存系列标本，以示其适应自然变异。
　　3.1.8　一旦应用不育技术对不育昆虫进行标记，便可以区分野生种群。
　　3.1.9　通过（符合必要性和影响最小原则）有害生物风险分析（PRA），实现了首次进口和释放，那么再次进口同样的生物防治材料或其他有益生物时，可以考虑部分或全部免除进口要求。生物防治材料或其他有益生物的进口许可名录、禁止进口名录应该予以公布。如果适当，禁止生物防治材料名录，应该包括在（各缔约方按 IPPC 和 ISPM 19:2003 规定制定和更新的）规定有害生物名录中。

3.2　出口缔约方 NPPO 的责任

　　如果把生物防治材料或其他有益生物当作潜在有害生物或植物有害生物的传播途径，则出口缔约方 NPPO，应该确保其符合进口国的进口植物卫生要求，并其按 ISPM 12:2001 规定签发植物卫生证书。
　　如果进口缔约方对进口生物防治材料或其他有益生物没有法规方面的要求，应该鼓励其 NPPO 遵守本标准的基本要件。

4　进口商进口前的文件责任

4.1　关于目标有害生物的文件要求

　　在生物防治材料或其他有益生物首次进口前，进口商应该按照进口缔约方 NPPO 或其他负责机构的要求，提供相关信息。所有生物防治材料或其他有益生物，都要求提供目标生物的准确名称，一般为种名。如果引进生物防治材料，是用于控制有害生物的，还需要提供目标有害生物的相关信息，包括：
　　—— 其世界分布及可能的原产地。
　　—— 其已知生物学及生态学习性。
　　—— 其经济重要性和对环境的影响。
　　—— 围绕其使用的利与弊。
　　—— 已知目标有害生物的天敌、拮抗生物、其他生物防治材料和竞争者，是否在拟议释放地区或世界其他地区已经有分布，或者已使用过。
　　对所有生物防治材料或其他有益生物而言，进口缔约方 NPPO 或其他负责机构还可能要求提供关于 PRA 的其他相关信息。

4.2 关于生物防治材料或其他有益生物的文件要求

在首次进口生物防治材料或其他有益生物时，进口商应该向进口缔约方 NPPO 或其他负责机构提供文件，并随附适当的科学材料。这些材料包括：
—— 能准确鉴定生物的足够信息，一般至少到种。
—— 对其原产地、世界分布、生物学、天敌、重寄生及在分布区的为害情况的总体评述。
—— 其寄主范围（特别是已确认的寄主名录）和对非目标寄主的潜在危害。
—— 对其天敌、污染物及实验种群的杀灭方法进行描述。这包括，如何准确识别（生物防治材料）、必要时如何杀灭实验种群、处理饲养用寄主植物等。在运输前要采取何种植物卫生措施，也应该提供。

4.3 关于潜在危害和紧急预案的文件要求

首次进口生物防治材料或其他有益生物时，应该鼓励进口商向进口缔约方 NPPO 或其他负责机构提供如下文件：
—— 在实验室、生产和使用过程中，对生物防治材料或其他有益生物进行管理时，确认对人员的潜在健康危害，并对健康风险进行分析[①]。
—— 当生物防治材料或其他有益生物出现意想不到的有害特性时，其详细的现行紧急预案或程序。

4.4 关于检疫研究用生物材料的文件要求

在进口用于检疫研究的生物防治材料或其他有益生物时，进口商应该尽量提供上述第 4.1~4.3 项的信息。但是由于是在野外采集并用于研究目的，在初次运输之前，其准确分类、寄主范围、对非目标生物的影响、分布、生物学、在其分布区的为害情况等可能无法描述。因为这些信息，需要在对候选生物防治材料进行检疫研究后，才能确定。

关于与检疫设施有关的研究人员，应该提供下述情况：
—— 拟进口材料的特性。
—— 研究项目类型。
—— 检疫设施的详细情况（包括设施中工作人员的安全、能力和资质情况）。
—— 为防止这些生物防治材料或其他有益生物一旦发生逃逸，所采取的紧急预案。

在批准开展研究前，NPPO 或其他负责机构，可能要求提供上述信息。它们要对所提供的文件进行验证，对检疫设施进行检查，也可能要求做一些必要的改进。

5 出口商的责任

鼓励出口商确保：
—— 全部符合进口缔约方植物卫生法规或进口许可证中规定的进口植物卫生要求（参见第 3.2 项 NPPO 责任）。
—— 货物随附的全部文件。
—— 包装安全（防止逃逸）。
—— 不育生物已达到规定不育效果（比如，达到规定最低辐照剂量），还应该提供处理方法和不育指标。

5.1 对大规模释放生物的具体责任

进口商在进口大规模释放的生物防治材料或其他有益生物时，应该提供确保不超过进口缔约方 NPPO 或其他负责机构的可接受污染水平标准而采取的相关措施文件。

---

① 应该适当考虑国际上在人类健康风险分析领域中专家的意见、办法及其工作

6 进口缔约方 NPPO 或其他负责机构的责任

6.1 检查
核查文件（见第 3.1.5 项）后，应该在官方指定的检疫设施中进行检查。

6.2 检疫
NPPO 要确保生物防治材料或其他有益生物在检疫条件下进行饲养，如果适当（参见第 3.1.6 项规定），要求饲养一个必要的时期。

6.3 释放
当所有条件均已满足（特别是第 3 项的）要求，所需文件符合（第 4 项的）规定时，NPPOs 或其他负责机构，就可以允许让生物防治材料或其他有益生物直接释放出去。

7 NPPO 或其他负责机构在释放前、释放时和释放后的责任

在释放前，NPPO 或其他负责机构宜将释放的详细情况，向邻国通报，信息共享。还要向区域性植物保护组织（RPPO）通报。

如果在进口前未能按照 ISPM 2:2007 和/或 ISPM 11:2004 进行风险分析，就应该在释放前开展分析，并要考虑到标准中所规定的不确定因素。此外，在开展风险评估时，还要考虑到对环境的影响，如对非目标无脊椎动物的影响。

NPPO 或其他负责机构可以在不育昆虫释放前，验证不育技术的处理效果。

7.1 释放
NPPO 或其他负责机构，应该批准和审核生物防治材料或其他有益生物释放的官方要求，如要求只能在某个特定区域释放等。通过审核，可能会对进口和释放要求做出修改。

7.2 文件
NPPO 或其他负责机构，应该保存生物防治材料或其他有益生物在释放过程的所有文件，以便于追溯。

7.3 监控及评估
NPPO 或其他负责机构，可以对生物防治材料或其他有益生物的释放进行监控，以便就其对目标和非目标生物的影响进行评估，必要时，需采取应对措施。应尽量设置标识体系（如对不育昆虫）以便于区分，从而可以把它们与其在自然状态和环境中的情况进行比较。

7.4 紧急预案
进口缔约方 NPPO 或其他负责机构，负责制定紧急预案或程序，以便在必要时实施。

当发现问题（如出现意外危害事件），NPPO 或其他负责机构，应该考虑各种可行紧急行动，如果适当，将保证其落实，并将此情况向有关各方进行通报。

7.5 交流
NPPO 或其他负责机构，应该将生物防治材料或其他有益生物的正确使用方法，向当地用户、供应商、农民、农民组织或其他利益攸关者予以充分通报，并对他们进行培训。

7.6 报告
按照 IPPC 规定，缔约方应该履行报告义务，如某种生物防治材料或有益生物表现出有害生物特性时，理当如此。

植物卫生措施国际标准 ISPM 4

建立无有害生物区要求

REQUIREMENTS FOR THE ESTABLISHMENT
OF PEST FREE AREAS

(1995 年)

IPPC 秘书处

© FAO 2011

发布历史

本部分不属于标准正式内容。

1993-05 TC-RPPOs added topic Pest free areas (1993-001)

1993-05 EWG developed draft text

1994-05 CEPM-1 revised draft text and requested to provide sufficient details

1995-05 CEPM-2 revised draft text for adoption

1995-11 28th FAO Conference adopted standard

ISPM 4. 1995. Requirements for the establishment of pest free areas. Rome, IPPC, FAO.

2011年8月最后修订。

目　　录

批准

引言

范围

参考文献

定义

要求概述

1　对无有害生物区（PFAs）的一般要求

1.1　PFA 的确定

1.2　PFA 的建立和维持

1.2.1　建立无有害生物体系

1.2.2　维持无有害生物的植物卫生措施

1.2.3　检查验证无有害生物维持状况

1.3　文件及复审

2　对各类 PFA 的具体要求

2.1　整个国家

2.1.1　建立无有害生物体系

2.1.2　维持无有害生物的植物卫生措施

2.1.3　检查验证无有害生物维持状况

2.1.4　文件及复审

2.2　一个受局部侵染的国家中尚未受到侵染的地区

2.2.1　建立无有害生物体系

2.2.2　维持无有害生物的植物卫生措施

2.2.3　检查验证无有害生物维持状况

2.2.4　文件及复审

2.3　一个普遍受侵染的国家中尚未受到侵染的地区

2.3.1　建立无有害生物体系

2.3.2　维持无有害生物区的植物卫生措施

2.3.3　检查验证无有害生物维持状况

2.3.4　文件及复审

批准

本标准于 1995 年 11 月经 FAO 大会第 28 次会议批准。

引言

范围

本标准描述了无有害生物区 PFAs（Pest Free Areas）的建立及应用要求。无有害生物区作为风险管理措施，旨在为出口 PFA 地区的植物、植物产品及其他规定应检物提供植物卫生认证，或者为进口缔约方保护受威胁的 PFA 而采取植物卫生措施提供科学根据。

参考文献

FAO. 1990. FAO Glossary of phytosanitary terms. *FAO Plant Protection Bulletin*, 38（1）：5 – 23. ［current equivalent：ISPM 5］

IPPC. 1979. *International Plant Protection Convention.* Rome，IPPC，FAO. ［revised；now IPPC. 1997］

ISPM 1. 1993. *Principles of plant quarantine as related to international trade.* Rome，IPPC，FAO. ［published 1995］［revised；now ISPM 1:2006］

ISPM 2. 1995. *Guidelines for pest risk analysis.* Rome，IPPC，FAO. ［published 1996］［revised；now ISPM 2:2007］

ISPM 6. 1997. *Guidelines for surveillance.* Rome，IPPC，FAO.

WTO. 1994. *Agreement on the Application of Sanitary and Phytosanitary Measures.* Geneva，World Trade Organization.

定义

本标准引用的植物卫生术语定义，见 ISPM 5（植物卫生术语表）。

要求概述

"无有害生物区（Pest Free Area，PFA）"是指："科学证据表明特定有害生物未发生，且如果适当，该状况正由官方维持下的一个地区。"

PFA 由 NPPO 建立并应用。当从 PFA 出口植物、植物产品和其他规定应检物时，只要能达到一定要求，就不必再额外施加植物卫生措施。所以，无有害生物区状况资格，可以作为植物卫生认证的根据。在开展有害生物风险评估时，也可以将它作为确定某个地区有无规定有害生物的科学根据。当进口缔约方为了保护受威胁地区而采取植物卫生措施时，PFA 是判定其是否合理的重要因素。

尽管"无有害生物区"的含义广泛（可以是无有害生物区所在的一个国家，也可以是一个国家中因有害生物流行而只剩下的一个小地区）。但为了便于讨论，将 PFA 分为以下 3 类：

—— 整个国家。
—— 一个局部受侵染的国家中尚未受到侵染的地区。
—— 一个普遍受侵染的国家中尚未受到侵染的地区。

上述各种情况，均可能涉及多个国家，或者是其中一部分，或者就是全部。

PFA 的建立和维持，主要有以下 3 个要件或步骤：

—— 建立无有害生物体系。
—— 维持无有害生物的植物卫生措施。
—— 检查验证无有害生物维持状况。

这些要件特征，会随有害生物生物学、PFA 的类型和特点、植物卫生安全水平标准的不同而不同，需要由 PRA 来确定。为此，可采取如下方法：

—— 数据汇编。

—— 调查（确定有害生物边界、监测和监控）。
—— 管理控制。
—— 审核（复审及评估）。
—— 文件（报告、工作计划）。

1 对无有害生物区（PFAs）的一般要求

1.1 PFA 的确定

对 PFA 的划界，应该对应着有害生物的生物学，因为它影响到 PFA 的划界范围及类型。原则上，PFA 的划界应该与有害生物的发生密切相关。但实际上，通常是参照已公认的边界，并结合有害生物的生物学边界来划定。这些 PFA 边界，可能是一个行政区域边界（如国家、省或公社的边界），也可能是天然边界（如江河、大海、山脉和道路），还可能是清晰的产权边界。当然，由于错综复杂的原因，PFA 也可以建立在没有有害生物的区域内，这样就没有必要再划出精确的边界了。

1.2 PFA 的建立和维持

这里有三个要件，包括：
—— 建立无有害生物体系。
—— 维持无有害生物的植物卫生措施。
—— 检查验证无有害生物维持状况。
三个要件的特征因下列情况不同而不同：
—— 有害生物的生物学习性：
· 存活潜力。
· 繁殖率。
· 扩散方式。
—— PFA 的特征：
· 大小。
· 隔离程度。
· 生态环境。
· 同种性。
—— 根据所开展的 PRA，其风险评估所要求的植物卫生安全水平标准。

在植物卫生措施国际标准 ISPM 6:1997 和 ISPM 2:1995 中，对总体监督和具体调查作了进一步的详细规定。（编者注："总体监督"也译为"一般监督"）

1.2.1 建立无有害生物体系

无有害生物体系分两类。它们提供的数据是公认的，尽管情况多种多样，或者数据由两个体系组合而成，但均适用。这两个体系包括：
—— 总体监督体系。
—— 具体调查体系。

总体监督体系

它可以采用所有数据，包括诸如来自 NPPO，国家及地方政府机构、研究所、大学、科学团体（包括业余科学家）、生产商、顾问、博物馆及全体公众的信息资源。这些信息可以从下述渠道获得：
—— 科学及贸易杂志。
—— 未公开发表的历史数据。
—— 同时代的观察报告。

具体调查体系

包括监测调查或划界调查。这属于官方调查,因此,应该制定一个计划,并由 NPPO 批准后实施。

1.2.2 维持无有害生物的植物卫生措施

这些具体措施是为了防止有害生物的传入和扩散。包括:

—— 管理行动,如:
- 制定检疫性有害生物名录。
- 规定输入到某个国家或地区的进口要求。
- 限制某些产品在某个国家或地区(包括缓冲区)的转运。

—— 日常监控。

—— 增强与生产商之间的磋商。

维持无有害生物的植物卫生措施,只适用于 PFA 或 PFA 中的部分地区,因为其生态环境适宜于有害生物定殖。

1.2.3 检查验证无有害生物维持状况

为了验证无有害生物状况、国内管理情况,以及在建立 PFA 和实施植物卫生措施后,其实际维持效果如何,需要进行核查。对检查体系的检查强度规定,应该根据植物卫生安全要求而定。检查内容包括:

—— 要特别检查进口货物。

—— 要求研究人员、顾问或检查员,向 NPPO 通报有害生物的发生情况。

—— 监控调查。

1.3 文件及复审

对 PFA 的建立和维持情况,应该建立完善的文件档案,并定期复审。

无论是哪类 PFA,都要求文件随时可用,若适当,其内容包括:

—— PFA 建立的汇编数据。

—— 维持 PFA 的各种行政管理措施。

—— PFA 的划界内容。

—— 植物卫生规定。

—— 监督或调查、监控的详细技术资料。

这些文件对 NPPO 来说非常有用,可以将它们寄送到信息服务中心(如 FAO 和 RPPO)。由于其内容翔实,更有利于 NPPO 之间的相互交流。

如果植物卫生安全水平标准高,PFA 建立和维持的措施复杂,就可能要签署关于实施计划的双边协议。在协议中,要明确规定在 PFA 工作中的具体活动内容,包括生产商和贸易商的任务和职责。对于这些活动,应该定期加以评估和复审,其结果可以作为计划的一部分。

2 对各类 PFA 的具体要求

—— "无有害生物区"涉及的范围很广,但为了讨论方便,主观上将其归为以下三类:

—— 整个国家。

—— 一个局部受侵染的国家中尚未受到侵染的地区。

—— 一个普遍受侵染的国家中尚未受到侵染的地区。

上面所讲的 PFA,可以是几个国家的整体,也或是它们的一部分地区。其具体要求,将在下面进行讨论。

2.1 整个国家

在这种情况下,某个特定有害生物的无有害生物区,可以是 NPPO 负责管辖的一个政治实体。

对它们的具体要求是:

2.1.1 建立无有害生物体系

有害生物总体监督数据和具体调查数据均可用。但二者的区别在于,其所规定的植物卫生安全类别或级别不同。

2.1.2 维持无有害生物区的植物卫生措施

见第 1.2.2 项。

2.1.3 检查验证无有害生物维持状况

见第 1.2.3 项。

2.1.4 文件及复审

见第 1.3 项。

2.2 一个局部受侵染的国家中尚未受到侵染的地区

在这种情况下,NPPO 已确定了有害生物在某个国家的分布情况,且在官方控制(有害生物种群)下。PFA 可以是未受到侵染的整个地区或其中一部分。

对其具体要求是:

2.2.1 建立无有害生物体系

通常,PFA 状况,是根据具体调查结果来进行验证的。这种官方性质的划界调查,可以用来确定(有害生物的)侵染范围。此外,在验证未受到侵染区是否有有害生物发生,也需要做官方监测调查。

对于一个国家中存在有害生物局部侵染的地区,如果适当,也需要开展总体监督(参见第 2.1.1 项)。

2.2.2 维持无有害生物的植物卫生措施

措施见第 1.2.2 项。对于这类 PFA,其植物卫生规定也对商品从侵染区运到未侵染的地区提出了要求,从而防止有害生物的扩散,见第 1.2.2 项。

2.2.3 检查验证无有害生物维持状况

见第 1.2.3 项。与整个国家类型的 PFA 相比,在这种 PFA 中开展监控调查,就显得更加重要。

2.2.4 文件及复审

文件包括支持官方控制的各种证据,如调查结果、植物卫生规定和 NPPO 的相关信息,见第 1.3 项。

2.3 一个普遍受侵染的国家中尚未受到侵染的地区

这种 PFA 通常位于一个受侵染的地区内,但已被证实无某种有害生物。出口缔约方因此将其作为对植物和/或植物产品的植物卫生认证的根据。

当然,有些 PFA 不是依赖于具体调查结果,但从有害生物的生物学来看,它应该是充分隔离的。对其要求是:

2.3.1 建立无有害生物体系

这里要求开展有害生物划界和监控调查。

2.3.2 维持无有害生物的植物区卫生措施

见第 1.2.2 项。对于这种类型的 PFA,要求对寄主材料从受侵染区到未受侵染地区的转运做出植物卫生规定,以防止这些有害生物的扩散。

2.3.3 检查验证无有害生物维持状况

见第 1.2.3 项。对于这类 PFA,要求必要持续开展监控调查。

2.3.4 文件及复审

文件包括支持官方控制的各种证据，如调查结果、植物卫生规定和 NPPO 的相关信息，见第 1.3 项。因为该类 PFA，可能涉及贸易伙伴之间的协议问题，协议的执行情况，所以，还需要进口缔约方 NPPO 进行复审和评估。

植物卫生措施国际标准 ISPM 5

植物卫生术语表

Glossary of phytosanitary terms

（2012 年）

IPPC 秘书处

© FAO 2012

发布历史

本部分不属于标准正式内容。

1986-05 RPPOs recommended creation of a *Core vocabulary of phytosanitary terms*

1988-02 RPPOs reviewed and approved for NAPPO and EPPO consultation

1989-09 RPPOs prepared draft *Core vocabulary of phytosanitary terms*

1990 FAO published *FAO Glossary of phytosanitary terms*; FAO Plant Protection Bulletin 38 (1)

1991-05 TC-RPPOs endorsed topic *Glossary phytosanitary terms* (1991-001)

1993-05 TC-RPPOs revised terms and recommended to establish WG for the *FAO Glossary* (GWG)

1994-02 1st meeting of the GWG

1994-03 CEPM-1 revised text and agreed to add new terms

1995-05 CEPM-2 decided publication of revised *Glossary of phytosanitary terms* as an ISPM

ISPM 5. 1995. *Glossary of phytosanitary terms. Rome*, IPPC, FAO

1996-05 CEPM-3 revised text of *Glossary of phytosanitary terms*

1997-10 CEPM-4 revised the text and 29th Session of the FAO Conference approved ISPM 5. 1999-02 GWG revised standard

1999-05 CEPM-6 revised standard for adoption

1999-10 ICPM-2 adopted revised ISPM 5. 1999

1999-09 GWG revised standard

2000-05 ISC-1 revised standard and approved for MC

2000-06 Sent for MC

2000-11 ISC-2 revised standard for adoption

2001-04 ICPM-3 adopted revised ISPM 5. 2001

2000-03 and 2001-03 GWG revised standard

2001-05 ISC-3 approved Specification 1 *Review and updating of the glossary of phytosanitary terms*

2001-05 ISC-3 revised standard and approved for MC

2001-06 Sent for MC

2001-11 ISC-4 revised standard for adoption

2002-03 ICPM-4 adopted revised ISPM 5. 2002

2002-02 GWG revised standard

2002-05 SC revised standard and approved MC

2002-06 Sent for MC

2002-11 SC revised standard for adoption

2003-04 ICPM-5 adopted revised ISPM 5. 2003.

2003-02 GWG revised standard

2003-05 SC-7 agreed recommendations by TPG

2003-09 GWG revised standard

2003-11 SC revised standard and requested to add new terms on ISPMs

2004-02 GWG revised standard

2004-04 SC revised standard and approved MC

2004-06 Sent for MC

2004-11 SC revised standard for adoption

2005-04 ICPM-7 adopted revised ISPM 5. 2005.

2004-10 & 2005-10 GWG revised standard

2006-05 SC revised standard and approved for MC
2006-06 Sent for MC
2006-11 SC revised standard for adoption
2007-03 CPM-2 adopted revised ISPM 5. 2007
2006-03 CPM-1 created the Technical panel for the glossary (TPG)
2006-10 1st meeting of the TPG. TPG revised standard
2007-05 SC revised standard and approved for MC
2007-06 Sent for MC
2007-11 revised standard for adoption
2008-04 CPM-3 adopted revised ISPM 5. 2008
2007-10 TPG revised standard
2008-05 SC-7 revised standard and approved for MC
2008-06 Sent for MC
2008-11 SC revised standard for adoption
2009-03 CPM-4 adopted revised ISPM 5. 2009.
2008-10 TPG revised standard
2009-05 SC revised standard and approved for MC
2009-06 Sent for MC
2009-11 SC revised standard for adoption
2010-03 CPM-5 adopted revised ISPM 5. 2010.
2009-06 TPG started reviewing adopted standards for consistency in the use of terms
2009-10 TPG proposed ink amendments to ISPMs 3, 10, 13, 14, 22 and Supplement 1 to ISPM 5
2009-11 SC revised proposed ink amendments
2010-03 CPM-5 noted ink amendments
2010-10 TPG proposed ink amendments to ISPM 5
2010-11 SC revised proposed ink amendments
2011-03 CPM-5 noted ink amendments
2011-05 IPPC Secretariat applied ink amendments as noted by CPM-6 (2011)
2010-10 TPG revised standard
2011-05 SC revised standard and approved for MC
2011-06 Sent for MC
2011-11 SC revised standard for adoption
2012-03 CPM-7 adopted revised ISPM 5. 2012.

Supplement 1

1999-10 ICPM-2 added topic *Official control* (1999-002)
2000-03 EWG developed draft text
2000-05 ISC-1 revised draft text and approved for MC
2000-06 Sent for MC
2000-11 ISC-2 revised draft text for adoption
2001-04 ICPM-3 adopted Supplement 1 to ISPM 5
ISPM 5. Supplement 1 *Guidelines on the interpretation and application of the concept of official control for regulated pests* (2001)

2005-03 ICPM-7 added the topic not widely distributed (2005-008) (supplement to ISPM No. 5: Glossary of phytosanitary terms)

2006-05 SC approved specification 33

2008-05 SC-7 reviewed draft

2010-03 revised to incorporate consistency ink amendments noted by CPM-5 (2010)

2011-05 SC approved for member consultation

2011-06 member consultation

2011-11 TPG reviewed member comments

2011-11 SC approved draft supplement to ISPM

2012-03 CPM-7 adopted revised supplement 1 to ISPM 5

ISPM 5. Supplement 1. Guidelines on the interpretation and application of the concepts of "official control" and "not widely distributed" (2012)

Supplement 2

2001-04 ICPM-3 added topic *Defining economic importance* (2001-004)

2002-02 GWG developed draft text

2002-05 SC revised draft text and approved for MC

2002-06 Sent for MC

2002-11 SC revised draft text for adoption

2003-04 ICPM-5 adopted Supplement 2 to ISPM 5

ISPM 5. Supplement 2 *Guidelines on the understanding of potential economic importance and related terms including reference to environmental considerations* (2003)

Appendix 1

2005-03 ICPM-7 IPPC and CBD (Convention on Biological Diversity) secretariats decided cooperation programme

2006-04 CPM-1 agreed assess progress on the work programme (2006-033)

2006-10 TPG developed draft text

2007-05 SC requested TPG to develop draft text *CBD terms*

2007-10 TPG developed draft text

2008-05 SC revised draft text and approved for MC

2008-06 Sent for MC

2008-11 SC revised draft text for adoption

2009-03 CPM-4 adopted Appendix 1 to ISPM 5

ISPM 5. Appendix 1 *Terminology of the Convention on Biological Diversity in relation to the Glossary of phytosanitary terms* (2009)

2012年5月最后修订。

目 录

批准
引言
范围
目的
参考文献
参考文献概要
植物卫生术语及定义
补编1 规定有害生物"官方控制"和"分布未广"概念、翻译及应用准则
引言
范围
参考文献
定义
背景
要求
1 一般要求
1.1 官方控制
1.2 分布未广
1.3 决定采取官方控制
2 具体要求
2.1 技术合理性
2.2 非歧视性
2.3 透明度
2.4 强制执行
2.5 官方控制的强制性特点
2.6 应用区域
2.7 官方控制中 NPPO 的权力及其工作范围
补编2 关于潜在经济重要性及相关术语理解准则（含环境风险分析）
1 目的及范围
2 背景
3 经济学术语及 IPPC 和 ISPMs 在环境方面的应用范围
4 PRA 中的经济考量
4.1 经济效益类型
4.2 成本与效益
5 应用
参考文献
补编2 附件
附件1 与生物多样性公约相关的植物卫生术语
1 引言
2 表述
3 术语
3.1 "外来物种"（Alien species）

3.2 "传入"（Introduction）
3.3 "外来入侵物种"（Invasive alien species）
3.4 "定殖"（Establishment）
3.5 "有意传入"（Intentional introduction）
3.6 "无意传入"（Unintentional introduction）
3.7 "风险分析"（Risk analysis）
4 其他概念
5 参考文献

批准

本标准于 1995 年 11 月经 FAO 大会第 28 次会议首次批准，此后历经修订。本修订版 ISPM 5 于 2012 年 3 月经植物卫生措施委员会（CPM）第 7 次会议批准。

补编 1 于 2001 年 4 月经植物卫生措施临时委员会（ICPM）第 3 次会议首次批准。第 1 次修订版于 2012 年 3 月经植物卫生措施委员会（CPM）第 7 次会议批准。补编 2 于 2003 年 4 月 ICPM 第 5 次会议批准。附件 1 于 2009 年 3~4 月经 CPM 第 4 次会议批准。

引言

范围

本标准为参考基准标准，是专门为全世界植物卫生体系所制定的术语和定义词汇表。在执行植物保护国际公约（IPPC）和植物卫生措施国际标准（ISPMs）时，表中的相关词汇在国际上是协调一致和相互认可的。

目的

本标准旨在为各缔约方达到植物卫生目的、制定植物卫生法规和规定、开展官方信息交流时，能够进一步准确理解和正确使用这些术语和定义。

参考文献

CBD. 2000. *Cartagena Protocol on Biosafety to the Convention on Biological Diversity*. Montreal, CBD.

CEPM. 1996. *Report of the Third Meeting of the FAO Committee of Experts on Phytosanitary Measures*, Rome, 13 – 17 May 1996. Rome, IPPC, FAO.

1999. *Report of the Sixth Meeting of the Committee of Experts on Phytosanitary Measures*, Rome, Italy: 17 – 21 May 1999. Rome, IPPC, FAO.

CPM. 2007. *Report of the Second Session of the Commission on Phytosanitary Measures*, Rome, 26 – 30 March 2007. Rome, IPPC, FAO.

2008. *Report of the Third Session of the Commission on Phytosanitary Measures*, Rome, 7 – 11 April 2008. Rome, IPPC, FAO.

2009. *Report of the Fourth Session of the Commission on Phytosanitary Measures*, Rome, 30 March-3 April 2009. Rome, IPPC, FAO.

2010. *Report of the Fifth Session of the Commission on Phytosanitary Measures*, Rome, 22 – 26 March 2010. Rome, IPPC, FAO.

2012. *Report of the Seventh Session of the Commission on Phytosanitary Measures*, Rome, 19 – 23 March 2012. Rome, IPPC, FAO.

FAO. 1990. FAO Glossary of phytosanitary terms. *FAO Plant Protection Bulletin*, 38（1）: 5 – 23. [current equivalent: ISPM 5]

FAO. 1995. *See ISPM 5*: 1995.

ICPM. 1998. *Report of the Interim Commission on Phytosanitary Measures*, Rome, 3 – 6 November 1998. Rome, IPPC, FAO.

2001. *Report of the Third Interim Commission on Phytosanitary Measures*, Rome, 2 – 6 April 2001. Rome, IPPC, FAO.

2002. *Report of the Fourth Interim Commission on Phytosanitary Measures*, Rome, 11 – 15 March 2002. Rome, IPPC, FAO.

2003. *Report of the Fifth Interim Commission on Phytosanitary Measures*, Rome, 07 – 11 April 2003. Rome, IPPC, FAO.

2004. *Report of the Sixth Interim Commission on Phytosanitary Measures*, Rome, 29 March- 02 April 2004. Rome, IPPC, FAO.

2005. *Report of the Seventh Interim Commission on Phytosanitary Measures*, Rome, 4 – 7 April 2005. Rome, IPPC, FAO.

IPPC. 1997. *International Plant Protection Convention*. Rome, IPPC, FAO.

ISO/IEC. 1991. *ISO/IEC Guide* 2: 1991, *General terms and their definitions concerning standardization and related activities*. Geneva, International Organization for Standardization, International Electrotechnical Commission.

ISPM 2. 1995. *Guidelines for pest risk analysis*. Rome, IPPC, FAO. [published 1996] [revised; now ISPM 2:2007]

ISPM 2. 2007. *Framework for pest risk analysis*. Rome, IPPC, FAO.

ISPM 3. 1995. *Code of conduct for the import and release of exotic biological control agents*. Rome, IPPC, FAO. [published 1996] [revised; now ISPM 3:2005]

ISPM 3. 2005. *Guidelines for the export, shipment, import and release of biological control agents and other beneficial organisms*. Rome, IPPC, FAO.

ISPM 4. 1995. *Requirements for the establishment of pest free areas*. Rome, IPPC, FAO. [published 1996]

ISPM 5. 1995. *Glossary of phytosanitary terms*. Rome, IPPC, FAO. [published 1996]

ISPM 6. 1997. *Guidelines for surveillance*. Rome, IPPC, FAO.

ISPM 7. 1997. *Export certification system*. Rome, IPPC, FAO.

ISPM 8. 1998. *Determination of pest status in an area*. Rome, IPPC, FAO.

ISPM 9. 1998. *Guidelines for pest eradication programmes*. Rome, IPPC, FAO.

ISPM 10. 1999. *Requirements for the establishment of pest free places of production and pest free production sites*. Rome, IPPC, FAO.

ISPM 11. 2001. *Pest risk analysis for quarantine pests*. Rome, IPPC, FAO. [revised; now ISPM 11:2004]

ISPM 11. 2004. *Pest risk analysis for quarantine pests including analysis of environmental risks and living modified organisms*. Rome, IPPC, FAO.

ISPM 12. 2001. *Guidelines for phytosanitary certificates*. Rome, IPPC, FAO.

ISPM 13. 2001. *Guidelines for the notification of non-compliance and emergency action*. Rome, IPPC, FAO.

ISPM 14. 2002. *The use of integrated measures in a systems approach for pest risk management*. Rome, IPPC, FAO.

ISPM 15. 2002. *Guidelines for regulating wood packaging material in international trade*. Rome, IPPC, FAO. [revised; now ISPM 15:2009]

ISPM 16. 2002. *Regulated non-quarantine pests: concept and application*. Rome, IPPC, FAO.

ISPM 18. 2003. *Guidelines for the use of irradiation as a phytosanitary measure*. Rome, IPPC, FAO.

ISPM 20. 2004. *Guidelines for a phytosanitary import regulatory system*. Rome, IPPC, FAO.

ISPM 22. 2005. *Requirements for the establishment of areas of low pest prevalence*. Rome, IPPC, FAO.

ISPM 23. 2005. *Guidelines for inspection*. Rome, IPPC, FAO.

ISPM 24. 2005. *Guidelines for the determination and recognition of equivalence of phytosanitary measures*. Rome, IPPC, FAO.

ISPM 25. 2006. *Consignments in transit*. Rome, IPPC, FAO.

ISPM 27. 2006. *Diagnostic protocols for regulated pests*. Rome, IPPC, FAO.

ISPM 28. 2007. *Phytosanitary treatments for regulated pests*. Rome, IPPC, FAO.

WTO. 1994. *Agreement on the Application of Sanitary and Phytosanitary Measures*. Geneva, World Trade Organization.

参考文献概要

本标准旨在帮助国家植物保护组织（下简称 NPPO 或 NPPOs）和其他机构在开展信息交流，保证在官方交流和制定植物卫生措施规定时，使用协调一致的术语。本修订版本增加了其他植物卫生措施国际标准（ISPMs）中的术语，并由 IPPC（1997）核准而形成。

标准所有词汇和定义经 CPM 第 7 次会议批准（CPM，2012）。方括号中的参考文献，是指已经批准的术语和定义，而不是后来翻译时修订的。

和以前的版本一样，术语定义以粗体印刷，是为了表明它与其他术语的关系，避免重复。衍生词汇如 Inspected（经检查的），来源于 Inspection（检查），也可以当作术语。

植物卫生术语及定义

吸收剂量 absorbed dose	特定目标物单位质量所吸收的辐射能（单位：GY）［ISPM 18:2003，revised CPM，2012］
附加声明 Additional Declaration	根据进口国要求，在**货物**的**植物检疫证书**上增加针对**规定有害生物**相关信息的声明内容［FAO，1990；revised ICPM，2005］
地区 area	一个正式确立的国家、一个国家的一部分或多个国家的全部或一部分。［FAO，1990；revised FAO，1995；CEPM，1999；based on the World Trade Organization Agreement on the Application of Sanitary and Phytosanitary Measures（WTO，1994）］
遭受威胁的地区 area endangered	见**受威胁地区**（endangered area）
有害生物低流行区 area of low pest prevalence	指这样一个**地区**，无论是一个正式确立的国家、一个国家的一部分，还是多个国家的全部或一部分，在其中，特定**有害生物**发生程度低，且对其采取了有效**监督**、控制和**根除**措施［IPPC，1997］
树皮 bark	木本植物树干、枝条或根的形成层外的表层部分［CPM，2008］
无树皮木材 bark-free wood	指去掉了形成层、树节内生树皮及年轮**树皮**的**木材**［ISPM 15:2002；revised CPM，2008］
生物防治材料 biological control agent	用于**有害生物**防治的**天敌**、**拮抗生物**或**竞争者**及其他**生物**［ISPM 3:1996；revised ISPM 3:2005］
缓冲区 buffer zone	为了达到植物卫生目的，最大限度地控制目标有害生物**传入**或传出官方划定地区，在该区域内要采取适当的植物卫生或其他控制措施。而在此区域的周围或邻近的一个**地区**，称缓冲区［ISPM 10:1999；revised ISPM 22:2005；CPM，2007］
鳞茎和块茎 bulbs and tubers	按**商品分类**用于**栽培**的**植物**地下休眠部分（包括球茎和根茎）［FAO，1990；revised ICPM，2001］
化学药剂压力浸渍 chemical pressure impregnation	按照官方技术要求，对**木材**进行化学防腐剂加压**处理**［ISPM 15:2002；revised ICPM，2005］
（货物）清关 clearance（of a consignment）	证明符合**植物卫生规定**［FAO，1995］
委员会 Commission	根据IPPC第十一条规定设立的**植物卫生措施**委员会［IPPC，1997］
商品 commodity	用于贸易或其他目的的**植物**、**植物产品**或其他应检物品［FAO，1990；revised ICPM，2001］
商品类别 commodity class	按照**植物卫生规定**可以归在一个类目里的类似**商品**［FAO，1990］
商品有害生物名录 commodity pest list	发生在某个**地区**与特定**商品**相关联的**有害生物**名录［CEPM，1996］
（货物）符合性程序 compliance procedure（for a consignment）	能证实某批**货物**符合**进口植物卫生要求**，或证明采取了**转口植物卫生措施**的官方程序［CEPM，1999；revised CPM，2009］
（规定应检物）监禁 confinement（of a regulated article）	对规定应检物采取**植物卫生措施**，以防止**有害生物**逃逸 Application of phytosanitary measures to a regulated article to prevent the escape of pests［CPM，2012］
货物 consignment	一定量的**植物**、**植物产品**和/或其他应检物，从一个国家运到另一个国家，并按要求随附**植物卫生证书**（货物可能包括一种或多种**商品**，也可能是**多个批次**）［FAO，1990；revised ICPM，2001］

(续表)

过境货物 consignment in transit	货物经过但不进口到一个国家，可能要对其采取**植物卫生措施**，这类货物称为过境货物（以前称**过境国**）[FAO, 1990; revised CEPM, 1996; CEPM, 1999; ICPM, 2002; ISPM 25:2006; formerly country of transit]
封锁 containment	为了防治**有害生物**扩散，在其侵染**地区**内或周围实施的**植物卫生措施**[FAO, 1995]
污染性有害生物 contaminating pest	由商品携带但并不侵染**植物和植物产品**的有害生物[CEPM, 1996; revised CEPM, 1999]
污染 contamination	**有害生物**或**规定应检物**在**商品**、储藏地、运输工具或集装箱中发生（现），但不造成**侵染**（参见 infestation）[CEPM, 1997; revised CEPM, 1999]
（有害生物）控制 control (of a pest)	扑灭、封锁或根除**有害生物**种群[FAO, 1995]
控制区 controlled area	由 NPPO 确定、足以防止**有害生物**从检疫区扩散出去的最小区域[CEPM, 1996]
（在某地区）纠偏行动计划 corrective action plan (in an area)	当监测到特定**有害生物**，或者特定有害生物超过标准，或者在执行官方规定程序过程出现了问题，为了达到植物卫生目的，需要在官方划定**地区**采取植物卫生行动，这个备案存档的植物**卫生行动计划**，称之为纠偏行动计划[CPM, 2009]
（植物产品货物）原产国 country of origin (of a consignment of plant products)	为生产**植物产品**而种植植物的国家[FAO, 1990; revised CEPM, 1996; CEPM, 1999]
（植物货物）原产国 country of origin (of a consignment of plants)	种植植物的国家[FAO, 1990; revised CEPM, 1996; CEPM, 1999]
（除植物、植物产品之外的其他规定应检物）原产国 country of origin (of regulated articles other than plants and plant products)	规定应检物第一个暴露于**有害生物**污染的国家[FAO, 1990; revised CEPM, 1996; CEPM, 1999]
切花和切条类 cut flowers and branches	用于装饰而非**栽培**用的新鲜**植物**部分的**一类商品**[FAO, 1990; revised ICPM, 2001]
去皮木材 debarked wood	无论采取任何方式去掉了树皮的**木材**（去皮木材并非指无树皮木 bark-free wood）（代替 debarking）[CPM, 2008; replacing debarking]
划界调查 delimiting survey	在被认为是**有害生物**侵染区或无有害生物区的边界地区开展的**调查**[FAO, 1990]
监测调查 detection survey	在某个**地区**开展的旨在确定**有害生物**是否发生的**调查**[FAO, 1990, revised FAO, 1995]
扣留 detention	货物由官方保管或控制的一种植物卫生措施（参见**检疫**）[FAO, 1990; revised FAO, 1995; CEPM, 1999; ICPM, 2005]
失活 devitalization	让**植物**或**植物产品**不能再萌发、生长或繁殖的一种处理方法[ICPM, 2001]
剂量作图 dose mapping	在特定地点通过**放射性检测仪**对处理负荷进行检测，根据处理负荷推算**吸收剂量**分布的方法[ISPM 18:2003]
垫板 dunnage	只是用于保护或支撑**商品**但与商品无关的**木质包装材料**[FAO, 1990; revised ISPM 15:2002]
生态系统 ecosystem	由**植物**、动物和微生物群落组成的一个动态复合体，并与非生物环境相互影响的功能单位[ISPM 3:1996; revised ICPM, 2005]
（处理）效果 efficacy (treatment)	按预定**处理**方法能达到明显、可测量、可重复的效果。[ISPM 18:2003]

ISPM 5 植物卫生术语表

（续表）

紧急行动 emergency action	在遇到新的或未预料到的植物卫生情况时，迅速采取的**植物卫生行动**［ICPM，2001］
紧急措施 emergency measure	在遇到新的或未预料到的植物卫生情况下，因应急而制定的**植物卫生措施**。这种措施可能是一种**临时措施**［ICPM，2001；revised ICPM，2005］
受威胁地区 endangered area	其生态因素适宜**有害生物定殖**，而有害生物定殖后会造成重大经济损失的**地区**（参见术语表补编2）［FAO，1995］
（货物）进入 entry（of a **consignment**）	（货物）从**入境点**（口岸）进入到某个**地区**［FAO，1995］
（有害生物）进入 entry（of a **pest**）	有害生物进入到一个尚未发生、或虽有发生但发生未广且在**官方控制**之下的一个**地区**，称之［FAO，1995］
（植物卫生措施）等效性 e-quivalence（of **phytosanitary measures**）	对于某个特定的有害生物风险，虽然采取的**植物卫生措施**不同，但能够达到缔约方适当的保护水平标准［FAO，1995；revised CEPM，1999；based on the World Trade Organization Agreement on the Application of Sanitary and Phytosanitary Measures；revised ISPM 24:2005］
根除 eradication	将**有害生物**从某个**地区**除掉的一种植物卫生措施（以前用根除 eradicate）［FAO，1990；revised FAO，1995；formerly eradicate］
（有害生物）定殖 establishment（of a **pest**）	有害生物进入某个地区后，在可预见的将来能够永远存活下去（以前用**定殖的** established）［FAO，1990；revised FAO，1995；IPPC，1997；formerly established］
田块 field	在**商品生产地**的一块种植田［FAO，1990］
发现无（有害生物） find free	通过对**货物**、**田块**或**生产地**检查，没有发现特定**有害生物**［FAO，1990］
发现（货物、田块和生产地）无（有害生物） free from（of a **consignment**, **field** or **place of production**）	通过实施**植物卫生程序**，从数或量上未监测到**有害生物**（或特定有害生物）［FAO，1990；revised FAO，1995；CEPM，1999］
新鲜的 fresh	活体的；非干燥、冷冻或用其他方法保存的［FAO，1990］
水果蔬菜 fruits and vegetables	用于消费或加工但不用于**栽培**的**新鲜植物类商品**［FAO，1990；revised ICPM，2001］
熏蒸 fumigation	用化学药剂（主要是气体）对整个**商品**进行**处理**［FAO，1990；revised FAO，1995］
种质 germplasm	种植或保存计划用**植物**［FAO，1990］
谷物 grain	加工或消费用（但不为**种用**）的种子类**商品**（参见**种子**）［FAO，1990；revised ICPM，2001］
栽培介质 growing medium	用于**植物**根系生长的任何介质［FAO，1990］
（植物）生长期 growing period（of a **plant** species）	在栽培季节植物的生活时间［ICPM，2003］
生长季节 growing season	一年中植物生长在某**地区**、**生产地**或**生产点**的一个或几个时间段［FAO，1990；revised ICPM，2003］
栖息地 habitat	在**生态系统**中，**生物**能自然发生或定殖的那部分环境［ICPM，2005］
协调一致 harmonization	各国要根据共同**标准**制定、认可和应用**植物卫生措施**［FAO，1995；revised CEPM，1999；based on the World Trade Organization Agreement on the Application of Sanitary and Phytosanitary Measures］

(续表)

协调一致的植物卫生措施 harmonized phytosanitary measures	IPPC 各缔约方根据国际标准制定的植物检疫措施［IPPC, 1997］
热处理 heat treatment	按官方技术规范，对商品进行热处理，使之达到最小"温度—时间"要求［ISPM 15:2002; revised ICPM, 2005］
寄主有害生物名录 host pest list	在全球或某个地区能侵染植物的有害生物名录［CEPM, 1996; revised CEPM, 1999］
寄主范围 host range	在自然条件下，能维持特定有害生物或其他生物存活的寄主种类［FAO, 1990; revised ISPM 3:2005］
进口许可证 Import Permit	按规定的进口植物卫生要求，许可商品进口的官方文件［FAO, 1990; revised FAO, 1995; ICPM, 2005］
灭活 inactivation	使微生物不能发育［ISPM 18, 2003］
（有害生物）发生率 incidence（of a pest）	某个有害生物在样本、货物、田块或其他确定种群中的发生概率或数量［CPM, 2009］
侵入 incursion	特定隔离的有害生物在某个地区被监测到，虽然还不知道它是否已定殖，但预计很快就能存活下去［ICPM, 2003］
（对商品）侵染 infestation（of a commodity）	活体有害生物在植物或植物产品商品中发生。侵染包括感染［CEPM, 1997; revised CEPM, 1999］
检查 inspection	通过对植物、植物产品或其他规定应检物进行感官检查，确定是否带有害生物，是否符合植物卫生规定，这种官方检查称之为检查（以前检查用 inspect）［FAO, 1990; revised FAO, 1995; formerly inspect］
检查员 inspector	由 NPPO 授权并负责相关工作的人员［FAO, 1990］
（货物）完整性 integrity（of a consignment）	货物的组成成分与植物卫生证书或官方认可文件所描述的相一致，不得减少、添加或更换［CPM, 2007］
预期用途 intended use	对进口、生产或使用的植物、植物产品或其他规定应检物所申报的用途［ISPM 16:2002］
（货物）截获 interception（of a consignment）	由于进口货物不符合植物卫生规定而被拒绝入境或控制进境［FAO, 1990; revised FAO, 1995］
（有害生物）截获 interception（of a pest）	在进口货物的检查或检验时发现了有害生物［FAO, 1990; revised CEPM, 1996］
中途检疫 intermediate quarantine	在原产国和目的地国之外进行的检疫［CEPM, 1996］
植物保护国际公约 International Plant Protection Convention	1951 年 FAO 在罗马备案的植物保护国际公约（后经修订）［FAO, 1990］（编者注：现为 1997 年版）
植物卫生措施国际标准 International Standard for Phytosanitary Measures	植物卫生措施委员会或临时委员会，按 IPPC 规定制定并经 FAO 批准的国际标准［CEPM, 1996; revised CEPM, 1999］
国际标准 international standards	根据 IPPC 第十条第 1、第 2 款规定制定的国际性标准［IPPC, 1997］
（有害生物）传入 introduction（of a pest）	有害生物进入并定殖［FAO, 1990; revised FAO, 1995; IPPC, 1997］
大规模释放 inundative release	大规模释放生物防治材料或有益生物，从而达到（对有害生物的）快速控制效果［ISPM 3:1996; revised ISPM 3:2005］

（续表）

IPPC	植物保护国际公约 ［FAO, 1990；revised ICPM, 2001］
辐照 **irradiation**	各种电离辐射处理 ［ISPM 18:2003］
ISPM	植物卫生措施国际标准 ［CEPM, 1996；revised ICPM, 2001］
窑干法 **kiln-drying**	将**木材**放在密闭的窑室内，通过加热或控制湿度进行烘干处理，使水分含量达到规定要求 ［ISPM 15:2002］
活体改良生物 **living modified organism**	通过**现代生物技术**，将基因重新组合而得到的活体生物 ［*Cartagena Protocol on Biosafety to the Convention on Biological Diversity*, 2000］
LMO	**活体改良生物** ［ISPM 11:2004］
批次 **lot**	一种**商品**的单元数，其成分相同，产地一致等，构成一批**货物**的组成部分 ［FAO, 1990］
标识 **mark**	附加在**规定应检物**上的**官方**印章或印记，国际认可，并能证明其植物卫生状况 ［ISPM 15:2002］
最低吸收剂量 **minimum absorbed dose** (D_{min})	在**处理负荷**中局部的**最低吸收剂量** (D_{min})
现代生物技术 **modern biotechnology**	包括以下技术： a. 体外核酸技术，包括 DNA 重组和直接将核酸注入细胞或细胞器； b. 生物科级单元以上细胞间融合，克服了生理学上的生殖和重组障碍，但不是采取传统的育种和选择技术 ［*Cartagena Protocol on Biosafety to the Convention on Biological Diversity*, 2000］
监控 **monitoring**	由**官方**持续验证植物卫生状况的过程 ［CEPM, 1996］
监控调查 **monitoring survey**	持续验证**有害生物**种群特征的**调查** ［FAO, 1995］
国家植物保护组织 **National Plant Protection Organization**	国家政府按 IPPC 规定设立并履行相应职责的**官方**机构 ［以前用 Plant Protection Organization (National)］ ［FAO, 1990；formerly plant protection organization (national)］
天敌 **natural enemy**	在产地以其他**生物**为生并降低它们的种群数量的**生物**，包括拟寄生物、寄生物、捕食者、植食者和病原体等 ［ISPM 3:1996；revised ISPM 3:2005］
自然发生 **naturally occurring**	是**生态系统**的组分，或者选自于野生种群，但不是人工改造的 ［ISPM 3:1996］
非检疫性有害生物 **non-quarantine pest**	对某**地区**而言不属于**检疫性有害生物** ［FAO, 1995］
NPPO	**国家植物保护组织** ［FAO, 1990；ICPM, 2001］
发生 **occurrence**	**官方**确认在某**地区有害生物**已经发生，不管它是本地的，还是**传入**的，或是官方尚未报道已根除的（以前发生用 **occur**）［FAO, 1990；revised FAO, 1995；ISPM No. 17；formerly occur］
官方的 **official**	由 NPPO 制定、认可或实施的 ［FAO, 1990］
官方控制 **official control**	为了**根除**和**封锁检疫性有害生物**，管理规定非检疫性有害生物而主动执行强制性**植物卫生规定**、采取强制性**植物卫生程序**（参见术语表补编1）［ICPM, 2001］
生物 **organism**	在自然环境中能繁殖和复制的生物个体 ［ISPM 3:1996；revised ISPM 3:2005］
暴发 **outbreak**	近期监测到的**有害生物**（包括入侵）**种群**，或者在某**地区**定殖的**有害生物**种群突然明显增长 ［FAO, 1995；revised ICPM, 2003］

(续表)

包装 packaging	用于支撑、保护和运输**商品**的材料［ISPM 20:2004］
寄生物 parasite	寄生并取食个体较大**生物**体的**生物**［ISPM 3:1996］
拟寄生物 parasitoid	仅幼虫期寄生并杀死寄主，成虫期自由生活的寄生昆虫［ISPM 3:1996］
病原体 pathogen	致病微生物［ISPM No.3，1996］
路（途）径 pathway	让**有害生物**进入或**扩散**的任何方式［FAO，1990；revised FAO，1995］
有害生物 pest	对**植物**、**植物产品**造成危害的动植物或病原体的种、品（株）系及生物型［FAO，1990；revised FAO，1995；IPPC，1997］
有害生物归类 pest categorization	确定有害生物是否属于**检疫性有害生物**或**规定非检疫性有害生物**的过程［ISPM 11:2001］
有害生物诊断 pest diagnosis	发现并鉴定为特定**有害生物**的过程［ISPM 27:2006］
无有害生物区 Pest Free Area	科学证据表明特定**有害生物**未发生，而该状况需要在**官方**适当维持下的一个**地区**［FAO，1995］
无有害生物生产地 pest free place of production	科学证据表明没有特定**有害生物**，而该状况需由**官方**在确定时限内适当维持下的一个**生产地**［ISPM 10:1999］
无有害生物生产点 pest free production site	科学证据表明没有特定**有害生物**，而该状况需在**官方**适当维护下的一个**生产点**。它是**无有害生物生产地**中的一个隔离部分，有确定的管理时限，管理方式也同无有害生物生产地一样［ISPM 10:1999］
有害生物记录 pest record	按规定对特定**有害生物**在某**地区**（通常为一个国家）内，在某时某地的发生情况，建立信息档案［CEPM，1997］
（检疫性有害生物）有害生物风险 pest risk (for quarantine pests)	**有害生物**传入和**扩散**，造成潜在重大经济后果的可能性（参见术语表补编2）［ISPM 2:2007］
（规定非检疫性有害生物）有害生物风险 pest risk (for regulated non-quarantine pests)	**有害生物**发生在栽培植物上，影响其预期用途，从而造成不可接受的经济损失的可能性（参见术语表补编2）［ISPM 2:2007］
有害生物风险分析（通译） Pest Risk Analysis (agreed interpretation)	根据有害生物生物学、其他科学和经济学证据，确定**生物**是否为规定**有害生物**，并因此对其采取**植物卫生措施**的过程［FAO，1995；revised IPPC，1997；ISPM 2:2007］
（检疫性有害生物）风险评估 pest risk assessment (for quarantine pests)	对**有害生物**的**传入**、**扩散**可能性及潜在经济损失进行评估（参见术语表补编2）［FAO，1995；revised ISPM 11:2001；ISPM 2:2007］
（规定非检疫性有害生物）风险评估 pest risk assessment (for regulated non-quarantine pests)	对有害生物发生在栽培植物上，影响其预期用途，从而造成不可接受的经济损失的可能性进行评估（参见术语表补编2）［ICPM，2005］
（检疫性有害生物）风险管理 pest risk management (for quarantine pests)	对有害生物的**传入**和**扩散**进行评估，并选择降低风险的最佳方案的过程［FAO，1995；revised ISPM 11:2001］

（续表）

（规定非检疫性有害生物）风险管理 pest risk management (for regulated non-quarantine pests)	通过对**有害生物**对**栽培植物**的为害而影响其**预期用途**的评估，选出降低有害生物风险的最佳控制方案的过程（参见补编2）［ICPM，2005］
（某地区）有害生物状况 pest status (in an **area**)	当前特定**有害生物**在某个**地区**的发生与否，其分布情况（尽可能得到），是由官方根据专家对现有资料、历史资料及其他信息等**有害生物记录**的判定而确定的［CEPM，1997；revised ICPM，1998］
PFA	无有害生物区［FAO，1995；revised ICPM，2001］
植物卫生行动 phytosanitary action	在采取**植物卫生措施**时的一种官方行动，如检查、检验、监督或处理等［ICPM，2001；revised ICPM，2005］
植物卫生证书 Phytosanitary Certificate	按 IPPC 规定格式出具的证书［FAO，1990］
植物卫生认证 phytosanitary certification	按植物卫生程序签发植物证书［FAO，1990］
进口植物卫生要求 phytosanitary import requirements	由货物进口国制定的具体植物卫生措施［ICPM，2005］
植物卫生法规 phytosanitary legislation	按基本法律授权 NPPO 草拟的**植物卫生规定**［FAO，1990；revised FAO，1995］
植物卫生措施（通译） phytosanitary measure (agreed interpretation)	为了防止**检疫性有害生物**的传入和/或扩散，减少规定非检疫性有害生物造成经济损失而制定的各项法规、规定或官方程序［FAO，1995；revised IPPC，1997；ISPM，2002］

对植物卫生措施术语的约定通译，反映了植物卫生措施与规定非检疫性有害生物的相互关系。但这种关系，并未在 IPPC（1997）第二条的定义中充分反映出来

植物卫生程序 phytosanitary procedure	对**规定有害生物**实施**植物卫生措施**的官方方法，包括检查方法、检验方法、监督方法和**处理**方法等［FAO，1990；revised FAO，1995；CEPM，1999；ICPM，2001；ICPM，2005］
植物卫生规定 phytosanitary regulation	为了防止**检疫性有害生物**的传入和/或扩散、减少规定非检疫性有害生物的经济损失而制定的**官方**规章，包括**植物卫生认证**程序（参见术语表补编2）［FAO，1990；revised FAO，1995；CEPM，1999；ICPM，2001］
（货物）植物卫生安全 phytosanitary security (of a consignment)	通过采取适当的植物卫生措施，确保货物的**完整性**，并防止**规定有害生物**对其**侵染**和**污染**［CPM，2009］
生产地 place of production	生产设施或田间基地，如一个生产车间或一块农场，也包括按植物卫生隔离要求管理的生产点［FAO，1990；revised CEPM，1999］
植物产品 plant products	未经加工的**植物**原料（包括谷物）及虽经加工但仍然存在**有害生物**传入和**扩散**风险的植物加工产品（以前称**植物产品 plant product**）［FAO，1990；revised IPPC，1997；formerly plant product］
（国家）植物保护组织 plant protection organization (national)	参见 **National Plant Protection Organization**
植物检疫 plant quarantine	为了防止**检疫性有害生物**传入和/或扩散，确保官方控制效果，所采取的一切行动［FAO，1990；revised FAO，1995］
种植（包括再种植） planting (including **replanting**)	将**植物**培育在栽培**介质**中，或嫁接，或采用其他培植方法，确保它能够生长和繁殖［FAO，1990；revised CEPM，1999］

(续表)

植物 plants	活体植物或植物部分，包括种子和种质［FAO，1990；revised IPPC，1997］
栽培植物 plants for planting	用于种植栽培的植物，包括种植或再种植的［FAO，1990］
试管植物 plants in vitro	在无菌容器中培养的植物类商品（以前称为组培植物）［FAO，1990；revised CEPM，1999；ICPM，2002；formerly plants in tissue culture］
入境点（口岸） point of entry	官方指定的货物或旅客入（进）境地点，如机场、海港和陆路边境入境处［FAO，1995］
进境后检疫 post-entry quarantine	在货物进境后实施的检疫［FAO，1995］
PRA	有害生物风险分析［FAO，1995；revised ICPM，2001］
PRA 地区 PRA area	开展 PRA 的地区［FAO，1995］
几乎没有 practically free	在货物、田块和生产地，有害生物（或特定有害生物）不超过预计数量；在商品生产和销售中，符合良好栽培及管理规范［FAO，1990；revised FAO，1995］
预通关 pre-clearance	由目的地国 NPPO 或在其定期监督下在原产国实行的植物卫生认证和/或通关［FAO，1990；revised FAO，1995］
捕食者 predator	捕食其他动物的天敌，一生要捕食大量猎物［ISPM 3:1996］
处理负荷 process load	在特定负荷配置下，将一定量的物质按一个整体进行处理［ISPM 18，2003］
加工的木质材料 processed wood material	用胶水、加热、加压或其他组合方法制成的木质产品［ISPM 15:2002］
禁止 prohibition	禁止特定有害生物或商品进口或移动的植物卫生规定［FAO，1990；revised FAO，1995］
保护区 protected area	由 NPPO 确定能有效保护受威胁地区的一个必需的最小规定地区［FAO，1990；omitted from FAO，1995；new concept from CEPM，1996］
临时措施 provisional measure	由于缺乏足够信息所制定的植物卫生规定或程序，可能不完全符合技术合理性规定。这种临时措施需要定期审查，并要求尽可能地符合技术合理性原则［ICPM，2001］
检疫 quarantine	为了观察、研究或进一步检查、检验和/或处理，对规定应检物采取的官方限制措施［FAO，1990；revised FAO，1995；CEPM，1999］
检疫区 quarantine area	检疫性有害生物已发生且正由官方控制的地区［FAO，1990；revised FAO，1995］
检疫性有害生物 quarantine pest	对受威胁地区具有潜在经济重要性，尚未发生，或虽有发生但分布未广，且在官方控制之下，这种有害生物称之为检疫性有害生物［FAO，1990；revised FAO，1995；IPPC 1997］
检疫站 quarantine station	在检疫期间，扣留植物或植物产品的的官方工作站（以前称检疫站或检疫机构）［FAO，1990；revised FAO，1995；formerly quarantine station or facility］
原木 raw wood	未经加工或处理的木材［ISPM 15:2002］
转口货物 re-exported consignment	进口后再出口的货物。它可能需要存放、分装与其他货物拼装，或改换包装（以前称转口国）［FAO，1990；revised CEPM，1996；CEPM，1999；ICPM，2001；ICPM，2002；formerly country of re-export］
参照标本 reference specimen	为了保藏起来用于鉴定、验证或比较而采集的特定生物种群标本［ISPM 3:2005；revised CPM，2009］
拒绝（入境） refusal	由于不符合植物卫生规定，货物或其他规定应检物被禁止进境［FAO，1990；revised FAO，1995］

(续表)

区域性植物保护组织 Regional Plant Protection Organization	按IPPC第九条规定设立的政府间组织[以前称植物保护组织（区域的）][FAO，1990；revised FAO，1995；CEPM，1999；formerly plant protection organization (regional)]
区域性标准 regional standards	为指导本辖区成员而由RPPO制定的相关标准[IPPC，1997]
规定地区 regulated area	需要对其输入、输出的植物、植物产品或其他规定应检物采取植物卫生措施的地区，称之为规定地区[CEPM，1996；revised CEPM，1999；ICPM，2001]
规定应检物 regulated article	尤指在国际贸易中，能够滋生或传播有害生物、需要对其采取植物卫生措施的植物、植物产品、储藏场所、包装、运输工具、集装箱、土壤、其他生物或原材料[FAO，1990；revised FAO，1995；IPPC，1997]
规定非检疫性有害生物 regulated non-quarantine pest	通过为害栽培植物而影响植物的预期用途，造成不可接受的经济损失，而被进口国控制的非检疫性有害生物（参见术语表补编2）[IPPC，1997]
规定有害生物 regulated pest	检疫性有害生物和规定非检疫性有害生物的总称[IPPC，1997]。（编者注：这里的"regulated"，实际上就是指"官方控制的"，因此也可译为"官方控制的"或"受控制的"、"受管控的"，余同）
释放（入环境） release (into the environment)	将生物有意识地释放到环境中去（参见传入和定殖）[ISPM 3:1996]
（货物）放行 release (of a consignment)	通关后允许进境[FAO，1995]
再种植 replanting	参见种植（planting）
规定反应 required response	处理效果的规定标准[ISPM 18:2003]
限制 restriction	允许特定商品按特殊要求进口或转运的一项植物卫生规定[CEPM，1996，revised CEPM，1999]
RNQP	规定非检疫性有害生物[ISPM 16，2002]
圆木 round wood	未经锯裁、保持着天然圆形状态、带皮或不带皮的木材[FAO，1990]
RPPO	区域性植物保护组织[FAO，1990；revised ICPM，2001]
锯木 sawn wood	经过锯裁、保持或未保持天然圆形状态、带皮或不带皮的木材[FAO，1990]
秘书 Secretary	按根据IPPC第十二条规定任命的委员会秘书[IPPC，1997]
种子 seeds	用于或准备用于种植但不用于消费或加工的一类商品（见谷物）[FAO，1990；revised ICPM，2001]
SIT	昆虫不育技术[ISPM 3:2005]
扩散 Spread (of a pest)	在某地区有害生物地理分布范围的扩展[FAO，1995]
标准 standard	由公认机构制定并批准、可以通用或重复应用的规则、准则及行为规范等文件，旨在为执行现有规定时，能达到最理想的效果[FAO，1995；ISO/IEC GUIDE 2：1991 definition]
不育昆虫 sterile insect	经过特殊处理后不能再繁殖的昆虫[ISPM 3:2005]
昆虫不育技术 sterile insect technique	在田间广大范围内大规模释放不育昆虫，从而降低昆虫种群的一种有害生物防治方法[ISPM No.3，2005]

(续表)

储藏物 stored product	用于消费或加工目的、以干燥状态储藏的未加工**植物产品**（尤其包括**谷物**、干制果品和脱水**蔬菜**）［FAO，1990］
扑灭 suppression	在**有害生物**侵染**地区**实施的一种旨在降低其种群数量的**植物卫生措施**［FAO，1995；revised CEPM，1999］
监督 surveillance	由**官方**通过**调查**、**监测**或其他方法记录或收集**有害生物发生**数据的过程［CEPM，1996］
调查 survey	在一个确定的时间范围内，由**官方**实施旨在确定**有害生物**种群特征或确认何种**有害生物**在该**地区发生**的过程［FAO，1990；revised CEPM，1996］
系统方法 systems approach（es）	是指对多种不同风险管理方法的综合，其中至少有两种方法是相互独立的，且对**规定有害生物**的风险管理效果累积起来，能达到适当保护水平标准［ISPM 14：2002；revised ICPM，2005］
技术合理的 technically justified	通过适当的**有害生物**风险分析，或者通过对可靠的科学信息进行比较验证和评估而得出正确结论基础上建立的技术合理性［IPPC，1997］
检验 test	通过**官方**检验（非感官检查），确认**有害生物**是否存在，或对其进行鉴定［FAO，1990］
（有害生物）允许量水平标准 tolerance level（of a pest）	为了对**有害生物**进行控制，或防止其**扩散**或**传入**采取行动而制定的**有害生物发生**率阈值［CPM，2009］
短暂（发生） transience	**有害生物发生**了，但不会**定殖**［ISPM 8：1998］
过境 transit	参见**过境货物**（consignment in transit）
透明度 transparency	将**植物卫生措施**及其根据在国际上进行通报的一项原则［FAO，1995；revised CEPM，1999；based on the World Trade Organization Agreement on the Application of Sanitary and Phytosanitary Measures］
处理 treatment	为将**有害生物**杀灭、**灭活**、除去、使其丧失繁殖能力或**失活**而采取的**官方**程序［FAO，1990，revised FAO，1995；ISPM 15：2002；ISPM 18：2003；ICPM，2005］
处理时间表 treatment schedule	为达到预期**效果**（如将**有害生物**杀灭、**灭活**、除去、使其丧失繁殖能力或失活）所制定的**处理**临界参数表［ISPM 28：2007］
感官检验 visual examination	对**植物**、**植物产品**及其他**规定**应检物的物理检验，如用裸眼、放大镜、解剖镜或显微镜去发现**有害生物**及**污染物**，但不必进行**检验**或**处理**［ISPM 23：2005］
木材 wood	圆木、锯木、木片及木垫板（带皮或不带皮）类**商品**［FAO，1990；revised ICPM，2001］
木质包装材料 wood packaging material	用于支撑、保护和运输**商品**（包括**垫板**）的**木材**或木制品（不含纸制品）［ISPM 15：2002］

本补编于 2001 年 4 月经 ICPM 第 3 次会议首次批准。其第一次修订版于 2012 年 3 月经 CPM 第 7 次会议批准。

补编属于标准规定内容。

补编 1 规定有害生物"官方控制"和"分布未广"概念、翻译及应用准则

引言

范围

本补编为下述两个方面提供指导：
—— 规定有害生物官方控制。
—— 当有害生物已经发生但分布未广时，确定其是否为检疫性有害生物。

参考文献

ISPM 1. 2006. *Phytosanitary principles for the protection of plants and the application of phytosanitary measures in international trade*. Rome，IPPC，FAO.

ISPM 2. 2007. *Framework for pest risk analysis*. Rome，IPPC，FAO.

ISPM 6. 1997. *Guidelines for surveillance*. Rome，IPPC，FAO.

ISPM 8. 1998. *Determination of pest status in an area*. Rome，IPPC，FAO.

ISPM 11. 2004. *Pest risk analysis for quarantine pests including analysis of environmental risks and living modified organisms*. Rome，IPPC，FAO.

定义

官方控制定义为：

为了根除或封锁检疫性有害生物，管理规定非检疫性有害生物而主动执行强制性植物卫生规定、采取强制性植物卫生程序。

背景

本句"已发生但分布未广且在官方控制下"（present but not widely distributed and being officially controlled）是检疫性有害生物定义中的一个基本概念。根据该定义，检疫性有害生物必定对其受威胁地区具有潜在经济重要性。此外，它还必须符合"在某个地区未发生"这一个标准，或符合综合标准"已发生但分布未广且在官方控制下"。

在植物卫生术语表（*Glossary of phytosanitary terms*）中将"官方的"（official）定义为"由 NPPO 制定、认可或实施的"（established，authorized or performed by an NPPO），将"控制"（control）定义为"扑灭、封锁或根除有害生物种群"（suppression，containment or eradication of a pest population）。然而，就植物卫生而言，"官方控制"（*official control*）就不单是二者定义的组合。

本补编就是为了更准确地解释下列概念：
——"官方控制"及其实际应用概念，针对检疫性有害生物在某个地区已发生，也针对非规定检疫性有害生物。
——"已发生但分布未广且在官方控制下"概念，针对检疫性有害生物。

"分布未广"未包含在 ISPM 8:1998 对有害生物状况描述的术语中。

要求

1 一般要求

官方控制遵循 ISPM 1:2006 规定，尤其是遵循非歧视性原则、透明度原则、植物卫生措施等效性原则和有害生物风险分析原则。

1.1 官方控制

官方控制包括：
—— 在受侵染地区进行根除和/或封锁。
—— 在受威胁地区进行监督。
—— 限制将（规定应检物）运入保护区或在其中转运，包括在进口时采取植物卫生措施。

所有官方控制计划要件，都是强制性的。因此，至少在进口方面，官方要对有害生物控制计划的必要性和有效性进行评估，并对有害生物进行监督。但在进口方面所采取的这些控制措施，均应该符合非歧视原则（参见下面第 2.2 项）。

对于检疫性有害生物，根除和封锁是扑灭有害生物种群的基本要件。对于规定非检疫性有害生物，扑灭有害生物种群，是为了避免对栽培植物的预期用途造成不可接受的经济损失。

1.2 分布未广

"分布未广"（Not widely distributed）是指有害生物已经发生了，但仅分布在某个地区内。有害生物可以归为在某个地区已发生且广泛分布，或分布未广，或未发生。在 PRA 中，确定有害生物是否属于"分布未广"，是在有害生物归类这一步骤。短暂（发生）（Transience）是指有害生物估计不会定殖，因此与"分布未广"没有关系。

如果检疫性有害生物已发生但分布未广，进口国就应该确定"受侵染地区"和"受威胁地区"。如果认为检疫性有害生物分布未广，就是说该检疫性有害生物只分布在其潜在分布区的部分区域内，因此，在其他无有害生物的区域就会因其传入或扩散而导致经济损失风险。这些受威胁的地区不必都相邻，也可以是由几个不相邻的地区组成。为了证明有害生物分布未广的声明，应该按要求提供受威胁地区的记述及划界信息。对分布情况的归类存在不确定性，任何归类都可能随着时间的推移而发生变化。

有害生物分布未广的地区应该与遭受经济损失的地区（如受威胁地区）相同，且该有害生物已在官方控制下或正在考虑实行官方控制。做出有害生物为检疫性有害生物的决定，包括其分布，从而实施官方控制，一般是针对整个国家的。但是，有时候，更加恰当的是把一种有害生物规定为检疫性有害生物，其对应的是一个国家的部分地区而不是整个国家。正是由于有害生物对这些地区有潜在的经济重要性，才不得不决定对它们采取植物卫生措施。举个恰当例子，如一个国家的领土拥有一个或多个岛屿，或者由于天然或人为阻隔，形成了有害生物定殖或扩散的屏障，像这样的大国，其特定作物可以因气候条件限制，而形成一个边界分明的区域。

1.3 决定采取官方控制

NPPOs 可以根据 PRA 的相关因素，如对管理特定有害生物的成本效益、在确定区域内控制有害生物的技术和后勤保障能力等因素，决定是否对具有潜在经济重要性、已经发生但分布未广的有害生物采取官方控制措施。如果该有害生物未受官方控制，就不属于检疫性有害生物。

2 具体要求

需要达到的具体要求，涉及有害生物风险分析、技术合理性、非歧视性、透明度、强制执行、官方控制、应用区域、NPPOs 的权力及其工作范围等。

2.1 技术合理性

国内要求和进口植物卫生要求，应该是技术合理的，并要采取非歧视性的风险管理方法。

根据检疫性有害生物的定义，需要知道潜在经济重要性、潜在分布和官方控制计划（ISPM 2:2007）。将有害生物归为"已发生且广泛分布"、或"虽已发生但分布未广"类，是由其潜在分布决定的。这种潜在分布表示，如果有机会，该有害生物就能定殖，比如，有寄主、土壤和气候等环境因子均适宜的一个区域。ISPM 11:2004 为 PRA 关于评估定殖可能性或扩散可能性需要考虑的相关因素，提供指导。如果有害生物已发生但分布未广，在评估其潜在经济重要性时，应该将有害生物尚未定殖的地区关联起来。

应该通过监督来确定有害生物在某个地区的分布情况，并作为进一步研究有害生物是否属于分布未广的根据。ISPM 6:1997 提供了监督指导，其中，还包括对透明度的规定。生物学因素，诸如有害生物的生活史、扩散方式、繁殖率，都可能影响监督计划的设计，影响在将有害生物归为分布未广时对调查数据和可信度水平的解释。环境发生变化，或者获得了新信息，就必须对有害生物"分布未广"进行重新审议。

2.2 非歧视性

无论是国内要求，还是进口植物卫生要求，非歧视原则都是个最基本原则。尤其是对进口，不得采取比对国内更加严厉的官方控制措施。所以，就某个规定的有害生物而言，对其国内要求和进口植物卫生要求应该是一致的：

—— 对进口要求不能比对国内要求更加严厉。
—— 对国内要求和进口要求应该是等同或等效的。
—— 对国内要求和进口要求的强制性内容是一样的。
—— 对进口货物的检查力度，要与在国内实施的控制计划一样，采取相同程序。
—— 对不合格产品采取行动时，也应该是进口与国产商品一视同仁。
—— 如果在国内采用取某个容许量水平标准，则对进口商品亦适用此标准，特别是，如果有害生物的侵染程度未超过某个容许量水平标准，从而决定不对国产商品采取行动时，那么，对进口货物亦不能采取行动。进口商品是否符合容许量水平标准，通常是根据进境时的检查和检验来判断的；对于国产商品，其是否符合要求，则应该按最后一个实施官方控制计划口岸（点）的情况来判定。
—— 如果根据官方控制计划允许降级或重新归类，则也适用于进口货物。

2.3 透明度

官方控制的国内要求和进口植物卫生要求，应该建立文件档案，并按要求予以提供。

2.4 强制执行

在实施国内官方控制计划时，其与进口植物卫生要求应该是等同（效）的。该强制执行内容包括：

—— 法规根据。
—— 执行计划的可操作性。
—— 评估及复审。
—— 对违规情况采取植物卫生行动。

2.5 官方控制的强制性特点

官方控制的强制性，体现在相关人员必须依法执行规定要求。对于检疫性有害生物的官方控制（如根除行动），完全是强制性的；对于规定非检疫性有害生物的官方控制，需视情况而定，有些是强制性的（如有官方认证计划要求的）。

2.6 应用区域

官方控制计划的应用区域，可以是国家、地区或地方。在某个地区实施官方控制措施，应该有明确规定。任何进口植物卫生限制措施，都应该与其国内官方控制计划相一致，具有同等效果。

2.7 官方控制中 NPPO 的权力及其工作范围

官方控制应该是：

—— 由国家政府或 NPPO 根据适当的法律授权，制定或认可。

—— 由 NPPO 实施、管理、监督或在最小范围内进行审核和/或审查。

—— 确保由国家政府或 NPPO 实施。

—— 由国家政府或 NPPO 修订、终止或废除。

官方控制计划由国家政府负责。NPPO 外的其他机构可以负责计划中的部分内容，有些方面也可以交由地方机构或私人部门负责。NPPO 应该全面掌握本国官方控制计划情况。

本补编于 2003 年 4 月经 ICPM 第 5 次会议批准。
补编属于标准规定内容。

补编 2　关于潜在经济重要性及相关术语理解准则（含环境风险分析）

1　目的及范围

本准则，旨在为阐明潜在经济重要性及相关术语，提供背景资料及其他信息。这样，就能够使之在术语的理解上，更加明确；在应用上与 IPPC 和 ISPM 保持一致。不仅如此，还涉及 IPPC 有关经济原理的应用方面，尤其是在保护非栽培植物、非管理植物如野生植物区系，以及防止植物外来有害生物对栖息地和生态环境的影响等方面。

本准则对 IPPC 的理解是：
——能够用货币或非货币形式来计算出对环境的损害；
——声明市场损失指标不是有害生物造成危害后果的唯一指标；
——在某个地区，有害生物对植物、植物产品或生态系统造成的经济损失难于量化时，成员有权采取植物卫生措施。

本准则同时声明，就植物有害生物而言，IPPC 在此所指的保护范围，涵盖了农业栽培植物（包括园艺植物和森林植物）、非栽培/非管理植物、野生植物、栖息地和生态环境。

2　背景

从历史上讲，IPPC 一般强调植物有害生物的危害，包括对非栽培/非管理植物、野生植物、栖息地和生态系统的影响，用经济学术语来描述。这些术语包括经济效益、经济损失、潜在经济重要性和不可接受的经济损失。在 IPPC 和 ISPM 中所用"经济"一词，在实际应用中往往会发生误解。

当 IPPC 应用到保护野生植物时，就涉及保护生物多样性的重大问题。然而，实际上，IPPC 只强调商业领域且涉及的范围有限，因而就会导致误解。IPPC 未阐明在评估环境问题时可以应用经济学术语，这就引起了协定之间的相互冲突，如与《生物多样性公约》（the Convention on Biological Diversity）和《关于造成臭氧层衰竭物质的蒙特利尔议定书》（the Montreal Protocol on Substances that Deplete the Ozone Layer）的冲突。

3　经济学术语及 IPPC 和 ISPMs 在环境方面的应用范围

根据 IPPC 和 ISPM，定义如下术语。它们是决策的支持根据。
——潜在经济重要性（检疫性有害生物定义）。
——不可接受的经济损失（规定非检疫性有害生物定义）。
——重大经济损失（受威胁地区定义）。

与支持上述决策的相关术语有：
——减少经济损失（植物卫生规定和植物卫生措施通译定义）。
——经济证据（有害生物风险分析定义）。
——造成经济损失（参见 IPPC 第七条第 3 款，1997）。
——直接和间接经济损失（参见 ISPM 11:2001 和 ISPM 16:2002）。
——经济损失与潜在经济损失（参见 ISPM 11:2001）。
——商业损失与非商业损失（参见 ISPM 11:2001）。

在 ISPM 2:1995 中，把环境损害作为评估经济重要性的因素。在第 2.2.3 项，罗列了许多经济损失的分析项（编者注：此处引用的是旧版 ISPM No.2，在 2007 版中，已去掉了相关内容）。

在 ISPM 11:2001 第 2.1.1.5 项关于有害生物归类中，明确表明，在 PRA 地区，有害生物可能造成不可接受的经济损失，其中包括对环境的损害。在第 2.3 项中，描述了评估有害生物传入的潜在经济损失程序。其损失分为直接损失和间接损失。在第 2.3.2.2 项，强调了商业损失分析。在第 2.3.2.4 项中，提供了有害生物传入造成的非商业损失和环境损害分析指导，指出某些损失（害）不宜用容易确定的现有市场来分析，但可以近似地用非市场评估方法进行分析。本项进一步指出，在风险分析时，如果无法采取定量分析，至少应该给出定性分析结果，并对信息的使用情况做出解释。在第 2.3.1.2 项间接损失分析中，涉及了控制措施对环境及其他方面造成的不利影响。在第 3.4 项中，给出了风险管理措施的选择准则，如果存在不可接受风险，就应该选择最佳管理措施，但这些措施要符合成本效益原则、可行性原则和贸易限制最小原则（编者注：目前最新标准为 ISPM 11:2004）。

2001 年 4 月，ICPM 根据 IPPC 的现行规定，结合环境问题，就植物有害生物潜在环境风险分析，进一步提出了需要考虑的以下问题：

—— 本地濒危植物物种减少或消失情况。

—— 主要植物减少或消失（主要植物指在生态系统的维系上起主要作用的植物）。

—— 植物种类减少或消失（植物是构建本地生态系统的主要组分）。

—— 由于造成植物生物多样性变化而导致生态系统不稳定。

由于检疫性有害生物的传入，需要实施控制、根除或管理计划，此计划（如使用杀虫剂、释放非本地捕食天敌或寄生物）可能影响生物多样性。

因此就植物有害生物而言，IPPC 的保护范围就很清楚了，它包括农业栽培植物（园艺植物和森林植物）、非栽培/非管理植物、野生植物、栖息地和生态系统。

4 PRA 中的经济考量

4.1 经济效益类型

在 PRA 中，经济效益不能只理解为市场效益，未上市的商品和服务也可以产生价值，但经济分析的内容却要比研究商品和服务多得多。术语"经济效益"，为分析各种效益提供了一个框架（也包括环境和社会效益）。经济分析采用货币价值方法，可以通过比较商品销售和服务的成本和效益，为决策者提供信息。当然它并不排除用其他工具进行分析，如定性分析和环境分析，就不能用货币价值方法（编者注：这里的"经济效益"（Economic effects），实际应该是"经济损失"，因为在 PRA 中均为有害生物造成的经济损失，另见后文注释）。

4.2 成本与效益

按照普通经济分析方法，一项政策是否值得推行，取决于其成本效益，至少效益要与成本持平。效益与成本，无论是在市场，还是在非市场领域，都已达成广泛共识。成本与效益可以定性描述，也可以定量描述。但是，非市场类商品和服务可能无法定量，或者现有方法根本做不到定量。

对于以植物卫生为目的的经济分析，只能提供成本效益的相关信息，但不能因收益判定某个具体措施的优劣。从原则上讲，只有当政策实施后，成本效益才能测算出来。即使可以通过成本效益选择某项措施，但也应该考虑到它与植物卫生之间的合理关系。

在有害生物传入后，无论要估算其直接损失或间接损失，还是因为一些原因影响投入成本或产出效益，都需要计算成本效益。但有害生物传入后，其间接为害导致的成本效益与直接为害造成的成本效益相比，可能更不确定。经常是这样，当有害生物传入自然环境后，造成了经济损失，但却无法用货币价值进行评估。因此，在作分析时，要采用哪种分析方法，在评估成本效益时其不确定因素有哪些，分析的假设前提是什么，都应该阐明清楚。

5 应用

如果植物有害生物具有潜在经济重要性,就应该满足下述标准①:

—— 在 PRA 地区具有传入潜力。

—— 定殖后有扩散潜力。

—— 对植物有危害潜力,比如:

· 对作物(造成产量降低,品质下降)。

· 对环境,如对生态系统、栖息地或生物造成危害。

· 其他影响,如对娱乐、旅游和美学价值造成损害。

正如第 3 项所述,有害生物传入对环境造成损害,已被 IPPC 所认可,因此,对于符合上面三个标准的,IPPC 成员均可以采取植物卫生措施,即便是它们只对环境构成潜在危害。当有害生物传入后,对环境造成直接或间接损害,不论其实质是危害,还是造成损失,都应该纳入 PRA。

如果有害生物是规定非检疫性有害生物,因为它们已经定殖,因此在研究其传入对环境造成的损害时,就不能采用上述标准,而应该参照不可接受的经济损失(参见 ISPM 16:2002)标准。

参考文献

ICPM. 2001. *Report of the Third Interim Commission on Phytosanitary Measures*, Rome, 2 – 6 *April* 2001. (Includes Appendix XIII, "Statements of the ICPM Exploratory Open-ended Working Group on Phytosanitary Aspects of GMOs, Biosafety, and Invasive Species, 13 – 16 June 2000, Rome".) Rome, IPPC, FAO.

IPPC. 1997. *International Plant Protection Convention*. Rome, IPPC, FAO.

ISPM 2. 1995. *Guidelines for pest risk analysis*. Rome, IPPC, FAO. [published 1996] [revised; now ISPM 2:2007]

ISPM 11. 2001. *Pest risk analysis for quarantine pests*. Rome, IPPC, FAO. [revised; now ISPM 11:2004]

ISPM 16. 2002. *Regulated non-quarantine pests: concept and application*. Rome, IPPC, FAO.

---

① 关于第一和第二个标准,IPPC(1997)第七条第三款指出,对于不能定殖的有害生物,对其采取植物卫生措施时,必须满足"技术合理的"要求。

本附件只作参考,不属于标准规定内容。

补编 2 附件

本附件对补编中的一些术语作补充说明。

经济分析（Economic analysis）：主要用货币形式,将不同商品和服务所产生的成本效益表示出来,让决策者进行比较。这种方法称为经济分析法。当然,它所涉及的内容远不只有商品和服务市场这些问题；同样,除了货币形式分析方法外,也不排除其他方法,如定性分析法和环境分析法。

经济效益（Economic effects）：既包括市场效益、非市场效益,也包括环境和社会效益。如果用货币方法来分析环境或社会效益,可能存在难度,比如,对其他物种的存活和福利,森林或丛林的美学价值,都无法用货币来分析。在分析经济效益时,采用定性方法和定量方法都是可以的（编者注：这里虽然讲"经济效益",但与几个 PRA 标准如 ISPM 11:2004、ISPM 21:2004 等进行对比,它们全部是讲有害生物造成的经济损失,因为有害生物不可能产生经济效益,故理解为经济损失,似乎更加合理）。

植物有害生物（造成）的经济损失（Economic impacts of plant pests）：包括市场测算值,也包括那些难于直接用经济术语测算的损失。尽管如此,但它们却表示对栽培植物、非栽培植物及植物产品造成的损失或为害。

经济价值（Economic value）：是评估这些效益成本变化（包括生物多样性、生态系统、管理性资源或自然资源）对人类福利状况造成影响的基础。商品销售及服务具有经济价值。确定经济价值的重要性,并不妨碍对伦理和利他行为的关注,因为其他生物的存活和福利也是相互依存的。

定性评估法（Qualitative measurement）：不采用货币或数值形式对品质或性质进行评估的一种方法。

定量评估法（Quantitative measurement）：用货币或数值形式对品质或性质进行评估的一种方法。

本附件于 2009 年 3~4 月经 CPM 第 4 次会议批准。

附件只作参考，不属于标准规定内容。

附件 1　与生物多样性公约相关的植物卫生术语

1　引言

自 2001 年起，IPPC 已明确将其范围扩大到主要引起环境和生物多样性风险的有害生物，其中包括有害植物。术语技术专家小组，在审议 ISPM 5（植物卫生术语表，下同）时，为了顾及相关领域，研究了是否将新术语和定义增加到本标准的问题。特别是考虑到，在生物多样性公约（CBD）[①] 中已经使用的术语和定义，是否要把它们增补进来，因为其他一些政府间组织事先已经做过这方面的工作。

但是，通过对 CBD 术语和定义的研究发现，它们所根据的概念与 IPPC 的是不相同的，因此，相似的术语，其意义却截然不同。因而，CBD 中的术语和定义就不能直套用到本术语表中。于是决定将这些术语和定义表述在本附件中，并将其与 IPPC 术语的区别做出解释。

本附件既无意对 CBD 的范围，也无意对 IPPC 的范围做出声明。

2　表述

对审议过的每个术语，首先是 CBD 的定义，旁边是"IPPC 的解释"，术语表中的术语（或来源于术语表中的词汇）通常以粗体表示。在解释中，也可能有 CBD 的术语，也用粗体表示，后面跟（CBD）字样。解释是本附件的主要内容。每条术语还有注释，以便于澄清一些疑难问题。

3　术语

3.1　外来物种（Alien species）

CBD 定义	IPPC 解释
传入到其过去[1] 或现在的自然分布区之外的生物种、亚种或更低一级分类单元；包括其任何部分、配子、种子、卵或其他能够存活并繁殖的繁殖体	**CBD 的外来物种**［**An alien**[2] **species（CBD）**］是指对某个地区（area）而言，不是本地产的，或通过人为方式[5] **进入（entered**[4]）到该**地区**的任何生活时期的**生物**个体[3]、种群或能自我繁殖的部分

注释：

[1] 关于"过去与现在"分布（"past and present" distribution）的界定，与 IPPC 没有什么关系，因为 IPPC 只关注现存情况（existing situations）。至于该物种现在发生了，过去是否发生过，没什么关系。"过去"（past）一词在 CBD 的定义，可能是考虑到某一物种的再次传入（the re-introduction），因为它再次传入的地区该物种已经灭绝了，因此这个再次传入的物种可能不被看作是外来物种。

[2] "外来"（Alien）一词，仅指与其自然分布相比，该生物的发生地或分布范围，并非意味着它有害。

[3] CBD 定义强调的某一物种个体在某一时间发生的自然状况，而 IPPC 通常强调的是一个分类单元（the taxon）的地理分布情况。

[4] CBD 所关注的外来物种是在某**地区**（area）已经发生了，只不过不是本土分布的；而 IPPC 则更加关心其关注地区尚未发生的生物（如检疫性有害生物）［见下"**传入**"（Introduction）］。因而"外来的"（alien）一词就不合适。所以在植物卫生措施国际标准（ISPMs）中常常用术语"外来的"（Exotic）、"非本地的"（non-indigenous）、"非本土的"（non-native）。为了避免混淆，最好只用其中的一个术语。"非本地的"（non-indigenous）比较好，它可以对应"本地的"（indigenous）；"外来的"（Exotic）不太好，因为存在翻译问题。

[5] 通过自然方式进入到某个**地区**的非本地物种，不是 CBD 的"**外来物种**"（alien species）（CBD），只是扩大了其自然分布范围。对于 IPPC，它将仍然可能被视为潜在"**检疫性有害生物**"（quarantine pest）。

---

① 文中对术语和定义的讨论是源于生物多样性公约（CBD）成员对外来入侵物种的讨论（CBD 秘书处）

3.2 "传入"(Introduction)

CBD定义	IPPC解释
外来物种(alien species[6])(过去或现在)直接或间接地通过人为方式,转运(移)到其自然分布区外。这种转运(移)可以发生在一个国家内,两国之间,或者在国家管辖范围之外的地区[7]内	某物种通过人为方式,直接从**本地物种地区**进入"非本地物种地区",或者间接[8](在经过一个或多个非本地物种地区后,继续从本地物种地区转运(移))进入到"**非本地物种地区**"

注释:

[6] 按照 CBD 的定义,"**外来物种**"[an alien species(CBD)]"**传入**"(introduction(CBD)),就意味着它已进入该地区。然而,根据 CBD 提供的其他一些文件表明,其实并非如此,即非本地物种首次进入,也被称为 CBD 的"**传入**"(introduced(CBD))。那么,按 CBD 的说法,某个物种可能多次**进入**;但对于 IPPC,一个物种只要一旦定殖,就不能叫再次**进入**(introduced)。

[7] "在国家管辖范围之外的地区"(areas beyond national jurisdiction)这一问题与 IPPC 没有什么关系。

[8] 关于间接转运(移),没有专门定义是否所有从一个地区到另一个**地区**的转运(移)一定为 CBD 的"**传入**"(introductions(CBD))(如人为的、故意的、无意的传入),有的可能是自然传入的。这样,问题就来了,比如 CBD 的某个物种传入(introduced(CBD))到某地区,然后自然迁移到邻近**地区**,这似乎可以认为是间接传入(introduction(CBD)),所以对于临近地区而言,该物种就是 CBD 的"**外来物种**"(an alien species(CBD)),除非它自然**进入**(entered)。按 IPPC 规定,如果发生自然迁移情况,当相关进口国制定了相应的**植物卫生措施**,中途经过的国家可能有义务防止这种有意或无意的 CBD 的**传入**(introduced(CBD)),但没有义务去限制它们自然迁移。

3.3 "外来入侵物种"(Invasive alien species)

CBD定义	IPPC解释
传入或/扩散后,威胁到[9]生物多样性的外来物种[10,11]	CBD 的"**外来入侵物种**"(An invasive[12] alien species(CBD))是指"**定殖**"(establishment)或"**扩散**"(spread)后对**植物**(plants[13])已造成危害,或通过"**风险分析**"(risk analysis(CBD))[14]表明对**植物**构成潜在危害的"**外来物种**"

注释:

[9] "**受威胁的**"一词,在 IPPC 中没有与其直接对应的词汇。在 IPPC 中,对"**有害生物**"(pest)定义时用的是"**造成危害的**"(injurious),而对"**检疫性有害生物**"(a quarantine pest)的定义,则是"**经济重要性**"(economic importance)。ISPM 11:2004 明确指出,"**检疫性有害生物**"可能直接危害植物,也可能(通过生态系统中的其他组分)间接危害植物;而在本术语表补编 2 中,对"**经济重要性**"的解释为:取决于对作物、生态环境和一些特殊价值(如休闲、旅游和美学)造成的损失(害)。

[10] CBD 对"生物多样性"造成威胁的"**外来入侵物种**"(Invasive alien species(CBD)),在 IPPC 中没有该术语。问题是该术语在 IPPC 没有相应的范围,这样"生物多样性"的含义就不得不加以延伸,需要扩大到整个农业生态系统中的栽培植物、**非本地植物**(non-indigenous plants)(进口后进行**培植**(planted)的,用于造林、娱乐和栖息地管理的)和在各种"**栖息地**"(habitat)的本地植物(不管该栖息地是人造的,还是天然的)。IPPC 所保护的各种情况下的植物,其范围是否与 CBD 所指的一样,尚不清楚;有些对"生物多样性"的定义,持有非常狭隘的观点。

[11] 根据 CBD 提供的其他文件,"**外来入侵物种**"(invasive alien species)也可能威胁到"生态系统、栖息地或其他物种"。

[12] CBD 对"**外来入侵物种**"(invasive alien species)的定义和解释是考虑了整个术语,而不是只强调"**入侵**"(invasive)一词。

[13] IPCC 是为了保护植物。显然,有一些外来生物对生物多样性有影响,但不涉及植物,所以 CBD 所指的有些"**外来有害生物**"(invasive alien species(CBD))与 IPPC 没有关系。IPPC 还涉及**植物产品**,但 CBD 是把**植物产品**看作生物多样性的组分,因而其范围是否相同,尚不得而知。

[14] 对于 IPPC,未进入"**受威胁地区**"(the endangered area)的**生物**,认为也可能对植物造成潜在危害,因此要进行"**有害生物风险分析**"(pest risk analysis)。

3.4 "定殖"（Establishment）

CBD 定义	IPPC 解释
外来物种在新栖息地顺利产生可育后代[16]并继续存活下去的过程[15]	**CBD** 的**外来物种**（alien species（CBD））在其**进入**（entered）**地区**（area）**栖息地**（habitat），因为顺利繁殖而**定殖**（establishment）

注释：

[15] CBD 的"定殖"（Establishment（CBD））是指一个过程，而非结果。如果后代可以继续存活的话，繁殖一代似乎就可以**定殖**了（否则"后代"之后就是一个逗号）。因此 CBD 未能表达出 IPPC "在可预见的将来能够永远存活的概念"。

[16] 不清楚**生物**（organisms）其后代要经过多少代才能无性繁殖（如许多植物、真菌和微生物）。因此，在使用"**永远存活**"（perpetuation）时，IPPC 就避开了个体繁殖（reproduction）或**复制**（replication）的问题。它是考虑整个物种的存活。即使有些个体要到成熟，其生长期长，亦可以认为是在可预见的将来能永远存活（如非本地**植物**（plant）的种植）。

3.5 "有意传入"（Intentional introduction）

CBD 定义	IPPC 解释
人为有意将外来物种运送和/或（and/or）[17]释放到其自然分布范围之外的地区	有意将非本地物种运送到某个**地区**（area），并**释放**（release）到环境[18]中去

注释：

[17] 在 CBD 的定义中，"和/或"（and/or）难于理解。

[18] 在绝大多数植物卫生管理体系中，有意传入规定有害生物是禁止的。

3.6 "无意传入"（Unintentional introduction）

CBD 定义	IPPC 解释
完全无意识的传入	非本地物种通过**侵染**（infests）或**污染**（contaminates）贸易**货物**（consignment），或通过人为方式如行李、交通工具或人造排水沟[19]等**路（途）径**（pathways）**进入**（Entry）

注释：

[19] 在进口植物卫生管理体系中，防止规定有害生物的无意传入是一个重点。

3.7 "风险分析"（Risk analysis）

CBD 定义	IPPC 解释
基于科学信息，对外来物种传入后果（consequences[20]）和定殖可能性进行评估（也称为风险评估）；且根据社会—经济和文化要素（considerations[21]），对这些旨在减少或管理风险的实施措施进行确认（即风险管理）	**CBD** 的"**风险分析**"（Risk analysis（CBD）[22]）**外来物种**（an alien species（CBD））进入某**地区**（area）后，对其在该**地区**（area[23]）的**定殖**（establishment）和**扩散**（spread）可能性进行评估；对其相关的不确定后果进行评估；对减少其**定殖**（establishment）和扩散（spread）风险的措施进行评估和选择

注释：

[20] 需要考虑哪类后果，不清楚。

[21] 在 CBD 的**风险分析**（risk analysis（CBD））过程中，什么阶段（比如在评估阶段，在管理阶段，拟或在二者之间）将社会—经济和文化要素纳入考虑之中，不清楚。而 ISPM 11:2004 或 ISPM 5 （植物卫生术语表）补编 2，均没有对此做出解释。

[22] 该解释是根据 IPPC 关于"**有害生物风险评估**"（pest risk assessment）和"**有害生物风险管理**"（pest risk management），而不是根据"**风险分析**"（pest risk analysis）定义做出的。

[23] CBD 的"**风险分析**"（risk analysis（CBD））是否可以在"**进入**"（entry）前开展，不清楚。而这时也需要对传入（introduction）可能性进行评估，对减少其**传入**（introduction）风险的措施进行评估和选择。因此，如果（根据 CBD 提供的其他有效文件）可以推断 CBD "**风险分析**"（risk analysis（CBD））能确定出其限制（外来物种）进一步传入的措施，则它就更接近"**有害生物风险分析**"（pest risk analysis）。

4 其他概念

CBD 未提出其他术语定义,但使用了一些在 IPPC 和 CBD 中不相同,或在 IPPC 未区别开的概念,其中包括:
- —— 边境控制。
- —— 检疫措施。
- —— 举证义务。
- —— 自然范围或分布。
- —— 预防方法。
- —— 临时措施。
- —— 控制。
- —— 法定措施。
- —— 规定措施。
- —— 社会影响。
- —— 经济损失。

5 参考文献

CBD. 1992. *Convention on Biological Diversity*. Montreal,CBD.

CBD. *Glossary of terms* (available at http://www.cbd.int/invasive/terms.shtml, accessed November 2008).

ISPM 11. 2004. *Pest risk analysis for quarantine pests including analysis of environmental risks and living modified organisms*. Rome,IPPC,FAO.

植物卫生措施国际标准 ISPM 6

监督准则

GUIDELINES FOR SURVEILLANCE

(1997 年)

IPPC 秘书处

© FAO 2011

发布历史

本部分不属于标准正式内容。

1994-05 CEPM-1 added topic-Standards for pest surveillance（1994-001）

1994 EWG（facilitated by USDA）developed draft text

1995-05 CEPM-2 revised draft text and approved for MC

1995 Sent for MC

1996-05 CEPM-3 revised draft text for adoption

1997-11 29th FAO Conference adopted standard

ISPM 6. 1997. Guidelines for surveillance. Rome，IPPC，FAO.

2011年8月最后修订。

目　录

批准
引言
范围
参考文献
定义
要求概述
要求
1　总体监督
1.1　信息源
1.2　信息收集、存储及检索
1.3　信息使用
2　具体调查
2.1　有害生物调查
2.2　商品或寄主调查
2.3　目标取样和随机取样
3　良好监督规范
4　对诊断机构的技术要求
5　记录保存
6　透明度

批准

本标准于 1997 年 11 月经 FAO 大会第 29 次会议批准。

引言

范围

本标准描述了调查和监控体系的主要内容。其目的在于开展有害生物监测,为 PRA、无有害生物区建立及有害生物名录制定提供相关信息。

参考文献

EPPO. 1996. *Bayer coding system.* Paris, European and Mediterranean Plant Protection Organization.

IPPC. 1997. *International Plant Protection Convention.* Rome, IPPC, FAO.

ISPM 1. 1993. *Principles of plant quarantine as related to international trade.* Rome, IPPC, FAO. [published 1995] [revised; now ISPM 1:2006]

ISPM 4. 1995. *Requirements for the establishment of pest free areas.* Rome, IPPC, FAO. [published 1996]

ISPM 5. *Glossary of phytosanitary terms.* Rome, IPPC, FAO.

WTO. 1994. *Agreement on the Application of Sanitary and Phytosanitary Measures.* Geneva, World Trade Organization.

定义

本标准引用的植物卫生术语定义,见 ISPM 5(植物卫生术语表)。

要求概述

根据植物卫生措施国际标准 ISPM 1:1993(编者注:该标准现为 ISPM 1:2006,于 2006 年修订),各缔约方采取植物卫生措施,需要以风险分析为基础。在建立无有害生物区国际标准中,认可了"无有害生物区"概念。这些概念亦常见于 WTO/SPS 措施协定中。意思是说,NPPO 应该对检疫性有害生物分布情况做出的声明,如未分布,或局部分布,加以验证。

监督体系主要包括两个体系:

总体监督体系。

具体调查体系。

总体监督(一般监督),是指通过多种渠道,对特定有害生物在某个地区的信息进行收集的过程。无论如何,这些信息必须是有效的,可供 NPPO 使用。

具体调查,是指 NPPO 在一定时间范围内,针对关注的有害生物在某个地区某个地点的信息,进行收集的过程。

这些需要验证的信息,可以用来确定某种有害生物是否在某个地区、某种寄主或商品上发生及分布,或者在某个地区未分布(见标准无有害生物区建立及维持)。

要求

1 总体监督

1.1 信息源

各国有害生物信息来源广泛,包括来自 NPPO、国家或地方政府机构、研究所、大学、科学协会(含业余科学家)、生产商、顾问、博物馆、公共卫生、科学及贸易杂志、未公开数据和同时期的观察材料等。此外，NPPO 还可从国际组织，如 FAO、RPPO 等处得到相关信息。

1.2 信息收集、存储及检索

为了更好地利用这些信息，建议 NPPO 最好将一些受关注的有害生物信息进行收集、验证并编辑，形成一个信息系统。

这个系统包括以下要件：

—— 由 NPPO 或 NPPO 指定的研究机构，作为国家植物有害生物记录的保存机构。

—— 记录保存及检索系统。

—— 数据验证程序。

—— 把信息从信息源传送到 NPPO 的联系渠道。

该系统的主要内容还包括：

—— 促使报告的原因，诸如：

· 法规义务（对普通大众或特定机构规定的）。

· 合作协议（NPPOs 与特定机构之间的）。

· 加强人员联系，增进与 NPPOs 的信息交流。

· 公众教育/公共意识计划。

1.3 信息使用

最常用的总体监督信息包括：

—— 支持 NPPO 关于无害生物区的声明。

—— 帮助对新的有害生物的早期监测工作。

—— 准备向其他组织，如 RPPOs 和 FAO 报告。

—— 对寄主及与商品相关的有害生物名录制定、有害生物分布记录进行编辑整理。

2 具体调查

具体调查可能涉及监测、划界或监控调查。这属于官方调查，需要制定一个计划，并经 NPPO 批准。

调查计划包括：

确定调查目的（如早期监测、确定无有害生物区，商品—有害生物名录），以及要达到的植物卫生要求。

—— 确认目标有害生物。

—— 确定调查范围（如按地区、生产体制、季节）。

—— 确定调查时间（日期、频率和期限）。

—— 如果已有商品—有害生物名录，需确定目标商品。

—— 标明统计根据（如可信度、样品数、调查点选择及调查点个数确定、取样频率及假设条件）。

—— 调查方法及质量管理描述，包括对下述各项的说明：

· 取样程序（如采用诱捕法、整个植物取样、感观检查、样品采集及实验室分析）。该程序是根据有害生物的生物学特点和/或调查目的来确定的。

· 诊断程序。

· 报告程序。

2.1 有害生物调查

对特定有害生物进行调查所获取的信息主要用于：

—— 支持 NPPO 关于无有害生物区的声明。

—— 帮助对新的有害生物的早期监测工作。

—— 准备向其他组织，如 RPPOs 和 FAO 报告。

对适宜调查点的选择，主要取决于以下因素：
—— 以前报道过的有害生物发生及分布情况。
—— 有害生物生物学特点。
—— 有害生物的寄主分布尤其是在商业生产地的情况。
—— 调查点（对有害生物的）气候适宜性。

对调查时间的确定，可根据以下因素：
—— 有害生物生活史。
—— 有害生物及其寄主的物候学特点。
—— 实施有害生物管理计划的时间。
—— 有害生物最佳监测时期（是在作物生长期，还是在收获期）。

对于那些仅可能因新近传入而发生的有害生物，对适宜的调查点选择，还要考虑到可能的传入点、扩散途径、商品销售点和种植地。

对于调查程序的确定，需要根据已确认的有害生物的为害类型或为害状况，以及有害生物监测方法的准确性或灵敏度而定。

2.2 商品或寄主调查

对特定商品的调查非常有用，它能提供在一定栽培条件下，商品—有害生物名录相互关系的信息。同时，在总体监督信息缺乏时，可以借助它来制订有害生物寄主名录。

对调查点的选择，可以根据以下因素：
—— 产地的地理分布情况和/或大小。
—— 有害生物管理计划实施地点（商业点或非商业点）。
—— 栽培植物分布情况。
—— 收获产品集散点。

调查程序，要与作物收获同步，且依赖于对收获商品所采用的适宜取样技术。

2.3 目标取样和随机取样

调查设计，最好有利于有害生物监测。但调查计划还要考虑到未曾预料到的问题，因而需要随机取样。要弄清有害生物在某个地区流行的数量情况，如果只有对目标有害生物的调查结果，就会失之偏颇，不能进行准确评估。

3 良好监督规范

总体监督人员要接受良好培训，其内容包括大田植物保护知识和数据管理；具体调查人员也需要接受良好培训，内容包括取样方法、样品保存与传递、记录保存等，如果可能，还应对人员进行考核。设备供需适当，保养良好。监督方法，要求技术合理。

4 对诊断机构的技术要求

为了开展总体监督和具体调查，NPPO 应该对诊断（鉴定）机构做出适当规定，或者对该类机构的准入提出要求。对这类机构的具体要求是：
—— 具备有害生物（及寄主）鉴定专业技术。
—— 有足够的设备和设施。
—— 必要时，能够找到专家对有害生物进行确认。
—— 有处理和保存物证标本的设施。
—— 在适当和可能的情况下，采用标准操作程序。

由其他权威机构对诊断结果进行复核，可以提高调查结果的准确性。

5 记录保存

NPPO 应该妥善保存总体监督和具体调查的相关资料。信息保存要符合预期目的，如为了有害生物风险分析，无有害生物区建立，制定有害生物名录等。物证标本应该保存完好。

信息记录应该尽量包括：

—— 有害生物（尽量使用）学名/Bayer 代码。
—— 科名/目名。
—— 寄主（尽量使用）学名/Bayer 代码，寄主植物受害部位，采集方法（如诱捕、土样样本、昆虫网捕获）。
—— 采集地点（代码、地址及其他佐证材料）。
—— 采集时间及采集人。
—— 鉴定时间及鉴定人。
—— 复核时间及复核人。
—— 参考文献（如果有的话）。
—— 补充信息，如有害生物与寄主的关系、侵染状况、受害植物的生长期，或者只是在温室中发现等。

对有害生物发生在某种商品上的报告，不必具体到地点或复核人，但要准确到商品种类、采集人、采集时间，尽量标明采集方法。

如果对新发现的有害生物进行报告，还要包括采取了哪些措施，以及按要求通报的报告等信息。

6 透明度

NPPO 应该按要求将总体监督和具体调查结果，包括有害生物的发生、分布或未分布情况做出通报。在报告中，应该充分引用有害生物发生的相关材料。

ISPM 7

植物卫生措施国际标准 ISPM 7

植物卫生认证体系

PHYTOSANITARY CERTIFICATION SYSTEM

(2011 年)

IPPC 秘书处

发布历史

本部分不属于标准正式内容。

1994-05 CEPM-1 added topic-Export Certification System (1994-002) 1995 EWG developed draft text

1995-05 CEPM-2 revised draft text and approved for MC

1995 Sent for MC

1996-05 CEPM-3 revised draft for adoption

1997-11 29th FAO Conference adopted standard

ISPM 7. 1997. Export certification system. Rome, IPPC, FAO.

2006-04 CPM-1 added topic Revision of ISPM 7 (2006-034)

2006-11 SC approved Specification 38 Revision of ISPM No. 7 and 12 2008-02 EWG revised standard

2009-06 SC revised standard and approved for MC

2010-02 Sent for MC

2010-05 SC-7 revised standard

2010-11 SC revised standard for adoption

2011-03 CPM-6 adopted revised standard

ISPM 7. 2011. Phytosanitary certification system. Rome, IPPC, FAO.

2011 年 8 月最后修订。

目　　录

批准
引言
范围
参考文献
定义
要求概述
要求
1　法定机构
2　NPPO 的责任
2.1　行政责任
2.2　操作责任
3　资源及基础设施
3.1　人员
3.2　进口植物卫生要求信息
3.3　规定有害生物技术信息
3.4　材料及设施
4　文件
4.1　植物卫生证书
4.2　程序文件
4.3　记录保存
5　信息交流
5.1　在出口国内的信息交流
5.2　NPPOs 之间的信息交流
6　植物卫生认证体系复审
附件 1　植物卫生证书签证员准则

批准

本标准于 1997 年 10 月经 FAO 第 29 次会议批准,名称为:出口认证体系。2011 年 3 月,CPM 批准了该标准的第一个修订版,即现在的标准,ISPM 7:2011。

引言

范围

本标准包含植物卫生认证体系要求,还描述了国家植物保组织(NPPOs)制定植物卫生认证体系的要件。

ISPM 12:2011 描述了拟制和签发植物卫生证书[①](出口及转口植物卫生证书)的要求和指南。

参考文献

IPPC. *International Plant Protection Convention*. Rome, IPPC, FAO.
ISPM 5. *Glossary of phytosanitary terms*. Rome, IPPC, FAO.
ISPM 12. 2011. *Phytosanitary certificates*. Rome, IPPC, FAO.
ISPM 13. 2001. *Guidelines for the notification of non-compliance and emergency action*. Rome, IPPC, FAO.
ISPM 20. 2004. *Guidelines for a phytosanitary import regulatory system*. Rome, IPPC, FAO.

定义

本标准引用的植物卫生术语定义,见 ISPM 5(植物卫生术语表)。

要求概述

为出口或转口货物签发的植物卫生证书,是为了向进口国 NPPO 保证,该货物符合其进口植物卫生要求。

出口国 NPPO 是唯一开展植物卫生认证的机构,且应该制定涉及法规和行政管理要求相关的管理制度。NPPO 负有相关操作责任,包括对植物、植物产品或其他应检物品的取样、检查;有害生物的监测与鉴定;作物监督;开展处理工作;制定和维护记录体系。

在履行这些职责的时候,出口国 NPPO 人员应该具备必要的技能和技术资质。经授权的非政府人员,如果具备 NPPO 规定的技能和资质,为 NPPO 负责,可以履行一些特定的认证职能。出口国 NPPO 应该保证其相关人员,可以随时获取进口国的进口植物卫生要求官方信息。进口国关于规定有害生物的技术信息,包括取样、检查、检验及处理,从事植物卫生认证的人员同样应能随时获取。

出口国 NPPO 应该维护好相关认证程序体系文件。各程序手册和使用说明,应该可以随时获取。涉及植物卫生证书签发的各项活动记录,都应该保存完好。进出口国 NPPOs 应该通过其联络点,保持官方联系。关于进口植物卫生要求和违规信息,也应该相互交流。

要求

根据 IPPC 第五条第 1 款规定:
缔约方应开展植物卫生认证工作,确保出口植物、植物产品和其他规定应检物及其货物符合本条

---

① IPPC 所指的出口"植物卫生证书"和转口"植物卫生证书"。但为了术语使用上简明扼要,本标准用"出口植物卫生证书"和"转口植物卫生证书"。"植物卫生证书"(Phytosanitary Certificates)(复数形式)即指此两种证书

之规定。

因此，缔约方应该建立和维护植物卫生体系，保证植物、植物产品及其他规定应检物，符合进口缔约方的进口植物卫生要求，不带有规定有害生物。该植物卫生证书签证体系，包括法定机构、行政责任及操作责任、资源及基础设施、文件、信息交流及体系复审等要件。

1 法定机构

NPPO 应该是唯一的法定或行政机构，建立和维护进口、转口相关的植物卫生认证体系，开展相关业务；同时，根据 IPPC 第四条第 2 款第（a）项规定，承担在行使签证权力时其相关活动的法律责任。

NPPO 有权阻止不符合进口植物卫生要求的货物出口。

2 NPPO 的责任

为了运行植物卫生体系，NPPO 将承担以下行政及操作责任：

2.1 行政责任

NPPO 应该建立一个管理体系，确保植物卫生认证工作符合各项法规及行政要求，并能够：
—— 在 NPPO 机构内，确定某人或某办事处，负责植物卫生认证体系工作。
—— 确定涉及植物卫生认证体系全部人员的责任及联系渠道。
—— 雇佣或授权具有适当资质和技能的人员。
—— 确保能提供适当且持续的人员培训。
—— 确保有足够的人员和可用资源。

2.2 操作责任

NPPO 有能力履行以下职能：
—— 在需要开展植物卫生认证时，能拥有涉及进口植物卫生要求的相关信息，并为工作人员提供适当的工作指导。
—— 根据植物卫生认证要求，开展植物、植物产品和其他规定应检物的取样、检查和检验工作。
—— 开展有害生物监测和鉴定工作。
—— 开展植物、植物产品和其他规定应检物的确认工作。
—— 开展对植物卫生处理的实施、监督和审查工作。
—— 开展调查、监控和控制活动，以证明符合植物卫生证书中的植物卫生状况。
—— 缮制植物卫生证书并签证。
—— 证明已制定了适当的植物卫生程序，并正确应用该程序。
—— 对违规通报问题进行了调查，并采取了适当的纠偏行动。
—— 制作操作使用说明书，从而确保符合进口植物卫生要求。
—— 完成所签发植物卫生证书和其他相关文件的存档工作。
—— 开展对植物卫生认证体系有效性的复审工作。
—— 尽可能落实安全措施，以应对潜在问题，诸如，利益冲突、签证欺诈，以及植物卫生证书的使用问题。
—— 开展人员培训工作。
—— 开展被授权人员的能力验证工作。
—— 通过适当程序，确保在出口前经过植物卫生认证的货物的植物卫生安全。

3 资源及基础设施

3.1 人员

出口国 NPPO 应该拥有，或者有权使用技术合格、技能熟练的工作人员，负责履行植物卫生认证工作相关职责，完成相关任务。他们应该接受培训，获得经验，以承担第2.2项规定的责任。

此外，获得这些技术资质，拥有这些技能、专长，得到培训的人员，在涉及植物卫生认证结果方面，不能有利益冲突。植物卫生证书签证员准则，见附件1（正在制定中，根据需要修订）。

除了植物卫生证书的签发之外，非政府人员可以经NPPO授权，履行一些特定的认证职能。但这些被授权的人员，应该资质合格，技术熟练，替NPPO负责。为了保证在履行这些官方职能时的独立性，对于这些人员的约束和责任规定，就如同对政府官员一样，也不能涉及与认证结果的利益（如财经或其他方面的）冲突问题。

3.2 进口植物卫生要求信息

植物卫生认证，应该根据进口国官方信息。出口国NPPO应该尽可能从相关进口国获得其进口植物卫生要求的最新信息。该类信息，进口方应该按IPPC第七条第2款第（b）、（d）和（i）项及ISPM 20:2004 第5.1.9.2项规定予以提供，以便于对方获取。

3.3 规定有害生物技术信息

涉及植物卫生认证的人员，应该获得进口国规定有害生物的足够技术信息，包括有害生物：
—— 在出口国的发生与分布状况。
—— 它们的生物学、监督、监测及鉴定情况。
—— 其控制措施，包括适当的处理情况。

3.4 材料及设施

NPPO应该确保拥有足够的设施、材料和设备，以开展取样、检查、检验、处理、货物验证及其他植物卫生认证程序工作。

4 文件

NPPO应该建立相关程序和记录保存的文件系统（包括文件存储和检索）。该系统应该具有对植物卫生证书、相关货物及其组成部分进行追溯的功能。该系统还能够验证是否与进口植物卫生要求相符合。

4.1 植物卫生证书

植物卫生证书，是保证在植物卫生认证过程中按IPPC规定开展了认证工作的一份文件。证书应该采用IPPC附录中规定的格式。具体指导细节见ISPM 12:2011。

4.2 程序文件

NPPO应该保存好指导性文件和工作手册，如果适当，应尽可能覆盖植物卫生认证体系的所有程序，其中包括：
—— ISPM 12:2011规定与植物卫生认证相关的各项具体活动，如检查、取样、检验、处理及对货物的同一性和完整性的验证。
—— 通过官封和标识保持货物安全（编者注：应指植物卫生安全）。
—— 确保对货物的可追溯性，包括对货物的确认、植物卫生安全追溯，即能适当追溯到出口前的各生产环节和装运环节。
—— 对进口国违规通报的调查，包括，应进口国要求，提供调查结果报告（见ISPM 13:2001的规定）。
—— 通过违规情况通报开展对无效证书或欺诈性证书的调查，从而引起NPPO对此事的关注。

此外，NPPOs也可以建立适当程序，与利益攸关者（如生产商、经纪人、贸易商）合作，开展植物卫生认证工作。

4.3 记录保存

一般而言，涉及植物卫生认证所有程序的记录，都应该保存。为了便于确认和追溯，NPPO应该保存植物卫生证书副本，其保存期（至少）为1年。

就每批已签发植物卫生证书的货物而言，应该保存的记录有：
—— 检查、检验、处理或其他验证记录。
—— 取样记录。
—— 承担该项任务的人员姓名。
—— 开展该类活动的日期。
—— 得到的结果。

NPPO 应该将该记录保存适当时间（至少 1 年），且能够对记录进行检索。为了实现标准化文件记录，鼓励使用安全性好的电子储存与检索系统。

保存那些未签发植物卫生证书的违规货物的记录，也是有益的。

5 信息交流

5.1 在出口国内的信息交流

NPPO 应该建立适当程序，及时与相关政府机构及代理处、被授权人员，以及相关行业如生产商、经纪人、出口商及其他利益攸关者进行信息交流，其内容包括：
—— 其他国家的进口植物卫生要求。
—— 有害生物状况及其地理分布情况。
—— 操作程序。

5.2 NPPOs 之间的信息交流

根据 IPPC 第八条第 2 款规定：为实施本公约，开展信息交流，各缔约方应该指定一个联络点。

官方信息交流应该通过该联络点。但是，对于一些特殊的信息或活动（如违规通报），NPPO 也可以指定一个备选联络点（alternative points），由其来处理此类事务。

为了给出口国 NPPO 提供进口植物卫生要求信息，进口国应该提供清晰准确的信息，最好是按 IPPC 第七条第 2 款第（b）项规定由 IPPC 联络点提供，当然也可以按出口国 NPPO 要求进行提供。还可以通过区域性植物保护组织（RPPOs），或者通过植物卫生国际门户网站（IPP）［网址：（https://www.ippc.int）］获取信息。鼓励各国 NPPO 采用 FAO 官方语言之一，最好是英语，向 RPPOs 和在 IPP 上提供其进口植物卫生要求。当然，出口国 NPPO 也可以要求其出口商提供该类信息，鼓励他们提供该要求发生变化的信息。

必要时，出口国 NPPO 应该与进口国的 IPPC 联络点进行信息交流，对其进口植物卫生要求进行释义，并加以确认。

进口国 NPPO 经过植物卫生认证后，如果发现进口货物不符合进口植物卫生要求，其 IPPC 联络点或备选联络点，应该尽快通报该情况。在口岸，违规情况一旦得到确认，就要按 ISPM 13:2001 规定进行通报。

6 植物卫生认证体系复审

NPPO 应该对出口植物卫生认证体系各方面的有效性，以及运行该体系时做出的必要变更情况，定期进行复审。

本附件仅作参考，不属于标准规定内容。

附件1 植物卫生证书签证员准则

（正在制订中，根据需要修订）

植物卫生措施国际标准

ISPM 8

植物卫生措施国际标准 ISPM 8

某地区有害生物状况确定
DETERMINATION OF PEST STATUS IN AN AREA

(1998 年)

IPPC 秘书处

© FAO 2011

发布历史

本部分不属于标准正式内容。

1994-05 CEPM-1 added topic Pest categorization and pest risk definitions (1994-004)

1994 EWG developed draft text

1995-05 CEPM-2 revised draft text and approved for MC

1996-05 CEPM-3 decided to add new draft text

1997-10 CEPM-4 revised draft text and approved for MC

1998 Sent for MC

1998-05 CEPM-5 revised draft text for adoption

1998-11 ICPM-1 adopted standard

ISPM 8. 1998. Determination of pest status in an area. Rome, IPPC, FAO.

2011年8月最后修订，包括对附件1中参考文献的更新。

目　　录

批准
引言
范围
参考文献
定义
要求概述
对有害生物状况确定的一般要求
1　有害生物状况确定的目的
2　有害生物记录
2.1　有害生物记录
2.2　可靠性
3　某地区有害生物状况
3.1　某地区有害生物状况描述
3.1.1　有害生物发生
3.1.2　有害生物未发生
3.1.3　有害生物短暂发生
3.2　某地区有害生物状况的确定
4　推荐报告范例
附件1　有用参考文献

批准

本标准于 1998 年 11 月经植物卫生措施临时委员会（ICPM）第 1 次会议批准。

引言

范围

本标准描述了有害生物记录，以及如何利用有害生物记录和其他信息，确定某地区有害生物状况的相关内容。与此同时，还推荐了一个良好报告范例。

参考文献

IPPC. 1997. *International Plant Protection Convention.* Rome，IPPC，FAO.

ISPM 1. 1993. *Principles of plant quarantine as related to international trade.* Rome，IPPC，FAO.［published 1995］［revised；now ISPM 1:2006］

ISPM 2. 1995. *Guidelines for pest risk analysis.* Rome，IPPC，FAO.［published 1996］［revised；now ISPM 2:2007］

ISPM 4. 1995. *Requirements for the establishment of pest free areas.* Rome，IPPC，FAO.［published 1996］

ISPM 5. *Glossary of phytosanitary terms.* Rome，IPPC，FAO.

ISPM 6. 1997. *Guidelines for surveillance.* Rome，IPPC，FAO.

ISPM 9. 1998. *Guidelines for pest eradication programmes.* Rome，IPPC，FAO.

定义

本标准引用的植物卫生术语定义，见 ISPM 5（植物卫生术语表）。下列术语及定义部分取自于该术语表，但亦根据其他标准作过修订。由于是新定义的术语，无法应用到现行标准中，因而暂时保留，待其修订后再做更改。

暴发（outbreak）：近期发现了一种有害生物的隔离种群，估计它能立即存活下来（编者注：请参见 ISPM 5 定义）。

要求概述

在确定某地区有害生物状况时，有害生物记录是最基本要素。各个国家，无论是对进口缔约方，还是对出口缔约方，都需要有害生物记录信息，以便于开展有害生物风险分析、有害生物状况确定、制定和遵守进口规定、建立和维持无有害生物区等工作。

"有害生物记录"信息包括：有害生物发生与否，观察时间及地点、寄主范围（尽可能）、为害情况，以及针对某次观察的参考或其他相关信息。有害生物记录的真实性，取决于采集人和鉴定人、鉴定方法、记录地点和时间以及记录/记录发布等因素。

"有害生物状况确定"，需要由专家根据对某地区近期有害生物发生情况的判定而确定。这些信息包括每种有害生物记录、有害生物调查记录、有害生物未发生记录、总体监督记录、科学出版物及数据库记录等。

本标准将有害生物状况，大致归为以下三类：

—— 有害生物发生：即有害生物"发生于整个国家"、"只发生于某些地区"等。

—— 有害生物未发生：即"无有害生物记录"、"有害生物已被根除"、"有害生物不再发生"，等等。

—— 短暂发生：即"无需采取行动"、"需采取行动，在监督之下"、"需采取行动，正在根除"。

为了加强各国履行义务，开展有害生物发生、暴发或扩散报告方面的国际合作，参与有害生物记录（发生、未发生或短暂发生）的 NPPOs、其他组织和个人，应该遵循良好报告范例进行报告，范例包括数据真实可靠，及时共享信息、利益互惠、按本标准确定有害生物状况等。

对有害生物状况确定的一般要求

1 有害生物状况确定的目的

有害生物记录文件[①]，可以证明在某地区（通常为一个国家）的某个地方、某段时间和某个环境条件下，某种有害生物发生与否。有害生物记录，加上其他信息，是判定在某个地区某种有害生物状况的依据。

总体而言，可靠的有害生物记录和有害生物状况确定，是 IPPC 和 ISPM 1:1993 所规定的一系列活动的中心内容，也是其他植物卫生措施国际标准的基础（编者注：ISPM 1 已于 2006 年修订，且已更名）。

进口缔约方可以利用有害生物状况信息，开展以下工作：
—— 开展针对别国某种有害生物的 PRA 工作。
—— 为防止有害生物传入、定殖或扩散，制定植物卫生规定。
—— 为控制非检疫性有害生物，在本国开展 PRA 工作。

出口缔约方还可以利用有害生物状况信息，开展下述工作：
—— 确保符合进口缔约方的进口规定，不将遭受规定有害生物侵染的货物出口。
—— 按要求为其他缔约方的 PRA 工作提供信息。

各缔约方均可以利用有害生物状况信息，开展下列工作：
—— 开展 PRA 工作。
—— 制定本国、区域或国际间有害生物管理计划。
—— 制定国家有害生物名录。
—— 建立和维持无有害生物区。

利用在地区、国家和区域内某种有害生物状况资料，可以确定其在全球的分布状况。

2 有害生物记录

2.1 有害生物记录

在标准 ISPM 6:1997 中，描述了总体监督和具体调查，亦涉及有害生物记录。其基本内容包括：
—— 生物学名（尽可能包括亚种名、品系、生物型等）。
—— 生活史状况。
—— 分类地位。
—— 鉴定方法。
—— 年月（如果知道），在某些特殊情况下，可能要求记录到天（如某种有害生物首次发现，或在有害生物监控时发现）。
—— 地点，如地点代码、地址、地理佐证材料；如果是保护种植栽培地如温室等重要情况，需要另加说明。
—— 寄主学名（尽可能）。
—— 对寄主的为害情况，标本采集环境（如诱捕，土壤取样）（尽可能）。
—— 有害生物流行情况、发生程度或数量。
—— 参考文献（如果有）。

为了做好有害生物记录，附件中列出了大量参考文献目录以供查阅。

---

① 包括电子文件

2.2 可靠性

有害生物信息来源众多,可信度不同。有些关键部分可以按下表内容确定。虽然此表是按可信度降序排列的,但它并非是一成不变的,而只是一个参考指导性的。需要特别指出的是,因为对有害生物的鉴定级别要求(编者注:此处指有害生物种类鉴定时的分类要求)不同,其可信度也会有所不同。

NPPO 有义务准确提供有害生物状况信息。

有害生物记录可信度评估指导表

1. 采集人/鉴定人	2. 技术鉴定	3. 采集地点及日期	4. 记载/发布
a. 分类学专家	a. 生化或分子生物学诊断(如可能)	a. 划界或监测调查	a. NPPO 记录/RPPO 发布(参考)
b. 专家、诊断师	b. 官方收集标本或培养,专家进行分类描述	b. 其他田间或生产地调查	b. 科技杂志(参考)
c. 科学家	c. 普通收集标本	c. 临时或偶然田间观察,无确切的时间和地点	c. 官方历史记录
d. 技术师	d. 描述并照相	d. 对产品或副产品观察,截获	d. 科技杂志(无参考)
e. 业余专家	e. 只有感官描述	e. 地点及日期不详	e. 业余专家出版物
f. 非专业人员	f. 鉴定方法不详		f. 未发表的科研文献
g. 采集人/鉴定人不详			g. 非技术出版物,期刊/报刊
			h. 私人通信,未发表

(信息可信度由高到低排列)

3 某地区有害生物状况

3.1 某地区有害生物状况描述

要确定有害生物状况,需要由专家对其在该地区的现行分布状况进行评判。评判的基础是有害生物记录和其他相关信息。无论是现行资料,还是历史记录都可以作为评判依据。有害生物状况可以做如下归类:

3.1.1 有害生物发生

如果已记载某种有害生物属于本地物种,或者是传入种,表明该有害生物已发生。只要当有害生物发生或有充分的科学证据证明其发生,则可以按下列短语或短语组合来描述其分布情况:

发生:整个地区

发生:仅限于某些地区①

发生:除某无有害生物区外的地区

发生:整个寄主作物栽培区

发生:仅在寄主作物栽培区的部分地区②

发生:只在保护栽培地

发生:季节性

发生:但已受到控制③

发生:在官方控制之下

---

① 详细说明
② 详细说明
③ 依据(详见列表)

发生：正在根除

发生：轻度流行

当然，若适当，也可以使用其他类似的描述性短语。但是，如果信息不太可靠，就难于将有害生物分布情况进行描述了。

如果适当，能将有害生物的流行程度（如普遍发生、偶尔发生或极少发生）、对寄主造成的为害和/或损失程度进行划分，这将是十分有益的。

3.1.2 有害生物未发生

如果在总体监督时未发现有害生物发生的记录，就可以推断该有害生物未发生，但可能要求提供具体的记录材料以示支持。

即使有害生物记录不为有害生物未发生，也可以推断有害生物未发生。其各种情况见下述描述。但也需要由具体调查来证实（见 ISPM 6:1997），且要加注一句"经调查证实"（confirmed by survey）；同样，按相关 ISPM（见 ISPM 4:1995）标准建立了无有害生物区，亦需要加注一条"声明为无有害生物区"（Pest free area declared）。

有害生物未发生：无有害生物记录

总体监督表明，有害生物现在未发生、也从未记录过。

有害生物未发生：已被根除了

有害生物记录表明，该有害生物曾经发生过，但在实施根除计划（见 ISPM 9:1998）后成功根除掉了，且监督证明该有害生物依然未发生。

有害生物未发生：有害生物不再发生

有害生物记录表明，该有害生物曾经短暂发生过，或者曾经定殖过，但总体监督证明它现在已不再发生了。其原因如下：

—— 由于气候或其他自然条件限制，使之不能存活。

—— 栽培寄主更换了。

—— 栽培作物品种变换了。

—— 农业栽培方式改变了。

有害生物未发生：有害生物记录失效

在有害生物记录中，记载过有害生物的发生，但是得出此结论所依据的记录失效了或者不再有效了，正如下列官方声明所述的那样：

—— 分类地位改变。

—— 鉴定错误。

—— 记录错误。

—— 国境变更，需要对有害生物记录做纠正性说明。

有害生物未发生：有害生物记录不可靠

在有害生物记录中，曾经记载过有害生物的发生，但后来发现得出此结论的记录不可靠，正如下列官方声明：

—— 命名含混不清。

—— 鉴定或诊断方法过时。

—— 记录不可靠（见上表）。

有害生物未发生：只是截获过

有害生物只是在货物放行、处理或销毁前在入境口岸、第一目的地或扣留地被报道发现过，但监督证明其并未定殖。

3.1.3 有害生物短暂发生

有害生物状况为短暂发生，根据技术评估，有害生物虽已发生，但不会定殖。这包括以下 3 种情况：

有害生物短暂发生：无需采取行动（non-actionable）

只监测到有害生物个体或隔离种群，但它不可能幸存下来，亦不必采取植物卫生措施。

有害生物短暂发生：需采取行动（actionable），在监督之下

监测到有害生物个体或隔离种群，可能立即幸存，但不会定殖。需要采取适当的植物卫生措施，包括监督。

有害生物短暂发生：需采取行动（actionable），正在根除

监测到有害生物隔离种群，也可能立即幸存，如果不采取根除措施便会定殖，因而要采取根除植物卫生措施。

3.2 某地区有害生物状况的确定

有害生物状况的确定，需由 NPPO 来完成，其使用信息的正确性是描述某地区有害生物状况的关键（见第 3.1 项）。这些信息包括：

—— 有害生物个体记录。

—— 有害生物调查记录。

—— 有害生物未发生的记录或其他标志。

—— 总体监督结果。

—— 科学出版物和数据库信息。

—— 防止有害生物传入或扩散的植物卫生措施。

—— 评估有害生物发生或未发生的其他相关信息。

需要关注信息的可靠性和一致性，尤其是当信息出现前后矛盾的时候，更要仔细判定。

4 推荐报告范例

按 IPPC（见第八条第 1 款第 a 项）规定，各缔约方有义务报告"有害生物发生、暴发或扩散情况"。就本标准而言，"某地区有害生物状况"就是其中的内容之一。标准虽未涉及到报告义务，但涉及了报告信息的质量问题。准确的报告，会促进国际贸易，反之，如果未能发现和报告有害生物，或报告不准确、不完整、不及时，以及对报告产生误解，将会导致制定不合理的贸易壁垒措施，或者导致有害生物的传入和/或扩散。

参与收集有害生物状况信息的个人或组织，应该遵循本标准范例，在报告信息前，一般应向 NPPO 提供准确详细资料。

要考察是否遵循了良好报告范例，NPPOs 应该：

—— 对某地区有害生物状况的确定，是依据了最及时、最可靠的信息。

—— 在两个国家之间交换有害生物状况信息时，要根据本标准规定进行归类，对有害生物状况进行确定。

—— 要尽快通知贸易伙伴 NPPO 关于有害生物状况的变化情况，尤其是发现了新有害生物定殖的情况。还应该尽可能地向本地区 RPPO 通报。

—— 当截获了规定有害生物、意味着其出口缔约方有害生物状况发生改变时，需要事先咨询出口缔约方意见后，才能向其他国家通报该信息。

—— 当从别国获悉了某种有害生物记录未报告的信息后，进口方 NPPO 只有在通报并尽量咨询相关 NPPO 后，才能向其他国家或 RPPOs 报告。

—— 在有害生物状况信息交流时，应该遵守 IPPC 第七条第 2 款第 j 项、第八条第 1 款第 a 项和第 1 款第 c 项之规定，并通过双方均能接受的媒体、使用双方认可的语言进行交流。

—— 尽快纠正错误记录。

本附件仅作参考，不属于标准规定内容。

附件1 有用参考文献

这里所列参考文献应用广泛，容易获取，且具有权威性。但是，该文献名录既不是综合的、一成不变的，也不是按本标准所批准的另一个标准[①]。

命名、术语及普通分类法（Nomenclature, Terminology and General Taxonomy）
BioNET-INTERNATIONAL. http://www.bionet-intl.org/opencms/opencms/index1.jsp (accessed August 2010).
Brickell, C. D. (chair) et al. 2009. *International code of nomenclature for cultivated plants.* 8th edn. (*Scripta Horticulturae*, 10) Leuven, Belgium, International Society for Horticultural Science (ISHS). 204 pp.
EPPO. 1996. *Bayer coding system.* Paris, France, European and Mediterranean Plant Protection Organization.
Fiala, I. & Fèvre, F. 1992. *Dictionnaire des agents pathogènes des plantes cultivées.* Paris, France, Institut National de la Recherche Agronomique (INRA) (English/French/Latin).
International Commission on Zoological Nomenclature. 1999. *International code of zoological nomenclature.* 4th edn. London, International Trust for Zoological Nomenclature. Available at http://www.nhm.ac.uk/hosted-sites/iczn/code/index.jsp (accessed August 2010).
ISO 3166-1: 2006. *Codes for the representation of names of countries and their subdivisions-Part 1: Country codes.* Geneva, International Organization for Standardization. Available at http://www.iso.org/iso/country_codes/iso_3166_code_lists.htm in English/French (accessed August 2010).
ISPM 5. *Glossary of phytosanitary terms.* Rome, IPPC, FAO. (Arabic/Chinese/English/French/Spanish)
McNeill, J. (chair) et al., compilers. 2006. *International code of botanical nomenclature* (Vienna Code). Adopted by the Seventeenth International Botanical Congress Vienna, Austria, July 2005. Liechtenstein, Gantner, Ruggell. 568 pp. Available at http://ibot.sav.sk/icbn/main.htm (accessed August 2010).
Shurtleff, M. C. & Averre, C. W. 1997. *Glossary of plant pathological terms.* St. Paul MN, USA, American Phytopathological Society Press. 361 pp.
United Nations. 1997. Country names. *Terminology Bulletin No. 347/Rev. 1.* (UN Member names in Arabic/Chinese/English/French/Russian/Spanish.) New York, Department of General Assembly Affairs and Conference Services of the United Nations Secretariat.

普通有害生物鉴定及其分布（General Pest Identification and Distribution）
CABI. a. *CABPEST CD-ROM.* Wallingford, UK, CAB International.
CABI. b. *Crop protection compendium CD-ROM.* Wallingford, UK, CAB International. Refer http://www.cabi.org/cpc/ (accessed August 2010).
CABI. c. *Descriptions of fungi and bacteria.* Wallingford, UK, CAB International. Refer http://www.cabi.org/dfb/ (accessed August 2010).
CABI. d. *Distribution maps of plant pests.* Wallingford, UK, CAB International. Refer http://www.cabi.org/dmpp/ (accessed August 2010).
OIRSA. 1994-1999. *Hojas de datos sobre plagas y enfermedades agrícolas de importancia cuarentenaria para los países miembros del OIRSA,* volúmenes 1-5. San Salvador, El Salvador, Organismo Internacional Regional de Sanidad Agropecuaria. http://www.oirsa.org/portal/Biblioteca_Virtual.aspx (accessed August 2010).
Smith, I. M., McNamara, D. G., Scott, P. R. & Holderness, M. *Quarantine Pests for Europe.* 2nd edn. (Data sheets on quarantine pests for the European Union and for the European and Mediterranean Plant Protection Organization.) Wallingford, UK, CAB International in association with EPPO.

[①] 该参考文献于2010年重新格式化，并及时更新

Waller, J. M., Lenné, J. M. & Waller, S., et al. 2001. *Plant pathologists' pocketbook.* 3rd edn. Wallingford, UK, CAB International. 528 pp. (Arabic edn, 1990, CABI/FAO; Spanish edn, 1985, published by FAO Regional Office for Latin America and the Caribbean, Santiago, Chile, in cooperation with CABI.)

Wilson, D. E & Reeder, D. M., et al. 2005. *Mammal Species of the World. A Taxonomic and Geographic Reference.* 3rd edn. Baltimore, USA, Johns Hopkins University Press. 2142 pp. Online database, http: //www. bucknell. edu/msw3/ (accessed August 2010).

细菌（Bacteria）

Bradbury, J. F. & Saddler, G. S. 2008. *Guide to plant pathogenic bacteria.* 2nd rev. subedn. Wallingford, UK, CAB International.

Young, J. M., Saddler, G., Takikawa, Y., De Boer, S. H., Vauterin, L., Gardan, L., Gvozdyak, R. I. & Stead, D. E. 1996. Names of plant pathogenic bacteria 1864–1995. *Review of Plant Pathology*, 75: 721~763. Online database, http: //www. isppweb. org/names_ bacterial. asp (accessed August 2010).

真菌（Fungi）

Kirk, P. M., Cannon, P. F., Minter, D. W. & Stalpers, J. A. 2008. *Ainsworth & Bisby's Dictionary of the Fungi.* 10th edn. Wallingford, UK, CAB International. 784 pp.

CABI. e. *Index of fungi.* (A bi-annual listing providing full bibliographic and nomenclatural details of some 2000 names of fungi per annum.) Surrey, UK, CAB International Mycological Institute. Online database, *Index Fungorum*, at http: //www. indexfungorum. org/Names/Names. asp (accessed August 2010.)

昆虫与螨类（Insects and Mites）

CABI. f. *Arthropod name index on CD-ROM.* Wallingford, UK, CAB International.

Wood, A. M., compiler. 1989. *Insects of economic importance: a checklist of preferred names.* Wallingford, UK, CAB International.

线虫（Nematodes）

CABI. g. *NEMA CD-ROM.* Wallingford, UK, CAB International.

Ebsary, B. A. 1991. *Catalog of the order Tylenchida (Nematoda).* Ottawa, Agriculture Canada. 196pp.

Hunt, D. J. 1993. *Aphelenchida, Longidoridae and Trichodoridae: their systematics and bionomics.* Wallingford, UK, CAB International. 150 pp.

植物病害（Plant Diseases）

APS. a. *Common names of plant diseases.* St. Paul, MN, USA, American Phytopathological Society, Committee on Standardization of Common Names for Plant Diseases. (Online database at http: //www. apsnet. org/online/common/, accessed August 2010.)

APS. b. Disease compendium series of the American Phytopathological Society. St. Paul, MN, USA, American Phytopathological Society.

CABI. h. *Distribution maps of plant diseases.* Wallingford, UK, CAB International. (See http: //www. cabi. org/dmpd/, accessed August 2010.)

Miller, P. R. & Pollard, H. L. 1976–1977. *Multilingual compendium of plant diseases.* Vol. 1 (Fungi and bacteria); Vol. II (Viruses and nematodes). (Crosslingual: 23 languages.) St. Paul, MN, USA, American Phytopathological Society. 457 pp. (vol. 1); 434 pp. (vol. 2)

Singh, U. S., Chaube, H. S., Kumar, J. & Mukhopadhyay, A. N., eds. 1992. *Plant diseases of international importance.* Vol. 1: Diseases of cereals and pulses; Vol. 2: Diseases of vegetables and oil seed crops; Vol. 3: Diseases of fruit crops; Vol. 4: Diseases of sugar, forest and plantation crops. Englewood Cliffs, NJ, USA, Prentice Hall.

植物及杂草 (Plants and Weeds)

Brako, L., Rossman, A. Y. & Farr, D. F., et al. 1995. *Scientific and common names of 7 000 vascular plants in the United States*. St. Paul MN, USA, American Phytopathological Society. 301 pp.

Brummitt, R. K. 1992. *Vascular plant families and genera*. Kew, Surrey, UK, Royal Botanic Gardens.

Haefliger, E., Scholz, H., et al. *Grass weeds*, 1: *Weeds of the subfamily Panicoideae*; *Grass weeds*, 2: *Weeds of the subfamilies Chloridoideae, Pooideae, Oryzoideae*; *Monocot weeds*, 3: *Monocot weeds excluding grasses*. Basle, Switzerland, Ciba-Geigy Ltd. (English/French/German/Spanish)

Holm, L., Doll, J., Holm, E., Pancho, J. & Herberger, J. 1997. *World weeds: natural histories and distribution*. New York, USA, John Wiley. 1129 pp.

Merino-Rodríguez, M., comp. 1983. *Plants and plant products of economic importance*. FAO terminology bulletin no. 25. Rome, FAO. (English/French/German/Spanish)

Royal Botanic Gardens. *Index Kewensis*. Kew, Surrey, UK, Royal Botanic Gardens. (Included in online database, International Plant Names Index (IPNI), http://www.ipni.org/index.html, accessed August 2010.)

Terrell, E. E., Hill, S. R., Wiersema, J. H. & Rice, W. E. 1986. *A checklist of names for 3,000 vascular plants of economic importance*. Washington DC, USA, United States Department of Agriculture Agricultural Handbook 505. 241 pp.

病毒 (Viruses)

AAB. 1970–1989 (print). *Descriptions of plant viruses*. Wellesbourne, Warwick, UK, Association of Applied Biologists. Online database, http://www.dpvweb.net, accessed August 2010.

Brunt, A. A., Crabtree, K., Dallwitz, M. J., Gibbs, A. J., Watson, L. & Zurcher, E. J., eds. 1996. *Viruses of plants: descriptions and lists from the VIDE database*. Wallingford, UK, CAB International. (Online database, http://micronet.im.ac.cn/vide/index.html, accessed August 2010.)

Murphy, F. A., Fauquet, C. M., Bishop, D. H. L., Ghabrial, S. A., Jarvis, A. W., Martelli, G. P., Mayo, M. A., &Summers, M. D., et al. 1995. *Virus taxonomy: classification and nomenclature of viruses*. Sixth Report of the International Committee on Taxonomy of Viruses. Vienna, New York, Springer-Verlag.

植物卫生措施国际标准 ISPM 9

有害生物根除计划准则
GUIDELINES FOR PEST ERADICATION PROGRAMMES

(1998 年)

IPPC 秘书处

发布历史

本部分不属于标准正式内容。

1995-09 TC-RPPOs added topic Eradication（1995-001）

1996-05 CEPM-3 added Guidelines for Eradication Programmes

1996-12 EWG developed draft text

1997-10 CEPM-4 revised draft text and approved for MC

1998 Sent for MC

1998-05 CEPM-5 revised draft text for adoption

1998-11 ICPM-1 adopted standard

ISPM 9. 1998. Guidelines for pest eradication programmes. Rome，IPPC，FAO.

2011 年 8 月最后修订。

目 录

批准
引言
范围
参考文献
定义
要求概述
有害生物根除计划一般要求
1 一般信息和计划编制过程
1.1 有害生物报告评估
1.2 应急预案
1.3 报告要求及信息共享
2 决定实施根除计划
2.1 起始
2.2 有害生物鉴定
2.3 评估有害生物现有分布及潜在分布
2.3.1 初步调查
2.3.1.1 收集监测点或发生地有害生物信息
2.3.1.2 原产地
2.3.1.3 有害生物传入途径
2.3.2 有害生物分布调查
2.3.3 有害生物扩散预测
2.4 根除计划可行性
2.4.1 生物学和经济信息
2.4.2 根除计划成本效益分析
3 根除过程
3.1 建立管理小组
3.2 实施根除计划
3.2.1 监督
3.2.2 封锁
3.2.3 处理和/或控制措施
3.3 有害生物根除验证
3.4 文件
3.5 根除声明
4 计划复审

批准

本标准于 1998 年 11 月经植物卫生措施临时委员会（ICPM）第 1 次会议批准。

引言

范围

本标准描述了有害生物根除计划内容。有害生物根除计划，是建立或重建某地区无有害生物状况的基础。

参考文献

IPPC. 1997. *International Plant Protection Convention.* Rome，IPPC，FAO.

ISPM 1. 1993. *Principles of plant quarantine as related to international trade.* Rome，IPPC，FAO. ［published 1995］［revised；now ISPM 1:2006］

ISPM 2. 1995. *Guidelines for pest risk analysis.* Rome，IPPC，FAO. ［published 1996］［revised；now ISPM 2:2007］

ISPM 4. 1995. *Requirements for the establishment of pest free areas.* Rome，IPPC，FAO. ［published 1996］

ISPM 5. *Glossary of phytosanitary terms.* Rome，IPPC，FAO.

ISPM 6. 1997. *Guidelines for surveillance.* Rome，IPPC，FAO.

ISPM 8. 1998. *Determination of pest status in an area.* Rome，IPPC，FAO.

WTO. 1994. *Agreement on the Application of Sanitary and Phytosanitary Measures.* Geneva，World Trade Organization.

定义

本标准引用的植物卫生术语定义，见 ISPM 5（植物卫生术语表）。下列术语及定义部分取自于该术语表，但亦根据其他标准作过修订。由于是新定义的术语，无法应用到现行标准中，因而暂时保留，待其修订后再做更改。

暴发（outbreak）：近期发现了一种有害生物的隔离种群，估计它能立即存活下来（编者注：参见 ISPM 5 定义）。

要求概述

由 NPPO 制定的有害生物根除计划如下：

—— 为了防止有害生物定殖和/或扩散，根据其现有传入途径（重建无有害生物区）而制定的紧急措施。

—— 为了根除已定殖的有害生物而制定的措施（建立无有害生物区）。

经过初步调查，包括收集监测点或有害生物发生地的信息、有害生物侵染范围、生物学及潜在经济重要性、根除技术及可用资源等调查之后，应该进行根除计划成本效益分析。如果可能，再收集些有害生物的原产地信息和再次传入信息，将是十分有益的。PRA 为制定决策提供科学根据（见 ISPM 2:1995。编者注：本标准已于 2007 年修订，并更名，下同）。通过这些研究，应该为决策者提供一到多个决策方案。但是，在紧急情况下，为了防止有害生物扩散，立即采取行动，会比按常规方法按部就班更加有利。

根除过程包括三项活动：监督、封锁、采取处理和/或控制措施。

当根除计划完成后，有害生物是否已不复存在，必须得到验证。验证程序，应该遵照本计划开始时确立的标准，并需要得到此计划中各项活动及结果的大量文件支持。验证程序是根除计划不可分割的整体，如果贸易伙伴要求得到进一步确证，应该允许开展独立分析。根除计划成功后，NPPO 要做出根除声明。如果没有成功，应该对计划进行全面复审，其中包括确认是否有有害生物新的生物学信息，以及该计划的成本效益等内容。

有害生物根除计划一般要求

本标准，旨在为建立有害生物根除计划和复审现有根除计划程序提供指导。在多数情况下，当开始实施根除计划时，有害生物已经进入了某个地区，所以采取紧急根除措施是必需的。当然，根除计划也可以是直接针对某个确定地区已定殖的外来生物或本地生物的。

1 一般信息和计划编制过程

1.1 有害生物报告评估

NPPO 应该系统评估有害生物报告及其影响，从而决定是否需要实施根除计划。评估结果需要向官方联络点报告，专家要对有害生物报告的重要性及拟采取的行动进行评估。

1.2 应急预案

对于那些传入风险高的有害生物（类）而言，在其未在某个地区被发现之前，就制定出应急预案是大有裨益的，因此这个根除计划不仅是切实可行的，而且是必不可少的。事先制订计划，可以提供充足的时间，供人们商议、评估和研究，从而保证根除计划设计完善、实施快捷有效。当合作计划提前实施时，需要参与的各个合作方事先加以细化，并达成共识，因此这个计划尤为重要。以前成功的根除计划，对于建立根除计划或判断根除计划的可行性是绝对有益的。在实施紧急根除措施、采取快速行动时，普通应急预案也特别有用。

需要指出的是，有害生物的生物学习性不同，采取的根除技术也不一样。所以，本标准中所列出的各要素，对每个具体根除计划而言，不必全部套用。

1.3 报告要求及信息共享

要验证一种新有害生物发生后，是否会立即造成危害，或具有潜在危害，需要按 IPPC（第七条第 2 款第 j 项、第八条第 1 款第 a 项、第 1 款第 c 项）及 ISPM 8:1998 的要求，向 NPPO 进行通报。

在实施有害生物根除计划之前，为了提高公众的知悉度，得到大众对根除计划的理解，应该充分考虑通过公共信息计划或其他方式，实现信息共享（如与种植者、居民及地方政府进行广泛沟通）。

2 决定实施根除计划

要决定实施根除计划，需要对有害生物的监测、鉴定、风险确定（通过 PRA）、现有分布及潜在分布、根除计划可行性等情况进行评估后做出。通常，全面考虑本标准所推荐的各个要素是较为理想的。但在实际工作中，由于受到信息和资源限制，这种方法往往存在局限性，尤其是需要立即采取根除措施时，显得更加迫切（比如最近传入的有害生物可能会扩散）。这时需要在制订计划和采取紧急行动时，在二者之间寻求平衡，因为后者可能比通过详尽的分析后再制订计划有利得多。

2.1 起始

通过总体监督和具体调查（见 ISPM 6:1997），发现了新的有害生物，就要开始制定根除计划了。如果有害生物已经定殖，这时的根除计划就是制定政策了（如决定建立无有害生物区）。

2.2 有害生物鉴定

对有害生物的准确鉴定是极其重要的，因为它是制定正确的根除方案的基础。NPPO 要充分认识到鉴定过程可能面临着科学和法律方面的挑战，因而由公认专家独立完成鉴定工作是非常可取的。

当有害生物容易鉴定时，鉴定工作会很快完成，且容易为 NPPO 认可。

鉴定方法很多，可以基于有害生物的形态学特征，也可以用复杂的生物学测定、化学分析和遗传学检测方法。NPPO 最终采纳何种鉴定方法，需要根据具体生物，鉴定方法是否广泛公认，以及其实际应用情况来确定。

如果鉴定工作一时无法完成，是否需要采取行动，可以根据其他因素如对寄主植物的危害程度做出决定。在这种情况下，需要保存好标本，以便做进一步分析。

2.3 评估有害生物现有分布及潜在分布

对于新的有害生物和已经定殖的有害生物，评估其现有分布是必要的。对于新的有害生物而言，评估其潜在分布常常更为重要一些，但对已定殖的有害生物来讲也很重要。但是，对初步调查所设定的数据范围，没有必要达到与已定殖的有害生物根除计划所要求的那样详细。

2.3.1 初步调查

新有害生物的监测数据、原产地情况和传入途径，都应该加以汇编和审查。因为这些信息不仅有益于根除决策，而且有益于发现和纠正在有害生物隔离体系中存在的薄弱环节，从而防止有害生物的传入。

2.3.1.1 收集监测点或发生地有害生物信息

在监测点或发生地收集的有害生物信息包括：
—— 地理位置。
—— 受侵染的寄主。
—— 有害生物危害程度、范围及流行程度。
—— 有害生物监测及鉴定方法。
—— 近期植物或植物产品的进口情况。
—— 有害生物特性或其在该地区有关情况历史记录。
—— 人员、产品、设备和运输工具的流（移）动情况。
—— （有害生物）在该地区的扩散机理。
—— 气候及土壤条件。
—— 受侵染植物情况。
—— 作物栽培方式。

2.3.1.2 原产地

要尽可能地获得有害生物在原产地国家或地区的信息。如果要确定有害生物来源和传入途径，还应该得到转口国家或过境国家的相关信息。

2.3.1.3 有害生物传入途径

NPPO 应该尽量确定有害生物的传入或扩散途径，保证根除计划不会因新的有害生物的进入而受到损害，并要确定其他例外情况。传入途径信息，包括商品或可能携带有害生物的物品，还包括运输方式。如果它可能与新进口的植物或植物产品有关，则对类似材料都应该查明来源，并进行检验。

2.3.2 有害生物分布调查

是否要进行调查，取决于初始阶段获得的足够信息。该调查包括：
—— 在每个（有害生物）暴发区进行划界调查。
—— 根据传入途径进行调查。
—— 其他目标调查。

为了达到控制目的，在设计和实施调查方案时，必须规定统计可信度。

如果为了出口目的，调查数据是用于建立无有害生物区的，最好事先咨询贸易伙伴关于其植物卫生有关要求所需要的定性数据和定量数据信息。

2.3.3 有害生物扩散预测

在初步调查中收集到的数据，应该用于确定有害生物的扩散潜力、预期扩散率，并据此确定受威胁地区。

2.4 根除计划可行性

对有害生物的侵染程度、扩散潜力和预期扩散率的评估，是判定根除计划可行性的前提。PRA 是评估的科学基础。可能的有害生物根除方案和成本效益分析，均需一并考虑到。

2.4.1 生物学和经济信息

需要获得的信息包括：
—— 有害生物生物学。
—— 潜在寄主。
—— 扩散潜力和预期扩散率。
—— 可能的根除对策：
· 财政及资源成本。
· 技术有效性。
· 后勤及运作上的限制。
—— 对产业和环境的影响：
· 未根除。
· 采取了拟定的各种根除方案。

2.4.2 根除计划成本效益分析

根除行动的第一步，首先是将最可行的根除技术罗列出来。在评估每项决策的总成本和成本效益时，要考虑到短期效益和长期效益。采取措施，或不采取措施，都应该纳入根除方案选项中。

所有可行方案都应该做出说明，并与决策者共同讨论。其可能的优势和劣势，包括成本效益，亦需要尽可能地概括出来。由于在最终决策时，需要综合考虑技术、成本效益、资源、政治和社会经济等诸多因素，因此应该推荐一种或多种方案以供选择。

3 根除过程

根除过程包括建立管理小组，实施根除计划。最好应该遵守已拟定的计划。该计划主要包括以下三项活动：
—— 监督：全面调查有害生物的分布情况。
—— 封锁：防止有害生物扩散。
—— 处理：发现有害生物时根除它。

管理机构（通常为 NPPO），应该开展指导和协调工作，制定标准，并确保达到根除要求。这就要求建立适当的文件和过程控制，以保证该结果能达到足够的可信度。同贸易伙伴咨询根除过程的相关问题，是十分必要的。

3.1 建立管理小组

如果一旦要实施根除计划，就需要建立一个管理小组，以便对根除行动进行指导和协调。管理小组的规模，可视根除计划所涉及的范围和 NPPO 的资源而定。

如果是大型计划，可能要求成立一个指导委员会或咨询小组，其中，包括可能受其影响的相关利益集团。如果该计划涉及多个国家，就应该建立一个区域性指导委员会。

管理小组需要负责以下工作：
—— 确保根除计划达到认可的成功根除标准。
—— 根据需要，制定、实施和修订根除计划。
—— 确保计划执行者有适当的权力并得到培训，从而可以承担相关责任。
—— 财政及资源管理。
—— 任命执行者，规定其义务，从而保证他们能明白其职责，记录其活动。
—— 管理信息交流，包括公共关系计划。
—— 与利益攸关方沟通，包括与种植者、贸易商、其他政府部门和非政府组织的沟通。
—— 应用信息管理系统，包括计划文件和适当的记录保存。
—— 计划的日常管理。

—— 不间断地对关键要素进行监控和评估。
—— 定期对计划进行全面复审。

3.2 实施根除计划

3.2.1 监督

划界调查，要么一开始就把它完成，要么就对早期的调查进行确认。监控调查，就是根据根除计划，检查有害生物的分布情况，评估根除计划的有效性（参见 ISPM 6:1997）。监督内容包括：分析传入途径，确定有害生物的来源及其可能的扩散情况、对其克隆体和/或相关材料的检查、检验、诱捕、航空观察，还包括目标咨询，如咨询种植者、负责贮藏和设备管理的人员以及公众等。

3.2.2 封锁

NPPO 应该根据监督结果，确定检疫区。在初步调查时，就可以确定哪些植物、植物产品和应检物在运出检疫区时，需要对防止有害生物扩散做出必要规定。这个规定，要通报给商品的拥有者，还要尽可能详细地告知其他利益攸关方。在监督时，还需要验证是否采用的是计划中规定的方法。

如果植物、植物产品和其他应检物要从检疫区放行，则通关条件必须满足植物卫生措施要求，如已经过了检查、处理或销毁。当声明根除计划取得成功后，相关规定就应该废除。

3.2.3 处理和/或控制措施

有害生物根除可能包括以下各种处理方法：
—— 销毁寄主。
—— 对设备和设施进行除害处理。
—— 用化学药剂或生物药剂处理。
—— 土壤消毒。
—— 土地休耕。
—— 设立无寄主期。
—— 采用栽培植物品种压制或消灭有害生物种群。
—— 限制连续种植。
—— 采用诱集、诱捕或其他控制方法。
—— 大规模释放生物防治材料。
—— 采用昆虫不育技术。
—— 对受侵染的作物进行加工或用于消费。

在大多数情况下，根除方法将采取多种处理方案。如果处理和/或控制方案可能受到法规和其他因素限制，在这种情况下，NPPO 可以采取紧急措施，或采取限制使用等措施。

3.3 有害生物根除验证

验证工作通常由 NPPO 完成，他们要验证是否达到了根除计划中所规定的成功根除标准。在这个标准中，可以明确规定监测强度、调查时间，从而证明无有害生物发生。根除有害生物的最短时间，因有害生物的生物学习性不同而异，但下面这些要素是需要考虑的：
—— 监测技术的灵敏度。
—— 监测技术的难易性。
—— 有害生物生活史。
—— 气候影响。
—— 处理效果。

在根除计划中，要明确规定声明根除的标准，以及废除该规定的步骤。

3.4 文件

NPPOs 要确保支持根除过程各步骤的信息记录，以便贸易伙伴咨询无有害生物（区）声明的背景信息。

3.5 根除声明

当根除计划成功实施后,NPPO 可以发布根除声明。这时在某地区的有害生物状况为:"有害生物未发生:有害生物根除"(参见 ISPM 8:1998)。这需要与利害攸关方,还要与完成该计划的相关机构进行沟通。计划文件和其他相关证据,也应该按要求向其他 NPPOs 提供。

4 计划复审

实施根除计划后,应该对该计划作出定期审查,以便分析和评估相关信息,检查是否达到了根除目的,确定是否还需要做出变更。下列情形,需要进行复审:

—— 根除计划受到无法预知情况的干扰。
—— 预设了时间间隔。
—— 计划终止。

如果未能达到根除标准,则需要对该根除计划进行复审。在复审时,要将可能影响结果的新信息一并考虑在内,如成本效益因素,操作细节等,都应该纳入审查范畴,以便确定是否符合最初的预期结果。根据复审结果,可以重新制定根除计划,或者将其改造为有害生物控制或管理计划。

植物卫生措施国际标准

ISPM 10

植物卫生措施国际标准 ISPM 10

建立无有害生物生产地和生产点要求

REQUIREMENTS FOR THE ESTABLISHMENT OF PEST FREE PLACES OF PRODUCTION AND PEST FREE PRODUCTION SITES

(1999 年)

IPPC 秘书处

© FAO 2011

发布历史

本部分不属于标准正式内容。

1995-10 EWG developed draft text

1996-05 CEPM-3 added topic Pest free production sites and reviewed draft text (1996-001)

1997-10 CEPM-4 revised draft text and approved for MC

1998 Sent for MC

1999-05 CEPM-6 revised draft text for adoption

1999-10 ICPM-2 adopted standard

ISPM 10. 1999. Requirements for the establishment of pest free places of production and pest free production sites. Rome, IPPC, FAO.

2010-07 IPPC Secretariat applied ink amendments as noted by CPM-5 (2010)

2011年8月最后修订。

目　录

批准

引言

范围

参考文献

定义

要求概述

1　无有害生物生产地或生产点概念

1.1　无有害生物生产地或生产点应用

1.2　无有害生物生产地或生产点与无有害生物区的区别

2　一般要求

2.1　无有害生物生产地或无有害生物生产点关键要素

2.1.1　有害生物特性

2.1.2　生产地和生产点特点

2.1.3　生产商操作能力

2.1.4　对 NPPO 的要求及其责任

2.2　无有害生物生产地或生产点的建立及维持

2.2.1　建立无有害生物体系

2.2.2　维持无有害生物体系

2.2.3　验证无有害生物状况及其维持情况

2.2.4　保证产品同一性及货物植物卫生安全

2.3　缓冲区要求

3　文件及复审

3.1　普通记录

3.2　植物卫生证书附加声明

3.3　信息提供

批准

本标准于 1999 年 10 月经植物卫生措施临时委员会（ICPM）第 2 次会议批准。

引言

范围

本标准描述了无有害生物生产地和无有害生物生产点建立和应用的必备条件。作为有害生物风险管理措施，其目的是为了保证植物、植物产品和其他应检物符合进口植物卫生要求。

参考文献

IPPC. 1997. *International Plant Protection Convention*. Rome，IPPC，FAO.

ISPM 1. 2006. *Phytosanitary principles for the protection of plants and the application of phytosanitary measures in international trade*. Rome，IPPC，FAO.

ISPM 2. 2007. *Framework for pest risk analysis*. Rome，IPPC，FAO.

ISPM 4. 1995. *Requirements for the establishment of pest free areas*. Rome，IPPC，FAO.

ISPM 5. *Glossary of phytosanitary terms*. Rome，IPPC，FAO.

ISPM 6. 1997. *Guidelines for surveillance*. Rome，IPPC，FAO.

ISPM 8. 1998. *Determination of pest status in an area*. Rome，IPPC，FAO.

定义

本标准引用的植物卫生术语定义，见 ISPM 5（植物卫生术语表）。

要求概述

本标准引入无有害生物（Pest Freedom）概念，是指在确保植物、植物产品和其他规定应检物来自无有害生物生产地，不带有规定有害生物，达到了进口缔约方的植物卫生要求时，允许出口缔约方向进口缔约方出口。当生产地内的某个部分可以作为一个隔离单元进行管理，能维持无有害生物状况，这个部分就可以作为无有害生物生产点。能否应用无有害生物生产地和生产点，取决于有害生物的生物学特性、生产地或生产点的特点、生产商操作能力、对 NPPO 的要求及其责任等因素。

建立和维持无有害生物生产地和生产点，是 NPPO 采取的一项植物卫生措施，其包括：
—— 建立无有害生物体系。
—— 维持无有害生物体系。
—— 验证达到或维持无有害生物状况。
—— 保证产品同一性及货物植物卫生安全。

必要时，在建立无有害生物生产地或生产点时，还要求建立适当的缓冲区，并对其加以维持。

在管理方面，需要建立体系文件，详细记录所采取的各项措施，以证明其为无有害生物生产地或生产点。NPPO 的复审和审核程序，足以保证无有害生物状况，保证体系评价。当然，签署双边协议或协定也是必要的。

1 无有害生物生产地或生产点概念

1.1 无有害生物生产地或生产点应用

"无有害生物生产地"（Pest Free Place of Production），是指"有科学证据证明某种有害生物未发生，且由官方维持到一定时期的一个生产地"（编者注：请参见 ISPM 5 中的定义）。这种方法，是出口缔约方向进口缔约方证明植物、植物产品或其他规定应检物，产于和/或来自无特定有害生产地，且已维持到一定时期。无有害生物（体系），是根据调查和/或栽培季节检查而建立，且必须采取防止有害生物传入生产地的其他体系来维持。这些工作均需要提供适当文件来支持。

由于所关注的有害生物、当地环境和进口缔约方可接受风险水平标准不同，因而可以采取不同措施，如从简单的年度栽培季节检查，到建立维持（无有害生物状况）多年的复杂调查体系和支撑程序。

无有害生物生产地可以是工厂建筑物，也可以是若干基地组成的生产单位。在整个生产地，生产商均要采取必要措施。

在生产地中，有一部分可以分离出来单独管理，且能维持无有害生物状况，这样一些部分就可以作为无有害生物生产点。

根据生物学特性，有害生物可能从邻近地区进入生产地或生产点，因此有必要在它们周围建立缓冲区，并采取适当的植物卫生措施。缓冲区大小，以及要采取何种植物卫生措施，取决于有害生物的生物学特性及生产地和生产点的特点。

1.2 无有害生物生产地或生产点与无有害生物区的区别

无有害生物生产地与无有害生物区是有区别的（见 ISPM 4:1995）。虽然二者的目的是一致的，但其应用范围不同。无有害生物生产地与无有害生物区的所有区别，均适用于无有害生物生产点与它的区别。

无有害生物区比无有害生物生产地大得多，它包括许多生产地，甚至可以扩大到一个国家或几个国家，可以被自然屏障或者适当大小的缓冲区隔离开来。无有害生物生产地，可能位于有害生物流行区内，但至少应在其相邻处建立缓冲区进行隔离。无有害生物区，要求维持（无有害生物状况）多年不间断，无有害生物生产地则只要求维持一个或几个栽培季节。无有害生物区，需要出口缔约方 NPPO 全面管理，而无有害生物生产地则可以由生产商在 NPPO 的监督下各自进行管理。如果在无有害生物区发现了有害生物，则整个区域的无有害生物状况就发生了改变；而在无有害生物生产地发现了有害生物，则只是该生产地的无有害生物状况资格不存在了，但该地区的其他生产点不会受到直接影响。当然，在特殊情况下，这些区别可能不适用。如果生产地位于无有害生物区内，虽然进口缔约方可能要求进行验证，但它是符合无有害生物生产地要求的。

无有害生物生产地或生产点，作为管理措施选项，取决于有害生物在出口缔约方的实际分布、有害生物的生物学特性及其管理状况。在这里，两个体系均能保证达到适当的植物卫生安全要求：无有害生物区提供的主要安全保证，是对该地区内的所有生产地实施了植物卫生措施，是专门通过集中对有害生物采取管理措施、调查和检查来实现的。

2 一般要求

2.1 无有害生物生产地或无有害生物生产点关键要素

确保无有害生物生产地和生产点状况，依赖于以下各方面：
—— 有害生物特性。
—— 生产地和生产点特点。
—— 生产商操作能力。
—— 对 NPPO 的要求及其责任。

2.1.1 有害生物特性

如果符合下列情况，确保无有害生物，就可以声明为无特定有害生物生产地或生产点：
—— 有害生物（或其媒介生物）自然扩散慢，且只能短距离扩散。
—— 有害生物依靠人为传播的能力有限。
—— 有害生物寄主范围狭窄。
—— 上一季节，有害生物的存活率相对较低。

——有害生物生殖力为中等或低等水平。
——有害生物监测方法灵敏，可以在适当季节，通过田间感官检查或实验室检验发现它们。
——监测工作不会受有害生物生物学（如潜伏期）及生产点经营状况的干扰。

在对无有害生物生产地和生产点的建立和维持过程中，采取切实可行的有害生物控制和管理措施，是十分有益的。

2.1.2 生产地和生产点特点

"生产地"（Place of Production）的基本定义，应该符合相关要求（如可以是一个生产单位或农场），除了有关的有害生物和当地环境外，生产地、生产点及缓冲区还应该具备下列其他特点：
——远离有害生物侵染源，有适当隔离措施（如利用物理条件阻止有害生物移动）。
——按公认边界线清晰划界。
——经过缓冲区（如果可能）。
——在生产地或生产点无有害生物寄主，这些寄主也不符合出口要求。
——在缓冲区（如果可能）无有害生物寄主，或在缓冲区对这些寄主进行了有效控制。

2.1.3 生产商操作能力

NPPO 应该对生产商的管理、技术和操作能力进行考察，确保他们能防止有害生物进入生产地或生产点，或者通过采取植物卫生措施维持无有害生物状况。必要时，生产商或 NPPO 都应该有能力在缓冲区采取植物卫生措施。

2.1.4 对 NPPO 的要求及其责任

NPPO 应该确保按无有害生物生产地和生产点所声明的那样，制定详细的要求规定，并要求生产商达到这些规定条件。NPPO 要负责调查、检查和其他体系（证明无有害生物状况）方面的工作。对于特定的有害生物及其寄主而言，所要求的管理体系通常能被广泛认可，且为各国所采用。必要时，NPPO 可以提供管理体系方面的培训。NPPO 还要核对进口缔约方法规和/或双边要求，确保符合相关规定。

2.2 无有害生物生产地或生产点的建立及维持

在无有害生物生产地或生产点的建立及维持方面，NPPO 需要做以下四项工作：
——建立无有害生物体系。
——维持无有害生物体系。
——验证达到或维持无有害生物状况。
——保证产品同一性及植物卫生安全。

2.2.1 建立无有害生物体系

NPPO 通常应该就生产地或生产点对生产商做出一定要求，以便为日后达到此要求而声明为无有害生物生产地或生产点。这些要求不仅涉及生产地或生产点的特点（必要时，也包括缓冲区），而且还涉及生产商的操作能力。为了保证某些特定措施得以实施，生产商（或生产商组织）可以与 NPPO 签订正式协议。

在某些情况下，NPPO 可能要求货物在出口出证前，通过一年至多年的官方调查，验证无有害生物状况。验证方法可与出口当年的验证方法（参见下面第 2.2.3 项）相同，也可以不同。此外，NPPO 可能只要求在生产年验证无有害生物状况。不管哪种情况，NPPO 和生产商的共同目标，都是要在连续若干年内，始终维持生产地或生产点的无有害生物状况。如果在无有害生物生产地、生产点或缓冲区发现了有害生物，则将取消其无有害生物状况资格；如果要重建和验证无有害生物状况，就需要对（建立无有害生物状况）失败原因及其措施进行调查，避免再出现类似问题。在这些方面，都要做出详细规定。

如果无有害生物生产点一旦建立，就需要通过划界调查来确定其范围。

2.2.2 维持无有害生物体系

NPPO 通常应该在栽培季节前和/或期间，在生产地或生产点（必要时还包括缓冲区）采取具体措施，并进行全面监督以确保达到要求。其目的在于，防止有害生物传入生产地或生产点，销毁未被发现的被侵染物。这些措施包括：

—— 预防措施（如清除有害生物繁殖材料和其他寄主）。
—— 隔离措施（物理障碍物、纱网、防治设施、机械、植物、土壤和栽培介质）。
—— 有害生物防治措施（如栽培方法、处理和抗性品种）。

要求生产商做到：

—— 向 NPPO 通报所有可疑或实际发生的有害生物情况。
—— 保存栽培记录和（按 NPPO 规定的时限而制定的）有害生物防治程序相关记录。

2.2.3 验证无有害生物状况及其维持情况

此项工作由 NPPO 人员或其授权人员完成。他们要对生产地或生产点（必要时还包括缓冲区）做具体调查，从而评估无有害生物状况。通常要填写田间调查表（即常见的栽培季节调查表），当然也可以做其他监测工作（如实验室检验取样、诱捕、土壤检验等）。

确定无有害生物状况，可以通过一定数量或频率（如每月三次）的检查或检验来实现。这种检查或其他措施，可能只需要一个栽培季节，也可能要好几年。对已收获商品的检查或检验，需要在生产地或生产点进行。对无有害生物状况的维持，可能要求若干年，且规定在生产点不得栽培寄主植物。

验证程序，应该按照计划要求，将生产地细分到每个小块，也可以根据有害生物及其为害症状，进行全面评估或采集样品检查。在生产地或生产点周围有害生物的流行情况；可能会影响到调查频率的改变。

2.2.4 保证产品同一性及货物植物卫生安全

可能还要求采取验证措施，来验证产品的同一性（加贴标签追溯无有害生物生产地）和货物的完整性。同时，在作物收获后，还应该保证产品无有害生物。

2.3 缓冲区要求

如果适当，在建立和维持无有害生物生产地或生产点时，还涉及与之相关的缓冲区。

缓冲区的大小，由 NPPO 视有害生物在作物栽培季节的自然扩散距离而定。监控调查要维持一定频次，且将持续到一个至多个栽培季节。如果在缓冲区监测到有害生物，就应该按 NPPO 要求采取行动。这时，可能要取消无有害生物生产地或生产点资格，或者在缓冲区采取适当的防治措施。不管怎样，调查方法和防治措施，都应该事先加以验证。如果可能，还应该制定适当措施（如本地报告/通报，公告，地方法规，对监测到的有害生物进行防治/消灭），确保达到无有害生物状况。

3 文件及复审

建立和维持无有害生物生产地或生产点所采取的措施，包括在缓冲区所采取的措施，均应该建立文件，充分记录并定期复审。NPPO 应该制定现场审查、复审和体系评审程序。

3.1 普通记录

如果适当，应该形成有效文件，详细记录 NPPO 关于建立无有害生物生产地或生产点管理体系的总体情况及相关有害生物情况，其中，包括监督体系的详细情况（检查、调查和监控），对有害生物发生的应对程序（纠偏行动计划），以及确保产品同一性和货物植物卫生安全的程序。

如果适当，文件还应该记录在生产地、生产点或相应缓冲区（在某个特殊栽培季节无有害生物状况已被认定）所采取的具体行动，包括调查结果和有害生物管理记录情况（如植物卫生处理方法及处理日期，植物抗性品种的使用情况）。

废除和重新认定无有害生物状况程序，均要详细记录。

如果对有害生物的植物卫生安全要求高，那么在建立和维持无有害生物生产地或生产点时，需要采取综合措施，这时可以制定一个操作计划。如果条件允许，则可以签订双边协议或协定，在体系中详细规定生产商和贸易商的责任和义务。

3.2 植物卫生证书附加声明

NPPO 签发了货物植物卫生证书，就表明其符合无有害生物生产地或生产点要求。不过，进口缔约方可能要求在植物卫生证书上添加适当的附加声明，以示达到了这些要求。

3.3 信息提供

出口缔约方 NPPO 应该根据进口缔约方要求，向其提供建立和维持无有害生物生产地或生产点的根据。如果在双边协议或协定中做出了相关规定，出口缔约方就应该迅速向进口缔约方提供关于无有害生物生产地或生产点建立或取消的相关信息。

植物卫生措施国际标准 ISPM 11

检疫性有害生物风险分析，包括对环境风险和活体改良生物的分析

PEST RISK ANALYSIS FOR QUARANTINE PESTS INCLUDING ANALYSIS OF ENVIRONMENTAL RISKS AND LIVING MODIFIED ORGANISMS

(2004 年)

IPPC 秘书处

发布历史

本部分不属于标准正式内容。

1994-05 CEPM-1 added topic PRA; Supplementary (1994-003)
1995-02 EWG developed draft text
1995-05 CEPM-2 postponed the discussion
1996-05 CEPM-3 recommended for further study
1997-10 CEPM-4 discussed and requested further review
1998-05 CEPM-5 revised draft text and requested comments
1999-05 CEPM-6 discussed draft text and requested further discussion
1999-09 Supplementary CEPM revised draft text and approved for MC
1999 Sent for MC
2000-11 ISC-2 revised draft text for adoption
2001-04 ICPM-3 adopted standard
ISPM 11. 2001. Pest risk analysis for quarantine pests. Rome, IPPC, FAO.
1999-04 ICPM-2 added topic GMO/Biodiversity/Invasive species (1999-004)
1999-05 Open-ended PRA WG developed draft text
2000-06 EWG for definition the words Genetically modified organisms, LMOs and invasive species
2001-02 IPPC-CBD joint consultation
2001-04 ICPM-3 split topic Risk analysis for environmental hazards of plant pests (2001-001) and LMOs (1999-004)
2001-05 ISC approved Specification 5 Risk analysis for environmental hazards of plants pests
2002-05 SC revised draft text and approved for MC
2002-06 Sent for MC
2002-11 SC revised draft text for adoption
2003-04 ICPM-5 adopted Supplement 1 (S1): Analysis of environmental risks (with Annex 1) to ISPM 11 and revised the title
ISPM 11. 2003. Pest risk analysis for quarantine pests including analysis of environmental risks. Rome, IPPC, FAO.
2001-09 Open-ended WG developed draft Specification 10 Pest risk analysis for living modified organisms (1999-004)
2002-03 ICPM-4 approved Specification 10: Pest risk analysis for living modified organisms
2002-09 EWG developed draft text
2003-05 SC-7 revised draft text and approved for MC
2003-06 Draft Sent for MC
2003-11 SC revised draft text with annexes
2004-04 ICPM-6 adopted Supplement 2 (S2): Pest risk analysis for living modified organisms (with Annexes 2,3) to ISPM 11
2004-07 SC revised and approved integrated (S1+S2) standard
ISPM 11. 2004. Pest risk analysis for quarantine pests including analysis of environmental risks and living modified organisms. Rome, IPPC, FAO.

2011年8月最后修订。

目　　录

批准

引言

范围

参考文献

定义

要求概述

检疫性有害生物风险分析

1　第一步 起始

1.1　起始点

1.1.1　由传入途径开始的 PRA

1.1.2　由有害生物开始的 PRA

1.1.3　由复审或修订政策开始的 PRA

1.2　PRA 地区的确定

1.3　信息

1.3.1　先前的 PRA

1.4　起始 结论

2　第二步 有害生物风险评估

2.1　有害生物归类

2.1.1　有害生物归类的主要内容

2.1.1.1　有害生物名称

2.1.1.2　在 PRA 地区发生或未发生

2.1.1.3　管控状况

2.1.1.4　在 PRA 地区的定殖和扩散潜力

2.1.1.5　在 PRA 地区的潜在经济损失

2.1.2　有害生物归类 结论

2.2　传入及扩散可能性评估

2.2.1　有害生物进入可能性

2.2.1.1　由有害生物开始的 PRA 传入途径的确认

2.2.1.2　在原产地有害生物与传入途径关联的可能性

2.2.1.3　有害生物在运输或储藏期间的存活可能性

2.2.1.4　在现行管理措施下有害生物存活的可能性

2.2.1.5　有害生物转移到适宜寄主上的可能性

2.2.2　定殖可能性

2.2.2.1　在 PRA 地区适宜寄主、轮换寄主和媒介生物的可用性

2.2.2.2　环境条件的适宜性

2.2.2.3　作物栽培方式及有害生物控制措施

2.2.2.4　影响有害生物定殖的其他特性

2.2.3　有害生物定殖后的扩散可能性

2.2.4　有害生物传入和扩散可能性 结论

2.2.4.1　关于受威胁地区 结论

2.3　潜在经济损失评估

2.3.1　有害生物造成的损失
2.3.1.1　有害生物造成的直接损失
2.3.1.2　有害生物造成的间接损失
2.3.2　经济损失分析
2.3.2.1　时间和地点因素
2.3.2.2　商业损失分析
2.3.2.3　分析方法
2.3.2.4　非商业损失及环境损害
2.3.3　经济损失评估 结论
2.3.3.1　受威胁地区
2.4　不确定度
2.5　有害生物风险评估 结论
3　第三步 有害生物风险管理
3.1　风险水平标准
3.2　必需的技术信息
3.3　可接受风险
3.4　适宜风险管理方案的确定及选择
3.4.1　对货物的管理方案
3.4.2　防止或降低作物受侵染的管理方案
3.4.3　确保生产区、生产地或生产点及作物无有害生物的管理方案
3.4.4　对其他传入途径的管理方案
3.4.5　在进口国采取的管理方案
3.4.6　禁止商品进口
3.5　植物卫生证书及其他符合性措施
3.6　有害生物风险管理 结论
3.6.1　对植物卫生措施的监督和复审
4　PRA 文件
4.1　文件要求

S1　附录1　IPPC 关于环境风险的解释
S2　附录2　IPPC 关于 LMO 有害生物风险分析的解释
S2　附录3　如何判定 LMO 为潜在有害生物

批准

本标准 ISPM 11（检疫性有害生物风险分析）于 2001 年 4 月经 ICPM 第 3 次会议批准。2003 年 4 月第 5 次会议，临时委员会增加了一个关于环境风险分析补编，并同意将其整合到 ISPM 11 中，形成了 ISPM 11 Rev.1 版本（检疫性有害生物风险分析，包括环境风险分析）。2004 年 4 月，临时委员会第 6 次会议批准了活体改良生物（LMOs）的有害生物风险分析补编，并同意将其整合到 ISPM 11 Rev.1 中，就形成了现在的标准 ISPM 11:2004 版本。文中的环境风险分析用"S1"标注，LMO 风险分析用"S2"标注。

植物卫生措施临时委员会对生物多样性公约秘书处的合作与支持、对公约缔约方专家参与 ISPM 11 补编的编写工作，一并表示感谢。

引言

范围

本标准详细介绍了开展有害生物风险分析（PRA），确定检疫性有害生物的全过程。该过程既包括风险评估，还包括风险管理方案的选择。

S1 标准还详细介绍了植物有害生物对环境和生物多样性的风险分析，其中包括对 PRA 地区的非栽培/管理的植物、野生植物区系、（动植物）栖息地和生态环境的风险等。附录 1 对 IPPC 关于环境风险的相关问题作了解释。

S2 标准还为活体改良生物（LMOs）对植物及产品构成的潜在植物卫生风险评估，提供指导。本指导并不修改 ISPM 11 的适用范围，只是在于澄清一些有关 LMO 的有害生物风险分析（PRA）问题。在附录 2 中，在 IPPC 的规定范围内，就 LMO 的 PRA 相关问题做了评述。

参考文献

S2 CBD. 1992. *Convention on Biological Diversity.* Montreal, CBD.

S2 CBD. 2000. *Cartagena Protocol on Biosafety to the Convention on Biological Diversity.* Montreal, CBD.

IPPC. 1997. *International Plant Protection Convention.* Rome, IPPC, FAO.

ISPM 1. 1993. *Principles of plant quarantine as related to international trade.* Rome, IPPC, FAO. ［published 1995］［revised; now ISPM 1:2006］

ISPM 2. 1995. *Guidelines for pest risk analysis.* Rome, IPPC, FAO. ［published 1996］［revised; now ISPM 2:2007］

S2 ISPM 3. 1995. *Code of conduct for the import and release of exotic biological control agents.* Rome, IPPC, FAO. ［published 1996］［revised; now ISPM 3:2005］

ISPM 4. 1995. *Requirements for the establishment of pest free areas.* Rome, IPPC, FAO. ［published 1996］

ISPM 5. *Glossary of phytosanitary terms.* Rome, IPPC, FAO.

S2 ISPM 5 Supplement 1. 2001. *Guidelines on the interpretation and application of the concept of official control for regulated pests.* Rome, IPPC, FAO.

S2 ISPM 5 Supplement 2. 2003. *Guidelines on the understanding of potential economic importance and related terms including reference to environmental considerations.* Rome, IPPC, FAO.

ISPM 6. 1997. *Guidelines for surveillance.* Rome, IPPC, FAO.

ISPM 7. 1997. *Export certification system.* Rome, IPPC, FAO.

ISPM 8. 1998. *Determination of pest status in an area.* Rome, IPPC, FAO.

ISPM 10. 1999. *Requirements for the establishment of pest free places of production and pest free production sites.* Rome, IPPC, FAO.

S2 ISPM 12. 2001. *Guidelines for phytosanitary certificates.* Rome, IPPC, FAO.

WTO. 1994. *Agreement on the Application of Sanitary and Phytosanitary Measures.* Geneva, World Trade Organization.

S2 Zaid, A., Hughes, H.G., Porceddu, E. & Nicholas, F. 2001. *Glossary of biotechnology for food and agriculture*. FAO Research and Technology Papers, 9. Rome, FAO.

定义

本标准引用的植物卫生术语定义，见 ISPM 5（植物卫生术语表）。

要求概述

开展针对某个特定地区的 PRA，旨在确定检疫性有害生物和/或传入途径，评估其风险，确定受威胁地区，如果可能，还要确定出风险管理方案。检疫性有害生物风险分析（PRA），分为下列三个步骤：

——第一步（起始）：确定检疫性有害生物、传入途径及是否应该对拟定的 PRA 地区进行 PRA 工作。

——第二步（风险评估）：先将每种有害生物进行归类，根据检疫性有害生物标准，判断其是否为检疫性有害生物。风险评估进一步对有害生物进入可能性、定殖可能性、扩散可能性及其潜在经济损失（含环境损害，S1）进行评估。

——第三步（风险管理）：为降低第二步中确定的有害生物风险，选出适当的风险管理方案，包括对方案的有效性、可行性及其损失进行评估（编者注："impact"，意为"影响，冲击"，在这里实际上就是有害生物造成的损失，故译为损失。下同）。

检疫性有害生物风险分析

1 第一步 起始

本步骤包括确定检疫性有害生物、传入途径及是否应该对拟定 PRA 地区进行 PRA 等内容。

S2 有些 LMO 可能存在植物卫生风险，因此，需要进行 PRA；但是，除了与之相关的非 LMO 表现出的风险以外，有些 LMO 没有植物卫生风险，因此，不需要进行完整的 PRA。所以，对于 LMO 而言，本步骤就是要确定出这些 LMO 是否具有潜在有害生物的特征，是否需要开展进一步的 PRA 工作，以及按 ISPM 11 的要求，是否不需要再做进一步的 PRA。

S2 LMO 是采用现代生物技术表达的一种或多种新的或改良性状的生物体。在多数情况下，双亲通常不是有害生物，但是经过遗传改良（如产生新基因、产生控制其他基因的新基因序列或其他基因产品）后，就需要评估其是否表现出有害生物风险特征或特性。

S2 LMO 可能会出现有害生物风险的情况如下：

——生物插入了基因（如 LMO）。

——遗传物质组合（如基因来自植物有害生物，如病毒）。

——遗传物质转入到其他生物体。

1.1 起始点

PRA 可能起因于：

——确定具有潜在有害生物危害的传入途径。

——确定需要采取植物卫生措施的某种有害生物。

——对植物卫生政策及优先性进行复审或修订。

S1 起始点通常是"有害生物"。按 IPPC 规定，有害生物是指"任何对植物及其产品造成危害的动植物或病原体的种、株（品）系及生物型"。在起始点对植物有害生物进行分析时，正确把握这个定义十分重要。如果有害生物直接为害植物，就符合定义。此外，有些有害生物不直接为害植物（如杂草和外来植物），也符合这个定义。有害生物对植物造成为害的信息，可以从其所发生的地区获得。如果有害生物直接为害植物的情况不详，则可以通过相关有效信息进行评估。要评估有害生物在 PRA 地区是否存在潜在危害，可以借助于准确无误的文献记录及经常使用的透明系统，这点对栽培植物种或品种而言，尤为重要。

S2　在下列情况下，NPPO 要求对 LMOs 进行植物卫生风险评估：

——植物（a）用于农作物、食品及饲料、观赏植物或管理性森林；（b）用于生物补救（用生物来清除污染）；（c）工业用途（酶制剂或原生质体 bioplastics）；（d）药剂（药品）。

——改良的生物防治材料（提高控制能力）。

——改良的有害生物［改变其致病性，从而有利于生物防治（参见 ISPM 3:2005）］。

——遗传改良生物（GMO），提高其优良性状，如提高生物肥料的肥力及对土壤的其他影响，生物补救及工业用途。

S2　在将其归入有害生物类时，LMO 必须是在 PRA 地区对植物及其产品造成危害，或存在潜在危害的。这种危（为）害可以是直接的，也可以是间接的。对 LMO 进行评估，确定其是否为有害生物的过程，请参见附录 3："如何判定 LMO 为潜在有害生物"。

1.1.1　由传入途径开始的 PRA

在下列情况下，需要对特定传入途径的 PRA，重新分析或修订。

——在国际贸易中，该国以前从未进口过某种商品（通常是植物或植物产品，包括遗传改良生物），或者某种产品来自于新产区或新产国。

——为了选种或科研目的，进口新植物。

——除进口商品之外的其他传入途径（如自然扩散、包装材料、邮件、废物、旅客行李等）。

制定与传入途径相关（由商品携带）的有害生物名录，可以借助官方资源、数据库、科研及其他文献或专家咨询等方法来完成。这个名录最好进行优化，其方法就是根据专家对有害生物分布情况和种类的判定结果来确认。如果经确认不属于潜在检疫性有害生物的，则 PRA 到此结束。

S2　这里的"遗传改良植物（genetically altered plants）"，是指通过现代生物技术获得的植物。

1.1.2　由有害生物开始的 PRA

在下列情况下，需要对某种特定有害生物进行新的 PRA 或修订 PRA：

——在 PRA 地区，突然发现了新的有害生物定殖侵染或暴发。

——在进口商品中，突然截获了一种新有害生物。

——经科学研究，证实存在新的有害生物风险。

——有害生物传入到某个地区。

——据报道，有害生物在某个地区的为害程度比在原产地更为严重。

——有害生物反复被截获。

——要求进口某种生物。

——该种生物是其他有害生物的媒介生物。

——某种遗传改良生物，已明确无误地成为潜在的植物有害生物。

S2　这里所说的"遗传改良（genetically altered）"，是指采用现代生物技术获得的性状。

1.1.3　由复审或修订政策开始的 PRA

在下列情况下，主要由于（植物卫生）政策原因需要开展新的 PRA 或修订 PRA：

——某个国家决定对植物卫生规定、要求和操作规程进行复审。

——某个国家或国际组织（RPPO，FAO）提议要求复审。

——建立新处理系统，或处理系统失败，或采用新处理方法，或新信息，它们对先前的决策有影响。

——对植物卫生措施有争议。

——在某个国家的植物卫生状况发生了变化，如产生了新国家，或政治边界发生了变更。

1.2 PRA 地区的确定

PRA 地区，一定要尽可能确定得精确一些，以便确认需要获得信息的区域。

1.3 信息

信息收集是 PRA 的基础。在起始阶段，弄清楚有害生物的名称，其分布情况及与寄主、商品等的关系，十分重要。至于收集其他信息，则可以视 PRA 的进展情况而定。

PRA 信息来源，可以有多种渠道。根据 IPPC（第八条第 1 款第 c 项和第八条第 2 款）规定，官方咨询点有义务提供关于有害生物状况的官方信息。

S1 对于环境风险而言，其所使用的信息源，通常比 NPPOs 所使用的要广泛得多。信息多一点，是必要的。这些信息源可能包括环境损害评估，但是，应该承认这种评估通常和 PRA 的目的是不一样的，也不能代替 PRA。

S2 对于 LMOs 而言，一个完整的 PRA 应该包括下列信息：

—— LMO 的名称、识别码及分类地位（包含相关的识别码）、出口时所采取的风险管理措施。
—— 分类地位、常用名、采样点和供体生物的特征。
—— 导入核酸和改良成分（包括遗传结构）描述、LMO 的基因型和表现型性状。
—— （基因）转化的详细过程。
—— （基因）准确检测和鉴定方法，其专一性、灵敏性和准确性。
—— 预期用途（包括封锁措施预案）。
—— LMO 进口数量和重量。

S2 按 IPPC（第八条第 1 款第 c 项）的规定，缔约方有义务通过其国家咨询点（第八条第 2 款），提供有害生物状况信息。按生物多样性公约（The Convention on Biological Diversity）关于《喀他赫纳生物安全议定书》（The Cartagena Protocol on Biosafety）的规定（CBD，2000），每个缔约国也有义务提供 LMO 相关信息。《喀他赫纳生物安全议定书》的生物安全数据交换所（Biosafety Clearinghouse），拥有大量相关数据。但 LMOs 信息有时具有商业敏感性，因此，在使用它们时，要注意遵守信息发布和管理的相关规定。

1.3.1 先前的 PRA

在开展 PRA 之前，应该检查一下传入途径、有害生物或政策是否符合 PRA 程序，不管它是国内性质的还是国际性质的。如果已经有过 PRA，则应该检查一下是否情况发生了改变，信息是否有了更新。在采用类似的传入途径和有害生物进行 PRA 时，是需要做部分修改，还是要从头再来，都要进行研究。

1.4 起始 结论

到此步时，起始点、有害生物和相应传入途径、PRA 地区均已确定。PRA 所需要的相关信息已经收集，需要采取植物卫生措施的被选有害生物（仅为有害生物，或者再附上相应的传入途径）已经得到确认。

S2 对于 LMOs 而言，本步将由 NPPO 确定其：

—— 如果是潜在的有害生物，则需要进入第二步评估。
—— 如果不是潜在的有害生物，则不必做进一步分析（但也需参见下述要求）。

S2 按 IPPC 的规定，PRA 只是针对植物卫生风险进行评估和管理。正如 NPPO 评估的其他有害生物或传入途径一样，LMO 可能存在其他风险，但它不包含在 IPPC 的范围之内。对于 LMO 而言，PRA 只是其全部风险的一部分。比方，一些国家要求评估它对人类和动物健康、对环境损害的风险，但它们均不在 IPPC 的范围之内。所以，当 NPPO 发现一种不属于植物卫生的其他潜在风险时，应该通知相应的负责机构。

2 第二步 有害生物风险评估

有害生物风险评估又可以细分为以下三步：

—— 有害生物归类。
—— 有害生物传入和扩散可能性评估。
—— 潜在经济损失评估（包括环境损害）。

在多数情况下，PRA可以按部就班进行，但也不必完全如此。至于有害生物风险评估，要复杂到何种程度，应该根据具体情况及技术合理性而定。本标准允许特定PRA与ISPM 1:1993（编者注：本标准已于2006年修订，且名称已更改。下同）不一致。ISPM 1 规定的基本原则包括：必要性、影响最小、透明度、等效性、风险分析、风险管理和非歧视性。

S2　对于LMOs，按PRA上述观点，首先是要求其被评估为有害生物，然后再根据遗传改良后所表现出的新特征、改良特征或性状，评估其是否为潜在检疫性有害生物。在风险评估时，应该是一项一项（case-by-case）地进行。LMO的有害生物特征（与遗传改良无关的），应该按正规程序进行评估。

2.1　有害生物归类

当初，对于上一个步骤确定出的有害生物，是否应该进行PRA还不明确，所以要对有害生物进行归类，这就是要按检疫性有害生物的定义，逐一判定它们是否为检疫性有害生物。

在评估与商品相关的传入途径时，可能会出现许多有害生物与潜在传入途径的PRA，这是完全必要的。在进一步深入分析之前，剔除一些不必考虑的生物，是归类过程的一个重要特点。

有害生物归类的好处在于，可以通过较少信息，就足以完成此项工作。

2.1.1　有害生物归类的主要内容

对检疫性有害生物进行归类的基本要点，可归纳如下：

—— 有害生物名称。
—— 在PRA地区发生或未发生。
—— 管控状况。
—— 在PRA地区的定殖潜力和扩散潜力。
—— 在PRA地区的潜在经济损失（包括对环境造成的损害）。

2.1.1.1　有害生物名称

有害生物名称，应该准确无误，从而保证进行评估时各种生物是明确的。在评估时所使用的生物学和其他信息，就是针对该可疑生物的。如果因为表现特殊症状的相关个体没有完全得到确认，从而还无法确定该有害生物时，那么，就应该要求这些症状是稳定的，可以遗传的。

有害生物的分类单元通常为种。如果要使用高于或低于种级单元的，应该要求具有坚实的科学根据。低于种级单元的，要明确指出那些影响植物卫生状况的重要因素（如毒性差异、寄主范围和寄生关系）。

如果涉及媒介生物，也需要弄清它与有害生物之间的相关程度及遗传特点。

S2　关于LMO的鉴定，需要的信息包括：受体父（母）本特征、供体特征、遗传结构，基因或转基因载体及遗传改良性状。关于相关信息的具体要求见第1.3项。

2.1.1.2　在PRA地区发生或未发生

在整个或确定的PRA地区，有害生物都不应该有发生。

S2　关于LMOs，它应该与植物卫生相关。

2.1.1.3　管控状况

如果在PRA地区，有害生物已发生，但分布未广，则应在官方控制或即将在官方控制之下。

S1　如果在有害生物官方控制时，表现出环境风险，可能会涉及到NPPO以外的其他机构。不过，在ISPM 5补编1（规定有害生物官方控制概念、翻译及应用准则）中，特别是第5.7项已有规定。

S2　关于LMOs官方控制问题，由于LMO具有害生物特征，因此应该采取相应的植物卫生措施。官方措施，可以控制父（母）本、供体、转基因载体或基因载体。

2.1.1.4 在 PRA 地区的定殖和扩散潜力

如果在 PRA 地区（包括在保护条件下）的生态/气候，适宜于有害生物定殖或扩散，在 PRA 地区有寄主（或近缘种）、轮换寄主和媒介生物，这些条件足以证明，有害生物可以在 PRA 地区定殖或扩散。

S2 对于 LMOs，下面这些因素是需要考虑的：

—— LMO 经遗传改良后，其适应性发生了改变，从而导致其定殖潜力和扩散潜力增强。

—— 基因转换或基因漂移，导致有害生物定殖扩散，或者出现新的有害生物。

—— 由于防止远缘杂交基因的不育基因丢失后，导致基因型和表现型性状发生改变，生物出现了新的有害生物特征，从而导致该生物定殖和扩散。

S2 关于此类性状的详细评估指导，见附录3。

2.1.1.5 在 PRA 地区的潜在经济损失

应该明确表示出在 PRA 地区，有害生物可能造成不可接受的经济损失（包括环境损害）。

S1 不可接受的经济损失参见 ISPM 5 补编 2［潜在经济重要性及相关术语（包括环境因素）理解准则］。

S2 如果涉及 LMOs，其经济损失（包括环境损害），应该与有害生物特性（危害植物及其产品）相联系。

2.1.2 有害生物归类 结论

如果有害生物被确定为潜在检疫性有害生物，则 PRA 继续；如果有害生物不符合检疫性有害生物标准，则 PRA 结束；如果缺乏资料，还不能确定是否为潜在检疫性有害生物，则 PRA 继续。

2.2 传入及扩散可能性评估

有害生物传入，包括进入和定殖两个过程。因此，在评估传入可能性时，需要对每种有害生物（及其传入途径，常常是一种商品）从产地传入、在 PRA 地区定殖一并进行评估。由某种特定传入途径（通常是一种进口商品）开始的 PRA，对有害生物进入可能性的评估，就是评估其可疑的传入途径。如果有害生物还有其他传入途径，亦需要进一步研究。

对于从特定有害生物开始的 PRA，如果没有特定的商品或传入途径可以分析，则所有潜在的传入途径均要加以考虑。

扩散潜力评估，主要基于生物学信息，与传入可能性和定殖可能性评估类似。

S1 如果通过对某种植物的间接损失进行评估，证明它为有害生物，则无论提及的是一种寄主还是一个寄主范围，都应该理解为它在 PRA 地区有适宜的栖息地[①]（植物能够生长的地方）。

S1 所谓预期栖息地，是指能预期的植物生长地；非预期栖息地，是指未能预期的植物生长地。

S1 如果是进口植物，其进入、定殖和扩散的概念，需要区别对待。

S1 如果进口种植（栽培）植物，植物进境后将种植在预期栖息地，可能有一个具体时限，拟或为一个未知时段。因此，在第 2.2.1 项中关于进入的概念，在这里就不适合了。由于在 PRA 地区，植物可能从预期栖息地扩散到非预期栖息地，从而引起有害生物风险，并在这些栖息地定殖。

因此，在评估时，应该于第 2.2.1 项前优先考虑第 2.2.3 项之规定。在 PRA 地区，非预期栖息地可能与预期栖息地相连接。

S1 如果进口植物不是用于种植栽培，而是有其他用途（如鸟食、饲料或加工用），则可能会因为其逃逸，或者因为改变预期用途后转移到非预期栖息地，并在此定殖下来，从而带来风险。

S2 评估 LMOs 的传入可能性时，需要评估预期和非预期传入途径，以及预期用途。

---

① 如果生物是通过为害其他生物而对植物造成间接为害，这里所指的寄主或栖息地概念，也要相应地扩大到其他生物。

2.2.1 有害生物进入可能性

有害生物的进入可能性，依赖于其从出口国到目的地的传入途径，以及有害生物与传入途径相关联的频率和数量。传入途径越多，有害生物传入 PRA 地区的可能性就越大。

还应该注意到，相关文献记载过有害生物传入新地区的信息。目前，还没有记载过的潜在传入途径，也应该加以评估。有害生物的截获信息，也可以证明它与传入途径的关系，以及在运输或储藏中的存活情况。

S1　如果进口植物已进境了，就不必再对其进入可能性进行评估，所以，本项不适用。但是，有些植物，如用于种植的杂草种子，还需要按本项规定进行有害生物分析。

S2　本项不适用于拟进口后释放到环境中的 LMOs。

2.2.1.1 由有害生物开始的 PRA 传入途径的确认

所有传入途径，均应该加以评估。评估时，主要根据有害生物的发生情况和寄主范围。关注的重点是国际贸易性植物和植物产品，以及在一定时间内与之相关的传播途径。如果可能，其他商品、包装材料、人员、行李、邮件、运输工具和科学研究材料也应该加以考虑。自然进入方式也应该评估，因为自然扩散可能降低植物卫生措施的有效性。

S2　对于 LMOs，所有传入途径都应该加以考虑（包括预期的和非预期的）。

2.2.1.2 在原产地有害生物与传入途径关联的可能性

在原产地，对有害生物在时间与空间上与传入途径相关联的可能性进行评估，需要考虑以下因素：

—— 在原产地有害生物的流行情况。

—— 在有害生物的生活史中，其发生与商品、集装箱或运输工具的关系。

—— 有害生物伴随运输工具移动的数量和频率。

—— 季节性时间安排。

—— 在原产地的有害生物管理措施、作物栽培方式和商业措施（使用植物保护产品、管理、选优、间苗和分级）。

2.2.1.3 有害生物在运输或储藏期间的存活可能性

需要考虑以下因素：

—— 运输速度和运输条件，以及有害生物生活史与运输或储存期间的关系。

—— 在储藏或运输期间，有害生物生活史中的脆弱时期。

—— 有害生物流行与进口货物的关系。

—— 在原产国、目的地国或运输储藏过程中所采取的商业措施（如冷藏）。

2.2.1.4 在现行管理措施下有害生物存活的可能性

在从原产地到目的地，为了防治其他有害生物而对货物采取有害生物管理措施（如植物卫生措施），这些措施对可疑有害生物的有效性，需要进行评估。有害生物在检查时未被检出的可能性，以及在其他现行植物卫生程序下有害生物存活的可能性，亦需要进行评估。

2.2.1.5 有害生物转移到适宜寄主上的可能性

下面这些因素需要加以考虑：

—— 扩散机制，包括媒介生物从传入途径转移到适宜寄主的情况。

—— 进口商品是否运送到 PRA 地区一个或多个目的点。

—— 进入地、转运地和目的地的进境点（口岸）到适宜寄主相隔的距离。

—— 在一年中的进境时间。

—— 商品的预期用途（如种植、加工和消费）。

—— 副产品和废弃物带来的风险。

由于用途不同，传入可能性也不一样，如用于种植栽培的就比用于加工的要高。因此商品的种植、加工或处理，与附近适宜寄主的关系，也应该进行评估。

S2 对于LMOs，由于基因转移可能导致植物卫生问题，因此基因漂移和基因转移的可能性需要加以考虑。

2.2.2 定殖可能性

为了评估某种有害生物的定殖可能性，需要得到其在发生区的可靠生物学信息，包括有害生物生活史、寄主范围、流行学和存活率等。专家们可以通过将PRA地区的情况与它们进行比较（也可以在控制环境下如温室中进行研究），对其定殖可能性进行评估。相关有害生物的历史资料，也可以作为参考。评估时需要考虑到以下因素：

在PRA地区寄主的可用性、数量及其分布情况。
—— 在PRA地区环境的适宜性。
—— 有害生物的适应能力。
—— 有害生物的生殖策略。
—— 有害生物的存活方式。
—— 作物栽培方式及有害生物控制措施。

在评估有害生物的定殖可能性时，还应该关注短暂发生的有害生物（参见ISPM 8:1998），它们虽然不能定殖（气候不适宜），但却可能造成不可接受的经济损失（参见IPPC第七条第3款）。

S1 如果是进口植物，在评估定殖可能性时，将涉及非预期栖息地。

S2 对于LMOs而言，其在无人类干预情况下的存活能力，也需要加以考虑。

S2 此外，如果在PRA地区基因漂移是一个需要关注的问题，则其导致植物卫生问题的表达和定殖可能性，应该加以考虑。

S2 如果有关于类似结构的LMOs或其他生物的历史记录，也应该加以考虑。

2.2.2.1 在PRA地区适宜寄主、轮换寄主和媒介生物的可用性

在评估时，需要考虑以下因素：
—— 寄主和轮换寄主存在与否，其数量及分布范围。
—— 寄主和轮换寄主的地理分布是否与之靠近，能否满足有害生物完成生活史。
—— 在常见寄主缺乏的情况下，其他植物是否能够充当其适宜寄主。
—— 如果有害生物要在PRA地区进行扩散，是否已有媒介生物传入，或者媒介生物可能会传入。
—— 在PRA地区是否还有其他媒介生物。

寄主的分类单元应该达到"种"级，如果采用较高或较低的分类单元，则需要有坚实的科学根据。

2.2.2.2 环境条件的适宜性

环境因子（气候、土壤、有害生物和寄主之间的竞争）对于有害生物、寄主和媒介生物（如果可能）的发育至关重要，当然也包括在恶劣气候条件下，对它们存活及完成生活史能力的影响，这些均需加以确认。需要注意的是，环境因子对有害生物、寄主和媒介生物的影响是不一样的。在原产地，它们彼此之间相互影响；在PRA地区，这些影响，对有害生物来讲，是有利，拟或是有害，则需要加以确认。此外，有害生物在控制环境下如温室条件下是否可以定殖，亦需要加以考虑。

可以用气候模拟系统，对有害生物分布区和PRA地区的气候情况进行比较。

2.2.2.3 作物栽培方式及有害生物控制措施

应该尽量将有害生物发生区作物的栽培/生产方式与PRA地区进行比较，看它们是否不一样，因为它们可能影响到有害生物的定殖能力。

S2 对LMOs而言，最好要考虑到具体的栽培方式、控制或管理措施。

在PRA地区，是否实施了有害生物控制计划，或者已经有了天敌；有害生物是容易控制，还是

难于控制（与处理相对容易的有害生物相比，表现出较高的风险）；根除方法是可行的，还是根本没有办法等，这些都能影响有害生物的定殖，因此均需要考虑。

2.2.2.4 影响有害生物定殖的其他特性

有害生物的这些特性包括：

——有害生物的生殖策略及存活方式—需要弄清楚在新环境下，那些更利于有害生物繁殖的生物学习性，这些习性包括：单性生殖/自交，持续生活周期，每年发生代数，休眠等。

——遗传适应性—有害生物是否具有多形态习性，以及对 PRA 地区环境的适应程度，如是专性寄生的，还是有较广的寄主范围，或适应新寄主；基因型（和表现型）的变异，能否促使有害生物更能适应环境的波动、更广的寄主范围，对杀虫剂产生抗性，克服寄主的抗性等，均需要加以考虑。

——定殖所需的最小种群—需要对有害生物定殖的最小种群进行评估。

S2 对于 LMOs 而言，如果证实基因型和表现型具有不稳定性，这就应该加以考虑。

S2 对于 LMOs 而言，也要将进口国拟对 LMO 采取的生产措施和控制措施等考虑进去。

2.2.3 有害生物定殖后的扩散可能性

有害生物的扩散潜力大，定殖潜力可能也大，而成功扑灭和/或根除它们的可能性就小。为了评估有害生物扩散可能性，就应该准确掌握其在发生区的生物学信息。专家应该认真比较有害生物发生区和 PRA 地区的情况，并据此评估扩散可能性。如果有能够进行比较的有害生物历史资料，也可以参考。在评估时，需要考虑以下诸因素：

——有害生物自然扩散时，自然环境和/或控制环境对它的适宜性。

——有无天然屏障。

——随商品或运输工具转移的潜力。

——商品的预期用途。

——有害生物在 PRA 地区的潜在媒介生物。

——有害生物在 PRA 地区的潜在天敌。

S1 如果是进口植物，在对其扩散可能性进行评估时，就会涉及从预期栖息地（或预期用途）传到非预期栖息地的问题，因为在这些栖息地，有害生物可能会定殖。有害生物进一步扩散，还将涉及其他非预期栖息地。

有害生物的扩散可能性，是评估其在 PRA 地区何时能具有经济重要性的指标。如果有害生物容易进入一个经济重要性较低的地区并且定殖，然后再扩散到经济重要性较高的地区，这一点十分重要。此外，当有害生物传入后，采取何种措施进行扑灭和根除，在风险管理阶段，也是必须考虑的。

S1 有些有害生物定殖后，可能不会立即对植物造成危害，尤其是在一段时间内只是扩散。因此，对于这些有害生物，需要根据它们的生活习性来进行评估。

2.2.4 有害生物传入和扩散可能性 结论

在对总体传入可能性的描述时，应该选用对数据、分析方法和对预期公众最适当的术语。由于评估结果可能是定性或定量的综合性描述，因而这个结论可能是定性的，也可能是定量的。当然，传入可能性，也可以是通过对其他有害生物的 PRA 进行比较而得出结论。

2.2.4.1 关于受威胁地区 结论

在 PRA 地区，生态因子适宜于有害生物定殖的部分，应该被定为受威胁地区。它可能是整个 PRA 地区，也可能只是其中的一部分。

2.3 潜在经济损失评估

按本步要求，说明哪些有害生物及其潜在寄主信息应该收集，并建议可以采用哪种经济分析标准，利用这些信息对有害生物造成的各种损失（影响），即潜在经济损失（后果），进行评估。最好能得到定量数据，可以货币价值形式表示出来，当然定性数据也可以。在评估时，咨询经济学家是有益的（编者注：这里把经济后果、经济影响直接译为经济损失，似更为明确）。

在许多情况下，如果已充分证明或普遍认可，有害生物传入会造成不可接受的经济损失，就没有必要再开展详细的经济评估（包括环境损害）了。在某些情况下，风险评估，主要侧重于对有害生物的传入和扩散可能性的评估。然而，当经济损失标准尚存疑问，或者要用经济损失标准来评估风险管理措施的力度，用它来评估除去有害生物或控制有害生物的成本效益时，就需要对各个经济因子进行更加细致的审查。

S2 对于LMOs而言，其经济损失（包括对环境的损害），应该与有害生物习性（即对植物和植物产品造成的危害）相联系。

S2 对LMOs而言，下列迹象需要考虑到：
—— 潜在经济损失，是通过它为害非目标生物，而非目标生物危害植物和植物产品所造成的。
—— 经济损失，可能是由有害生物的特性引起的。

S2 对上述特性的评估指导，详见附录3。

2.3.1 有害生物造成的损失

为了评估有害生物的潜在经济重要性，需要得到其在自然发生区和传入区的信息，还要将这些信息与PRA区进行比较，同时要参考相关有害生物的历史资料。有害生物造成的损失，可以分为直接损失和间接损失。

S1 本项关于有害生物潜在经济重要性评估的基本方法，也适用于评估：
—— 对非栽培/管理的植物造成损失的有害生物。
—— 杂草和/或外来入侵植物。
—— 通过为害其他生物来为害植物的有害生物。

S1 如果对环境造成直接或间接损害，需要提供明确证据。

S1 如果是进口栽培植物，在作风险评估时，需要评估它对预期栖息地造成的长期损害，因为它可能对栽培植物的未来用途造成损失，也可能危害预期栖息地。

S1 对环境损害和影响造成的后果，是根据对植物的为害来评估的，然而这种对植物造成的为害，远不如对其他生物和/或生物系统的损害，它要小得多。比如，一粒小小的杂草籽，可能引起人类严重的过敏反应；一个小小的植物病原体产生的毒素，可能严重损害牲畜健康。但是，这些关于植物对其他生物或生物系统（如对人类和动物健康）造成损害的规定，不在本标准规定的范围之内。如果在PRA过程中，发现对其他生物或生物系统有潜在危害的，应该通报给相关负责机构。

2.3.1.1 有害生物造成的直接损失

在确定和描述有害生物在PRA地区对每个潜在寄主或特定寄主造成的损失（影响）时，可以考虑以下诸方面：
—— 已知寄主植物或潜在寄主植物（包括田间的、保护条件下栽培的或者野生的）。
—— 损害类型、数量和频率。
—— 作物损失（产量和品质）。
—— 造成损失及损害的生物因子（如有害生物的适应性和毒力）。
—— 造成损失及损害的非生物因子（如气候）。
—— 扩散率。
—— 繁殖率。
—— 控制措施（包括现行措施），其效果及成本。
—— 对现行生产方式的影响。
—— 对环境的损害。

在对每个潜在寄主、整个作物种植区和受威胁地区进行评估时，上述因素均需涉及。

S1 在分析有害生物环境风险时，评估有害生物对植物和/或环境造成的损害，需要考虑下列因素：

——关键植物种类的减少情况。
　　——构成生态系统主要组分的植物种类（丰富度或群落大小）的减少情况，本地植物受到威胁的情况（包括对种级单元以下的植物造成的重大损失）。
　　——植物种类明显减少，或被其他植物取代，或被消灭。
　　S1　对潜在受威胁地区的评估，需要涉及上述损害。

2.3.1.2　有害生物造成的间接损失

为了确定和描述有害生物在PRA地区造成的间接损失（影响），或对非专化寄主造成的为害，需要考虑以下因素：

　　——对国内市场和出口市场造成的损失，尤其是对出口市场准入造成的损失。如果有害生物已定殖，其对市场准入造成的潜在损失，也应该评估。这里需要考虑贸易伙伴实施（或可能实施）植物卫生措施的范围。
　　——生产商增加成本和投入，包括控制费用。
　　——由于质量原因，国内外消费者对产品的需求发生改变。
　　——控制措施对环境及其他方面造成的不利影响。
　　——根除或扑灭措施的可行性及成本。
　　——充当其他有害生物媒介的能力。
　　——为了进一步研究和磋商所需要的费用。
　　——对社会和其他方面（如旅游）造成的影响。
　　S1　在评估环境风险时，有害生物对植物造成的为害和/或对环境造成的损害（影响），需要考虑下列因素：
　　——对植物群落造成的重大损害。
　　——对选定的环境敏感地区或保护区造成的重大损害。
　　——对生态过程及结构、生态系统的稳定性或过程的重大损害（包括深层次的损害，如对植物种类、土壤侵蚀、地下水位、火灾危险和氮循环的损害等）。
　　——对人类的使用价值造成的损害（如对水体质量、休闲、旅游、放牧、打猎、垂钓等的影响）。
　　——环境恢复的代价。
　　S1　如果可能，也可以将其对人类和动物健康（如毒性、过敏反应）、地下水位和旅游等造成的影响进行评估，但这将由其他机构/机关负责。

2.3.2　经济损失分析

2.3.2.1　时间和地点因素

前面对有害生物的评估，是假定有害生物已传入PRA地区，并且完全表现出潜在的经济损失（每年）。但是，在实际工作中，经济损失是按时间进行描述的，比方按一年、几年或一个时间段，各种情况都应该考虑进去。对一年以上的总经济损失描述，可以采用将每年的经济损失纯现价，再做适当折算的方法，计算出纯现价（net present value）。

其他需要考虑的因素，还包括有害生物在PRA地区发生，是一个点，还是几个或多个点。对其经济损失的描述，可以通过有害生物的扩散率和扩散方式来表示。扩散率可用快和慢来表述。在某些情况下，扩散是可以防止的。当有害生物正在PRA地区扩散时，需要选取适当的分析方法，对它在一段时间内的经济损失进行评估。此外，前面的许多因素和造成的损失，会随着时间的推移而变化，因此，其经济损失也会随之而发生变化。这些都需要由专家做出判定，并进行评估。

2.3.2.2　商业损失分析

在做上述评估时，我们会发现，在有害生物造成的损失（影响）中，大多数直接损失和一些间接损失，都具有商业性质，或者说是对预期市场的损失。这些影响（损失），无论是正面的，还是负面的，均应该明确并定量。常常需要考虑以下各方面：
—— 有害生物对生产商利益造成的损失（如生产成本、产量和价格变动）。
—— 有害生物对国内市场的损失（如商品需求量和价格变动）。
—— 对国际贸易的损失（包括产品质量变化和/或因有害生物传入而导致检疫相关的贸易限制问题）。

2.3.2.3 分析方法

在对检疫性有害生物造成的经济损失（影响）进行评估时，应该咨询经济学专家，选取何种方法，对其进行详细评估。上述各种损失，均应该一一确定出来。这些方法包括：
—— 部分预算法（partial budgeting）：如果对有害生物采取措施，从而影响生产商的利益，这个损失通常限于生产商，且损失相对较小，可以采用此方法。
—— 部分平衡法（partial equilibrium）：本方法宜用于第 2.3.2.2 项所提到的，对生产商利益造成重大损失，或者对消费需求产生重大影响时的评估。此法对评估福利变化，或者评估有害生物对生产商和消费者造成的损失而引起的纯变化（net change），是十分必要的。
—— 综合平衡法（general equilibrium）：对整个国民经济全方位的评估，包括如工资、利率、汇率等造成重大损失时，采用此方法。

上述方法往往受到数据缺乏、数据不确定和某些信息只为定性等因素的限制。

2.3.2.4 非商业损失及环境损害

有害生物传入后，按第 2.3.1.1 项和第 2.3.1.2 项的规定，有害生物的直接损失和间接损失（影响）将是经济性质的，或者说是对价值的损失，但要确定现有市场也不是容易的事。这样，就可能导致难于按价格对已建立的产品市场或服务市场进行评估，尤其是有害生物传入后，造成对环境的损害（如对生态系统稳定性，生物多样性和宜人性的影响）和对社会造成的影响（如就业和旅游）。评估这类损失，只能采用非市场近似评估法（appropriate non-market valuation method）。对环境重要性的评估，详见下文。

如果对上述损失无法做出定量结论时，就可以给出定性结果，但需要解释清楚得出此结论的根据。

S1 在应用本标准对环境损害进行评估时，需要对环境价值进行明确界定，并规定评估方法。环境评估方法很多，需要咨询有关经济学家。环境价值可以分为使用价值（"use" values）和非使用价值（"non-use" values）。使用价值是指环境中可供人类消费的要素，如踏水之清泉，垂钓之湖泊；非使用价值，是指环境中不可消费的要素，如供休闲之森林。"非使用价值" 还可以细分为：
—— "备用价值"（option value）：以后再使用的价值。
—— "现有价值"（existence value）：已确知在环境中存在的要素。
—— "遗赠价值"（bequest value）：已确知在环境中存在，且可为后代所用的要素。

S1 对环境要素进行评估时，不管是按使用价值，还是按非使用价值，评估方法是多种多样的，比如有市场法、替代市场法、模拟市场法和利益转换法等。无论哪种方法，在应用过程中各有其优点，也有其缺点，因此要注意适用条件。

S1 评估结果可以是定量的，也可以是定性的，在大多数情况下，定性就足够了。这是因为，定量分析方法不适合某些情况（如对关键物种的灾难性损害），或者找不到定量分析方法（无合适方法）。有些是可以用非货币法（如受害物种的数量，水质情况）进行评估；也可以由专家根据文件记录、一致性和透明程序进行评估。

S1 经济损失定义，参见 ISPM 5 补编 2 [潜在经济重要性及相关术语（包括环境因素）理解准则]。

2.3.3 经济损失评估 结论

在本步骤，最好能按货币价值得出经济损失评估结论，当然也可以给出定性结果，或不按货币形式给出定量结果，但要强调的是，对所引用的信息来源、分析前提和分析方法做出详细说明。

2.3.3.1 受威胁地区

在PRA地区的某个范围内，如果有害生物发生将会导致重大经济损失，这个PRA地区就是受威胁地区，对此应该明确加以界定。

2.4 不确定度

对有害生物传入可能性和经济损失进行评估，都存在不确定性，尤其是在利用有害生物在其发生区的评估情况类推到PRA地区时。建立评估不确定区间和不确定度文件，是十分必要的，它能反映出专家的判定根据。同时它不仅对于透明度具有重要意义，而且有利于确定和优化研究工作。

S1 应该注意到，在对非栽培/非管理植物有害生物造成的环境危害进行评估时，其不确定性往往比栽培/管理作物有害生物要大得多。这是因为存在信息缺乏，生态系统的复杂性以及有害生物、寄主或栖息地相互关系的可变性等诸多问题。

2.5 有害生物风险评估 结论

在本步结束时，对这些已确定出的有害生物（名录中所有或部分种类）需要采取适当的风险管理措施。对每种有害生物而言，还确定出了PRA地区中（全部或部分）的受威胁地区。已得到了有害生物传入可能性、经济损失（包括环境损害）的定量或定性结论，建立了文件档案，或者已给出了总体指标值。这些评估结果，伴随着其不确定性，将一并应用到下一步的PRA风险管理之中。

3 第三步 有害生物风险管理

有害生物风险评估，其目的就是要确定是否将采取风险管理措施，以及采取怎样的管理措施。鉴于零风险是不合理的，那么风险管理的基本根据应该是：采纳一个可接受的安全水平标准，并在有限的措施选择和资源（财力）范围内，找到合理且行之有效的管理措施。有害生物风险管理（按分析的观点）就是要找出应对风险的办法，评估其有效性，最终选出最佳方案。同时应该考虑到在有害生物造成的经济损失和传入可能性评估中的不确定性因素，并将其应用到对有害生物管理措施的选择中。

S1 需要强调的是，在研究环境风险管理时，植物卫生措施是要考虑其不确定性，并按照风险比例来制订。所以在制定有害生物风险管理措施时，应该考虑到在经济损失、传入可能性评估中的不确定性，还应该注意这些措施的技术可行性。因此，由植物有害生物引起的环境风险管理与其他植物有害生物的风险管理是一样的。

3.1 风险水平标准

"风险管理"原则（参见ISPM 1:1993与国际贸易相关之植物卫生原则）指出：由于植物有害生物的传入风险是客观存在的，缔约方在制定植物卫生措施时，应该接受风险管理原则，在贯彻这些原则的过程中，确定其可接受风险水平标准（编者注：该标准已于2006年修订）。

可接受风险水平标准有下述几种表达方式：

—— 参照现行植物卫生要求。

—— 按估算经济损失指标表示。

—— 按风险容许度表述。

—— 参照别国的可接受风险水平标准。

S2 对于LMO的可接受水平标准，可以通过其近似或相关生物，在与PRA地区相似环境中的特性和习性进行比较而进行表述。

3.2 必需的技术信息

在PRA过程收集到的信息，是风险管理决策的基础。这些信息包括：

—— 开展PRA的原因。

—— 有害生物传入（PRA地区）可能性评估。

—— 在 PRA 地区的潜在经济损失评估。

3.3 可接受风险

总风险,是由有害生物传入风险和经济损失决定的。如果该风险是不可接受的,那么风险管理的第一步就是找出植物卫生措施,将风险降低到或低于可接受风险水平标准。如果这些风险已经达到可接受水平标准,或者风险是必须接受的,因为它无法管理(如自然扩散),在这种情况下采取植物卫生措施,则是不合理的。各缔约方可以决定维持其较低的监测标准或审核标准,以确保适应将来有害生物风险确定后的变化情况。

3.4 适宜风险管理方案的确定及选择

为了有效降低有害生物传入的可能性,应该选用一些适当的管理措施。在方案选择过程中,需根据 ISPM 1:1993 的规定原则:

—— 植物卫生措施符合成本效益且具可行性。所谓植物卫生措施带来的效益,是指有害生物不被传入,不会在 PRA 地区造成经济损失。这里,每种"影响最小"措施不仅能达到可接受的安全水平标准,而且可以通过成本效益分析,估算出来。这些可接受措施的成本效益比,应该考虑到。

—— "影响最小"原则。植物卫生措施不应该对贸易造成不必要的障碍。这些措施只能用在有效保护受威胁地区的最小范围内。

—— 对先前要求重新评估。如果现行措施仍然有效,则不得增加额外措施。

—— "等效性"原则。如果不同植物卫生措施能够达到相同效果,应该视为等效措施。

—— "非歧视性"原则。如果有害生物可能会在 PRA 地区定殖、只是局部发生且在官方控制之下,则不能对出口缔约方采取比在 PRA 地区更加严厉的植物卫生措施;同样,也不能对植物卫生状况相同的出口缔约方采取歧视性植物卫生措施。

S1 非歧视原则和官方控制也适用于:

—— 为害非栽培/非管理的植物的有害生物。

—— 杂草和/或外来入侵植物。

—— 通过为害其他生物而对植物造成损害的有害生物。

S1 如果有害生物在 PRA 地区已经定殖,且已采取官方控制,则进口植物卫生措施不得比官方控制措施更加严厉。

植物有害生物的主要风险是来自于进口植物和植物产品,但(尤其是 PRA 需要特别关注的有害生物)应该考虑其他传入途径(如木质包装、运输工具、旅客及其行李,以及有害生物的自然传播途径)。

下面所罗列的措施,是针对贸易商品最常见的措施。这些措施应用于传入途径,通常是针对从某个特殊产地进口的寄主植物。但要特别小心,这些措施要恰当地应用到适当类别的货物(寄主植物、植物部分)及产地,以至于不造成不必要的贸易障碍。为了将植物卫生风险降低到可接受水平标准,可以采取两种或多种综合措施。根据原产地国有害生物状况,可以将措施进一步分类细化。这些措施包括:

—— 应用于贸易货物的措施。

—— 应用于作物收获期为防治和减少有害生物侵染的措施。

—— 确保生产地或产区无有害生物的措施。

—— 禁止商品进口。

还有在 PRA 地区的其他措施(如限制商品使用),控制措施,引进生物防治材料措施,根除及扑灭措施等,尤其是当有害生物在 PRA 地区已经发生但分布未广时,这些措施都应该加以评估后再应用。

3.4.1 对货物的管理方案

对货物的综合措施包括:

—— 检查是否携带有害生物，测试某种特定有害生物的忍耐力。需要注意的是，为了保证发现有害生物，要确保有足够的样品量。
—— 禁止进口寄主的某些部分。
—— 进境前或进境后检疫体系。这个体系有适当的设备和资源，是最强的检查或检测形式，这对于那些在进境时难于检出的有害生物来讲，可能是唯一的选择。
—— 对货物备货规定特定条件（如控制有害生物的侵染或再次侵染）。
—— 对货物做出特定处理，如在收获后采取化学处理、热处理、放射性处理或其他物理处理。
—— 限制商品的最终用途、销售和入境时间。

这些措施，也可用于限制携带有害生物货物的进口。

S1 这里的有害生物货物，是指可能成为有害生物的植物。可以对这些带有较低风险的植物种或品种进行限制。

S2 对于LMOs，就如同其他生物一样，需要了解出口缔约方的风险管理措施（见第1.3项），并据此评估这些措施在PRA地区的可行性，还应该尽可能评估其预期用途。

S2 就LMOs而言，措施包括提供货物的植物卫生完整性信息的程序（如溯源体系、文件体系和产品名称保护体系等）。

3.4.2 防止或降低作物受侵染的管理方案

这些措施包括：
—— 对作物、大田和生产地进行处理。
—— 对货物成分进行限制，确保它们是具有抗性或者易感性低的植物种类。
—— 将植物种植在特殊保护环境下（如温室和隔离条件下）。
—— 在某个生长期或一年中某个特定时段收获植物。
—— 按认证计划进行生产。根据官方生产监控方案，常常要求仔细监控几代，最初是从针对植物健康要求高的核繁殖材料开始，且可能要明确规定，植物来源于只经过几代繁衍的植株。

S2 为了减少LMOs（或LMOs遗传材料）在种植期间的植物卫生风险，需要采取如下措施：
—— 建立管理体系（如建立缓冲带和残遗物种保护区）。
—— 管理遗传性状表达。
—— 控制繁育能力（如采取雄性不育技术）。
—— 控制轮换寄主。

3.4.3 确保生产区、生产地或生产点及作物无有害生物的管理方案

这些措施包括：
—— 无有害生物区。无有害生物状况要求见ISPM 4:1995的规定。
—— 无有害生物生产地或无有害生物生产点。要求见ISPM 10:1999的规定。
—— 对作物进行检查，确保无有害生物。

3.4.4 对其他传入途径的管理方案

对于许多传入途径而言，上述关于监测货物携带或感染有害生物的措施都可以采纳。但对于有些传入途径，需要考虑下列因素：
—— 有害生物的自然扩散，包括有害生物借飞行、风力、媒介生物（昆虫及鸟类）和自然迁移进行扩散。
—— 如果有害生物通过自然扩散，已经或者即将传入PRA地区，则植物卫生措施可能没有什么意义，所以可以考虑在原产地实施控制措施。类似地，当有害生物传入PRA地区后，可以采取封锁、根除、压低种群和加强监测等措施。
—— 对旅客及其行李采取的措施包括：目标检查、公示、罚款和奖励。在某些情况下，可以采取处理措施。

—— 对污染机械或运输工具（船舶、火车、飞机和公路运输车辆）进行清洗和消毒处理。

3.4.5 在进口国采取的管理方案

有些措施也适用于进口国，包括尽早开展有害生物监督及其进入监测，实施根除计划，清除有害生物污染和/或侵染，从而限制有害生物的扩散。

S1 对于进口植物，可能存在高风险，因此不能只是在进口时采取植物卫生措施，而是应该在进口后采取监测和其他措施（如由 NPPO 或在 NPPO 监督下，对有害生物状况进行监督）。

S2 LMOs 有害生物的潜在风险，部分取决于其预期用途。而对于其他生物，有些预期用途（如使用高度安全的包装）能极好控制风险。

S2 对于 LMOs，如同其他有害生物一样，也可以根据风险状况采取紧急措施，但这些措施应该符合 IPPC 第七条第 6 款之规定。

3.4.6 禁止商品进口

如果无法找到可接受风险水平标准的理想措施，最后的选择，就是禁止相关产品进口。这应该是最后的选择，且要事先考虑其预期效果，但它对控制非法进口具有重要意义。

3.5 植物卫生证书及其他符合性措施

风险管理，涉及一些适当的规定程序。其中最为重要的是出口认证规定（参见 ISPM 7:1997）。签发植物卫生证书（参见 ISPM 12:2001），就意味着官方能保证该批货物"不带有进口缔约方规定的检疫性有害生物，并符合其进口植物卫生要求"。因而也能确保采取了风险管理措施，遵守了附加声明中的特殊规定，且遵守双边和多边协定（编者注：ISPM 12 已于 2011 年修订，下同）。

S2 关于 LMOs（亦和其他规定应检物一样）的植物卫生证书要求，应该只与植物卫生措施相关（参见 ISPM 12:2001）。

3.6 有害生物风险管理 结论

有害生物风险管理结论，要么是无管理措施，因为它符合要求；要么提出了一项或多项管理措施，因为它们可以将风险降低到可接受风险水平标准。风险管理方案，是制定植物卫生规定和要求的基础。

根据 IPPC 规定，各缔约方应按其义务实施和维持相应的植物卫生规定。

S1 涉及环境风险的植物卫生措施，应该适时告知相关负责机构（如负责国家生物多样性政策、决策以及行动计划的机构）。

S1 这里要特别指出的是，涉及环境风险的风险交流，对于提高知悉度极其重要。

3.6.1 对植物卫生措施的监督和复审

"修订"原则指出："当情况发生变化，或者出现了新情况，植物卫生措施应该及时修订，包括继续实行必要的禁止、限制措施及要求，或者废除不必要的措施。"（参见 ISPM 1:1993，与国际贸易相关之植物卫生原则）。

所以实施某项植物卫生措施，不是一劳永逸的事。在实施过程中，要对其效果进行监督，这也是为什么经常对进口商品进行检查，关注截获情况和其他有害生物传入 PRA 地区的信息。这些信息应该定期复审，以确保根据新信息而采取的措施不会过时。

4 PRA 文件

4.1 文件要求

根据 IPPC 和"透明度原则"（参见 ISPM 1:1993，与国际贸易相关之植物卫生原则）要求：各缔约方应告知其植物卫生要求的基本根据。整个 PRA 过程，均应该建立文件档案，以便在需要复审或出现争议时，能够清楚证明做出风险管理措施的信息来源和基本根据。

立档文件主要包括以下内容：

—— 开展 PRA 的目的。

—— 有害生物、有害生物名录、传入途径、PRA 地区和受威胁地区。
—— 信息源。
—— 有害生物归类名录。
—— 风险评估结论。
- 可能性
- 损失（后果）
—— 风险管理。
- 确认的管理措施方案。
- 选定的管理措施方案。

本附录于 2003 年 4 月经 ICPM 第 5 次会议批准为标准的补编部分。附录属于标准规定内容。

S1　附录 1　IPPC 关于环境风险的解释

IPPC 关于有害生物的范围，扩大到不仅包括直接为害栽培植物的有害生物，还包括不直接为害植物的杂草和其他有害生物。IPPC 还涉及保护野生植物区系，因此下面这些生物也是有害生物，因为它们：

直接为害非栽培/非管理植物

这类有害生物的传入，可能没有多大商业价值，因而很少会对它们进行评估、做出规定和/或官方控制，典型例子就是荷兰榆疫病（Dutch elm disease, *Ophiostoma novo-ulmi*）。

间接为害植物

除了直接为害植物外，还有一些有害生物主要是通过竞争方式为害植物，如大多数杂草和入侵植物。为害农作物的加拿大蓟（Canada thistle, *Cirsium arvense*）就是其中一例，它在天然或半天然环境中，为害非栽培/非管理的紫珍珠菜（Purple loosestrife, *Lythrum salicaria*）。

通过其他生物间接为害植物

有的有害生物，主要是通过为害其他生物，从而对其栖息地或生态环境中的植物及其健康造成为害。这类寄生物包括有益生物，如生物防材料等。

在不构成贸易障碍的情况下，为了保护生态环境和生物多样性，需要对环境风险和生物多样性风险进行 PRA。

本附录于 2004 年 3~4 月经 ICPM 第 6 次会议批准。附录属于标准规定内容。

S2 附录 2 IPPC 关于 LMO 有害生物风险分析的解释

按 IPPC 规定，在确定 LMOs 的风险管理时，需要对其植物卫生风险进行 PRA。

对 LMOs 开展 PRA，包括以下内容：

—— 有些 LMOs 存在植物卫生风险，需要进行 PRA；而另外一些 LMOs 不存在植物卫生风险，因而不需要开展完整的 PRA，如改良植物的生理学习性（成熟期，贮存期），不存在植物卫生风险。LMOs 的风险是由组合因子构成的，包括供体和受体生物的特性、遗传改良性、产生的新特性。附录 3 提供了确定 LMOs 为潜在有害生物的评估准则。

—— 在对进口和释放 LMOs 进行 PRA 时，可以只做其中一部分。比如，一些缔约方要求对人类和动物健康风险和环境风险进行评估，但这不在 IPPC 的范围之内。本标准只涉及植物卫生风险评估和风险管理。正如 NPPO 对其他有害生物或传入途径的评估一样，对 LMOs 表现出的其他风险，也可能不在 IPPC 的范围内。如果 NPPO 发现了某种风险，虽然它不属于植物卫生风险，但可以通报给相关负责机构。

—— LMOs 的植物卫生风险，可能是由于向生物体中导入了某些性状，从而增加了定殖潜力和扩散潜力；或者是插入了一段基因片断后，虽然没有改变其有害生物状况，但可能导致该生物行动的独立性，或者产生了意想不到的后果。

—— 在考察基因漂移引起的植物卫生风险时，关于 LMOs 的风险，主要是其充当潜在媒介生物或遗传结构导入途径而产生的风险，而不是作为一种有害生物或者自身具有的风险。因此，这里的"有害生物"含义，应该理解为，LMOs 充当潜在媒介生物或遗传结构导入途径而引起植物卫生风险。

—— 按 IPPC 的风险分析程序，通常关注表现型性状而非基因型性状，但在评估 LMOs 的风险时，则往往要评估其基因型性状。

—— 与 LMOs 相关的潜在植物卫生风险，也可能与非 LMOs 有关。在考虑其在 PAR 地区的风险时，可以参考非改良受体、亲本和/或近缘生物的风险情况。

本附录于 2003 年 4 月经 ICPM 第 5 次会议批准为标准的补编部分。附录属于标准规定内容。

S2 附录 3 如何判定 LMO 为潜在有害生物

本附录只是针对遗传改良性状的 LMOs 存在的植物卫生风险进行评估，而涉及生物的其他植物卫生风险评估，应该遵照本标准的其他相关规定或其他植物卫生措施国际标准执行。

在评估 LMO 作为有害生物的潜在风险时，其必需信息见本标准第 1.3 项。

LMOs 的潜在植物卫生风险

LMOs 的潜在植物卫生风险包括：

a. 适应性改变，导致传入可能性或扩散可能性增加，如下列习性发生改变：
—— 对逆境（干旱、冰冻、盐分）的忍耐性发生改变。
—— 生殖生物学改变。
—— 有害生物扩散能力改变。
—— 生殖率或生存能力改变。
—— 寄主范围改变。
—— 对有害生物的抗性改变。
—— 对杀虫剂（包括除草剂）的抗性或耐性改变。

b. 基因漂移或基因迁移造成的危害包括：
—— 将杀虫剂基因或抗虫基因转移给遗传相容的物种。
—— 打破了现有生殖障碍和重组障碍，从而导致有害生物风险。
—— 与现有生物或病原体杂交，产生致病性，或增强致病能力。

c. 对非目标生物造成的危害包括：
—— LMOs 寄主范围扩大，包括将其用于生物防治材料或有益生物。
—— 对其他生物，诸如生物防治材料、有益生物、土壤生物、固氮菌等造成危害，从而引起植物卫生问题（间接影响）。
—— 成为其他有害生物的媒介生物。
—— 植物性杀虫剂对植物有益非目标生物造成的不利影响（包括直接或间接影响）。

d. 基因型和表现型不稳定性包括：
—— 生物防治材料转变为一种更具毒性的生物。

e. 其他危害包括：
—— 生物由于出现新特性而表现出植物卫生风险，而该生物通常没有植物卫生风险。
—— 对病毒序列的重组、转导和整合能力加强了。
—— 插入核酸序列（标记物、增强子、终止子等），产生了植物卫生风险。

上面提到的植物卫生风险，也可能与非 LMOs 有关。按 IPPC 规定，通常只考虑表现型而非基因型性状。但在评估 LMOs 的植物卫生风险时，却需要对基因型性状加以考虑。

如果有迹象表明，遗传改良新性状没有引起植物卫生风险，则不需要对 LMOs 作进一步评估。

在评估 PRA 地区的潜在风险时，可以参考非改良受体、亲本或近缘生物的风险情况。

在考察基因漂移引起的植物卫生风险时，关于 LMOs 的风险，主要是其充当潜在媒介生物或遗传结构导入途径而产生的风险，而不是作为一种有害生物或者自身具有的风险来对待。所以，这里的"有害生物"含义，应该理解为，LMOs 充当潜在媒介生物或遗传结构导入途径，而引起植物卫生风险。

按照 PRA 第二步规定，对 LMO 进行风险评估，需要考虑以下因素：
—— 还缺乏某个特定改良项的信息。

—— 如果对某个改良项不熟悉，其信息的可信度问题。
—— 在与 PRA 地区类似的环境中，关于 LMOs 的习性信息掌握不够充分。
—— 田间实验、研究试验或实验室研究表明，LMO 可能有植物卫生风险（见上款 a～e 项）。
—— LMOs 所表现出的特征与本标准规定的有害生物有关。
—— 在某个缔约方（或者在 PRA 地区）具有可能导致 LMOs 成为有害生物的环境条件。
—— 是否曾对类似的生物（含 LMOs）开展过其他目的的 PRA 或风险分析。

按本标准，LMOs 不会成为一种潜在有害生物和/或不必进一步分析的因素包括：

—— NPPO（或其他公认的专家及机构），已经对类似或者相关的生物遗传改良生物进行过评估，且已证明没植物卫生性风险。
—— LMOs 被控制在可靠的扑灭体系中且不会释放。
—— 研究表明按预期用途，LMOs 不可能成为有害生物。
—— 在其他缔约方有过类似经历。

本附件只作参考,不属于标准规定内容。

附件1 有用参考文献

这里所列参考文献应用广泛,容易获取,且具有权威性。但是,该文献名录既不是综合的、一成不变的,也不是按本标准所批准的另一个标准[①]。

命名、术语及普通分类法(Nomenclature, Terminology and General Taxonomy)

BioNET-INTERNATIONAL. http://www.bionet-intl.org/opencms/opencms/index1.jsp (accessed August 2010).

Brickell, C. D. (chair) et al. 2009. *International code of nomenclature for cultivated plants*. 8th edn. (*Scripta Horticulturae*, 10) Leuven, Belgium, International Society for Horticultural Science (ISHS). 204 pp.

EPPO. 1996. *Bayer coding system*. Paris, France, European and Mediterranean Plant Protection Organization.

Fiala, I. & Fèvre, F. 1992. *Dictionnaire des agents pathogènes des plantes cultivées*. Paris, France, Institut National de la Recherche Agronomique (INRA) (English/French/Latin).

International Commission on Zoological Nomenclature. 1999. *International code of zoological nomenclature*. 4th edn. London, International Trust for Zoological Nomenclature. Available at http://www.nhm.ac.uk/hosted-sites/iczn/code/index.jsp (accessed August 2010).

ISO 3166-1: 2006. *Codes for the representation of names of countries and their subdivisions-Part 1: Country codes*. Geneva, International Organization for Standardization. Available at http://www.iso.org/iso/country_codes/iso_3166_code_lists.htm in English/French (accessed August 2010).

ISPM 5. *Glossary of phytosanitary terms*. Rome, IPPC, FAO. (Arabic/Chinese/English/French/Spanish)

McNeill, J. (chair) et al., compilers. 2006. *International code of botanical nomenclature* (Vienna Code). Adopted by the Seventeenth International Botanical Congress Vienna, Austria, July 2005. Liechtenstein, Gantner, Ruggell. 568 pp. Available at http://ibot.sav.sk/icbn/main.htm (accessed August 2010).

Shurtleff, M. C. & Averre, C. W. 1997. *Glossary of plant pathological terms*. St. Paul MN, USA, American Phytopathological Society Press. 361 pp.

United Nations. 1997. Country names. *Terminology Bulletin No. 347/Rev. 1*. (UN Member names in Arabic/Chinese/English/French/Russian/Spanish.) New York, Department of General Assembly Affairs and Conference Services of the United Nations Secretariat.

普通有害生物鉴定及其分布(General Pest Identification and Distribution)

CABI. a. *CABPEST CD-ROM*. Wallingford, UK, CAB International.

CABI. b. *Crop protection compendium CD-ROM*. Wallingford, UK, CAB International. Refer http://www.cabi.org/cpc/ (accessed August 2010).

CABI. c. *Descriptions of fungi and bacteria*. Wallingford, UK, CAB International. Refer http://www.cabi.org/dfb/ (accessed August 2010).

CABI. d. *Distribution maps of plant pests*. Wallingford, UK, CAB International. Refer http://www.cabi.org/dmpp/ (accessed August 2010).

OIRSA. 1994–1999. *Hojas de datos sobre plagas y enfermedades agrícolas de importancia cuarentenaria para los países miembros del OIRSA*, volúmenes 1–5. San Salvador, El Salvador, Organismo Internacional Regional de Sanidad Agropecuaria. http://www.oirsa.org/portal/Biblioteca_Virtual.aspx (accessed August 2010).

Smith, I. M., McNamara, D. G., Scott, P. R. & Holderness, M. *Quarantine Pests for Europe*. 2nd edn. (Data sheets on quarantine pests for the European Union and for the European and Mediterranean Plant Protection Organization.) Wallingford, UK, CAB International in association with EPPO.

[①] 该参考文献于2010年重新格式化,并及时更新。

Waller, J. M., Lenné, J. M. & Waller, S. 2001. *Plant pathologists' pocketbook*. 3rd edn. Wallingford, UK, CAB International. 528 pp. (Arabic edn, 1990, CABI/FAO; Spanish edn, 1985, published by FAO Regional Office for Latin America and the Caribbean, Santiago, Chile, in cooperation with CABI.)

Wilson, D. E & Reeder, D. M. 2005. *Mammal Species of the World. A Taxonomic and Geographic Reference*. 3rd edn. Baltimore, USA, Johns Hopkins University Press. 2142 pp. Online database, http://www.bucknell.edu/msw3/ (accessed August 2010).

细菌 (Bacteria)

Bradbury, J. F. & Saddler, G. S. 2008. *Guide to plant pathogenic bacteria*. 2nd rev. subedn. Wallingford, UK, CAB International.

Young, J. M., Saddler, G., Takikawa, Y., De Boer, S. H., Vauterin, L., Gardan, L., Gvozdyak, R. I. & Stead, D. E. 1996. Names of plant pathogenic bacteria 1864–1995. *Review of Plant Pathology*, 75: 721~763. Online database, http://www.isppweb.org/names_bacterial.asp (accessed August 2010).

真菌 (Fungi)

Kirk, P. M., Cannon, P. F., Minter, D. W. & Stalpers, J. A. 2008. *Ainsworth & Bisby's Dictionary of the Fungi*. 10th edn. Wallingford, UK, CAB International. 784 pp.

CABI. e. *Index of fungi*. (A bi-annual listing providing full bibliographic and nomenclatural details of some 2000 names of fungi per annum.) Surrey, UK, CAB International Mycological Institute. (Online database, *Index Fungorum*, at http://www.indexfungorum.org/Names/Names.asp, accessed August 2010.)

昆虫与螨类 (Insects and Mites)

CABI. f. *Arthropod name index on CD-ROM*. Wallingford, UK, CAB International.

Wood, A. M., compiler. 1989. *Insects of economic importance: a checklist of preferred names*. Wallingford, UK, CAB International.

线虫 (Nematodes)

CABI. g. *NEMA CD-ROM*. Wallingford, UK, CAB International.

Ebsary, B. A. 1991. *Catalog of the order Tylenchida (Nematoda)*. Ottawa, Agriculture Canada. 196pp.

Hunt, D. J. 1993. *Aphelenchida, Longidoridae and Trichodoridae: their systematics and bionomics*. Wallingford, UK, CAB International. 150 pp.

植物病害 (Plant Diseases)

APS. a. *Common names of plant diseases*. St. Paul, MN, USA, American Phytopathological Society, Committee on Standardization of Common Names for Plant Diseases. (Online database at http://www.apsnet.org/online/common/, accessed August 2010.)

APS. b. Disease compendium series of the American Phytopathological Society. St. Paul, MN, USA, American Phytopathological Society.

CABI. h. *Distribution maps of plant diseases*. Wallingford, UK, CAB International. (See http://www.cabi.org/dmpd/, accessed August 2010.)

Miller, P. R. & Pollard, H. L. 1976–1977. *Multilingual compendium of plant diseases*. Vol. 1 (Fungi and bacteria); Vol. II (Viruses and nematodes). (Crosslingual: 23 languages.) St. Paul, MN, USA, American Phytopathological Society. 457 pp. (vol. 1); 434 pp. (vol. 2)

Singh, U. S., Chaube, H. S., Kumar, J. & Mukhopadhyay, A. N. 1992. *Plant diseases of international importance*. Vol. 1: Diseases of cereals and pulses; Vol. 2: Diseases of vegetables and oil seed crops; Vol. 3: Diseases of fruit crops; Vol. 4: Diseases of sugar, forest, and plantation crops. Englewood Cliffs, NJ, USA, Prentice Hall.

植物及杂草（Plants and Weeds）

Brako, L., Rossman, A. Y. & Farr, D. F. 1995. *Scientific and common names of 7,000 vascular plants in the United States*. St. Paul MN, USA, American Phytopathological Society. 301 pp.

Brummitt, R. K. 1992. *Vascular plant families and genera*. Kew, Surrey, UK, Royal Botanic Gardens.

Haefliger, E., Scholz, H. *Grass weeds*, 1: *Weeds of the subfamily Panicoideae*; *Grass weeds*, 2: *Weeds of the subfamilies Chloridoideae, Pooideae, Oryzoideae*; *Monocot weeds*, 3: *Monocot weeds excluding grasses*. Basle, Switzerland, Ciba-Geigy Ltd. (English/French/German/Spanish)

Holm, L., Doll, J., Holm, E., Pancho, J. & Herberger, J. 1997. *World weeds: natural histories and distribution*. New York, USA, John Wiley. 1129 pp.

Merino-Rodríguez, M., comp. 1983. *Plants and plant products of economic importance*. FAO terminology bulletin no. 25. Rome, FAO. (English/ French/German/Spanish)

Royal Botanic Gardens. *Index Kewensis*. Kew, Surrey, UK, Royal Botanic Gardens. [Included in online database, International Plant Names Index (IPNI), http://www.ipni.org/index.html, accessed August 2010.]

Terrell, E. E., Hill, S. R., Wiersema, J. H. & Rice, W. E. 1986. *A checklist of names for 3,000 vascular plants of economic importance*. Washington DC, USA, United States Department of Agriculture Agricultural Handbook 505. 241 pp.

病毒（Viruses）

AAB. 1970 – 1989 (print). *Descriptions of plant viruses*. Wellesbourne, Warwick, UK, Association of Applied Biologists. Online database, http://www.dpvweb.net, accessed August 2010.

Brunt, A. A., Crabtree, K., Dallwitz, M. J., Gibbs, A. J., Watson, L. & Zurcher, E. J., et al. 1996. *Viruses of plants: descriptions and lists from the VIDE database*. Wallingford, UK, CAB International. (Online database, http://micronet.im.ac.cn/vide/index.html, accessed August 2010.)

Murphy, F. A., Fauquet, C. M., Bishop, D. H. L., Ghabrial, S. A., Jarvis, A. W., Martelli, G. P., Mayo, M. A., &Summers, M. D., et al. 1995. *Virus taxonomy: classification and nomenclature of viruses*. Sixth Report of the International Committee on Taxonomy of Viruses. Vienna, New York, Springer-Verlag.

ISPM 12

植物卫生措施国际标准 ISPM 12

植物卫生证书
PHYTOSANITARY CERTIFICATES

(2011 年)

IPPC 秘书处

发布历史

本部分不属于标准正式内容。

1996-05 CEPM-3 added the topic *Phytosanitary certificates* (1996-003)

1996-08 EWG developed draft text

1997-10 CEPM-4 postponed the discussion

1998-05 CEPM-5 discussed draft text

1999-05 CEPM-6 revised draft text and approved for MC

1999-06 Sent for MC

2000-11 ISC-2 revised draft text for adoption

2001-04 ICPM-3 adopted standard

ISPM 12. 2001. *Guidelines for phytosanitary certificates*. Rome, IPPC, FAO.

2006-04 CPM-1 added topic *Revision of ISPM* 12 (2006-035)

2006-11 SC approved Specification 38 *Revision of ISPM 7 and ISPM* 12

2008-02 EWG revised standard

2009-05 SC revised standard and approved for MC

2009-06 Sent for MC

2010-02 Steward revised the standard text in response to member comments

2010-05 SC-7 revised standard

2010-11 SC revised standard for adoption

2011-03 CPM-6 adopted revised standard

ISPM 12. 2011. *Phytosanitary certificates*. Rome, IPPC, FAO.

2011年8月最后修订。

目　　录

批准

引言

范围

参考文献

定义

要求概述

背景

植物卫生认证要求

1　植物卫生证书

1.1　植物卫生证书用途

1.2　植物卫生证书种类及格式

1.3　植物卫生证书附件

1.4　电子版植物卫生证书

1.5　传送方式

1.6　有效期

2　对已签发的植物卫生证书采取的行动

2.1　植物卫生证书副本确认件

2.2　植物卫生证书换证

2.3　植物卫生证书变更

3　进口国及NPPOs签发植物卫生证书需考虑的问题

3.1　不能接受的植物卫生证书

3.1.1　无效植物卫生证书

3.1.2　欺诈性植物卫生证书

3.2　拟制和签发植物卫生证书的进口要求

4　对拟制和签发植物卫生证书的具体要求

5　缮制出口植物卫生证书准则及要求

6　转口及过境需考虑的问题

6.1　签发转口植物卫生证书需考虑的问题

6.2　过境

附录1　出口植物卫生证书样本

附录2　转口植物卫生证书样本

附件1　电子版证书、标准XML文本信息及交换机制

附件2　附加声明推荐用语

批准

本标准首次于 2001 年 4 月经 ICPM 第 3 次会议批准,标准名称为:植物卫生证书准则(*Guidelines for phytosanitary certificates*)。该最新版 ISPM 12:2011,是第一次修订,于 2011 年 3 月经 CPM 第 6 次会议批准。

引言

范围

本标准提供植物卫生证书①(出口植物卫生证书和转口植物卫生证书)的拟制和签发要求及准则。

由国家植物保护组织(NPPO)制定植物卫生认证体系,其要求和组件的具体指导内容见标准 ISPM 7:2011。

参考文献

IPPC. International Plant Protection Convention. Rome, IPPC, FAO.

ISPM 1. 2006. Phytosanitary principles for the protection of plants and the application of phytosanitary measures in international trade. Rome, IPPC, FAO.

ISPM 5. Glossary of phytosanitary terms. Rome, IPPC, FAO.

ISPM 7. 2011. Phytosanitary certification system. Rome, IPPC, FAO.

ISPM 13. 2001. Guidelines for the notification of non-compliance and emergency action. Rome, IPPC, FAO.

ISPM 18. 2003. Guidelines for the use of irradiation as a phytosanitary measure. Rome, IPPC, FAO.

ISPM 25. 2006. Consignments in transit. Rome, IPPC, FAO.

ISPM 32. 2009. Categorization of commodities according to their pest risk. Rome, IPPC, FAO.

定义

本标准引用的植物卫生术语定义,见 ISPM 5(植物卫生术语表)。

要求概述

植物卫生认证,是用来证明货物符合进口植物卫生要求,并且是由 NPPO 负责的。出口植物卫生证书或转口植物卫生证书,只能由经 NPPO 适当授权且技术合格的公务员签发。

出口植物卫生证书,通常由植物、植物产品或其他规定应检物的种植、加工地国家的 NPPO 签发;转口植物卫生证书,则是由转口国(商品不是在该国种植或加工的)的 NPPO 签发,但该货物需要没有(有害生物)侵染风险,符合进口国植物卫生要求,且货物的植物卫生证书原件或副本确认件有效。

NPPOs 应该采用 IPPC 植物卫生证书样本格式。

如果植物卫生证书规定信息超过了证书预留的可用空间,则可以将这些内容添加在其附件中。

植物卫生证书应该与货物一起随附,也可以通过邮件或其他方式传送。如果两国同意,NPPO 还可以用电子版植物卫生证书,但要采用标准语言、标准信息结构和交换协议。

植物卫生证书签发后,货物植物卫生状况可能发生改变,因此植物卫生证书有一定的有效期。进

---

① IPPC 所指的出口"植物卫生证书"和转口"植物卫生证书"。但为了术语使用上简明扼要,本标准用"出口植物卫生证书"和"转口植物卫生证书"。"植物卫生证书"(Phytosanitary Certificates)(复数形式)即指此两种证书。

出口国的 NPPO 可以对此做出相应规定。

应该按照具体程序，进行植物卫生证书换证、证书副本确认件确认和证书更改。不接受无效植物卫生证书和欺诈性植物卫生证书。

关于转口，特别是转口国不需要所签发的进口植物卫生证书，但又要求在原产国采取特殊植物卫生措施的，需要做出特殊规定。

背景

植物卫生认证，是用来证明货物符合进口植物卫生要求，适用于大多数国际贸易植物、植物产品和其他规定应检物。植物卫生认证，为保护植物包括栽培植物、非栽培/非管理的植物和野生植物（含水生植物），保护进口国栖息地和生态系统，做出了贡献。植物卫生认证，还为促进植物、植物产品和其他规定应检物的国际贸易，提供了国际上相互认可的文件和相关程序。

IPPC 第五条第 2 款第（a）项，对植物卫生证书的签发事宜做了如下规定：

与签发植物卫生证书相关的检查和其他工作，只能由官方 NPPO 或在其授权之下开展。植物卫生证书由公务员签发，这些官员应该是技术合格的，经官方 NPPO 适当授权而履行职责，且在 NPPO 的管理之下，其所签发的植物卫生证书得到进口缔约方信任而被接受（另见 ISPM 7:2011）。

"这里的解释是：……'技术合格、经 NPPO 适当授权的公务员（public officers）'包括来自 NPPO 的官员（officers from the national plant protection organization）"，文中'public'的意思是指由政府雇佣的，而非私人企业雇佣的；"包括来自 NPPO 的官员"，是指这些官员可以是 NPPO 直接雇佣的官员，但不必一定是其直接雇佣的。

IPPC 也对采用植物卫生证书格式做了如下规定（见第五条第 3 款）：

各缔约方不得要求进口植物、植物产品和其他规定应检物随附不符合本公约附录规定的植物卫生证书。任何附加声明要求，应限于技术合理的范畴。

植物卫生认证要求

1 植物卫生证书

1.1 植物卫生证书用途

经签发的植物卫生证书，是为了证明植物、植物产品和其他规定应检物达到了进口国的进口植物卫生要求，符合相关证明性声明。植物卫生证书，也是为货物转口到其他国家，需要签发转口植物卫生证书时提供根据。植物卫生证书用途，仅限于此。

1.2 植物卫生证书种类及格式

在 IPPC 的附录中，提供了两种证书："出口植物卫生证书[①]"（见本标准附录1）和"转口植物卫生证书"（见本标准附录2）。

出口植物卫生证书，通常由原产地国 NPPO 签发。该证书通过证明性陈述、附加声明、处理记录等描述，表明货物的植物卫生状况符合进口植物卫生要求。该证书还可以作为签发某些植物、植物产品和规定应检物的转口植物卫生证书的依据，但由于这些货物不是产自于转口国，所以其植物卫生状况要得到转口国确认（如通过检查）。

如果货物中的商品不是在转口国种植，或者因加工改变了自然属性，且只有出口植物卫生证书或其副本确认件尚有效时，才可由转口国 NPPO 签发转口植物卫生证书。

转口植物卫生证书，将出口国签发的植物卫生证书和在转口国植物卫生状况可能发生改变的问题联系在一起。

[①] 见范围，脚注1，涉及该术语

两种植物卫生证书的签证管理程序及其法律体系，是一致的。

根据 IPPC 第五条第 2 款第（b）项规定，在拟制植物卫生证书时，应该采用 IPPC 证书标准用语。植物卫生证书标准化，是保证其一致性所必需的。只有这样，证书才容易被认可，其基本信息才能得到汇报。鼓励 NPPO 采用一种出口植物卫生证书和转口植物卫生证书格式，并将它们放在 IPPC 的门户网站 IPP 上（http：//www.ippc.int），从而防止造假活动。

植物卫生证书可以是纸制的；如果进口国 NPPO 认可，也可以采用电子版。

电子版植物卫生证书，是与纸制版证书数据和用语相同的电子格式，包括证明性陈述，由出口国 NPPO 通过已确认且安全的电子手段，将它们发送给进口国 NPPO。但不得对电子版植物卫生证书进行文本处理，或者说如果提供的是非电子版的话，则不能由纸制文本生成电子文本。同样，也不得将纸制证书转换成电子版本（如通过 e-mail）。

NPPOs 应该采取安全措施，防止纸制植物卫生证书的造假活动，如使用特殊纸张，加水印，或采取特殊印刷技术。如果要采用电子证书，也应该采取安全措施。

如果未达到全部要求，出口国或转口国 NPPO 未加注日期、签名、盖章、封识、标识，未完成电子文本之前，植物卫生证书无效。

1.3 植物卫生证书附件

如果缮制植物卫生证书所需要的必要信息超过证书格式中的预留空间时，可以增加附件。但其中的信息，只能是植物卫生证书中规定的必要信息。附件各页应该加注植物卫生证书号，加注日期、签名、盖章，和植物卫生证书的要求一样。可能还要求货物随附其他文件，如《濒危野生动植物物种国际公约》（CITES），但它们既不应该作为植物卫生证书的附件，也不应该作为植物卫生证书的参考文件。

1.4 电子版植物卫生证书

如果进口国 NPPO 认可，可以签发电子版植物卫生证书。

当采用电子版植物卫生证书时，NPPO 应该建立证书生成系统，使用标准语言、信息结构和交换协议。附件 1（正在制定中，对附件做适当修订）为标准语言、信息结构和交换协议提供指导。

采用电子版植物卫生证书时，需要遵守以下规定：

—— 签证方式、发送方法及安全标准为进口国及其他相关国所认可。
—— 所提供的信息与 IPPC 植物卫生证书样本所规定的相符。
—— 达到 IPPC 关于植物卫生证书的用途目的。
—— 签证 NPPO 的身份已建立妥当且通过身份验证。

1.5 传送方式

签证后，植物卫生证书应该同货物一起随附。如果进口国 NPPO 同意，也可以通过邮件或其他方式单独发送。如果采用电子版植物卫生证书，应该直接将其发送给相关 NPPO 官员。总之，应该在货物到达之前，将植物卫生证书发送给进口国 NPPO。

1.6 有效期

在签发植物卫生证书后，货物的植物卫生状况可能会发生变化，因此出口国或转口国 NPPO，要就签证后和出口前植物卫生证书的有效期做出限制。

出口国或转口国 NPPO 可以对此情形进行评估，根据货物在出口或转口前被侵染或污染的可能性，确定一个适当的有效期。货物被侵染的可能性，会受到包装（密封或散装）、储藏条件（露天或密闭）、商品种类及运输方式、一年中的出口时间及有害生物种类的影响。如果货物没有侵染风险，商品能够达到进口国进口植物卫生要求，那么即使过了这个时期，仍可以凭出口植物卫生证书，签发转口植物卫生证书。

在植物卫生证书仍然有效的情况下，进口国 NPPOs 也可以将有效期规定为进口植物卫生要求内容。

2 对已签发的植物卫生证书采取的行动

2.1 植物卫生证书副本确认件

副本确认件（A certified copy），是经 NPPO 确认（盖章、加注日期、签名）的植物卫生证书副本，它是正本的真正代表。副本可以根据出口商的要求进行签发。但是，它不能代替正本。该副本主要用于转口目的。

2.2 植物卫生证书换证

植物卫生证书签发后，根据货物出口商的要求，可以换证。但这只能在特殊情况下（如证书损坏了，地址变更了，目的地国家或入境口岸改变了，信息缺失或错误等），才允许换证，且必须由签证国 NPPO 实施换证。

总之，签证的 NPPO 应要求出口商归还该货物的植物卫生证书正本及其副本确认件。

涉及换证的其他要求还有：

—— 归还的植物卫生证书应该由签证国的 NPPO 保存并注销。新证书不能与原证书同号，原证书号码也不能再用。

—— 如果前面签发的植物卫生证书不能收回，需要由 NPPO 关注并加以管理（如证书丢失，或到了其他国家），NPPO 可以决定是否进行换证。但是，所换新证书不能与原证书同号，且要在附加声明中注明："该证书代替植物卫生证书 no.［证号］签于［日期］"［This certificate replaces and cancels phytosanitary certificate no. (insert number) issued on (insert date)］。

2.3 植物卫生证书变更

应该避免变更植物卫生证书，因为它会导致证书有效期不确定的问题。然而，如果必需变更的话，也只能由签证的 NPPO 根据植物卫生证书正本来变更。变更的内容应该尽量少，且要由 NPPO 盖章、加注日期并连署（名）。

3 进口国及 NPPOs 签发植物卫生证书需考虑的问题

进口国 NPPOs 可以只对规定应检物提出植物卫生证书要求。它们通常是植物和植物产品，也可能是集装箱空箱、运输工具以及除植物外的其他生物，对它们采取植物卫生措施是符合技术合理性要求的。

对于那些经过加工、没有潜在的规定有害生物传入风险的植物，以及不需要采取植物卫生措施的物品，进口国 NPPOs 不应该提出植物卫生证书要求（见 IPPC 第六条第 2 款，ISPM 32:2009）。

如果双方在植物卫生证书要求技术合理性方面发生争议，NPPOs 应该开展双边磋商。对植物卫生证书的要求，应该遵循透明度原则、非歧视性原则、必要性原则和技术合理性原则（见 ISPM 1: 2006）。

3.1 不能接受的植物卫生证书

进口国 NPPOs 不应接受无效或欺诈性植物卫生证书。涉及 ISPM 13:2001 规定不能接受的植物卫生证书或可疑植物卫生证书情况，应该尽快向申报签证国的 NPPO 通报。如果进口国 NPPO 怀疑该证书为不能接受的植物卫生证书，可能需要迅速取得与出口国或转口国 NPPOs 的合作，以确认该证书的有效性。出口国或转口国 NPPOs 应该采取必要的纠偏行动，复审植物卫生证书签证体系，确保证书高度可信。

3.1.1 无效植物卫生证书

植物卫生证书出现下列情况，将视为无效：

—— 信息不全或错误。

—— 信息虚假或令人误解。

—— 信息冲突或相互矛盾。

——用语或信息与植物卫生证书样本规定内容不一致。
——信息由未经授权人员添加。
——未经授权更改（未盖章、未加注日期或连署）或删减。
——证书过期，转口用副本确认件除外。
——字迹无法辨认（如字迹潦草、证书损坏）。
——属非副本确认件。
——通过未经 NPPO 认可的运递方式传送。
——植物卫生证书中的植物、植物产品或其他规定应检物属于禁止进口类。

此外，还有其他原因，可以拒绝植物卫生证书，或要求提供补充信息的情况。

3.1.2 欺诈性植物卫生证书

最典型的欺诈性植物卫生证书有：
——按未公认格式签发。
——未经签证 NPPO 加注日期、盖章、标识或封识、签名。
——签证人员不是被授权的公务员。

欺诈性植物卫生证书均无效。NPPO 在签发植物卫生证书时，要有安全措施，防止造假行为。如果启用电子版植物卫生证书，那么建立电子认证安全机制，防止造假，是其基本要素。如果被通报有违规情况，出口国 NPPO 应该采取纠偏行动。

3.2 拟制和签发植物卫生证书的进口要求

进口国常常会做出进口规定，要求在拟制和签发植物卫生证书时予以遵守。这些要求包括：
——证书要用某种特定语言或语言表中的一种编制（当然，鼓励成员国接受 FAO 官方语言中的一种，首选英语）。
——检查或处理完成后允许的签证时限、证书签发到货物离开出口国的时限。
——植物卫生证书要求打印缮制；如果是手写，则要用清晰的大写字母（该种语言应该有大写形式）。
——货物的计量单位及数量。

4 对拟制和签发植物卫生证书的具体要求

植物卫生证书，只能由经 NPPO 适当授权且技术合格的公务员签发。

只有证明其符合进口植物卫生要求的，才能签发植物卫生证书。

植物卫生证书，应该包含能明确证明该批货物的必要信息。

植物卫生证书，只能包含与植物卫生相关的信息，而不能有与非植物卫生要求的内容，如动物卫生或人类健康、农药残留、放射性、商业信息（如信用证）和品质等内容。

为了方便植物卫生证书与其他（与植物卫生认证无关）文件（如信用证、提单、CITES 证书）之间的对照，可以在植物卫生证书上标注与这些文件相关联的识别码、代号或代码。但是，这些标注只有在必要时才能加注，而且也不属于植物卫生证书的内容。

植物卫生证书各部分内容，都应该填写完整。如果没有填入内容，就应该填上"None"，或者用线段封死或划掉，以防止未经授权的添加问题。

对于转口货物而言，原产地国的一些具体信息可能是必要的，但对于出口植物卫生证书可能没有什么用处（如出口植物卫生证书缺附加声明具体信息，或者出口植物卫生证书本身不需要提供给转口国）。这样，其具体进口植物卫生要求，就不符合转口国的要求，因而不能签发转口植物卫生证书。

然而，针对下述情形，是可以签发的：
——如果出口植物卫生证书是转口国所要求的，应出口商请求，原产国 NPPO 能够向转口国 NP-

PO 提供植物卫生补充信息（如种植季节的检查结果）的。这些信息对签发转口植物卫生证书是必要的。该内容应该填写在附加声明栏内的副标题下："补充植物卫生官方信息"（见第 5 项）。

—— 如果出口植物卫生证书不是转口国所要求的，但应出口商请求，原产国 NPPO 还是签发了出口植物卫生证书的。对于要转口到其他国家的货物来讲，它可以为转口国签发转口植物卫生证书提供必要的植物卫生补充信息。

对于上述两种情形，转口国都应该确保货物的同一性，并不得遭受有害生物污染。

植物卫生证书应该在发货前签发。但也可以在发货后签发，其前提是：

—— 能够保证货物的植物卫生安全。

—— 出口国 NPPO 已经开展了取样、检查和必要的处理工作，确保货物在发货前，能够满足进口植物卫生要求。

如果未能达到这些标准，就不能签发植物卫生证书。

在发货后签发植物卫生证书时，如果进口国有要求，应该在附加声明栏中标注检查日期。

5 缮制出口植物卫生证书准则及要求

缮制出口植物卫生证书部分，要完成如下内容：

【证书名称用粗体，格式见附录 1】

编号 No. _____

每份出口植物卫生证书都应该有唯一的识别号，以便于对货物进行追溯、审核和记录保存。

××植物保护组织 Plant Protection Organization of _____

此处应该列出签发出口植物卫生证书的国别及 NPPO 名称。

致：××植物保护组织 TO：Plant Protection Organization（s）of _____

此处列出进口国的名称。如果过境国和进口国有具体植物卫生要求，需要在出口植物卫生证书中注明的，二者均应该列出，且注明过境国。要注意确保符合每个国家的进境或过境植物卫生要求，并适当加以注明。如果货物进口后再转口到其他国家，而且又符合两个国的进口植物卫生要求，这时应该将两个国家的名称都列上。

I. 货物描述 Description of Consignment

出口商名称及地址 Name and address of exporter：_____

该信息是为了确认货物来源，方便出口国 NPPO 追溯和审核。出口商地址，应该是在出口国的地址。如果出口商为国际贸易公司，其地址在国外，则应该用它在当地的代理商或发货人的名称及地址。

收货人名称及地址 Declared name and address of consignee：_____

该名称和地址应该详细填写，以便于进口国 NPPO 确认货物的同一性，必要时追溯进口违规情况。如果不知道收货人，而进口国 NPPO 同意使用后面术语（To order），且能够接受相关风险时，就可以使用"按定单"（To order）。进口国 NPPO 可能要求提供收货人在进口国的地址。

包装种类及数量 Number and description of packages：_____

包装种类及数量应该详细列出，以便于进口国 NPPO 将出口植物卫生证书与货物联系起来。有时候（如谷物和散装原木），可以把集装箱和/或列车车皮作为包装，列出其数量（如 10 个集装箱）。如果是散运，可以使用术语"散装"（in bulk）。

标记 Distinguishing marks：＿＿＿＿＿＿

出于区分货物的必要，应该将包装上的标记及运输工具的识别号或名称列出（包装标识，如批次号、序列号或商标名；集装箱识别号，如集装箱或列车车皮识别号，散货船船名）。

原产地 Place of origin：＿＿＿＿＿＿

原产地是指商品种植或生产的地方，在这里商品可能会遭受规定有害生物的侵染或污染。总之，原产地国名应该列出。通常货物的植物卫生状况，取决于原产地。一些国家可能要求提供已验证的无有害生物（PFA）区、无有害生物生产地（PFP）和无有害生物生产点（PFPS）的名称或代码。如果要求得到详细信息，可以在附加声明中加以提供。

如果商品需要重新包装、储藏或转运，其有害生物状况，就会随着在新地方可能遭受规定有害生物的侵害或感染而发生变化。这样有害生物的状况，就会受到不止在一个地方的影响。因此，有必要在该栏中将每个国家或地方最初的原产地一一声明清楚，如可声明为"出口国 X（原产地国 Y）"。

如果一批货物是由来自不同国家或地方的不同批次组成，就有必要将所有国家和地方均一一注明。为了帮助追溯，可能要指明与此最为相关的地方，如保存记录的出口公司。

在植物进口后，已在某个国家转运且种植了一个特定时期（根据商品而定，通常为一个生长季节或更长时间），如果其植物卫生状况只是由进一步种植的国家或种植地来决定的话，那么可以认为其原产国或原产地已经发生改变。

运输方式 Declared means of conveyance：＿＿＿＿＿＿

这里是指如何将商品运离签证国的。常用的术语有"远洋船舶"（ocean vessel）、"小船"（boat）、"飞机"（aircraft）、"公路"（road）、"卡车"（truck）、"铁路"（rail）、"邮寄"（mail）、"手提"（carried by hand）等。航运及航次、空运的航班号，也应该注明。运输方式通常由出口商申报。这往往只适用于在出口植物卫生证书签发后，直接使用的第一个运输方式；如果货物频繁更换运输工具，如集装箱从船上转运到卡车上，就不能适用了。如果有标识能区分货物的话，申报第一个运输方式就足够了。但是，它就不一定是运抵进口国的运输工具了。

入境口岸 Declared point of entry：＿＿＿＿＿＿

这里是指到达目的地的第一个入境口岸，或者如果尚不确定的话，就要注明入境国家名称。如果货物要过境别的国家，就有必要记录过境国家对货物的过境植物卫生要求。过境口岸也应该在此栏中注明，或者如果尚不确定，就在此注明过境国家名称。

入境口岸，由出口商在申请出口植物卫生证书时声明。如果入境口岸可能因多种原因改变，货物在入境时不按声明的入境口岸入境，这通常被认为是违规。然而，如果进口国 NPPO 在进口植物卫生要求中规定了指定入境口岸，那么就应该按该入境口岸进行申报，并且货物应该从该口岸入境。

产品名称及数量 Name of produce and quantity declared：＿＿＿＿＿＿

此处应该尽量准确地对商品进行描述，包括植物、植物产品和其规定应检物的名称、数量、单位，以便于进口国 NPPO 确认货物数量。采用国际代码可以方便识别（如用海关代码），也可用国际通用单位和术语（如采用公制单位）。由于不同的进口植物卫生要求，适用于不同的预期用途（如消费与繁殖用途）和加工程度（如保鲜与干制），因此需要对它们做出具体规定。进境货物，不能用商品名、商用规格和其他商业性术语填写。

植物学名 Botanical name of plants：＿＿＿＿＿＿

这里应该用能区别植物和植物产品的学名，最少到属名，最好用种名填写。

对于一些规定应检和成分复杂的产品如家畜饲料，要给出植物学名不太容易。这样，进出口国 NPPO 就可以商定一个相匹配的普通名称，或录入"不适用"（Not applicable 或 N/A）字样。

证明声明 Certifying statement

兹证明该植物、植物产品或其他规定应检物已按适当的官方程序进行检查和/或检验，被认为不带进口缔约方规定的检疫性有害生物，符合其现行植物卫生要求，包括对规定非检疫性有害生物的相关规定。

This is to certify that the plants, plant products or other regulated articles described herein have been inspected and/or tested according to appropriate official procedures and are considered to be free from the quarantine pests specified by the importing contracting party and to conform with the current phytosanitary requirements of the importing contracting party, including those for regulated non-quarantine pests.

它们基本不带其他有害生物*（*供选项）。

They are deemed to be practically free from other pests.* [*Optional clause]

在多数情况下，明确规定了进口植物卫生要求和/或规定有害生物，因此在证书上就要求证明声明其符合进口植物卫生要求。

如果没有对进口植物卫生要求做出规定的，则出口国 NPPO 就可以对可能涉及所关注有害生物的货物，做出一般性的植物卫生状况证明。

NPPOs 可以在出口植物卫生证书上注明选项，但进口国 NPPO 不能要求一定要填上此项。

"适当的官方程序"（Appropriate official procedures），是指为了植物卫生认证目的，由 NPPO 或其授权人员实施的程序。该程序应该与 ISPMs 规定相一致。它可以由进口国 NPPO 参照相关 ISPMs 制定。

"被认为不带有检疫性有害生物"（Considered to be free from quarantine pests），是指按植物卫生程序未能发现带有一定数量的有害生物。这不是说在任何情况下，绝对没有有害生物，而是说通过监测或根除措施，证明检疫性有害生物没有发生。应该认识到，植物卫生程序本身存在不确定性和可变性，比如有害生物未能被监测到，或者没有被根除，所以对这种不确定性和/或可能性，应该按规定程序予以适当考虑。

有时候在采用辐照处理后，目标有害生物活体可能还会出现在货物中。但是，只要是按 ISPM 18:2003 规定进行了处理，处理方法适当，且达到了规定反应（the required response），则在证明声明中所述的有效性，是能保证安全的，即使监测到了目标有害生物活体，但这并不属于违规。

"植物卫生要求"（Phytosanitary requirements），是指为了防止有害生物传入和/或扩散，由进口国官方规定且需达到的要求。植物卫生要求，由进口国 NPPO 事先制定出来，可以是法规、规定，也可以是其他形式（如进口许可证、双边协议或其他协议）。

"进口缔约方"（Importing contracting party），是指遵守 IPPC 规定的各国政府。

II. 附加声明 Additional Declaration

附加声明，是为涉及规定有害生物的货物，提供具体的补充信息。其内容应该简明扼要。进口国

NPPO 要对附加声明进行复审，但不应要求附加声明采用已在出口植物卫生证书证明声明中的用语。附加声明文本，可以在植物卫生规定、进口许可证或双边协议中作出规定。处理不放在该处，但要放在出口植物卫生证书的第 III 部分。

附加声明，应该只限于进口国 NPPO 要求的，或者进口商因进一步植物卫生认证目的请求所需要的具体植物卫生信息，因而它不应该再重复证明声明中的内容，也不应该重复处理中的内容。如果允许多种处理方法，进口国 NPPO 就应该在附加声明中规定选用哪种方法。

附件 2 提供了各种附加声明文本，这通常是进口国 NPPO 要求的。如果进口国 NPPO 认为必须要求或必须提供附加声明的，鼓励采用附件 2 规定的标准用语。

如果进口国要求实施进口许可，则进口许可证号可以放在此处作为参考，从而有利于相互参照。

如果植物卫生证书是在发货后才签发的，且进口国又有要求，则应该把检查日期添加在证书的本栏中（另见第 4 项规定的适用条件）。

如果填写的植物卫生证书信息，是为了进一步的植物卫生认证目的，如转口（见第 4 项），就应该把相关信息填写在此处。此信息应该与进口要求的附加声明明确分开，且放在副标题"补充植物卫生官方信息"下。

III. 除害和/或消毒处理 Disinfestation and/or Disinfection Treatment

应该按下列要求填写：

日期 Date

该日期是处理货物的日期。月份要全写，这样月、日、年才不至于混淆。

处理 Treatment

是指对货物的处理方法（如热处理、辐照处理）。

化学药品（活性成分）Chemical（active ingredient）

是处理时化学药品的活性成分。

处理时间及温度 Duration and temperature

是指在处理时的持续时间和温度。

浓度 Concentration

是指处理时的药剂浓度和剂量。

补充信息 Additional information

任何相关的补充信息。

这里所指的处理，是指进口国已认可处理方法，并由出口国 NPPO 监督或授权，在出口国实施或启动（如转口）的处理，从而达到进口植物卫生要求。

至于辐照处理，应该参照 ISPM 18:2003 规定执行。

组织印章 Stamp of organization

是指签证 NPPO 的官方图章、印章或标识，可以印刷或加盖在出口植物卫生证书上。NPPO 在全国应该加盖统一图章、印章或标识。且在加盖印章时，不要将证书的基本信息弄得模糊不清。

被授权官员姓名、日期及签名 Name of authorized officer, date and signature

签证官员姓名，需要印刷、打印或印章，如果手签则用大写体（如果该语言允许大写）。日期也需要印刷、打印或印章，如果手签则用大写体（如果该语言允许大写）。月份要全写，以免造成月、日、年相混淆。

尽管出口植物卫生证书可以事先缮制，但日期应该是签证日期。应进口国 NPPO 的要求，出口国 NPPO 应该能对其授权公务员签名的真实性予以验证。出口植物卫生证书，只有在缮制完成后，才能签证。

如果签发电子版植物卫生证书，签证 NPPO 应该对认证数据进行验证。这个认证过程，就相当于被授权公务员的签名、盖章、印章或标识。经验证的电子认证数据，就等同于一份出口植物卫生证书的缮制纸制文件。

财经责任声明 Financial liability statement

在出口植物卫生证书上，这是一个供选项，由出口国 NPPO 自行决定。

6 转口及过境需考虑的问题

除了在文本中关于证明声明的内容等有不同之处外，转口植物卫生证书与出口植物卫生证书其他部分是相同的。在转口植物卫生证书中，其证明声明是在适当的方框中打上钩，表明随附的是植物卫生证书正本或副本、货物是否重新包装、集装箱是原箱或新箱、是否另行检查等。

如果货物中的植物、植物产品或其他规定应检物不能保持同一性（编者注：即不再是原来同一批植物、植物产品或规定应检物货物），或者货物遭到侵染风险，或者货物经加工而改变其自然属性，就不应该签发转口植物卫生证书。转口国 NPPO 应出口国 NPPO 要求，可以实施适当的植物卫生程序；如果确信能达到进口国的进口植物卫生要求，就应该签发出口植物卫生证书。在出口植物卫生证书上仍然需要注明原产地，原产地加上括号。

如果转口国 NPPO 不需要进口植物卫生证书，而目的地国的 NPPO 又需要，且可以通过对样品的感官检查或实验室检测达到进口植物卫生要求，那么转口国 NPPO 可以签发出口植物卫生证书，并在证书上注明原产地国，原产地国需要加注括号。

6.1 签发转口植物卫生证书需考虑的问题

当货物进口到一个国家后再出口到另外的国家时，转口国 NPPO 应出口商请求，可以签发转口植物卫生证书（见附录 2 样本格式）。只有当该 NPPO 确信其达到进口国植物卫生要求，才应该签发转口植物卫生证书；如果进口货物需要储藏、分装、拼装或重新包装，且其未受到有害生物侵害或感染，则 NPPO 仍然可以实施转口认证。对于拼装货物，其各部分都要弄清楚，且均要达到同样的进口植物卫生要求。

在签发转口植物卫生证书前，NPPO 首先要检查进口货物随附的植物卫生证书正本或副本确认件，从而确定该植物卫生证书或副本确认件所声明的要求，是否比后续目的国的要求更严、一样，还是更松。

如果货物在重新包装或换装时，其同一性受到影响，或遭到有害生物侵害、污染风险，就应该另行检查；如果没有重新包装，也保持了货物的植物卫生安全，在转口时是否需要进行转口检查，可有两种选择：

—— 如果其进口植物卫生要求是一样的或更宽松，则转口国 NPPO 不必实施另行检查。

—— 如果其进口植物卫生要求不一样或更严，则转口国 NPPO 就可以实施另行检查，从而确保货物符合进口国的进口植物卫生要求。

目的地国可能有进口植物卫生要求（如在种植季节检查、土壤检测），而转口国做不到，则转口国仍然可以签发出口植物卫生证书或转口植物卫生证书，但要求：

—— 要么在原产地国出具的出口植物卫生证书中，已包含或声明了有关符合情况的详细信息。

—— 要么就采取等效植物卫生措施（如对样品进行实验室检测，或采取处理措施），从而使之符合目的地国的进口植物卫生要求。

如果要出具转口植物卫生证书的附加声明，则必须根据转口国 NPPO 的行动，而不是将原来的植物卫生证书或副本确认件中的附加声明，转换到转口植物卫生证书中去。

如果转口已成为日常工作，或者说转口已经开始了，那么原产地国和转口国的 NPPO，应该相互协商，建立一套能保证符合这些要求的适当程序。这包括 NPPO 之间关于在原产地采取植物卫生措施的书面信函交流（如种植季节检查结果、土壤检测结果），从而为转口国提供保证，证明该货物符合目的地国的植物卫生要求。

植物卫生证书正本、证书副本确认件及转口植物卫生证书，应该与货物一起随附。

一旦签发了转口植物卫生证书，转口国 NPPO 就应该确保在转口国对货物的管理（如分装、拼装、包装、储藏）。

如果在货物分装后，分别转口，这时，这些分装的货物都需要随附转口植物卫生证书和出口国的植物卫生证书副本确认件。

只有当转口植物卫生证书缮制完毕后，才能签发证书。

6.2 过境

货物过境时，除非已确认对过境国构成风险（见 ISPM 25:2006），否则其 NPPO 不必介入。

如果在过境时，货物会构成植物卫生安全问题，过境国 NPPO 又接到介入请求，则可以按本标准规定，开展出口植物卫生认证工作。

在过境过程中，如果改变运输方式，或者一个运输工具要转运两批或多批货物，除非存在植物卫生安全问题，否则没有根据要求签发植物卫生证书。

如果已经确认通过其他国家过境的进口货物存在某种风险，进口国可以向出口国提出具体的进口植物卫生要求（如要求加施封识，采用特殊包装）。

本附录属于标准规定内容。

附录1 出口植物卫生证书样本（Model phytosanitary certificate for export）

【IPPC 附录原版】

编号 No. _____

××植物保护组织 Plant Protection Organization of _____

致：××植物保护组织 TO：Plant Protection Organization (s) _____

I. 货物描述（Description of Consignment）

出口商名称及地址 Name and address of exporter：_____
收货人名称及地址 Declared name and address of consignee：_____
包装种类及数量 Number and description of packages：_____
标记 Distinguishing marks：_____
原产地 Place of origin：_____
运输方式 Declared means of conveyance：_____
入境口岸 Declared point of entry：_____
产品名称及数量 Name of produce and quantity declared：_____
植物学名 Botanical name of plants：_____

兹证明该植物、植物产品或其他规定应检物已按适当的官方程序进行检查和/或检验，被认为不带进口缔约方规定的检疫性有害生物，符合其现行植物卫生要求，包括对规定非检疫性有害生物的相关规定。This is to certify that the plants, plant products or other regulated articles described herein have been inspected and/or tested according to appropriate official procedures and are considered to be free from the quarantine pests specified by the importing contracting party and to conform with the current phytosanitary requirements of the importing contracting party, including those for regulated non-quarantine pests.

它们基本不带其他有害生物*。They are deemed to be practically free from other pests. *

II. 附加声明 Additional Declaration

【输入文本内容】[Enter text here]

III. 除害和/或消毒处理 Disinfestation and/or Disinfection Treatment

日期 Date _____ 处理 Treatment _____ 化学药品（活性成分）Chemical (active ingredient) _____
处理时间及温度 Duration and temperature _____
浓度 Concentration _____
补充信息 Additional information _____

（组织印章 Stamp of Organization）

签证地 Place of issue _____
被授权官员姓名 Name of authorized officer _____
日期 Date _____

（签名 Signature）

植物保护组织_____（名称），其官员或代表，不承担财经责任*。No financial liability with respect to this certificate shall attach to _____ (name of Plant Protection Organization) or to any of its officers or representatives. *

* 供选项 Optional clause

本附录属于标准规定内容。

附录2 转口植物卫生证书样本（Model phytosanitary certificate for re-export）

【IPPC附录原版】

编号 No. _____

××转口缔约方植物保护组织 Plant Protection Organization of _____ (contracting party of re-export)
致：××植物保护组织 TO：Plant Protection Organization (s) of _____ (contracting party (ies) of import)

I. 货物描述 Description of Consignment

出口商名称及地址 Name and address of exporter: _____
收货人名称及地址 Declared name and address of consignee: _____
包装种类及数量 Number and description of packages: _____
标记 Distinguishing marks: _____
原产地 Place of origin: _____
运输方式 Declared means of conveyance: _____
入境口岸 Declared point of entry: _____
产品名称及数量 Name of produce and quantity declared: _____
植物学名 Botanical name of plants: _____

兹证明上述植物、植物产品或其他规定应检物从（原产地缔约方）进口到（转口缔约方）时，带有植物卫生证书，编号为：_____，*正本□副本确认件□随附该证书；由原包装□重新包装□用原来的□新*□集装箱装运，按原植物卫生证书□和另行检查□，被认为符合进口缔约方现行植物卫生要求；在（转口缔约方）储藏期间，未受到有害生物侵害或侵染威胁。This is to certify that the plants, plant products or other regulated articles described above _____ were imported into (contracting party of re-export) _____ from _____ (contracting party of origin) covered by Phytosanitary certificate No. _____, *original□ certified true copy□of which is attached to this certificate; that they are packed□ repacked□in original□ *new□containers, that based on the original phytosanitary certificate□ and additional inspection□, they are considered to conform with the current phytosanitary requirements of the importing contracting party, and that during storage in _____ (contracting party of re-export), the consignment has not been subjected to the risk of infestation or infection.

**在适当的□内划"√" **Insert tick in appropriate □ boxes

II. 附加声明 Additional Declaration

【输入文本内容】[Enter text here]

III. 除害和/或消毒处理 Disinfestation and/or Disinfection Treatment

日期 Date _____ 处理 Treatment _____ 化学药品（活性成分）Chemical (active ingredient) _____
处理时间及温度 Duration and temperature _____
浓度 Concentration _____
补充信息 Additional information _____

（组织印章 Stamp of Organization）

签证地 Place of issue _____
被授权官员姓名 Name of authorized officer _____
日期 Date _____
（签名 Signature）

植物保护组织（名称），其官员或代表，不承担财经责任**。No financial liability with respect to this certificate shall attach to (name of Plant Protection Organization) or to any of its officers or representatives.**

**供选项 Optional clause

本附件仅作参考，不属于标准规定内容。

附件 1　电子版证书、标准 XML 文本信息及交换机制

【正在制定中】该附件有望涵盖标准化语言、信息结构及交换协议等内容，后者将优先采用联合国贸易促进及电子商务中心（UN/CEFACT）的数据输入技术。

本附件仅作参考，不属于标准规定内容。

附件 2　附加声明推荐用语

植物卫生证书附加声明应该优先采用以下用语。但下面所给的例子，并不意味着只能如此表述。

1. 货物*经检查，未发现_____有害生物（名称）或土壤〔列出名单〕（The consignment* was inspected and found free from _____ (name of pest (s) or soil [to be specified]))。

2. 货物*经检测（可能规定检测方法）未发现_____有害生物（名称）（The consignment* was tested (method may be specified) and found free from _____ (name of pest (s)))。

3. 植物生长介质在栽培前经检测，未发现_____有害生物（名称）（The growing media in which the plants were grown was tested prior to planting and found free from _____ (name of pest (s)))。

4. _____有害生物（名称）在_____国家或地区（名称）未发生/未知其发生（_____ (Name of pest (s)) is absent/not known to occur in _____ (name of country/area))。

5. 货物*产自于_____有害生物（名称）的无有害生物区**（The consignment* was produced in a pest free area for _____ (name of pest (s))**)。

_____有害生物（名称）**的有害生物低流行区（area of low pest prevalence for _____ (name of pest (s)))。

_____有害生物（名称）**的无有害生物生产地（pest free place of production for _____ (name of pest (s))**)。

_____有害生物（名称）的无有害生物生产点（pest free production site for _____ (name of pest (s))**)。

6. 在栽培季节***对生产地**/生产点/田**间进行检查，未发现_____有害生物（名称）（The place of production**/production site/field** was inspected during the growing season (s)*** and found free from _____ (name of pest (s)))。

7. 在最后一个生长季节***，对植物/母本植物进行检查，未发现_____有害生物（名称）（The plants/mother plants were inspected during the last growing season (s)*** and found free from _____ (name of pest (s)))。

8. 植物由试管培养（规定了试管培养技术）生产，未发现_____有害生物（名称）（The plants were produced in vitro (specify the in vitro technique) and found free from _____ (name of pest (s)))。

9. 植物的母本经检测（可能规定检测方法），未发现_____有害生物（名称）（The plants were derived from mother plants that were tested (method may be specified) and found free from _____ (name of pest (s)))。

10. 货物*按_____计划（名称）（规定的进口植物卫生要求或双边协议）生产出口（This consignment* was produced and prepared for export in accordance with _____ (name of programme/reference to specific phytosanitary import requirement or a bilateral arrangement))。

11. 货物由抗_____有害生物（名称）的植物品种生产（This consignment was produced from plant varieties resistant to _____ (name of pest))。

12. 栽培植物符合进口植物卫生要求对_____非规定有害生物（名称）规定的_____允许量标准（Plants for planting are in compliance with _____ (specify the tolerance level (s)) established by phytosanitary import requirements for _____ (specify the regulated non-quarantine pest (s)))。

* 如果仅用于货物各部分，可以这么规定。

** 如果可应用，需加上"含周围缓冲区"。

*** 这里可能要加上适当的次数、栽培季节数或具体的时限。

植物卫生措施国际标准 ISPM 13

违规及紧急行动通报准则

GUIDELINES FOR THE NOTIFICATION OF NON-COMPLIANCE AND EMERGENCY ACTION

(2001 年)

IPPC 秘书处

发布历史

本部分不属于标准正式内容。

1995-05 TC-RPPOs added topic Notification of Interception / Non-compliance (1995-002)

1997-09 TC-RPPOs noted high priority topic

1999-10 ICPM-2 added topic Notification of Interceptions / Non-compliance

1999-12 EWG developed draft text

2000-05 ISC-1 revised draft text and approved for MC

2000-06 Sent for MC

2000-11 ISC-2 revised draft text for adoption

2001-04 ICPM-3 adopted standard

ISPM 13. 2001. Guidelines for the notification of non-compliance and emergency action. Rome, IPPC, FAO.

2010-07 IPPC Secretariat applied ink amendments as noted by CPM-5 (2010)

2011年8月最后修订。

目　录

批准
引言
范围
参考文献
定义
要求概述
要求
1　通报目的
2　通报信息利用
3　IPPC 关于通报的相关规定
4　通报根据
4.1　重大违规事件
4.2　紧急行动
5　通报时间
6　通报信息
6.1　必要信息
6.2　佐证信息
6.3　表格、代码、缩写或简写
6.4　语言
7　文件及联络方式
8　有害生物鉴定
9　违规调查及紧急行动
9.1　违规
9.2　紧急行动
10　过境
11　转口

批准

本标准于 2001 年 4 月经 ICPM 第 3 次会议批准。

引言

范围

本标准描述了各缔约方在发生下述通报问题时所采取的行动：

—— 进口货物不符合规定的植物卫生要求，包括在其中发现了规定有害生物等重大违规事件。

—— 进口货物不符合植物卫生认证文件要求的重大违规事件。

—— 在进口货物中发现了规定有害生物，虽然它们未列在出口商品相关的有害生物名录之中，但采取了紧急行动。

—— 在进口货物中发现了具有潜在植物卫生危险的生物，从而采取了紧急行动。

参考文献

IPPC. 1997. *International Plant Protection Convention*. Rome，IPPC，FAO.

ISPM 5. *Glossary of phytosanitary terms*. Rome，IPPC，FAO.

ISPM 7. 1997. *Export certification system*. Rome，IPPC，FAO.

ISPM 8. 1998. *Determination of pest status in an area*. Rome，IPPC，FAO.

ISPM 12. 2001. *Guidelines for phytosanitary certificates*. Rome，IPPC，FAO.

定义

本标准引用的植物卫生术语定义，见 ISPM 5（植物卫生术语表）。

要求概述

IPPC 规定：当进口缔约方在进口货物中发现违反植物卫生要求的重大事件时需要报告，其中包括对相关文件和采取适当紧急行动的报告。采取紧急行动，是由于在进口货物中发现了具有潜在植物卫生危险的生物。由于是对进口货物采取紧急行动，所以，进口缔约方应该就有关重大违规情况和拟采取的紧急行动，尽快向出口缔约方做出通报。在通报中，进口缔约方应该明确违规性质，以便于出口缔约方进行调查并采取必要的整改措施。进口缔约方可能要求出口缔约方提供调查结果。

通报需包括这些必要信息：参考文件号、通报日期、进出口缔约方 NPPOs 名称、货物名称、采取第一次行动的时间、采取行动的原因、违规性质、紧急行动及植物卫生措施。通报应该及时且格式统一。

为了确认所采取的紧急行动是否合理、植物卫生要求是否需要做出改变，进口缔约方应该对新出现的或未预料到的植物卫生情况进行调查；出口缔约方，应该对重大违规事件进行调查，以便确定发生问题的原因。如果重大违规事件，或采取的紧急行动与转口有关，可以直接通报转口国；如果涉及过境货物，可直接通报出口缔约方。

要求

1 通报目的

如果发现进口货物严重不符合规定植物卫生要求，或者发现具有潜在植物卫生危险的生物并采取植物卫生措施，进口缔约方应该将有关情况向出口缔约方做出通报。如果通报用于其他目的，则属自愿，但这一切都只能是为了加强国际合作，防止规定有害生物传入和/或扩散（IPPC 第一条，第八条）。一旦出现违规情况，发出通报，就是为了帮助查明原因，尽快避免类似问题再次发生。

2 通报信息利用

通报常常是双边的，因而通报及其信息，对于官方来讲，具有重要意义，但它也容易被曲解、滥用（作为借口），或者轻率地被利用。因此，为了尽可能减少曲解和滥用，各缔约方应该确保通报及通报信息首先只发给进口缔约方，尤其是当进口缔约方与出口缔约方开展磋商，并要求对明显违规情况进行调查、做出必要整改时，更应如此。这些工作，在某种商品或某个地区的有害生物状况发生变化，进口缔约方植物卫生体系出现问题而有待确认或需要进行更加广泛地通报之前，就应该做好（参见 ISPM 8:1998）。

3 IPPC 关于通报的有关规定

按 IPPC 规定，常规通报制度归纳起来，有以下几个方面。

第七条第 2 款第 f 项规定："进口缔约方应该尽快通报出口缔约方，或尽可能通报转口缔约方关于其违反植物卫生认证要求的重大违规情况。出口缔约方或转口缔约方应进口缔约方要求，尽快向进口缔约方通报调查结果。"

第七条第 6 款规定："本条不妨碍缔约方采取适当的紧急行动，对可能威胁本方的有害生物进行监测，对监测结果进行报告。但应该尽快对这些紧急措施进行评估，并立即向缔约方、委员会秘书、区域性植物保护组织（为该组织成员）通报。"

—— 第八条第 1 款规定：各缔约方应该相互配合，以达到 IPPC 规定的目的。

—— 第八条第 2 款规定：各缔约方应该指定一个联络点，负责信息交流。

鼓励非 IPPC 缔约方采纳本标准规定的通报制度（参见 IPPC 第十八条）。

4 通报根据

在多数情况下，当在进口货物中发现规定有害生物时就会发布通报。当然，在出现重大违规事件，需要采取植物卫生行动并通报时，也会发布通报。当出现新的或未预料到的植物卫生情况、可能要采取紧急行动时，也需要向出口缔约方通报。

4.1 重大违规事件

为了通报之目的，各缔约方可以就重大违规事件达成双边共识。如果未达成共识，进口缔约方可视下列情况为重大事件：

—— 不符合进口植物卫生要求。
—— 发现规定有害生物。
—— 不符合文件要求，包括：
· 无植物卫生证书。
· 对植物卫生证书随意更改或涂改。
· 植物卫生证书相关信息严重缺失。
· 欺诈性植物卫生证书。
—— 发现禁止进口的货物。
—— 在货物中发现禁止进境物（如土壤）。
—— 发现规定处理失败的证据。
—— 多次发现旅客携带或邮寄（少量、非商业目的）禁止进境物。

无论货物是否需要植物卫生证书，只要发现违反植物卫生要求重大事件，都应该向出口缔约方进行通报。

4.2 紧急行动

当在进口货物中发现下列问题，就需要采取紧急行动：

—— 发现了未被列为进口国商品的规定有害生物。

—— 发现了具有潜在植物卫生危险的生物。

5 通报时间

一旦发现违规，或者确实需要采取紧急行动和植物卫生行动，都应该立即发布通报。如果由于确认通报原因（如对生物进行鉴定），需要将（正式通报）时间明显推迟，可以先发预备通报。

6 通报信息

通报应该采取统一格式，并包括必要信息。鼓励 NPPO 通报重要信息，尤其是出口缔约方特别要求的信息。

6.1 必要信息

通报应该包括以下必要信息：

参考文献号——通报国应该向出口缔约方提供信息查询方法，参考文献号或货物植物卫生证书号都是唯一的。

—— 日期——应该注明通报日期。

—— 进口缔约方 NPPO 名称。

—— 出口缔约方 NPPO 名称。

—— 货物——货物应该通过植物卫生证书号，或可以通过其他参考文件进行确认。货物名称应包括商品类别、植物或植物产品学名（至少到属名）。

—— 发货人和收货人姓名。

—— 对货物进行初次处理的日期。

—— 违规性质及紧急行动详细信息，包括：

· 有害生物名称（参见下面第 8 项）。

· 如果可能，提供货物遭受的为害情况（部分或全部）。

· 文件问题。

· 违反哪些进口植物卫生要求。

—— 采取植物卫生行动——应该详细说明所采取的植物卫生行动，以及货物的哪些部分受到了该行动的影响。

—— 证明标识——通报机构应该提供通报的有效证明（如印章、封识、官方信头、经授权人的签字）。

6.2 佐证信息

应出口缔约方要求，佐证信息也应该提供，包括：

—— 植物卫生证书副本或其他文件。

—— 诊断（鉴定）结果。

—— 有害生物佐证信息，也就是它是在货物中的哪部分被发现，是怎样为害的。

—— 其他有利于进口缔约方确认并采取整改措施的信息。

6.3 表格、代码、缩写或简写

如果对方要求，各缔约方应该就通报表格、代码、缩写或简写，以及佐证信息做出适当说明。

6.4 语言

在通报或佐证信息中使用的语言，除双边协议另有约定外，将由通报国首选。如果信息来自联络点，则必须使用 FAO 官方语言中的一种（见 IPPC 第十四条第 3 款第 e 项）。

7 文件及联络方式

通报国应该自通报之日起,将通报文件、佐证信息及相关记录保存至少一年。只要可能,应该使用电子通报,以便提高效率,增加便利。

除非双边协议另有规定外,通报应该寄送给 IPPC 联络点,如果没有联络点,就寄给出口缔约方 NPPO。如果 NPPO 没有指出其他官方信息来源,则该官方联络点提供的信息,被认为是真实可靠的。

8 有害生物鉴定

在进口货物中发现了生物体,需要进行鉴定从而判定其是否为规定有害生物,并对其采取植物卫生措施或紧急行动。当出现下列情况时,可能无法做出合理鉴定:

—— 采集的标本处于生活史中的某个时期(虫态)或者某种情况下,使得标本难于鉴定。
—— 没有合适的分类专家。

当无法鉴定时,应该在通报中注明原因。在鉴定有害生物时,进口缔约方应该做到:

能够按要求对诊断(鉴定)及取样程序进行描述,包括诊断人和/或实验室名称,且应该将证据如标本或其他材料,保留适当时间(如自通报之日起一年,或者直到必要的调查工作结束时),以便对鉴定结果出现争议时进行确认。

—— 如果可能,注明有害生物生活期及存活力。
—— 如果可能,应该将有害生物鉴定到种或一定的分类级别,以便采取适当的官方行动。

9 违规调查及紧急行动

9.1 违规

为了查清违规原因,防止问题再次发生,出口缔约方应该对重大违规事件进行调查。如应要求,出口缔约方应该将调查结果通报给进口缔约方。若调查结果表明有害生物状况已发生改变,该信息应该按 ISPM 8:1998 的良好报告范例进行相互交流。

9.2 紧急行动

为了确保采取合理的紧急行动,进口缔约方应该对新发现或者未预测到的植物卫生情况进行调查。任何行动都应该尽快评估,以便于确定其是否应该继续进行下去。如果符合技术合理性要求,需要继续进行下去,则进口缔约方应该对植物卫生措施进行调整,公布有关情况,并向出口缔约方通报。

10 过境

如果过境货物不符合过境国的要求,或者对其采取了紧急行动,都应该向出口缔约方通报。过境国认为违规事件、发现了新的或未曾预料到的植物卫生情况,可能会对目的地国造成影响,可以向目的地国通报。目的地国也可以将通报拷贝给相关过境国。

11 转口

一旦随附了转口植物卫生证书,转口国需承担的责任,应遵守的其他规定,与出口缔约方相同。

植物卫生措施国际标准

ISPM 14

植物卫生措施国际标准 ISPM 14

系统方法之综合措施在有害生物风险管理中的应用

THE USE OF INTEGRATED MEASURES IN A SYSTEMS APPROACH FOR PEST RISK MANAGEMENT

(2002 年)

IPPC 秘书处

© FAO 2011

发布历史

本部分不属于标准正式内容。

1997-09 TC-RPPOs added topic System approach for phytosanitary certification (1997-001)

1999-10 ICPM-2 added topic System approaches

2000-07 EWG developed draft text

2001-05 ISC-3 revised draft text and approved for MC

2001-06 Sent for MC

2001-11 ISC-4 revised draft text for adoption

2002-03 ICPM-4 adopted standard

ISPM 14. 2002. The use of integrated measures in a systems approach for pest risk management. Rome, IPPC, FAO.

2010-07 IPPC secretariat amended ISPM 14 by Ink amendments on CPM-5 (2010)

2011年8月最后修订。

目 录

批准

引言

范围

参考文献

定义

要求概述

要求

1 应用系统方法的目的

2 系统方法的特点

3 与PRA和现行风险管理措施的关系

4 独立措施和依存措施

5 应用环境

6 系统方法类型

7 各种措施的效果

8 制定系统方法

9 评估系统方法

9.1 可能的评估结果

10 责任

10.1 进口缔约方责任

10.2 出口缔约方责任

附录1 关键控制点（CCP）体系

批准

本标准于 2002 年 3 月经 ICPM 第 4 次会议批准。

引言

范围

本标准为制定和评估系统方法中的综合措施提供准则。这些作为有害生物风险分析国际标准中的风险管理措施方案，是要使植物、植物产品和其他规定应检物达到进口植物卫生要求。

参考文献

Codex Alimentarius. 2003. *Hazard analysis and critical control point (HACCP) system and guidelines for its application*. Annex to CAC/RCP 1-1969 (*General principles of food hygiene*) (Rev. 4-2003). Rome, Codex Alimentarius, FAO.

COSAVE. 1998. *Lineamientos para un sistema integrado de medidas para mitigación del riesgo de plagas ("system approach")* [*Guidelines for an integrated system of measures to mitigate pest risk ("systems approach")*]. Estandar Regional en Proteccion Fitosanitaria 3. 13, v. 1. 2. Asunción, Paraguay, Comité de Sanidad Vegetal del Cono Sur.

IPPC. 1997. *International Plant Protection Convention*. Rome, IPPC, FAO.

ISPM 1. 2006. *Phytosanitary principles for the protection of plants and the application of phytosanitary measures in international trade*. Rome, IPPC, FAO.

ISPM 2. 2007. *Framework for pest risk analysis*. Rome, IPPC, FAO.

ISPM 4. 1995. *Requirements for the establishment of pest free areas*. Rome, IPPC, FAO.

ISPM 5. *Glossary of phytosanitary terms*. Rome, IPPC, FAO.

ISPM 11. 2004. *Pest risk analysis for quarantine pests including analysis of environmental risks and living modified organisms*. Rome, IPPC, FAO.

ISPM 21. 2004. *Pest risk analysis for regulated non-quarantine pests*. Rome, IPPC, FAO.

WTO. 1994. *Agreement on the Application of Sanitary and Phytosanitary Measures*. Geneva, World Trade Organization.

定义

本标准引用的植物卫生术语定义，见 ISPM 5（植物卫生术语表）。

要求概述

ISPM 2:2007、ISPM 11:2004 和 ISPM 21:2004，为有害生物风险管理提供了总体指导原则；而系统方法，是要求对有害生物风险管理提供综合措施，即要有多项选择方案，而不是单一措施，从而使之能达到进口缔约方适当的保护水平标准，尤其是当单一措施不起作用时，还能够达到植物卫生保护目的。系统方法要求提出不同措施，至少得有两种是相互独立的，并具有累加效果。

系统方法比较复杂。在这个方法中，常常采用关键控制点体系，藉此确定有害生物传入途径控制点，对其进行评估，并加强监控，从而达到降低有害生物风险的目的。在制定和评估系统方法的过程中，可以采用定量方法，也可以采用定性方法。在制定和实施系统方法过程中，进出口缔约方可以共同磋商，彼此合作。至于是否接受系统方法，进口缔约方可以自己做出决定，但必须遵守技术合理性、影响最小、透明度、非歧视性、等效性和可操作性原则。系统方法常常提供选择性方案，与其他措施相比，既有等效性，且局限性又小。

要求

1 应用系统方法的目的

在 ISPM 2:2007、ISPM 11:2004 和 ISPM 21:2004 中，对有害生物风险管理的许多要件及其组分进行了描述。根据 IPPC 第七条第 2 款第 a 项的规定，风险管理措施必须是技术合理的。系统方法，就是综合利用有害生物管理措施，达到进口缔约方适当的植物卫生保护水平标准。它可以提供一个等效的替代措施，比如除害处理措施，或者其他可以取代过严的处理措施（如禁止进口措施）。系统方法，需要考虑各种情况和各种措施的综合效果，因此需要考虑到（作物）产前和收后对有害生物风险管理措施的有效性。系统方法的重要性，就在于它综合考虑了各种风险管理措施，因而与其他管理措施尤其是禁止（进口）措施相比，它对贸易的影响最小。

2 系统方法的特点

系统方法，要求两种或两种以上措施彼此独立，当然也允许各种措施彼此依存。系统方法的优点在于，通过对实施措施的数量和强度的修订，就能够对变量和不确定性进行控制，从而保证达到适当的保护水平标准和可信度。

系统方法中所选用的各种措施，既可以用在生产前，也可用于收获后。这样，NPPO 就能够进行检查，确保符合官方植物卫生程序。所以，系统方法中的各项措施可以应用在生产地、收获之后、包装入库，或者在运输或销售过程中。

系统方法，还综合了栽培措施、田间处理、收获后除害处理、检查及其他措施，其目的在于防止有害生物的污染或再次侵染（要求货物批次完整、加施可防有害生物的包装、在包装区装防虫网等）。同样，系统方法也包括诸如有害生物监督、有害生物诱捕和抽样检查等措施。

对于那些不是用于杀灭有害生物或降低其流行程度、但可以降低其传入或定殖风险的措施（安全措施），亦可纳入系统方法之中。比如，在收获期或装船前，控制商品的成熟度、成色度、硬度或其他品质性状，以及采用抗性寄主、在目的地限制销售和使用寄主植物等措施。

3 与 PRA 和现行风险管理措施的关系

根据有害生物风险评估结论，决定是否采取风险管理措施和采取措施的力度（见 PRA 第二步）。有害生物风险管理（PRA 第三步），就是要确定对已知风险所要采取的措施，评估这些措施的有效性，推荐最佳方案。

在系统方法中，有害生物风险管理措施是一个综合措施，为达到进口缔约方适当的植物卫生保护水平标准而提供备选方案。正如制定有害生物风险管理措施一样，这里也需要考虑风险的不确定因素（见 ISPM 11:2004）。

原则上，系统方法应该是各种植物卫生措施的综合应用，在出口缔约方实施。然而，当出口缔约方建议应该将这些措施在进口国内实施，而进口缔约方也同意时，这些措施就可以作为系统方法在进口国综合应用。

现将常见措施方案综述如下：

种植前
—— 使用健康的种植材料。
—— 使用抗性或不易感病的栽培品种。
—— 选择无有害生物区、无有害生物生产地或无有害生物生产点。
—— 对生产商进行登记并培训。

收获后
—— 田间认证/管理（如检查、收获前处理、喷洒杀虫剂、生物防治等）。
—— 采取保护措施（如温室、水果套袋等）。
—— 干扰有害生物交配。
—— 栽培控制（如采取卫生措施/杂草控制）。
—— 使有害生物处于低流行状况（持续地或在某个时间段）。

—— 检验（测）。

收获期
—— 在作物发育的某个特定阶段或一年中的某个特定时期收获植物。
—— 去除受侵染产品，挑选检查。
—— 选择成熟时期。
—— 采取卫生措施（如去除污染物、"废弃物"）。
—— 收获技术（如装运）。

收获后处理及管理
—— 杀灭有害生物、使有害生物不育或除掉它们（如熏蒸、放射处理、低温储藏、气调、冲洗、抛光、打蜡、浸渍、热处理等）。
—— 检查及分级（包括选择某个成熟度）。
—— 卫生处理（包括去掉寄主植物部分）。
—— 包装设施认证。
—— 取样。
—— 检验（测）。
—— 包装方法。
—— 在储藏区设置防虫网。

运输及销售
—— 在运输过程中进行处理。
—— 在到达时处理。
—— 限制最终用途、销售范围及进境口岸。
—— 根据产地和目的地的季节差异，限制进口时期。
—— 包装方法。
—— 进境后检疫。
—— 检查和/或检验。
—— 运输速度及运输方式。
—— 卫生处理（消除运输工具污染）。

4 独立措施和依存措施

一个系统方法，可由独立措施和依存措施组成，因此根据定义，一个系统方法必须至少有两种独立措施。一个独立措施，可以由多个依存措施构成。

依存措施失败的可能性近似于加法效果，因此，系统方法要求所有依存措施都能起作用。

实例：

一个无有害生物温室要求双关门和所有开口处装防虫网，这样的依存措施就构成为独立措施。如果装防虫网和双关门失败的概率均为 0.1，则温室受到感染的概率大约为二者之和（0.2），因此，至少一种措施失败的概率为：二者失败概率之和减去二者同时失败的概率（0.1×0.1），即 0.1 + 0.1 − 0.01 = 0.19。

当两种措施彼此独立，系统方法失败必然是两种措施均失败，所以，采用独立措施时，失败的概率是各个独立措施失败概率之积。

实例：

如果装船前检查的失败率为 0.05，限制在某个地区运输失败的概率为 0.05，则系统方法失败的概率为 0.0025（0.05×0.05）。

5 应用环境

下列情况下之一或多项，可以应用系统方法：
—— 该单项措施：
- 达不到进口缔约方适当的植物卫生保护水平标准。
- 无法应用（或可能无法用）。
- 造成危害（对商品、人类健康和环境）。
- 没有效益。
- 对贸易限制过严。
- 不切实际。

—— 有害生物及有害生物—寄主关系明确。
—— 已证明该系统方法对类似的有害生物/商品有效。
—— 每个单项措施，无论从数量还是质量上，都能评估出其有效性。
—— 栽培、收获、运输和销售情况均已明确且标准化。
—— 每个单项措施均能监控和纠正。
—— 有害生物流行情况明确且能监控。
—— 系统方法有效益（通过对货物的价值和/或数量进行计算）。

6 系统方法类型

系统方法的复杂性和严格程度相差甚远，可以是简单的独立措施的组合应用，也可以是更为复杂和精确的体系，如关键控制点（CCP）体系（见附件I）。

建立在各种措施组合基础上的其他体系，虽然达不到CCP体系的要求，但也可能是有效的。通常，CCP体系理念，可以用于制定其他系统方法。例如，非植物卫生认证计划，如果其中的植物卫生要求是强制性的，可由NPPO监控，则它对风险管理颇有益处，可以纳入系统方法中。

对系统方法要求的基本要求是：
—— 定义明确。
—— 有效。
—— 官方要求（强制性的）。
—— NPPO能够监控。

7 各种措施的效果

在系统方法的制定和评估过程中，可以采用定性方法、定量方法或二者兼而有之。如果数据适宜，定量方法可能更加准确，尤其是用于处理效果的测定。但是，如果专家已经用定性方法对其效果做出了评判，则定性方法也是很适合的。

独立措施的有效性，可以降低有害生物风险，其效果可以用多种方法进行描述（如死亡率、流行度降低和寄主易感性）。系统方法的总体效果，是由各个独立措施效果决定的。如果可能，最好用定量方法进行描述，注明可信度，例如，100万个水果的受害率不能超过5个，可信度95%。但是，如果无法做出计算或未进行计算，则可以用定性方法进行描述，如高、中、低。

8 制定系统方法

制定系统方法，可以由出口缔约方完成，也可由进口缔约方完成，最好是二者共同完成。在制定过程中，可能要咨询工厂、科学团体和贸易伙伴。但是，进口缔约方NPPO有权判定系统方法的合理性，能否达到其要求，是否符合技术合理性、影响最小、透明度、非歧视性、等效性和可操作性原则。

由于存在缺少数据、可变性和应用经验缺乏等问题，为了弥补这些不确定因素造成的影响，需要在系统方法中增加或强化一些措施。在系统方法中，需要对不确定性做出一定的补偿，至于补到什么程度，应该与其不确定度相对应。

在系统方法中，为了进一步修订采取各项措施的数量和强度，可以参照经验和其他规定等信息。制定系统方法涉及：

—— 通过 PRA 所得到的有害生物风险信息及传入途径信息。
—— 确认管理措施实施的时间和地点（控制点）。
—— 区分系统方法的必要措施与其他因素或条件之间的关系。
—— 确认独立措施和依存措施，以及对不确定度的补偿方案。
—— 评估系统方法措施的单个效果及综合效果。
—— 评估（措施的）可行性及对贸易的限制性。
—— 咨询。
—— 实施文件及报告。
—— 必要时复审及修订。

9　评估系统方法

对系统方法进行评估，是为了确认其能否达到进口缔约方适当的植物卫生保护水平标准。对评估要求如下：

—— 考察现行系统方法（对类似的有害生物，或同类有害生物对不同商品）的适宜性。
—— 考察现行系统方法（其他有害生物对同种商品）的适宜性。
—— 需要提供的评估信息包括：
· 措施有效性。
· 监督及截获情况、抽样数据（有害生物发生率）。
· 有害生物与寄主的关系。
· 作物管理措施。
· 验证程序。
· 贸易影响及成本，包括时间因素。
—— 考虑数据可信度水平及对不确定度的适当补偿方案。

9.1　可能的评估结果

对系统方法的评估结果可能是：
—— 可接受。
—— 不可接受。
· 有效但不可行。
· 不十分有效（需要增加措施的数量和强度）。
· 不必要的限制（需要降低措施的数量和强度）。
· 由于数据缺乏或不确定度太高无法接受，因而无法进行评估。

如果系统方法无法接受，需要详细说明做出判定的根据，并通知贸易伙伴，促使其认同可能的改进措施。

10　责　任

各缔约方有义务遵守风险管理措施的等效性原则，促进安全贸易。系统方法，为制定风险管理新措施或决策替代方案，提供了巨大的机会，但是其应用和实施必须加强咨询和合作。根据系统方法中各措施的数量和特点，需要获得大量信息，进出口缔约方均应该提供足够数据，及时交换相关信息，包括风险管理措施的制定和实施、系统方法等方方面面的信息。

10.1 进口缔约方责任

进口缔约方，应提供有关要求的具体信息，包括详细信息及系统方法要求：

—— 确认相关有害生物。
—— 规定适当的植物卫生保护水平标准。
—— 描述规定的保证类型及水平（如认证）。
—— 确定验证要点。

当有许多选择方案时，进口缔约方应该与出口缔约方沟通，选择对贸易限制最小的措施。

进口缔约方的其他责任还有：

—— 提出改进意见或提供备选方案。
—— 审核（按计划对系统方法进行评估和验证）。
—— 规定对违规行为采取的行动。
—— 复审及反馈。

如果进口缔约方同意在其领土内实施某项措施，它就负责对该措施的实施工作。

这些业已接受的植物卫生措施，应该予以公布（IPPC 第七条第 2 款第 b 项规定）。

10.2 出口缔约方责任

为了对系统方法进行评估并予以采纳，出口缔约方应该充分提供信息。这些信息包括：

—— 商品名称、生产地、预计发货量及装运次数。
—— 有关生产、收获、包装/装卸及运输详细情况。
—— 有害生物与寄主的关系。
—— 拟提出的系统方法之风险管理措施及其相应效果资料。
—— 相关参考文献。

出口缔约方的其他责任还有：

—— 监控/审核并报告体系效果。
—— 采取适当的纠偏行动。
—— 保存适当记录。
—— 按体系要求提供植物卫生认证。

本附录属于标准规定内容。

附录1 关键控制点（CCP）体系

关键控制点体系包括以下步骤：
1. 在拟定的体系中确定危害及措施目标。
2. 确定能够监控的独立程序。
3. 给每个独立程序建立可接受/失败的标准或限量。
4. 按拟定的可信度水平对体系进行监控。
5. 当监控结果显示未达到标准时，采取纠偏行动。
6. 对体系的有效性和可信度进行复审或测试。
7. 保存适当记录和文件。

该体系已被用于食品安全中，称之为危害分析及关键控制点体系（HACCP）。

关键控制点（CCP）体系，对植物卫生也十分有用，它可以用于确认危害，评估危害，也可以确定风险关键点，从而降低风险、监控风险，并对风险管理措施进行适当调整。对于植物卫生而言，CCP体系并不意味着或规定必须对所有关键点进行控制，相反，CCP只是对每个具体的独立程序（称之为关键点）进行控制。这里需要强调的是，风险管理程序对体系效果的意义在于，它使之能够测定，且可以控制。

所以，就植物卫生而言，系统方法所包含的内容未必与CCP概念完全一样，因为它只是将其作为重要因素。例如，某些现行措施、规定，或者对不确定性的一些补偿方法，它们作为独立程序，可能无法监控，比如对包装厂的归类；或者只能监控但无法管理，如有害生物对寄主的嗜好/易感性。

植物卫生措施国际标准

ISPM 15

植物卫生措施国际标准 ISPM 15

国际贸易木质包装材料规定

REGULATION OF WOOD PACKAGING MATERIAL
IN INTERNATIONAL TRADE

(2009 年)

IPPC 秘书处

© FAO 2011

发布历史

本部分不属于标准正式内容。

1999-10 ICPM-2 added topic Wood packing (1999-001)

2000-06 ad-hoc EWG developed draft text

2001-02 EWG developed draft text

2001-05 ISC-3 revised draft text and approved for MC

2001-06 Sent for MC

2001-11 ISC-4 revised draft text for adoption

2002-03 ICPM-4 adopted standard

ISPM 15. 2002. Guidelines for regulating wood packaging material in international trade. Rome, IPPC, FAO.

2005-03 TPFQ revised Annex 1 Methyl bromide fumigation schedule (2005-011)

2005-05 SC revised Annex1 and approved for MC

2005-06 Sent for MC under fast-track process

2005-11 SC revised Annex 1 for adoption

2006-04 CPM-1 adopted revised Annex 1

ISPM 15. 2006. Guidelines for regulating wood packaging material in international trade. Rome, IPPC, FAO.

2006-04 CPM-1 added topic Revision of ISPM No. 15 (2006-036)

2006-05 SC approved Specification 31 Revision of ISPM No. 15

2007-07 TPFQ revised standard

2008-05 SC revised and approved for MC

2008-06 Sent for MC

2008-11 SC revised standard for adoption

2009-03 CPM-4 adopted revised standard

ISPM 15. 2009. Regulation of wood packaging material in international trade. Rome, IPPC, FAO.

2011年8月最后修订。

目 录

批准

引言

范围

环境报告

参考文献

定义

要求概述

要求

1 规定根据

2 规定木质包装材料

2.1 豁免项

3 木质包装材料植物卫生措施

3.1 已批准的植物卫生措施

3.2 新处理方法或修订处理方法的批准

3.3 替代性双边安排

4 NPPOs 的责任

4.1 管理事宜

4.2 标识用途及用法

4.3 对再生、修缮及改制木质包装材料的处理及标识要求

4.3.1 再生木质包装材料

4.3.2 修缮木质包装材料

4.3.3 改制木质包装材料

4.4 过境

4.5 进口程序

4.6 对进境违规的植物卫生措施

附录1 已批准的木质包装材料处理方法

附录2 标识及其应用

附件1 违规木质包装材料安全处置方法案例

批准

本标准于 2002 年 3 月首次经 ICPM 第 4 次会议批准,名称为国际贸易木质包装材料管理准则。2006 年 4 月 CPM 第 1 次会议批准了附录 1 修订案。2009 年 3~4 月,CPM 第 4 次会议批准了该标准的第一个修订案,即成为现行标准 ISPM 15:2009。

引言

范围

本标准描述了为了减少原木木质包装材料随国际贸易传入和扩散检疫性有害生物的植物卫生措施。标准中的木质包装材料包括垫板,但不含经过加工处理不带有害生物的木质包装(如胶合板)。本植物卫生措施标准不是为了持续防止污染性有害生物或其他生物的污染。

环境报告

与木质包装材料相关的有害生物,会对森林健康和生物多样性造成不利影响。实施本标准,可以显著减少有害生物的扩散,从而减少其不利影响。在某些情况或对所有国家尚无替代处理方法时,或者还未找到适当的包装材料时;在得不到替代性处理方法或不是所有国家都能得到替代性处理方法的情况下,或者还没有其他适当的包装材料时,溴甲烷处理就列入了本标准。但是,溴甲烷会破坏臭氧层,因此通过了"IPPC 关于替代或减少使用溴甲烷作为植物卫生措施的建议(CPM,2008)"〔An IPPC Recommendation on the *Replacement or reduction of the use of methyl bromide as a phytosanitary measure* (CPM,2008)〕。目前正在寻找更为环境友好型的替代处理方法。

参考文献

CPM. 2008. *Replacement or reduction of the use of methyl bromide as a phytosanitary measure*. IPPC Recommendation. In *Report of the Third Session of the Commission on Phytosanitary Measures*, Rome, 7 – 11 April 2008, Appendix 6. Rome, IPPC, FAO.

IPPC. 1997. *International Plant Protection Convention*. Rome, IPPC, FAO.

ISO 3166-1:2006. *Codes for the representation of names of countries and their subdivisions-Part 1: Country codes*. Geneva, International Organization for Standardization (available at http://www.iso.org/iso/country_codes/iso_3166_code_lists.htm).

ISPM 5. *Glossary of phytosanitary terms*. Rome, IPPC, FAO.

ISPM 7. 1997. *Export certification system*. Rome, IPPC, FAO.

ISPM 20. 2004. *Guidelines for a phytosanitary import regulatory system*. Rome, IPPC, FAO.

ISPM 23. 2005. *Guidelines for inspection*. Rome, IPPC, FAO.

ISPM 13. 2001. *Guidelines for the notification of non-compliance and emergency action*. Rome, IPPC, FAO.

ISPM 25. 2006. *Consignments in transit*. Rome, IPPC, FAO.

ISPM 28. 2007. *Phytosanitary treatments for regulated pests*. Rome, IPPC, FAO.

UNEP. 2000. *Montreal Protocol on Substances that Deplete the Ozone Layer*. Nairobi, Ozone Secretariat, United Nations Environment Programme.

(http://www.unep.org/ozone/pdfs/Montreal-Protocol2000.pdf).

定义

本标准引用的植物卫生术语定义,见 ISPM 5(植物卫生术语表)。

要求概述

已批准的植物卫生措施，可以显著降低随木质包装材料传入和扩散有害生物的风险，其中包括使用去皮木材（对残留树皮的允许量有明确规定）和应用已批准的处理方法（见附录1）。应用公认标识（见附录2），确保已采用所批准的处理方法处理过的木质包装材料容易辨别。已批准的处理方法、标识及其使用方法均有描述。

进出口国植物保护组织（NPPOs）负专责。处理及标识使用必须经其授权。对标识使用授权的NPPO，应该对生产商/处理商就处理方法应用、标识用途及用法，进行适当监督（至少要进行审核或复审），并制定检查、监控及审核程序。对修缮或改制的木质包装材料，亦需要有专门要求。进口国NPPO应该认可本标准批准的植物卫生措施，并以此为根据，允许木质包装材料入境，因为它们不需要再实施进一步的相关进口植物卫生要求，且可以证明已达到本标准要求。如果木质包装材料不符合本标准要求，NPPO还要负责采取处理措施，并适当通报违规情况。

要求

1 规定根据

木质包装材料来源于活的或死的树木，可能受到有害生物的侵染。木质材料通常是由原木制造，可能未经足够的加工或处理而去除或杀死有害生物，因而仍然是检疫性有害生物传入和扩散的（路）途径。尤其是垫木，其传入和扩散检疫性有害生物的风险高。而且，木质包装材料经常用于再生（再利用）、修缮和改制（见第4.3项）。任何一块木质包装材料的真实来源很难确定，因而它们的植物卫生状况也很难确定。所以，用于确定它们是否有必要采取植物卫生措施，以及实施此类措施的强度而开展的有害生物风险分析常规程序，常常不适用于木质包装材料。本标准所描述的国际认可措施，可以为所有国家在木质包装材料上使用，从而显著降低大多数与木质包装材料相关的检疫性有害生物的传入和扩散风险。

2 规定木质包装材料

这些准则适用于各种各样的木质包装材料，它们可能是有害生物的传播途径，有害生物风险主要是针对活树的。这些木质包装材料如板条箱、盒子、包装箱、垫木①、托盘、电缆卷筒和卷轴，几乎在所有进口货物中，甚至在通常不需要做植物卫生检查的货物中发现。

2.1 豁免项

下列各种木质包装材料，风险极低，不适用于本标准规定②：

—— 完全用薄木板（厚度不超过6mm）制成的木质包装材料。

—— 全部用加工材料制成的，如胶合板、碎料板、定向刨花板、饰面薄板，它们均已采用胶水黏合、热处理、压力处理或其组合处理。

—— 酒桶，经过热处理。

—— 锯末、刨花、木绒。

—— 运输工具或集装箱上的木质固件。

---

① 木材（即木材/木料）货物，可用与该货物中的木材种类和品质相同，满足相同检疫要求的木材制作的垫木支撑。在这种情况下，垫木可视为货物的一部分，在本标准中不应视为木质包装材料；

② 不是所有的礼品箱或桶都可以保证不带有害生物，因此有些可能属于本标准范围。因而，如果适当，进出口缔约方可以对此作出具体安排

3 木质包装材料植物卫生措施

本标准所描述的植物卫生措施（包括处理方法），是已批准可用于木质包装材料的，以及有待批准的新的、或修订的处理措施（方法）。

3.1 已批准的植物卫生措施

本标准中已批准的植物卫生措施由植物卫生程序组成，包括木质包装材料处理方法和标识。如果使用木质包装材料标识，就没有必要再用植物卫生证书，因为它已表明采取了国际认可的植物卫生处理措施。这些植物卫生措施，应该为各国 NPPOs 所认可，并以此为根据，允许木质包装材料入境，且不得实施进一步的特殊要求。如果要实施本标准批准措施之外的必要的植物卫生措施，需要符合技术合理性规定。

附录1中所描述的处理方法，被认为对防止大多数活树的有害生物是极其有效的。这些活树与国际贸易木质包装相关。还可以将这些处理措施，与在做木质包装时去掉树皮的办法相结合。去掉树皮，也能够减少有害生物对活树的再次侵染。这些措施是根据以下因素批准的：

—— 对有害生物的有效范围。
—— 处理效果。
—— 技术或/和商业可行性。

生产许可的木质包装材料（含垫板），主要涉及三项活动，即处理、生产和标识。这些活动可以由一个企业单独完成，也可以由其完成其中的一部分或全部。为了方便起见，本标准涉及到生产商（由生产并对经过适当处理的木质包装材料加施标识的企业）和处理商（采用已批准的处理方法对木质包装材料进行处理并加施标识的企业）。

采用批准处理措施处理的木质包装材料，应该加施附录2中规定的官方标识，以便于识别。该标识由国家识别码、生产商、处理商、处理方法代码组成一个专用标志。所有这些因子集合成为"标识"。这种国际公认的、非文字特征的标识，有助于在出口前、入境时或在其它地点，对经过处理的木质包装材料进行检查时，方便识别。各国 NPPOs，应当认可附录2中规定的标识，并以此为根据，允许木质包装材料入境，而不需要再实施进一步的特殊要求。

除了采用附录1规定的已批准的处理措施之外，还必须去掉木材上的树皮，再做木质包装材料。附录1规定了残留树皮的容许量水平标准。

3.2 新处理方法或修订处理方法的批准

随着新技术的应用，现有处理方法需要进行复审和修订。关于木质包装材料的新替代处理方法和/或处理时间表，可以由植物卫生措施委员会（CPM）批准而采用。ISPM 28:2007 可为 IPPC 关于处理方法的批准程序，提供指导。如果当木质包装材料的新处理方法或修订处理时间表获得批准而纳入该植物卫生措施国际标准时，已按以前处理措施和/或时间表处理的材料，不需要进行再处理或再标识。

3.3 替代性双边安排

NPPOs 可以与其贸易伙伴作出双边安排，采纳附录1所列措施之外的其他措施。但是，在这种情况下，除非达到本标准规定的全部要求，否则不得使用附录2中的标识。

4 NPPOs 的责任

为了达到防止有害生物的传入和扩散目的，进出口国及其 NPPOs 对此负责（见 IPPC 第一条、第四条和第七条规定）。涉及本标准的具体责任，概述如下。

4.1 管理事宜

处理及标识（和/或相关体系）应用，必须经过 NPPOs 授权。对标识使用授权的 NPPOs 负责确保所有授权和批准的体系，在执行本标准时，完全符合标准所描述的必需要求，确保带有标识的木质包装材料（或用于生产木质包装材料的木料）是按本标准进行处理过的、和/或按标准生产制造的。这些责任包括：

　　—— 适当授权、登记和认可。
　　—— 监督处理和标识体系的落实，确认遵守本标准规定（详见 ISPM 7:1997）。
　　—— 适当开展检查、制定验证程序或进行复审（详见 ISPM 23:2005）。

NPPOs 应该对处理进行监督（至少进行审核或复审），并对标识使用用途及用法给予适当授权。为避免出现未经处理或处理不够/不当的木质包装而加施上标识的问题，应该在标识加施前进行处理。

4.2　标识用途及用法

按本标准处理的木质包装材料，其所加施的特定标识，必须符合附录2的要求。

4.3　对再生、修缮及改制木质包装材料的处理及标识要求

NPPOs 要对加施附录2所述标识的修缮或再制造的木质包装材料负责，确保并验证其出口体系完全符合该标准。

4.3.1　再生木质包装材料

按照本标准处理和标识过的某单位木质包装材料，如果不是经过修缮、改制或其它方法改造的，则在其整个使用期内不需要进行再处理或重新标识。

4.3.2　修缮木质包装材料

修缮的木质包装材料，是指那些去掉或替换部件大约接近三分之一的材料。NPPOs 必须确保在用带有标识的木质包装材料进行修缮时，只使用按本标准处理过的木材，或由经加工的木材制作（见第2.1项）。在使用经处理的木材进行修缮时，对每个增添的部分，都必须按本标准分别标识。

带有多重标识的木质包装材料，如果发现其带有害生物，但在确定它们的来源时会遇到困难，因此，建议在对木质包装材料进行修缮国家的 NPPOs，限制在每个木质包装材料单元上加施不同标识的个数。也就是说，该 NPPOs 可以要求把修缮的木质包装材料上原有的标识去除，并按附录1要求对该单元进行重新处理，然后按附录2加施标识。如果用溴甲烷重新进行处理，应该遵守""IPPC 关于替代或减少使用溴甲烷作为植物卫生措施的建议（CPM，2008）的要求。

当对某个修缮的木质包装材料的所有部件是否按本标准进行过处理存在疑问，或对该木质包装材料单元或其构件的来源难以确定时，该国的 NPPOs，应该要求对它们进行再处理，销毁，否则应防止其作为符合本标准的木质包装材料，在国际贸易中转运。如果进行了再处理，必须把以前的标识彻底清除干净（如喷上油漆覆盖，或将其打磨掉）。再处理后的木质包装材料，必须按本标准重新标识。

4.3.3　改制木质包装材料

如果木质包装材料单元中需要更换的构件超过大约三分之一的，则认为它们属于改制木质包装材料。在改制过程中，各个构件（必要时还需要另外生产的）可以相互组合，然后进一步组装成木质包装材料。因此，改制木质包装材料，可能既有新构件，也有以前曾用过的构件。

改制木质包装材料，必须把以前的标识彻底清除干净（如喷上油漆覆盖，或将其打磨掉）。再处理后的木质包装材料，必须按本标准重新标识。

4.4　过境

过境货物带有不符合本标准的木质包装材料过境时，过境国 NPPOs 可以要求对其采取措施，确保不出现不可接受的风险。关于过境要求，详见 ISPM 25:2006。

4.5　进口程序

既然木质包装材料与大多数装运货物，包括那些本身不作为植物卫生检查目标的货物相联系，因此 NPPOs 与那些通常不负责核查进口植物卫生要求的机构之间加强合作，非常重要。例如，与海关和其他利益攸关方的合作，会有助于 NPPOs 了解其是否有木质包装材料的信息，这对确保有效发现违规木质包装材料很重要。

4.6 对进境违规的植物卫生措施

ISPM 20:2004 第 5.1.6.1～5.1.6.3 项、ISPM 13:2001 提供了关于违规及紧急行动的相关信息。由于木质包装材料经常会再利用，因此 NPPOs 应该首先考虑到这些违规情况最可能会发生在生产、修缮或改制的国家，而不是在出口国或过境国。

如果木质包装材料不带规定的标识，或监测到有害生物，则证明该处理可能失效。这时，NPPOs 应该作出相应反应，必要时可采取紧急行动。在处理时，可以将其扣留下来，然后适当去除违规材料，处理①，销毁（或其它安全处置），或重新装运。更多的行动方案见附件 1。在采取任何紧急行动时，应该遵守"影响最小"原则，将贸易货物与其木质包装材料区别对待。此外，如果必须采取紧急行动，NPPOs 要使用溴甲烷，则应当遵守"IPPC 关于替代或减少使用溴甲烷作为植物卫生措施的建议（CPM，2008）"的相关要求。

当发现活体有害生物，如果条件允许，进口国 NPPOs 应该（将此情况）向出口国或制造国作出通报。在此情况下，如果一个木质包装材料单元上施加有一个以上的标识，则 NPPOs 在发出违规通报之前，应该努力确认违规构件的来源地。也鼓励 NPPOs 对标识缺失及违规情况作出通报。考虑到第 4.3.2 项的规定，应当指出，一个木质包装材料单元上出现多重标识，不构成违规。

---

① 不一定是本标准批准的处理方法。

本附录属于标准规定内容。

附录1 已批准的木质包装材料处理方法

去皮木材的使用

无论采用哪种处理方法，木质包装材料都必须由去皮木材制造。根据本标准，如果符合以下条件，可以残留一些可见的单块小树皮：

—— 宽度小于3 cm（不管长度）或

—— 宽度大于3 cm，但每一块树皮的总表面积不超过50 cm²。

至于采用溴甲烷处理，则必须在处理前去掉树皮，因为树皮会影响其处理效果。如果采用热处理，则处理前后去皮均可。

热处理（处理标识代码：HT）

木质包装材料必须按特定"时间—温度表"进行加热处理，使木料的整体（包括木材中心）的最低温度达到56℃，持续时间30min。使用各种能源和方法，均能达到该指标。如窑内烘干法（KD）、热促化学压力浸透法（CPI），微波加热或其它处理方法，只要能达到本标准所规定的参数，均可作为热处理方法。

溴甲烷处理（处理标识代码：MB）

使用溴甲烷时，应该遵守"IPPC关于替代或减少使用溴甲烷作为植物卫生措施的建议（CPM，2008）"的相关要求。鼓励NPPOs采用本标准批准的替代处理方法[①]。

采用溴甲烷进行木质包装材料熏蒸，必须按照时间表进行，在表1中规定的的温度和残留终浓度条件下，经过24h处理后，使其达到该"最低浓度—时间积"（CT）[②]（编者注：即浓度与时间的乘积）。虽然这个浓度是在大气环境中测定的，但这个CT必须是指达到了整个木材，包括木材的中心处的数值。木材及其环境气温不得低于10℃，最短暴露时间不得少于24h。还必须保证至少在暴露时间为2h、4h和24h的时候，对气体浓度进行检测（如果暴露时间更长，浓度更低，则在熏蒸结束时还应记录其他检测结果）。

表1 木质包装材料溴甲烷熏蒸 24h CT 值

温度 （Temperature）	超过24h的CT值（CT over 24 h） （g·h/m³）	24h后最低终浓度 （Minimum final concentration after 24 h）（g/m³）
21℃及以上	650	24
16℃及以上	800	28
10℃及以上	900	32

表2给出了一个达到规定要求的处理时间表。

[①] 此外，IPPC缔约方还应该履行《关于造成臭氧层衰竭物质的蒙特利尔议定书》（the Montreal Protocol on Substances that deplete the Ozone Layer）规定的义务。

[②] 本标准中溴甲烷处理的浓度—时间组合效应是浓度（g/m³）与处理时间的效应之积。

表 2　木质包装材料溴甲烷熏蒸达到最低 CT 值的处理时间表
（如果吸附或渗漏较多，初始剂量应该适当提高）

温 度 (Temperature)	剂 量（Dosage） (g/m^3)	在 xh 的最低浓度 (Minimum concentration at)（g/m^3）		
		2h	4h	24h
21℃及以上	48	36	31	24
16℃及以上	56	42	36	28
10℃及以上	64	48	42	32

在按本标准开展溴甲烷处理时，NPPOs 应该确保正确处理好以下问题：

1. 在熏蒸气体扩散阶段，正确开启风扇以确保气体均匀分布；风扇位置安置适当，确保熏蒸剂可以高效而迅速地扩散到熏蒸室（密闭熏蒸空间内）（最好处理 1h）。

2. 在熏蒸室内，熏蒸物的体积不超过其室内体积的 80%。

3. 熏蒸室应该密封完好，尽量保证气体不泄漏。如采用帐幕熏蒸，则选用不透气材料，且要把它们的接缝和地角处密封好。

4. 熏蒸点的地面要么不透气（熏蒸剂），要么在地上铺上一层不透气的帐幕。

5. 使用溴甲烷通常采用汽化器（热汽化），待其进入熏蒸室前，将熏蒸剂完全汽化。

6. 横切面超过 20cm 的木质包装材料，不能用溴甲烷熏蒸。木材垛，至少 20cm 就需要隔开，以保证气体充分循环和渗透。

7. 在计算溴甲烷剂量时，要对混合气体（如 2% 氯化苦）的部分加以补偿，以保证溴甲烷的总量达到规定剂量。

8. 如果是处理木质包装材料或相关制品（如聚苯乙烯箱），在考虑初始剂量比率与处理后产品的操作程序时，要注意它们对溴甲烷的吸附问题。

9. 在计算溴甲烷的剂量时，通常涉及产品或周围环境大气温度（不管它们谁低），即在处理期间，其温度必须达到 10℃ 以上（包括木材的中心温度）。

10. 在木质包装材料熏蒸前，不能用不透气的材料包裹。

11. 溴甲烷处理记录必须由处理商保存好，至于保藏时间，可根据核查需要和 NPPOs 的要求来确定。

如果在技术和经济上可行，NPPOs 应该建议采取措施减少或消除溴甲烷的排放［如 "IPPC 关于替代或减少使用溴甲烷作为植物卫生措施的建议（CPM，2008）" 所述］。

其他替代处理方法的批准及对已许可处理时间表的修订

随着新技术的应用，现有处理方法可能需要进行复审和修订。关于木质包装材料的新替代处理方法和/或处理时间表，可以由植物卫生措施委员会（CPM）批准而采用。如果当木质包装材料的新处理方法或修订的处理时间表获得批准而纳入该植物卫生措施国际标准时，已按以前处理措施和/或时间表处理的材料，不需要进行再处理或再标识。

附录2 标识及其应用[①]

按本标准批准的植物卫生处理方法处理的木质包装材料，其所加施的标识，包括以下必需内容：
—— 标识符号（symbol）
—— 国家代码（country code）
—— 生产商/处理商代码（producer/treatment provider code）
—— 处理代码，见按附录1简写代码（如HT或MB）

标识符号（Symbol）

标识符号图案（就像商标，或认证标识/集团标识/保证标识一样，已按照国家、区域或国际程序进行注册），必须与下面展示的图案近似，且设置在整个图案的左侧。

国家代码（Country code）

国家代码必须是国际标准化组织（ISO）的两位代码（见样式"XX"），且必须在生产商/供应商之间用连字符隔开。

生产商/处理商代码（Producer/treatment provider code）

生产商/或供应商代码，是由NPPOs给加施标识的木质包装材料生产商、处理商，以及其他对NPPOs负责进行适当处理或正确加施标识的企业实体的唯一代码（见样式"000"）。该数字以及数字和/或字母顺序，均由NPPOs分配。

处理方法代码（Treatment code）

处理方法代码，见附件1所示，是IPPC采用的已批准措施的缩写，在样式中以"YY"表示。处理方法代码，必须放在国家和生产商/处理商代码之后，不得与它们位于同一行；或如果与其他代码在同一行，则必须用连字符分开。

处理方法代码（Treatment code）	处理方法（Treatment type）
HT	热处理（Heat treatment）
MB	溴甲烷处理（Methyl bromide）

标识应用

标识大小、所用字体及其施加位置，可以有变化，但其大小必须能保证在无需使用视力辅助仪的情况下，让检查员看得清楚；标识必须是长方形或正方形，包在一个框内，并由一条垂直线段将符号与代码隔开。为了方便模板印刷，允许在边框上、垂直线段上或标识中的其他地方，出现小缺口。

在标识框内，不能有其他信息。如果认为加施其他标识（如生产商标、授权机构标识）有利于在国家层面保护标识使用，这类信息可加施在本标识附近，但必须是在标识框之外。

该标识必须：
—— 清楚。
—— 耐用，不可移动。

[①] 进口时，进口国应该认可按本标准早期版本规定生产和施加标识的木质包装材料

—— 加施在木质包装材料容易看得见的位置上，最好至少在包装单元的两个对面上各加施一个。该标识不能用手写。

标识应避免用红色或橘黄色，因为这些颜色已用于危险品的标识。

如果是由多个构件组装成一个木质包装材料单位，为了标识起见，该组装单位必须作为一个单位来考虑；如果一个组装单元，是由处理过的木料和加工木料（该加工构件不需要处理）共同组装的，为了使标识容易看见，且大小适中，将标识加施在该木质包装材料的加工构件上比较合适。该标识方法仅适用于组装单个单元，不适用于木质包装材料的临时装配。

可能有必要特别考虑对垫板进行清晰标记的问题，因为用于垫板的处理木料，只有到装运时才可能被切成最终的长度。货运人应该确保所有固定和支撑货物的垫板都是经过处理的，且带有本附录中规定的标识，标识清晰、易辨认，这一点非常重要。如果一些小木块不带标识要求的全部要件，就不应该用作垫板。对垫板标识的正确选项包括：

—— 用于垫板的木料，以非常小的间隔将标识纵向加施在整块木料上（注：如果后来要用切下的小块木料作垫木时，这切下的垫板木块上应有完整的标识）。

—— 如果货运人按标准第4项规定获得授权，可以在切下后经处理用于垫板的木块上，在容易看得见的地方，另外加施标识。

下列样式展示了各种认可标识的要件内容，凡是带有这种标识的木质包装材料，就证明它们已按批准的处理方法进行了处理。对标识作任何变更，应不予接受；但如果标识图案的变更符合本附件的规定，则应当接受。

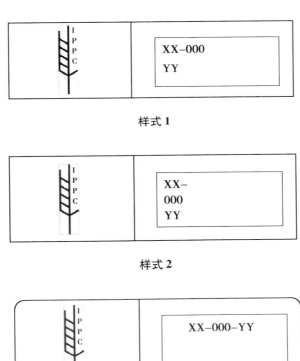

样式 1

样式 2

样式 3
（将来边框带圆角的标识）

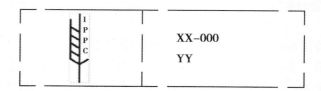

样式 4
（将来模板印刷的标识，其边框、垂直线段及其他地方可以带小缺口）

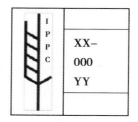

样式 5

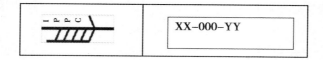

样式 6

本附件仅作参考之用，不属于标准规定内容。

附件 1　违规木质包装材料安全处置方法案例

对违规木质包装材料的安全处置，是一种风险管理方案。当进口国 NPPOs 不能或不宜采取紧急行动时，可以采取安全处置方法。下面是一些建议的处置方法：

1. 在允许的情况下进行焚烧。
2. 在由相应政府机构批准的地点深埋（注：掩埋的深度，应根据气候条件和所截获有害生物种类而定，但是建议至少要埋 2 米深。并应该迅速埋掉这些木质包装材料，且保持掩埋状态。还要注意，如果木材带有白蚁或某些根部病原菌，则不适用于深埋）。
3. 加工处理（注：只有采用进口国 NPPOs 认可的进一步加工处理，如加工成波纹状硬纸板，可以消灭其关注的有害生物，这时才应该使用切屑方法。）
4. NPPOs 认可对其关注的有害生物的其他有效方法。
5. 如果适当，退回出口国。

为了尽可能减少有害生物的传入或扩散风险，必要时，应该尽快采取安全处置方法，不得延误。

植物卫生措施国际标准

ISPM 16

植物卫生措施国际标准 ISPM 16

规定非检疫性有害生物：概念及应用

REGULATED NON-QUARANTINE PESTS：
CONCEPT AND APPLICATION

(2002 年)

IPPC 秘书处

© FAO 2011

发布历史

本部分不属于标准正式内容。

1996-09 TC-RPPOs added topic Regulated non-quarantine pests (1996-002)

1998-10 EWG developed draft text

1999-10 ICPM-2 added topic Regulated non-quarantine pests

2000-04 ICPM-3 noted as high priority topic

2001-05 ISC-3 approved Specification 6 Pest risk analysis for regulated non-quarantine pests

2001-05 ISC-3 revised draft text and approved for MC

2001-06 Sent for MC

2001-11 ISC-4 revised draft text for adoption

2002-03 ICPM-4 adopted standard

ISPM 16. 2002. Regulated non-quarantine pests: concept and application. Rome, IPPC, FAO.

2011年8月最后修订。

目 录

批准

引言

范围

参考文献

定义

要求概述

一般要求

1 背景

2 IPPC 关于规定非检疫性有害生物（RNQPs）的规定

3 RNQPs 与其他有害生物的比较

3.1 与检疫性有害生物的比较

3.1.1 有害生物状况

3.1.2 传入途径

3.1.3 经济损失

3.1.4 官方控制

3.2 与非规定有害生物的比较

4 RNQPs 的确定标准

4.1 "栽培植物"

4.2 "预期用途"

4.3 "那些植物"

4.4 "不可接受的经济损失"

4.5 "规定的"

5 相关原则及义务

5.1 技术合理性

5.2 风险评估

5.3 风险管理、影响最小及等效性

5.4 非歧视性

5.5 透明度

6 应 用

6.1 寄主—有害生物相互作用

6.2 认证计划

6.3 容许量

6.4 违规情况

批准

本标准于 2002 年 3 月经 ICPM 第 4 次会议批准。

引言

范围

本标准描述了规定非检疫性有害生物的定义及区别特征,还描述了概念的实际应用及管理体系要件等相关内容。

参考文献

IPPC. 1997. *International Plant Protection Convention*. Rome, IPPC, FAO.

ISPM 1. 1993. *Principles of plant quarantine as related to international trade*. Rome, IPPC, FAO. [published 1995] [revised; now ISPM 1:2006]

ISPM 2. 1995. *Guidelines for pest risk analysis*. Rome, IPPC, FAO. [revised; now ISPM 2:2007]

ISPM 5. *Glossary of phytosanitary terms*. Rome, IPPC, FAO.

ISPM 5 Supplement 1. 2001. *Guidelines on the interpretation and application of the concept of official control for regulated pests*. Rome, IPPC, FAO.

ISPM 6. 1997. *Guidelines for surveillance*. Rome, IPPC, FAO.

ISPM 8. 1998. *Determination of pest status in an area*. Rome, IPPC, FAO.

WTO. 1994. *Agreement on the Application of Sanitary and Phytosanitary Measures*. Geneva, World Trade Organization.

Zadoks, J. C. 1967. Types of losses caused by plant diseases. In *FAO Symposium on crop losses. Rome*, 2 – 6 *October* 1967, pp. 149 – 158.

定义

本标准引用的植物卫生术语定义,见 ISPM 5(植物卫生术语表)。

要求概述

有些非检疫性有害生物,因为其发生会对栽培(种植)植物造成不可接受的经济损失(影响),可以对其采取植物卫生措施,因此 IPPC 将它们定义为规定非检疫性有害生物(Regulated non-quarantine pests, RNQPs),并对此做出了相应规定。

RNQPs 与检疫性有害生物,二者虽然均属于规定有害生物,但可以从有害生物状况、发生情况、传入途径/商品、经济损失和官方控制方式加以区分。按照 IPPC 第六条第 2 款的规定,"缔约方不得对非规定有害生物采取植物卫生措施"。

RNQPs 概念遵守技术合理性、风险分析、风险管理、影响最小、等效性、非歧视性和透明度原则。由于 RNQPs 中的每项内容都有明确的定义,因此,在规定对它们采取何种措施时需要考虑到诸如寄主—有害生物相互作用、非植物卫生认证计划中适合植物卫生认证的相关要素、有害生物容许量、违规行为等内容。

一般要求

1 背景

有些有害生物不属于检疫性有害生物,但是由于它们的发生会对栽培植物的预期用途造成不可接受的经济损失。这些有害生物被称之为规定非检疫性有害生物(RNQPs)。它们在进口缔约方已经发生并且广泛扩散。因此，生产国会对这些栽培植物的有害生物进行官方控制。这里所采用的等同或等效控制措施，也同样适用于预期用途相同、有害生物种类相同的进口栽培植物。

2 IPPC 关于规定非检疫性有害生物（RNQPs）的规定

IPPC 除了在第二条之外，还在其他关于规定有害生物的相关条款中有规定，见下述：

第七条第 1 款：

为了防止规定有害生物传入和/或扩散，进口缔约方有权根据切实可行的国际协定，对进口植物、植物产品和其他规定应检物做出规定。为达到此目的，可以：

（a）制定或采取植物卫生措施……

（b）拒绝入境或扣留、处理、销毁或清除……

（c）禁止或限制规定有害生物传入……

第六条第 1 款：

各缔约方可以对检疫性有害生物和规定非检疫性有害生物采取植物卫生措施。对这些措施规定如下：

（a）如果某类有害生物在进口缔约方领土内已有发生，不得对（出口缔约方的）同类有害生物采取更加严厉的措施；

（b）这些措施仅限于：必须是为了保护植物健康和/或保证预期使用目的，且相关缔约方认为是技术合理的。

第六条第 2 款：

缔约方不应该要求对非规定有害生物采取植物卫生措施。

第四条第 3 款：

各缔约方应该做出规定，努力做到：

（a）发布其规定有害生物及其预防和控制措施信息。

第七条第 2 款第 i 项：

各缔约方应该尽可能制定和更新规定有害生物名录（学名），通报 IPPC 秘书和区域性植物保护组织（RPPOs），并按其他缔约方的要求向他们进行通报。

IPPC 附录　植物卫生证书样本文本：

兹证明该植物、植物产品或其他规定应检物，已按适当的官方程序进行了检查和/或检验，被认为不带有进口缔约方规定的检疫性有害生物，符合其现行植物卫生要求，包括对规定非检疫性有害生物的相关规定。This is to certify that the plants, plant products or other regulated articles described herein have been inspected and/or tested according to appropriate oficial procedures and are considered to be free from the quarantine pests specified by the importing contracting party and to conform with the current phytosanitary requirements of the importing contracting party, including those for regulated non-quarantine pests.

基本不带其他有害生物*。They are deemed to be practically free from other pests. *

*供选项 Optional clause

3 RNQPs 与其他有害生物的比较

3.1 与检疫性有害生物的比较

二者可以从下面四个方面进行比较：在进口缔约方的有害生物状况、传入途径/商品、经济重要性和官方控制措施。

下表是二者相互区别的概述。

检疫性有害生物与 RNQPs 的比较表

区分标准	检疫性有害生物	RNQPs
有害生物状况	未发生或局布分布	发生且可能广泛分布
传入途径	对任何途径都需要采取植物卫生措施	只对栽培植物采取植物卫生措施
经济损失	是预测的	是已知的
官方控制	目的是为了根除或扑灭	目的是为了减轻其对特定栽培植物的危害程度。

3.1.1 有害生物状况

对于检疫性有害生物而言，植物卫生措施主要集中于减少其传入可能性；如果已发生，则是为了降低其扩散可能性。也就是说，检疫性有害生物是没有发生过的，或需要防止它传入新区，如果已发生则需要在官方控制下。而针对传入可能性的标准对 RNQPs 就不适用了，因为它已经发生且可能广泛分布。

3.1.2 传入途径

对于检疫性有害生物而言，一切与其相关的寄主或传入途径，都可以对它们实施植物卫生规定和程序；但对于 RNQPs，则只能对特定用途的特定栽培植物寄主采取植物卫生措施。

3.1.3 经济损失

二者的主要区别在于，检疫性有害生物的不可接受经济损失为潜在的，RNQPs 则为已知的。既然 RNQPs 已经发生，则更应该掌握其经济损失的第一手详细资料，而不像检疫性有害生物，因为还未发生，只能进行预测。进一步讲，考察检疫性有害生物的潜在经济重要性，就要考虑许多因素，诸如市场准入、环境损害等，而对 RNQPs 就不必了，因为它已定殖了。

3.1.4 官方控制

所有规定有害生物都适合采取官方控制措施。如果有害生物在某个地区发生，这种官方控制表现为：对检疫性有害生物所采取的植物卫生措施是根除和/或扑灭，对 RNQPs 采取的植物卫生措施，则是为了减轻其对特定栽培植物的危害程度。

3.2 与非规定有害生物的比较

有些有害生物，既不是检疫性有害生物，也不是 RNQPs，但也可能造成不可接受的非检疫性损失（损害），如造成商业性损失或食品安全问题，因而防止其对植物的损害而采取的措施，就不是植物卫生措施。根据 IPPC 第六条第 2 款的规定，"缔约方不应该对非检疫性有害生物采取植物卫生措施"。

4 RNQPs 的确定标准

RNQPs 的定义是区别检疫性有害生物的标准。进一步理解下列词汇的定义，对于准确翻译和应用这些概念非常重要。

4.1 "栽培植物"

RNQPs 的概念特限于"栽培植物"。这里植物是指"活体植物或其一部分，如种子"，所以栽培植物包括种子、鳞茎、块茎及各种各样的植物繁殖材料。这些植物繁殖材料可以是整个植物体，也可以是其一部分，如切条（枝）。

既然"栽培植物"包括"用于栽培种植目的的植物"，则盆栽植物（如盆景 bonsai）也属于此类。盆栽植物的风险可能比繁殖植物要小些。

4.2 "预期用途"

栽培植物的"预期用途"可以是：
—— 长成后直接用于生产其他类商品（如果实、切花、木材、谷物等）。

—— 仍然用于栽培种植目的（如观赏植物）。
—— 增加同种栽培植物的数量（如块茎、切条、种子）。

不可接受的经济损失，随着有害生物种类、商品类别和预期用途的不同而各异，可以根据商业用途（销售或计划销售）和非商业用途（不销售，或者只是自己留下少量作种用）加以区分。这种区分是符合技术合理性要求的。

4.3 "那些植物"

"那些植物"，特指栽培植物（种，或品种等），不管其预期用途是进口还是国内生产，进口缔约方都要将其作为RNQPs来管理。

4.4 "不可接受的经济损失"

这个定义是针对RNQPs而言的。意思是说，其损失是按经济损失来计算的，分为可接受和不可接受两种。

对于检疫性有害生物，经济损失包括市场准入损失，也包括那些无法用经济术语量化的损失，如对与植物健康相关的环境损害。而RNQPs则是已经发生了的，不存在与市场准入和环境损害相关的新的或其他损失，因此这些相关因素就不必再考虑了。

确定不可接受经济损失的相关因素包括：
—— 适销量减少（如产量降低）。
—— 品质下降（如葡萄酒糖度降低、产品降级）。
—— 防治有害生物增加的额外成本（如需要间苗、使用杀虫剂）。
—— 增加了收获和分级的额外成本（如挑选）。
—— 再植成本增加（如植物生命力降低）。
—— 必须种植替代作物造成的损失（如必须种植低产的抗病品种或作物）。

在某些特殊情况下，如果有害生物对生产地寄主植物造成危害，可能也要将此相关因素考虑进去。

4.5 "规定的"

RNQPs所言"规定的"，就是指官方控制的。RNQPs的官方控制计划，可以针对一个国家、一个地区或一个地方（参见 ISPM 5 补编 1：规定有害生物官方控制概念翻译及应用准则，2001。编者注：请参见 ISPM 5:2012）。

5 相关原则及义务

应用RNQPs概念，尤其要遵守技术合理性、风险分析、风险管理、影响最小、等效性、非歧视性和透明度原则，并履行其义务。

5.1 技术合理性

按IPPC规定，对RNQPs采取植物卫生措施应该遵守技术合理性原则。对RNQPs进行有害生物归类，限制其相关植物的进口，都应该进行PRA。

5.2 风险评估

对RNQPs进行风险评估与对检疫性有害生物是不同的，因为既不必评估定殖可能性，也不必评估长期的经济损失。但必须评估栽培植物是否是有害生物的传播途径，是否为主要侵染源，从而造成不可接受的经济损失。

5.3 风险管理、影响最小及等效性

对RNQPs进行风险管理，是通过风险评估确定其为"不可接受的"经济损失时实施的。采取风险管理措施应该不但要遵守非歧视性、风险管理、影响最小原则，还应该遵守等效性原则。

5.4 非歧视性

对RNQPs采取植物卫生措施，应该遵守非歧视性原则，即不管是针对国家与国家之间，还是对

进口货物与国产货物，都要一视同仁。只有当缔约方在国内对有害生物实施了官方控制，要求不得带有相同用途的植物（相同或相似的寄主植物）；不管产地如何，凡是携带上述有害生物或携带量超标的（植物），就不得销售和栽培种植，这种有害生物才能称为 RNQPs。因此，当在进口货物中发现有害生物，而这些植物货物要在进口缔约方销售和栽培种植，进口缔约方又对该有害生物实施了官方控制，此时该有害生物才能称之为 RNQPs。

5.5　透明度

对于可能直接影响到缔约伙伴的有关 RNQPs 的国家规定和要求，包括官方控制详细情况，都应该向对方公布和转达（参见 IPPC 第七条第 2 款第 b 项）。进口缔约方对 RNQPs 归类和采取措施强度的技术合理性，也应该告知出口缔约方（参见 IPPC 第七条第 2 款第 c 项）。

6　应用

当 NPPOs 要确定某些有害生物为 RNQPs 时，必须考虑上述原则。此外，还要考虑一些特殊情况，如有害生物—寄主的相互作用，栽培植物的现行认证计划（如种子认证）等。

6.1　寄主—有害生物相互作用

RNQPs 应该对应着具体的寄主，因为同一种有害生物对另外的寄主来讲，可能就不是 RNQPs 了。比如，病毒可能对某种栽培植物造成不可接受的经济损失，但对其他植物则不会。要对 RNQPs 采取何种植物卫生措施，亦需要分清具体的寄主植物种类，这就需要根据有害生物—寄主相互作用关系（如植物品种的抗性/易感性，有害生物的毒力）的有效信息。

6.2　认证计划[①]

栽培植物认证计划，有时也称为"认证计划（certification schemes）"，通常包括对有害生物的具体要求，也包括对一些非植物卫生内容如植物品种纯度、色度和产品规格的要求。如果符合技术合理性要求，其中的有害生物就可能成为 RNQPs；如果认证计划是强制性的，就可以采取官方控制，比如由国家政府或 NPPOs，依法制定或采纳相关要求。通常，拟纳入认证计划的有害生物主要通过植物进行传播，会造成不可接受的经济损失，因而可能成为 RNQPs，但不是计划中所有的有害生物必然就是 RNQPs。有些现行计划，可能还包含有害生物的容许量，有害生物危害容许度，但其技术合理性还有待于证实。

6.3　容许量

根据 RNQPs 概念，需要采纳和制定 RNQPs 容许量，以便于实施官方控制计划，提出相应的进口要求。容许量需要符合技术合理性要求，并遵守风险管理、非歧视性、影响最小原则。在某些情况下，如果符合技术合理性要求，容许量也可能为零，这就主要取决于具体的抽样方法和检验程序。

6.4　违规情况

对 RNQPs 采取植物卫生行动，应该遵循非歧视性和影响最小原则。

其备选方案包括：

—— 降级（改变商品级别或用途）。

—— 处理。

—— 改变用途（如用来加工）。

—— 退回原产地或转运到其他国家。

—— 销毁。

---

① 请不要将此认证与植物卫生认证混淆

植物卫生措施国际标准

ISPM 17

植物卫生措施国际标准 ISPM 17

有害生物报告
PEST REPORTING

（2002 年）

IPPC 秘书处

发布历史

本部分不属于标准正式内容。

1999-10 ICPM-2 added topic Pest reporting（1999-003）

2000-09 EWG developed draft text

2000-11 ICPM-3 noted as high priority topic

2001-05 ISC-3 revised draft text and approved for MC

2001-06 Sent for MC

2001-11 ISC-4 revised draft text for adoption

2002-03 ICPM-4 adopted standard

ISPM 17. 2002. Pest reporting. Rome，IPPC，FAO.

2011年8月最后修订。

目 录

批准

引言

范围

参考文献

定义

要求概述

要求

1　IPPC 关于有害生物报告的相关规定

2　有害生物报告目的

3　国家责任

3.1　监督

3.2　信息源

3.3　验证及分析

3.4　国内报告激励机制

4　报告义务

4.1　报告直接危害或潜在危害

4.2　报告其他有害生物

4.3　报告有害生物状况变化、有害生物未发生或早期报告的修订情况

4.4　报告进口货物中的有害生物

5　报告起因

5.1　有害生物发生

5.2　有害生物暴发

5.3　有害生物扩散

5.4　成功根除

5.5　无有害生物区建立

6　有害生物报告

6.1　报告内容

6.2　报告时间

6.3　报告机制及目的单位

6.4　良好报告范例

6.5　保密性

6.6　语言

7　补充信息

8　复审

9　文件

批准

本标准于 2002 年 3 月经 ICPM 第 4 次会议批准。

引言

范围

本标准描述了缔约方在报告有害生物发生、暴发和扩散时的责任和要求。同时，提供了关于有害生物成功根除和无有害生物区建立的报告准则。

参考文献

IPPC. 1997. *International Plant Protection Convention*. Rome，IPPC，FAO.

ISPM 2. 1995. *Guidelines for pest risk analysis*. Rome，IPPC，FAO. ［published 1996］［revised；now ISPM 2:2007］

ISPM 4. 1995. *Requirements for the establishment of pest free areas*. Rome，IPPC，FAO. ［published 1996］

ISPM 5. *Glossary of phytosanitary terms*. Rome，IPPC，FAO.

ISPM 6. 1997. *Guidelines for surveillance*. Rome，IPPC，FAO.

ISPM 8. 1998. *Determination of pest status in an area*. Rome，IPPC，FAO.

ISPM 9. 1998. *Guidelines for pest eradication programmes*. Rome，IPPC，FAO.

ISPM 11. 2001. *Pest risk analysis for quarantine pests*. Rome，IPPC，FAO. ［revised；now ISPM 11:2004］

ISPM 13. 2001. *Guidelines for the notification of non-compliance and emergency action*. Rome，IPPC，FAO.

定义

本标准引用的植物卫生术语定义，见 ISPM 5（植物卫生术语表）。

要求概述

IPPC 要求各缔约方报告有害生物发生、暴发和扩散情况，目的在于及时交流其直接危害或潜在危害信息。NPPO 负责监督工作，确定并收集有害生物信息。通过对已知有害生物的发生、暴发和扩散信息（如观察、早期经验，或 PRA）分析，认为其具有直接危害或潜在危害时，就应该向其他缔约方报告，尤其是向邻国和贸易伙伴报告。

有害生物报告应该包括：有害生物名称、发生地、有害生物状况、直接危害或潜在危害特点等内容。这些信息应该及时提供，不得拖延，最好采用电子手段，通过直接通讯、公开刊物和/或植物卫生国际门户网站（IPP）[①]传送。

有害生物成功根除报告、无有害生物区建立报告及其他信息，也应该通过同样程序进行提交。

要求

1 IPPC 关于有害生物报告的相关规定

根据 IPPC "为了确保防止植物及其产品有害生物的扩散及传入，共同采取有效行动，适当提高控制措施"（IPPC 第一条第 1 款），"各缔约方应该尽量按本款规定的职责设立国家植物保护组织"（IPPC 第四条第 1 款），其主要责任是："……对植物生长情况进行监督，包括对种植地（大田、种植园、苗圃、花园、温室和实验室）及野生植物区系，植物和植物产品的储存和运输，特别是要对

[①] IPP 是由 IPPC 秘书处提供的旨在加强官方植物卫生信息（包括有害生物报告）交流的电子手段，可以在 NPPO、RPPO 和 IPPC 秘书处之间进行交流

有害生物发生、暴发和传播以及控制情况进行报告，报告要求参见第八条第1款第a项之规定……"（见IPPC第四条第2款第b项）。

IPPC第四条第3款第a项规定，各缔约方负责发送本国规定有害生物信息。第七条第2款第j项要求"各缔约方应该尽量开展有害生物监督，为有害生物归类、制定适当植物卫生措施，充分掌握有害生物状况信息。这些信息也应该按要求，通报给相关缔约方。"第八条第2款规定："为实施本公约，开展信息交流，各缔约方应该指定一个联络点。"

各缔约方实施这些制度，就能够落实IPPC的各项要求：

"为达到本公约之目的，各缔约方应该加强最广泛且行之有效的合作，尤其是要：开展植物有害生物信息交流，特别是要对可能导致直接或潜在危害的有害生物的发生、暴发或扩散情况，按委员会制定的程序进行通报（参见IPPC第八条1款及第1款第a项）。"

2 有害生物报告目的

有害生物报告的主要目的，就是通报其直接危害和潜在危害。通常，这些危害是由于检疫性有害生物的发生、暴发或扩散所引起。这种检疫性有害生物，可能是在国内被监测到的，也可能是邻国和贸易伙伴的检疫性有害生物。

及时可靠的有害生物报告，能够证明一个国家有害生物监督体系和报告制度的有效性。

根据有害生物报告，各国可以依据风险情况的变化，对其植物卫生要求和植物卫生行动做出必要调查。有害生物报告还能够为植物卫生体系的运行，提供有害生物在最近以及历史上的有益信息。准确的有害生物状况信息，可以提高植物卫生措施的技术合理性，最大限度地减少因此造成的贸易障碍。所以，各国需要开展有害生物报告工作，并与其他国家进行合作。进口缔约方若要采取植物卫生行动，应该以有害生物报告为基础，与其风险程度相一致，且遵守技术合理性要求。

3 国家责任

NPPOs应该对国内有害生物报告进行收集、验证并做出分析。

3.1 监督

根据IPPC第四条第2款第b项的规定，有害生物报告依赖于各国的监督体系。有害生物信息可以来自于两个体系，即ISPM 6:1997所指的总体监督体系和具体调查体系。这些体系应该运行正常，才能保证NPPO得到相关信息。监督体系和信息收集体系应处于实时工作状态。开展监督工作，应该遵照ISPM 6:1997的规定。

3.2 信息源

有害生物报告信息，可以直接来源于NPPOs，也可以来自于NPPOs之外的其他信息源（如研究机构、期刊、网站、种植业主及其杂志，其他NPPOs等）。NPPOs的总体监督，就包括对这些其他信息源的复审。

3.3 验证及分析

NPPOs应该建立验证体系，及时对官方和其他来源的国内有害生物报告进行验证（其中包括其他国家提请关注的报告）。这既包括对所关注有害生物的鉴定，还包括对其地理分布情况的初步确认。只有这样，才能按照ISPM 8:1998的规定，来确定某个国家的"有害生物状况"。NPPOs应该及时建立有害生物风险分析（PRA）体系，确定是否出现了新的或未知的有害生物状况，以至于造成直接或潜在危害（如对有害生物报告的国家），需要采取植物卫生行动。不仅如此，通过PRA，还可以确知所报告的情况是否为其他国家所关注。

3.4 国内报告激励机制

如果可能，每个国家应该鼓励国内（有害生物）报告。官方可以要求种植者和其他人员上报新的或未知的有害生物状况。为激励他们，可以采取公开表扬、社区行动、奖励或罚款等方式。

4 报告义务

按 IPPC 第八条第 1 款第 a 项的规定，各国应该报告因有害生物发生、暴发和扩散而可能造成的直接或间接危害。当然，各国也可以选择性地报告其他有害生物信息，但这只是 IPPC 对相关合作事宜的一般性建议，不作为规定义务。本标准还涉及到有害生物报告的其他问题。

4.1 报告直接危害或潜在危害

直接危害是已被确认了的危害（如规定有害生物），或者经观察和实践业已证明，这种危害是显而易见的。而潜在危害，则是要通过 PRA 来确定。

如果发现有害生物具有直接危害或潜在危害，报告国家通常要采取植物卫生行动或紧急行动。

在报告国家，有害生物的发生、暴发和扩散可能构成对该国的直接或潜在危害，同样也可能造成对其他国家的危害，因此有义务向别国报告。

如果有害生物的发生、暴发和扩散不对本国构成危害，但其他国家已将其定为规定有害生物，或者认为它们构成直接危害威胁，在这种情况下，各国均有义务进行报告。这将涉及贸易伙伴（相应的传播途径）及邻国，因为此时有害生物可以不通过贸易而扩散到邻国。

4.2 报告其他有害生物

如果有利于交流 IPPC 第八条所设定的植物有害生物信息，各国可以采用相同的报告体系，提供其他有害生物报告，或者向其他国家报告。当然也可以纳入双边或多边贸易协定，规定有害生物报告内容，如通过 RPPOs 进行规定。

4.3 报告有害生物状况变化、有害生物未发生或早期报告的修订情况

各国可以将直接或潜在危害变化情况、非有害生物状况（尤其是特定的有害生物）进行报告。如果曾经有过关于有害生物具有直接危害或潜在危害的报告，后来证明这个报告不正确，或者情况已经发生了变化，因而这种危害状况也就发生了变化，或者危害不存在了，诸如此类的情况都应该报告。各国可以按规定要求，报告本国国内整个或部分有害生物情况，如无有害生物区（参见 ISPM 4:1995）、成功根除（参见 ISPM 9:1998）和寄主及有害生物状况变化（参见 ISPM 8:1998）等。

4.4 报告进口货物中的有害生物

对在进口货物中发现有害生物的报告，见 ISPM 13:2001，本标准未作规定。

5 报告起因

有害生物报告，起因于有害生物发生、暴发、扩散、成功根除，或者出现了其他未预料到的新情况。

5.1 有害生物发生

最近确认了某种有害生物发生，且是邻国或贸易伙伴（相应传播途径）的规定有害生物，这种情况通常应该报告。

5.2 有害生物暴发

暴发，是针对近期监测到的有害生物种群。当其发生至少符合 ISPM 8:1998 中规定的"短暂发生：需采取行动"，这种情况就应该报告。也就是说，即使有害生物可能在不久的将来会存活但不会定殖，也应该报告。

暴发一词也适用于已定殖有害生物的未预知情形，因为这些有害生物，尤其是作为规定有害生物时，会对报告国、邻国或贸易伙伴，构成重大植物卫生风险。这种未预知情况，包括有害生物种群快速增长、寄主范围扩大（发现新寄主）、出现更有活力的品系或生物型、发现新的传播途径等。

5.3 有害生物扩散

扩散，是指定殖的有害生物扩大其地理分布范围，尤其是规定有害生物，会对报告国、邻国或贸易伙伴，构成重大植物卫生风险。

5.4 成功根除

当有害生物成功根除，即已定殖的有害生物或短暂发生的有害生物，在某个地区被扑灭且已证明不再发生，这种情况可以报告（参见 ISPM 9:1998）。

5.5 无有害生物区建立

当建立了无有害生物区，致使某地区有害生物状况改变，这种情况可以报告（参见 ISPM 4:1995）。

6 有害生物报告

6.1 报告内容

有害生物报告应该明确包含以下内容：

—— 有害生物学名（尽可能到种名，如果是熟知的或密切相关的种类，可以细分到种以下分类单元）。

—— 报告日期。

—— 相关寄主或应检物（尽可能）。

—— 有害生物状况（见 ISPM 8:1998 规定）。

—— 有害生物地理分布（尽可能，应包括地图）。

—— 直接危害或潜在危害特点，其他报告原因。

这里也可以包括采取的植物卫生措施、要求及目的，有害生物记录的其他信息（见 ISPM 8:1998）。

如果有害生物状况信息全无，则要提交一份预备性报告，以便于将来获得信息后进行更新。

6.2 报告时间

对于有害生物发生、暴发和扩散情况应该及时报告，不得拖延，尤其是当存在直接扩散高风险时更加重要。虽然在国家监督体系和报告体系（见上述第 3 项）中，特别是验证和分析需要花费时日，但应该控制在最短时间之内。

当获得全部信息后，应该对报告进行更新。

6.3 报告机制及目的单位

按 IPPC 规定，NPPOs 负责有害生物报告。报告可以采取以下三种方式：

—— 直接与官方联系点联系（如邮件、传真或 E-mail）。鼓励采用电子手段，从而增加信息传播的广度和快捷性。

—— 通过国家公开官方网站发布（如设置为官方联系点的一部分）。关于有害生物准确信息的网络查询方式，也应该告之其他国家，至少得告知（IPPC）秘书处。

—— 通过植物卫生国际门户网站（IPP）。

此外，如果发现已知且对别国构成直接危害的有害生物，建议无论如何，要通过邮件或 E-mail 直接与这些国家联系。

每个国家还可以通过 RPPOs、私营协议报告体系、双边报告体系及其他彼此认可的体系进行报告。但不管采取哪种体系，NPPO 应该对报告负责。

有害生物报告以科学杂志、官方期刊或政府公报发布，但由于发行范围有限，达不到本标准的要求。

6.4 良好的报告范例

每个国家应该遵循"良好报告范例"，见 ISPM 8:1998。

如果某国对另一国的有害生物状况提出质疑，首先应该通过双边协商加以解决。

6.5 保密性

有害生物报告不应该保密。但是，国家监督体系、国内报告、验证及分析，可能包含机密信息。

每个国家可以要求对某些信息进行保密，如种植者名称，但这个要求不得影响其履行报告的基本义务（如报告内容、时效）。

双边协议中规定的保密性内容，不应该与有害生物报告的国际义务相抵触。

6.6 语言

除了 IPPC 第七条第 2 款第 j 项对信息要求的规定之外，没有再对有害生物报告在使用语言上做出规定，凡是 FAO 官方语言之一，均可以。但还是鼓励各国提供英文报告，尤其是在制作全球性的电子报告时使用英文。

7 补充信息

在有害生物报告基础上，各国也可以通过官方联系点获得其他辅助补充信息。报告国应该尽其所能，按 IPPC 第七条第 2 款第 j 项的规定予以提供。

8 复审

NPPOs 应该对有害生物监督及报告体系进行定期审查，以确保能履行报告义务，验证报告可信度和时效性，对体系做出适当调整。

9 文件

应该对国家有害生物监督体系和报告体系进行详细记录、归档。这些信息，应该按要求向其他国家通报（参见 ISPM 6:1997）。

ISPM 18

植物卫生措施国际标准 ISPM 18

植物卫生措施——辐照应用准则

GUIDELINES FOR THE USE OF IRRADIATION AS A PHYTOSANITARY MEASURE

(2003 年)

IPPC 秘书处

© FAO 2011

发布历史

本部分不属于标准正式内容。

1996-09 TC-RPPOs added topic Irradiation as a quarantine treatment (1996-004)

2001-04 ICPM-3 added topic Irradiation as a treatment for phytosanitary purposes

2001-04 ISC-3 approved Specification 7 Irradiation as a treatment for phytosanitary purposes

2001-11 EWG developed draft text

2002-05 SC revised draft text and approved for MC

2002-06 Sent for MC

2002-11 SC revised draft text for adoption

2003-04 ICPM-5 adopted standard

ISPM 18. 2003. Guidelines for the use of irradiation as a phytosanitary measure. Rome, IPPC, FAO.

2011 年 8 月最后修订。

目　录

批准
引言
范围
参考文献
定义
要求概述
植物卫生措施—辐照应用准则
1　管理机构
2　处理目的
2.1　效果
3　处理
3.1　应用
4　放射剂量检测
4.1　检测系统校正
4.2　剂量图
4.3　放射剂量常规检测
5　处理设施批准
6　植物卫生体系可靠性
6.1　对处理设施的植物卫生安全措施
6.2　标记
6.3　验证
7　处理设施文件
7.1　处理程序文件
7.2　处理设施记录及其追溯
8　NPPO 检查及植物卫生认证
8.1　出口检查
8.2　植物卫生认证
8.3　进口检查
8.4　在进出口检查时对处理效果的验证方法
8.5　NPPO 管理及文件
9　研究
附录1　特许处理方法
附录2　处理机构设施批准清单
附件1　部分有害生物的最低估计吸收剂量
附件2　研究议定书

批准

本标准于 2003 年 4 月经 ICPM 第 5 次会议批准。

引言

范围

本标准①为应用植物卫生处理措施—电离辐照,处理规定有害生物或其他应检物提供技术指导。但标准不包括以下处理范围:
—— 为控制有害生物而生产的不育性生物。
—— 卫生处理(食品安全和动物卫生)。
—— 保存或提高商品质量(如延长商品货架存放期)。
—— 突变体诱导。

参考文献

Codex Alimentarius. 1983. *General standard for irradiated foods.* CODEX STAN 106-1983. Rome, Codex Alimentarius, FAO. [revised 2003; now Rev. 1-2003]

IPPC. 1997. *International Plant Protection Convention.* Rome, IPPC, FAO.

ISO/ASTM 51261:2002. *Guide for selection and calibration of dosimetry systems for radiation processing.* Geneva, International Organization for Standardization, ASTM International.

ISPM 1. 1993. *Principles of plant quarantine as related to international trade.* Rome, IPPC, FAO. [published 1995] [revised; now ISPM 1:2006]

ISPM 2. 1995. *Guidelines for pest risk analysis.* Rome, IPPC, FAO. [published 1996] [revised; now ISPM 2:2007]

ISPM 5. *Glossary of phytosanitary terms.* Rome, IPPC, FAO.

ISPM 7. 1997. *Export certification system.* Rome, IPPC, FAO.

ISPM 11 Rev. 1. 2003. *Pest risk analysis for quarantine pests including analysis of environmental risks.* Rome, IPPC, FAO. [revised; now ISPM 11:2004]

ISPM 12. 2001. *Guidelines for phytosanitary certificates.* Rome, IPPC, FAO.

ISPM 13. 2001. *Guidelines for the notification of non-compliance and emergency action.* Rome, IPPC, FAO.

ISPM 14. 2002. *The use of integrated measures in a systems approach for pest risk management.* Rome, IPPC, FAO.

定义

本标准引用的植物卫生术语定义,见 ISPM 5(植物卫生术语表)。

要求概述

离子辐照(下简称辐照)处理,可以作为有害生物风险管理措施。NPPO 应该科学地表明,它能够确保对规定有害生物处理的有效性,达到规定反应要求。在应用辐照处理时,需要进行剂量检测,制作剂量反应图,尤其是针对特定处理设施和一些特定形状的商品,确保处理结果的有效性。NPPO 还要保证处理设施适合植物卫生处理。要及时制定处理程序,以确保处理工作正常开展。每批货物都要得到适当管理、储存和正确识别,从而保证植物卫生安全。关于处理设施的记录保存、对设施的文件要求,NPPO 应该与设施操作者签订一个实施协议,对涉及植物卫生措施中的特别要求条款作出明

---

① 本标准不影响各缔约方根据其他国际标准或国内法规应该享有的权利和履行的义务,包括采用其他食品辐照处理方法。

确规定。

植物卫生措施—辐照应用准则

1 管理机构

NPPO 负责对辐照作为植物卫生措施各方面的评估、批准及应用等诸方面工作。在必要范围内，NPPO 还要负责与其他国家或国际立法机构的合作，包括对辐照措施的制定、批准、安全性和应用等，其中还包括对辐照产品的销售和使用管理。虽然各司其责，但应该避免出现彼此重复、相互矛盾、前后不一致和不合理要求等问题。

2 处理目的

采用辐照处理措施，其目的是为了防止规定有害生物传入或扩散。因此处理目标有害生物可以达到如下效果：
—— 死亡。
—— 不能正常发育（如成虫不能羽化）。
—— 不能繁殖（如不育）。
—— 灭活。

辐照措施也包括对植物的失活作用，如使种子可以萌发但不能生长，块茎、鳞茎、切条不能萌芽等。

2.1 效果

进口缔约方 NPPO 要对处理效果做出明确规定，这包括以下两项主要内容：
—— 对规定反应做出准确描述。
—— 规定反应的统计水平。

如果尚不知道如何进行检测，而只是制定一个规定反应，这是无能为力的。

确定规定反应的基础是 PRA，尤其是要考虑导致有害生物定殖的特定生物因子，同时，要兼顾影响最小原则。不同辐照反应的应用是不一样的，比如，死亡率，可能适宜于病源媒介生物，而不育性则适宜于那些非媒介有害生物，因为它们还生活在商品中。

如果规定反应为死亡率，则需要对处理时间（有效处理时间）做出规定。

如果对有害生物的规定反应是以不育性为指标，则需要做出多项规定：
—— 完全不育。
—— 只有单性有限可育。
—— 产卵和/或孵化但不能发育。
—— 行为改变。
—— F_1 代不育。

3 处理

辐照可以是放射性同位素源（如钴 cobalt-60 或铯 cesium-137 的 γ 射线），也可以是机械电子（10 MeV）、X-射线（5MeV）（参见 CODEX 限量标准①）。吸收剂量单位应该采用格瑞（Gy）。

在处理过程中，一些变量是必须考虑的，诸如，剂量、处理时间、温度、湿度、通风、人工气候等，它们都与处理效果密切相关。由于人工气候可能降低在预定剂量下的处理效果，因此亦需加以

---

① 辐照食品 CODEX 通用标准：Codex Stand. 106 – 1983. Codex Alimentarius, Section 7. 1, Col. 1A（正在修订）。（Codex Alimentarius, 1983）

考虑。

要制定处理程序，确保辐照射线穿透商品获得最低吸收剂量（Dmin），从而达到规定效果。由于处理货物的形状不同，可能要求高于最低吸收剂量，才能达到效果。同时，在采用辐照处理时，还要考虑产品的最终用途。

将死亡率作为规定反应，基本上不符合技术合理性要求，因为（经过辐照处理后）是可能发现活体目标害虫的，所以辐照处理的实质是保证有害生物不能繁殖。此外，如果真能将未经辐照过的有害生物区别开来的话，那么经过处理后，有害生物不能羽化，不能从商品中逃出来，也就算达到效果了。

3.1 应用

下列情形可以采用辐照处理：

—— 作为包装过程的一个环节。
—— 未经包装的散货（如传送带上的谷物）。
—— 港口（货物）集散地。

如果安全可靠，对未经处理的商品转运方便，下述情况也可以采取辐照处理：

—— 入境口岸。
—— 在第三国的指定地点。
—— 在最终目的地国的指定地点。

商品经处理后，要检测放射剂量，只有达到最低吸收剂量（D_{min}）要求，才能出证放行。如果最高吸收剂量仍在进口缔约方的限量规定范围内，还可以再对货物进行辐照处理。

附录 I（待完善）列出了特许处理方法的剂量标准，为本标准规定内容，但附件 1 只提供了一些已公布开的信息，表明对某些有害生物的吸收剂量范围。

根据有害生物的风险程度及风险管理措施要求，辐照处理可以作为单项措施，也可以与其他处理方法相结合，形成系统方法，从而达到处理效果（参见 ISPM 14:2002）。

4 放射剂量检测

测定放射剂量，是为了确保某批货物中的各种商品均能达到所规定的最低吸收剂量（D_{min}）。在选择剂量检测系统时，应该保证仪器的剂量响应要覆盖产品的整个吸收范围。此外，剂量检测系统，应该根据国际标准或适当的国内标准进行校正（如 ISO/ASTM 51261：2002 放射处理剂量检测系统的选择和校正指南）

在选择剂量检测仪时，还要适当考虑处理条件，应该评估其对各种因素（如光照、温度、湿度、储存时间、分析类型及时间）的稳定性。

在做剂量检测时，应该考虑被处理对象的密度和组成成分、形状、大小，还要考虑产品的堆放、体积和包装情况。在批准某种处理设施用于处理前，NPPO 要求首先用常规方法对产品在各种包装结构、排列方式和产品密度条件下，做出剂量分布图。只有经过 NPPO 批准的包装结构，才能用于实际处理。

4.1 检测系统校正

放射剂量检测系统的各个部件，都应该按标准操作程序进行校正。系统的操作性能，需要由 NPPO 认可的独立机构进行评估。

4.2 剂量图

剂量图，要完全能反映出在放射室和商品中的剂量分布，表明在拟定条件或控制条件下，处理效果能够达到规定的处理要求。制做剂量图，应该按标准程序进行。在日常操作过程中，剂量图提供的信息是选定剂量检测仪放置地点的根据。

要确定是否与常规负荷条件下存在显著差异，需要进行独立剂量作图，即在不完全（部分填充）、第一次和最后一次处理负荷下进行实验，并因此对处理做出相应调整。

4.3 放射剂量常规检测

对货物中放射剂量的准确检测，对于确定和监控处理效果是至关重要的，也是验证过程的一部分。检测的数量、地点和频率，应该根据具体设备、处理方法、商品种类、相关标准和植物卫生要求而定。

5 处理设施批准

如果允许，处理设施应该由相应的原子能管理机构批准。若处理设施首先是用于植物卫生处理的，也应该经过 NPPO 批准（资质、认证或认可）。涉及植物卫生（设施）的批准，应该根据一套常规标准，再加上对地点和商品计划中的有关规定（见附录2）。

要定期开展植物卫生（设施）重新批准工作。当设施或程序进行维修、校正或调试后，可能会影响到吸收剂量，需要按照文件规定进行剂量作图。

6 植物卫生体系可靠性

大规模辐照处理的可靠性，是建立在特定条件下其对有害生物处理的有效性、应用适宜性，且能保证产品足够安全的基础之上的。各国 NPPO 要负责确保当地体系的可靠性，从而保证处理效果达到进口缔约方的植物卫生要求。

处理效果研究及剂量检测，为采用有效处理措施提供了保证。为保证处理效果和安全而精心设计、严密监管的植物卫生体系，可以确保辐照处理得以正确实施，产品免受有害生物的侵染、再侵染或因此丧失完整性。

6.1 对处理设施的植物卫生安全措施

由于常常无法从感官上将经辐照处理和未经处理的产品区分开来，因此已经处理过的产品要充分隔离，清楚标识并严格控制，且保证不受有害生物感染、侵染，或者造成标识错误。

在将商品从接收区运到处理区时，要保证不出现标识错误，不受交叉感染、不受有害生物侵染，需要建立一套安全措施。对每个处理设施及商品处理计划的适当程序做出规定，都要事先达成协议。对于无包装商品、对包装有安全要求而暴露在外的商品，要立即采取处理措施，以保证不受有害生物侵染、再侵染或污染。

为了出口需要，在辐照前进行包装，可以有效减少有害生物的侵染；若是在目的地才进行处理，包装也可以防止目标有害生物的逃逸。

6.2 标记

包装上应该有处理批次号或其他识别特征（如包装名称、处理设施名称、处理地点、包装日期和处理日期），从而易于识别和追溯。

6.3 验证

处理设施是否适宜、处理过程是否合理，需要通过对处理记录进行监督和审核，必要时还需要直接对处理进行监督。如果处理计划设计良好，能保证达到对处理设施、处理过程和商品的（植物卫生）体系真实性的高水平要求，就没有必要对处理进行直接、不间断地检查了。检查标准取决于能否发现问题，并能及时加以纠正。

NPPO 应该与本国的处理设施机构签订协议，相互遵守。这个协议可以包含如下内容：
—— 处理机构设施由本国 NPPO 批准。
—— 处理工作由本国 NPPO 监管。
—— 审核规定包括不经通知的调查。
—— 可以自由查看处理文件和记录。
—— 出现违规情况时的纠偏行动。

7 处理设施文件

本国 NPPO 负责监督处理设施的处理记录保存和文件管理，确保相关各方能获得信息。如果涉及植物卫生处理的，还要求能够追溯。

7.1 处理程序文件

处理程序文件，要有助于确保对商品的处理始终符合要求。制定过程控制和操作参数，可以为特定授权和/或设施提供必要操作细节。设施操作人员应该记录校正和质量控制计划。拟同意的书面程序，应至少包含如下内容：

—— 货物在处理前、中、后的管理程序。
—— 货物在处理时的方位和形状。
—— 处理过程的关键参数及其监控措施。
—— 放射性检测。
—— 一旦处理失败或临界处理过程出现问题，需要实施的意外事故处理预案及纠偏行动。
—— 处理拒收货物批次的程序。
—— 标签、记录保存及文件要求。

7.2 处理设施记录及其追溯

包装商及处理机构设施操作员应该做好记录。这些记录应该向 NPPO 提供，以便追溯时进行审查。

用于植物卫生的辐照处理，其记录应该由处理设施机构至少保存一年，以便于对处理货物批次进行追溯。处理人员应该保存所有批次的每次处理记录。放射性检测记录，也应该由处理设施机构保存，至少自处理后存放一年时间。在大多数情况下，这些记录可由其他机关管理，但为了便于审查，应该向 NPPO 通报。其他需要记录的情况还包括：

—— 处理机构设施名称及相关责任方。
—— 处理商品名称。
—— 处理目的。
—— 规定目标有害生物。
—— 包装商、种植者及商品产地名称。
—— 批次大小、数量及标识，包括商品数量或包装数量。
—— 识别标记或特征。
—— 批量。
—— 吸收剂量（目标及检测）。
—— 处理日期。
—— 发现处理规定的各种偏差。

8 NPPO 检查及植物卫生认证

8.1 出口检查

为了达到进口缔约方植物卫生要求，需要进行检查，包括：

—— 文件验证。
—— 非目标有害生物检查。

文件验证，就是通过核查文件的完整性和准确性，作为验证处理效果的根据。检查，就是要发现是否有非目标有害生物。这种检查可以是在处理前，也可以在处理后。如果发现了非目标有害生物，NPPO 就应该确认它们是否属于进口缔约方的规定有害生物。

除非规定反应为死亡率，在经处理后仍发现活体目标有害生物，则不应该拒绝接受认证。如果规定反应采用死亡率,则在刚处理后仍然可能发现活体目标有害生物,这就要参考处理效果表(见第2.1项)。如果发现活体有害生物,在认证时,需要根据审核检查的结果,看是否达到了规定的死亡率。如果规定反应不采用死亡率,则在处理的货物中极有可能发现活体目标有害生物,但这也不应该拒绝接受认证。审核检查,包括实验室分析,可以确保达到规定反应要求。这类检查可以纳入常规验证计划之中。

8.2 植物卫生认证

如果按照进口要求进行了成功处理,并根据 IPPC 规定进行认证,这便是有效的。植物卫生证书及其相关文件,至少应该特地注明处理的货物批次、处理日期、最低目标剂量和校正最低吸收剂量。

NPPO 可以根据其批准的处理设施机构提供的信息,签发植物卫生证书。需要指出的是,植物卫生证书可能要求提供别的信息,以确保能满足其他植物卫生要求(参见 ISPM 7:1997 和 ISPM 12:2001)。

8.3 进口检查

当规定反应不为死亡率时,在进口检查时如果发现了活体目标有害生物,这不应该认为是处理失败,从而说明是违规的。当然,有证据表明处理体系存在缺陷,从而导致处理结果不真实,那就另当别论了。在实验室分析或其他分析中,可以通过检查目标有害生物的存活情况,确定处理效果。这种检查,只有当处理过程发生了问题,才这么做,否则,仅在部分监控时偶尔采用。当死亡率达到了规定反应标准,就没有问题。如果死亡率达到了规定反应标准,但在短途运输期间还是发现了目标有害生物,一般不应该退货,但超过了规定死亡率所要求的时间就例外了。

如果进口缔约方发现非目标有害生物,就应该进行风险评估并采取适当措施,尤其是要考虑这种处理对非目标有害生物的效果。因为货物可能被污染,因此进口缔约方 NPPO 可以采取适当的处理行动。如果发现活体有害生物,要对这种意外事故采取处理行动时,NPPO 应该将以下情况确认清楚:

—— 目标有害生物—不需要采取行动,除非未达到规定反应要求。

—— 非目标规定有害生物:

· 如果达到处理效果,不采取行动。

· 无法证明处理效果的有效性或不知道处理是否有效,需要采取行动。

—— 非目标非规定有害生物—不采取行动,或发现新的有害生物则需要采取紧急行动。

如果发现违规或采取紧急行动,进口缔约方 NPPO 应该尽快通报出口缔约方 NPPO(参见 ISPM 13:2001)。

8.4 在进出口检查时对处理效果的验证方法

验证,包括实验室检测或分析,是进口缔约方对出口缔约方所谓的达到了规定反应要求的确认。

8.5 NPPO 管理及文件

NPPO 应该有能力和资源(财力)开展对植物卫生辐照处理的评估、监控和批准等各项工作。制定辐照处理政策、程序和要求,应该与其他植物卫生措施相一致,除非在特殊情况下,需要采取不同的辐照处理方法时可以例外。

对植物卫生处理机构设施的监控、认证和认可,通常由其所在国的 NPPO 实施,但是有合作协议的,可以由下列机关实施:

—— 进口缔约方 NPPO。

—— 出口缔约方 NPPO,或

—— 其他国家机关。

在 NPPO 与处理人或处理设施机构之间签订的谅解备忘录(MOUs)、遵照执行协议或类似的协议文件中,应该订明处理要求,以确保责任、债务和违规后果一清二楚,同时,在出现纠偏情况时,还能加强 NPPO 的执行力度。进口缔约方 NPPO,可以与出口缔约方 NPPO 开展合作,建立认可与审核程序,验证是否达到要求。

NPPO 的所有程序，都应该建立适当文件，保存记录，其中，包括监控检查、签发的植物卫生证书，这些文件均需要至少保存一年。如果一旦出现违规、发生新的或意外的植物卫生情况，需要按 ISPM 13:2001 规定进行通报。

9 研究

附件 2 提供了对规定有害生物进行辐照处理的研究指导。

本附录是标准规定内容。

附录1　特许处理方法

本附录是为了列出可能被批准为特定用途的辐照处理方法，待将来经 ICPM 批准后，可以将它们增加到处理时间表中。

该附录为本标准规定内容。

附录 2 处理机构设施批准清单

该附录为本标准规定内容。下列清单，可以帮助 NPPO 进行检查或监督，以期确定是否对处理机构设施的批准、是否维持批准，以及是否能获得国际贸易商品辐照认证。如果任何一项未能得到肯定答案"是"，则处理机构设施不能获得批准，亦不能获得辐照认证，或者已获得的批准或认证将会被取消。

标准	是	否
1. 建筑设施		
辐照处理机构设施达到了 NPPO 关于植物卫生要求的批准条件。NPPO 有适当途径，能对处理机构设施及其记录进行必要验证		
处理机构设施建筑物的设计和建造其在大小、原材料及设备安装方面符合要求，在作处理时，能确保对货物各批次处理方便		
就处理机构设施的总体设计而言，其分隔结构合理，能够将已处理的货物批次与未经处理的分开		
对于易腐烂变质的商品，处理前后有合理的保存设施		
建筑物、设备及其他物理设施保持清洁卫生、适时维修，足以防止经辐照处理的货物批次不受污染		
措施有效，能防止有害生物传到加工区，防止加工储藏货物及批次不受污染或侵染		
措施合理，能有效控制货物及批次破损、撒落及失去完整性		
系统适当，能对处理不当或不宜处理的货物或商品进行有效处理		
系统适当，若必须暂停处理机构设施的批准工作时，能有效控制违规货物及批次		
2. 人员		
为处理机构设施配足训练有素、能胜任工作的人员		
能按植物卫生要求对商品进行正确管理和处理		
3. 产品管理、储藏及隔离		
收到商品后能立即检查，确保适合辐照处理		
在商品管理方面，不会增加物理、化学和生物污染风险		
商品储藏适当，标识清楚。相关程序及设施能有效确保处理商品及批次与未处理的相互隔离。若必要，在进出储藏区有物理隔离措施		
4. 辐照处理		
处理机构设施能按拟定程序进行必要处理。处理控制系统能够提供辐照处理效果的评估标准		
规定了每种处理商品或货物的适当处理参数。书面处理程序已递交 NPPO，员工已正确掌握处理设施操作		
已按正确的检测方法测定每种商品的吸收剂量，并通过校正放射剂量仪进行验正。保存检测结果记录，并按要求向 NPPO 通报		
5. 包装及标识		
商品包装材料（如需要）适合生产与加工		
经处理的货物及批次，标识或标记（如需要）清楚，记录文件齐全		
每批货物及批次，都带有一个识别号或代码，能与其他货物及批次区分开		
6. 文件		
按相关机构规定的期限，将每批经辐照处理的货物及批次的所有记录存放在处理设施机构处，并按要求接受 NPPO 检查		
NPPO 与处理设施机构签署书面遵照执行协议		

本附件只作参考，不属于标准规定内容。

附件1 部分有害生物的最低估计吸收剂量

下表有关有害生物处理报告中的最低吸收剂量，是从科学文献①里整理出来的。这些数据来自众多参考文献，见文献目录。但是对于某种有害生物而言，在采用这些最低剂量进行处理时，应该先做验证实验。

为了保证达到植物卫生的最小吸附剂量，建议搜寻特定目标有害生物的 D_{min} 值，也可参考附件2的相关注释。

有害生物类（Pest group）	规定反应（Required response）	最低剂量（Gy）
蚜虫及粉虱（同翅目）	成虫不育	50~100
豆象（豆象科）	成虫不育	70~300
金龟甲（金龟甲科）	成虫不育	50~150
实蝇（实蝇科）	阻止三龄幼虫羽化为成虫	50~250
象甲（象甲科）	成虫不育	80~165
蛀虫（鳞翅目）	阻止老熟幼虫羽化为成虫	100~280
蓟马（缨翅目）	成虫不育	150~250
蛀虫（鳞翅目）	老熟蛹不育	200~350
螨类（粉螨科）	成虫不育	200~350
仓储甲虫类（鞘翅目）	成虫不育	50~400
储藏物蛾类	成虫不育	100~1 000
线虫	成虫不育	~4 000

参考文献

Hallman, G. J. 2000. Expanding radiation quarantine treatments beyond fruit flies. *Agricultural and Forest Entomology*. 2: 85–95.

Hallman, G. J. 2001. Irradiation as a quarantine treatment. *In*: Molins, R. A. (ed.) *Food Irradiation Principles and Applications*. New York: J. Wiley & Sons. p. 113–130.

International Atomic Energy Agency. 2002. International Database on Insect Disinfestation and Sterilization. (available at http://www-ididas.iaea.org).

http://www.iaea.org/icgfi is also a useful website for technical information on food irradiation.

---

① 不是大范围的测试数据，由 Hallman（2001）根据文献综述。本附录只作参考，不属于标准规定内容。该名录不全，应该视其具体而定。这里的参考文献广泛适用、容易查找且有权威性。该名录既不包罗万象，亦非固定不变，更不会作为本标准的标准

本附件仅作参考，不属于标准规定内容。

附件 2　研究议定书[①]

研究材料

为了避免引起鉴定方面的争议，建议保存好有害生物各发育时期的研究标本。供研究的商品，应保持在正常贸易条件下。

为了控制检疫性有害生物，作好处理研究工作，需要了解其生物学习性，同时要详细说明用于研究的有害生物是怎样得到的。在做辐照实验时，无论是用田间的还是用实验室饲养的有害生物，最好让其自然侵染商品，并对饲养方法做详细记录。

注：除非已有实验证明其处理效果相同外，建议不要用试管生物做辐照实验，因为它与从商品中得到的有害生物的实验结果会不相同。

放射剂量检测

应该按相关国际标准对放射剂量检测系统进行校正、验证并使用。应该对放射产品的最大吸收剂量和最低吸收剂量进行测定，以便使放射剂量测定结果达到一致。应该定期开展常规放射剂量检测工作。

在开展食品农产品放射剂量检测研究时，可以参照国际标准化组织 ISO 指南（见 Standard ISO/ASTM 51261:2002 *Guide for Selection and Calibration of Dosimetry Systems for Radiation Processing*）。

放射处理最低吸收剂量的估算及确认

预备实验

为了确保检疫安全，应该按照以下步骤对所需剂量进行估算：

——对销售商品中可能发生的可疑有害生物，按各发育时期进行放射敏感性测试，从而确定抗性最强时期（虫期）。这个时期（虫期），即使不常发生在商品中，但却是确定检疫辐照处理剂量的时期（虫期）。

——最低吸收剂量将通过实验确定。如果无可靠数据，建议：每个时期（虫期）至少设 5 个剂量水平和一个对照、每个剂量 50 个有害生物个体、三个重复。通过剂量反应，确定最耐辐照时期（虫期）。在最耐辐照时期，需要测定干扰有害生物正常发育或产生不育现象的最佳剂量。选取有害生物最耐辐照时期（虫期），开展后续研究工作。

——在辐照处理后，对商品及相关有害生物进行观察，无论是处理或对照，都必须培养在适宜的环境条件下，即利于有害生物生长、发育和繁殖，从而测定相关参数。（有害生物）对照实验，包括拟定的重复，也必须培养在适宜发育和繁殖条件下。如果对照死亡率高，表明培养有害生物的实验条件不理想。用这种处理死亡率去预测最佳处理剂量，就会得到错误结果。总之，对照死亡率不宜超过 10%。

大规模（验证）实验

——为了确认估计最低剂量是否能保证检疫安全，需要开展大规模实验，即选取最耐辐照时期的大量个体进行实验，以期达到理想结果，从而阻止有害生物发育，或产生不育现象。所取个体数

[①] 主要基于对昆虫的处理研究

量，视可信度而定。处理的有效性标准应该由进出口缔约方双方商定，但应该符合技术合理性原则。

—— 在确认实验中，由于测定的最高剂量就是拟批准采用的最低剂量，所以建议尽可能使最高剂量和最低剂量值之间的差距达到最小。

记录保存

为便于验证其是否符合要求，要妥善保存实验记录和数据，且应按要求向缔约方如进口缔约方 NPPO 提供，从而达成商品处理协议。

ISPM 19

植物卫生措施国际标准 ISPM 19

规定有害生物名录制定准则

GUIDELINES ON LISTS OF REGULATED PESTS

（2003 年）

IPPC 秘书处

© FAO 2011

发布历史

本部分不属于标准正式内容。

1994-05 TC-RPPOs added topic Pest list for quarantine pest (1994-005)
1995-09 TC-RPPOs noted high priority topic
1997-09 TC-RPPOs noted high priority topic Preparation of regulated pest lists
1998-05 CEPM-5 noted topic Guidelines for the preparation of regulated pests lists
1999-10 ICPM-2 added topic Regulated pest lists
2000-01 EWG developed draft text
2000-05 ISC revised draft text and approved for MC
2000-06 Sent for MC
2002-11 SC revised draft text for adoption
2003-04 ICPM-5 adopted standard
ISPM 19. 2003. Guidelines on lists of regulated pests. Rome, IPPC, FAO.
2011年8月最后修订。

目　录

批准
引言
范围
参考文献
定义
要求概述
要求
1　制定规定有害生物名录的根据
2　制定规定有害生物名录的目的
3　规定有害生物名录的制定
4　名录中的有害生物信息
4.1　必要信息
4.2　辅助信息
4.3　NPPO 的职责
5　规定有害生物名录维护
6　规定有害生物名录通报
6.1　官方通报
6.2　对规定有害生物名录的要求
6.3　格式及语言

批准

本标准于 2003 年 4 月经 ICPM 第 5 次会议批准。

引言

范围

本标准描述了规定有害生物名录（Lists of Regulated Pests）的制定、维护和通报程序。

参考文献

IPPC. 1997. *International Plant Protection Convention*. Rome，IPPC，FAO.
ISPM 2. 1995. *Guidelines for pest risk analysis*. Rome，IPPC，FAO. ［published 1996］［revised；now ISPM 2:2007］
ISPM 5. *Glossary of phytosanitary terms*. Rome，IPPC，FAO.
ISPM 8. 1998. *Determination of pest status in an area*. Rome，IPPC，FAO.
ISPM11 Rev. 1. 2003. *Pest risk analysis for quarantine pests including analysis of environmental risks*. Rome，IPPC，FAO. ［revised；now ISPM 11:2004］
ISPM12. 2001. *Guidelines for phytosanitary certificates*. Rome，IPPC，FAO.
ISPM13. 2001. *Guidelines for the notification of non-compliance and emergency action*. Rome，IPPC，FAO.

定义

本标准引用的植物卫生术语定义，见 ISPM 5（植物卫生术语表）。

要求概述

IPPC 要求各缔约方，尽其所能制定、更新和通报规定有害生物名录。

规定有害生物名录，是进口缔约方根据现有规定有害生物而制定出来的，这些有害生物全都需要采取植物卫生措施。按商品种类制定的规定有害生物特定名录（Specific Lists of Regulated Pests），只是该名录中的一部分。这个特定名录，需要向出口缔约方 NPPOs 通报，以便于他们在出口这些特定商品进行认证时，对规定有害生物做出具体规定。

检疫性有害生物（包括需要采取临时或紧急措施的有害生物）和规定非检疫性有害生物，都应该列入名录中。与名录相关的必要信息包括：有害生物学名、类别、商品及其他规定应检物；辅助信息包括：有害生物异名、参考文献及相关法规。当有害生物种类增减、必要信息或辅助信息发生改变，名录就需要更新。

有害生物名录，应该向 IPPC 秘书处、RPPOs（为其成员）进行通报，或者应其他缔约方要求向他们通报。通报可以采用电子形式，但应该使用 FAO 通用语言。缔约方的要求，应该尽量详细。

要求

1 制定规定有害生物名录的根据

IPPC（1997）第七条第 2 款第 i 项规定如下。

各缔约方应该尽可能制定和更新规定有害生物名录（学名），通报 IPPC 秘书和区域性植物保护组织（RPPOs），并按其他缔约方的要求向他们进行通报。

所以，IPPC 缔约方的义务非常明确，就是要尽量制定有害生物名录并进行通报，这与公约第七条关于植物卫生要求、限制措施和禁止措施（第七条第 2 款第 b 项）和植物卫生要求的根据（第七条第 2 款第 c 项）密切相关。

此外，在 IPPC 附件关于植物卫生证书样本的证明声明中，规定有害生物名录的含义是：
—— 检疫性有害生物由进口缔约方制定。
—— 在进口缔约方植物卫生要求中，还包括规定非检疫性有害生物。

获得准确的规定有害生物名录，有助于出口缔约方正确签发植物卫生证书。如果进口缔约方不通报规定有害生物名录，出口缔约方就只能证明其规定的相关有害生物（ISPM 12:2001 第 2.1 项）。（编者注：ISPM 12:2001 已于 2011 年更新为 ISPM 12:2011）

IPPC 关于规定有害生物的合理性规定是：
—— 有害生物符合检疫性有害生物或规定非检疫性有害生物标准的，为规定有害生物（IPPC 第二条第 1 款，"规定有害生物"）；
—— 只有对规定有害生物才能采取植物卫生措施（IPPC 第六条第 2 款）；
—— 植物卫生措施是技术合理的（IPPC 第六条第 1 款第 b 项）；
—— PRA 为技术合理性的根据（IPPC 第二条第 1 款，"技术合理的"）。

2　制定规定有害生物名录的目的

进口缔约方制定和更新规定有害生物名录，有助于防止有害生物的传入和/或扩散，提高透明度，促进贸易安全。该名录中的有害生物，是业已确定的检疫性有害生物或规定非检疫性有害生物。

规定有害生物特定名录（Specific List of Regulated Pests），是上述名录中的一部分，由进口缔约方向出口缔约方通报，从而让出口缔约方清楚，在出口特定商品时，需要对这些有害生物进行检查、检验或采取其他特殊程序，包括植物卫生认证。

当一些国家或地区对有害生物有相同或相似的关注，需要采取植物卫生措施时，利用该规定有害生物名录，可有助于对这些措施进行协调。这项工作可以由 RPPOs 来完成。

在制定规定有害生物名录时，一些缔约方会确定非规定有害生物名录，但这不是义务。对非规定有害生物，各缔约方不得采取植物卫生措施（IPPC 第六条第 2 款）。无论如何，通报这些信息都是非常有益的，比如它有利于检查。

3　规定有害生物名录的制定

进口缔约方制定并维护规定有害生物名录。NPPO 确定有害生物名录，要求对其采取植物卫生措施。名录包括：
—— 检疫性有害生物，包括需要对其采取临时或紧急措施的有害生物；
—— 规定非检疫性有害生物。

这个名录还包括，只在某些特定条件下需要采取植物卫生措施的有害生物。

4　名录中的有害生物信息

4.1　必要信息

必要信息包括：

有害生物名称——常用学名，至于到什么分类单元，需由 PRA 决定（也可参见 ISPM 11:2003）。学名通常还（尽量）包括定名人，再加上俗名，分出类别（如昆虫类、软体动物类、病毒类、真菌类、线虫类等）。

规定有害生物归类——检疫性有害生物，未发生；检疫性有害生物，发生未广，且在官方控制之下；或规定非检疫性有害生物。有害生物名录可以按这种方法进行归类。

与规定应检物的关系——根据上述有害生物名录确定寄主或其他物品为规定应检物。

如果采用代码制定名录，该缔约方应该将相关信息进行通报，以便于彼此能正确理解和使用。

4.2 辅助信息

下列信息可酌情通报：

—— 异名。

—— 有关法律法规、规定及要求等的参考文献。

—— 有害生物数据库或 PRA 引用的参考文献。

—— 临时措施或紧急措施的参考文献。

4.3 NPPO 的职责

NPPO 负责制定规定有害生物名录和特定有害生物名录。用于 PRA 和制定名录的必要信息，可以来自本国 NPPO（包括缔约方的代理机构），也可以来自其他国家的 NPPOs（尤其是出口缔约方 NPPOs，因为认证目的，要求特定有害生物名录）、RPPOs、科学界、科研人员及其他各种渠道。

5 规定有害生物名录维护

缔约方负责维护有害生物名录，其工作包括更新名录和作好适当记录。

当有害生物种类增减、名录变更、名录中有害生物的信息增加或发生变化时，均需要对有害生物名录进行更新。下述情况，通常需要更新：

—— 禁止、限制或要求发生了变化。

—— 有害生物状况发生了变化（参见 ISPM 8:1998）。

—— 出现了新的 PRA 结果或修订的 PRA 结果。

—— （有害生物）在分类上发生了变化。

有害生物名录一旦进行了修订，就应该及时更新。在正式法律文本修改后，应该尽快通过实施。

NPPOs 最好在一定时间内，将有害生物名录的变化情况做适当记录（如变更根据、变更日期），以供参考，这便于在发生争议时能够提供质询。

6 规定有害生物名录通报

该名录可以包含在法律、法规、要求或行政决定中，但各缔约方应该建立操作机制，及时通报名录的制定和维护信息。

IPPC 还对官方名录通报及通报语言做出了规定。

6.1 官方通报

IPPC 规定各缔约方要向 IPPC 秘书处及其所属的 RPPOs 通报规定有害生物名录。还应该按要求向其他缔约方通报（见 IPPC 第七条第 2 款第 i 项）。

在向 IPPC 秘书处通报规定有害生物名录时，可以用书面形式，也可用电子形式，包括采用 Internet 方式。

如何将有害生物名录通报给 RPPOs，可由各地区自己决定。

6.2 对规定有害生物名录的要求

NPPO 可以要求其他 NPPOs 通报规定有害生物名录或规定有害生物特定名录。总之，这些要求应该尽可能具体到缔约方所关注的有害生物、商品及其他详细情况。

这些要求是为了：

—— 说明特定有害生物的管控状况。

—— 规范检疫性有害生物的认证。

—— 获得特定商品的规定有害生物名录。

—— 获得与特定商品无关的规定有害生物信息。

—— 更新以前的有害生物名录。

NPPOs 应该及时通报有害生物名录，特别是涉及植物卫生认证所必需的，或者是有利商品贸易的名录，应该优选通报。如果认为包含在规定中的有害生物名录已经足够了，则可以通报该规定的文件副本。

对有害生物名录的要求及回复，均应该通过官方联系点进行。如果可能，该名录也可由 IPPC 秘书处提供，但这是非官方性质的。

6.3 格式及语言

向 IPPC 秘书处或应要向缔约方通报规定有害生物名录时，可以使用 FAO 五种官方语言中的一种即可（IPPC 第十九条第 3 款第 c 项）。

如果缔约方能够通报、对方能够获取且双方均愿意采用电子形式，则可以通过电子方式或适宜的 Internet 网站，通报有害生物名录。

植物卫生措施国际标准

ISPM 20

植物卫生措施国际标准 ISPM 20

进口植物卫生管理体系准则

GUIDELINES FOR A PHYTOSANITARY IMPORT REGULATORY SYSTEM

(2004 年)

IPPC 秘书处

发布历史

本部分不属于标准正式内容。

1995-09 TC-RPPOs added topic Import regulations (1995-003)

1996—1997 IPPC secretariat developed draft text

1997-10 CEPM-4 requested further revision of the draft text

1998-05 CEPM-5 revised draft text

2000-05 ISC-1 requested re-drafting

2001-05 ISC-3 recommended re-drafting by EWG

2002-04 EWG developing draft text

2002-11 SC discussed the matter of Citrus canker

2002—2003 Small working group revised draft text via email

2003-05 SC-7 revised draft text and approved for MC

2003-05 Sent for MC

2003-11 SC revised draft text for adoption

2004-04 ICPM-6 adopted standard

ISPM 20. 2004. Guidelines for a phytosanitary import regulatory system. Rome, IPPC, FAO.

2011年8月最后修订。

目　　录

批准

引言

范围

参考文献

定义

要求概述

要求

1　目的

2　结构

3　权力、义务与责任

3.1　国际协定、原则及标准

3.2　区域合作

4　管理框架

4.1　规定应检物

4.2　对规定应检物的植物卫生措施

4.2.1　对进口货物的措施

4.2.1.1　对特殊进口货物的规定

4.2.1.2　无有害生物区、无有害生物生产地、无有害生物生产点、有害生物低流行区及官方控制计划

4.2.2　进口许可

4.2.3　禁止

4.3　过境货物

4.4　违规处理措施与紧急行动

4.5　管理框架中的其他要素

4.6　NPPO 的法定权力

5　进口管理体系的运行

5.1　NPPO 的管理与运行责任

5.1.1　行政管理

5.1.2　管理体系的建立与修订

5.1.3　监督

5.1.4　有害生物风险分析及有害生物名录制定

5.1.5　审核及符合性检查

5.1.5.1　对出口缔约方的程序审核

5.1.5.2　进口符合性检查

5.1.5.2.1　检查

5.1.5.2.2　取样

5.1.5.2.3　检验（包括实验室检验）

5.1.6　违规与紧急行动

5.1.6.1　违规处理行动

5.1.6.2　紧急行动

5.1.6.3　违规与紧急行动报告

5.1.6.4 取消（进口许可）与修订规定
5.1.7 对非 NPPO 人员的授权制度
5.1.8 国际联络
5.1.9 规定信息通报与发送
5.1.9.1 新规定或修订的规定
5.1.9.2 已制定规定的发送
5.1.10 国内联络
5.1.11 争端解决
5.2 NPPO 的资源
5.2.1 人员及其培训
5.2.2 信息
5.2.3 设备及设施
文件、交流及复审
6 文件
6.1 程序
6.2 记录
7 交流
8 复审机制
8.1 体系复审
8.2 意外事件复审

批准

本标准于 2004 年 3~4 月经 ICPM 第 6 次会议批准。

引言

范围

本标准描述了进口植物卫生管理体系结构、体系运行以及在体系建立、实施和修订过程中应涉及的权力、责任和义务。除了另有规定外，本标准所参照的法规、规定、程序和措施或行动，均可以作为植物卫生法规和规定等的参考。

参考文献

IPPC. 1997. *International Plant Protection Convention*. Rome，IPPC，FAO.

ISPM 1. 1993. *Principles of plant quarantine as related to international trade*. Rome，IPPC，FAO. ［published 1995］［revised；now ISPM 1:2006］

ISPM 2. 1995. *Guidelines for pest risk analysis*. Rome，IPPC，FAO. ［published 1996］［revised；now ISPM 2:2007］

ISPM 3. 1995. *Code of conduct for the import and release of exotic biological control agents*. Rome，IPPC，FAO. ［published 1996］［revised；now ISPM 3:2005］

ISPM 4. 1995. *Requirements for the establishment of pest free areas*. Rome，IPPC，FAO. ［published 1996］

ISPM 5. *Glossary of phytosanitary terms*. Rome，IPPC，FAO.

ISPM 6. 1997. *Guidelines for surveillance*. Rome，IPPC，FAO.

ISPM 7. 1997. *Export certification system*. Rome，IPPC，FAO.

ISPM 8. 1998. *Determination of pest status in an area*. Rome，IPPC，FAO.

ISPM 10. 1999. *Requirements for the establishment of pest free places of production and pest free production sites*. Rome，IPPC，FAO.

ISPM 11. 2004. *Pest risk analysis for quarantine pests including analysis of environmental risks and living modified organisms*. Rome，IPPC，FAO.

ISPM 13. 2001. *Guidelines for the notification of non-compliance and emergency action*. Rome，IPPC，FAO.

ISPM 19. 2003. *Guidelines on lists of regulated pests*. Rome，IPPC，FAO.

ISPM 21. 2004. *Pest risk analysis for regulated non-quarantine pests*. Rome，IPPC，FAO.

WTO. 1994. *Agreement on the Application of Sanitary and Phytosanitary Measures*. Geneva，World Trade Organization.

定义

本标准引用的植物卫生术语定义，见 ISPM 5（植物卫生术语表）。

要求概述

建立进口植物卫生管理体系，旨在防止检疫性有害生物随着进口商品或其他规定应检物传入，或限制规定非检疫性有害生物随之进入。进口植物卫生管理体系应该包括两个部分：一是植物卫生法规、规定和程序架构体系；二是官方服务机构，即 NPPO，负责体系的运行及监督。法规架构体系应该包括：NPPO 履行职责的法定权力、符合商品进口要求的措施以及涉及其他进口商品或规定应检物的措施（包括禁止措施），还包括在出现违规事件时，或必须采取紧急行动时所采取的措施，以及对过境货物的相应措施。

在进口植物管理体系运行过程中，NPPO 将履行其大量职责。根据 IPPC 第四条第 2 款的规定，这些职责包括监督、检查、除害或消毒，开展有害生物风险分析（PRA）和人员培训及培养等。履行职责涉及的相关职能，包括行政管理、审核及符合性检查、对违规事件采取措施、紧急行动、人员授权、争端解决。当然，缔约方还可能委托 NPPOs 完成其他一些任务，如制定规定、修订规定等。因此，为了保证 NPPO 履行职责、行使职能，其必须拥有足够的资源（财力）。此外，还需要加强国内外联络、文件交换、信息沟通及复审工作。

要求

1 目的

建立进口植物卫生管理体系，旨在防止检疫性有害生物随进口商品或其他规定应检物传入，或者限制规定非检疫性有害生物随之进入。

2 结构

进口植物卫生管理体系包括以下两部分：
—— 法规架构，包括植物卫生法规、规定和程序。
—— NPPO，负责体系运行。

这个法规或行政管理体系及其结构，可视缔约方的实际情况而定，特别是一些法规体系要求，要在法律文本中对官方的各项工作加以详细规定，而另一些法规体系则主要是通过行政程序，授权官员履行他们的职责这样一个较为空泛的管理框架体系来实现。因此，本标准只是提供一个一般准则。该制度架构将在第 4 项中详细描述。

NPPO 属于官方服务机构，负责该体系的运行和/或监督（组织和管理）。其他政府机构，如海关，负责控制货物进口（按其职责和分工），应该保持相互联络。NPPO 通常任用自己的官员运行进口管理体系，但也可以授权其他适当的政府机构、非政府组织或个人，依照相关规定，并在其管理下开展工作。对体系运行的规定，见第 5 项。

3 权力、义务与责任

在建立和运行该体系的过程中，NPPO 应该考虑到：
—— 相关国际条约、公约或协定所规定的权力、义务与责任。
—— 相关国际标准所规定的权力、义务与责任。
—— 国家法规和政策。
—— 政府、部或部门、NPPO 的行政管理政策。

3.1 国际协定、原则及标准

在履行国际义务的前提下，各国政府有权制定其进口要求，以达到适当的保护水平标准。这些国际协定、原则和标准，尤其是 IPPC 和 WTO/SPS 协定所规定的权力、责任和义务，影响着进口植物卫生管理体系的结构和实施。这种影响，还表现在对进口规定的起草和采纳、规定的实施及实施过程的具体活动中。

起草、采纳及实施规定，需要共同遵循 ISPM 1:1993（编者注：此标准已于 2006 年重新修订，标准名称也已更改）中的一些原则和观念，如：
—— 透明度。
—— 主权。
—— 必要性。
—— 非歧视性。
—— 影响最小。
—— 协调一致。
—— 技术合理性（如通过 PRA）。

—— 一致性。
—— 风险管理。
—— 修订。
—— 紧急行动及临时措施。
—— 等效性。
—— 无有害生物区和有害生物低流行区。

需要特别注意的是，植物卫生程序和规定，应该考虑到影响最小、经济及可操作性等问题，从而避免对贸易造成不必要的障碍。

3.2 区域合作

区域性组织，诸如区域性植物保护组织（RPPOs）和区域性农业发展组织（Regional Agricultural Development Organizations），可以协调本地区成员之间的"进口管理体系"、加强成员间的信息交流合作，实现互惠互利。

FAO 认可的区域经济一体化组织（Regional Economic Integration Organization），可以根据本组织成员的利益，制定一些规章，颁布一些规定，并组织实施。

4 管理框架

颁布规定是（缔约方）政府的职责（见 IPPC 第四条第 3 款第 c 项）。据此，各缔约方可以授权 NPPO 制定植物卫生规定，运行进口管理体系。缔约方应该制定管理框架，其内容包括：
—— 根据进口管理体系，规定 NPPO 的职责。
—— 根据进口管理体系，授权 NPPO 履行其职责。
—— 权力及程序，如通过 PRA 确定植物卫生措施。
—— 对进口商品或其他规定应检物采取植物卫生措施。
—— 对进口商品和其他规定应检物实施禁止措施。
—— 授权对违规事件采取措施及紧急行动。
—— 规定 NPPO 与其他政府机构之间的相互关系。
—— 实施规定的透明性、详细程序及时限，包括生效期。

按 IPPC 第七条第 2 款第 b 项之规定，各缔约方有义务将其规定进行通报。这些程序，也要求符合相关法规。

4.1 规定应检物

可能成为规定应检物的进口商品，包括那些可能被规定为有害生物侵染或感染的商品。规定有害生物，包括检疫性有害生物和规定非检疫性有害生物。对于检疫性有害生物而言，所有商品都可能是规定应检物；对于规定非检疫性有害生物而言，用于消费或加工的商品，则可以不作为规定应检物，而只有栽培植物被视为规定应检物。下列商品属于规定应检物：
—— 用于栽培种植、消费、加工或其他目的的植物及其产品。
—— 储藏设备。
—— 包装材料（包括垫仓料）。
—— 运输工具及运输设施。
—— 土壤、有机肥及相关原料。
—— 能滋生或传播有害生物的生物。
—— 具有潜在污染的设备（如使用过的农具、军用设备及掘土机械）。
—— 科学研究材料。
—— 国际旅客的个人物品。

—— 国际邮件，包括国际快件。
—— 有害生物及生物防治材料[①]。

规定应检物名录应该发布公告。

4.2 对规定应检物的植物卫生措施

除非出于植物卫生需要且技术合理，缔约方不得对进口商品采取诸如禁止、限制或其他进口要求等措施。在采取植物卫生措施时，各缔约方应该遵守国际标准、相关要求及IPPC的相关规定。

4.2.1 对进口货物的措施

各缔约方应该按规定，制定针对进口植物、植物产品和其他规定应检物等货物[②]的管理措施。这些措施可以是通用的，针对所有商品；也可以是特殊措施，只针对特定地区的特定商品。可以在进口前、进口时，也可以在进口后采取措施。当然，在适当时候，也可采用系统方法。

出口国NPPOs（按ISPM 7:1997规定）实施的验证措施包括：

—— 出口前检查。
—— 出口前检验（测）。
—— 出口前处理。
—— 用规定植物卫生状况的植物生产（如由经过病毒检测的植物生产，或由在规定环境下生长的植物生产）。
—— 出口前在生长季节进行检查或检验（测）。
—— 货物原产地属于无有害生物生产地，无有害生物生产点，有害生物低流行区，或无有害生物区。
—— 实施许可程序。
—— 维持货物的完整性。

在运输过程中采取的措施包括：

—— 处理（如采用适当的物理或化学药品处理）。
—— 保持货物完整性。

在进境时采取的措施包括：

—— 文件核查。
—— 验证货物的完整性。
—— 对运输过程中的处理情况进行验证。
—— 植物卫生检查。
—— 检验（测）。
—— 处理。
—— 扣留货物（等待检验结果或对处理效果进行确认）。

在进境后采取的措施包括：

—— 扣留（如在进境检疫站内）检查、检验或处理等检疫措施。
—— 扣留在指定地点以采取规定措施。
—— 限制货物销售或使用（如仅限于加工）。

其他措施包括：

—— 实行许可或许可证。

[①] 有害生物和生物防治材料本身不属于"规定应检物"（IPPC第二条第1款），但如果符合技术合理性规定，也可以对其采取植物卫生措施（IPPC第六条、第七条第1款第c、d项），因此本标准将其归入规定应检物中。

[②] 本标准包括所有进入国境的货物（过境除外），如到自由贸易区（包括免税区及海关封存）的货物以及其他部门扣留的货物。

—— 限定进境口岸（对特定商品）。
—— 在特定货物到达前，要求进口商要事先通报。
—— 对出口缔约方的程序进行审核。
—— 预清关。

在进口管理体系中，应该规定：对出口缔约方提出的替代措施需要进行评估后，才能决定是否采纳，如果一旦采纳，就应该承认它们具有等效性。

4.2.1.1 对特殊进口货物的规定

为了科研、教育或其他目的，需要进口有害生物、生物防治材料（参见 ISPM 3:1995。编者注：该标准现已于 2005 年修订，名称也已更改）或其他规定应检物，缔约方可以对此做出特殊规定。只有当这些货物达到适当的安全要求时，方能允许进口。

4.2.1.2 无有害生物区、无有害生物生产地、无有害生物生产点、有害生物低流行区及官方控制计划

进口缔约方可以指定其无有害生物区（按 ISPM 4:1995）、有害生物低流行区，对其实施官方控制计划。进口缔约方要制定规定，对这些区域进行保护和维持，但此类措施应该符合非歧视性原则。

在进口规定中，应该承认出口缔约方指定的上述区域，以及按官方程序认可的其他区域（如无有害生物生产地和无有害生物生产点），还包括那些被认可的处理机构设施（备），因为其处理措施具有等效性。在管理体系中，还有必要规定：对其他缔约方 NPPOs 提出的指定区域进行评估和认可，并对此做出相应反馈。

4.2.2 进口许可

进口许可，既可以是一般许可，也可以实行每批特别许可。

一般许可

一般许可适用于：
—— 对进口没有特殊要求。
—— 虽有特殊要求，但在进口许可要求中已对商品范围做了规定。

一般许可不需要许可证或许可，但在进境时需要进行检查。

特别许可

特别许可，是指需要持有特别许可证或许可，官方才允许进口。这类许可，可以针对某个产地的一批货物，也可以针对多批货物。特别许可包括：
—— 紧急进口或特殊进口。
—— 进口时有特殊要求和单独要求，如有进口后检疫要求，需要指定用途，或用于研究等。
—— NPPO 要求在一定时间内对进口货物追溯到原料。

需要指出的是，有些国家可能利用许可（证）规定一般进口条件。但是，如果类似的特别许可已成为日常事务，则鼓励采取一般许可规定。

4.2.3 禁 止

禁止进口，可以针对整个产地的某种商品或其他规定应检物，也可以针对某个产地的所有商品或规定应检物。但是，采取进口禁止措施，必须是在风险管理中没有其他替代措施时才能采用，且要符合技术合理性要求。各国 NPPO 应该做出规定，对各种措施的等效性进行评估，且必须对贸易影响最小。如果相关措施达到了适当的保护水平标准，各缔约方应该授权其 NPPO 对进口规定进行修订。禁止措施，只适用于检疫性有害生物（Quarantine Pests），不适合规定非检疫性有害生物（Regulated Non-Quarantine Pests），不过要求后者必须达到有害生物的容许量水平标准。

禁止进境物，可能是用于研究或其他目的，因此需要规定进口条件，如可以借助特别许可（证）制度，达到适当的安全水平标准。

4.3 过境货物

根据 ISPM 5（植物卫生术语表），过境货物不属于进口货物。但是，在进口管理体系中，已扩大了范围，将过境货物纳入其中，并规定制定技术合理性措施，防止有害生物的传入和/或扩散（根据 IPPC 第七条第 4 款）。这些措施，要求对过境货物进行跟踪，确保其完整性，并保证离开过境国家。各缔约方可以规定进境口岸、过境路线、运输条件及过境期限。

4.4 违规处理措施与紧急行动

进口管理体系，应该对违规处理措施和紧急行动做出规定（参见 IPPC 第七条第 2 款第 f 项；详见 ISPM 13:2001），但需要遵守（对贸易）影响最小原则。

对于进口货物或其他规定应检物，不符合规定、当初被拒绝入境的，应该采取如下措施：
—— 处理。
—— 挑选或重新整理。
—— 对规定应检物进行消毒［包括对设施（备）、场所、储藏区、运输工具的消毒］。
—— 指定特定用途，如加工。
—— 转运。
—— 销毁（如焚烧）。

如果发现违规事件或其他需要采取紧急行动的意外事件，可能会导致对现行规定进行修订，或吊销、或暂停进口许可（证）。

4.5 管理框架中的其他要素

要承担国际协定所规定的义务，需要一定的法规作支持；要履行这些义务，或许需要通过行政手段来实现。这些措施包括：
—— 违规情况通报。
—— 有害生物报告。
—— 指定一个官方联络点。
—— 规定信息公告和传送要求。
—— 国际合作。
—— 修订规定及文件。
—— 等效性认可。
—— 指定进境口岸。
—— 官方文件通报。

4.6 NPPO 的法定权力

为了履行义务（IPPC 第四条），NPPO 官员及其授权的人员应该拥有如下法定权力：
—— 进入企业的生产场所、运输工具或者商品、规定有害生物或其他应检物的存放（或发生）地。
—— 对规定应检进口商品或其他规定应检物进行检查或检验。
—— 从进口商品、其他应检物中或规定有害生物发现地扦取样品（分析后可能被销毁）。
—— 扣留进口货物或其他规定应检物。
—— 对进口货物或其他规定应检物进行处理或要求进行处理，包括对运输工具、发现规定有害生物的场所或商品进行处理。
—— 拒绝货物进口，令其重新整理，或销毁。
—— 采取紧急行动。
—— 设立并征收进口活动相关费用或罚款（供选项）。

5 进口管理体系的运行

NPPO 负责进口管理体系的运行和监督（组织与管理）（见第 2 项第 3 小项）。这个责任在 IPPC

第四条第 2 款也专门做了规定。

5.1 NPPO 的管理与运行责任

NPPO 应该建立管理体系，并具有履行相关职责的资源（财力）。

5.1.1 行政管理

NPPO 负责进口管理体系的行政管理，应该确保植物卫生法规、规定和国际标准在执行上的有效性和一致性。这可能要求其他政府部门或机构如海关，相互配合。对于进口管理体系，应该在国家层面上进行协调，但可以根据职能、区域或机构状况，进行组织分工。

5.1.2 管理体系的建立与修订

签署植物卫生规定，是 IPPC（第四条第 3 款第 c 项）对每个（缔约方）政府规定的责任。根据此规定，各国政府可以要求其 NPPO 制定或修订相应的植物卫生规定。这项工作可以由 NPPO 通过咨询自主完成，也可以与其他机构相互合作。一个合理的规定，需要通过正常的法律和咨询程序来制定、维持和作适当修订，且要符合现行国际协定。与相关机构，也包括受到影响的行业和私人团体，进行咨询与合作，有利于它们对管理决策的理解和认可，这也有利于对规定做出改进。

5.1.3 监督

植物卫生措施的技术合理性，部分是由本国规定有害生物状况所决定的。但有害生物状况是可能发生变化的，因此进口规定亦需要进行修订。进口缔约方只有对其栽培或非栽培作物有害生物状况进行监督，才能获得足够信息（见 ISPM 6:1997），这对 PRA 和制定有害生物名录，都是必需的。

5.1.4 有害生物风险分析及有害生物名录制定

技术合理性，如通过 PRA 确定有害生物是否为规定有害生物，对其采取何种植物卫生措施，是非常必要的（参见 ISPM 11:2004、ISPM 21:2004）。PRA 可以针对一种有害生物，也可以针对某种传播途径（如商品）的所有有害生物。在对商品进行归类时，可以按商品加工标准分，也可以按预期用途分。因此要制定规定有害生物名录（ISPM 19:2003），并进行通报（IPPC 第七条第 2 款第 i 项）。如果有国际标准，就应该采纳其相关措施，否则，除非技术合理外，不得实施比它们更加严厉的措施。

对 PRA 的管理框架，无疑应该建立好文档，如果可能，还应该包含每个 PRA 完成的时限，并按优先顺序建立索引目录。

5.1.5 审核及符合性检查

5.1.5.1 对出口缔约方的程序审核

进口规定常常对出口缔约方有具体要求，如对生产程序（通常为作物栽培期间）或专用处理程序的要求。在某些情况下，如开展新的贸易时，可能要求与出口缔约方 NPPO 合作，由进口缔约方 NPPO 在出口国进行审核，其审核内容包括：

—— 生产体制。
—— 处理。
—— 检查程序。
—— 植物卫生管理。
—— 认可程序。
—— 检验（测）程序。
—— 监督。

进口缔约方应该告知其审核范围。这种审核通常写入双边协定、协议或与促进贸易相关的工作计划中，其范围可以扩展到出口缔约方的通关、进口缔约方的简化入境手续等诸方面。但这种程序，不应该视为一个永久措施，而且还必须得到出口缔约方的认可和批准。本方法还有时间上的限制，与下面第 5.1.5.2.1 项所述的预清关检查的情形不同。审核结果，应该向出口缔约方 NPPO 通报。

5.1.5.2 进口符合性检查

这里主要有三个方面的检查：
—— 文件核查。
—— 货物完整性检查。
—— 植物卫生检查、检验（测）等。

对进口货物或其他规定应检物的符合性检查包括：
—— 确认其是否符合植物卫生规定。
—— 检查植物卫生措施是否能有效防止检疫性有害生物传入，是否能限制规定非检疫性有害生物（RNQPs）进入。
—— 监测潜在检疫性有害生物或检疫性有害生物，因为它们随着该商品的传入情况尚无法预知。

开展植物卫生检查，应当由 NPPO 或在其授权之下进行。

应该及时开展符合性检查（IPPC 第七条第 2 款第 d、e 项）。检查时，还需要相关部门如海关的配合，从而减少对贸易的干扰，降低对易腐烂产品的影响。

5.1.5.2.1 检查

检查，可以在进境口岸进行，也可以在转运地、目的地或其他口岸进行，如可在主要交易市场进行，但必须保证货物的植物卫生完整性，并实施了适当的植物程序。如果有双边协议的，也可以与出口缔约方 NPPO 合作，作为预清关计划的一部分，在原产国进行检查。

植物卫生检查，应该符合技术合理性要求，涉及以下内容：
—— 作为入境条件，检查所有货物。
—— 作为进口监控计划的一部分，在风险预测的基础上，制定监控水平标准（如检查批次）。

检查和取样程序，可以按一般程序和特殊程序制定，只要能达到预期目的即可。

5.1.5.2.2 取样

为了植物卫生检查、实验室检验或参考佐证，可以从商品中扦取样品。

5.1.5.2.3 检验（包括实验室检验）

检验（测）包括：
—— 对发现的有害生物进行鉴定。
—— 对鉴定结果进行确认。
—— 对检查时未能发现的有害生物侵染情况进行核查，看是否符合要求。
—— 检查潜伏性有害生物的感染情况。
—— 审核或监控。
—— 参考佐证材料，尤其是出现违规情况的材料。
—— 对申报产品进行验证。

检验，应由经验丰富的人员按正规程序并尽量遵循已达成的国际协议进行。如果需要对检验结果进行确认，建议与国际学术专家或研究所合作。

5.1.6 违规与紧急行动

详见 ISPM 13:2001 中的有关规定。

5.1.6.1 违规处理行动

对下列违反进口规定的情况，可以采取植物卫生行动：
—— 在规定应检货物中发现检疫性有害生物。
—— 在进口植物或植物产品中发现 RNQPs 超过规定容许量。
—— 有证据表明不符合（双边协定、协议或进口许可）要求。这些证据来自田间调查、实验室检验、生产商注册、机构设施（备）注册，或者有害生物监测或监督信息等。
—— 截获了非法进口货物，诸如未申报的商品、土壤、其他禁止进境物，或者需要做特殊处理但未做处理的物品。
—— 植物卫生证书或必备文件失效或遗失。
—— 禁止进境的货物或物品。
—— 不符合"过境"要求。

采取措施，可视情况而定，但起码要保证能控制已确知的风险。如果发现行政管理方面的失误，如出现植物卫生证书不完善问题，可以通过与出口缔约方 NPPO 联系加以解决。此外，还有其他违规情况，需要采取措施，包括：

扣留——当需要获得进一步信息时采用此方法，但要尽可能避免对货物造成损坏。
挑选及重新整理——对货物进行重新挑选和整理，包括重新包装，去除受影响的产品。
处理——如果处理有效，NPPO 常采用此方法。
销毁——NPPO 认为无法进行处理时，采取此措施。
转运——将违规商品转运出本国。

如果在进口货物中，发现有关 RNPQs 的违规情况，可通过处理、降级、重新归类（如允许作为国内相应的生产原料）等方法，将有害生物控制到容许量水平标准，但这些措施应该与其在国内所采取的措施相一致。

NPPO 负责签发指令，并检查执行情况。通常 NPPO 负责执行工作，但可以授权其他机构参与协助。

在一些特殊情况下，NPPO 可以不对规定有害生物或其他违规情况采取植物卫生措施，因为它不符合技术合理性要求，比如不存在有害生物定殖或扩散风险（商品的预期用途变成消费及加工，或者有害生物处于生活史中不能定殖、不能扩散的时期）或其他原因。

5.1.6.2 紧急行动

当发现新的或未曾遇到过的植物卫生情况，如监测到检疫性有害生物或潜在检疫性有害生物时，可以采取紧急行动，如：

—— 尚无植物卫生规定的货物。
—— 发现规定应检物或以前未曾见过的规定应检物，但尚无规定措施。
—— 进口商品对运输工具、贮存地或其他地方造成了污染。

采取与违规事件类似的处理措施，可能是适宜的。但采取这种措施，可能导致对现行植物卫生规定进行修订，或者审查技术合理性并进行完善的问题，但在此之前，需要采取临时措施。

通常，针对以下情况，需要采取紧急行动：

未曾评估的有害生物——由于未列入有害生物名录中，该生物在以前没有进行过评估，因此，可能需要采取紧急植物卫生行动。在截获时，NPPO 认为它们有植物卫生风险，可以初步归于检疫性有害生物类。在此情况下，NPPO 需要提供可靠的技术根据。如果制定了临时措施，NPPO 应该积极获取信息，尽可能请出口缔约方 NPPO 参与，及时开展 PRA 工作，确定其是否为规定有害生物或非规定有害生物。

未规定为特定传入途径的有害生物——对这类有害生物也可以采取紧急植物卫生行动。这是因为，虽然它们为规定有害生物，但由于在制定名录或措施时，还未能预见到它们的产地、商品或条件，因而未将其列入名录中，或者没有对此做出规定。但如果可以预见在相同或相似的条件下，这类有害生物可能会发生，就应该将它们列入适当的有害生物名录中，并采取相应措施。

鉴定未果的有害生物——在某些情况下，也可以对它们采取植物卫生行动，其原因是有害生物尚未鉴定出来，或者在分类学上还没有描述清楚。一方面，这个标本还未曾描述过（分类学上还没有记载），无法进行分类，或者它处于生活史中的某个形态，无法鉴定到所要求的分类阶段。既然鉴定工作难于进行下去，如果 NPPO 要采取植物卫生行动，就应该提供可靠的技术根据。

在日常监测中发现的有害生物，如果因其形态（如卵、低龄幼虫、未发育全的虫态等）无法进行深入鉴定，但应该尽量收集标本，以期达到鉴定目的。加强与出口缔约方的联系，会有助于鉴定工作，或能为鉴定工作提供推断性信息。在这种情况下，就可以临时对有害生物采取植物卫生行动。一旦鉴定完毕，且通过 PRA 证明需要采取植物卫生行动，NPPO 就应该将其列入相应的规定有害生物名录中，注明鉴定情况及采取行动的根据。当所发现的该形态的有害生物，是根据推断性方法进行鉴定的，如果要采取进一步行动，就应该告知相关利益方。但是，采取这种行动，也只能针对这样的原产地，即它的有害生物风险已经得到确认，且在进口货物中不能排除检疫性有害生物发生的可能性时才可以。

5.1.6.3 违规与紧急行动报告

各缔约方应该向 IPPC 秘书处报告截获情况、违规事件和紧急行动，以便出口缔约方了解其对产品采取植物卫生行动的根据，同时帮助纠正出口管理体系中存在的问题。收集和传送这些信息，对该体系来讲，十分必要。

5.1.6.4 取消（进口许可）与修订规定

如果反复出现违规、重大违规和不断截获现象，需要采取紧急行动时，进口缔约方 NPPO 可以取消进口授权（如许可），修订规定，制定紧急或临时措施（包括修订进口程序或禁止进口）。进口缔约方应该及时向出口缔约方通报这些情况，并指明做出此类改变的根据。

5.1.7 对非 NPPO 人员的授权制度

NPPOs 可以在其管理之下，在职责范围内，向其他政府机构、非政府组织、代理机构或个人授权，让其履行某些有明确规定的工作职能。为了达到 NPPO 的要求，需要制定操作程序。此外，还要制定能力验证、审核、纠偏、体系复审和取消授权等相关程序。

5.1.8 国际联络

各缔约方有以下国际义务（IPPC 第七条、第八条）：
—— 提供官方联络点。
—— 通报指定的进境口岸。
—— 公布并发送规定有害生物名录、植物卫生要求、限制或禁止信息。
—— 通报违规事件及应急措施（ISPM 3:2001）。
—— 按要求提供制定植物卫生措施的根据。
—— 提供相关信息。

在履行上述各项义务时，要求行政管理工作能够快捷高效。

5.1.9 规定信息通报与发送

5.1.9.1 新规定或修订的规定

在拟制定新规定或修订规定时，应该向相关缔约方通报并提供相关信息，留出合理的评议期和实施时间。

5.1.9.2 已定规定的发送

已定的进口规定及相关条款，应该向相关缔约方、IPPC 秘书处及 RPPOs（为其成员）通报。也可以采取适当程序，向其他利益攸关方（如进出口行业组织及其代表）进行通报。鼓励 NPPO 以公开出版物的形式发布进口管理信息，如果条件许可，也可以采用电子方式如 INTERNET，建立与 IPP（IPPC 植物卫生国际门户网）的链接（http://www.ippc.int）。

5.1.10 国内联络

为了促进国内合作、信息共享以及联合通关事宜，有关政府机关或服务机构之间应该制定相关联络程序。

5.1.11 争端解决

实施进口管理体系，可能会引起与其他国家的争端。在 NPPOs 之间，应该建立磋商和信息交流制度，制定争端解决程序。在准备启动正式的国际争端解决程序前，"相关各方应该相互磋商，尽快解决"（见 IPPC 第十三条第 1 款）。

5.2 NPPO 的资源

各缔约方应该向其 NPPO 提供适当的资源（财力），保证它们能履行职责（见 IPPC 第四条第 1 款）。

5.2.1 人员及其培训

NPPO 应该开展以下工作：

——聘用具有合格资质和技能的人员并授权。

——对所有受聘人员进行适当的持续不断的培训，确保他们能够胜任各自负责的工作。

5.2.2 信息

NPPO 应该尽量向其人员充分提供信息，特别是：

——指导性文件、程序和工作指南，其中涉及进口管理体系各个方面的内容。

——规定有害生物信息（包括生物学、寄主范围、传入途径、地理分布、监测及鉴定方法、处理方法等）。

NPPO 应该获取本国有害生物发生情况的信息（最好是有害生物名录），以便于开展 PRA 归类工作。同时，NPPO 还应该保存所有规定有害生物名录，详见 ISPM 19:2003。

当有害生物在某国发生时，应该保存其分布情况、无有害生物区、官方控制等相关信息；如果为 RNQPs，要保留对栽培植物的官方控制计划信息。各缔约方应该公布其境内的规定有害生物名录、预防措施，并将相关责任委派给 NPPOs。

5.2.3 设备及设施

NPPO 应该保证拥有足够的设备及设施，以便完成：

——检查、取样、检验、监督及货物验证程序。

——信息交流及获取（尽量用电子手段）工作。

文件、交流及复审

6 文件

6.1 程序

NPPO 应该保存指导性文件、程序和工作指南，其中包含实施进口管理体系的各方面内容。存入档案的程序包括：

——有害生物名单的制定。

——有害生物风险分析。

——如可能，还包括无有害生物区建立、低有害生物流行区、非有害生物生产地或生产点及官方控制计划。

——检查、取样及检验方法（包括保持样品完整性的方法）。

——对违规情况所采取的措施，包括处理措施。

——违规情况通报。

——紧急行动通报。

6.2 记录

需要保存的记录，涉及进口规定而采取的各种措施、结果及决定等，可酌情参考相关 ISPMs 的规定，记录包括：

——有害生物风险分析文件（参照 ISPM 11:2004 及其他相关 ISPMs 标准）。

——建立无有害生物区、有害生物低流行区及有害生物官方控制计划（包括有害生物分布、维持无有害生物区或有害生物低流行区的措施等信息）文件。

—— 检查、取样及检验记录。
—— 违规与紧急行动（参照 ISPM 13:2001）。

如果适当，还可以保存进口货物的记录：
—— 指定的最终用途。
—— 入境后的检疫或处理程序。
—— 根据有害生物风险需要采取的后续行动（如追溯）。
—— 对进口管理体系的必要管理。

7 交流

NPPO 应该建立交流机制，确保与下列机构进行联系：
—— 进口商及其行业代表。
—— 出口缔约方 NPPOs。
—— IPPC 秘书处。
—— RPPOs（为其成员）秘书处。

8 复审机制

8.1 体系复审

各缔约方应该定期对其进口管理体系进行复审。审核内容包括对植物卫生措施有效性的监控、对 NPPO 及其授权的组织或个人各项工作的审查，还包括根据需要对植物卫生法规、规定和程序进行修订等情况的审查。

8.2 意外事件复审

NPPO 应该制定复审程序，对违规事件及紧急行动进行复审。这种审查，可能会导致采纳植物卫生措施，或对植物卫生措施进行修订。

植物卫生措施国际标准

ISPM 21

植物卫生措施国际标准 ISPM 21

规定非检疫性有害生物风险分析

PEST RISK ANALYSIS FOR REGULATED NON-QUARANTINE PESTS

(2004 年)

IPPC 秘书处

发布历史

本部分不属于标准正式内容。

2001-04 ICPM-3 added topic Pest risk analysis for regulated non-quarantine pests (2001-003)

2002-05 SC approved Specification 9 Pest risk analysis for regulated non-quarantine pests

2003-02 EWG developed draft text

2003-05 SC-7 revised draft text and approved for MC

2003-06 Sent for MC

2003-11 SC revised draft text for adoption

2004-04 ICPM-6 adopted standard

ISPM 21. 2004. Pest risk analysis for regulated non-quarantine pests. Rome, IPPC, FAO.

2011 年 8 月最后修订。

目　　录

批准

引言

范围

参考文献

定义

要求概述

背景

1　预期用途与官方控制

1.1　预期用途

1.2　官方控制

要求

规定非检疫性有害生物风险分析（PRA）

2　第一步 起始

2.1　起始点

2.1.1　从作为 RNQPs 传入途径的栽培植物开始的 PRA

2.1.2　从有害生物开始的 PRA

2.1.3　从对植物卫生政策进行复审或修订开始的 PRA

2.2　PRA 地区的确定

2.3　信息

2.4　对先前 PRA 的复审

2.5　起始结论

3　第二步 有害生物风险评估

3.1　有害生物归类

3.1.1　归类的基本要素

3.1.1.1　确定有害生物、寄主植物、待分析的植物部分及其预期用途

3.1.1.2　有害生物与栽培植物的关系及对预期造成的损失

3.1.1.3　有害生物发生及其管理状况

3.1.1.4　有害生物对栽培植物预期用途造成的经济损失指标

3.1.2　有害生物归类 结论

3.2　对栽培植物是否为有害生物主要侵染源进行评估

3.2.1　有害生物生活史与寄主植物的关系、有害生物流行学及其侵染源

3.2.2　确定对有害生物侵染源造成的相关经济损失

3.2.3　对栽培植物是否为有害生物主要侵染源的评估结论

3.3　对栽培植物预期用途造成的经济损失评估

3.3.1　有害生物造成的损失

3.3.2　与预期用途相关的侵染及损失阈值

3.3.3　经济损失分析

3.3.3.1　分析方法

3.3.4　经济损失评估 结论

3.4　不确定度

3.5　有害生物风险评估 结论

4 第三步 有害生物风险管理
4.1 必要的技术信息
4.2 风险水平标准及可接受度
4.3 在风险管理措施确定及选择过程中需要考虑的因素
4.3.1 非歧视性
4.4 容许量
4.4.1 零容许量
4.4.2 适当容许量水平标准的选择
4.5 达到规定容许量水平标准的备选方案
4.5.1 生产区
4.5.2 生产地
4.5.3 父母本繁殖材料
4.5.4 栽培植物货物
4.6 对容许量水平标准的验证
4.7 风险管理 结论
5 植物卫生措施监控及复审
6 有害生物风险分析文件

批准

本标准于 2004 年 3~4 月经 ICPM 第 6 次会议批准。

引言

范围

本标准为开展规定非检疫性有害生物（RNQPs）风险分析（PRA）提供准则。标准完整地描述了风险评估及达到规定容许量水平标准的风险管理措施选择的全部内容。

参考文献

IPPC. 1997. *International Plant Protection Convention*. Rome, IPPC, FAO.

ISPM 1. 1993. *Principles of plant quarantine as related to international trade*. Rome, IPPC, FAO. [published 1995] [revised; now ISPM 1:2006]

ISPM 2. 1995. *Guidelines for pest risk analysis*. Rome, IPPC, FAO. [published 1996] [revised; now ISPM 2:2007]

ISPM 4. 1995. *Requirements for the establishment of pest free areas*. Rome, IPPC, FAO. [published 1996]

ISPM 5. *Glossary of phytosanitary terms*. Rome, IPPC, FAO.

ISPM 5 Supplement 1. 2001. *Guidelines on the interpretation and application of the concept of official control for regulated pests*. Rome, IPPC, FAO.

ISPM 5 Supplement 2. 2003. *Guidelines on the understanding of potential economic importance and related terms including reference to environmental considerations*. Rome, IPPC, FAO.

ISPM 6. 1997. *Guidelines for surveillance*. Rome, IPPC, FAO.

ISPM 10. 1999. *Requirements for the establishment of pest free places of production and pest free production sites*. Rome, IPPC, FAO.

ISPM 11. 2004. *Pest risk analysis for quarantine pests including analysis of environmental risks and living modified organisms*. Rome, IPPC, FAO.

ISPM 14. 2002. *The use of integrated measures in a systems approach for pest risk management*. Rome, IPPC, FAO.

ISPM 16. 2002. *Regulated non-quarantine pests: concept and application*. Rome, IPPC, FAO.

WTO. 1994. *Agreement on the Application of Sanitary and Phytosanitary Measures*. Geneva, World Trade Organization.

定义

本标准引用的植物卫生术语定义，见 ISPM 5（植物卫生术语表）。

要求概述

开展规定非检疫性有害生物（Regulated Non-Quarantine Pests，RNQPs）PRA 工作，是在特定的 PRA 地区，评估有害生物对栽培植物的风险，根据容许量水平标准尽可能选择风险管理措施。本工作分以下三步。

第一步（起始）：与栽培植物相关的有害生物虽然不是检疫性有害生物，但需要加强管理，且对拟定的 PRA 地区而言，需要进行 PRA。

第二步（风险评估）：对每个与栽培植物相关的有害生物、植物的预期用途进行归类，确定其是否符合 RNQPs 标准。评估包括栽培植物是否为有害生物的主要侵染源，有害生物对植物预期用途造成的损失是否达到了不可接受水平标准。

第三步（风险管理）：确定有害生物容许量水平标准，避免第二步确定的有害生物造成不可接受的经济损失，并提出达到该容许量水平标准的风险管理方案。

背景

有些有害生物虽然不属于检疫性有害生物,但需要采取植物卫生措施,原因在于,当它们在栽培植物上发生危害时,会对植物的预期用途造成不可接受的经济损失。这类有害生物,被称之为规定非检疫性有害生物,它们在进口缔约方已经发生且广泛分布,其经济损失情况也已为人们所熟知。

对于特定的 PRA 地区,开展针对 RNQPs 的 PRA 工作,就是要评估其对栽培植物的风险性,要尽可能确定达到某个容许量水平的风险管理方案。

针对 RNQPs 的植物卫生措施,应该符合 IPPC 技术合理性规定(IPPC,1997)。对 RNQPs 进行归类,以及对其相关的进口植物采取限制措施,应该由 PRA 确定。

栽培植物是否为有害生物的传入途径,是否为主要的侵染源(传播途径),有害生物是否能对植物的预期用途造成不可接受的经济损失,这些都必须进行论证。但由于 RNQPs 属于已经发生的有害生物,所以其定殖可能性或长远经济损失不必评估,市场准入(如进入出口市场)及环境影响也不必评估。

至于官方控制要求,参见 ISPM 5 补编 1(规定有害生物官方控制概念翻译及应用准则)和 ISPM 16:2002 关于 RNQPs 的定义。在做 PRA 时,也应该将这些标准考虑进去。

1 预期用途与官方控制

进一步理解 RNQPs 的有关定义,对应用本标准十分重要。

1.1 预期用途

栽培植物的预期用途可归纳如下:
—— 种植后直接用于生产其他商品(如水果、切花、木材和谷物)。
—— 种植后增加同种植物的数量(块茎、切条、种子、根茎)。
—— 保持种植栽培能力(如观赏植物),还包括用于礼仪、美学及其他用途的植物。

用于增加同种数量的栽培植物,可以按一个认证计划来生产不同类型的植物,如可用于栽培,或进一步用作繁殖材料。作为 PRA 的一部分,这种差异对于确定损失阈值和风险管理措施尤为重要。但是,这种区分应该符合技术合理性要求。

在区分用途时,可以按商业用途(销售或准备销售)和非商业用途(不销售,或仅限于个人少量种植之用)进行划分,但亦要符合技术合理性要求。

1.2 官方控制

在 RNQPs 的定义中,"规定的"就是指官方控制的。对 RNQPs 实施官方控制,就是要对其采取植物卫生措施,以减少其对特定栽培植物造成危害的程度(参见 ISPM 16:2002 第 3.1.4 项)。

在规定有害生物官方控制概念的翻译及应用中,有以下相关原则和标准:
—— 非歧视性。
—— 透明度。
—— 技术合理性。
—— 强制执行。
—— 强制性。
—— 应用地区。
—— NPPO 的权力及其事务。

针对 RNQPs 实施的官方控制计划,其范围可以涉及一个国家、一个地区或一个地方(参见 ISPM 5 补编 1)。

要求

规定非检疫性有害生物风险分析（PRA）

在大多数情况下，PRA 按下列程序进行，但也未必一定要按部就班。有害生物风险评估的复杂程度，需视不同情况及技术合理性要求而定。本标准允许在开展特定 PRA 时，可以不按照 ISPM 1：1995（编者注：本标准现已于 2006 年修订）和 ISPM 5 补编 1 关于必要性、影响最小、透明度、等效性、风险管理及非歧视性原则等规定执行。

2 第一步 起始

本步旨在确定与栽培植物相关的有害生物是否为 RNQPs，并将其在拟定的 PRA 地区对栽培植物的预期用途造成的风险进行分析。

2.1 起始点

对于 RNQPs 的 PRA，可能源于以下三点：
—— 认为栽培植物可能成为 RNQPs 潜在的传入途径。
—— 认为有害生物可能符合 RNQPs 标准。
—— 对植物卫生政策及优先性的复审或修订，包括对官方植物卫生认证计划进行复审或修订。

2.1.1　从作为 RNQPs 传入途径的栽培植物开始的 PRA

下列情况需要对栽培植物开展新的 PRA，或需要对 PRA 进行修订：
—— 需要将新的栽培植物纳入管理范畴。
—— 已证实栽培植物对有害生物的感染力或抗性发生了改变。

可以通过官方信息来源、数据库、科学文献等信息渠道收集信息，然后将与栽培植物有关的有害生物名录列出来。这个名录最好先咨询专家进行优化。如果没有潜在的 RNQPs，则 PRA 结束。

2.1.2　从有害生物开始的 PRA

下列情况需要对与栽培植物相关的某种有害生物开展新的 PRA，或对 PRA 进行修订：
—— 通过科学研究证明，某种有害生物存在新的风险（如有害生物毒性发生变化、某种生物成为有害生物的媒介生物）。
—— 在 PRA 地区发生了下列情况：
　· 某种有害生物的流行或发生情况发生了变化。
　· 有害生物状况发生了变化（如检疫性有害生物已经广泛发生，或者不再是检疫性有害生物）。
　· 一种新的有害生物发生，但又不宜规定为检疫性有害生物。

2.1.3　从对植物卫生政策进行复审或修订开始的 PRA

—— 由于政策改变需要开展新的 PRA，或对 PRA 进行修订：
—— 由于官方控制计划原因（如认证计划），包括在 PRA 地区加强对某种 RNQPs 的管理措施，以防止对栽培植物造成不可接受的经济损失。
—— 为了增加对 PRA 地区已做出规定的进口栽培植物的植物卫生要求。
—— 新制度、方法、植物保护措施或新信息影响到先前的决策（包括制定新处理措施，废除旧处理措施、采用新的诊断方法）。
—— 决定对植物卫生规定、要求或操作规程进行复审（如决定将某种检疫性有害生物归为 RNQPs）。
—— 经其他国家、RPPOs 或国际组织（FAO）提议需要做出评估。
—— 由于采取植物卫生措施引起了争议。

2.2 PRA 地区的确定

为了进行或准备进行官方控制，得到相关信息，应该确定出 PRA 地区。

2.3 信息

收集信息是贯穿 PRA 全过程的基本工作，其重要意义在于，在初期可以弄清有害生物种类、发生、经济损失及相关的栽培植物。此外，也为决定 PRA 是否还需要继续进行下去提供根据。

PRA 信息可以来自各种渠道，由官方提供有害生物情况信息是 IPPC 的规定（第八条第 1 款第 c 项）。IPPC 同时要求建立官方联络点（第八条第 2 款）。

2.4 对先前 PRA 的复审

在开展新的 PRA 之前，应该弄清是否有栽培植物、有害生物需要进行 PRA。如果已有其他目的 PRA，如针对检疫性有害生物的，可以为此提供有益参考。如果以前已有过 PNQPs 的 PRA，就需要验证情况有无变化。

2.5 起始结论

本步骤结束时，已确定出与栽培植物相关联的有害生物是否为潜在的 RNQPs。如果是，则 PRA 继续进行。

3 第二步 有害生物风险评估

有害生物风险评估又分为三小步：
—— 有害生物归类。
—— 对栽培植物是否为有害生物的主要侵染源进行评估。
—— 对栽培植物预期用途造成的经济损失进行评估。

3.1 有害生物归类

最初，还不知道第一步确定的哪些有害生物还需要进一步开展 PRA。而本步的归类，就是要将有害生物逐个与 RNQPs 标准进行比较，判定其是否为 RNQP。

在第一步确认出的有害生物或有害生物名录，需要进一步进行归类和风险评估。在开展进一步的分析前，通过归类，剔除某种或某些生物是非常有意义的。

归类的好处，就在于所用证据不多。但需要注意的是，虽然证据无需太多，但必须满足归类工作的需要。

3.1.1 归类的基本要素

将栽培植物有害生物归类为 RNQPs，主要包括以下内容：
—— 确定有害生物、寄主植物、待分析的植物部分及其预期用途。
—— 有害生物与栽培植物的关系及对预期用途造成的损失。
—— 有害生物发生及其管理状况。
—— 有害生物对栽培植物预期用途造成的经济损失指标。

3.1.1.1 确定有害生物、寄主植物、待分析的植物部分及其预期用途

下列诸项应该明确加以确定：
—— 有害生物名称。
—— 寄主植物是规定的或将为规定的植物。
—— 待分析的植物部分（切条、鳞茎、种子、组织栽培植物、根茎等）。
—— 预期用途。

通过分析，需要明确有害生物、寄主植物及其相关的生物学信息以及植物的预期用途。

对有害生物而言，分类单元一般为种。如果高于或低于种的，应该有坚实的科学根据。若是低于种（如亚种），则需要有证据表明，其毒力、寄主范围或媒介生物关系的差异极大，足以影响植物卫生状况。

对寄主而言，分类单元一般亦为种。若是高于或低于种的，亦需要提供坚实的科学根据。如果确有低于种的如品种，则需要有证据证明其易感性或抗性差异巨大，足以影响植物卫生状况。对于栽培植物，除非对该属的植物按相同预期用途进行过分析外，不得使用种以上（属）或已知属的未知种进行评估。

3.1.1.2 有害生物与栽培植物的关系及对预期用途造成的损失

在有害生物归类时，要考虑到与栽培植物的关系以及它对预期用途所造成的经济影响（编者注：这里的"影响"其实就是"损失"）。如果 PRA 是从某种有害生物开始的，则它对应的多种寄主植物都需要确定。每种需要纳入官方控制的植物或植物部分，都应该逐一进行评估。

如果已弄清有害生物与栽培植物或植物部分没有关系，或者它不对植物的预期用途造成影响，则 PRA 结束。

3.1.1.3 有害生物发生及其管理状况

在 PRA 地区，如果有害生物已发生且在官方控制下（或将要采取官方控制），则这种有害生物符合 RNQPs 标准，PRA 继续。

在 PRA 地区，有害生物未发生或不在官方控制下，栽培植物的预期用途相同，将来不打算采取官方控制，PRA 结束。

3.1.1.4 有害生物对栽培植物预期用途造成的经济损失指标

应该有明确指标表明有害生物对栽培植物造成了经济损失（参见 ISPM 5 补编 2：潜在经济重要性及相关术语理解准则）。

根据已知信息，有害生物不造成经济损失，或没有信息表明有害生物会造成经济损失，则 PRA 结束。

3.1.2 有害生物归类 结论

如果有害生物被确定为潜在 RNQPs，则：

—— 栽培植物为其传入途径。

—— 它会造成不可接受的经济损失。

—— 它已在 PRA 地区发生。

—— 就其对应的栽培植物，已采取或将采取官方控制措施，则 PRA 应该继续。如果有害生物不符合上述 RNQPs 标准，则 PRA 结束。

3.2 对栽培植物是否为有害生物主要侵染源进行评估

由于潜在 RNQPs 在 PRA 地区已有发生，这就需要确定这些栽培植物是否为其主要侵染源。要做到这一点，就需要对所有侵染源进行评估，并在 PRA 中体现出来。

对所有侵染源的评估，主要包括：

—— 有害生物生活史与寄主植物的关系、有害生物流行学及有害生物侵染源。

—— 确定有害生物对侵染源造成的相对经济损失。

在分析有害生物的主要侵染源时，应该考虑到 PRA 地区的具体情况及官方控制影响。

3.2.1 有害生物生活史与寄主植物的关系、有害生物流行学及其侵染源

在这里，要对有害生物与栽培植物的关系进行评估，并要确定其所有侵染源。对有害生物侵染源的评估，是通过对有害生物与寄主植物生活史进行分析而实现的。有害生物的侵染源或传入途径包括：

—— 土壤。

—— 水。

—— 空气。

—— 其他植物或植物产品。

—— 有害生物媒介生物。

—— 受污染的机械或运输工具。
—— 副产品或废弃物。

有害生物的侵染或扩散，可能是由自然因素（如风、媒介生物或水）、人类活动及其他方式引起的，也应该对它们进行分析。

3.2.2 确定对有害生物侵染源造成的相关经济损失

在这里，要评估有害生物侵染的重要性，即它对 PRA 地区与其他侵染源相关的栽培植物的重要性，以及对这些植物预期用途造成影响的重要性。相关信息参见第 3.2.1 项。

此处，对有害生物侵染的重要性评估，重点在于有害生物的流行学，同时也要考虑到其他侵染源对有害生物发育的影响，以及对预期用途的影响。评估时，将涉及以下因素：

—— 有害生物发生在栽培植物上的世代数（如一年一代或一年多代）。
—— 有害生物繁殖生物学。
—— 传入途径的有效性，包括扩散机制及扩散率。
—— 有害生物从栽培植物到其他植物的二次侵染及传播情况。
—— 气候因素。
—— 栽培措施、收获前后的管理情况。
—— 土壤类型。
—— 植物易感性（如植物幼苗期对不同有害生物的抗性情况：或易受感染，或更具抗性；寄主的抗性或易感性）。
—— 媒介生物发生情况。
—— 天敌或竞争者的发生情况。
—— 其他易感寄主的发生情况。
—— 在 PRA 地区有害生物的流行情况。
—— 在 PRA 地区官方控制措施的影响或潜在影响。

有害生物从初始侵染的栽培植物开始传播的方式和速度（如从种子到种子，从种子到植物，从植物到植物或在植物体自身），是需要关注的重要因素。这些因素的重要性决定于栽培植物的预期用途，因而应该进行评估。比如，同样是有害生物的初次侵染，其对繁殖用种子或栽培用植物所造成的影响，显然是不同的。

其他还需要评估的因素包括：在植物生产、运输或储藏过程中，有害生物的存活率及其防治措施。

3.2.3 对栽培植物是否为有害生物主要侵染源的评估结论

如果有害生物主要由栽培植物传播，且影响植物的预期用途，则需要进一步开展风险评估，确定其是否会造成不可接受的经济损失。

如果栽培植物不是主要侵染源，则 PRA 结束。如果有其他侵染源，也能够对栽培植物的预期用途造成损失，则亦应该加以评估。

3.3 对栽培植物预期用途造成的经济损失评估

本步骤要求得到这样的信息，即有害生物是否造成了不可接受的经济损失。这种经济损失，可能在为预期用途相同的栽培植物制定有害生物官方控制计划时，已经做过分析，但应该检查数据的有效性，看情况和信息是否发生了变化。

如果有定量数据的，应该尽可能提供货币价值。当然也可以使用定性数据，如有害生物侵染前后产品或质量相对级别发生变化的数据。有害生物造成的经济损失，可能随着栽培植物的预期用途不同而各异，所以这个因素也应该考虑到。

如果出现不止一个侵染源，在评估有害生物对栽培植物造成的经济损失时，应该找出造成不可接受经济损失的主要侵染源。

3.3.1 有害生物造成的损失

由于有害生物发生在PRA地区，且它在该地区造成的经济损失详情应该是清楚的。与之有关的国际、国内的科学数据、法规及其他信息均应该参考，如可能，还应该建立档案。这里分析的经济损失，大多数是指对栽培植物及其预期用途造成的直接损失。

分析经济损失时将涉及以下相关因素：

—— 适销量减少（如产量减少）。
—— 品质下降（如造酒用葡萄糖度降低，销售商品被降级）。
—— 有害生物防治造成的额外成本（如采用间苗、使用杀虫剂增加的成本）。
—— 收获及分级产生的额外成本（如挑选）。
—— 再种植造成的额外成本（如因为植物丧失生命力）。
—— 必须种植替代作物造成的损失（如种植低产抗病品种或其他作物）。

在特殊情况下，有害生物在生产地对其他寄主植物造成损失，相关情况也应该考虑到。比如，有些寄主植物或植物品种，可能不受该有害生物的严重危害，但种植这种植物后，却会在PRA地区对该地的易感植物造成重大影响。因此，在评估对这些植物预期用途造成的经济损失时，应该考虑到在生产地栽培的所有相关植物的情况。

在某些情况下，经济损失要经过长时间后才能表现出来（如多年生植物的退化病，长期休眠的有害生物）。此外，有害生物侵染会造成对生产地的污染，从而对将来的栽培作物造成影响。因此，这种对预期用途造成的损失，就超过了一个生产周期。

在确定RNQPs造成的经济损失时，没有将其对市场准入和环境卫生等影响因素考虑进去。然而，如果它们可以充当其他有害生物的寄主，则需要考虑进去。

3.3.2 与预期用途相关的侵染及损失阈值

针对有害生物在PRA地区对栽培植物等所有侵染源预期用途造成损失的数据，无论是定性的还是定量的，都应该公开。如果栽培植物是唯一的侵染源，这些数据是确定有害生物对预期用途造成经济损失两个指标—侵染阈值和损失阈值的基础。

如果其他侵染源也与之相关，则它们对整个经济损失所占的比重也应该进行评估。将有害生物对栽培植物造成的损失，与对其他侵染源造成的损失进行比较，找出所占比例，从而确定出它们在预期用途损失阈值（damage thresholds）中所占的比例。

确定侵染阈值（infestation thresholds），有助于确定在有害生物风险管理中的适当容许量水平标准（参见第4.4项）。

如果没有有害生物最初侵染栽培植物所造成损失的定量数据，可以根据第3.2.1项和第3.2.2项的信息，由专家做出判定。

3.3.3 经济损失分析

如上所述，在国内，有害生物造成的损失大多数为商业性质，这些损失应该加以确定，并且进行量化。用生产商的收益变化来评估有害生物造成的损失，是十分有用的，因为这些变化可以从生产成本、产量或价格变动中体现出来。

3.3.3.1 分析方法

对RNQPs造成的经济损失进行详细分析时，需要咨询经济学专家，决定采取何种分析方法。这些方法，需要将所有损失都包含进去。分析方法（参见ISPM 11:2004第2.3.3.3项）包括：

—— 部分预算法（partial budgeting）：适用于有害生物对生产商的利益影响通常仅限于生产商，且其影响相对微小时。
—— 部分平衡法（partial equilibrium）：就第3.3.3项所提到的方法而言，本方法宜用于对生产商利益造成重大损失，或者对消费需求有重大影响时。此法对评估福利变化，或者评估有害生物对生产商和消费者的影响而造成的纯变化（net change）时，十分必要。

有害生物对栽培植物预期用途造成的经济损失数据，应该对 PRA 地区公开，分析方法也应该公开。在某些情况下，有害生物造成的损失数据，可能存在不确定性或可变性，或者只有定性数据，这是允许的。这些数据的不确定度及可变度，应该在 PRA 中加以说明。

这些分析方法，常常因数据缺乏、数据存在不确定性，或只有定性信息而存在局限性。如果无法得到经济损失的定量结果，提供定性结果也可以。但是，应该对如何整合相关信息，如何做出决策，做出说明。

3.3.4 经济损失评估 结论

本步骤完成经济损失评估得到的结果，通常应该用货币价值来描述，当然也可以用定性方法（如有害生物侵染前后相对利润变化）或只用数量不用货币单位（如产量吨）描述。有关信息、分析前提和分析方法，均应该做出清晰说明。经济损失评估结果，是可接受的还是不可接受的，应该给出结论。如果经济损失结论是可接受的（如对包括栽培植物在内的大范围侵染源的分析结果为：无损失或损失小），则 PRA 终止。

3.4 不确定度

在评估经济损失和有害生物侵染源的相关重要性时，可能涉及不确定性问题。记录好评估时的不确定区间和不确定度，这对专家做出判定十分重要。它不仅是透明度的需要，也为确定和优选研究课题所必需。

3.5 有害生物风险评估 结论

待有害生物风险评估结束时，通过定量或定性评估，确定了栽培植物是否为有害生物主要侵染源，得到了有害生物造成经济损失的定性或定量结论，并归档；或者给出了一个总体评价值。

如果风险是可接受的或者是应该接受的，要采取措施就不符合技术合理性要求，因为它不可能通过官方控制加以解决（如有害生物从侵染源进行自然扩散）。但各缔约方可以制定适当的监控或审核标准，以确保将来在有害生物风险发生变化时之需要。

如果已确定栽培植物为有害生物主要侵染源，且有害生物对预期用途会造成不可接受的经济损失，则需要采取适当的风险管理措施（见第三步）。这些评估结果及其相应的不确定性，亦将应用于 PRA 的风险管理之中。

4 第三步 有害生物风险管理

根据风险评估结论，确定是否需要采取风险管理，以及需要采取何种风险管理措施。

经过评估，如果栽培植物是有害生物主要侵染源，有害生物对植物的预期用途会造成不可接受的经济损失（见第二步），则需要进行风险管理（见本步），从而制定适当的植物卫生措施，以降低有害生物危害，使风险降低到可接受水平标准或标准之下。

对 RNQPs 进行风险管理，通常是制定措施，将有害生物控制到适当的允许量水平标准。但这个适当的容许量水平标准，应该是对国产产品和进口产品的要求，一视同仁（参见 ISPM 16:2002 第 6.3 项）。

4.1 必要的技术信息

风险管理决策的基础，是在开展 PRA 过程中所收集的各种信息，尤其是生物学信息。这些信息包括：

—— 开展 PRA 的原因。
—— 栽培植物作为 RNQPs 侵染源的重要性。
—— 对有害生物在 PRA 地区造成经济损失进行评估所需要的信息。

4.2 风险水平标准及可接受度

在贯彻风险管理原则时，各缔约方应该规定可接受风险水平标准。这个标准可以有多种表述方式，如：

—— 参照国内产品的现行可接受风险水平标准。
—— 参照经济损失估算值。
—— 以风险容许量水平标准表述。
—— 参照其他国家的可接受风险水平标准。

4.3 在风险管理措施确定及选择过程中需要考虑的因素

选择适当的植物卫生措施，应该根据这些措施对控制有害生物（对栽培植物的预期用途）造成损失的有效性而定。在选择措施时，应该参照以下相关植物卫生原则（见 ISPM 1:1993）：

—— 植物卫生措施成本—"利益与可行"原则——即采取该措施的成本，不应高于有害生物造成的经济损失。

—— "影响最小"原则——即这些措施不应该对贸易造成更多不必要的限制。

—— "评估现行植物卫生要求"原则——即如果现行措施仍然行之有效，就不应该再施加新的措施。

—— "等效性"原则——即如果多个不同措施能够达到相同效果，则应该予以认可，并视为等效措施。

—— "非歧视性"原则——即对进口采取植物卫生措施时，不应该比在 PRA 地区更加严厉。如果出口缔约方的植物卫生状况与之相同，则在采取植物卫生措施时，不得有歧视性。

4.3.1 非歧视性

就某个已经确定的有害生物而言，对它的进口要求和在国内的要求应该是一致的（参见 ISPM 5 补编 1）：

—— 对进口的要求不得比对国内的要求更加严厉。
—— 在对进口要求实施之时或之前，就应该在国内实施。
—— 对国内和进口要求，应该等同或等效。
—— 对国内和进口要求中的强制性内容应该相同。
—— 对进口货物的检查强度，应该与国内控制计划程序所规定的一样。
—— 如果发生违规现象，对进口货物采取的措施，应该与对国产货物的措施等同或等效。
—— 如果在国内计划中采用了一个容许量水平标准，则对进口同类材料的标准也应该相同，如针对实施认证计划的同类材料，或针对发育阶段相同的材料，其标准就应该相同。尤其是，在国内开展官方控制计划时，因有害生物侵染未超过规定标准，从而不采取任何措施，那么对于同样情况下的进口货物，则也不应该采取措施。进口时，进口货物是否符合容许量水平标准，可以通过检查或检验来确定。在确定国产货物的容许量水平标准时，应该选择在实施官方控制时得到的最有效结果，或者选择在最佳地点得到的结果，作为标准。
—— 如果按国内官方控制计划，允许商品降级或重新归类，那么对进口商品，也应该允许采取类似方法。

如果缔约方已经或将要对进口而非国产栽培植物的 RNQPs 制定进口要求，则这些植物卫生措施应该符合技术合理性规定。

这些措施应该尽可能精确到栽培植物种（包括实施认证计划的各类商品），具体到它们的用途，从而避免因技术不合理而限制商品进口，造成贸易壁垒。

4.4 容许量

对 RNQPs 而言，规定适当的容许量水平标准，能将风险降低到可接受水平标准。在规定这些容许量时，应该根据有害生物对栽培植物的侵染程度（如侵染阈值）及其造成的不可接受的经济损失而定。容许量作为指标，超过它，就可能导致对栽培植物造成不可接受的经济损失。如果在风险评估时，已确定出了侵染阈值，应该借此制定出适当的容许量水平标准。在制定容许量水平标准时，应该适当考虑以下科学信息：

—— 栽培植物的预期用途。
—— 有害生物生物学，尤其是流行学特点。
—— 对寄主的易感性。
—— 取样程序（包括置信区间）、检（验）测方法（精确度）及鉴定结果的准确性。
—— 有害生物水平与经济损失的关系。
—— PRA 地区的气候状况及作物栽培方式。

上述信息可以来自可靠的研究成果，也可以取自下列渠道：
—— 国内对栽培植物实施官方控制的经验。
—— 对栽培植物实施认证计划的经验。
—— 进口栽培植物的历史记录。
—— 植物、有害生物及栽培条件相互关系的数据。

4.4.1 零容许量

一般情况下，不必采纳零容许量水平标准。但在下列情况下是合理的：
—— 植物的最终用途为种植栽培，是有害生物的唯一侵染源，且将造成不可接受的经济损失（如用于进一步繁殖的核心遗传材料，或用于进一步繁殖但带有传染性退化病）。
—— 有害生物符合 RNQPs 标准，根据官方控制计划，在国内所有生产地或生产点，要求与其预期用途相同的栽培植物，均不得带有该有害生物（零容许量）。类似要求参见 ISPM 10:1999。

4.4.2 适当容许量水平标准的选择

据上所述，应该选择一个适当的容许量水平标准，以避免造成如第 3.3.4 项所评估的不可接受的经济损失。

4.5 达到规定容许量水平标准的备选方案

要达到允许量标准，可能有多种选择方案。通常，认证计划对确定是否达到规定容许量水平标准是非常有益的，因而可以将其主要内容纳入相关管理措施中。对认证计划的相互认可，有利于促进健康植物产品的贸易。然而有一些认证计划（如品种纯度），则与之毫不相干（参见 ISPM 16:2002 第 6.2 项）。

管理方案可能是两个或多个方案的组合（参见 ISPM 14:2002）。为达到规定的允许量标准，可能需要取样、检验和检查，这都与管理方案密切相关。

这些方案适用于：
—— 生产区。
—— 生产地。
—— 父母本遗传材料。
—— 栽培植物货物。

ISPM 11:2004 第 3.4 项也提供了风险管理方案的确定和选择等相关信息。

4.5.1 生产区

下述方案，可以应用于栽培植物的生产区，使之能够达到规定容许量：
—— 处理。
—— 有害生物低流行区。
—— 无有害生物区。
—— 缓冲区（如河流、山脉及城区）。
—— 监控调查。

4.5.2 生产地

下述方案，可以应用于栽培植物生产地，使之能够达到规定容许量：
—— 隔离（从时间或地点上）。

——无有害生物生产地或生产点（见 ISPM 10:1999）。
——有害生物综合治理。
——作物栽培措施（如间苗、控制有害生物及寄主、保持卫生、实施前作、开展前处理）。
——处理。

4.5.3 父母本繁殖材料

下面这些方案可以用于栽培植物的父母本繁殖材料，使之能够达到规定容许量：
——处理。
——使用抗性品种。
——使用健康栽培材料。
——选种及间苗。
——精选繁殖材料。

4.5.4 栽培植物货物

下面这些措施适用于栽培植物货物，使之能够达到规定容许量：
——处理。
——对初加工及储运条件做出规定（如储藏、包装及运输条件）。
——选种、间苗及重新分类。

4.6 对容许量水平标准的验证

为了确保是否达到容许量水平标准，可以通过检查、取样和检验来进行验证。

4.7 风险管理 结论

有害生物风险管理的结论，可以由下述标准进行判定：
——适当容许量水平标准。
——管理方案是否达到容许量水平标准。

通过本步骤，可以判定有害生物造成的经济损失是否为可接受。如果风险管理方案能使之达到可接受水平标准，那么它便成为制定植物卫生规定和要求的根据。

对 RNQPs 采取的措施，应该针对栽培植物。所以在选择管理方案时，只选择那些针对栽培植物货物的，并将它们规定在植物卫生要求中。至于对父母本繁殖材料、生产区或生产地等的管理方案，则应该根据其是否达到规定容许量水平标准，从而决定是否将其规定在植物卫生要求中。如果有其他拟议的等效措施，则需要进行评估。拟议替代方案的有效性信息，还应该向有关缔约方（无论是国内行业，还是其他缔约方）提供，以保证遵守相关规定。验证是否达到容许量水平标准，并不是意味着要对所有货物进行检验，只是说应该尽可能地将检验或检查作为一种核查手段。

5 植物卫生措施监控及复审

根据"修订原则"："当情况发生改变，出现了新情况，不管是因为禁止、限制内容及要求必须保留沿用，还是因为没有必要保留而废除，植物卫生措施应该及时修订（参见 ISPM 1:1993）"。

所以，实施特定植物卫生措施不是一成不变的。在措施实施达到目的后，是否还需要继续下去，应该视监控结果而定。这包括在适当时间和地点，对栽培植物进行监控，或是对（经济损失）程度进行监测。应该定期对风险分析的信息进行复审，以确保不会因出现新情况而导致决策失效。

6 有害生物风险分析文件

根据 IPPC 第七条第 2 款第 c 项及"透明度"原则（参见 ISPM 1:1993），各缔约方应该按对方要求，向其通报制定植物卫生要求的根据。有害生物风险管理从头到尾整个过程，都应该建立完善的档案，以便于当对制定措施的根据提出疑问、发生争议，或者需要对措施进行复审时，可以把形成管理决策所参照的根据及信息准确无误地提供出来。

风险分析文件主要包括以下内容：
—— 开展 PRA 的目的。
—— 待考察的有害生物、寄主、植物及植物部分、植物种类、有害生物名录（尽可能给出）、侵染情况、预期用途、PRA 地区等。
—— 信息源。
—— 经归类后的有害生物名录。
—— 风险评估结论。
—— 风险管理。
—— 已确定的风险管理方案。

植物卫生措施国际标准 ISPM 22

建立有害生物低流行区要求

REQUIREMENTS FOR THE ESTABLISHMENT
OF AREAS OF LOW PEST PREVALENCE

(2005 年)

IPPC 秘书处

© FAO 2011

发布历史

本部分不属于标准正式内容。

1997-09 TC-RPPOs added topic Low pest prevalence（1997-002）

1998-05 CEPM noted topic

1998-11 ICPM-1 added topic Low pest prevalence

2001-04 ICPM-3 noted high priority topic

2003-06 SC approved Specification 12 Low pest prevalence

2003-12 EWG developed draft text

2004-04 SC revised draft text and approved for MC

2004-06 Sent for MC

2004-11 revised draft text for adoption

2005-04 ICPM-7 adopted standard

ISPM 22. 2005. Requirements for the establishment of areas of low pest prevalence. Rome，IPPC，FAO.

2010-07 IPPC Secretariat applied ink amendments as noted by CPM-5（2010）

2011年8月最后修订。

目　录

批准

引言

范围

参考文献

定义

要求概述

背景

1　总体考虑

1.1　有害生物低流行区（ALPPs）概念

1.2　应用有害生物低流行区的优点

1.3　有害生物低流行区与无有害生物区的区别

要求

2　一般要求

2.1　确定有害生物低流行区

2.2　操作计划

3　具体要求

3.1　建立 A LPPs

3.1.1　确定有害生物规定水平标准

3.1.2　地理描述

3.1.3　文件及验证

3.1.4　植物卫生程序

3.1.4.1　监督活动

3.1.4.2　降低有害生物水平及维持其低发生率

3.1.4.3　降低特定有害生物的进入风险

3.1.4.4　纠偏行动计划

3.1.5　验证有害生物低流行区

3.2　维持有害生物低流行区

3.3　有害生物低流行区状况的改变

3.4　暂停与恢复有害生物低流行区状况资格

批准

本标准于 2005 年 4 月经 ICPM 第 7 次会议批准。

引言

范围

本标准描述了建立规定有害生物低流行区（Areas of Low Pest Prevalence，ALPPs）的要求及程序。这里的规定有害生物，是指为了促进出口，由进口缔约方为某个地区规定的有害生物。标准还包括 ALPPs 的确定、验证、维持和应用等内容。

参考文献

IPPC. 1997. *International Plant Protection Convention*. Rome，IPPC，FAO.

ISPM 4. 1995. *Requirements for the establishment of pest free areas*. Rome，IPPC，FAO.

ISPM 5. *Glossary of phytosanitary terms*. Rome，IPPC，FAO.

ISPM 6. 1997. *Guidelines for surveillance*. Rome，IPPC，FAO.

ISPM 8. 1998. *Determination of pest status in an area*. Rome，IPPC，FAO.

ISPM 9. 1998. *Guidelines for pest eradication programmes*. Rome，IPPC，FAO.

ISPM 10. 1999. *Requirements for the establishment of pest free places of production and pest free production sites*. Rome，IPPC，FAO.

ISPM 11. 2004. *Pest risk analysis for quarantine pests including analysis of environmental risks and living modified organisms*. Rome，IPPC，FAO.

ISPM 13. 2001. *Guidelines for the notification of non-compliance and emergency action*. Rome，IPPC，FAO.

ISPM 14. 2002. *The use of integrated measures in a systems approach for pest risk management*. Rome，IPPC，FAO.

ISPM 16. 2002. *Regulated non-quarantine pests：concept and application*. Rome，IPPC，FAO.

ISPM 17. 2002. *Pest reporting*. Rome，IPPC，FAO.

ISPM 20. 2004. *Guidelines for a phytosanitary import regulatory system*. Rome，IPPC，FAO.

ISPM 21. 2004. *Pest risk analysis for regulated non-quarantine pests*. Rome，IPPC，FAO.

WTO. 1994. *Agreement on the Application of Sanitary and Phytosanitary Measures*. Geneva，World Trade Organization.

定义

本标准引用的植物卫生术语定义，见 ISPM 5（植物卫生术语表）。

要求概述

建立 ALPPs，是有害生物管理措施之一，它可以将有害生物的发生降低到某个规定水平标准或该标准之下。建立 ALPPs，可以促进出口，也可以降低有害生物对该地区造成的损失。

在确定某个有害生物规定低水平（A specified low pest level）标准时，应该全面顾及建立 ALPPs 的可操作性及经济可行性，从而达到建立 ALPPs 的目的。

在确定 ALPPs 时，NPPOs 应该对该区域进行描述。建立和维持 ALPPs，只是针对规定有害生物或进口缔约方规定的有害生物。

对于相关有害生物的监督工作，应该根据议定书（ISPM 6:1997）来开展。建立和维持 ALPPs，可能还需要借助其他植物卫生措施来支持。

一旦建立了 ALPPs，就需要采取措施，如根据建立时所拟定的措施、必要的文件和验证程序不断地加以维持。在大多数情况下，有必要按规定植物卫生要求制定官方操作计划。如果 ALPPs 的状况发生了改变，就应该启动纠偏行动计划。

背景

1 总体考虑

1.1 有害生物低流行区（ALPPs）概念

关于 ALPPs 的概念，请参照 IPPC 和 WTO/SPS 措施协定相关规定。

IPPC 对 ALPPs 的定义是："指这样一个地区，无论是一个正式确立的国家、一个国家的一部分，还是多个国家的全部或一部分。在其中，某种特定有害生物发生程度低，且对其采取了有效监督、控制和根除措施（IPPC 第二条）。"在第四条第 2 款第 e 项还对 NPPO 的责任规定：保护受威胁地区和目的地，对无有害生物区（PFAs）和有生物低流行区（ALPPs）进行确定、维持和监督。

WTO/SPS 措施协定第六条的标题是："适合地区特点，包括无病虫害区，以及病虫害低流行区的特点"（编者注：这里指 WTO 成员所采取的 SPS 措施应该适合本地区的 SPS 特点。这里的 Pest 应该指害虫，但在 ISPMs 中，Pest 一般是指所有有害生物的总称）。并进一步阐述了成员对 ALPPs 的责任。

1.2 应用有害生物低流行区的优点

应用 ALPPs 的优点在于：

—— 当未超过有害生物规定水平标准时，不必在收获后采取处理措施。
—— 对于某些有害生物，通过采取生物防治降低其种群数量，从而减少农药的使用量。
—— 方便市场准入，允许从一些以前不允许进口的地区进口产品。

减少对商品流动的限制：

· 如果商品是来自无有害生物区，则允许它从 ALPPs 到 PFA 或经过 PFAs。
· 如果有害生物风险相当，则允许商品从一个 ALPP 到另一个 ALPP。

1.3 有害生物低流行区与无有害生物区的区别

二者的主要区别在于：ALPPs 是指有害生物已经发生，只要其发生程度低于有害生物规定种群水平标准，就可以接受；而 PFAs 则指有害生物还没有发生。如果有害生物还未在某个地区发生，而把建立 ALPPs 或 PFAs 作为有害生物管理的一种方案，就要考虑到有害生物的特性、在相关地区的分布情况、实施该项目的可操作性和经济可行性，以及建立它们的目的等诸多因素。

要求

2 一般要求

2.1 确定有害生物低流行区

在某个地区建立 ALPPs，是对有害生物的一种管理措施，可以将有害生物种群维持或降低到规定水平标准。这可以促进在无有害生物区外的商品流动，如国内流动或出口，且可以降低或控制有害生物对该地区造成危害。在环境条件跨度大、寄主范围广的情况下建立 ALPPs 时，应该考虑到有害生物的生物学习性和该地区的特点。由于建立 ALPPs 的目的不同，所以其种类和大小也不尽一样。

依照本标准，NPPO 可以在以下地区建立 ALPPs：

—— 出口生产区。
—— 实施根除计划或降低种群计划的地区。
—— 保护 PFAs 的缓冲区。
—— 有的地区虽然已失去了 PFAs 资格，但正在对该区域实施紧急行动计划，这样的地区仍可以建立 ALPPs。

——作为官方控制的规定非检疫性有害生物的部分地区（见 ISPM 16:2002）。
——国内的一个生产区，它已受到有害生物侵染，但生产的产品要运输到本国另一个 ALPPs。

当 ALPPs 建立后，在其寄主原料出口时，可能还需要采取其他植物卫生措施，因而，ALPPs 就成为系统方法的一部分。系统方法在 ISPM 14:2002 有详细描述。这种方法在控制有害生物风险，使之达到进口缔约方的可接受水平标准，十分有效，所以，在某些情况下，甚至可以降到 PFAs 地区所产寄主原料的风险水平。

2.2 操作计划

在多数情况下，官方操作计划是十分必要的，因为在其中规定了植物卫生措施，并要求在全国实施。如果要通过建立 ALPPs 来促进与别国的贸易，如将它作为一个工作计划，列入由双方 NPPOs 签署的双边协定之中；或者作为进口缔约方的一般要求，应该按对方要求予以通报。为了保证符合进口要求，建议出口缔约方在计划实施初期就向进口缔约方咨询相关事宜。

3 具体要求

3.1 建立 ALPPs

有害生物低流行区可以自然形成，也可以通过制定或实施植物卫生措施，控制有害生物而建立。

3.1.1 确定有害生物规定水平标准

NPPO 应该制定本国 ALPPs 中相关有害生物规定水平标准，要准确掌握监督数据和协定中的相关信息，判定有害生物的流行程度是否低于这个标准。在制定有害生物规定水平标准时，可以通过 PRA 来完成，参见 ISPM 11:2004 和 ISPM 21:2004。如果建立 ALPPs 是为了出口需要，则在制定有害生物规定水平标准时，应该与进口缔约方进行沟通。

3.1.2 地理描述

NPPO 应该对 ALPPs 做出描述，使之能在地图上展示出它的边界。还应该尽量对生产地、邻近生产区的寄主植物种类以及天然屏障和隔离缓冲区进行描述。

能简要说明天然屏障和缓冲区的大小及形状，它们对除去或者管理有害生物的作用有多大，是如何阻止有害生物扩散的，这也十分有意义。

3.1.3 文件及验证

NPPO 应该验证并记录所实施的全部程序，记录的主要内容包括：
——对各种应遵守程序（如程序手册）的记载情况。
——对各程序的实施及记录保存情况。
——对程序的审核情况。
——对纠偏行动计划的制定和执行情况。

3.1.4 植物卫生程序

3.1.4.1 监督活动

在某地区的有害生物状况，如果可能，还包括缓冲区的，应该通过监督来进行确认（见 ISPM 6:1997）。在开展监督时，要选择对有害生物监测敏感、可信度好的适当时机。监督工作，应该按照针对特定有害生物的相关协议来开展。这个协议，应该包括如何监测有害生物是否达到了规定水平标准，如诱捕器类型、每英亩设置诱捕器的数量、有害生物的诱捕情况（有害生物：个/诱捕器/天或周）、每英亩需要检验或检查的样品数、需要检查或检验的植物部位等。

监督数据，应该及时收集并建立档案，以证明在 ALPPs 或缓冲区（如果可能）内，特定有害生物种群没有超过规定水平标准；还包括开展与之相关的其他调查，如对栽培寄主或非管理寄主的调查、对动植物栖息地尤其是当有害生物为植物时的调查。监督数据，要与该种有害生物的生活史相对应，监测结果在统计学上是有效的，能够反映出有害生物的种群数量情况。

在建立 ALPPs 之后，对有害生物的监测技术报告、监督结果，都应该记录并保存足够年限。至于具体年限，需要根据该有害生物的生物学、繁殖能力及寄主范围而定。但是，若要补足这些信息，则宜在 ALPPs 建立之前，就尽可能地准备好多年的数据。

3.1.4.2 降低有害生物水平及维持其低发生率

在拟议的 ALPPs 内，应该建立植物卫生程序档案，且将其应用于栽培寄主、非管理寄主及动植物栖息地（尤其是有害生物为植物时），从而达到有害生物规定水平标准。植物卫生程序，应该与该种有害生物的生物学及习性相对应。采取这些程序，如铲除轮换寄主，使用杀虫剂，释放生物防治材料，采用高密度诱捕法（诱捕害虫）等，可以使之达到有害生物规定水平标准。

建立 ALPPs 后，要将防治工作记录保存足够年限。至于具体年限，需要视该有害生物的生物学、繁殖能力及寄主范围而定。但是，要补足这些信息，宜在 ALPPs 建立之前，尽可能准备好多年的数据。

3.1.4.3 降低特定有害生物的进入风险

一旦建立了规定有害生物的 ALPPs，就需要制定植物卫生措施，减少该有害生物进入其中的风险（参见 ISPM 20:2004）。这些措施包括：

—— 为维持 ALPPs，需要对传入途径和规定应检物进行控制。所有通过 ALPPs 的传入途径均需要加以确认，这可能涉及到指定入境口岸、处理、入境前后检查及取样。

—— 对文件及货物的植物卫生状况进行验证，包括对截获有害生物标本的鉴定，并保存取样记录。

—— 对规定处理措施的应用情况及其效果进行确认。

—— 对其他植物卫生程序的文件记录。

建立规定有害生物的 ALPPs，可能是为了国内，也可能是为了促进出口。如果要在某个地区建立非规定有害生物的 ALPPs，也可以采取这些措施来降低有害生物风险。但是，这些措施不得用于限制植物及其产品的进口，也不得出现进口产品与国产商品之间的歧视现象。

3.1.4.4 纠偏行动计划

如果超过了对 ALPP 或缓冲区所确定的有害生物规定水平标准，NPPO 就应该制定实施计划（见第 3.3 项有关 ALPPs 状况的改变）。该计划包括通过划界调查而确认该地区的特定有害生物是否超过了规定水平标准、商品取样、使用杀虫剂和/或其他压低有害生物种群的行动等。该纠偏行动，应该针对所有传入途径。

3.1.5 验证有害生物低流行区

NPPO 在建立 ALPPs 后，应该验证这些措施是否真正达到了对 ALPPs 的要求。验证工作不仅包括第 3.1.3 项所规定的文件内容，还涉及到验证这些措施是否得到了全面实施。如果是为了出口目的，进口国 NPPO 可能还希望对其符合性进行验证。

3.2 维持有害生物低流行区

一旦建立 ALPPs，NPPO 就应该保存其建立文件和验证程序，继续实施植物卫生措施，控制相关货物流向，妥善保存记录。至少保存前两年的记录，或者视计划要求而定。如果是为了出口而建立的 ALPPs，这些记录应该按要求向进口国进行通报。此外，应该定期对所制定的这些措施进行审核，每年至少一次。

3.3 有害生物低流行区状况的改变

导致 ALPPs 状况改变的主要原因，是由于发现了特定有害生物超过了其规定水平标准。

当然还有其他原因导致 ALPPs 状况改变、需要采取措施，如：

—— 管理措施一再失效。

—— 文件不全，影响到 ALPPs 的完整性。

当 ALPPs 状况发生改时，就需要采取纠偏行动。这在第 3.1.4.4 项的纠偏行动计划中已作了规定。

经过纠偏行动后，ALPPs 可能是：
—— 继续保留（不失去 ALPPs 资格），采取植物卫生行动（由于发现特定有害生物超过了规定水平标准而作为纠偏行动计划的一部分）获得成功。
—— 继续保留，失败的管理措施或其他缺陷得到了纠正。
—— 重新确定一个区域（去掉某个区域后），即如果在某个狭小的区域内特定有害生物超过了规定水平标准，但能够将它确定并隔离开来。
—— 暂停（失去 ALPPs 资格）。

如果 ALPPs 是为了出口，进口缔约方可能要求将这些情况和相关活动进行报告，请参考 ISPM 17:2002的其他规定。此外，纠偏行动计划，应该得到进出口缔约方双方的认可。

3.4　暂停与恢复有害生物低流行区状况资格

如果 LAPPs 资格被暂停了，就应该调查导致失败的原因，采取纠偏行动或其他必要的保障措施，防止再次失败。若在一定时间内，有害生物种群未降低到规定水平标准，或其他缺陷未得到纠正，则暂停 ALPPs 资格。如同当初建立 ALPPs 一样，什么时候能达到有害生物规定水平标准，什么时候能恢复 ALPPs 资格，要视该种有害生物的生物学特点而定。如果失败原因一旦得到纠正，符合了操作计划要求，ALPPs 资格就可以恢复。

ISPM 23

植物卫生措施国际标准 ISPM 23

检查准则

GUIDELINES FOR INSPECTION

(2005 年)

IPPC 秘书处

发布历史

本部分不属于标准正式内容。

1994-05 CEPM-1 added topic Inspection（1994-006）

1995-05 IPPC secretariat revised draft text

1996-05 CEPM-3 requested review by EPPO

1997-10 CEPM-4 revised draft text

1998-05 CEPM-5 revised draft text and approved for MC

1999-05 CEPM-6 discussed draft text and agreed redrafting by EWG

2001-04 ICPM-3 noted high priority topic under pending

2002-03 ICPM-4 noted high priority topic to be completed draft

2003-04 ICPM-5 noted high priority topic under development

2004-03 EWG developed draft text

2004-04 SC revised draft text and approved for MC（2004-026*）

2004-06 Sent for MC

2004-11 SC revised draft text for adoption

2005-04 ICPM-7 adopted standard

ISPM 23. 2005. Guidelines for inspection. Rome, IPPC, FAO.

2011年8月最后修订。

目　　录

批准

引言

范围

参考文献

定义

要求概述

要求

1　一般要求

1.1　检查目的

1.2　检查的前提条件

1.3　检查责任

1.4　对检查员的要求

1.5　检查需要关注的其他因素

1.6　与 PRA 相关的检查

2　具体要求

2.1　对货物相关文件的审查

2.2　对货物本身及其完整性的核查

2.3　感官检验

2.3.1　有害生物

2.3.2　植物卫生要求符合性

2.4　检查方法

2.5　检查结果

2.6　对检查制度的复审

2.7　透明度

批准

本标准于 2005 年 4 月经 ICPM 第 7 次会议批准。

引言

范围

本标准描述了对植物、植物产品及其他规定应检物在进出境时的检查程序。检查的重点是通过感官检验、文件审查和对货物本身及其完整性的核查,确定其是否符合植物卫生要求。

参考文献

IPPC. 1997. *International Plant Protection Convention*. Rome, IPPC, FAO.

ISPM 1. 1993. *Principles of plant quarantine as related to international trade*. Rome, IPPC, FAO. [published 1995] [revised; now ISPM 1:2006]

ISPM 5. *Glossary of phytosanitary terms*. Rome, IPPC, FAO.

ISPM 7. 1997. *Export certification system*. Rome, IPPC, FAO.

ISPM 8. 1998. *Determination of pest status in an area*. Rome, IPPC, FAO.

ISPM 9. 1998. *Guidelines for pest eradication programmes*. Rome, IPPC, FAO.

ISPM 11. 2004. *Pest risk analysis for quarantine pests including analysis of environmental risks and living modified organisms*. Rome, IPPC, FAO.

ISPM 12. 2001. *Guidelines for phytosanitary certificates*. Rome, IPPC, FAO.

ISPM 13. 2001. *Guidelines for the notification of non-compliance and emergency action*. Rome, IPPC, FAO.

ISPM 14. 2002. *The use of integrated measures in a systems approach for pest risk management*. Rome, IPPC, FAO.

ISPM 15. 2002. *Guidelines for regulating wood packaging material in international trade*. Rome, IPPC, FAO. [revised; now ISPM 15:2009]

ISPM 16. 2002. *Regulated non-quarantine pests: concept and application*. Rome, IPPC, FAO.

ISPM 19. 2003. *Guidelines on lists of regulated pests*. Rome, IPPC, FAO.

ISPM 20. 2004. *Guidelines for a phytosanitary import regulatory system*. Rome, IPPC, FAO.

ISPM 21. 2004. *Pest risk analysis for regulated non-quarantine pests*. Rome, IPPC, FAO.

定义

本标准引用的植物卫生术语定义,见 ISPM 5(植物卫生术语表)。

要求概述

按 IPPC 第四条第 2 款第 c 项的规定,NPPO 负责"对国际贸易植物、植物产品及其他规定应检物进行检查,从而防止有害生物的传入和/或扩散"。

检查员通过感官检验、文件审查及对货物本身及其完整的核查,确定其是否符合植物卫生要求。根据检查结果,检查员可以对货物做出接受、扣留或退运以及需进一步分析的决定。

NPPO 应该在检查货物时进行取样。取样方法应该视检查目的而定。

要求

1 一般要求

按 IPPC 规定,NPPO 负责"对国际贸易植物、植物产品及其他规定应检物进行检查,从而防止有害生物的传入和/或扩散(IPPC 第四条第 2 款第 c 项)"。

货物可以由一种或多种商品组成，也可以由多个批次组成。如果一批货物不止一种商品或一个批次，其符合性就得由各个感观检查结果来确定。本标准虽然使用"货物"一词，但应该认识到对货物规定的指导，均适用于该批货物的每一个批次。

1.1 检查目的

对货物进行检查，就是为了验证它们是否符合对检疫性有害生物或规定非检疫性有害生物的进出口要求。检查也常常用于验证在前期及时采取其他植物卫生措施的有效性。

出口检查，是为了确保货物在进境时符合进口缔约方的植物卫生要求。在出口检查时，如果发现货物存在问题，就不能签发植物卫生证书。

进口检查，是为了验证商品是否符合进口植物卫生要求。通常，当发现生物但其植物卫生风险又未确定时，也可以开展检查。

采集实验室检验样品，确认有害生物鉴定结果，可以结合检查程序一并进行。

检查可以用于风险管理程序。

1.2 检查的前提条件

对全部货物进行检查，通常是不可行的，所以经常依赖于对样品进行检查[①]。检查通常是发现有害生物的一种方法，也是确定或验证有害生物流行程度的方法。对一批货物进行检查，需根据下列前提条件：

—— 所关注的有害生物、其为害留下的痕迹或引起的症状，可以凭感官发现。
—— 检查切实可行。
—— 承认存在有害生物未能被发现的可能性。

要承认在检查时，存在有害生物未能被发现的可能性。因为，一是检查依据的是样品，而感官检验的样品不是整批货物，或者说货物的100%；二是在对货物或样品进行检查时，不能保证100%检出到特定有害生物。当检查作为风险管理程序时，也存在这种可能，即有害生物在某种或某批货物中存在却未被发现。

检查样品数量的多少，通常是根据特定的规定有害生物和商品的相互关系而确定的。如果要检查几种或所有规定有害生物，要确定货物样品数量，就更加困难了。

1.3 检查责任

NPPO 负责检查工作。检查可以由 NPPO 实施，也可以在其授权之下进行（参见 ISPM 7:1979 第 3.1 项，ISPM 20:2004 第 5.1.5.2 项及 IPPC 第四条第 2 款第 a 和第 b 项、第五条第 2 款第 a 项）。

1.4 对检查员的要求

作为被 NPPO 授权的官员或代理人，检查员应该：

—— 有权履行其义务、承担其责任。
—— 技术合格、称职，尤其是具备发现有害生物的能力。
—— 能够认识有害生物、植物、植物产品及其他规定应检物。
—— 有权使用检查设施、工具及设备。
—— 有书面准则（如规定、手册、有害生物数据表）。
—— 尽可能熟悉其他管理机构的工作。
—— 客观公正。

要求检查员检查货物：

—— 是否符合规定的进出口要求。
—— 是否携带规定有害生物。
—— 发现植物卫生风险尚待确定的生物体。

[①] ISPM 取样指导正在制定中（编者注：请参见 ISPM 31）

1.5 检查需要关注的其他因素

如果要将检查作为植物卫生措施，可能需要考虑到许多因素，尤其是进口植物卫生要求和其他相关有害生物。这些需要考虑的因素包括：
—— 是否作为出口缔约方降低有害生物危害的措施。
—— 检查是唯一措施还是与其他措施一并使用。
—— 商品种类及用途。
—— 生产地/生产地区的情况。
—— 货物大小及形状。
—— 货物发运数量、频率及时间。
—— 原产地/发货人的经历。
—— 运输工具及包装情况。
—— 实际财经和技术资源（包括对有害生物的诊断能力）。
—— 预处理及加工情况。
—— 必须达到检查目标的取样要求。
—— 在某种商品中发现有害生物的难度。
—— 以前的检验经历及结果。
—— 商品是否易腐败（参见 IPPC 第七条第 2 款第 e 条）。
—— 检验程序的有效性。

1.6 与 PRA 相关的检查

PRA 不仅为进口植物卫生要求的技术合理性提供根据，而且为制定规定有害生物名录（需要采取植物卫生措施）提供方法，更为确定对何种有害生物采取何种检查方法和/或对哪些商品进行检查提供根据。如果在检查过程中发现了新的有害生物，若有可能，就可以采取紧急行动。在采取紧急行动后，如果必须采取进一步行动，就需要对这些有害生物进行 PRA 评估，并提出建议。

如果将检查作为一种风险管理方案和制定植物卫生政策的根据，还涉及特定检查类型及标准的技术性和操作性，二者都要相互兼顾，这十分重要。比如，在采用检查方法时，可以根据一定的期望值和可信度，去发现特定的规定有害生物（另见 ISPM 11:2004 和 ISPM 21:2004）。

2 具体要求

为了保证检查技术的正确性和可操作性，对检查技术的要求涉及以下三个明确步骤：
—— 对货物相关文件的审查。
—— 对货物本身及其完整性的核查。
—— 对有害生物及植物卫生要求的感官检验（如不得带有土壤）。

检查内容可因其目的不同而异，诸如进口/出口目的、货物验证或风险管理等。

2.1 对货物相关文件的审查

对进口/出口文件的审查，是为了确保它们：
—— 完整。
—— 一致。
—— 准确。
—— 有效且不具欺诈性（见 ISPM 12:2001 第 1.4 项）（编者注：该标准已于 2011 年修订）。

关于进/出口植物卫生认证的相关文件有：
—— 植物卫生证书/转口植物卫生证书（编者注：前者应为出口植物卫生证书）。
—— 装货单（包括提单、发票）。
—— 进口许可证。

——处理文件/证书、标识（见 ISPM 15:2002）或其他处理标识（编者注：该标准已于 2009 年修订）。
——原产地证书。
——田间检查证书/报告。
——生产商/包装记录。
——认证计划文件（如马铃薯种子认证计划、无有害生物区文件）。
——检查报告。
——商业发票。
——实验室报告。

当遇到进口或出口文件出现问题时，如果可能，首先应该对文件的提供方进行调查，然后才能采取进一步行动。

2.2 对货物本身及其完整性的核查

对货物本身及其完整性进行核查，是为了确保货物与文件所描述的相一致。对货物本身的核查，就是为了确定这些植物、植物产品类别或种名是与（收到的或待签的）植物卫生证书上的相一致；同时，也是为了确定植物卫生证书（收到的或待签的）上申报的货物能清楚分辨，数量及其状况相符。为了确定货物本身及其完整性，需要进行物理检验，包括检查铅封、安全情况及其他涉及植物卫生的运输问题。如果发现问题，是否需要采取措施，取决于所发现问题的性质及其所涉及的范围。

2.3 感官检验

感官检验包括对有害生物的检查，以及对植物卫生要求的符合性验证。

2.3.1 有害生物

从货物/批次中抽样，是为了确定其是否携带有害生物，或者有害生物是否超过了规定水平标准。按一贯做法，在一定期望值范围内要能发现规定有害生物，不仅要考虑到实际操作性，还要考虑到统计要求，诸如能发现有害生物的概率、批次大小、可信度期望值、样本大小及检查频次（参见有关取样 ISPM 标准，正在制定之中）（编者注：该标准为 ISPM 31:2008）。

如果检查目的是为了监测（发现）特定的规定有害生物是否符合进口缔约方的植物卫生要求，那么采取何种取样方法，就应取决于能监测到有害生物的概率是否满足相关植物卫生要求。

如果检查是为了验证货物/批次是否符合植物卫生的一般要求，诸如：
——无规定有害生物。
——规定有害生物不超过规定水平标准。
——如果植物卫生措施失败，要能监测到有害生物，取样方法应该能反映出这一点。

至于采取哪种取样方法，应该遵守技术标准和操作标准的透明性规定，并且要在应用上保持前后一致（另见 ISPM 20:2004）。

2.3.2 植物卫生要求符合性

通过检查，可以验证其是否符合植物卫生要求。验证内容包括：
——处理。
——加工程度。
——无污染物（如叶片、土壤）。
——是否为规定的生长期、品种、色度、成熟期及成熟度等。
——无未经许可的植物、植物产品或其他规定应检物。
——是否符合货物的包装及运输要求。
——货物/批次原产地。
——进境口岸。

2.4 检查方法

设计检查方法，要么是为了在商品中监测特定的规定有害生物，要么是为了在某种生物的植物卫生风险还未确定之前，对其进行一般检查。检查员进行感官检查时，要对每份样品进行检查，直到监测到目标有害生物或其他有害生物，或者将所有样品检查完毕为止。这时，检验就可以结束了。但是，如果 NPPO 需要收集有害生物和商品的其他信息，如虽然有害生物还没有发现，但发现了它们的为害痕迹或症状，则还需要对其他样品进行检查。在检查过程中，检查员还要掌握非感官检查方法。

做好以下几项工作很重要：

——样品取完后，应该及时检验；样品应该尽可能有代表性，能代表该货物/批次的基本情况。
——根据目前技术的应用经验和新技术发展情况，对技术进行复审。
——采取有效措施，保证每批货物/批次样品的独立性、完整性、可追溯性和安全性。
——对检查结果做好记录档案。

检查程序应该尽量符合 PRA 要求，且在应用上保持前后一致。

2.5 检查结果

根据检查结果，判定货物是否符合植物卫生要求。如果达到了植物卫生要求，是出口的，就提供相应认证，如植物卫生证书；是进口的，就予以放行。

如果未达到植物卫生要求，就需要对货物采取进一步行动。至于需要采取何种行动，要视发现规定有害生物问题的性质、其他检查目的及情况而定。对违规行为采取行动详见 ISPM 20:2004 第 5.16. 项的规定。

许多情况下，在发现有害生物或其为害痕迹，对货物的植物卫生状况做出评定时，需要实验室鉴定、专项分析或专家判定。如果发现了新的或者以前未发现过的有害生物，需要采取紧急措施。为了保证对货物的追溯，促进今后对结果的复审（如果需要），应该建立对样品和/或标本的良好记录和保存制度。

如果反复出现违规现象，可以增加对某些货物的检查频次和频率。

如果在进口时发现了有害生物，就应该详细填写检查报告，以备发布违规通报之用（见 ISPM 13:2001）。在对一些记录保存的规定中，也要求检查报告完整可靠（参见 IPPC 第七、第八条，ISPM 8:1998，ISPM 20:2004）。

2.6 对检查制度的复审

NPPOs 应该定期对进出口检查制度进行复审，以确保该制度的适当性。因而对它们做出任何调整，都需要有坚实的技术基础。

开展审查工作，是为了对检查制度的有效性进行复审。审查还可能包括辅助检查。

2.7 透明度

按照透明度原则，涉及商品检查程序的相关信息，是属于检查的范围，应该建立文档，且应该按要求进行通报（参见 ISPM 1:1993。编者注：此标准已于 2006 年修订，名称也已变更）。可以将这些涉及商品贸易的植物卫生要求，写入双边协议中。

植物卫生措施国际标准

ISPM 24

植物卫生措施国际标准 ISPM 24

植物卫生措施等效性确定及认可准则

GUIDELINES FOR THE DETERMINATION AND RECOGNITION OF EQUIVALENCE OF PHYTOSANITARY MEASURES

(2005 年)

IPPC 秘书处

© FAO 2011

发布历史

本部分不属于标准正式内容。

2002-03 ICPM-4 added topic Guidelines for equivalence (2002-002)

2003-06 SC approved Specification 11 Guidelines for equivalence via email

2003-09 EWG developed draft text

2004-04 SC revised draft text and approved for MC

2004-06 Sent for MC

2004-11 SC revised draft text for adoption

2005-04 ICPM-7 adopted standard

ISPM 24. 2005. Guidelines for the determination and recognition of equivalence of phytosanitary measures. Rome, IPPC, FAO.

2011 年 8 月最后修订。

目 录

批准

引言

范围

参考文献

定义

要求概述

要求

1　总体考虑

2　总体原则及要求

2.1　主权

2.2　IPPC 的其他相关原则

2.3　等效性的技术合理性

2.4　在应用植物卫生措施时的非歧视性

2.5　信息交流

2.6　技术援助

2.7　时效性

3　应用等效性的具体要求

3.1　具体有害生物及商品

3.2　现行措施

3.3　磋商

3.4　程序认可

3.5　确定等效性时需关注的一些因素

3.6　贸易非歧视性

3.7　方便访问

3.8　复审及监控

3.9　实施及透明度

附录1　等效性确定推荐程序

批准

本标准于 2005 年 4 月经 ICPM 第 7 次会议批准。

引言

范围

本标准描述了植物卫生措施等效性确定原则及要求，同时也描述了在国际贸易中的等效性确定程序。

参考文献

IPPC. 1997. *International Plant Protection Convention.* Rome, IPPC, FAO.

ISPM 1. 1993. *Principles of plant quarantine as related to international trade.* Rome, IPPC, FAO. [published 1995] [revised; now ISPM 1:2006]

ISPM 2. 1995. *Guidelines for pest risk analysis.* Rome, IPPC, FAO. [published 1996] [revised; now ISPM 2:2007]

ISPM 5. *Glossary of phytosanitary terms.* Rome, IPPC, FAO.

ISPM 7. 1997. *Export certification system.* Rome, IPPC, FAO.

ISPM 11. 2004. *Pest risk analysis for quarantine pests including analysis of environmental risks and living modified organisms.* Rome, IPPC, FAO.

ISPM 13. 2001. *Guidelines for the notification of non-compliance and emergency action.* Rome, IPPC, FAO.

ISPM 14. 2002. *The use of integrated measures in a systems approach for pest risk management.* Rome, IPPC, FAO.

ISPM 15. 2002. *Guidelines for regulating wood packaging material in international trade.* Rome, IPPC, FAO. [revised; now ISPM 15:2009]

ISPM 21. 2004. *Pest risk analysis for regulated non-quarantine pests.* Rome, IPPC, FAO.

WTO. 1994. *Agreement on the Application of Sanitary and Phytosanitary Measures.* Geneva, World Trade Organization.

定义

本标准引用的植物卫生术语定义，见 ISPM 5（植物卫生术语表）。

要求概述

等效性是 IPPC 基本原则之一（参见 ISPM 1:1993。编者注：该标准已于 2006 年修订，下同）。

所谓等效性，通常是指在某种或某类商品的贸易中，针对其特定有害生物，已经有了植物卫生措施而言的。等效性确定的根据，就是这些特定有害生物的风险性。等效性适用于一种措施、几种措施组合或系统方法中的综合措施。

等效性确定，需要对植物卫生措施进行评估，从而确定它们在降低特定有害生物危害所达到的效果。在确定过程中，还包括对出口缔约方植物卫生体系或计划的评估，从而掌握各项措施的落实情况。在等效性确定时，通常包括一系列信息交流及评估过程，还包括进出口缔约双方的认可程序。出口缔约方要向进口缔约方提供现行措施或拟议措施相关信息，以便评估这些措施是否能够达到其适当保护水平标准[①]。

出口缔约方可以要求进口缔约方提供其现行措施信息，这些措施能够达到其适当保护水平标准；也可以提出自己的替代措施，并证明这些措施亦能达到其适当的保护水平标准，不过这需要经过进口

---

① 此术语是 WTO/SPS 措施协定（WTO/SPS Agreement）中的定义，但许多 WTO 成员采用"可接受风险水平标准"这一概念。

缔约方的评估。在某些情况下，如在技术援助时，进口缔约方可能提议采取何种替代措施。各缔约方应该努力开展植物卫生措施等效性确定工作，尽快解决分歧，不得拖延。

要求

1 总体考虑

等效性是 ISPM 1:1993 的第七个基本原则："等效性：各缔约方应该将那些措施不同但效果一样的植物卫生措施视为等效。"（编者注：现行标准为第 10 个基本原则）在其他现行 ISPMs 中，对等效性概念和缔约方的相关责任也作了进一步规定，并已构成其不可或缺的内容。此外，在 WTO/SPS 协定第 4 条，也对此作了规定。

等效性确定，其目的在于检验拟议的植物卫生措施能否达到这些国家现行措施所要求达到的适当保护水平标准。

缔约方承认替代植物卫生措施能够达到适当保护水平标准。所以，实际上，在未正式称之为"等效性"之前，等效性就已在现行植物卫生措施中广泛应用了。

为了管理特定有害生物风险，使之达到缔约方的适当保护水平标准，等效性可适用于：
—— 单一措施。
—— 几种措施组合。
—— 系统方法中的综合措施。

如果采用系统方法，拟议的等效替代措施可以针对一种或多种综合措施，而不是要改变整个系统方法。等效性宜针对一类商品，而不是只对某一批货物。

对植物卫生措施等效性的评估，不能仅局限于对措施本身，而是应该对出口认证体系、植物卫生风险管理措施执行情况等各个方面进行评估。

本标准为进口缔约方实施的现行植物卫生措施，拟提议的新植物卫生措施，出口缔约方拟提出的替代植物卫生措施提供准则，其目的在于达到进口缔约方的适当保护水平标准。这里所说的替代措施，就需要进行等效性评估。

有时候，进口缔约方列出了一系列植物卫生措施，它们可以保证达到适当保护水平标准。因此，鼓励各缔约方在制定关于规定应检物的进境规定时，提出两种以上等效措施。这样，进口缔约方就可以根据不同的植物卫生情况，做出选择。这些措施之间可能相差很大，有的可能达到缔约方的适当保护水平标准，有的则可能超过该标准。不过，对进口缔约方所列出的这些措施进行等效性评估，不是本标准的主题。

尽管实施等效性问题常常发生进出口缔约方之间，但 IPPC 在建立标准的规定中，也不排除多边参与的情形，如在 ISPM 15:2005 标准中（编者注：该标准已于 2009 年修订），就有关于替代措施的批准规定。

2 一般原则及要求

2.1 主权

各缔约方在依照国际协定采取植物卫生措施，保护国内植物健康，确定适当的植物卫生保护水平标准时，拥有主权。各国有权规定进境植物、植物产品及规定应检物名录（IPPC 第七条第 1 款）。所以，各缔约方有权决定等效性的确定问题。为了加强合作，进口缔约方要开展对植物卫生措施等效性评估工作。

2.2 IPPC 的其他相关原则

在等效性评估时，各缔约方应该遵循以下原则。
—— 影响最小（IPPC 第七条第 2 款第 g 项）。

—— 修订（IPPC 第七条第 2 款第 h 项）。
—— 透明度（IPPC 第七条第 2 款第 b、c、i 项，第八条第 1 款第 a 项）。
—— 协调一致（IPPC 第十条第 4 款）。
—— 风险分析（IPPC 第二条，第六条第 1 款第 b 项）。
—— 风险管理（IPPC 第七条第 2 款第 a、g 项）。
—— 非歧视性（IPPC 第六条第 1 款第 a 项）。

2.3 等效性的技术合理性

等效性评估是以风险分析为基础，根据切实可靠的科学信息，可以采用 PRA 方法进行评估，也可以就现行措施及拟议措施进行评估。出口缔约方有义务提供技术信息，以证明其所采用的替代措施，能够降低特定有害生物风险，达到进口缔约方的适当保护水平标准。然而，在某些情况下（见第 3.2 项），进口缔约方可能向出口缔约方提出建议采取哪种替代措施。只要能够作参照，这些信息无论是定性的，还是定量的，均可。

既然贸易商品（类）已经是规定商品，进口缔约方就应当有相关的 PRA 信息，所以尽管替代措施需要进行评估，但进行全面的 PRA 评估却没有必要。

2.4 在应用植物卫生措施时的非歧视性

非歧视性原则规定，如果一个国家同意接受等效植物卫生措施，那么对于在同种（类）商品、相同有害生物和同样或类似植物卫生状况下，这些措施亦适用于其他缔约方。所以，各缔约方都应保证秉承非歧视原则。这些相同或类似的等效性措施不仅适用于第三国，而且也适用于国内。

但需要指出的是，植物卫生措施的等效性并不意味着一个国家接受某个等效措施，这个措施就自动适用于其他缔约方，即使在商品（类）相同、有害生物也一样的情况下，也是如此。这是因为，往往要考虑到有害生物状况、出口缔约方植物卫生管理体系，包括政策和程序等诸多因素。

2.5 信息交流

按照 IPPC 规定，各缔约方有义务进行信息交流，将等效性确定情况做出通报，包括按有关要求通报其植物卫生要求的根据（IPPC 第七条第 2 款第 c 项），以及在开展 PRA 时提供必要的技术信息及生物学信息等方面的合作（IPPC 第八条）。各缔约方不应该限制提供等效性评估相关的必要信息。

为了促进等效性讨论工作，进口缔约方应该按要求提供其降低特定有害生物风险的现行措施，以及这些措施是如何达到适当保护水平标准等相关信息。这些信息可以是定性的，也可以是定量的。该类信息应当有助于进口缔约方理解现行措施，同时也有利于出口缔约方解释其拟提议的替代措施，它们是如何降低有害生物风险，达到进口缔约方的适当保护水平标准的。

2.6 技术援助

根据 IPPC 第二十条规定，鼓励各缔约方在通过等效性评估制定植物卫生措施时，按要求向发展中成员提供技术援助。

2.7 时效性

各缔约方应该努力开展植物卫生措施等效性确定工作，尽快消除分歧，不得拖延。

3 应用等效性的具体要求

3.1 具体有害生物及商品

在比较替代植物卫生措施、确定等效性时，往往针对的是通过 PRA 确定的具体进口商品和规定有害生物。

3.2 现行措施

等效性一般适用于这样的情形，即进口缔约方已对进口的相关商品制定了现行措施。然而，进口缔约方也可以提出采取新措施。当然，出口缔约方也常常提出自己的替代措施，且能达到进口缔约方的适当保护水平标准。有时候，在技术援助时，缔约方可能提出拟议替代措施，请其他缔约方加以考虑。

如果是进口新的商品（类），还没有现行措施，缔约方应该按 ISPM 11:2004 和 ISPM 21:2004 的规定，进行正规的 PRA 分析。

3.3 磋商

若有疑问，鼓励各缔约方进行磋商，以便促进等效性确定工作。

3.4 程序认可

各缔约方应该认可等效性确定程序。该程序可参照本标准附录 1 程序，也可以参照双边协议中另行规定的程序。

3.5 确定等效性时需关注的一些因素

在确定植物卫生措施等效性时，需要考虑以下诸因素：
—— 该措施在实验室或田间条件下的效果。
—— 检查关于措施效果的相关文献。
—— 该措施的实际应用效果。
—— 影响该措施实施的各种因素（如缔约方的政策和程序等）。

植物卫生措施在第三国的实施效果可以作为参考，其有关信息可为进口缔约方评估替代措施是如何降低有害生物风险、达到其适当保护水平标准而提供根据。

在比较现行措施和拟议措施的等效性时，进出口缔约双方应该评估措施对降低特定有害生物风险的能力，还需要评估，这些拟议措施是否能达到进口缔约方的适当保护水平标准。如果现行措施和拟议措施的效果以同样方式表示出来（如以同样的反应类型），就可以将它们降低有害生物风险的能力进行直接比较，比如，熏蒸处理和冷冻处理效果就可以用死亡率进行比较。

如果措施的表示方式不同，这就难于直接比较了。因此，需要对拟议措施进行评估，以确定其是否能达到进口缔约方适当保护水平标准要求。这时就要求将数据进行转换或类推，以便在比较时使用相同单位。例如，如果约定了无有害生物的可信度水平（如每批货物或每年的可信度），这样，措施效果如死亡率，以及有害生物低流行区，就可以进行比较了。

在确定等效性时，比较某个现行措施或拟议措施的技术要求就足够了。但是，在某些情况下，要确定拟议措施是否能达到进口缔约方的适当保护水平标准，还得对出口缔约方执行措施的能力进行评估。当缔约双方业已建立贸易关系，便能提供进口缔约方的植物卫生管理体系方面的知识和经验（如法律、监督、检查、认证等）。这些知识和经验，可以加强彼此间的信任，必要时有助于拟议措施的等效性评估。关于这方面的最新信息，特别是出口缔约方的植物卫生措施（即拟议等效措施）实施程序，只要符合技术合理性要求，进口缔约方都可以要求出口缔约方予以提供。

这些拟议措施最终能否会被采纳，需根据实际情况而定，如技术有效性、批准与否，拟议措施的预期效果（如对植物的毒性），以及措施的可操作性和经济可行性等，都需要考虑。

3.6 贸易非歧视性

认可等效性不应该改变现行贸易方式，也不能破坏或中止现行贸易和进口植物卫生要求。

3.7 方便访问

为了支持进口缔约方的等效性评估工作，只要符合技术合理性要求，出口缔约方就应该为其访问提供方便，使之能够到有关地方开展与等效性相关的复审、检查或验证工作。

3.8 复审及监控

等效性确定后，为了确保各项工作得以切实落实，各缔约方应该按照对类似植物卫生措施的复审和监控程序，进行复审和监控，其中包括诸如审核、定期检查、违规报告等保障措施（另见 ISPM 13:2001），还包括其他验证形式。

3.9 实施及透明度

为了遵守透明度原则，对规定及相关程序的修订情况，也应该通报相关缔约方。

本附录为标准规定内容。

附录1 等效性确定推荐程序

建议采用下列交互式程序，开展植物卫生措施等效性评估，确定其等效性。但是，贸易各方所采取的程序可能因情况不同而异。

推荐确定步骤如下：

1. 出口缔约方向其贸易伙伴提出有关等效性确定要求，提供特定商品、规定有害生物名录、现行措施或拟议替代措施，包括相关数据。与此同时，出口缔约方还可以要求进口缔约方提供现行措施的技术合理性信息。在讨论等效性确定时，可以签订一个协议，规定步骤要点、议程和可能的时间表。

2. 进口缔约方阐述现行措施，将有助于对替代植物卫生措施进行比较。进口缔约方应该尽可能提供下列信息：

（a）采取植物卫生措施的目的，包括具体的有害生物风险及降低风险的措施。
（b）尽可能提供现行措施是如何达到进口缔约方的适当保护水平标准的信息。
（c）尽可能提供现行措施的技术合理性，包括PRA信息。
（d）其他相关补充信息，它们能帮助出口缔约方理解其拟议替代措施能够达到进口缔约方的适当保护水平标准。

3. 出口缔约方提供技术信息，表明其植物卫生措施的等效性，并提出等效性（确定）要求。这些信息应该适合进口缔约方进行比较，并开展必要的评估工作。信息主要包括：

（a）拟议的替代措施。
（b）该措施的效果。
（c）在可能的范围内，该措施能达到进口缔约方的适当保护水平标准。
（d）措施是如何评估的（如通过实验室测试、统计分析、实际应用），以及在实际工作中的执行情况。
（e）针对同种有害生物的拟议措施和进口缔约方现行措施的比较情况。
（f）拟议措施的技术合理性和可操作性。

4. 当进口缔约方收到拟议措施并进行评估时，需要考虑（但不仅限于）下列因素：

（a）出口缔约方的提交情况，包括替代措施的有效性等相关材料。
（b）替代措施达到的适当保护水平标准，可以是定性的，也可以是定量的。
（c）在保护或降低特定有害生物风险方面，拟议措施的相关信息如方法、作用及实施情况。
（d）拟议措施在技术上的可操作性及经济可行性。

除此之外，还有可能要做进一步的评估工作。为了完成评估，进口缔约方可能要求提供其他补充信息和/或要求访问，了解操作程序。只要技术合理，出口方应该予以回应，并向他们提供信息，或者为来访提供方便，允许到有关地点开展与等效性确定相关的复审、检查或验证等必要工作。

5. 进口缔约方要向出口缔约方通报其决定，并尽快按要求就其决定及其技术合理性做出说明。

6. 如果遇到不能接受等效性要求时，应该通过双边对话消除分歧。

7. 如果进口缔约方确定了等效性，就应该付诸实施，并立即对进口规定和相关程序进行修订。修订后，应该按IPPC第七条第2款第b项规定进行通报。

8. 可以制定审查和监控程序，并将其纳入计划或协议中，以便于实施所认可的等效措施或计划。

ISPM 25

植物卫生措施国际标准 ISPM 25

过境货物
CONSIGNMENTS IN TRANSIT

(2006 年)

IPPC 秘书处

发布历史

本部分不属于标准正式内容。

2002-03 ICPM-2 added topic Transit (2002-003)

2003-11 SC approved Specification 13 Phytosanitary measures for consignments in transit

2004-02 EWG developed draft text

2004-04 SC revised draft text and approved for MC

2004-06 Sent for MC

2005-11 SC revised draft text for adoption

2006-04 CPM-1 adopted standard

ISPM 25. 2006. Consignments in transit. Rome, IPPC, FAO

2011 年 8 月最后修订。

目　　录

批准
引言
范围
参考文献
定义
要求概述
背景
要求
1　对过境国的风险分析
1.1　风险确认
1.2　风险评估
1.3　风险管理
1.3.1　过境时不需要采取进一步植物卫生措施
1.3.2　过境时需要采取进一步植物卫生措施
1.3.3　其他植物卫生措施
2　建立过境体系
3　对违规及紧急情况采取的措施
4　合作与对内交流
5　非歧视性
6　复审
7　文件

批准

本标准于 2006 年 4 月经植物卫生措施委员会（CPM）第 1 次会议批准。

引言

范围

本标准描述了过境而非进境的规定应检物的风险确认、评估和植物卫生风险管理程序。因此，在过境国所采取的任何植物卫生措施应该是技术合理的，且必须是为了防止有害生物的传入和/或扩散。

参考文献

IPPC. 1997. *International Plant Protection Convention*. Rome，IPPC，FAO.

ISPM 2. 1995. *Guidelines for pest risk analysis*. Rome，IPPC，FAO. ［revised；now ISPM 2:2007］

ISPM 5. *Glossary of phytosanitary terms*. Rome，IPPC，FAO.

ISPM 11. 2004. *Pest risk analysis for quarantine pests including analysis of environmental risks and living modified organisms*. Rome，IPPC，FAO.

ISPM 12. 2001. *Guidelines for phytosanitary certificates*. Rome，IPPC，FAO.

ISPM 13. 2001. *Guidelines for the notification of non-compliance and emergency action*. Rome，IPPC，FAO.

ISPM 17. 2002. *Pest reporting*. Rome，IPPC，FAO.

ISPM 20. 2004. *Guidelines for a phytosanitary import regulatory system*. Rome，IPPC，FAO.

ISPM 23. 2005. *Guidelines for inspection*. Rome，IPPC，FAO.

定义

本标准引用的植物卫生术语定义，见 ISPM 5（植物卫生术语表）。

要求概述

在国际贸易货物中，可能涉及一些规定应检物，在海关[①]监管下，只是过境而非进口。这种转运方式，对过境国可能存在植物卫生风险。按照 IPPC 规定，过境国可以在货物过境时，对它们采取植物卫生措施（IPPC 第七条第 1 款第 c 项及第 2 款第 g 项），但这些措施必须是技术合理的，且必须是为了防止有害生物的传入和/或扩散（IPPC 第七条第 4 款）。

本标准为过境国 NPPO 提供准则，以便于它们决定是否需要对货物过境进行干预，是否需要采取植物卫生措施，如果需要采取措施，应该采取何种措施，等等。在这种情况下，需要在过境体系中将责任和主要内容，以及合作、交流、非歧视性、复审及文件等要求做出规定。

背景

过境货物及其运输工具，属于 IPPC 第七条和第 1 条规定的范畴。按第七条第 1 款第 c 项规定，表述如下：

"为了防止规定有害生物传入和/或扩散，进口缔约方有权根据切实可行的国际协定，对进口植物、植物产品和其他规定应检物做出规定。为达到此目的，可以禁止或限制规定有害生物传入其领土"。

第七条第 4 款表述为："当货物过境，必须防止有害生物的传入和/或扩散时，缔约方可以采取本条规定的植物卫生措施，但这些措施必须是技术合理的。"

[①] 报关技巧涉及到海关各项法规，包括附件 E1（海关过境规定）和 E2（海关过境运输规定），是根据"简化及协调海关程序国际公约"，也称 Kyoto 公约（Kyoto Convention，1973）编制的。

第一条第 4 款表述为："缔约方可以根据本公约规定作适当扩展，即除了植物和植物产品外，还包括储藏、包装、运输、集装箱、土壤、其他生物，以及在国际运输过程中能滋生和传播植物有害生物的物品和原材料。"

过境是指规定应检物只经过国境（参见过境国。编者注：另见 ISPM 5 最新版）而非进口。但对过境国而言，这些货物可能成为有害生物潜在的传入和/或扩散途径。

过境货物过境时，有必要保持封闭或密封状态，货物不进行分装或拼装，不改换包装。在这种情况下，货物在转运过程中基本上不会有植物卫生风险，不需要采取植物卫生措施，尤其是用集装箱密封运输[①]时更是如此。但是，尽管如此，还是需要制定预案，以防出现意想不到的情况，如在过境时出现意外事故。

然而，货物及其运输工具在过境时，其运输或搬运方式存在植物卫生风险，如以敞开而不是密封的形式运输，不是直接过境而是要存放一段时间，要分装、拼装或重新包装，改变运输方式（如由船运改为铁路运输）等。在这种情况下，过境国需要采取植物卫生措施，以防止有害生物传入和/或扩散。

应该注意的是，术语"过境"一词，不仅是因为植物卫生，而且也是因为在海关监管标准程序中，使用了该词汇。海关监管，包括文件验证、跟踪（如电子的）、铅封、运输工具监管、进出境管理等。但是，海关监管本身不是为了保证货物的植物卫生完整性和安全性，所以也不是为了防止有害生物的传入和/或扩散。

过境运输是货物运输的特例，指的是货物在运输过程中，从一种运输工具转到另一种运输工具上（如在海港从一艘船转到另一艘船上）。通常情况下，过境运输是按海关要求，在其规定的关区内进行的。由于过境运输可能发生在过境国，因此属于本标准范围。

要求

1 对过境国的风险分析

针对过境货物的风险分析，可以借助已有的和/或正在开展的 PRA 信息，这些信息可以由某一缔约方 NPPO 提供，也可以由双方共同提供。

1.1 风险确认

为了确认过境货物的潜在植物卫生风险，过境国 NPPO（即从该口岸开始的"NPPO"）应该收集并复审相关信息。

这些信息主要包括：
—— 海关及其他相关单位的管理程序。
—— 过境国及原产国的商品或规定应检物种类。
—— 过境货物的运输方式和方法。
—— 与过境货物有关的规定有害生物。
—— 寄主在过境国的分布情况。
—— 在过境国的过境路线信息。
—— 有害生物从货物中逃出的可能性。
—— 针对过境货物的现行植物卫生措施。
—— 包装类型。
—— 运输条件（冷藏、气调等）。

NPPO 可以确定过境货物不存在植物卫生风险，如过境货物不带过境国规定的规定有害生物，则不需要对其采取植物卫生措施，并允许其过境。

---

① 在海运贸易中，经常使用全密封的安全标准集装箱运输。

当然 NPPO 也可以确定过境货物基本没有植物卫生风险，如运输工具或包装全部密封、加铅封并保证安全，或者虽有过境国的规定有害生物但它们不可能从货物中逃出来，这样也没有必要采取植物卫生措施，且允许过境。

如果确实存在植物卫生风险，为了确定采取什么样的植物卫生措施，其是否符合必要性和技术合理性要求，这需要通过对过境有害生物或商品进行风险评估后，才能做出决定。

植物卫生风险，只是针对过境国的规定有害生物或需要采取紧急行动措施的有害生物而言的。

1.2 风险评估

对过境传入途径的植物卫生风险评估，通常主要是评估过境货物的有害生物传入和/或扩散的可能性。由于其潜在的经济重要性，在规定有害生物的前期评估中已做过了，因此就不必重复了。

对有害生物传入和/或扩散可能性的评估，可参见 ISPM 11:2004，尤其是其中第 2.2 项。对于过境货物，还需要考虑以下信息：

—— 规定有害生物从过境货物中的传入和/或扩散途径。
—— 有害生物的扩散机制和迁移率。
—— 运输方式（如卡车、火车、飞机、轮船等）。
—— 运输工具的植物卫生安全性（如封闭、铅封等）。
—— 包装物及其包装类型。
—— 货物形态改变（如拼装、分装，重新包装）。
—— 过境期或储藏期、储藏条件。
—— 货物经由过境国的先后路线。
—— 过境频率、数量与季节。

如果经过 NPPOs 评估，确实存在植物卫生风险，就需要制定植物卫生风险管理方案。

1.3 风险管理

风险管理基于风险评估，NPPOs 可以将过境货物的风险管理归为两大类：

—— 过境时不需要采取进一步植物卫生措施。
—— 过境时需要采取进一步植物卫生措施。

风险管理详见 ISPM 11:2004。

1.3.1 过境时不需要采取进一步植物卫生措施

经过风险评估，NPPO 确定货物由海关监管就已足够，因而不应采取植物卫生措施。

1.3.2 过境时需要采取进一步植物卫生措施

经过风险评估认为，有必要采取植物卫生措施，包括：

—— 对货物及其完整性进行验证（详见 ISPM 23:2005）。
—— 持有植物卫生过境许可文件（如过境许可证）。
—— 持有植物卫生证书（含过境要求）。
—— 指定进出境口岸。
—— 确认货物出境。
—— 规定运输方式及指定过境路线。
—— 对货物形态改变作出规定（如拼装、分装、重新包装）。
—— 使用 NPPOs 规定的设备或设施。
—— 使用经 NPPOs 认可的海关设施。
—— 植物卫生处理（如装运前处理、在货物完整性不确定时进行处理）。
—— 货物过境跟踪。
—— 物理条件（如冷藏、防虫包装和/或防漏运输）。
—— 使用 NPPOs 特定的运输工具或货物铅封。

—— 制定特定运输工具应急管理预案。
—— 限制过境的时间或季节。
—— 除海关要求外的其他文件规定。
—— NPPOs 对货物进行检查。
—— 包装。
—— 废物处理。

上述植物卫生措施，只适用于过境国的规定有害生物，或者需要采取紧急行动措施的有害生物。

1.3.3 其他植物卫生措施

如果没有适当的植物卫生措施，或者无法对过境货物采取植物卫生措施，则 NPPOs 可能会要求这些货物达到同样的进口要求，如禁止入境等。

如果货物在储藏或重新包装时，存在植物卫生风险，NPPOs 可以决定它们是否应该达到进口要求，或要对它们采取其他适当的植物卫生措施。

2 建立过境体系

缔约方可以与其 NPPOs、海关及其他相关机构一道，建立过境货物植物卫生管理体系，其目的在于防止规定有害生物随过境货物及运输工具传入和/或扩散。过境体系的基础是一套规章制度，包括植物卫生法规、规定和程序。该体系由 NPPOs、海关和其他相关机构共同运作，从而确保植物卫生措施得到落实。

NPPOs 可参考海关过境程序，负责建立过境体系，实施植物卫生措施，管理植物卫生风险。

3 对违规及紧急情况采取的措施

NPPOs 建立的过境体系，包括违规及紧急情况处理措施（如发生规定有害生物从过境货物中逃逸出来的意外事故）。ISPM 13:2001 规定了过境国向出口缔约方及目的地国签发违规通报的具体指导准则。

4 合作与对内交流

NPPOs 与海关和其他机构（如港口管理部门）合作，对于建立和/或维持过境体系有效运转，确认过境规定应检物，是必不可少的。所以，可以与海关签署一个特别协议，以便于能够及时得到信息通报，从而可以进入海关监管区对货物进行查验。

NPPOs 最好也能和其他（与过境相关的）利益攸关者建立合作，保持沟通。

5 非歧视性

当过境货物与进口货物具有同等植物卫生风险时，过境国不能对其采取更具限制性的植物卫生措施。

6 复审

NPPOs 应该与相关机构和利益攸关者一道，对过境体系、过境货物种类、植物卫生风险进行复审，对其中不合理的规定做出必要调整。

7 文件

过境体系都要充分记录，建立好档案。

这些针对过境货物的植物卫生要求、限制和禁止措施，都应该按要求向直接受其影响的各缔约方进行通报。

植物卫生措施国际标准 ISPM 26

实蝇（实蝇科）无有害生物区的建立

ESTABLISHMENT OF PEST FREE AREAS FOR FRUIT FLIES (TEPHRITIDAE)

(2006 年)

IPPC 秘书处

发布历史

本部分不属于标准正式内容。

2004-04 ICPM-6 added topic Pest free areas and systems approached for fruit flies (2004-027)

2004-09 TPFF developed the draft text

2004-11 SC approved Specification No. 27 Pest free areas for fruit flies

2005-04 SC revised the draft standard and approved for MC

2005-06 Sent for MC

2005-09 TPFF revised draft text

2005-11 SC revised the draft text for adoption

2006-04 CPM-1 revised and adopted standard

ISPM 26. 2006. Establishment of pest free areas for fruit flies (Tephritidae). Rome, IPPC, FAO.

2006-04 CPM-1 added topic Trapping procedures for fruit flies (2006-037)

2006-05 SC approved Specification 35 Trapping procedures for fruit flies of the family Tephritidae

2007-12 TPFF developed draft text cooperated with IAEA

2008-05 SC approved draft text for MC

2008-06 Sent for MC

2009-05 SC revised draft text and proposed as Appendix to ISPM 26

2009-05 SC-7 revised draft text

2009-11 SC revised draft text

2010-03 CPM-5 reviewed text and returned to SC with guidance for modifications

2010-04 SC reviewed draft text standard and returned to TPFF

2010-10 TPFF revised draft text

2010-11 SC revised draft text for adoption

2011-03 CPM-6 revised and adopted standard

ISPM 26. 2006：Appendix 1 Fruit fly trapping (2011). Rome, IPPC, FAO

2011年8月最后修订。

目 录

批准
引言
范围
参考文献
定义
要求概述
背景
要求
1 一般要求
1.1 公共意识
1.2 文件及记录保存
1.3 监督活动
2 具体要求
2.1 实蝇无有害生物区（FF-PFA）的特征
2.2 FF-PFA 的建立
2.2.1 缓冲区
2.2.2 建立前的监督活动
2.2.2.1 诱捕程序
2.2.2.2 水果取样程序
2.2.3 对规定应检物转运的控制
2.2.4 FF-PFA 建立的其他技术信息
2.2.5 对无有害生物的国内声明
2.3 对 FF-PFA 的维持
2.3.1 对 FF-PFA 维持情况的监督
2.3.2 对规定应检物转运的控制
2.3.3 纠偏行动（包括应对暴发情况）
2.4 暂停、恢复或取消 FF-PFA 状况资格
2.4.1 暂停
2.4.2 恢复
2.4.3 取消 FF-PFA 状况资格
附录1 纠偏行动计划准则
附件1 实蝇诱捕（2011）
1 有害生物状况及调查类型
2 诱捕场景
3 诱捕材料
3.1 诱剂
3.1.1 雄虫特效诱剂
3.1.2 雌虫诱剂
3.2 灭虫剂及保存剂
3.3 常用实蝇诱捕器
4 诱捕程序

4.1 诱捕器的空间分布
4.2 诱捕器的设置
4.3 诱捕器分布图
4.4 对诱捕器的维护及检查
4.5 诱捕记录
4.6 每日每个诱捕器捕获的实蝇
5 诱捕器密度
6 监督活动
7 参考文献
附件2 水果取样准则

批准

本标准于 2006 年 4 月经 CPM 第 1 次会议批准；附件 1：实蝇诱捕，于 2011 年 3 月经 CPM 第 6 次会议批准。

引言

范围

本标准为建立和维持经济重要性实蝇（实蝇科）无有害生物区（简称 FF-PFA，下同）提供准则。

参考文献

IPPC. 1997. *International Plant Protection Convention*. Rome，IPPC，FAO.

ISPM 4. 1995. *Requirements for the establishment of pest free areas*. Rome，IPPC，FAO. ［published 1996］

ISPM 5. 2006. *Glossary of phytosanitary terms*. Rome，IPPC，FAO. ［revised annually］

ISPM 6. 1997. *Guidelines for surveillance*. Rome，IPPC，FAO.

ISPM 8. 1998. *Determination of pest status in an area*. Rome，IPPC，FAO.

ISPM 9. 1998. *Guidelines for pest eradication programmes*. Rome，IPPC，FAO.

ISPM 10. 1999. *Requirements for the establishment of pest free places of production and pest free production sites*. Rome，IPPC，FAO.

ISPM 17. 2002. *Pest reporting*. Rome，IPPC，FAO.

定义

本标准引用的植物卫生术语定义，见 ISPM 5（植物卫生术语表）。

要求概述

建立 FF-PFA 的一般要求如下：

—— 制订公共意识计划。

—— 体系管理要件（文件及复审制度、记录保存）。

—— 监督活动。

FF-PFA 要件是：

—— FF-PFA 的特征。

—— FF-PFA 的建立和维持。

上述要件包括诱捕监督活动、水果取样、规定应检物转运官方控制等。监督准则及水果取样活动见附件 1 和附件 2。

其他要求包括：纠偏行动计划，对 FF-PFA 状况资格的暂停、取消及恢复（如果可能）等。纠偏行动计划详见附录 1。

背景

对许多国家而言，实蝇是一类非常重要的有害生物，不仅因为它们为害水果，造成损失，而且因为许多植物产品是它们的寄主，从而要求限制其市场准入。实蝇的寄主范围很广，传入的可能性极大，因而许多国家对进口实蝇区的水果，均严加限制。所以，制定实蝇无有害生物区建立与维持的具体指导，是十分必要的。

无有害生物区是指"科学证据表明某有害生物未发生，需要在官方适当维持下的一个地区（参见 ISPM 5)"。这个地区由于自然屏障、气候因素，或者采取了限制及其他相关措施（尽管实蝇可能定殖），或者实施了根除计划（参见 ISPM 9:1998），使之在最初就成为一个天然的实蝇无有害生物区。ISPM 4:1995 描述了各种无有害生物区，提出了建立无有害生物区的一般准则。但是对于实蝇而言，还需要另外再制定一个专门针对实蝇的无有害生物区（即实蝇无有害生物区，简称 FF-PFA）指导，这已经获得共识。本标准对 FF-PFA 的建立和维持作了具体描述。标准所述目标有害生物，属于双翅目、实蝇科的按实蝇属（*Anastrepha*）、果实蝇属（*Bactrocera*）、小条实蝇属（*Ceratitis*）、寡鬃实蝇属（*Dacus*）、绕实蝇属（*Rhagoletis*）和驮实蝇属（*Toxotrypana*）害虫。

如果建立了 FF-PFA 并得以维持，那么就没有必要再对该无有害生物区（PFA）中的目标有害生物及其对应的寄主植物商品，规定其他特殊植物卫生措施。

要求

1 一般要求

ISPM 4:1995 的概念及相关规定，适合所有有害生物的无有害生物区建立和维持，也包括实蝇，因此本标准将参照 ISPM 4 的相关规定。

在本标准进一步描述的植物卫生措施及具体程序中，可能要求建立并维持 FF-PFA。建立正规的 FF-PFA，需要根据本标准规定的技术要素，其主要包括：有害生物的生物学信息、FF-PFA 大小、有害生物种群状况、扩散途径、生态环境、地理隔离、有害生物根除效果等。

如果因为气候、地理或其他原因，有些实蝇不可能在该地区定殖，则需要按 ISPM 8:1998 第 3.1.2 项的规定，对有害生物未发生状况进行确定。然而，当监测到了实蝇，且它们在某季节造成经济损失（IPPC 第七条第 3 款），如果要维持 FF-PFA，就应该采取纠偏行动。

如果实蝇在某地区能够定殖但还没有发生，也按 ISPM 8:1998 第 3.1.2 项进行了总体监督，则这时最重要的是要划出无有害生物区边界，并建立无有害生物区。如果可能，可以通过进口要求及国内限制措施，防止有害实蝇传入，从而维持其无有害生物状况。

1.1 公共意识

在有害生物传入的高风险地区，实施公共意识计划极其重要。建立和维持 FF-PFA，公众（尤其是当地社区）和个人（出入该地区）的支持和参与十分重要，当然还包括直接或间接的利益攸关者。可以利用不同媒体（如书面公告、广播或电视），向他们宣传建立与维持无有害生物区的意义，以及如何防止可能受侵害寄主植物的传入或再次传入。这样，就更加有利于达到 FF-PFA 的植物卫生措施要求。开展公共意识教育，实施植物卫生教育计划，主要做好以下几项工作：

—— 设立固定或临时检查站。
—— 在入境口岸和通道上设置标志牌。
—— 设置寄主材料处理箱。
—— 发放有关有害生物及无有害生物区信息小册子。
—— 公告（如印刷品、电子媒体）。
—— 建立规定水果转运管理体系。
—— 寄主植物不作商业用途。
—— 保护好诱捕器材。
—— 如果适当，进行违规处罚。

1.2 文件及记录保存

关于 FF-PFA 建立与维持的相关文件，应该建立完整档案，并作为植物卫生措施的一部分。文件应该定期复审并更新，如需要，还应该包括纠偏行动（另见 ISPM 4:1995）。

调查、监测、有害生物发生及暴发情况、相关操作程序及效果等记录，应该至少保存两年。这些记录，应该按照进口国 NPPOs 的要求予以通报。

1.3 监督活动

FF-PFA 计划，包括管理控制、监督程序（如诱捕、水果抽样）、纠偏行动计划等均应该符合官方批准程序。

这些程序还应该包括官方授权，经授权主要负责人的权力是：

—— 该负责人拥有一定的权力和责任，能确保体系/程序正确实施并维持下去。

—— 昆虫学家，能全权负责将实蝇鉴定到种。

出口缔约方 NPPOs 应该通过对文件及程序的复审，定期监控该计划的实施效果。

2 具体要求

2.1 实蝇无有害生物区（FF-PFA）的特征

FF-PFA 的特征包括：

—— 目标实蝇分布在该区域或靠近该区域。

—— 有商用或非商用寄主植物。

—— 区域划界［用地图或 GPS 匹配，标出边界、天然障碍、入境点（口岸）、寄主分布区域和缓冲区］。

—— 气候状况，如降雨量、相对湿度、盛风风速及风向。

关于建立无有害生物区（PFA）的详细信息，请参见 ISPM 4:1995。

2.2 FF-PFA 的建立

需要开展以下工作：

—— 制定 FF-PFA 的各项监督活动。

—— FF-PFA 划界。

—— 制定控制寄主材料或规定应检物相应的植物卫生措施。

—— 采取适当的害虫控制及根除方法。

建立缓冲区也是必要的（见第 2.2.1 项），它可以帮助收集建立 FF-PFA 相关的其他技术信息。

2.2.1 缓冲区

由于地理隔离尚不足以防止实蝇的传入或再次侵染，或者没有办法阻止它们侵入无有害生物区，这时就需要建立缓冲区。建立一个有效的缓冲区，需要考虑到以下诸方面：

—— 控制实蝇种群的方法：

· 采用选择性毒饵

· 喷洒杀虫剂

· 采用昆虫不育技术

· 杀灭雄虫技术

· 生物防治

· 机械控制等

—— 可用寄主、栽培制度、天然植被。

—— 气候条件。

—— 该区域的地理状况。

—— 实蝇经过已知途径的自然传播能力。

—— 监控体系对缓冲区的监控能力（如诱捕网络）。

2.2.2 建立前的监督活动

应该制定和实施常规调查计划。诱捕是首选方法，可以通过用诱捕剂进行诱捕，从而判定在某地区是否有实蝇发生。但是有些实蝇对诱捕剂不反应，其诱捕效果不好，就需要通过抽取水果样品进行检验，来弥补诱捕方法存在的缺陷。

在建立 FF-PFA 之前，应该根据本地区的气候特点，开展一定时期的监督工作，如果技术允许，应该在 FF-PFA 区至少连续坚持 12 个月，并且对区域内所有商业或非商业寄主植物进行调查，以确证是否有实蝇害虫发生。在这个监督过程中，不应发现有害生物种群。如果只发现一头成虫，需要根据具体情况（参见 ISPM 8:1998），但未必一定要取消其 FF-PFA 状况资格。因为对无有害生物区的要求应该是，在监督期间，未能发现目标害虫幼虫、两头或更多可育成虫及受精雌虫。对不同实蝇，应该使用不同的诱捕器，采取不同的水果取样方法。调查方法，详见附件 1 和附件 2 两个准则。这些准则，可视诱捕器、诱剂及取样效果进行改进。

2.2.2.1 诱捕程序

此处讨论目标实蝇诱捕的一般要求。诱捕方法，可因实蝇种类和诱捕环境的不同而各异。详见附件 1。在开展诱捕时，需要考虑以下因素：

诱捕器类型和诱剂种类

在开展实蝇种群诱捕的几十年中，研制了好几种诱捕器和诱剂。不同的实蝇种类，需要使用不同的诱剂。在选择诱捕器时，要考虑实蝇种类和诱捕剂的特性。目前使用最广的诱捕器有 Jackson、McPhail、Steiner、底开口干式诱捕器（OBDT）和黄板诱捕器。使用的特效诱剂有诱捕雄虫的类信息素或信息素；或者用食物或寄主植物气味（液体蛋白或干性合成蛋白）。液体蛋白的诱捕范围很广，既可诱捕雄虫，也可以诱捕雌虫，但雌虫诱捕率略高。然而，液体诱剂通常容易使标本腐烂，从而难于鉴定。因此，在使用 McPhail 诱捕器时，常常加一些乙二醇，作为防腐剂。雌虫比较喜欢干性合成蛋白，且它不易诱捕非目标生物，因而使用干性诱捕器，可以较好地防止标本过早腐烂。

诱捕器设置密度

诱捕器密度（每单位面积诱捕器的数量），是影响实蝇调查效果的决定性因素。因此在诱捕时，要根据诱捕实蝇的种类、诱捕器的诱捕效果、作物栽培情况及其他生物和非生物因子等实际情况做出决定。诱捕器设置密度，可以随着诱捕阶段不同而不同，如在 FF-PFA 的建立时期与维持时期，是不一样的；同时也与有害生物通过传入途径进入 PFA 的风险程度密切相关。

诱捕器设置（确定诱捕器的具体设置位置）

在实施 FF-PFA 计划时，需要建立大范围的诱捕网络，诱捕器要分布到整个区域。诱捕网络布局，要根据该区域的特点、寄主分布情况及实蝇的生物学习性而定。在诱捕过程中，一个最重要的问题是诱捕器应该挂在寄主植物的什么部位、诱捕点应该设置在哪里。当然，在诱捕网络建立过程中，也可以借助 GPS（全球定位系统）和 GIS（地理信息系统）。

诱捕器管理

在诱捕期间，对诱捕器的管理（维护和更换）应该根据以下情形而定：
—— 诱剂的有效期（诱剂的诱捕性能）。
—— 保留能力。
—— 诱捕率。
—— 实蝇活动季节。
—— 诱捕器的放置。
—— 实蝇的生物学习性。
—— 环境条件。

检查诱捕实蝇（检查诱捕器中诱捕到的实蝇）

常规检查频率根据下列情况而定：
—— 实蝇的活动情况（实蝇生物学习性）。
—— 在本年度不同时期实蝇对寄主植物的反应情况。
—— 目标实蝇和非目标实蝇的相对诱捕量。
—— 诱捕器类型。
—— 所诱捕实蝇的形态完整性（能否鉴定）。

在一些诱捕器中，实蝇标本很快腐烂，从而难于鉴定，或者无法鉴定，这就要求常换诱捕器。

鉴定能力

NPPOs 应该具备足够的基础设施和训练有素的专业人员，以便能迅速鉴定目标实蝇标本，最好能在 48h 内完成鉴定事宜。在 FF-PFA 建立阶段或实施纠偏行动期间，能够不断得到专家的技术咨询可能十分必要。

2.2.2.2 水果取样程序

如果诱捕效果不太理想，那么在监督时，可能需要将水果取样和诱捕工作结合起来，一并进行。应该注意到，在小范围内作划界调查时，如遇到实蝇暴发，采取水果取样检查，会特别有效。但是，由于该方法对水果造成毁坏，所以是既费力、费时，又费钱。为了保证鉴定工作，需要将受侵害水果保存良好，以便使其中的实蝇幼虫能够存活。

对寄主的选择性

在水果取样时，应该考虑目标实蝇对寄主的选择性，它们是主要寄主、次要寄主，还是临时寄主。取样时，还要注意水果的成熟度，水果上是否有明显为害状，是否采取过商业措施（如使用杀虫剂）。

重点关注高风险地区

取样时，应该重点关注受实蝇侵染的地方：
—— 城区。
—— 无人管理的果园。
—— 包装厂（有挑出来丢弃的水果）。
—— 水果贸易市场。
—— 主要寄主植物集散地。
—— 进入 FF-PFA 的入口点（如有可能）。

目标实蝇最喜欢侵染的寄主植物生长地区，应该作为水果取样调查区。

样本大小及选取

需要考虑下列因素：
—— 规定的可信度水平标准。
—— 野外主要寄主材料的可用性。
—— 如果可能，检查树上有无带为害状的水果、落果或（在包装厂挑出来后被）丢弃的水果。

待查水果样品的处理程序

在野外收集到水果样品后，应该送到实验室保存、剖果、收集昆虫并鉴定。水果样品应该加贴标识，保证在储藏和运递过程的安全，以避免与其他水果样品混淆。

鉴定能力

NPPOs 应该真正拥有足够的基础条件和训练有素的专业人员，可以鉴定实蝇幼虫，并能将它们迅速羽化为目标实蝇成虫。

2.2.3 对规定应检物转运的控制

应该对规定应检物的转运进行控制，以防止目标有害生物传入 FF-PFA。至于需要采取什么样的控制措施，要根据风险评估而定（在确定了可能的传入途径和规定应检物后）。其中包括：

—— 将目标实蝇列入检疫性有害生物名录。
—— 为维持 FF-PFA 状况，需要对传入途径和应检物做出规定。
—— 在国内采取控制措施，禁止将规定应检物带入 FF-PFA 内。
—— 对规定应检物进行检查，查阅相关文件（若可能），如果发现违规情况，应该采取适当的植物卫生措施（如处理、拒绝入境或销毁）。

2.2.4 FF-PFA 建立的其他技术信息

建立 FF-PFA 的其他技术信息包括：

—— 目标有害生物的监测情况、生物学习性和种群动态的历史记录信息，以及在 FF-PFA 对目标害虫的调查活动。
—— 在 FF-PFA 开展监测时，随之采取的植物卫生措施的效果。
—— 在该地区寄主作物的商业产量记录，并估计它们的非商业产量及野生寄主植物的分布情况。
—— 在 FF-PFA 内，其他有重要经济意义的实蝇的发生情况。

2.2.5 对无有害生物的国内声明

NPPOs 应该验证该地区的实蝇无有害生物状况（根据 ISPM 8:1998），尤其是要确定是否符合本标准规定的程序（监督及控制）。如果可能，NPPOs 应该对 FF-PFA 的建立情况做出声明，并予以通报。

为了确证该地区实蝇无有害生物状况及在国内采取管理措施的效果，在 PFA 建立后，应该继续进行检查，且要采取植物卫生措施，来维持 FF-PFA 状况。

2.3 对 FF-PFA 的维持

为了维持 FF-PFA 状况，NPPOs 应该继续采取监督和控制行动，不断验证其无有害生物状况。

2.3.1 对 FF-PFA 维持情况的监督

在验证并声明了 FF-PFA 状况后，应该根据风险评估，继续实施官方监督计划，以保证维持了 FF-PFA 状况。还应该形成常规技术调查报告（如月度调查报告）。这些要求与 FF-PFA 建立时的基本一样（见第 2.2 项），不同的是诱捕器的设置密度和位置，需要根据对目标实蝇传入风险的评估结果而定。

2.3.2 对规定应检物转运的控制

与第 2.2.3 项相同。

2.3.3 纠偏行动（包括应对暴发情况）

NPPOs 应该制定计划预案，以便在 FF-PFA 内监测到、在寄主上发现目标实蝇（详见附件 1），或者在程序中出现疏漏时实施。该计划应该包括以下要件或体系：

—— 按 ISPM 8:1998 规定对暴发情况进行声明及通报。
—— 对划界情况进行监督（诱捕及水果取样），确定在受侵害区采取纠偏行动。
—— 采取控制措施。
—— 进一步监督。
—— 恢复暴发区无有害生物状况的标准。

—— 对截获情况的应对措施。

纠偏行动计划应该尽快启动，无论如何，要在发现目标害虫（成虫或幼虫）72h 内开始实施。

2.4 暂停、恢复或取消 FF-PFA 状况资格

2.4.1 暂停

当目标实蝇暴发，或者出现诸如发现目标实蝇幼虫、科学证据表明发现的两到多头实蝇成虫是可育的、在一定时间或区域内发现了一头受精成虫等情况，就要暂停 FF-PFA 状况资格，或部分暂停其无有害生物状况资格。当然，如果程序出现疏漏（如诱捕器数量不够，寄主植物没控制好或者处理不理想），也可以暂停 FF-PFA 状况资格。

如果实蝇暴发了，就应该采取纠偏行动（见本标准），并立即通报相关 NPPOs（见 ISPM 17:2002）。而且将全部或部分暂停 FF-PFA 状况资格，乃至取消。在大多数情况下，暂停范围是指 FF-PFA 中受到侵染的那一部分。这个范围究竟有多大，将由该实蝇的生物学特点和生态学习性决定。除非有科学证据表明出现了偏差，否则对所有规定目标实蝇 FF-PFA 的范围都一样。如果暂停措施生效，就应该明确指出暂停标准，且应该向进口国 NPPO 通报关于 FF-PFA 状况发生变化的相关情况。

2.4.2 恢复

要恢复 FF-PFA 状况资格，需要根据建立 FF-PFA 时的要求而定，如：

在根据目标有害生物的生物学特点所确定的时限内，如果在具备其流行的环境条件下[①]，再没有监测到目标有害生物，且已通过监督所证实，则可以恢复。或者，如果一旦出现程序错误，就只能等到错误得以纠正以后，才能恢复。

2.4.3 取消 FF-PFA 状况资格

如果控制措施无效，有害生物在整个区域（无有害生物区）内定殖了，则要取消 FF-PFA 状况资格。要再次取得 FF-PFA 状况资格，需要遵照本标准中关于建立与维持 FF-PFA 的相关程序。

---

① 此时间段，是从上次监测到目标害虫开始算起。对一些实蝇而言，是否未监测到，需要至少监测三代。至于到底需要多长时间适宜，需依赖于科学证据，包括监督体系实际提供的相关信息。

本附录属于标准规定内容。

附录1 纠偏行动计划准则

在 FF-PFA 中，如果监测到一头目标实蝇（不管是成虫，还是幼虫），都应该实施纠偏行动计划。

如果实蝇一旦暴发，纠偏行动的目的就是要采取根除措施，使受害地区恢复到无有害生物状况，并确保它们不传入到 FF-PFA。

在制定纠偏行动计划预案时，应该考虑到目标实蝇的生物学习性、FF-PFA 的地理特点、气候条件及该地区中寄主的分布情况。

实施纠偏行动计划，需要具备下列条件：
—— 依法实施纠偏行动计划。
—— 按标准要求声明实蝇暴发。
—— 达到了初始反应的时间范围。
—— 按技术标准，要求开展划界诱捕、水果取样，采取根除措施，制定管理措施。
—— 能够为纠偏行动提供足够的资源（财力）。
—— 有鉴定能力。
—— NPPOs 之间、与进口国 NPPOs 及各缔约成员之间能够有效沟通。

实施纠偏行动计划

1 确定植物卫生监测状况（采取行动与否）

1.1 如果监测是属于临时的、不需要采取行动（见 ISPM 8:1998），则不必采取进一步行动。

1.2 如果监测到的目标有害生物属于要采取措施的，一旦发现，就需要进行划界调查，包括增加诱捕器数量、加大水果抽样量，增加检查比例，从而评估是否会暴发，是否需要采取相应措施。如果发现了实蝇种群，还要确定其为害区域的大小。

2 暂停 FF-PFA 状况资格

如果监测到实蝇且暴发，或者出现第 2.4.1 项的情况，就要暂停受其侵害区域的 FF-PFA 状况资格。这个区域可能是整个 FF-PFA，也可能是其中一部分。

3 在受害区域实施控制措施

根据 ISPM 9:1998 的规定，应该立即实施特别指令，或采取根除行动，并全面通报相关情况。根除行动包括：
—— 用选择性毒饵处理。
—— 释放不育实蝇。
—— 将树上的水果全部收获。
—— 杀灭雄虫。
—— 销毁受害水果。
—— 处理土壤。
—— 喷洒杀虫剂。

要防止规定应检物携带实蝇，需要立即采取植物卫生措施进行控制。这些措施包括不从受害地区装运水果，如可能，对水果做除害处理，或者设置路障，防止受害水果被带到其他无有害生物区。如果进口国同意，还可以采取其他措施，如处理、增大调查范围、增加诱捕器数量等。

4 在对实蝇暴发采取措施后，按照标准恢复 FF-PFA 状况资格

根除计划是否获得了成功，可参见第 2.4.2 项的标准，并将其列入目标实蝇行动计划中。至于要多长时间才能得到恢复，要视实蝇的生物学习性及其暴发的环境条件而定。如果符合条件，就应该：

—— 向进口国 NPPOs 通报。
—— 恢复常规监督水平标准。
—— 恢复 FF-PFA 状况资格。

5 向相关机构通报

如果可能，一旦 FF-PFA 状况发生变化，就应该向相关 NPPOs 及其他代理机构进行通报，这在 IPPC 关于有害生物报告中也有规定（参见 ISPM 17:2002）。

本附件于 2011 年 3 月经 CPM 第 6 次会议批准。只作参考，不属于标准规定内容。

附件 1 实蝇诱捕（2011）

本附件提供了经济重要性实蝇（Tephritidae）在不同有害生物状况下的诱捕程序。诱捕器与诱剂的组合、灭虫剂及保存剂的应用，都应该视技术上的可行性、实蝇种类以及该地区有害生物状况而定，即它们是已经被侵染的地区，还是一个有害生物低流行区，抑或是无有害生物区（FF-PFA）而定。此处描述了最为常用的诱捕器，包括诱捕装置和诱捕剂等诱捕材料，以及诱捕器设置密度，还有诱捕程序，其中包括评估、数据记录和分析等。

1 有害生物状况及调查类型

在开展调查时，可以将有害生物状况分为下面五类：

A. 有害生物发生，未控制。有害生物发生了，但没有采取控制措施。
B. 有害生物发生，在控制之下。有害生物发生了，但采取了控制措施，包括 FF-ALPP。
C. 有害生物发生，正在根除。有害生物发生了，但采取了根除措施，包括 FF-ALPP。
D. 有害生物未发生，维持 FF-PFA 状况。有害生物未发生（如根除、有害生物无记录、未再发生），并采取措施维持该状况。
E. 有害生物短暂发生。正在对有害生物进行监督、采取行动，尚在根除之中。

下面三类调查及其目的是：

—— 监控调查（monitoring surveys），用于证实有害生物种群特征。
—— 划界调查（delimiting surveys），用来确定某个被有害生物侵染地区的边界，或者某个没有有害生物发生地区的边界。
—— 监测调查（detection surveys），用来确定有害生物是否在某地区发生。

在开始实施控制和根除措施以验证实蝇种群水平、评估控制效果之前或在此期间，开展监控调查，弄清有害生物的种群特征是必要的。这类调查对 A、B、C 三类都是必要的。划界调查用来确定某个被有害生物侵染地区的边界，或者某个没有有害生物发生地区的边界，如建立的 FF-ALPP（B 类）的边界（ISPM 26:2006），且如果有害生物超过规定低流行水平标准，将会纳入纠偏行动计划中；或者在 FF-PFA（E 类）中（ISPM 26:2006），如果监测到有害生物，就将此纳入纠偏行动计划中。监测调查则是为了确定有害生物是否在某地区发生，即为了证实有害生物未发生（D 类），以及监测到有害生物可能传入 FF-PFA（有害生物暂时传入，正在采取行动）（ISPM 8:1998）。

其他信息，如怎样或在什么时候应该实施哪种调查，可以在其他标准的具体标题下找到，比如有害生物状况、根除、无有害生物区、有害生物低流行区等。

2 诱捕场景

由于有害生物状况可能随时发生变化，因此调查类型亦将随之变化：

—— 有害生物发生。有害生物从建立种群开始，未控制（A 类）、可能采取植物卫生措施而形成 FF-ALPP（B 类及 C 类）或 FF-PFA（D 类）。
—— 有害生物未发生。从 FF-PFA 开始（D 类），有害生物状况得到维持，或者监测到有害生物（E 类），需要采取措施以恢复 FF-PFA 状况。

3 诱捕材料

能否有效使用诱捕器，依赖于诱捕器、诱剂、灭虫剂的适当组合，从而可吸引、捕获、杀灭和保存目标实蝇，并为有效鉴定、数据收集和分析之用。实蝇调查诱捕可适当采用如下材料：

—— 诱捕装置。
—— 诱剂（信息素、类信息素、食物诱剂）。
—— 保存剂（干或湿保存剂）。

3.1 诱剂

一些经济意义重大的实蝇及其常用诱剂见表 1。表中没有的种类，并不意味着已经完成了 PRA，也不意味着已确定它是否为规定有害生物。

表 1　经济意义重大的实蝇及其常用诱捕剂

学名（Scientific name）	诱剂（Attractant）
南瓜按实蝇 *Anastrepha fraterculus*（Wiedemann）[4]	蛋白诱剂 Protein attractant（PA）
瓜按实蝇 *Anastrepha grandis*（Macquart）	PA
墨西哥按实蝇 *Anastrepha ludens*（Loew）	PA，2C-1[1]
西印度按实蝇 *Anastrepha obliqua*（Macquart）	PA，2C-1[1]
山榄按实蝇 *Anastrepha serpentina*（Wiedemann）	PA
中美按实蝇 *Anastrepha striata*（Schiner）	PA
加勒比按实蝇 *Anastrepha suspensa*（Loew）	PA，2C-1[1]
杨桃果实蝇 *Bactrocera carambolae*（Drew & Hancock）	甲基丁香酚 Methyl eugenol（ME）
印度果实蝇 *Bactrocera caryeae*（Kapoor）	ME
番石榴果实蝇 *Bactrocera correcta*（Bezzi）	ME
桔小实蝇 *Bactrocera dorsalis*（Hendel）[4]	ME
入侵果实蝇 *Bactrocera invadens*（Drew，Tsuruta，& White）	ME，3C[2]
斯里兰卡果实蝇 *Bactrocera kandiensis*（Drew & Hancock）	ME
香蕉果实蝇 *Bactrocera musae*（Tryon）	ME
芒果果实蝇 *Bactrocera occipitalis*（Bezzi）	ME
番木瓜果实蝇 *Bactrocera papayae*（Drew & Hancock）	ME
菲律宾果实蝇 *Bactrocera philippinensis*（Drew & Hancock）	ME
面包果果实蝇 *Bactrocera umbrosa*（Fabricius）	ME
桃果实蝇 *Bactrocera zonata*（Saunders）	ME，3C[2]，醋酸铵 ammonium acetate（AA）
瓜实蝇 *Bactrocera cucurbitae*（Coquillett）	诱蝇酮 Cuelure（CUE），3C[2]，AA
褐肩果实蝇 *Bactrocera neohumeralis*（Hardy）	CUE
南亚果实蝇 *Bactrocera tau*（Walker）	CUE
昆士兰果实蝇 *Bactrocera tryoni*（Froggatt）	CUE
柑橘大实蝇 *Bactrocera citri*（Chen）（*B. minax*，Enderlein）	PA
黄瓜果实蝇 *Bactrocera cucumis*（French）	PA
澳洲果实蝇 *Bactrocera jarvisi*（Tryon）	PA
辣椒果实蝇 *Bactrocera latifrons*（Hendel）	PA
油橄榄果实蝇 *Bactrocera oleae*（Gmelin）	PA，碳酸氢铵 ammonium bicarbonate（AC），螺酮缩醇 spiroketal（SK）
蜜橘大实蝇 *Bactrocera tsuneonis*（Miyake）	PA
地中海实蝇 *Ceratitis capitata*（Wiedemann）	地中海实蝇诱剂 Trimedlure（TML），Capilure（CE），PA，3C[2]，2C-2[3]

(续表)

学名（Scientific name）	诱剂（Attractant）
核果小条实蝇 *Ceratitis cosyra*（Walker）	PA, $3C^2$, $2C$-2^3
纳塔尔小条实蝇 *Ceratitis rosa*（Karsch）	TML, PA, $3C^2$, $2C$-2^3
埃塞俄比亚寡鬃实蝇 *Dacus ciliatus*（Loew）	PA, $3C^2$, AA
甜瓜迷实蝇 *Myiopardalis pardalina*（Bigot）	PA
樱桃绕实蝇 *Rhagoletis cerasi*（Linnaeus）	铵盐 Ammonium salts（AS），AA，AC
白带绕实蝇 *Rhagoletis cingulata*（Loew）	AS, AA, AC
西樱桃绕实蝇 *Rhagoletis indifferens*（Curran）	AA, AC
苹果绕实蝇 *Rhagoletis pomonella*（Walsh）	乙酸丁酯 butyl hexanoate（BuH），AS
美洲木瓜实蝇 *Toxotrypana curvicauda*（Gerstaecker）	2-甲基-乙烯基吡嗪 2-methyl-vinylpyrazine（MVP）

1　由醋酸铵和腐胺人工合成的食物性诱剂（2C-1），主要用来诱捕雌虫；
2　由三种成分人工合成的食物性诱剂，主要用来诱捕雌虫；
3　由醋酸铵和三甲胺人工合成的食物性诱剂，主要用来诱捕雌虫；
4　表中桔小实蝇复合群（*Bactrocera dorsalis* complex）和南瓜按实蝇的一些种的分类地位尚未确定

3.1.1　雄虫特效诱剂

最常用的雄虫特效诱剂是信息素或类信息素。类信息素 trimedlure（TML）可以诱捕小条实蝇属（*Ceratitis* spp.）实蝇，包括地中海实蝇（*C. capitata*）和纳塔尔小条实蝇（*C. rosa*）；类信息素 methyl eugenol（ME）则可以诱捕多种果实蝇属（*Bactrocera* spp.）实蝇，包括杨桃果实蝇（*B. carambolae*）、桔小实蝇（*B. dorsalis*）、入侵果实蝇（*B. invadens*）、香蕉果实蝇（*B. musae*）、菲律宾果实蝇（*B. philippinensis*）和桃果实蝇（*B. zonata*）；类信息素螺酮缩醇（spiroketal）能诱捕油橄榄果实蝇（*B. oleae*）；类信息素 cuelure（CUE）可以诱捕其他多种果实蝇属实蝇，包括瓜实蝇（*B. cucurbitae*）和昆士兰果实蝇（*B. tryoni*）。类信息素通常极易挥发，可以用于多种诱捕器（见表2a）。TML、CUE 和 ME 可以采用受控释放型，是一种长效诱剂，用于田间诱捕。需要认识到，一些固有的环境条件，会对信息素和类信息素的有效期产生影响，这一点很重要。

3.1.2　雌虫诱剂

通常没大有商用雌虫特效诱剂信息素或类信息素（2-甲基-乙烯基吡嗪除外）。因此，雌虫诱剂（天然的、人工合成的、液体或固体）通常用食物或寄主的气味（见表2b）。历史上，用液体蛋白诱剂，可以诱捕各种实蝇。液体蛋白诱剂不仅可以诱捕雌虫，也可以诱捕雄虫，但是，它们没有类信息素灵敏。此外，它们还会诱捕大量非目标昆虫，从而增加更多的维修服务工作。

已经用氨及其衍生物，开发出好几种人工合成食物诱剂。它们可以减少对非目标昆虫的诱捕。比如诱捕地中海实蝇（*C. capitata*）的诱剂，是由三种物质（醋酸铵、腐胺和三甲胺）合成的人工食物诱剂；诱捕绕实蝇属（*Anastrepha*）实蝇用的诱剂，可以去掉三甲胺。根据不同环境条件，人工合成诱剂，大约可持续用到4~10周时间。它们对非目标昆虫诱捕少，对实蝇雄虫诱捕极少，因而非常适合于不育实蝇释放计划。现在一些新的食物诱剂合成技术已经投入生产，包括在同一种片剂中，加入三种物质及两种物质成分的长效混合物，也可以将三种物质装在一个锥形栓里（见表1及表3）。

此外，由于人工合成食物诱剂在雌雄实蝇性未成熟时，就能吸引它们来觅食，因而与液体蛋白诱剂相比，能够更早、在种群密度尚低时，监测到实蝇雌虫。

表 2a 实蝇雄虫调查用诱剂与诱捕器（续一）

实蝇 (Fruit fly species)	TML/CE											ME								CUE							
	CC	CH	ET	JT	LT	MM	ST	SE	TP	YP	VARs+	CH	ET	JT	LT	MM	ST	TP	YP	CH	ET	JT	LT	MM	ST	TP	YP
Anastrepha fraterculus																											
Anastrepha ludens																											
Anastrepha obliqua																											
Anastrepha striata																											
Anastrepha suspensa																											
Bactrocera carambolae												×	×	×	×	×	×	×	×								
Bactrocera caryeae												×	×	×	×	×	×	×									
Bactrocera citri (*B. mina* ×)																											
Bactrocera correcta												×	×	×	×	×	×	×	×								
Bactrocera cucumis																											
Bactrocera cucurbitae																				×	×	×	×	×	×	×	×
Bactrocera dorsalis												×	×	×	×	×	×	×									
Bactrocera invadens												×	×	×	×	×	×	×									
Bactrocera kandiensis												×	×	×	×	×	×	×									
Bactrocera latifrons																											
Bactrocera occipitalis												×	×	×	×	×	×	×									
Bactrocera oleae																											
Bactrocera papayae												×	×	×	×	×	×	×									
Bactrocera philippinensis												×	×	×	×	×	×	×									
Bactrocera tau																				×	×	×	×	×	×	×	×
Bactrocera tryoni																				×	×	×	×	×	×	×	×
Bactrocera tsuneonis																											
Bactrocera umbrosa												×	×	×	×	×	×	×	×								
Bactrocera zonata												×	×	×	×	×	×	×	×								
Ceratitis capitata	×	×	×	×	×	×	×	×	×	×	×																
Ceratitis cosyra																											
Ceratitis rosa	×	×	×	×	×	×	×	×	×	×																	
Dacus ciliatus																											
Myiopardalis pardalina																											
Rhagoletis cerasi																											
Rhagoletis cingulata																											
Rhagoletis indifferens																											
Rhagoletis pomonella																											

注：
诱剂简称（Attractant abbreviations）
- TML Trimedlure
- CE Capilure
- ME Methyl eugenol
- CUE Cuelure

诱捕器简称（Trap abbreviations）
- CC Cook and Cunningham (C&C) trap
- CH ChamP trap
- ET Easy trap
- JT Jackson trap
- LT Lynfield trap
- MM Maghreb-Med or Morocco trap
- ST Steiner trap
- SE Sensus trap
- TP Tephri trap
- VARs+ Modified funnel trap
- YP Yellow panel trap

表2b 实蝇雌虫调查诱剂与诱捕器

实蝇 (Fruit fly species)	3C							2C-2					2C-1	PA			SK+AC		AS (AA, AC)				BuH			MVP
	ET	SE	MLT	OBDT	LT	MM	TP	ET	MLT	LT	MM	TP	MLT	ET	McP	MLT	CH	YP	RB	RS	YP	PALz	RS	YP	PALz	GS
Anastrepha fraterculus															×	×										
Anastrepha grandis															×	×										
Anastrepha ludens													×		×	×										
Anastrepha obliqua													×		×	×										
Anastrepha striata															×	×										
Anastrepha suspensa													×		×	×										
Bactrocera carambolae															×	×										
Bactrocera caryeae															×	×										
Bactrocera citri (*B. minax*)															×	×										
Bactrocera correcta															×	×										
Bactrocera cucumis															×	×										
Bactrocera cucurbitae			×												×	×										
Bactrocera dorsalis															×	×										
Bactrocera invadens			×												×	×										
Bactrocera kandiensis															×	×										
Bactrocera latifrons															×	×										
Bactrocera occipitalis															×	×										
Bactrocera oleae														×	×	×	×	×						×	×	
Bactrocera papayae															×	×										
Bactrocera philippinensis															×	×										
Bactrocera tau															×	×										
Bactrocera tryoni															×	×										
Bactrocera tsuneonis															×	×										
Bactrocera umbrosa															×	×										
Bactrocera zonata									×						×	×										
Ceratitis capitata	×	×	×	×	×	×	×	×	×	×	×	×		×	×	×										
Ceratitis cosyra			×						×						×	×										
Ceratitis rosa		×	×						×						×	×										
Dacus ciliatus			×												×	×										
Myiopardalis pardalina															×	×										
Rhagoletis cerasi																			×	×	×	×	×	×	×	
Rhagoletis cingulata																					×	×		×	×	
Rhagoletis indifferens																			×	×						
Rhagoletis pomonella																			×	×	×	×				
Toxotrypana curvicauda																										×

注:

诱剂简称 (Attractant abbreviations)

3C (AA+Pt+TMA)
2C-2 (AA+TMA)
2C-1 (AA+Pt)
PA protein attractant
SK spiroketal
AC ammonium (bi) carbonate
AS ammonium salts
AA ammonium acetate
BuH butyl hexanoate
MVP papaya fruit fly pheromone (2-methyl vinylpyrazine)
Pt putrescine
TMA trimethylamine

诱捕器简称 (Trap abbreviations)

CH ChamP trap
ET Easy trap
GS Green sphere
LT Lynfield trap
MM Maghreb-Med or Morocco trap
McP McPhail trap
MLT Multilure trap
OBDT Open bottom dry trap
PALz Fluorescent yellow sticky "cloak" trap
RB Rebell trap
RS Red sphere trap
SE Sensus trap
TP Tephri trap
YP Yellow panel trap

表3 诱剂及田间使用期

普通名 (Common name)	诱剂简称 (Attractant abbreviations)	剂型 (Formulation)	田间使用期（周） (Field longevity[1])（weeks）
类信息素（Parapheromones）			
地中海实蝇诱剂 Trimedlure	TML	聚合栓（Polymeric plug）	4~10
		薄片（Laminate）	3~6
		液体（Liquid）	1~4
		塑料袋（PE bag）	4~5
甲基丁香酚 Methyl eugenol	ME	聚合栓（Polymeric plug）	4~10
		液体（Liquid）	4~8
诱蝇酮 Cuelure	CUE	聚合栓（Polymeric plug）	4~10
		液体（Liquid）	4~8
地中海实蝇诱剂 Capilure（TML plus extenders）	CE	液体（Liquid）	12~36
信息素（Pheromones）			
美洲木瓜实蝇 Papaya fruit fly（*T. curvicauda*）(2-methyl-6-vinylpyrazine)	MVP	片（Patches）	4~6
油橄榄果实蝇 Olive Fly（spiroketal）	SK	聚合体（Polymer）	4~6
食物诱剂（Food-based attractants）			
酿母/硼砂 Torula yeast/borax	PA	小丸（Pellet）	1~2
蛋白衍生物 Protein derivatives	PA	液体（Liquid）	1~2
醋酸铵 Ammonium acetate	AA	片（Patches）	4~6
		液体（Liquid）	1
		聚合体（Polymer）	2~4
碳酸（氢）铵 Ammonium (bi) carbonate	AC	片（Patches）	4~6
		液体（Liquid）	1
		聚合体（Polymer）	1~4
铵盐 Ammonium salts	AS	盐（Salt）	1
腐胺 Putrescine	Pt	片（Patches）	6~10
三甲胺 Trimethylamine	TMA	片（Patches）	6~10
乙酸丁酯 Butyl hexanoate	BuH	瓶装（Vial）	2
醋酸铵+腐胺+三甲胺 Ammonium acetate + Putrescine + Trimethylamine	3C（AA+Pt+TMA）	锥形/片（Cone/patches）	6~10
醋酸铵+腐胺+三甲胺 Ammonium acetate + Putrescine + Trimethylamine	3C（AA+Pt+TMA）	长效片（Long-lasting patches）	18~26
醋酸铵+三甲胺 Ammonium acetate + Trimethylamine	2C-2（AA+TMA）	片（Patches）	6~10
醋酸铵+腐胺 Ammonium acetate + Putrescine	2C-1（AA+Pt）	片（Patches）	6~10
醋酸铵/碳酸铵 Ammonium acetate/Ammonium carbonate	AA/AC	塑料袋，带锡箔（PE bag w. alufoil cover）	3~4

[1] 根据半衰期。诱剂的有效期仅为指示性的，实际有效期应由田间试验确证

3.2 灭虫剂及保存剂

在诱捕器中，需要使用灭虫剂和保护剂来保留诱捕到的实蝇。在一些干型诱捕器中，灭虫剂是一种黏性物质或有毒物质。有些有机磷，在高浓度时，可以作为驱虫剂。在诱捕器中使用的杀虫剂，应该按国家相关法规获得注册和生产许可。

在其他诱捕器中，也用液体灭虫剂。在使用液体蛋白诱剂时，常加浓度为3%的硼砂，来保存捕

获的实蝇。如果在液体蛋白诱剂中已配加硼砂，就不必再另加了。在炎热的气候条件下，需要加水，还要加入10%丙二醇（propylene glycol），以防止诱剂蒸发，并保存捕获的实蝇。

3.3 常用实蝇诱捕器

本项将描述常用的实蝇诱捕器。但这并非是全部诱捕器种类；其他诱捕器，只要能达到同样效果，也可以用于实蝇诱捕。

根据灭虫剂来分，可以将常用诱捕器分为三类：

——干型诱捕器。用黏性板将实蝇捕获，或者用化学灭虫剂将其杀死。其中，最常用的有Cook and Cunningham诱捕器（C&C）、ChamP诱捕器、Jackson/Delta诱捕器、Lynfield诱捕器、open bottom dry诱捕器（OBDT）或Phase IV诱捕器、red sphere诱捕器、Steiner诱捕器和yellow panel/Rebell诱捕器。

——湿型诱捕器。用诱剂溶液或加有表面活性剂的水，将实蝇诱捕到溶液中。其中，最常用的是McPhail诱捕器。Harris诱捕器也是一种湿型诱捕器，但用起来多受限制。

——干/湿型诱捕器。这类诱捕器，既可用于干型，也可用于湿型。其中，最常用的有Easy诱捕器、Multilure诱捕器和Tephri诱捕器。

Cook and Cunningham 诱捕器（C&C）

总体描述

C&C 诱捕器，由三块可移动的乳白色面板构成，彼此相距 2.5cm。外面两块纸板呈矩形状，大小为 22.8cm×14.0cm。一块或两块板上涂上一层黏性物质（图1）。黏性板上留有一到多个孔，可以让空气流动。在使用该诱捕器时，通常带有一个聚合板，其中含有嗅觉性诱剂（通常为 trimedlure，TML）；聚合板就放在外面两层面板之间。聚合板有两种型号：标准型和减半型。标准型（15.2cm×15.2cm），含有 20g TML；减半型（7.6cm×15.2cm），含有 10g TML。整个装置用一个夹子固定起来，可用铁丝挂在树阴下。

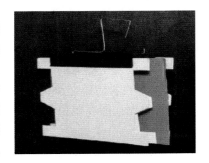

图 1　C&C 诱捕器

使用

为了在地中海实蝇的划界诱捕调查中，取得既经济又高度灵敏的效果，已开发出释放大量 TML 的可控释放聚合板。这种聚合板，可以在长时间内，保持诱剂释放率恒定，从而减少手工劳动，增加诱捕灵敏性。带多层聚合板的 C&C 诱捕器，显著增加了诱捕实蝇的黏性表面积。

—— 诱捕实蝇种类及其诱捕器和诱剂，见表 2a。
—— 更换诱剂（田间使用期），见表 3。
—— 不同场景的使用情况及推荐密度，见表 4d。

ChamP 诱捕器（CH）

总体描述

ChamP 诱捕器，是一种中空的黄板诱捕器，它由两个穿孔的面板构成，面板一面有黏性（图2）。当将两个面板折叠起来时，诱捕器呈矩形（18cm×15cm）。诱捕器的顶端拴上一根铁丝，就可以挂在树枝上。

图 2　ChamP 诱捕器

使用

ChamP 诱捕器，可以使用片型、聚合板及栓型。其灵敏度与 Yellow panel/Rebell 诱捕器相当。

—— 诱捕实蝇种类及其诱捕器和诱剂，见表 2a、表 2b。
—— 更换诱剂（田间使用期），见表 3。
—— 不同场景的使用情况及推荐密度，见表 4b、表 4c。

Easy 诱捕器（ET）

总体描述

Easy 诱捕器，是由前后两个矩形塑料容器构成，并带有一个嵌入式挂钩。它高 14.5cm，宽 9.5cm，深 5cm，能装 400ml 液体（图3）。前面一个是透明的，后面一个呈黄色。前后颜色对比鲜明，可以增强对实蝇的诱捕能力。该诱捕器结合了视觉效果和类信息素与食物诱剂的诱捕效果。

使用

这是一种多用途诱捕器。它既可用于类信息素（TML、CUE 和 ME）干性诱剂，也可以用于人工合成食物诱剂（如 3C 诱剂、2C 混合诱剂），还有一个标本保留系统，如装有敌敌畏。该诱捕器，亦可用湿性诱剂，如装上 400ml 蛋白诱剂混合溶液。如果用人工合成诱剂，则要将（含有腐胺的）诱剂释放器放入诱捕器的黄色容器内，其他的则不必放入。

Easy 诱捕器是最经济的商用诱捕器。易携带，易操作，易维修，与其他诱捕器相比，能在单位人时内提供更多的维护。

—— 诱捕实蝇种类及其诱捕器和诱剂，见表 2a、表 2b。
—— 更换诱剂（田间使用期），见表 3。
—— 不同场景的使用情况及推荐密度，见表 4d。

图 3　Easy 诱捕器

Fluorescent yellow sticky "cloak" 诱捕器（PALz）

总体描述

PALz 诱捕器，是由黄色荧光塑料片（36cm×23cm）制成。它的一面涂有黏性物质。挂诱捕器的时候，可以绕着垂直的树枝或树干，像"斗篷"一样挂起（图 4），黏性一面朝外，后角用夹子固定。

使用

该诱捕器最好将视觉效果（黄色荧光）和化学诱剂（樱桃实蝇人工合成诱剂）结合起来使用。诱捕器可以用一段铁丝，挂在树枝或树干上。将诱剂释放器固定在诱捕器顶部前沿，让诱剂位于黏性表面的前方。这种黏性表面可以捕获 500~600 头实蝇。由这两种刺激物作用诱捕的昆虫，会黏到黏性表面上。

图 4　PALz 诱捕器

—— 诱捕实蝇种类及其诱捕器和诱剂，见表 2b。
—— 更换诱剂（田间使用期），见表 3。
—— 不同场景的使用情况及推荐密度，见表 4e。

Jackson 诱捕器（JT）或 Delta 诱捕器

总体描述

Jackson 诱捕器，中空，Δ 形状，用白色蜡质纸板制成。规格为高 8cm，长 12.5cm，宽 9cm（图 5）。其他附件包括，一块白色或黄色的矩形蜡质纸板插件，上面有一薄层黏性物质，当实蝇落入诱捕器里，就可以黏住它们；一个聚合栓或棉芯，设置在塑料篮或铁丝挂钩处；铁丝挂钩，设在诱捕器的顶部。

使用

该诱捕器主要用类信息素来诱捕实蝇。JT/Delta 诱捕器所用的诱剂有 TML、ME 和 CUE。用 ME 和 CUE 时，必须加毒性物质。

多年来，该类诱捕器已用于驱除、扑灭或根除等多目标计划之中，其中，包括种群生态学研究（季节性丰度、

图 5　Jackson 诱捕器（JT）或 Delta 诱捕器

分布、寄主顺序等）；监测及划界诱捕；在不育实蝇大规模释放区开展不育实蝇种群调查。但该诱捕器可能不适合某些环境条件（如下雨、灰尘污染）等。

这类诱捕器中有一些是最经济的商用诱捕器。易携带，易操作，易维修，与其他诱捕器相比，能在单位人时内提供更多的维护。

—— 诱捕实蝇种类及其诱捕器和诱剂，见表2a。
—— 更换诱剂（田间使用期），见表3。
—— 不同场景的使用情况及推荐密度，见表4b、表4d。

Lynfield 诱捕器（LT）

总体描述

常规 Lynfield 诱捕器，由一个处理方便、清洁的圆柱形塑料容器制成，高 11.5cm，底部内径 10cm，顶部螺口直径 9 cm。诱捕器壁四周，均匀地开四个孔（图6）。其他型号的叫 Maghreb-Med 诱捕器，也称 Morocco 诱捕器（图7）。

使用

该诱捕器需要使用诱剂和杀虫剂系统，来诱捕实蝇，并将其杀死。该诱捕器的顶盖通做成带有颜色的，对应着不同的诱剂（红，代表诱剂 CE/TML；白，代表 ME；黄，代表 CUE）。把诱剂挂在 2.5cm 长的吊钩上（开口处挤拢），然后拧紧盖子。诱剂通常用专化性雄虫类信息素诱剂 CUE、Capi-lure（CE）、TML 和 ME。

实蝇雄虫会吸食 CUE 和 ME 诱剂，就在其中加入马拉硫磷。但地中海实蝇（*C. capitata*）和纳塔尔小条实蝇（*C. rosa*）不吸取，因此就在诱捕器的里面，装上一吸满敌敌畏的药垫，实蝇飞进来时，就将其杀死。

—— 诱捕实蝇种类及其诱捕器和诱剂，见表2a、表2b。
—— 更换诱剂（田间使用期），见表3。
—— 不同场景的使用情况及推荐密度，见表4b、表4d。

图6 Lynfield 诱捕器

图7 Maghreb-Med 诱捕器或 Morocco 诱捕器

McPhail 诱捕器（McP）

总体描述

常规 McPhail 诱捕器（McP），是一个梨形的塑料或玻璃容器，内部套入。诱捕器高 17.2cm，底部宽 16.5cm，能装 500 ml 溶液（图 8）。其他附件包括：一个橡皮塞或塑料盖，用来封上部开口的；一只铁丝挂钩，用来将诱捕器挂在树枝上的。有一种塑料 McPhail 诱捕器，高 18cm，底部宽 16cm，可盛 500ml 溶液（图 9）。其顶部透明，底部为黄色。

图 8　McPhail 诱捕器

图 9　塑料 McPhail 诱捕器

使用

为了正常工作，诱捕器要保持干净。有的设计为上下两部分，可以分开，维护起来方便（更换诱剂）；对捕获的实蝇进行检查时，也很容易。

该类诱捕器要用液体食物诱剂，如水解蛋白、酵母/硼砂片。随着时间的推移，在 pH 值为 9.2 时，酵母/硼砂片比水解蛋白诱捕效果好。溶液的 pH 值，在诱捕中起着重要作用。由于 pH 值过于偏酸，只有极少数实蝇被吸引。

用酵母片配制诱剂，可以在 500 ml 水中放入 3~5 片酵母，亦可以参照生产商的推荐剂量；摇动，使之溶解。用水解蛋白配制诱剂，将蛋白和硼砂（如果硼砂尚未加入蛋白中）加入水中水解，使水解蛋白浓度达到 5%~9%，硼砂浓度达到 3%。

鉴于这种诱剂的特性，它更加适合诱捕实蝇雌虫。食物诱剂具有普遍性，因此，McP 诱捕器的诱捕范围广泛，除了目标实蝇外，还可以诱捕非目标实蝇和实蝇科外的其他昆虫。

McP 诱捕器和其他诱捕器组合，可用于实蝇管理计划。在扑灭和根除行动中，这些诱捕器主要用来监控雌虫种群。在昆虫雄性不育技术（SIT）计划中，捕获的雌虫量，是评估它致使野生种群不育量的关键因素。在释放不育雄虫计划或雄虫杀灭技术（MAT）计划中，McP 诱捕器只用来监测目标野生实蝇雌虫种群，而其他诱捕器（如 Jackson 诱捕器）则用专化性雄虫诱剂，捕获释放的不育雌虫，不过这只能用于包含 SIT 要件的计划。此外，在无实蝇区，McP 诱捕器是建立非本地实蝇诱捕网络的重要组成部分，因为它能够捕获重大检疫性实蝇，而此时尚无专化性诱剂。

McP 诱捕器，如果使用液体诱剂，当属于劳动密集型工作。维护和更换诱剂很费时，在正常工作日，维护这类诱捕器的数量，只能达到维护本附件中其他诱捕器数量的一半。

—— 诱捕实蝇种类及其诱捕器和诱剂，见表 2b。
—— 更换诱剂（田间使用期），见表 3。
—— 不同场景的使用情况及推荐密度，见表 4a、表 4b、表 4d、表 4e。

改进型漏斗诱捕器（VARs +）

总体描述

改进型漏斗诱捕器（VARs +）[Modified funnel trap（VARs +）]，由一个塑料漏斗和下面一个收集容器构成（图10）。顶部有一个孔（直径5cm），在其外边亦盖上一个（透明的）收集容器。

使用

因为它没有黏性设计，故捕获能力将不受其限制，田间使用时间会非常长。诱剂放在顶部，即将诱剂释放器放在顶部大孔的中央。在上下两个收集器中，放上一小片浸满灭虫剂的药垫，以便杀死飞入的实蝇。

—— 诱捕实蝇种类及其诱捕器和诱剂，见表2a。
—— 更换诱剂（田间使用期），见表3。
—— 不同场景的使用情况及推荐密度，见表4d。

图10　VARs + 诱捕器

Multilure 诱捕器（MLT）

总体描述

Multilure（MLT）诱捕器，是前面描述的McPhail诱捕器的一种。该诱捕器高18cm，底部宽15cm，可盛750ml液体（图11）。它由两个内面相套的圆柱形塑料容器构成。诱捕器顶部透明，底部为黄色。由于顶部和底部相互分离，因此该诱捕器容易维护，更换诱剂方便。顶部透明，底部黄色，使之更能捕获实蝇。用顶部铁丝挂钩，将诱捕器挂在树枝上。

使用

该诱捕器与McP诱捕器的原理相同。但是，MLT用干性人工合成诱剂比MLT或McP诱捕器用液体蛋白诱剂效果好，选择性强。用干性人工合成诱剂时，MLT诱捕器比McP诱捕器的好处还在于，它更加容易清洗，节省劳动力。使用人工合成诱剂时，释放器可以放在诱捕器顶部圆柱体内侧，也可挂在顶部的夹子上。为了保证诱捕器正常使用，保持顶部透明非常重要。

当MLT为湿型诱捕器，应该在水中加表面活开剂。在炎热的气候条件下，在水中加入10%的丙二醇可减少水分蒸发，防止捕获的实蝇腐烂。

当MLT为干型诱捕器，应该加入适当的杀虫剂（但浓度不能太高，以免产生排斥作用），如将敌敌畏或溴氰菊酯（DM）条放入诱捕器内，就可以杀死实蝇。将DM聚乙烯条放置在诱捕器顶部的塑料平台上，或者将DM浸入蚊帐纱布卷中，在田间至少可保持6个月的杀虫效果。这种纱布必须粘在诱捕器的内顶部。

—— 诱捕实蝇种类及其诱捕器和诱剂，见表2b。
—— 更换诱剂（田间使用期），见表3。
—— 不同场景的使用情况及推荐密度，见表4a、表4b、表4c和表4d。

图11　Multilure 诱捕器

底部开口干型诱捕器（OBDT）或 Phase IV 诱捕器

总体描述

该诱捕器属于底部开口的圆柱体干型诱捕器，可以用不透明的绿色塑料或绿色蜡质纸板制成。圆柱体高15.2cm，顶部直径9cm，底部直径10cm（图12）。诱捕器上部透明，沿柱体中部均匀开3个孔（每个直径为2.5cm），底部开口，内部有一个黏性嵌入体。诱捕器的顶端设置一铁丝挂钩，可以将诱捕器挂在树枝上。

使用

基于食物合成的雌虫化学诱剂，可以用于捕获地中海实蝇雌虫，但它亦可以捕获雄虫。诱剂要放置在圆柱体内壁上。由于其黏性插件与JT诱捕器的类似，拆除和更换都很方便，因此容易维护。该诱捕器比McP类塑料或玻璃诱捕器便宜。

—— 诱捕实蝇种类及其诱捕器和诱剂，见表2b。
—— 更换诱剂（田间使用期），见表3。
—— 不同场景的使用情况及推荐密度，见表4d。

图12　OBDT 或 Phase IV 诱捕器

红球诱捕器（RS）

总体描述

该诱捕器，呈红球形，直径8cm（图13）。它是模拟成熟的红色水果的大小和形状。但也有用绿色的。诱捕器表面上带有黏性物质，诱剂用人工合成的果味己酸丁酯（butyl hexanoate），其香味像成熟的水果味道一样。其顶部有一铁丝挂钩，可挂在树枝上。

使用

红/绿诱捕器，可以不用诱剂进行诱捕；但如果用诱剂，其诱捕效果会更好。性成熟的和将要产卵的实蝇，更加容易被该诱捕器引诱。

该诱捕器可以诱集多种昆虫。这就有必要将诱集到的目标实蝇和非目标实蝇昆虫，正确区分开来。

—— 诱捕实蝇种类及其诱捕器和诱剂，见表2b。
—— 更换诱剂（田间使用期），见表3。
—— 不同场景的使用情况及推荐密度，见表4e。

图13　红球诱捕器

Sensus 诱捕器（SE）

总体描述

Sensus 诱捕器，由一个直立的塑料桶构成，高 12.5cm，直径 11.5cm（图 14）。桶体透明，顶盖为绿色，其下面有一孔。诱捕器顶部有铁丝挂钩，可以挂在树枝上。

使用

该诱捕器为干型，用雄虫专化性类信息素，或用雌虫偏爱的合成食物诱剂。在盖子的冠帽里塞上一块敌敌畏药塞，以杀死实蝇。

图 14　Sensus 诱捕器

—— 诱捕实蝇种类及其诱捕器和诱剂，见表 2a、表 2b。
—— 更换诱剂（田间使用期），见表 3。
—— 不同场景的使用情况及推荐密度，见表 4d。

Steiner 诱捕器（ST）

总体描述

Steiner 诱捕器，是一个水平设置的干净塑料圆筒容器，两端开口。诱捕器长 14.5cm，直径 11cm（图 15）。另外还有长 12cm、直径 10cm（图 16）和长 14、直径 8.5cm（图 17）两种诱捕器。诱捕器圆筒壁上有铁丝挂钩，可以挂在树枝上。

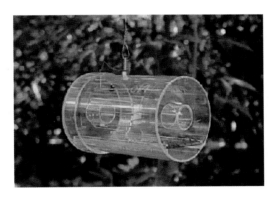

图 15　常规 Steiner 诱捕器

图 16　Steiner 诱捕器

图 17　Steiner 诱捕器

使用

该诱捕器用雄虫专化性信息素诱剂 TML、ME 和 CUE。诱剂挂在圆筒内中央位置。诱剂可以是用棉芯浸上 2~3ml 的类信息素混合液，或者用带有诱剂和杀虫剂的释放体（通常用马拉硫磷、二溴磷和溴氰菊酯作为灭虫剂）。

—— 诱捕实蝇种类及其诱捕器和诱剂，见表 2a。
—— 更换诱剂（田间使用期），见表 3。
—— 不同场景的使用情况及推荐密度，见表 4b、表 4d。

Tephri 诱捕器（TP）

总体描述

Tephri 诱捕器，与 McP 诱捕器相似。它是一个直立的圆筒状容器，高 15cm，底部直径 12cm，可装 450ml 溶液（图 18）。底部黄色，顶部干净，上下分离，易于维护。在黄色圆筒的上部一周有入孔，圆筒前端开口，可以套入顶部。顶部里面有一个平台，可以放诱剂。诱捕器顶部有铁丝挂钩，可以挂在树枝上。

图 18 Tephri 诱捕器

使用

该诱捕器使用 9% 的水解蛋白诱剂。但是，也可以如上述常规 McP 玻璃诱捕器一样，用其他液体蛋白诱剂；或如 JT/Delta 诱捕器和黄板（Yellow panel）诱捕器，用人工合成的干性雌虫食物诱剂、TML 栓或液体诱剂。如果诱捕器用液体蛋白诱剂，或者用人工合成干性诱剂（与保留系统组合使用，诱捕器壁上无开孔），就不必加入杀虫剂。但是，如果使用干型诱捕器，且诱捕器壁上带孔的，则需要放入吸满杀虫剂（如马拉硫磷）或其他灭虫剂溶液的棉芯，以防止捕获的昆虫逃跑。还可以放入杀虫剂敌敌畏或溴氰菊酯（DM）药带，可以杀死实蝇。溴氰菊酯要用聚乙类条做成药带，放在诱捕器内的塑料平台上；或者将 DM 浸入蚊帐纱布卷中，在田间至少可保持 6 个月的杀虫效果。这种纱布必须粘在诱捕器的内顶部。

—— 诱捕实蝇种类及其诱捕器和诱剂，见表 2a、表 2b。
—— 更换诱剂（田间使用期），见表 3。
—— 不同场景的使用情况及推荐密度，见表 4b、表 4d。

黄板诱捕器（YP）/ Rebell 诱捕器（RB）

总体描述

黄板诱捕器，由一个黄色矩形纸板（23cm×14cm）构成，塑料压膜（图 19）。矩形面板两面涂有一薄层黏性物质。Rebell 诱捕器由三层 YP（黄板）构成，两块聚丙烯塑料黄板相互交叉，从而使之经久耐用（图 20）。该诱捕器的两块交叉板（15cm×20cm）的两面，也涂有一薄层黏性物质。诱捕器的顶部有铁丝挂钩，可以挂在树枝上。

使用

该诱捕器可以利用视觉效果单独使用，也可以用 TML、螺酮缩醇（spiroketal）或铵盐（醋酸铵）

作诱剂进行诱捕。诱剂可以包埋在缓释释放体内，如聚合栓。诱剂可以涂在诱捕器面上，也可以放入纸板压膜内。由于两层设计，增加了板的表面积，与 JT 和 McPhail 诱捕器相比，其诱捕食蝇的效果更好。但是，由于其黏性强，标本容易遭到损坏，因此要制定关于其运输、提交和实蝇筛选方法的特殊程序，这一点要着重考虑。尽管这类诱捕器，在绝大多数控制计划中都能使用，但还是建议用于根除后期及无实蝇区，因为它要求的诱捕效果高度灵敏。该类诱捕器，不能用于大规模释放不育实蝇地区的诱捕，因为它会诱捕到大量的释放实蝇。还需要引起重视的是，由于诱捕器为黄色且有开口，会诱捕到非目标昆虫，其中，包括实蝇天敌和授粉昆虫。

图 19　黄板诱捕器

图 20　Rebell 诱捕器

—— 诱捕实蝇种类及其诱捕器和诱剂，见表 2a、表 2b。
—— 更换诱剂（田间使用期），见表 3。
—— 不同场景的使用情况及推荐密度，见表 4b、表 4c、表 4d、表 4e。

4　诱捕程序

4.1　诱捕器的空间分布

诱捕器的空间分布，要根据调查目的、该区域的固有特征、实蝇的生物学特点、实蝇与寄主之间的相互关系以及诱剂和诱捕器的捕获效果来决定。如果在某个地区，商业果园连成一片，在城乡区域又有实蝇寄主植物，那么诱捕器应该设置成网状，且均匀分布。

如果在某个地区，商业果园分散，在乡下或边缘地区有寄主植物，则诱捕网通常应该沿着公路分布，这样才能有通往寄主植物的道路可走。

在扑灭或根除计划中，应该在整个地区广泛布设诱捕网，从而开展监督和控制行动。

布设诱捕网，也是开展目标实蝇早期监测工作的组成部分。因此，诱捕器要设在高风险地区，如入境口岸（点）、水果市场、城市垃圾堆放区等。为了进一步补充诱捕器，可以沿着公路两侧设置，形成诱捕带；还可以在靠近或毗邻陆地边境的生产区、入境口岸和国家公路上设置。

4.2　诱捕器的设置

诱捕器的设置，涉及诱捕器在田间的实际放置。其中，最重要的是，要选好诱捕点。这需要掌握实蝇的主要寄主、次要寄主和临时寄主名录，以及它们的物候学、分布和丰度。有了这些基本信息，就可以在田间正确设置和分布诱捕器了，还可以为重新设置诱捕器做出有效计划。

如果可能，信息素诱捕器应该设置在实蝇交配地方。实蝇通常在寄主植物的顶部或其附近交配，因此需要选择半荫凉且逆风的位置设置诱捕器。另外，设置诱捕器的好地方，就是树的东边位置，太阳一早就能晒到，以及实蝇能够在植物上栖息和取食而不受大风吹拂、天敌捕食的地方。在特殊情况下，为了防止蚂蚁吃掉捕获到的实蝇，要在诱捕器的挂钩处涂抹上杀虫剂。

蛋白诱捕器要设置在寄主植物的荫凉处。在果实成熟季节，应该将诱捕器设置在主要寄主植物上；如果没有主要寄主植物，就选择次要寄主植物设置诱捕器；如果连寄主植物也没有，就在能为实蝇成虫提供阴凉、保护和取食条件的植物上，设置诱捕器。

根据寄主植物的高度和风向，将诱捕器设置在植物顶部的冠层中。诱捕器不应该暴露在直射阳光下，不能暴露在大风和灰尘中。尤其重要的是，诱捕器入口处不能受到树枝、树叶和其他障碍物如蜘蛛网的妨碍，保证有气流通过，从而使实蝇容易进入。

应该避免在同一棵树上，使用不同诱剂进行诱捕，因为这会相互干扰，从而降低诱捕效果。比如，在同一棵树上，用TML诱剂诱捕器和蛋白诱剂诱捕器，同时诱捕地中海实蝇，结果蛋白诱捕器诱捕的实蝇雌虫量就会减少，这是因为TML对雌虫产生排斥作用。

随着该地区寄主水果成熟物候学和实蝇生物学的变化，诱捕器应该重新设置。通过重新设置诱捕器，就能跟踪全年实蝇种群情况，也增加了实蝇检查点的数量。

4.3 诱捕器分布图

一旦按合理密度和适当的分布样式，精心选择好分布点设置诱捕器后，诱捕器的设置位置就必须记录下来。如果条件允许，建议参照GPS定位系统，进行诱捕器位置定位。应该做一张诱捕器位置及其周边地区的地图或草图。

在诱捕网管理过程中，已证明GPS和GIS系统是一件非常强大的工具。GPS系统可以给每个诱捕器按地理坐标进行地理定位，然后用作GIS的输入信息。

除了GPS的诱捕器位置数据之外，或者在没有GPS的位置数据的情况下，应该在诱捕器位置参照信息中注明显著的地理标志。这样，当诱捕器设置在城区和城郊的植物上之后，参照信息应该包括设置诱捕器场地的完整地址。诱捕器的参照信息应当清楚，这样才便于管理队伍和监管人员找到诱捕器。

所有诱捕器的数据或诱捕手册及其地理坐标，诱捕器维护记录、收集日期、收集人、诱剂更换情况、诱捕情况均应记录，可能的话，还要记录收集点的生态特征等，应该一并保存好。GIS系统能够提供高清晰度的地图，显示每个诱捕器的精确位置及其他宝贵信息，诸如监测到实蝇的精确位置，实蝇地理分布的历史概貌，以及如果实蝇暴发扩散，其在某个区域内的种群数量相对值大小。这些信息对安排控制活动，确保在准确地点喷洒诱剂、释放不育实蝇，提高应用效益，都极其重要。

4.4 对诱捕器的维护及检查

诱捕器的维护周期要具体到每个诱捕体系，需视诱剂在田间实验并确证过的实际半衰期而定（表3）。对实蝇的诱捕情况，部分取决于对诱捕器的维护好坏。对诱捕器的维护内容，包括诱剂更换、保持诱捕器干净、工作状态良好。诱捕器应该始终保持能杀死被捕获的实蝇，并保存好标本。

诱剂必须照生产商的使用说明，按适当剂量和浓度使用，并依照推荐时间间隔进行更换。诱剂的释放率会因环境条件而发生巨大变化，在高温干热地区，释放率通常很高，而在低温潮湿地区则较低。因此，在高温条件下，通常比在凉爽环境条件下，诱捕器要更换得勤一些。

检查时间间隔（如检查实蝇捕获情况），应该根据主要环境条件、实蝇的有害生物状况和生物学习性，一一进行调整。这个时间间隔，可以从1~30d，如在实蝇种群已建立的地区，可以为7d；而在没有实蝇种群的地区，则可以为14d。在划界调查的检查时间间隔，可能会更短，最常见的是2~3d。

避免在同一时间用多于一种诱剂和诱捕器进行诱捕。不同诱剂（如Cue和ME）之间会产生交叉污染，降低诱捕效果，使实验室鉴定工作难上加难。在更换诱剂的时候，应该避免诱剂溢出，污染诱捕器外表面或地面。因为诱剂外溢和对诱捕器表面的污染，会减少实蝇进入诱捕器的机会。对于用黏性插件诱捕器来诱捕实蝇的，应该避免不要污染诱捕器上不用黏性物质诱捕的区域，这很重要。同样，应该避免树枝和树叶，妨碍诱捕器诱捕。诱剂，本身高度易挥发，因此在储存、包装、搬运和处置时，要小心谨慎，避免诱剂发生危险，保证操作人员安全。

每人每天对诱捕器的维护数量，会因诱捕器的类型、诱捕器密度、环境与地形条件以及操作人员的经历不同而异。如果建立了大型诱捕网，这就可能需要维护好几天。因此，在这种情况下进行维护时，需要按"路数"（routes）或"趟数"（runs）进行系统维护，从而确保诱捕网中的所有诱捕器都能得到检查和维护，而不至于被落下。

4.5 诱捕记录

为了保存好诱捕记录，以证明调查结果的可靠性，应该记录诱捕地点、诱捕器所挂的植物、诱捕器类型及诱剂种类、维护及检查日期、目标实蝇诱捕情况等信息。其他必要信息也可以加在诱捕记录中。在保留了几个季度的诱捕结果之后，就可以为研究实蝇种群空间变化，提供有益信息。

4.6 每日每个诱捕器捕获的实蝇

每日每个诱捕器捕获的实蝇量（FTD），是一个种群指数，表示在规定的时间内，设置在田间的诱捕器，每日每个诱捕器捕获目标实蝇的平均数。

该种群指数有一个比较功能，可以对比出在给定时间和空间范围内，有害生物成虫种群的大小。这是在实施实蝇控制计划之前、之中及之后，对实蝇种群进行比较的基准信息。在所有诱捕报告中，都要用到FTD值。

FTD在同一个计划中，可以相互比较。但是，如果要能在不同计划之间进行有意义的比较，则应该要求诱捕的实蝇种类相同、诱捕体系相同、诱捕器密度相同才行。

在实施不育实蝇释放计划的地区，FTD用于测定不育实蝇和野生实蝇的相对丰度。

FTD等于捕获实蝇总数（F）除以检查的诱捕器总数（T）与诱捕器检查间隔的平均天数（D）之积的商。其公式为：

$$\mathrm{FTD} = \frac{F}{T \times D}$$

5 诱捕器密度

确定适合调查目的的诱捕器密度是至关重要的，这是确保调查结果可靠性的基础。诱捕器密度需要根据情况做出调整，这些因素包括调查类型、诱捕效果、诱捕地点（寄主类型及有无寄主，气候与地形情况）、有害生物状况与诱剂情况。根据寄主类型及有无寄主存在，以及其风险情况，下列诱捕地点需要引起关注：

—— 生产地区。
—— 边缘地区。
—— 城区。
—— 入境口岸及其他高风险区（如水果市场）。

诱捕器的密度可能随着生产区到边缘区、城区和入境口岸（点）的梯度而变化。比如，在无有害生物区，因其入境口岸的风险高，诱捕器密度就要求高一些；在商业果园区，就可以低一些。在实施实蝇根除措施的地区，如在实蝇低流行区，或者实施系统方法控制目标实蝇发生的地区，则正好相反，诱捕器的密度在生产性田间应该更高，而向着入境口岸递减。此外，在评估诱捕器密度时，还要考虑到城区，这里也属于高风险区。

表4a~4f，是根据通用做法提出的各种实蝇诱捕的诱捕器密度。在确定这些密度时，已经考虑到了研究结果、可行性和成本效益。诱捕器密度，也依赖于相关的监督活动，诸如检测未成熟的实蝇而对水果采取的取样类型及取样强度。如果诱捕监督计划辅以水果取样活动，则诱捕器的密度可以比表4a~4f中的低。

在制定表4a~4f中的密度时，还需要考虑下列技术因素：

—— 不同的调查目的和有害生物状况。
—— 目标实蝇种类（表1）。
—— 与工作区相关的有害生物风险（生产区及其他地区）。

在划定的区域内，按表中建议密度设置的诱捕器，应该放置在最可能捕获实蝇的地区，如有主要寄主的地区，以及可能的传入路（途）径上（如从工业区到生产区的路途）。

表 4a 按实蝇属（*Anastrepha* spp.）诱捕器建议密度

诱捕	诱捕器[1]	诱剂	诱捕器密度/km²[(2)]			
			生产区	边缘区	城区	入境口岸[3]
监控调查，不控制	MLT/McP	2C-1/PA	0.25~1	0.25~0.5	0.25~0.5	0.25~0.5
因扑灭开展监控调查	MLT/McP	2C-1/PA	2~4	1~2	0.25~0.5	0.25~0.5
因种群意外增长后，在 FF-ALPP 开展的划界调查	MLT/McP	2C-1/PA	3~5	3~5	3~5	3~5
因根除开展的监控调查	MLT/McP	2C-1/PA	3~5	3~5	3~5	3~5
因验证有害生物是否发生及消除，在 FF-PFA 开展的监测调查	MLT/McP	2C-1/PA	1~2	2~3	3~5	5~12
监测到有害生物后，除了监测调查之外，在 FF-PFA 开展的划界调查[4]	MLT/McP	2C-1/PA	20~50	20~50	20~50	20~50

[1] 可以将不同诱捕器一并使用，以达到诱捕器的总数；
[(2)] 指诱捕器总数；
[3] 其他高风险点亦然；
[4] 这包括直接监测的高密度诱捕地区（核心区）。但向诱捕的周边地区，密度可以递减

诱捕器		诱剂	
McP	McPhail trap	2C-1	AA + Pt
		AA	Ammonium acetate
		Pt	Putrescine
MLT	Multilure trap	PA	Protein attractant

表 4b 果实蝇属（*Bactrocera* spp.）诱捕器建议密度
（对应诱剂为 ME、CUE 和食物蛋白诱剂 PA）

诱捕	诱捕器[1]	诱剂	诱捕器密度/km²[(2)]			
			生产区	边缘区	城区	入境口岸[3]
监控调查，不控制	JT/ST/TP/LT/MM/MLT/McP/ET	ME/CUE/PA	0.25~1.0	0.2~0.5	0.2~0.5	0.2~0.5
因扑灭开展监控调查	JT/ST/TP/LT/MM/MLT/McP/ET	ME/CUE/PA	2~4	1~2	0.25~0.5	0.25~0.5
因种群意外增长后，在 FF-ALPP 开展的划界调查	JT/ST/TP/MLT/LT/MM/McP/YP/ET	ME/CUE/PA	3~5	3~5	3~5	3~5
因根除开展的监控调查	JT/ST/TP/MLT/LT/MM/McP/ET	ME/CUE/PA	3~5	3~5	3~5	3~5
因验证有害生物是否发生及消除，在 FF-PFA 开展的监测调查	CH/ST/LT/MM/MLT/McP/TP/YP/ET	ME/CUE/PA	1	1	1~5	3~12
监测到有害生物后，除了监测调查之外，在 FF-PFA 开展的划界调查[4]	JT/ST/TP/MLT/LT/MM/McP/YP/ET	ME/CUE/PA	20~50	20~50	20~50	20~50

[1] 可以将不同诱捕器一并使用，以达到诱捕器的总数；
[(2)] 指诱捕器总数；
[3] 其他高风险点亦然；
[4] 这包括直接监测的高密度诱捕地区（核心区）。但向诱捕的周边地区，密度可以递减

诱捕器		诱剂	
CH	ChamP trap	ME	Methyleugenol
ET	Easy trap	CUE	Cuelure
JT	Jackson trap	PA	Protein attractant
LT	Lynfield trap		
McP	McPhail trap		
MLT	Multilure trap		
MM	Maghreb-Med or Morocco		
ST	Steiner trap		
TP	Tephri trap		
YP	Yellow panel trap		

表4c 油橄榄果实蝇（*Bactrocera oleae*）诱捕器建议密度

诱捕	诱捕器[1]	诱剂	诱捕器/km²[(2)]			
			生产区	边缘区	城区	入境口岸[3]
监控调查，不控制	MLT/CH/YP/ET/McP	AC+SK/PA	0.5~1.0	0.25~0.5	0.25~0.5	0.25~0.5
因扑灭开展监控调查	MLT/CH/YP/ET/McP	AC+SK/PA	2~4	1~2	0.25~0.5	0.25~0.5
因种群意外增长后，在FF-ALPP开展的划界调查	MLT/CH/YP/ET/McP	AC+SK/PA	3~5	3~5	3~5	3~5
因根除开展的监控调查	MLT/CH/YP/ET/McP	AC+SK/PA	3~5	3~5	3~5	3~5
因验证有害生物是否发生及消除，在FF-PFA开展的监测调查	MLT/CH/YP/ET/McP	AC+SK/PA	1	1	2~5	3~12
监测到有害生物后，除了监测调查之外，在FF-PFA开展的划界调查[4]	MLT/CH/YP/ET/McP	AC+SK/PA	20~50	20~50	20~50	20~50

[1] 可以将不同诱捕器一并使用，以达到诱捕器的总数；

[(2)] 指诱捕器总数；

[3] 其他高风险点亦然；

[4] 这包括直接监测的高密度诱捕地区（核心区）。但向诱捕的周边地区，密度可以递减

诱捕器		诱剂	
CH	ChamP trap	AC	Ammonium bicarbonate
ET	Easy trap	PA	Protein attractant
McP	McPhail trap	SK	Spiroketal
MLT	Multilure trap		
YP	Yellow panel trap		

表 4d 小条实蝇属（*Ceratitis* spp.）诱捕器建议密度

诱捕	诱捕器[1]	诱剂	诱捕器密度/km²[(2)]			
			生产区	边缘区	城区	入境口岸[3]
监控调查，不控制[4]	JT/MLT/McP/OBDT/ST/SE/ET/LT/TP/VARs+/CH	TML/CE/3C/2C-2/PA	0.5~1.0	0.25~0.5	0.25~0.5	0.25~0.5
因扑灭开展监控调查	JT/MLT/McP/OBDT/ST/SE/ET/LT/MMTP/VARs+/CH	TML/CE/3C/2C-2/PA	2~4	1~2	0.25~0.5	0.25~0.5
因种群意外增长后，在FF-ALPP开展的划界调查	JT/YP/MLT/McP/OBDT/ST/ET/LT/MM/TP/VARs+/CH	TML/CE/3C/PA	3~5	3~5	3~5	3~5
因根除开展的监控调查[5]	JT/MLT/McP/OBDT/ST/ET/LT/MM/TP/VARs+/CH	TML/CE/3C/2C-2/PA	3~5	3~5	3~5	3~5
因验证有害生物是否发生及消除，在FF-PFA开展的监测调查[5]	JT/MLT/McP/ST/ET/LT/MM/CC/VARs+/CH	TML/CE/3C/PA	1	1~2	1~5	3~12
监测到有害生物后，除了监测调查之外，在FF-PFA开展的划界调查[6]	JT/YP/MLT/McP/OBDT/ST/ET/LT/MM/TP/VARs+/CH	TML/CE/3C/PA	20~50	20~50	20~50	20~50

[1] 可以将不同诱捕器一并使用，以达到诱捕器的总数；
[(2)] 指诱捕器总数；
[3] 其他高风险点亦然；
[4] 1∶1比率（一个雌虫诱捕器对一个雄虫诱捕器）；
[5] 3∶1比率（3个雌虫诱捕器对1个雄虫诱捕器）；
[6] 这包括直接监测的高密度诱捕地区（核心区）。但向诱捕的周边地区，密度可以递减（比率为5∶1，即5个雌虫诱捕器对1个雄虫诱捕器）

诱捕器		诱剂	
CC	Cook and Cunningham (C&C) Trap (with TML for male capture)	2C-2	(AA+TMA)
CH	ChamP trap	3C	(AA+Pt+TMA)
ET	Easy trap (with 2C and 3C attractants for female-biased captures)	CE	Capilure
JT	Jackson trap (with TML for male capture)	AA	Ammonium acetate
LT	Lynfield trap (with TML for male capture)	PA	Protein attractant
McP	McPhail trap	Pt	Putrescine
MLT	Multilure trap (with 2C and 3C attractants for female-biased captures)	TMA	Trimethylamine
MM	Maghreb-Med or Morocco	TML	Trimedlure
OBDT	Open Bottom Dry Trap (with 2C and 3C attractants for female-biased captures)		
SE	Sensus trap (with CE for male captures and with 3C for female-biased captures)		
ST	Steiner trap (with TML for male capture)		
TP	Tephri trap (with 2C and 3C attractants for female-biased captures)		
VARs+	Modified funnel trap		
YP	Yellow panel trap		

表4e 绕实蝇属（*Rhagoletis* spp.）诱捕器建议密度

诱捕	诱捕器[1]	诱剂	诱捕器密度/km²[(2)]			
			生产区	边缘区	城区	入境口岸[3]
监控调查，不控制	RB/RS/PALz/YP	BuH/AS	0.5～1.0	0.25～0.5	0.25～0.5	0.25～0.5
因扑灭开展监控调查	RB/RS/PALz/YP	BuH/AS	2～4	1～2	0.25～0.5	0.25～0.5
因种群意外增长后，在FF-ALPP开展的划界调查	RB/RS/PALz/YP	BuH/AS	3～5	3～5	3～5	3～5
因根除开展的监控调查	RB/RS/PALz/YP	BuH/AS	3～5	3～5	3～5	3～5
因验证有害生物是否发生及消除，在FF-PFA开展的监测调查	RB/RS/PALz/YP	BuH/AS	1	0.4～3	3～5	4～12
监测到有害生物后，除了监测调查之外，在FF-PFA开展的划界调查[4]	RB/RS/PALz/YP	BuH/AS	20～50	20～50	20～50	20～50

1　可以将不同诱捕器一并使用，以达到诱捕器的总数；
(2)　指诱捕器总数；
3　其他高风险点亦然；
4　这包括直接监测的高密度诱捕地区（核心区）。但向诱捕的周边地区，密度可以递减

诱捕器		诱剂	
RB	Rebell trap	AS	Ammonium salt
RS	Red sphere trap	BuH	Butyl hexanoate
PALz	Fluorescent yellow sticky trap		
YP	Yellow panel trap		

表4f 美洲木瓜实蝇（*Toxotrypana curvicauda*）诱捕器建议密度

诱捕	诱捕器[1]	诱剂	诱捕器密度/km²[(2)]			
			生产区	边缘区	城区	入境口岸[3]
监控调查，不控制	GS	MVP	0.25～0.5	0.25～0.5	0.25～0.5	0.25～0.5
因扑灭开展监控调查	GS	MVP	2～4	1	0.25～0.5	0.25～0.5
因种群意外增长后，在FF-ALPP开展的划界调查	GS	MVP	3～5	3～5	3～5	3～5
因根除开展的监控调查	GS	MVP	3～5	3～5	3～5	3～5
因验证有害生物是否发生及消除，在FF-PFA开展的监测调查	GS	MVP	2	2～3	3～6	5～12
监测到有害生物后，除了监测调查之外，在FF-PFA开展的划界调查[4]	GS	MVP	20～50	20～50	20～50	20～50

1　可以将不同诱捕器一并使用，以达到诱捕器的总数；
(2)　指诱捕器总数；
3　其他高风险点亦然；
4　这包括直接监测的高密度诱捕地区（核心区）。但向诱捕的周边地区，密度可以递减

诱捕器		诱剂	
GS	Green sphere	MVP	Papaya fruit fly pheromone (2-methyl-vinylpyrazine)

6 监督活动

对诱捕活动的监督包括对所用材料质量的评估，以及对这些材料的使用效果和诱捕程序有效性的复审。

所用的这些材料，应该在规定的时间内，在可接受水平标准上，表现为诱捕性能良好，结果可靠。诱捕器在整个田间预定使用期间，应该保持完好。诱剂，应该由生产商根据其预期用途，按可接受性能水平标准，对其进行验证，或进行生物测定。

诱捕效果应该由未直接参与诱捕活动的人员，定期进行正式复审。复审时间可因计划而异，但建议如果计划为6个月或更长的，每年至少要审核两次。该审核应该包括在规定要求达到计划结果的时间范围内，涉及诱捕目标实蝇能力的各个方面，比如对实蝇进入的早期监测。审核内容包括诱捕材料的质量、记录保存情况、诱捕网布局、诱捕器分布图绘制、诱捕器设置、诱捕器状况、诱捕器维护、诱捕器检查频率及实蝇鉴定能力等。

应该对诱捕器的设置进行评估，以确保使用的是规定类型的诱捕器，并按规定密度进行放置。可以通过对个别"线路"的检查来确认田间的放置情况。

对诱捕器的放置应该加以评估，包括适宜的寄主选择、诱捕器重新设置日程表、诱捕器放置高度、透光性、实蝇进入诱捕器的情况及与其他诱捕器的距离等。根据对每条诱捕线路的记录，可以对寄主选择、诱捕器重新设置和与其他诱捕器的距离进行评估。寄主选择、诱捕器放置和与其他诱捕器的距离，还可以通过田间检查来进一步评估。

应该对诱捕器的总体状况、正确的诱剂、恰当的诱捕器、诱捕器的适当维护、合理的检查时间间隔、正确的标记（诱捕器的辨认和诱捕器的放置日期）、污染痕迹和适宜的警示标志进行评估。这在每个放置诱捕器的地方，都要进行田间评估。

鉴定能力，可以通过目标实蝇来评估。目标实蝇已按某种方法进行了标记，可以与捕获的野生实蝇区别开。为了评估操作人员对诱捕器维护的勤奋程度、对目标实蝇的认识能力，以及一旦发现实蝇后对正确报告程序的掌握情况，可以将这些标识过的实蝇放在诱捕器里。常见的标识体系就是用荧光染料染色或剪下翅膀。

在一些根除计划或FF-PFA维持计划中，为了进一步减少经标识的实蝇被误认为野生实蝇，从而导致不必要的行动计划，也用经过辐照处理的不育实蝇作为标识实蝇。在不育实蝇释放计划中，为了评估工作人员对目标野生实蝇和释放实蝇的正确区分能力，采取稍微不同的方法还是必要的。虽然标识实蝇是不育的，不带荧光染料，但它们的翅膀是被剪掉了的，或者用其他方法标识过的。当这些实蝇在田间收集后，在操作人员检查前，会被放到诱捕标本中。

该复审应该形成总结报告。在报告中，要详述在每条线路中检查的诱捕器，有多少符合可接受标准项，如诱捕器分布图绘制、诱捕器设置、诱捕器状况、诱捕器维护、诱捕器检查时间间隔等。如果发现有不足的问题，应该指出来，并提出纠正这些问题的具体建议。

做好记录，对正确发挥诱捕功能是至关重要的。应该对每条线路的记录进行检查，从而确保记录完整，最新。为了验证记录的准确性，可以通过田间实地确认。如果收集到规定实蝇物证标本，建议一定要保存好。

7 参考文献

Baker, R., Herbert, R., Howse, P. E. & Jones, O. T. 1980. Identification and synthesis of the major sex pheromone of the olive fly (*Dacus oleae*). *J. Chem. Soc., Chem. Commun.*, 1: 52–53.

Calkins, C. O., Schroeder, W. J. & Chambers, D. L. 1984. The probability of detecting the Caribbean fruit fly, *Anastrepha suspensa* (Loew) (Diptera: Tephritidae) with various densities of McPhail traps. *J. Econ. Entomol.*, 77: 198–201.

Campaña Nacional Contra Moscas de la Fruta, DGSV/CONASAG/SAGAR 1999. Apéndice Técnico para el Control de Calidad del Trampeo para Moscas de la Fruta del Género Anastrepha spp. México D. F. febrero de 1999. 15 pp.

Conway, H. E. & Forrester, O. T. 2007. Comparison of Mexican fruit fly (Diptera: Tephritidae) capture between McPhail traps with Torula Yeast and Multilure Traps with Biolure in South Texas. *Florida Entomologist*, 90 (3).

Cowley, J. M., Page, F. D., Nimmo, P. R. & Cowley, D. R. 1990. Comparison of the effectiveness of two traps for *Bactrocera tryoni* (Froggat) (Diptera: Tephritidae) and implications for quarantine surveillance systems. *J. Entomol. Soc.*, 29: 171-176.

Drew, R. A. I. 1982. Taxonomy. In R. A. I. Drew, G. H. S. Hooper & M. A. Bateman, eds. *Economic fruit flies of the South Pacific region*, 2nd edn, pp. 1-97. Brisbane, Queensland Department of Primary Industries.

Drew, R. A. I. & Hooper, G. H. S. 1981. The response of fruit fly species (Diptera; Tephritidae) in Australia to male attractants. *J. Austral. Entomol. Soc.*, 20: 201-205.

Epsky, N. D., Hendrichs, J., Katsoyannos, B. I., Vasquez, L. A., Ros, J. P., Zümreoglu, A., Pereira, R., Bakri, A., Seewooruthun, S. I. & Heath, R. R. 1999. Field evaluation of female-targeted trapping systems for *Ceratitis capitata* (Diptera: Tephritidae) in seven countries. *J. Econ. Entomol.*, 92: 156-164.

Heath, R. R., Epsky, N. D., Guzman, A., Dueben, B. D., Manukian, A. & Meyer, W. L. 1995. Development of a dry plastic insect trap with food-based synthetic attractant for the Mediterranean and the Mexican fruit fly (Diptera: Tephritidae). *J. Econ. Entomol.*, 88: 1307-1315.

Heath, R. H., Epsky, N., Midgarden, D. & Katsoyanos, B. I. 2004. Efficacy of 1, 4-diaminobutane (putrescine) in a food-based synthetic attractant for capture of Mediterranean and Mexican fruit flies (Diptera: Tephritidae). *J. Econ. Entomol.*, 97 (3): 1126-1131.

Hill, A. R. 1987. Comparison between trimedlure and capilure®-attractants for male *Ceratitis capitata* (Wiedemann) (Diptera Tephritidae). *J. Austral. Entomol. Soc.*, 26: 35-36.

Holler, T., Sivinski, J., Jenkins, C. & Fraser, S. 2006. A comparison of yeast hydrolysate and synthetic food attractants for capture of *Anastrepha suspensa* (Diptera: Tephritidae). *Florida Entomologist*, 89 (3): 419-420.

IAEA (International Atomic Energy Agency). 1996. *Standardization of medfly trapping for use in sterile insect technique programmes*. Final report of Coordinated Research Programme 1986-1992. IAEA-TECDOC-883.

1998. *Development of female medfly attractant systems for trapping and sterility assessment*. Final report of a Coordinated Research Programme 1995-1998. IAEA-TECDOC-1099. 228 pp.

2003. *Trapping guidelines for area-wide fruit fly programmes*. Joint FAO/IAEA Division, Vienna, Austria. 47 pp.

2007. *Development of improved attractants and their integration into fruit fly SIT management programmes*. Final report of a Coordinated Research Programme 2000-2005. IAEA-TECDOC-1574. 230 pp.

Jang, E. B., Holler, T. C., Moses, A. L., Salvato, M. H. & Fraser, S. 2007. Evaluation of a single-matrix food attractant Tephritid fruit fly bait dispenser for use in feral trap detection programs. *Proc. Hawaiian Entomol. Soc.*, 39: 1-8.

Katsoyannos, B. I. 1983. Captures of *Ceratitis capitata* and *Dacus oleae* flies (Diptera, Tephritidae) by McPhail and Rebell color traps suspended on citrus, fig and olive trees on Chios, Greece. In R. Cavalloro, ed. *Fruit flies of economic importance*. Proc. CEC/IOBC Intern. Symp. Athens, Nov. 1982, pp. 451-456.

1989. Response to shape, size and color. In A. S. Robinson & G. Hooper, eds. *World Crop Pests*, Volume 3A, *Fruit flies, their biology, natural enemies and control*, pp. 307-324. Elsevier Science Publishers B. V., Amsterdam.

Lance, D. R. & Gates, D. B. 1994. Sensitivity of detection trapping systems for Mediterranean fruit flies (Diptera: Tephritidae) in southern California. *J. Econ. Entomol.*, 87: 1377.

Leonhardt, B. A., Cunningham, R. T., Chambers, D. L., Avery, J. W. & Harte, E. M. 1994. Controlled-release panel traps for the Mediterranean fruit fly (Diptera: Tephritidae). *J. Econ. Entomol.*, 87: 1217-1223.

Martinez, A. J., Salinas, E. J. & Rendón, P. 2007. Capture of *Anastrepha* species (Diptera: Tephritidae) with Multilure traps and Biolure attractants in Guatemala. *Florida Entomologist*, 90 (1): 258-263.

Prokopy, R. J. 1972. Response of apple maggot flies to rectangles of different colors and shades. *Environ. Entomol.*, 1: 720-726.

Robacker D. C. & Czokajlo, D. 2006. Effect of propylene glycol antifreeze on captures of Mexican fruit flies (Diptera: Tephritidae) in traps baited with BioLures and AFF lures. *Florida Entomologist*, 89 (2): 286-287.

Robacker, D. C. & Warfield, W. C. 1993. Attraction of both sexes of Mexican fruit fly, *Anastrepha ludens*, to a mixture of ammonia, methylamine, and putrescine. *J. Chem. Ecol.* , 19: 2999 – 3016.

Tan, K. H. 1982. Effect of permethrin and cypermethrin against *Dacus dorsalis* in relation to temperature. *Malaysian Applied Biology*, 11: 41 – 45.

Thomas, D. B. 2003. Nontarget insects captured in fruit fly (Diptera: Tephritridae) surveillance traps. *J. Econ. Entomol.* , 96 (6): 1732 – 1737.

Tóth, M. , Szarukán, I. , Voigt, E. & Kozár, F. 2004. Hatékony cseresznyelégy- (Rhagoletis cerasi L. , Diptera, Tephritidae) csapda kifejlesztése vizuális és kémiai ingerek figyelembevételével. [Importance of visual and chemical stimuli in the development of an efficient trap for the European cherry fruit fly (*Rhagoletis cerasi* L.) (Diptera, Tephritidae).] *Növényvédelem*, 40: 229 – 236.

Tóth, M. , Tabilio, R. & Nobili, P. 2004. Különféle csapdatípusok hatékonyságának összehasonlítása a földközi-tengeri gyümölcslégy (Ceratitis capitata Wiedemann) hímek fogására. [Comparison of efficiency of different trap types for capturing males of the Mediterranean fruit fly *Ceratitis capitata* Wiedemann (Diptera: Tephritidae).] *Növényvédelem*, 40 : 179 – 183.

2006. Le trappole per la cattura dei maschi della Mosca mediterranea della frutta. *Frutticoltura*, 68 (1): 70 – 73.

Tóth, M. , Tabilio, R. , Nobili, P. , Mandatori, R. , Quaranta, M. , Carbone, G. & Ujváry, I. 2007. A földközitengeri gyümölcslégy (*Ceratitis capitata* Wiedemann) kémiai kommunikációja: alkalmazási lehetŒségek észlelési és rajzáskövetési célokra. [Chemical communication of the Mediterranean fruit fly (*Ceratitis capitata* Wiedemann): application opportunities for detection and monitoring.] *Integr. Term. Kert. Szántóf. Kult.* , 28: 78 – 88.

Tóth, M. , Tabilio, R. , Mandatori, R. , Quaranta, M. & Carbone, G. 2007. Comparative performance of traps for the Mediterranean fruit fly *Ceratitis capitata* Wiedemann (Diptera: Tephritidae) baited with female-targeted or male-targeted lures. *Int. J. Hortic. Sci.* , 13: 11 – 14.

Tóth, M. & Voigt, E. 2009. Relative importance of visual and chemical cues in trapping *Rhagoletis cingulata* and *R. cerasi* in Hungary. *J. Pest. Sci.* (submitted).

Voigt, E. & Tóth, M. 2008. Az amerikai keleti cseresznyelegyet és az európai cseresznyelegyet egyaránt fogó csapdatípusok. [Trap types catcing both *Rhagoletis cingulata* and *R. cerasi* equally well.] *Agrofórum*, 19: 70 – 71.

Wall, C. 1989. Monitoring and spray timing. In A. R. Jutsum & R. F. S. Gordon, eds. *Insect pheromones in plant protection*, pp. 39 – 66. New York, Wiley. 369 pp.

White, I. M. & Elson-Harris, M. M. 1994. *Fruit flies of economic significance: their identification and bionomics*. ACIAR, 17 – 21.

Wijesuriya, S. R. & De Lima, C. P. F. 1995. Comparison of two types of traps and lure dispensers for *Ceratitis capitata* (Wiedemann) (Diptera: Tephritidae). *J. Austral. Ent. Soc.* , 34: 273 – 275.

本附件只作参考，不属于标准规定内容。

附件 2 水果取样准则

下面罗列了关于取样的部分有效参考文献。

Enkerlin, W. R., Lopez, L. & Celedonio, H. 1996. Increased accuracy in discrimination between captured wild unmarked and released dyed-marked adults in fruit fly (Diptera: Tephritidae) sterile release programs. *Journal of Economic Entomology*, 89 (4): 946–949.

Enkerlin W. & Reyes, J. 1984. *Evaluacion de un sistema de muestreo de frutos para la deteccion de Ceratitis capitata* (*Wiedemann*). 11 Congreso Nacional de Manejo Integrado de Plagas. Asociacion Guatemalteca de Manejo Integrado de Plagas (AGMIP). Ciudad Guatemala, Guatemala, Centro America.

Programa Moscamed. 1990. *Manual de Operaciones de Campo*. Talleres Graficos de la Nacion. Gobierno de Mexico. SAGAR//DGSV.

Programa regional Moscamed. 2003. *Manual del sistema de detección por muestreo de la mosca del mediterráneo*. 26 pp.

Shukla, R. P. & Prasad, U. G. 1985. Population fluctuations of the Oriental fruit fly, *Dacus dorsalis* (Hendel) in relation to hosts and abiotic factors. *Tropical Pest Management*, 31 (4): 273–275.

Tan, K. H. & Serit, M. 1994. Adult population dynamics of *Bactrocera dorsalis* (Diptera: Tephritidae) in relation to host phenology and weather in two villages of Penang Island, Malaysia. *Environmental Entomology*, 23 (2): 267–275.

Wong, T. Y., Nishimoto, J. I. & Mochizuki, N. 1983. Infestation patterns of Mediterranean fruit fly and the Oriental fruit fly (Diptera: Tephritidae) in the Kula area of Mavi, Hawaii. *Environmental Entomology*, 12 (4): 1031–1039. IV Chemical control.

植物卫生措施国际标准

ISPM 27

植物卫生措施国际标准 ISPM 27

规定有害生物诊断协议

DIAGNOSTIC PROTOCOLS FOR REGULATED PESTS

(2006 年)

IPPC 秘书处

© FAO 2011

发布历史

本部分不属于标准正式内容。

2003-04 ICPM-5 added topic Requirements for diagnostic procedures for regulated pests (2003-002)

2003-05 SC-7 approved Specification 14 Guidelines for formatting specific diagnostic protocols for regulated pests (via e-mail)

2003-06 FG developed draft text

2004-09 TPDP developed draft text

2005-04 SC revised draft text and approved for MC

2005-06 Sent for MC under fast-track process

2005-11 SC revised draft text for adoption

2006-04 CPM-1 adopted standard

ISPM 27. 2006. Diagnostic protocols for regulated pests. Rome, IPPC, FAO.

2011 年 8 月最后修订。

目 录

批准

引言

范围

参考文献

定义

要求概述

背景

诊断协议之目的与用途

要求

1　诊断协议一般要求

2　诊断协议具体要求

2.1　有害生物信息

2.2　分类信息

2.3　监测

2.4　鉴定

2.5　记录

2.6　信息联络点

2.7　致谢

2.8　参考文献

3　诊断协议发布

附件1　诊断协议程序要件

附件2　已批准的诊断协议名录

ISPM 27　附录1　DP 1　棕榈蓟马（*Thrips palmi* Karny）

ISPM 27　附录2　DP 2　洋李痘疱病毒（Plum pox virus）

ISPM 27　附录3　DP 3　谷斑皮蠹（*Trogoderma granarium* Everts）

批准

本标准于 2006 年 4 月经植物卫生措施委员会（CPM）第 1 次会议批准。如果附件批准信息与核心文本有出入，请见各附件。

引言

范围

本标准是按 IPPC 框架及内容，为规定有害生物的诊断协议提供指导。该协议描述了涉及国际贸易的相关规定有害生物的官方诊断程序及诊断方法。就规定有害生物的准确诊断而言，本标准至少提出了最基本的要求。

参考文献

IPPC. 1997. *International Plant Protection Convention*. Rome，IPPC，FAO.

ISPM 4. 1995. *Requirements for the establishment of pest free areas*. Rome，IPPC，FAO. ［published 1996］

ISPM 5. *Glossary of phytosanitary terms*. Rome，IPPC，FAO.

ISPM 6. 1997. *Guidelines for surveillance*. Rome，IPPC，FAO.

ISPM 7. 1997. *Export certification system*. Rome，IPPC，FAO.

ISPM 8. 1998. *Determination of pest status in an area*. Rome，IPPC，FAO.

ISPM 9. 1998. *Guidelines for pest eradication programmes*. Rome，IPPC，FAO.

ISPM 10. 1999. *Requirements for the establishment of pest free places of production and pest free production sites*. Rome，IPPC，FAO.

ISPM 13. 2001. *Guidelines for the notification of non-compliance and emergency action*. Rome，IPPC，FAO.

ISPM 14. 2002. *The use of integrated measures in a systems approach for pest risk management*. Rome，IPPC，FAO.

ISPM 17. 2002. *Pest reporting*. Rome，IPPC，FAO.

ISPM 20. 2004. *Guidelines for a phytosanitary import regulatory system*. Rome，IPPC，FAO.

ISPM 22. 2005. *Requirements for the establishment of areas of low pest prevalence*. Rome，IPPC，FAO.

ISPM 23. 2005. *Guidelines for inspection*. Rome，IPPC，FAO.

定义

本标准引用的植物卫生术语定义，见 ISPM 5（植物卫生术语表）。

要求概述

本标准建立了诊断协议内容框架、目的及用途、发布及制定等。就某种具体的规定有害生物而言，其诊断协议详见各附录。

对于特定规定有害生物，在诊断协议中规定的相关信息包括：分类地位、监测方法和鉴定方法。诊断方法，规定了准确诊断有害生物的最低要求，但同时又有灵活性，以便保证该方法适合各种情况。在诊断协议中，规定诊断方法具有灵敏性、特异性和可重复性，每种方法都要提供这些相关信息。

标准还要求提供有害生物监测的详细信息及指导，诸如有害生物的为害状/痕迹、图例（如果可能）、发育时期、是如何在商品中发现到的，以及如何从植物中分离、回收及采集有害生物等。关于有害生物鉴定方法及准则，其详细信息及指导包括形态学方法、形态测定方法、生物学方法、生物化学方法、分子生物学方法等。还要在记录中体现进一步的指导，并妥善保存记录。

诊断协议作为植物卫生措施的部分内容，旨在供实验室人员进行有害生物诊断（鉴定）时采用。

在有害生物诊断过程中，如果新技术发展了，就应该对其进行复审和修订。本标准还为诊断协议的启动、制订、复审及发布提供指导。

背景

就采取适当的植物卫生措施而言，准确监测和鉴定有害生物，是至关重要的（见 ISPM 4:1995、ISPM 6:1997、ISPM 7:1997、ISPM 9:1998 及 ISPM 20:2004）。特别是在有害生物状况确认及有害生物报告（ISPM 8:1998、ISPM 17:2002）、对进口货物中的有害生物进行鉴定时（ISPM 13:2001），各缔约方采取适当的诊断程序尤其重要。

根据 IPPC（1997）第四条的规定，为履行义务，尤其是涉及监督、进口检查和出口认证管理等方面，NPPOs 已经制定了规定有害生物诊断协议。为适应区域之间的协调，RPPOs 之间也已制定了许多区域性诊断标准。这些需要国际间协调的内容，以及国家或地区间的标准，也是达成国际协议的基础。所以 ICPM（植物卫生措施临时委员会）在 2004 年第六次会议上，认为有必要在 IPPC 的框架内，制定诊断协议国际标准，并批准成立诊断协议技术小组（TPDP）。

诊断协议之目的与用途

制定协调一致的诊断协议，旨在广泛领域内提供有效的植物卫生措施，加强 NPPOs 之间对诊断结果的互认，从而方便贸易。此外，这些协议，不仅有助于专业技术合作，也有利于实验室的认证与认可。

除了本标准附录中列出的诊断方法之外，NPPOs 也可以采取其他方法，诊断同种有害生物（如按双边协议规定要求）。本协议及其附录内容，可以认为是植物卫生措施国际标准，或是标准的一部分（参见本标准第 3 项，或 IPPC 第十条）。所以，在采用或要求采用诊断方法，特别是对缔约方会造成影响时，各缔约方应该适当考虑采纳本诊断协议。

在诊断协议中，对与国际贸易相关的规定有害生物的监测和鉴定程序及方法，都作了描述。

诊断协议，可能因不同情况、不同方法要求而不同。根据高灵敏度、特异性和可靠性要求，需要考虑以下诸多因素：

—— 对广泛定殖的有害生物的日常诊断情况。
—— 对有害生物状况的总体监督情况。
—— 对认证计划的符合性检验情况。
—— 对潜伏性有害生物的监督情况。
—— 监督作为官方控制或根除计划的一部分。
—— 与植物卫生认证相关的有害生物诊断情况。
—— 对在进口货物中发现的有害生物的日常诊断情况。
—— 在未知地区开展有害生物的监测情况。
—— 实验室首次鉴定出有害生物的情况。
—— 在对产地国声明无有害生物区的货物中发现有害生物的情况。

比如，日常诊断、检验方法的快慢及成本，比敏感性及特异性更受关注。但是，就实验室对有害生物鉴定，或者对首次发现有害生物的鉴定而言，则更多考虑的是诊断方法的特异性和可重复性。诊断结果的重要性，往往取决于取样程序的正确性。这些程序，也在其他（正在制定中）ISPMs 中作了强调（编者注：取样方法见 ISPM 31:2009）。

诊断协议是对规定有害生物诊断的可靠性提出的最低要求。它可以是一种方法，也可以是多种方法的综合应用。诊断协议也提供其他方法，可以覆盖全方位。每种方法的灵敏度、特异性和可重复性，都予以注明。NPPOs 可以根据这些标准，结合相关情况，决定是否选择一种方法，还是选择多种方法而综合运用。

诊断协议是为实验室鉴定之用的。这些实验室应该由NPPO确认或认可，其鉴定结果可作为NPPO采取的植物卫生措施之一。

制定诊断协议程序的要件见附件1。

要求

1 诊断协议一般要求[①]

每个诊断协议都包含对规定有害生物的监测和鉴定所必需的方法及指导，由专家（如昆虫学家、真菌学家、病毒学家、细菌学家、线虫学家、杂草专家和分子生物学家），或者训练有素的人员实施。

选用诊断协议中的方法，是根据其灵敏度、特异性和可重复性而定的。此外，设备的有效性、对诊断方法的专业要求及其可操作性（如方法操作起来是否容易、是否快速、其成本如何），在选择时，亦需加以考虑。通常，这些方法及其相关信息都应该公布。纳入协议的方法必须是有效的，其有效性还包括所用的一套已知样品，也包含对照样品，从而证明其灵敏度、特异性和可重复性。

由于实验室的鉴定能力和方法所适用的情形不同，通常在一个协议中，需要给出几种方法。这些情况包括，如在生物发育的不同时期需要不同的鉴定方法，最初方法不可靠就需要换用另一种方法，当然因对灵敏度、特异性和可重复性的要求不同也需要不同方法。在某些情况下，一种方法就足够了；相反，则需要几种方法进行综合应用。每个协议都有一个介绍性部分，包括有害生物的分类地位、监测方法、鉴定方法、记录保存、参考文献等。在多数情况下，还要有大量辅助材料，如有害生物的地理分布情况、寄主范围等，但诊断协议的主要内容，还是集中在有害生物诊断的关键方法和程序上。

在质量保证尤其是参照材料（如阳性对照和阴性对照、标本收集）方面，均需要在协议的相关部分特别指明。

2 诊断协议具体要求

诊断协议包括以下内容：

—— 有害生物信息。

—— 分类信息。

—— 监测。

—— 鉴定。

—— 记录。

—— 信息咨询点。

—— 致谢。

—— 参考文献。

2.1 有害生物信息

提供有害生物的简要信息，包括生活史、形态学特征、变异情况（形态学或生态学的），与其他生物的关系、寄主范围、现在及过去的地理分布情况（总体情况）、传播及扩散方式（媒介生物及传播途径）。如果可能，还要提供相关有害生物数据的参考文献目录。

[①] 下面这些一般规定，适用于所有诊断协议：

—— 在实验室检验时，所用化学品或设备可能存在某些危险，所以应该严格遵守国家安全程序；

—— 诊断协议中使用的化学品或设备，也可以用于其他适宜的地方；

—— 只要是有效的，协议中规定的程序可以根据实验室各自的情况做适当调整

2.2 分类信息

此处的有害生物分类信息包括：
—— 名称（指学名、作者和年份，如果是真菌需要尽量给出有性型名称）。
  · 同物异名（包括以前的各个名称）。
  · 常用普通名称，真菌的无性型名称（包括同物异名）。
  · 病毒和类病毒的简称（首字母简写）。
—— 分类地位（含有关亚种）。

2.3 监测

本项是关于监测的相关信息及指导：
—— 能够携带有害生物的植物、植物产品及其他物品。
—— 有害生物的为害状（如典型症状或为害状，以及其他原因造成的不同或类似症状或为害状）。
—— 可能发现有害生物的植物、植物产品及其他物品部位。
—— 有害生物的发育期处于可以监测时期，由于其种群数量大，可以随植物、植物产品或其他物品进行扩散。
—— 由于寄主、气候和季节适宜，有害生物可能发生。
—— 对商品中的有害生物的监测方法（如感官，手持放大镜）。
—— 从植物、植物产品或其他物品中分离、回收或采集有害生物的方法，或者能证明有害生物在植物、植物产品或其他物品中存在的方法。
—— 能够表明有害生物在没有症状或为害状的植物材料或其他材料中存在的方法（在土壤或水中），如 ELISA 检测①，或在选择性介质中培养。
—— 有害生物的生存能力。

对于上述方法，均需要关注其灵敏度、特异性和可重复性。在适当情况下，要为检测的阳性对照和阴性对照，以及相关参照材料提供指导。在出现混淆时，如由于其他原因出现了类似症状或为害状时，还要为获得解决办法提供指导意见。

2.4 鉴定

本项主要涉及有害生物的鉴定方法相关信息及指导，这些方法可以是单个的，也可以是多种方法的综合运用。如果是多种方法，就要给出它们的优劣性，还要给出这些方法及这些方法综合运用时的等效范围。若鉴定有害生物需要几种方法，或者有几种替代方法，就应该给出一个操作流程图。

诊断协议的主要方法，是利用形态学特征或形态测定特征、生物学习性（如毒力或寄主范围）、生物化学和分子生物学特性。利用形态学特征，可以直接鉴定有害生物，也可以通过培养或分离，再对有害生物进行鉴定。在培养或分离过程中，也可能应用生物化学或分子生物学方法。如果必须进行培养或分离，则需要提供详细情况。

用形态学特征或形态测定特征进行鉴定时，需要提供下列详细情况：
—— 有害生物鉴定相关准备工作、标本制作及检验（如光学显微镜、电子显微镜及测量设备）。
—— 鉴定检索表（到科、属和种）。
—— 对有害生物及种群的形态学描述，包括形态识别特征，以及在观察特殊结构时发现的差异情况。
—— 与相似或近缘种的比较情况。
—— 相关参照标本或培养物。

如果是用生物化学或分子生物学方法进行鉴定，在实验前，需要对每种方法（如血清学方法、

---

① 酶链免疫法（Enzyme-linked immunosorbent assay）

电泳法、PCR①法、DNA 条形码法、RFLP②、DNA 序列）分别进行详细描述（包括设备、试剂和耗材）。如果可能，在本标准附录中其他诊断协议所述的方法，也可以作为参考。

如果有几种方法均可用，那么其他方法可以作为替代方法或备用方法，如可以采用形态学方法，同样也可以采用分子生物学方法。

如果可能，对于那些没有为害状的植物或产品（如有害生物处于潜伏浸染状态），可以采用分离方法得到有害生物，也可以通过从植物或其他材料中分离、回收和采集等方法得到。

对于上述方法，均要求提供其灵敏度、特异性和可重复性。如果可能，在指导中要求提供检验的相关阳性对照、阴性对照及参照材料，同时还要求提供，当遇到与近似种、近缘种或分类单元发生混淆时，其可能的解决方法。

诊断协议，为每种方法的阳性结果和阴性结果的判定标准提供指导，也提供了选用替代措施的必要信息。

如果某种特殊技术要求有适当的对照，则包括相关参照材料，都应该在协议中明确注明。要是这个对照满足不了要求，则宜于选择其他方法，这或许有利于鉴定工作。应该将样品、标本或图片，任选其一，寄送到对有害生物有鉴定经验、有必需的对照标本或参照材料的实验室。这些标本或参照材料，均应保存完好。

快速、初步鉴定结果（以后将要进一步验证），也要包含在协议中。

2.5 记录

此处对记录的规定如下：

—— 鉴定出的有害生物的学名。
—— 样品编号或参考号（用于追溯）。
—— 被侵染材料的特点，包括寄主植物的学名。
—— 被侵染材料的原产地（如果知道应注明地点）、截获地或发现地。
—— 症状或为害状（包括照片），或无症状。
—— 鉴定方法及鉴定结果，包括对照。
—— 如果是采用形态学或形态测量方法，要记录与诊断特征相关的测定方法、绘图或照片，如果可能，还要记录有害生物的发育情况。
—— 如果是采用生物化学或分子生物学方法，应该记录检测结果，如凝胶电泳图谱、ELISA 图谱。
—— 如果可能，还要记录侵染情况（如发现了多少种有害生物，为害了多少植物组织）。
—— 实验室名称、负责鉴定人和/或从事鉴定人姓名。
—— 样品采集日期、有害生物发现及鉴定日期。
—— 如果可能，记录有害生物的状况，是活体还是已死亡，其在发育过程中的生存能力。

所有证据，包括对有害生物的饲养情况、核酸材料、保留的标本及其他检测材料（如凝胶电泳图谱、ELISA 图谱），都应该保存好，尤其是出现情况不相符（参见 ISPM 13:2001）和首次发现有害生物（参见 ISPM 17:2002）时，尤为重要。其他规定，请见 ISPM 8:1998。

记录保存的时间，决定于诊断目的。如果缔约方会受到诊断结果的不利影响，则这些记录和证据，至少需要保存一年。

2.6 信息联络点

尤其是要提供有害生物专家组或个人的详细联系方式，以便于按诊断协议进行咨询。

---

① PCR 聚合酶链反应（Polymerase chain reaction）
② 限制性片断长度多态性（Restriction fragment length polymorphism）

2.7 致谢

要提供起草协议初稿的专家,包括为此做出主要贡献人员的姓名和地址。

2.8 参考文献

要提供科学刊物或实验室手册等公开发表的参考文献,以便在诊断协议中为其方法和程序提供进一步指导。

3 诊断协议发布

诊断协议,作为本标准的附录公开发布,所以它是在 IPPC 框架内单独发布的,是一个特刊,有特定修订日期。如可能,亦可作为其他 ISPM 的相应部分。在协议采纳过程中,需要经过国际知名科学家或专家,根据相关学科进行严格复审。

本附件仅作参考，不属于标准规定内容。

附件 1 诊断协议程序要件

1. 诊断协议的制定

TPDP 将委托专家制定诊断协议，或者采纳业已被各 RPPOs、其他国际国内组织批准的协议，或者重新制定新协议。诊断协议还需要经 TPDP 选定的专家小组，进一步修订。如果符合要求，需与 IPPC 秘书处合作，提交给标准委员会（the Standards Committee）。

2. 对现行诊断协议的复审

TPDP 小组成员需要对诊断协议按学科进行年度复审，或者按 TPDP 的要求进行复审。如果 NPPOs、RPPOs，或 CPM 下设机构，可以向 IPPC 秘书处（ippc@fao.org）提出诊断协议修订要求，然后由秘书处提交 TPDP。

TPDP 将对这些提议进行评估，确定哪些诊断协议需要修订，并对修订结果进行审查。新方法应该至少等效于现行方法，或者要在世界范围的应用上表现出明显优势，如价廉、灵敏、有特异性。无论是什么要求，都应该提供适当根据。

3. 要求制定新诊断协议

除了 TPDP 工作计划之外，如果要求制定新诊断协议，NPPOs、RPPOs 或 CPM 下设机构，可以通过 IPPC 秘书处，按标准题目及优先性，向 TPDP 提出，时间为每年 7 月 31 日前。

本附件仅作参考，不属于标准正式内容。附件于 2010 年 9 月由 IPPC 秘书处更新。

附件 2 已批准的诊断协议名录

下列诊断协议已被 CPM 批准，作为 ISPM 27:2006 的附录。诊断协议将分别发布，可以在 IPP（https://www.ippc.int）上查询。

附录号（Annex no.）	诊断协议名称（Title of diagnostic protocol）	批准年份（Adoption year）
DP 1:2010	棕榈蓟马（*Thrips palmi* Karny）	2010
DP 2:2012	洋李痘疱病毒（Plum pox virus）	2012
DP 3:2012	谷斑皮蠹（*Trogoderma granarium* Everts）	2012

本附录于 2010 年 3 月经 CPM 第 5 次会议批准，属于标准 ISPM 27:2006 规定内容。

ISPM 27　附录 1
DP 1　棕榈蓟马（*Thrips palmi* Karny）
（2010 年）

目　　录

1　有害生物信息
2　分类信息
3　监测
4　鉴定
4.1　成虫形态学鉴定
4.1.1　显微镜鉴定标本的制备
4.1.2　蓟马科鉴定
4.1.3　蓟马属鉴定
4.1.4　棕榈蓟马鉴定
4.1.4.1　棕榈蓟马形态学特征
4.1.4.2　近似种比较（与无暗色体纹的黄色种，或主要为黄色、有时为黄色种的比较）
4.2　棕榈蓟马分子生物学鉴定法
4.2.1　棕榈蓟马 SCAR 引物碱基序列 PCR 鉴定法
4.2.2　棕榈蓟马 COI 碱基序列 PCR 鉴定法
4.2.3　棕榈蓟马等 9 种蓟马 ITS2 碱基序列 PCR-RFLP 鉴定法
4.2.4　棕榈蓟马等 10 种蓟马 COI 碱基序列 PCR-RFLP 鉴定法
5　记录
6　信息联络点
7　致谢
8　参考文献

1　有害生物信息

棕榈蓟马（*Thrips palmi* Karny）（Thysanoptera：Thripidae）是一种多食性害虫，主要为害葫芦科和茄科植物。棕榈蓟马起源于南亚，于20世纪后期从南亚开始扩散。在整个亚洲都有记录，在太平洋和加勒比海地区也广泛分布。该害虫还在北美、中美和南美洲及非洲局部地区有记录。关于棕榈蓟马的更多综合信息，请查阅 EPPO/CABI（1997年）或 Murai（2002年）的记录；也可通过在线有害生物及病害图库（PaDIL，2007）和 EPPO（EPPO，2008）查询有害生物数据表。

棕榈蓟马通过直接取食作物和传播落花生芽坏死病毒（Groundnut bud necrosis virus）、甜瓜黄斑病毒（Melon yellow spot virus）和西瓜银灰斑驳病毒（Watermelon silver mottle virus）等斑萎病毒属病毒，造成作物经济损失。棕榈蓟马的食性极杂，已记录危害可超过36个科的植物。棕榈蓟马为害大田作物：冬瓜（*Benincasa hispida*）、辣椒（*Capsicum annuum*）、西瓜（*Citrullus lanatus*）、甜瓜（*Cucumis melo*）、黄瓜（*Cucumis sativus*）、南瓜属（*Cucurbita* spp.）、大豆（*Glycine max*）、棉花属（*Gossypium* spp.）、向日葵（*Helianthus annuus*）、烟草（*Nicotiana tabacum*）、菜豆（*Phaseolus vulgaris*）、豌豆（*Pisum sativum*）、芝麻（*Sesamum indicum*）、茄子（*Solanum melongena*）、马铃薯（*Solanum tuberosum*）和豇豆（*Vigna unguiculata*）。在温室中，具有经济重要性的寄主作物包括辣椒（*Capsicum annuu*）、茼蒿属（*Chrysanthemum* spp.）、黄瓜（*Cucumis sativus*）、仙客来属（*Cyclamen* spp.）、榕属（*Ficus* spp.）、兰科（Orchidaceae）和茄子（*Solanum melongena*）。该蓟马还可以随寄主植物繁殖材料、切花和果实及包装材料和土壤进行传播。

棕榈蓟马几乎通体黄色（图1至图3），加之个体较小（1.0~1.3mm），易与其他黄色的或以黄色为主的近似种相混淆，因而很难鉴定。

图1　棕榈蓟马 雌虫（左）和雄虫
（照片：A. J. M. Loomans，PPS，Wageningen，荷兰；比例尺：500μm = 0.5mm）

2　分类信息

—— 学名（Name）：*Thrips palmi* Karny，1925
—— 异名（Synonyms）：

Thrips clarus Moulton，1928

Thrips leucadophilus Priesner，1936

Thrips gossypicola Ramakrishna & Margabandhu，1939

Chloethrips aureus Ananthakrishnan & Jagadish，1967

Thrips gracilis Ananthakrishnan & Jagadish，1968

—— 分类地位：昆虫纲（Insecta）、缨翅目（Thysanoptera）、锯尾亚目（Terebrantia）、蓟马科（Thripidae）、蓟马属（*Thrips*）。

—— 普通名（Common name）：瓜蓟马（melon thrips）。

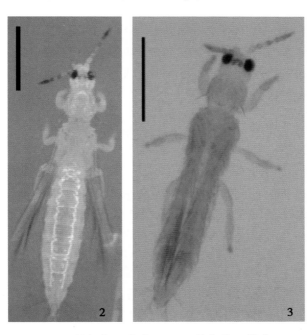

图 2　棕榈蓟马 雌虫；图 3　棕榈蓟马 雄虫
（照片：W. Zijlstra，PPS，Wageningen，荷兰；比例尺：300μm）

3　监测

棕榈蓟马在不同的生长阶段，通常生活在不同地方：

—— 卵　　　　　　　在叶、花和果实组织内
—— Ⅰ 龄若虫　　　　在叶、花和果上
—— Ⅱ 龄若虫　　　　在叶、花和果上
—— Ⅰ 蛹　　　　　　在土壤、包装箱和栽培介质中
—— Ⅱ 蛹　　　　　　在土壤、包装箱和栽培介质中
—— 成虫　　　　　　在叶、花和果上

棕榈蓟马，大多数可在植物地上部位发现。植物受侵染部位，会因寄主种类和棕榈蓟马种群特性不同而各异。

在对植物材料是否遭受棕榈蓟马侵染进行感官检查时，必须注意在寄主植物叶片表面的银色取食疤痕，特别是在叶中脉和侧脉附近。被严重侵染的植株，通常表现为叶片呈银色或青铜色，叶小枝短，果实上有疮痂、畸形。下列情况可能妨碍检查：

—— 低度侵染，仅产生轻度症状，或症状检查不到。
—— 在植物组织内仅有虫卵存在（如对植物组织外表进行处理后，活体棕榈蓟马的可见形态已经被除去了）。

供形态学检验的标本，最好保存在 AGA 液体中，该液体是由 60% 的乙醇、甘油和乙酸按 10：1：1 的比例配制而成。如果标本需要保存，应将标本移至 60% 乙醇溶液中避光保存，为防止褪色，最好保存在冰箱里。然而，有几个试验室已报告说，AGA 可能引起蓟马 DNA 变性，从而妨碍随后的分子学检测。由于未封片的标本均可用 80%～95% 的乙醇作为保存液，这样用它替代后，所保存的

标本就可以进行分子学研究了。但是，这种标本必须保存在冰箱中，直到使用时，否则，标本将可能很难封片。

收集蓟马标本可采用以下几种方法（Mantel 和 Vierbergen，1996 年，修订版）：

—— 用湿细毛刷将蓟马从植物（叶片、花或果实）上一个一个地移至装有 AGA 溶液的微型管中。

—— 将蓟马从植株上敲落到小塑料盘上（如使用白盘采集深色标本，或用黑盘采集浅色标本）。在较冷环境条件下，蓟马通常会在盘子上爬行而不会飞离，从而有时间用湿细毛刷，将蓟马粘取下来；如果在温暖条件下，由于蓟马会很快飞离，这时必须迅速收集。在盘子里，使用手持放大镜即可轻易看到蓟马，而经验丰富的，凭肉眼也能见到。

—— 将植株部分密封放在塑料袋中 24h，内置一张滤纸，让它吸掉水分。大多数蓟马会离开植株，这时就可从塑料袋内部采集蓟马。

—— Berlese 漏斗可用于处理诸如鳞茎、花、草皮、树叶、苔藓甚至树木枯枝等。漏斗中有一个筛网，可将植物材料放在它上面。筛网下的漏斗底部连接一个装有 70%~96% 乙醇的收集容器。还有一种替代方法，就是用 10% 的乙醇加润湿剂，一些工作人员发现，这样容易制备优质的显微封片。将漏斗放在电灯泡（60W）下，植株上的蓟马怕光受热后，就向下爬到容器里。经过适当时间（如切花 8h），从容器中收集蓟马后，即可在立体显微镜下进行检查。

—— 还可使用彩色诱捕粘板或其他适当方法监测蓟马（仅适用于有翅成虫）。不同颜色对不同蓟马种类的吸引力不同，蓝色或白色粘板适用于棕榈蓟马，黄色的也有一定效果。为了制备显微封片和进行鉴定，必须使用柑橘油、二氯甲烷或松节油替代品去胶水溶液，将蓟马从粘板上移下来。

在检疫性上，还没有从土壤中采集蓟马蛹的公认办法。

4 鉴定

由于卵、若虫和蛹没有适合的形态分类检索表，所以对蓟马的形态学鉴定就只限于成虫。然而，由于若虫在样品上的发生情况，可以提供其在寄主植物上的发育信息。鉴定成虫的主要方法是借助其形态学特征。为了鉴定蓟马种类，需要用高倍显微镜（如 400×）观察。如果玻片标本质量好，按照本标准，仅用形态学方法就应该能鉴定出棕榈蓟马。

分子生物学检验方法，适用于各种形态，包括形态学无法鉴定的若虫形态。此外，当成虫标本不典型，或者受到损伤，分子生物学可以提供进一步鉴定信息。但是，由于分子生物学方法是为了特定目的和有限种类而设计的，所以如果标本来自不同地区，其特异性就会受到限制，因而，此类信息需要仔细研判。

4.1 成虫形态学鉴定

4.1.1 显微镜鉴定标本的制备

为了高倍显微镜检验，蓟马成虫必须封片后放在载玻片上观察。参照标本最好浸泡软化、脱水，并用加拿大胶封片保存。Mound 和 Kibby（1998）描绘该全过程。但是，要制作一套完整的存档原始玻片标本，需要 3 天时间。

对于常规检验，用水溶性（如 Hoyer 氏液：50 ml 水、30 g 阿拉伯胶、200 g 水合氯醛、20 ml 甘油）玻片标本更快、相对更便宜。Mound 和 Kibby（1998）给出了一个通用方法，请见下述（不同实验室可能会认为其他方法也很好）：

将标本从保存液中移至 70% 的洁净酒精中；如果标本尚可适当伸展，就用微型针将足、翅和触角展开；在直径为 13mm 的盖玻片上滴上一滴 Hoyer 氏液，然后取一头蓟马，腹部朝上，放在 Hoyer 氏液中，如必要，再用微型针整理标本；然后轻轻地将载玻片放到盖玻片上，让盖玻片粘在载玻片的中央；待封固液扩展到盖玻片的边缘，就立即将玻片翻转过来；在载玻片上贴上标签，详细记录采集地点、日期、寄主植物；将制作好的玻片标本放入干燥箱，温度 35~40℃，放置 6h，待检验；将玻片标本在干燥箱中放置约 3 周让封固液烘干，再用树脂或指胶油封固盖玻片，制成永久封片。

4.1.2 蓟马科鉴定

蓟马属蓟马科，有 276 属，2 000 余种。表 1 列出它们的共同特征。

表 1　蓟马科的共同特征

身体部位	特征
触角	7～8 节（偶尔 6 或 9 节）
	第 III～IV 节有突起的感觉器（感觉系统）
前翅（发育完全）	通常狭长，有 2 条长纵脉，各具一列刚毛
雌虫—腹部	有锯状产卵器，端部下弯
雄虫—中腹板	有或无腺体区

4.1.3 蓟马属鉴定

全球蓟马属昆虫有 280 余种，主要分布在全北区和旧大陆热带区。蓟马属共同特征见表 2。

表 2　蓟马属成虫特征

身体部位	特征
体形（雌虫）	长翅或短翅
触角	7 节或 8 节
	第 III～IV 节有叉状感觉器
单眼鬃	仅有 2 对（第 1 对缺失）
	第 2 对比第 3 对短（至少不长于它）
背板	2 对（很少 1 对或无）主后缘鬃
	通常 3 对、有时 4 对后缘鬃
前胸腹板前缘	无刚毛
前翅	第一翅脉具间距不等的刚毛列，第二翅脉刚毛列完整
	脉结处有 5 根翅脉刚毛（偶尔 6 根）
	在前缘或其后有一对中刚毛
后胸盾片	有条状或网状刻纹
	钟状感觉器（后背气门）有或无
后胸腹板叉突	无刺
前胫节	无端爪
跗节	2 节
腹背板和腹板	无后缘突
腹背板	第 V～VIII 背板有一对栉状突（每个梳由一排小刺组成）（偶见第 4 背板）
	第 VIII 背板：栉状突延升至气门
腹板及侧背板	有或无盘毛
（雄虫）腹板	第 III～VII 腹板或更少，每个腹板上有一个腺体区

表 4 简单总结了其主要特征，并附有说明图和显微照片（图 4 至图 5.12）。

成虫鉴定可以通过检索表进行。Mound 和 Kibby（1998）提供了 14 种经济重要性蓟马的种类检索表，其中，包括棕榈蓟马。此外，还有蓟马辅助鉴定系统光盘，它根据显微照片，包含了全球 100 种蓟马（Moritz 等，2004）。

现已按地区（不包括非洲热带区）建立起更加综合的蓟马属检索表：

亚洲：Bhatti（1980）和 Palmer（1992）建立了亚洲热带地区的蓟马属种检索表；Mound 和 Azidah（2009）制定了马来群岛种类的检索表。

欧洲：zur Strassen（2003）建立了包括蓟马属在内的欧洲蓟马种类检索表（德语）。

南北中美洲：Nakahara（1994）建立了包括蓟马属在内的新大陆蓟马种类检索表；Mound 和 Marullo（1996）制定了中南美洲蓟马种类检索表，尽管其中只有一种属于本地种。

大洋洲：Mound 和 Masumoto（2005）制定了大洋洲蓟马种类检索表（本文作者意识到在第 42 页"关系"一节，误将棉蓟马 T. flavus Schrank 的特征——第Ⅲ对单眼鬃靠近第Ⅰ单眼后，作为了棕榈蓟马的特征）。上文及时对棕榈蓟马的信息进行了更正，并在图 72 中作了标注。

4.1.4 棕榈蓟马鉴定

4.1.4.1 棕榈蓟马形态学特征

Bhatti（1980）、Bournier（1983）、Sakimura 等（1986）、zur Strassen（1989）、Nakahara（1994）、Mound 和 Masumoto（2005）均对棕榈蓟马进行过详细描述。Sakimura 等（1986）列出了区分棕榈蓟马和该属其他已知种类的主要诊断特征，经过修订（表3）。

棕榈蓟马可以通过表3所列特征，与本属其他种类进行准确区分。然后，即使是同一种蓟马，其形态上也存在差异，此处列出的特征有时也有一些细微变异。比如，触角颜色和前翅端的刚毛数量，可能与最常见的描述存在差异。如果标本与所描述的特征存在一处或多处不同，就应该参照适当的地区检索表进行鉴定，见第4.1.3项。

表3　棕榈蓟马与本属其他种类相区分的形态特征总汇

序号	形态特征
1	身体亮黄色，头、胸或腹部无暗色区（身体具稍粗的黑色刚毛）；触角第Ⅰ、Ⅱ节苍白色，第Ⅲ节黄色、顶端暗色，第Ⅳ～Ⅶ节褐色、但第Ⅳ～Ⅴ节基部通常为黄色；前翅均匀微暗，突出的刚毛为暗色
2	触角通常为7节
3	第Ⅱ和第Ⅳ眼后鬃明显小于其他刚毛
4	第Ⅲ单眼鬃或正好位于单眼三角区外，或触及前单眼和两个后单眼相连的切线处
5	后胸背板上的刻纹在后端汇聚；一对中刚毛位于前缘后；钟状感觉器一对
6	前翅第一翅脉具3（偶尔2）根末梢刚毛
7	第Ⅱ腹背板具4根侧缘毛
8	第Ⅲ～Ⅳ腹背板具刚毛 S2，黑色，与 S3 近乎等长
9	雌虫第Ⅷ腹背板具完整后缘梳，雄虫梳则在后部变得粗大
10	第Ⅸ腹背板通常具2对钟状感觉器（孔）
11	腹板无盘毛或纤毛微刺
12	腹侧背板无盘毛
13	雄虫第Ⅲ～Ⅶ腹板各有一个窄而横向的腺体区

表4简述了蓟马的主要特征，另配有线条说明图和显微照片（图4至图5.12）。

4.1.4.2 近似种比较（与无暗色体纹的黄色种，或主要为黄色、有时为黄色种的比较）

下面给出了区分棕榈蓟马的主要特征。如若尚有疑惑，请参照适当的地区检索表，见4.3.1项。那里也给出了蓟马属的详细信息，而在这里未能列出来。

有两种印度蓟马（具翅蓟马 T. alatus Bhatti 和苍白蓟马 T. pallidulus Bagnall）与棕榈蓟马非常相似，但其生物学尚不得而知。

具翅蓟马（*Thrips alatus*）

—— 触角第Ⅴ节全部褐色

—— 雌雄虫第Ⅲ～Ⅳ腹背板刚毛 S2 比 S3 颜色淡且细小

—— 后胸盾片上的刻纹通常不在后部汇聚

—— 分布：印度、马来西亚、尼泊尔

苍白蓟马（*Thrips pallidulus*）
—— 触角第 IV 节苍白
—— 后胸盾片上中间刻纹网状，不形成条纹
—— 分布：印度

此处还有三个古北区（分布也广）的种容易与棕榈蓟马混淆，它们分别是棉蓟马（*T. flavus*）、莉黑毛蓟马（*T. nigropilosus* Uzel）和烟蓟马（*T. tabaci* Lindeman）。

棉蓟马（*Thrips flavus*）
—— 第 III 对单眼鬃正好位于单眼三角区内，在前单眼之后
—— 触角第 VI 节长 54~60μm（棕榈蓟马长 42~48μm）
—— 后胸盾片上的刻纹不在后部汇聚
—— 分布：遍布亚洲及欧洲的常见花卉蓟马

莉黑毛蓟马（*Thrips nigropilosus*）
—— 在胸部和腹部上通常有黑色斑纹
—— 后胸盾片上有不规则的中间条纹（棕榈蓟马为纵向条纹），无钟状感觉器
—— 第 II 腹背板上有 3 个侧缘毛
—— 第 IV~V 腹背板上各有 1 对中刚毛，其长度是它们背板中线长度的 0.5 倍（棕榈蓟马小于 0.3 倍）
—— 分布：常食叶种类，有时为菊科植物害虫。分布于亚洲、东非、欧洲、北美和大洋洲

烟蓟马（*Thrips tabaci*）
—— 颜色变化非常大，常见或多或少的褐色或浅灰色斑纹
—— 眼后鬃近乎等长
—— 后胸背板具不规则纵向网纹，通常中间有细小的内部皱纹，无钟状感觉器
—— 前翅第一翅脉通常有 4（偶尔 2~6）根端刚毛
—— 第 II 腹背板有 3 根侧缘毛
—— 第 IX 腹背板只有后面一对钟状感觉器
—— 腹侧片刻纹线上有大量纤毛微刺
—— 雄虫仅第 III~V 腹板上有狭小的横向腺体区
—— 分布：全球分布的植食性害虫

此外还有两种不大常见的蓟马，一个是古北区的赤杨蓟马（*T. alni* Uzel），另一个是欧洲的荨麻蓟马（*T. urticae* Fabricius），它们也容易与棕榈蓟马混淆。尤其 *T. alni* 雌虫与棕榈蓟马雌虫特别相像。

赤杨蓟马（*Thrips alni*）
—— 触角第 V 节褐色均匀
—— 第 II~V 腹背板具 S2 刚毛，苍白色
—— 第 V 腹背板 S2 刚毛比 S3 刚毛细小（与棕榈蓟马类似）
—— 第 VIII 腹背板 S1 刚毛与 S2 刚毛几乎相等（棕榈蓟马 S1 远比 S2 细小）
—— 雄虫第 III~VI 腹板各具一个卵圆形小腺体区
—— 分布：仅为害赤杨属（*Alnu*）、桦木属（*Betula*）、柳属（*Salix*）的叶片，分布于欧洲、西伯利亚和蒙古

荨麻蓟马（*Thrips urticae*）
—— 前胸背板前缘具 1 对刚毛，长度几乎为盘毛的 2 倍（通常长于 30μm，棕榈蓟马均小于 25μm）
—— 后胸背板中央具纵向网纹
—— 腹背板中央通常具一个灰色区

—— 第 IX 腹背板只有前面 1 对钟状感觉器

—— 分布：仅为害大荨麻（Urtica dioica）。分布于欧洲

表 4　快速识别简化诊断特征表（a）蓟马属，（b）棕榈蓟马
（见图 4 形态特征分布位置）

（a）根据下列综合特征识别蓟马属标本		
触角	有明显的 7 或 8 节，第 III～IV 节具叉状感觉锥	图 5.1、图 5.2
头部	具 2 对单眼鬃（第 II 和第 III 单眼鬃）；第 I 单眼鬃缺失，第 II 比第 III 单眼鬃短	图 5.3
前翅	第一翅脉毛列连续或断开	图 5.5
第 V～VIII 腹背板	具 1 对栉状突	图 5.6
第 VIII 腹背板	靠气门后中部有栉状突	图 5.6
（b）根据下列特征鉴定棕榈蓟马标本		
虫体颜色	身体亮黄色，头、胸或腹部无黑色区域；触角第 I～II 节苍白色	图 1～3
触角第 V 节	基部 1/3～1/2 通常微黄	图 5.1
触角第 VI 节	长度为 42～48μm	图 5.1
头部：第 3 对单眼鬃	第 III 单眼鬃或正好位于单眼三角区外，或触及前单眼和两个后单眼相连的切线处	图 5.3
背板	具两对大的后角刚毛	图 5.4
前翅第翅脉	前翅第一翅脉具 3（偶尔 2）根末梢刚毛	图 5.5
后胸背板	一对中刚毛位于前缘后；钟状感觉器一对；刻纹在背板后端汇聚	图 5.7
腹侧背板	无盘毛；刻纹无纤毛微刺	图 5.8
第 II 腹背板	具 4 根侧缘毛	图 5.9
第 III～IV 腹背板	S2 和 S3 近乎等长	图 5.10
第 VIII 腹背板	雌虫第 VIII 腹背板具完整后缘梳，雄虫梳则在后部变得粗大	图 5.6
第 IX 腹背板	通常具前后 2 对钟状感觉器（孔）	图 5.11
雄虫腹板	第 III～VII 腹板各有一个横向的腺体区	图 5.12

ISPM 27 规定有害生物诊断协议

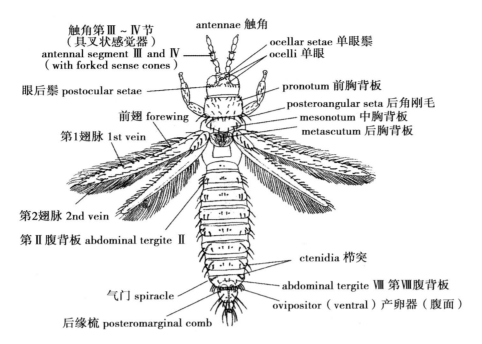

图 4 蓟马属特征位置分布图
（雌虫背面观）

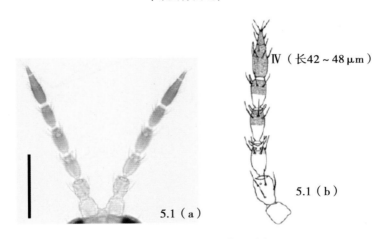

图 5（5.1～5.12）棕榈蓟马特征
（照片：由荷兰植物保护所 G. Vierbergen 提供；线图由挪威作物保护所 S. Kobro 绘制）
图 5.1（a）～（b）触角 7 节（比例尺：100μm）

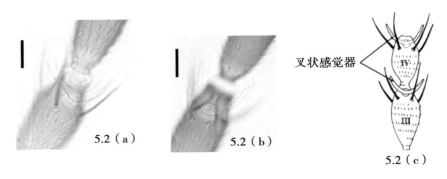

图 5.2（a）～（c）触角
示叉状感觉器：（a）第Ⅲ节，背面；（b）第Ⅳ节，背面；（c）第Ⅲ～Ⅳ节，背面（比例尺：10μm）

373

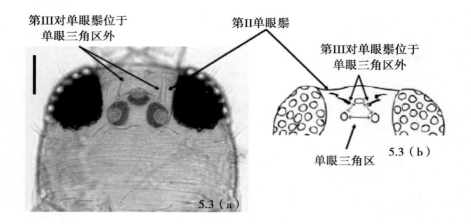

图 5.3（a）~（b）头
示 2 对单眼鬃（1 对缺失）。第 III 对单眼鬃位于单眼三角区外（比例尺：30μm）

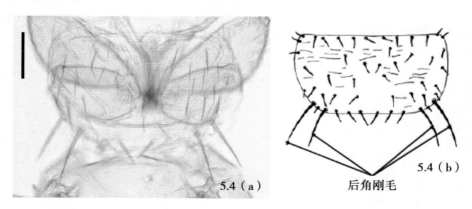

图 5.4（a）~（b）背板
示 2 对大的后角刚毛（比例尺：50μm）

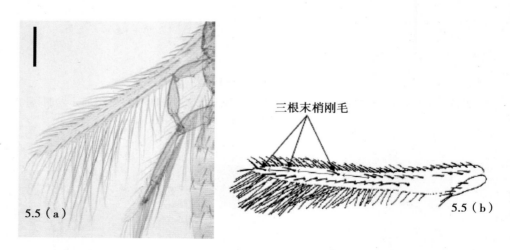

图 5.5（a）~（b）前翅
示第一翅脉在末梢一半处上的三根刚毛及缺刻（比例尺：100μm）

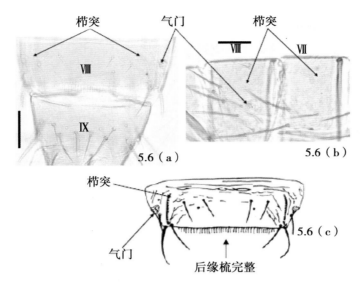

图 5.6（a）~（c） 第 VIII 腹背板

示栉突位于气门后中部；后缘梳完整：（a）雄虫第 VIII、IX 腹背板背面，中部梳完整；（b）雌虫第 VII、VIII 腹背板侧面，中部梳完整；（c）雌虫第 VIII 腹背板背面，梳完整（比例尺：30μm）

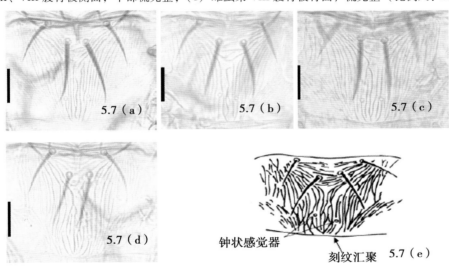

图 5.7（a）~（e） 后胸背板

示刻纹的变化情况；钟状感觉器（比例尺：20μm）

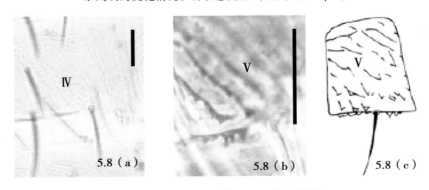

图 5.8（a）~（c） 第 IV、V 腹侧背板

示无纤毛微刺和盘毛：（a）明视野（b）相差视野（c）完整背板（比例尺：20μm）

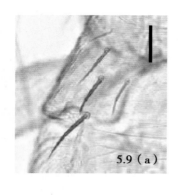
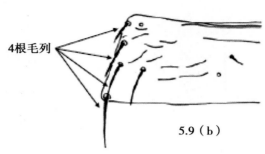

图 5.9（a）～（b） 第 Ⅱ 腹背板
示 4 根侧缘毛（比例尺：20μm）

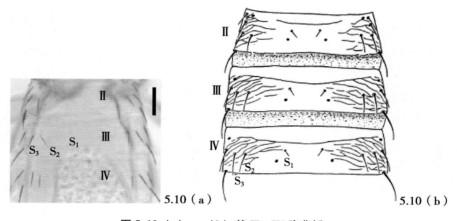

图 5.10（a）～（b） 第 Ⅱ～Ⅳ 腹背板
示刚毛 S_2、S_3 近乎等长（b）（引自 zur Strassen，1989）（比例尺：50μm）

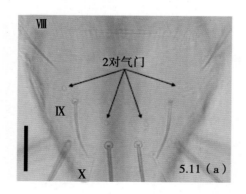
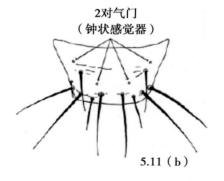

图 5.11（a）～（b） 第 Ⅸ 腹背板（背面）
示 2 对钟状感觉器（比例尺：30μm）

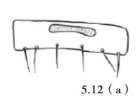
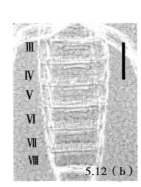
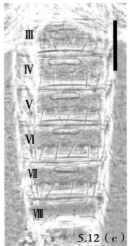

图 5.12（a）~（c）雄虫腺体区（示变化情况）
（a）第 V 腹板（b）~（c）第 III~VIII 腹板，相差视野（比例尺：100μm）

4.2 棕榈蓟马分子生物学鉴定法

已发表的四种分子检验方法，能够支持棕榈蓟马的形态学鉴定，下面将逐一介绍。每种方法的特异性也将做出描述。这表明针对蓟马的每种检验方法已经得到评估，且是按最初用途设计的。还有一套关于蓟马的分子学鉴定系统光盘（CD-ROM），也可以使用（Moritz 等，2004）。考虑到分子学检测方法的一些特殊局限性，即通过分子学检测为阴性的，但并不能排除通过形态学方法检验为阳性的鉴定结果。

本诊断协议中的检验方法（包括参照的商标）都是按发表时的情形进行描述的，因为这些方法规定了最初的灵敏度水平、特异性和/或可重复性。

对照要求

对于所有分子学方法而言，采用适当的对照是至关重要的。为了确保 PCR 扩增成功，必须要将已验证过的棕榈蓟马阳性提取物，作一份辅助样品。这是因为在作 PCR 扩增的时候，无论是实时 PCR，还是 PCR-RFLP，都必须要用一份不含有 DNA 的样品进行扩增。阴性对照可以显示是否存在试剂污染和假阳性问题。

DNA 提取

DNA 可以从卵、成虫、蛹或幼虫中提取。下面描述的每种检测方法，都是引用原文中最初对特定 DNA 的提取技术。当然实验室可能会发现，其他替代提取技术也运行良好。用适合昆虫的 DNA 提取方法都可以提取其 DNA。如：

——可以将蓟马放入盛溶胞缓冲液的微型试管中，用微棒研磨。然后按照适当的操作手册，用蛋白酶-K DNA 提取箱，提取组织匀浆。

——此外，可以将蓟马放入 50μl 的无核酸酶水溶液中，然后按 1∶1（体积比）加入 50μl Chelex 100 树脂悬浮液和无核酸酶水溶液，加热至 95℃，5min，然后在 11 000g 下离心 5min。取上清液移至新的微型管中，在 -20℃ 下储存。

最近有几篇文章描述了提取蓟马 DNA 的非破坏性技术，即其优点在于从标本中提取完 DNA 后，标本仍然可以做封片（如 Rugman-Jones 等，2006；Mound 和 Morris，2007）。

4.2.1 棕榈蓟马 SCAR 引物碱基序列 PCR 鉴定法

本检测方法是 Walsh 等（2005）专门为棕榈蓟马鉴定而设计的，已为英格兰和威尔士的植物卫生机构采纳。该方法已通过了对 21 个缨尾目昆虫的筛选评估，其中包括 10 种蓟马属昆虫（棉蓟马（*T. flavus*）、悬钩子蓟马（*T. major* Uzel）、小蓟马（*T. minutissimus* L.）、莉黑毛蓟马

(*T. nigropilosus*)、接骨木蓟马（*T. sambuci* Heeger）、烟蓟马（*T. tabaci*）、蒲公英蓟马（*T. trehernei* Priesner）或褐蓟马（*T. physapus* L.）、荨麻蓟马（*T. urticae*）、真蓟马（*T. validus* Uzel）、白花蓟马（*T. vulgatissimus* Haliday））。这些种类主要是但不全是欧洲种。

方法

本方法所用的棕榈蓟马特异性 PCR 引物和 TaqMan 探针如下：

PCR 引物为：P4E8-362F（5′-CCGACAAAATCGGTCTCATGA-3′）

PCR 引物为：P4E8-439R（5′-GAAAAGTCTCAGGTACAACCCAGTTC-3′）

TaqMan 探针为：P4E8-385T（FAM 5′-AGACGGATTGACTTAGACGGGAACGGTT-3′ TAMRA）

实时 PCR 反应采用 TaqMan PCR 核心试剂盒（Applied Biosystems）[①]，用 1μl（10～20 ng）DNA 提取液、引物各 7.5 pmol、探针 2.5 pmol，总体积调至 25μl。采用 ABI Prism 7700 或 ABI 7900HT 序列检测系统（Applied Biosystems）[②]，在常规条件（95℃10min，60℃1min、95℃15s 40个循环）下，进行实时数据收集。如果 Ct 值小于 40，表明样品中有棕榈蓟马 DNA 存在。

4.2.2 棕榈蓟马 COI 碱基序列 PCR 鉴定法

本检测方法是 Kox 等（2005）专门为棕榈蓟马鉴定而设计的，已为荷兰植物卫生机构采纳。该方法已通过对 23 个缨尾目昆虫的筛选评估，其中包括 11 种蓟马属昆虫（葱蓟马（*T. alliorum*（Priesner））、赤杨蓟马（*T. alni*）、甘蓝蓟马（*T. angusticeps* Uzel）、蔷薇蓟马（*T. fuscipennis* Haliday）、峨参蓟马（*T. latiareus* Vierbergen）、悬钩子蓟马（*T. major*）、小蓟马（*T. minutissimus*）、台湾蓟马（*T. parvispinus*（Karny））、烟蓟马（*T. tabaci*）、荨麻蓟马（*T. urticae*）和白花蓟马（*T. vulgatissimus*））。

方法

本方法所用的棕榈蓟马特异性 PCR 引物和 TaqMan 探针如下：

PCR 引物为：Tpalmi 139F*（5′-TCA TGC TGG AAT TTC AGT AGA TTT AAC-3′）

PCR 引物为：Tpalmi 286R*（5′-TCA CAC RAA TAA TCT TAG TTT TTC TCT TG-3′）

TaqMan 探针为：TpP（6-FAM 5′-TAG CTG GGG TAT CCT CAA-3′-MGB）

*为了更加灵敏，自原文发表后，又对引物作了调整。

已经将根据形态学方法鉴定的印度棕榈蓟马（Asokan 等，2007），而按本方法则与 TaqMan 探针不相匹配的 COI 序列，存入 GenBank。在采用本方法时，这些序列不会产生阳性结果。该序列的差异性在分类学或系统发育上的重要意义，目前尚不清楚。）

25μl 反应混合液包括：12.5μl of 2×TaqMan Universal Master Mix（Applied Biosystems）[②]、引物各 0.9μM、探针 TaqMan 0.1μM、DNA 1.0μl。采用 ABI Prism 7700 或 ABI 7900HT 序列检测系统（Applied Biosystems）[②]，在此条件（95℃10min，60℃1min、95℃15s 40个循环）下，进行实时数据收集。如果 Ct 值小于 40，表明样品中有棕榈蓟马 DNA 存在。

4.2.3 棕榈蓟马等 9 种蓟马 ITS2 碱基序列 PCR-RFLP 鉴定法

本方法（由 Toda 和 Komazaki，2002）为区分发生在日本果树上的 9 种蓟马，包括棕榈蓟马而设计的。它们是：西花蓟马（*Frankliniella occidentalis*（Pergande））、花蓟马（*F. intonsa*（Trybom））、黄胸蓟马（*T. hawaiiensis* Morgan）、色蓟马（*T. coloratus* Schmutz）、棉蓟马（*T. flavus*）、烟蓟马

[①] 本诊断协议使用 Applied Biosystems 品牌的 TaqMan PCR 核心试剂盒、ABI Prism 7700 或 ABI 7900HT 序列检测系统，但不意味着不允许使用其他适合的品牌。提供这些信息，只是为了方便采用本议定书的用户，而并非表明 CPM 批准这些化学品、试剂和/或设备。只要能取得同样结果，等效产品均可使用；

[②] 本诊断协议使用 Applied Biosystems 品牌的 TaqMan Universal Master 和 ABI Prism 7700 或 ABI 7900HT 序列检测系统，但不意味着不允许使用其他适合的品牌。提供这些信息，只是为了方便采用本议定书的用户，而并非表明 CPM 批准这些化学品、试剂和/或设备。只要能取得同样结果，等效产品均可使用

（*T. tabaci*）、棕榈蓟马（*T. palmi*）、粗毛蓟马（*T. setosus* Moulton）、茶黄硬蓟马（*Scirtothrips dorsalis* Hood）。

方法

本方法使用的 PCR 引物（定位于 DNA 核糖体 ITS2 侧区 5.8 S 到 28 S 区段）如下：

5′-TGTGAACTGCAGGACACATGA-3′

5′-GGTAATCTCACCTGAACTGAGGTC-3′。

棕榈蓟马产生 588bp 的 PCR 产物（其他蓟马产生的 PCR 片断则大于或小于该值）。20μl 的反应混合液组分为：引物各 1μM、250μM dNTPs、1 单位 AmpliTaq Gold DNA polymerase（Applied Biosystems）[①]、2μl 10×缓冲液（25 mM MgCl$_2$）、0.5μl DNA。采用 9600 DNA thermocycler（Applied Biosytems）[2]，PCR 反应条件为：95℃9 min，94℃1min、50℃30s、72℃1min35 个循环，72℃最后延长 7min，快速冷却至室温。用琼脂凝胶电泳法分析 PCR 产物。

按生产商提供的使用说明书，取 PCR 产物（不纯化）5μl，注入 *Rsa*I 酶消解。经消解后，用 2.0% 的琼脂凝胶电泳分离 PCR 产物。

待 ITS2 片断经 *Rsa*I 消解后，棕榈蓟马产生的限制性片断大小为：371 bp、98 bp、61 bp 和 58 bp。

4.2.4 棕榈蓟马等 10 种蓟马 COI 碱基序列 PCR-RFLP 鉴定法

本检测方法是 Brunner（2002）等为区分 10 种（主要是但不全是）欧洲的蓟马而设计的，其中包括棕榈蓟马。它们是：玉米黄呆蓟马（*Anaphothrips obscurus*（Müller））、美棘蓟马（*Echinothrips americanus* Morgan）、西花蓟马（*Frankliniella occidentalis*）、温室蓟马（*Heliothrips haemorrhoidalis*（Bouché））、温室条蓟马（*Hercinothrips femoralis*（Reuter））、棕榈孤雌蓟马（*Parthenothrips dracaenae*（Heeger））、青花带蓟马（*Taeniothrips picipes*（Zetterstedt））、甘蓝蓟马（*Thrips angusticeps* Uzel）、棕榈蓟马（*T. palmi*）和烟蓟马（*T. tabaci*）。

方法

本方法使用的 PCR 引物（定位于线粒体 COI 基因序列）如下：

mtD-7.2F（5′-ATTAGGAGCHCCHGAYATAGCATT-3′）

mtD9.2R（5′-CAGGCAAGATTAAAATATAAACTTCTG-3′）。

按本方法，所有经区分的种其引物要扩增一个 433bp 的片断。50μl 的反应混合液组分包括：引物各 0.76μM、dNTPs 200μM、1 单位 Taq DNA 聚合酶、5μl 10×缓冲液（含有 15 mM MgCl$_2$）、1μl DNA。在标准 thermocycler 中 PCR 的反应条件是：94℃1min，94℃15s，55℃30s，72℃45s 40 个循环，72℃最后延长 10min，然后迅速冷却至室温。为了测量扩增的片断大小，取 5μl PCR 扩增产物，用 1.0%~2.0% 琼脂凝胶电泳进行分析。

按生产商提供的使用说明书，取 PCR 产物（不纯化）5μl，注入 *Alu*I 和 *Sau*3AI 酶消解。经消解后，用琼脂凝胶电泳分离 PCR 产物。

待 COI 片断经 *Alu*I 和 *Sau*3AI 消解后，棕榈蓟马产生的限制性片断大小为：

*Alu*I： 291 bp 和 194 bp

*Sau*3AI：293 bp、104 bp、70 bp 和 18 bp

5 记录

应该按 ISPM 27:2006 第 2.5 项规定，做好记录和证据的保存工作。

[①] 本诊断协议使用 Applied Biosystems 品牌的的 AmpliTaq Gold DNA 聚合酶和 9600 DNA 热循环器，但不意味着不允许使用其他适合的品牌。提供这些信息，只是为了方便采用本议定书的用户，而并非表明 CPM 批准这些化学品、试剂和/或设备。只要能取得同样结果，等效产品均可使用

如果该诊断结果会给其他贸易方造成不良影响（如果适当，尤其应该保存留存的标本或封片标本、特异性分类结构照片、DNA 提取物及凝胶照片），则这些记录和证据应该至少保存 1 年时间。

6　信息联络点

Entomology Section, National Reference Laboratory, Plant Protection Service, P. O. Box 9102, 6700 HC Wageningen, Netherlands. Telephone：+31 317 496824；e-mail：g. vierbergen@ minlnv. nl；fax：+31 317 423977.

Pest and Disease Identification Team, The Food and Environment Research Agency, Sand Hutton, York YO41 1LZ, United Kingdom. Telephone：+44 1904 462215；e-mail：dom. collins@ fera. gsi. gov. uk；fax：+44 1904 462111.

Area Entomología, Departamento Laboratorios Biológicos, Dirección General de Servicios Agrícolas, MGAP, Av. Millán 4703, C. P. 12900, Montevideo, Uruguay. Telephone：+598 2304 3992；e-mail：ifrioni@ mgap. gub. uy；fax：+598 2304 3992.

7　致谢

本议定书初稿由来自英国 Sand Hutton, York, YO41 1LZ 英国食品环境研究所病虫鉴定计划项目的 D. W. Collins、荷兰 Wageningen 植物保护所昆虫部的 G. Vierbergen 和 L. F. F. Kox 博士和阿根廷 INTA-EEA Concordia 昆虫部的 Ing. Agr. N. C. Vaccaro 共同撰写。线条图由来自挪威作物保护所的 S. Kobro 绘制。

8　参考文献

Asokan, R., Krishna Kumar, N. K., Kumar, V. & Ranganath, H. R. 2007. Molecular differences in the mitochondrial cytochrome oxidase I (mtCOI) gene and development of a species-specific marker for onion thrips, *Thrips tabaci* Lindeman, and melon thrips, *T. palmi* Karny (Thysanoptera: Thripidae), vectors of tospoviruses (Bunyaviridae). *Bulletin of Entomological Research*, 97: 461–470.

Bhatti, J. S. 1980. Species of the genus *Thrips* from India (Thysanoptera). *Systematic Entomology*, 5: 109–166.

Bournier, J. P. 1983. Un insecte polyphage: *Thrips palmi* (Karny), important ravageur du cotonnier aux Philippines. *Cotonnier et Fibres Tropicales*, 38: 286–288.

Brunner, P. C., Fleming, C. & Frey, J. E. 2002. A molecular identification key for economically important thrips species (Thysanoptera: Thripidae) using direct sequencing and a PCR-RFLP-based approach. *Agricultural and Forest Entomology*, 4: 127–136.

EPPO. 2008. URL: http://www. eppo. org/. Accessed 17 June 2008.

EPPO/CABI. 1997. *Thrips palmi*. In I. M. Smith, D. G. McNamara, P. R. Scott & M. Holderness, eds. *Quarantine Pests for Europe*, 2nd edition. Wallingford, UK, CAB International. 1425 pp.

Kox, L. F. F., van den Beld, H. E., Zijlstra, C. & Vierbergen, G. 2005. Real-time PCR assay for the identification of *Thrips palmi. Bulletin OEPP/EPPO Bulletin*, 35: 141–148.

Mantel, W. P. & Vierbergen, G. 1996. Additional species to the Dutch list of Thysanoptera and new intercepted Thysanoptera on imported plant material. *Folia Entomologica Hungarica*, 57 (Suppl.): 91–96.

Moritz, G., Mound, L. A., Morris, D. C. & Goldarazena, A. 2004. Pest thrips of the world: visual and molecular identification of pest thrips (CD-ROM), Centre for Biological Information Technology (CBIT), University of Brisbane. ISBN 1-86499-781-8.

Mound, L. A. & Azidah, A. A. (2009) Species of the genus *Thrips* (Thysanoptera) from Peninsular Malaysia, with a checklist of recorded Thripidae. *Zootaxa*, 2023: 55–68.

Mound, L. A. & Kibby, G. 1998. *Thysanoptera. An Identification Guide*. 2nd edition. Wallingford, UK, CAB International. 70 pp.

Mound, L. A. & Marullo, R. 1996. The thrips of Central and South America: an introduction (Insecta: Thysanoptera). *Memoirs on Entomology, International*, 6: 1 –488.

Mound, L. A. & Masumoto, M. 2005. The genus *Thrips* (Thysanoptera, Thripidae) in Australia, New Caledonia and New Zealand. *Zootaxa*, 1020: 1 –64.

Mound, L. A. & Morris, D. C. 2007. A new thrips pest of *Myoporum* cultivars in California, in a new genus of leaf-galling Australian Phlaeothripidae (Thysanoptera). *Zootaxa*, 1495: 35 –45.

Murai, T. 2002. The pest and vector from the East: *Thrips palmi*. *In* R. Marullo, & L. A. Mound, eds. *Thrips and Tospoviruses: Proceedings of the 7th International Symposium on Thysanoptera*. Italy, 2 –7 July 2001, pp. 19 –32. Canberra, Australian National Insect Collection.

Nakahara, S. 1994. The genus *Thrips* Linnaeus (Thysanoptera: Thripidae) of the New World. USDA Technical Bulletin No. 1822. 183 pp.

PaDIL. 2007. Pests and Diseases Image Library. URL: http://www.padil.gov.au. Accessed 18 Oct 2007.

Palmer, J. M. 1992. *Thrips* (Thysanoptera) from Pakistan to the Pacific: a review. *Bulletin of the British Museum (Natural History). Entomology Series*, 61: 1 –76.

Rugman-Jones, P. F., Hoddle, M. S., Mound, L. A. & Stouthamer, R. 2006. Molecular identification key for pest species of *Scirtothrips* (Thysanoptera: Thripidae). *Journal of Economic Entomology*, 99 (5): 1813 –1819.

Sakimura, K., Nakahara, L. M. & Denmark, H. A. 1986. A thrips, *Thrips palmi* Karny (Thysanoptera: Thripidae). Entomology Circular No. 280. Division of Plant Industry, Florida; Dept. of Agriculture and Consumer Services. 4 pp.

Toda, S. & Komazaki, S. 2002. Identification of thrips species (Thysanoptera: Thripidae) on Japanese fruit trees by polymerase chain reaction and restriction fragment length polymorphism of the ribosomal ITS2 region. *Bulletin of Entomological Research*, 92: 359 –363.

Walsh, K., Boonham, N., Barker, I. & Collins, D. W. 2005. Development of a sequence-specific real-time PCR to the melon thrips *Thrips palmi* (Thysan., Thripidae). *Journal of Applied Entomology*, 129 (5): 272 –279.

zur Strassen, R. 1989. Was ist *Thrips palmi*? Ein neuer Quarantäne-Schädling in Europa. *Gesunde Pflanzen*, 41: 63 –67.

zur Strassen, R. 2003. Die terebranten Thysanopteren Europas und des Mittelmeer-Gebietes. *In Die Tierwelt Deutschlands. Begründet 1925 von Friedrich Dahl*, 74: 5 –277. Keltern, Goecke & Evers.

发布历史

2006-04 CPM-1 added topic *diagnostic protocol for* Thrips palmi （2006-038）
2006-10 TPDP developed draft text
2007-05 SC approved draft text for MC
2007-06 Sent for MC under fast-track process
2007-10 SC-7 revised draft text
2007-11 SC requested TPDP to review
2008-11 SC noted draft text under TPDP review
2009-05 SC recalled draft text to TPDP
2009-11 SC approved revised draft for MC
2009-12 Sent for MC under fast-track process
2009-12 SC revised draft text for adoption via e-decision
2010-03 CPM-5 adopted Annex 1 to ISPM 27
ISPM 27. 2006：Annex 1　*Thrips palmi* Karny （2010）
2011 年 8 月最后修订。

本诊断协议于 2012 年 3 月经 CPM 第 7 次会议批准。该附录属于标准 ISPM 27:2006 规定内容。

ISPM 27　附录 2

DP 2　洋李痘疱病毒（Plum pox virus）

（2012 年）

目　　录

1　有害生物信息
2　分类信息
3　检测与鉴定
3.1　生物学检测
3.2　血清学检测与鉴定
3.2.1　双抗体三明治间接酶联免疫吸附法（DASI-ELISA）
3.2.2　双抗体三明治酶联免疫吸附法（DAS-ELISA）
3.3　分子检测与鉴定
3.3.1　逆转录聚合酶链反应（RT-PCR）
3.3.2　免疫捕获逆转录聚合酶链反应（IC-RT-PCR）
3.3.3　联合逆转录聚合酶链反应（Co-RT-PCR）
3.3.4　实时逆转录聚合酶链反应（Real-time RT-PCR）
4　株系鉴定
4.1　株系血清学鉴定
4.2　株系分子鉴定
4.2.1　逆转录聚合酶链反应
4.2.2　免疫捕获逆转录聚合酶链反应
4.2.3　联合逆转录聚合酶链反应
4.2.4　实时逆转录聚合酶链反应
5　记录
6　信息联络点
7　致谢
8　参考文献

1 有害生物信息

李痘疱病是核果上最为严重的病害之一。该病害由洋李痘疱病毒（*Plum pox virus*（PPV））引起，可为害李属（*Prunus*）植物。特别是为害杏（*P. armeniaca*）、欧洲李（*P. domestica*）、桃（*P. persica*）和李（*P. salicina*），从而降低品质，造成幼果落果。据估计，自从20世纪70年代以来，全世界为管理该病害花费的经费，已超过100亿欧元（Cambra et al., 2006b）。

李痘疱病于1917—1918年首次报道发生在保加利亚的欧洲李上，并于1932年被描述为病毒病。从此，该病广泛传播到欧洲大部分地区，围绕着地中海盆地以及近东和远东地区。但现在已发现在南美、北美和亚洲有局部分布（EPPO, 2006；CABI, 2011）。

PPV属于马铃薯Y病毒科（Potyviridae）、马铃薯Y病毒属（*Potyvirus*）病毒。病毒粒子为弯曲的棒状体，约700nm×11nm，有一条单链RNA分子，由近10 000核苷酸组成，外面由多达2 000个蛋白亚单位形成的蛋白质外壳所包埋（García and Cambra, 2007）。PPV在田间由蚜虫以"非持久型"方式传播。但远距离传播，则主要是由于受感染的植物繁殖材料因转运所致。

目前已从PPV分离出七个型或株系，分别是D（Dideron）、M（Marcus）、C（Cherry）、EA（El Amar）、W（Winona）、Rec（Recombinant）和T株型（Turkish）（Candresse 和 Cambra, 2006；James 和 Glasa, 2006；Ulubaç Serçe 等, 2009）。PPV D 和 M 株型易侵染杏（*P. armeniaca*）和欧洲李（*P. domestica*），但不同于对桃（*P. persic*）栽培品种的侵染能力。不同株系的侵染能力不同，如M分离物比D分离物，通常在杏（*P. armeniaca*）、欧洲李（*P. domestica*）、桃（*P. persica*）和李（*P. salicina*）上引起病害流行速度更快，症状更为严重。EA型仅分布于埃及，但其流行病学和生物学特性信息尚知之甚少。最近，在从欧洲几个国家侵染欧洲甜樱桃（*P. avium*）和欧洲酸樱桃（*P. cerasus*）上的分离物中，已确认出PPV。该分离物形成了一个独特的型，被定为PPV-C。还有一种从加拿大欧洲李上分离出来的非典型PPV（PPV-W），为一种独特的PPV型。此外，PPV D型和M型的自然组合，被定为PPV-Rec型，能表现出流行学习性，与D型类似。最近第二个分离物组合型（T型），已见诸于土耳其的报道。

关于PPV的进一步信息，包括其病害症状描述，见Barba等（2011）、CABI（2011）、EPPO（2004）、EPPO（2006）、García 和 Cambra（2007）、PaDIL（2011）。

2 分类信息

名称：*Plum pox virus*（简写PPV）

异名：Sharka virus

分类地位：马铃薯Y病毒科（Potyviridae）、马铃薯Y病毒属（*Potyvirus*）

普通名：Sharka, plum pox

3 检测与鉴定

在自然条件下，PPV容易侵染李属（*Prunus*）商用果树品种或砧木，包括杏（*P. armeniaca*）、樱桃李（*P. cerasifera*）、山桃（*P. davidiana*）、欧洲李（*P. domestica*）、马哈利酸樱桃（*P. mahaleb*）、马丽安娜李（*P. marianna*）、梅（*P. mume*）、桃（*P. persica*）、李（*P. salicina*），以及它们的杂交品种。偶尔感染欧洲甜樱桃（*Prunus avium*）、欧洲酸樱桃（*P. cerasus*）和扁桃（*P. dulcis*）。该病毒也感染多种野生和观赏李属植物，如西沙樱桃（*P. besseyi*）、紫叶矮樱桃（*P. cistena*）、麦李（*P. glandulosa*）、布拉斯李（*P. insititia*）、月桂樱桃（*P. laurocerasus*）、黑刺李（*P. spinosa*）、毛樱桃（*P. tomentosa*）和榆叶梅（*P. triloba*）。在试验条件下，PPV可以通过机械方式传播给多种李属植物和草本植物（鼠尔芥（*Arabidopsis thaliana*）、菊叶香黎（*Chenopodium foetidum*）、木氏烟（*Nicotiana benthamiana*）、克利夫兰烟（*N. clevelandii*）、心叶烟（*N. glutinosa*）和豌豆（*Pisum sativum*））。

PPV 引起的症状可能会在大田植物的叶、芽、皮、花瓣、果实和果核上表现出来。在生长季节早期，症状在叶片上通常表现得非常明显，且出现淡绿色褪色斑纹、斑点、条纹或环纹、叶脉褪色或黄化、叶片畸形。叶片上的这些症状与其他一些病毒如美洲李线纹病毒（American plum line pattern virus）所引起的类似。在欧洲酸樱桃（Prunus cerasifera cv. GF 31）的树皮上，会出现棕红色栓皮或裂纹。当一些桃的品种感染 PPV-M 或麦李感染 PPV-D 后，在花瓣上会出现（褪色）症状。被感染的果实会表现出变色的斑点、淡黄色环纹或线形纹。果实可能变形，或形状不规则，在褪色环内形成棕色或坏死区。有些水果特别是杏和欧洲李，其果实变形状况与苹果褪绿叶斑病毒（Apple chlorotic leaf spot virus）所引起的症状类似。病果可能表现为内部变为褐色、果肉出现流胶，从而降低品质。严重时，病果会在成熟前从果树上掉落。通常早熟品种果实会比晚熟品种的发病症状表现得更为明显。感病杏的果实会出现典型的苍白色环或斑。用这些水果生产的酒精由于味道不佳而滞销。该病害症状的发展及严重程度，主要取决于寄主植物和气候条件，如在寒冷的气候下，该病毒可能潜伏好几年。

ISPM 31:2008（货物抽样方法）描述了抽样方法的一般指导原则。对于 PPV 的检测而言，选择适当的抽样方法是至关重要的。抽样时，应该考虑到该病毒的生物学和当地的气候条件，特别是栽培季节的气候条件。如果出现典型症状，应收集表现症状的花、叶片或果实样品标本。如果植物不表现症状，在抽样采集标本时，应该从主枝上选取生长一年以上的老树枝的叶片，或已全部展开的叶片（生长不到一年的嫩树枝，其检测结果不可靠）。在采集样品标本时，至少要在每株植物上选取四个不同位置（如四个树枝，或四片树叶）进行采集。因为 PPV 分布不均匀，这一点极其重要。不宜在最高温月份取样。在秋季采集的样品标本，其检测结果，不如在早春采集的样品检测可靠。采集植物材料时，最好从树冠内部采集。在春季，样品标本可以采集花、枝，树上有扩展开的叶片和果实；在夏季和秋季，可以在田间或包装厂采集成熟叶片、成熟果实果皮，进行分析。在分析处理前，要将花、叶片、枝条、果皮保存在 4℃下，保存时间不超过 10d；果实可以保存在 4℃下，一个月。在冬季，可以从小枝、枝条、枝或完整短枝基部采集休眠芽或树皮组织。

检测 PPV，可以采用生物学、血清学或分子学方法；鉴定则要求用血清学或分子学方法。血清学或分子学方法，是检测和鉴定 PPV 的最低要求（如某种有害生物在国内已广泛定殖，亦用它作常规分析）。如果 NPPO 需要增强对 PPV 检测的信心（如需要对某个未发生该病毒的地区进行监测，或者对来自原产国声明无该有害生物的货物进行监测），就需要作进一步的检测。如果最初是用分子方法进行检测的，则此后可以用血清学技术进行检测，反方亦然。还可以通过进一步检测，来鉴定 PPV 株系。无论如何，在检测中都必须包括阳性对照和阴性对照。下面将描述一些推荐的检测技术。

有时候（如当有害生物在一个国家已经广泛分布，而对其进行常规诊断），可以用从多种植物采集的大宗样品，对多种植物同时进行检测。至于是否采用单个或多种植物检测，取决于植物中含有的病毒浓度，以及 NPPO 所要求的可信度水平标准。

在诊断协议中，已描述了公开发表的检测方法（包括涉及的商标名），因为它决定了最初所达到的灵敏度、专化性和/或可重复性水平。在诊断协议中所描述的实验室程序，如果经过了充分验证，则可以做适当调整后，作为各自的实验室标准。

3.1 生物学检测

用于检测 PPV 的主要指示植物是欧洲酸樱桃（P. cerasifera cv. GF3）、桃（P. persica cv. GF305）、桃×山桃（P. persica × P. davidiana cv. Nemaguard）或毛樱桃（P. tomentosa）幼苗。指示植物用种子进行培养，种子播种在排水良好的土壤混合物中，然后培养在装有防虫网的温室里，温度控制在 18~25℃，直到长成可以嫁接的幼苗（通常高 25~30cm，树径 3~4mm）。其他李属幼苗也可以与指示植物幼苗进行嫁接。该指示植物必须通过常规方法进行嫁接，如芽接（Desvignes，1999），每种指示植物至少需要复制 4 份。嫁接植物培养在同样环境条件下，3 周后，将接穗顶端削掉几个厘米（Gentit，2006）；至少 6 周内，对嫁接植物进行症状检查。关于这些症状，特别是褪色带，需要在 3~4 周后，就对新生的组织进行观察，且必须与阳性对照和健康对照进行比较。由 PPV 在指示植物上引起症状的图例，请参见 Damsteegt 等（1997，2007）和 Gentit（2006）的文献。

关于嫁接的专化性（编者注：也译为特异性）、灵敏度、可靠性，还没有对它们的定性数据发表。该方法已广泛应用于认证计划中，被认为是一种灵敏的检测方法。但是，由于它不是一种快速检测法（接种后需要培养几周才能出现症状），因此只能用来检测接穗，而且还要求有专用设施，如温控温室，其症状也容易与其他通过嫁接传播的病原所引起的症状相混淆。此外，如果无症状株系不诱导症状表现，则在指示植物上就监测不到该株系了。

3.2 血清学检测与鉴定

为了筛选大量样品，强烈推荐采用酶联免疫吸附法（ELISA）检测。

样品处理：将 0.2~0.5g 新鲜植物材料切成小块，放入适当的试管或塑料袋中；加入 4~10ml（1∶20 w/v）提取缓冲液，用电动高速组织匀浆器或手研磨棒、锤子或类似工具，将样品匀浆。该提取缓冲液为磷酸盐缓冲液（PBS），pH 值为 7.2~7.4，含 2% 聚乙烯吡咯烷酮（polyvinylpyrrolidone）和 0.2% 二乙基二硫代氨基甲酸钠（sodium diethyl dithiocarbamate）（Cambra 等，1994）；或者是其他已验证过的适当缓冲液。植物材料应该彻底匀浆，制备后立即使用。

3.2.1 双抗体三明治间接酶联免疫吸附法（DASI-ELISA）

双抗体三明治间接酶联免疫吸附法（Double-antibody sandwich indirect enzyme-linked immunosorbent assay），也称双抗体三明治酶联免疫吸附法（TAS-ELISA），应该按照（Cambra 等，1994）的方法检测，使用专化单克隆抗体，如 5B-IVIA，并按生产商使用说明书进行操作。

5B-IVIA 是目前唯一用于 PPV 全株系检测的单克隆抗体，具有高度的可靠性、专化性和灵敏度（Cambra 等，2006a）。在一项由 17 个实验室完成的 DIAGPRO 循环检测计划中，用一组采自法国和西班牙的 10 个样品，包括感染 PPV（PPV-D，PPV-M 和 PPV-D + M）样品和健康植物样品，用 5B-IVIA 单克隆抗体试剂，采用 DASI-ELISA 进行检测，结果准确率达到 95%（用此方法诊断出的真阴性和真阳性数/检测样品数）。该准确率比免疫捕获逆转录聚合酶链反应（IC-RT-PCR）（准确率 82%）和联合逆转录聚合酶链反应（Co-RTPCR）（准确率 94%）都要高（Cambra 等，2006c；Olmos 等，2007）。用 5B-IVIA 单克隆抗体采用 DASI-ELISA 检测的真阴性率（用此方法诊断出的真阴性数/健康植物株数）为 99.0%，而用纯化的核酸或有斑点的样品采用 RT-PCR 检测出的真阴性率分别为 89.2% 和 98.0%，采用 IC-RT-PCR 为 96.1%。Capote 等（2009）也报道称，在冬季，用 5B-IVIA 单克隆抗体，采用 DASI-ELISA 检测获得的阳性结果，其真阳性率可达到 98.8%。

3.2.2 双抗体三明治酶联免疫吸附法（DAS-ELISA）

采用常规或生物素/抗生蛋白链菌素（biotin/streptavidin）的双抗体三明治酶联免疫吸附法（Double-antibody sandwich enzyme-linked immunosorbent assay）系统，应该使用专化性 5B-IVIA 单克隆抗体或多克隆抗体试剂盒，已证明它们能够检测 PPV 全株系，且不会与其他病毒或健康植物材料发生交叉反应（Cambra 等，2006a；Capote 等，2009）。在作该类检测时，应该按照生产商使用说明书进行。

用 5B-IVIA 单克隆抗体检测 PPV 全株系，表现出专化性、灵敏性和可靠性，而多克隆抗体就不具专化性，灵敏度也有限（Cambra 等，1994；Cambra 等，2006a），因此，如果已用此方法鉴定过 PPV 而 NPPO 又对可信度有额外要求时，还是建议采用其他方法再作进一步鉴定。

3.3 分子检测与鉴定

采用逆转录聚合酶链反应（RT-PCR）分子方法检测，特别是处理大规模样品时，可能比血清学方法更加昂贵，更加费时。不过，分子学方法，特别是实时逆转录聚合酶链反应（real-time RT-PCR），通常比血清学方法更为灵敏，而且不需要做扩增后处理（如凝胶电泳），因此比常规的 PCR 快，且污染少。

除了免疫捕获逆转录聚合酶链反应（IC-RT-PCR）（不需要分离提取 RNA）之外，提取 RNA 时应该采用已经过适当验证的的诊断协议。在提取过程中，应该将样品单独存放在塑料袋中，以避免交叉污染。采用实时逆转录聚合酶链反应方法，可以将带环斑的植物提取液，或者经印压的组织切片，或者植物材料的压汁，吸附固定在吸水纸或尼龙薄膜上，然后进行分析（Olmos 等，2005；Osman 和 Rowhani，2006；Capote 等，2009）。由于常规 PCR 比实时 RT-PCR 灵敏度差，因此在用带环斑组织样品或印压组织切片分析时，建议不用常规 PCR 法。

每种方法都描述了提取样品的量，它应该作为一个模板。根据方法的灵敏度，要求检测出 PPV 的最低模板浓度是：RT-PCR，100 fg RNA 模板/ml；Co-RT-PCR，1 fg RNA 模板/ml；实时 RT-PCR，2 fg RNA 模/ml。

3.3.1 逆转录聚合酶链反应（RT-PCR）

逆转录聚合酶链反应（Reverse transcription-polymerase chain reaction）方法，采用 Wetzel 等（1991）的引物：

P1（5′-ACC GAG ACC ACT ACA CTC CC-3′）

P2（5′-CAG ACT ACA GCC TCG CCA GA-3′）。

也采用 Levy 和 Hadidi（1994）的引物：

3′NCR 正义（5′-GTA GTG GTC TCG GTA TCT ATC ATA-3′）

3′NCR 反义（5′-GTC TCT TGC ACA AGA ACT ATA ACC-3′）。

25μl 反应混合物组成成分为：引物（P1/P2，或 3′NCR 引物对）各 1μM、dNTPs 250μM、1 单位 AMV 逆转录酶、0.5 单位 Taq DNA 聚合酶、10×Taq 聚合酶缓冲液 2.5μl、$MgCl_2$ 1.5 mM、0.3% Triton X-100、RNA 模板 5μl。热循环反应条件为：42℃、45min，94℃、2min，40 个循环 -94℃ -30s，60℃（P1/P2 引物）或 62℃（3′NCR 引物）、30s，72℃、1min，最后扩展 72℃、10min。对 PCR 产物进行凝胶电泳分析。P1/P2 和 3′NCR 引物分别产生 243 bp 和 220 bp 碱基对扩增片断。

用从地中海地区（塞浦路斯、埃及、法国、希腊、西班牙和土耳其）的分离物进行 PPV 检测，对 Wetzel 等（1991）的方法进行了评估，证明该方法能够检测 10fg 的病毒 RNA，相当于对 2 000 个病毒微粒（Wetzel 等，1991）；用从埃及、法国、德国、希腊、匈牙利、意大利、西班牙和罗马尼亚的分离物进行 PPV 检测，对 Levy 和 Hadidi（1994）的方法进行了评估。

3.3.2 免疫捕获逆转录聚合酶链反应（IC-RT-PCR）

免疫捕获逆转录聚合酶链反应（Immunocapture reverse transcription-polymerase chain reaction），在免疫捕获阶段应该按 Wetzel 等（1992）的方法操作，采用第 3.2 项提取植物汁液，用试管或塑料袋单独分装，以避免污染。

用 pH 值为 9.6 的碳酸盐缓冲液配制多克隆抗体或 PPV 专化单克隆抗体（5BIVIA）稀释液（1μg/ml）。取稀释液 100μl，加入 PCR 试管中，37℃ 下温育 3h。用 150μl 无菌 PBS-Tween（洗液）冲洗试管 2 次（编者注：PBS-Tween 为一种磷酸盐-吐温缓冲液）。用无核酸酶水冲洗试管 2 次。离心（15 500Xg，5min），取植物提取物上清液 100μl（见第 3.2 项），加入到被（抗体）包埋的 PCR 管中。在冰上或 37℃ 下培育 2h。用 150μl 无菌 PBS-Tween（洗液）冲洗试管 3 次。按第 3.3.1 项制备 RT-PCR 反应混合液，采用 Wetzel 等（1992）的引物，直接加入到被（抗体）包埋的 PCR 管中。按第 3.3.1 项进行扩增。

免疫捕获逆转录聚合酶链反应（IC-RT-PCR）一般要求使用专化抗体，尽管直接结合分析法可以免去这一要求。IC-RT-PCR，使用 5B-IVIA 单克隆抗体，已经在 DIAGPRO 计划的循环检测中得到验证，其对 PPV 的检测准确性达到了 82%（Cambra 等，2006c；Olmos 等，2007）。Capote 等（2009）报道，在冬季，用 5B-IVIA 单克隆抗体，采用 DASI-ELISA 检测获得的阳性结果，其真阳性率可达到 95.8%（编者注：此处和第 3.2.1 的数据不一致）。

3.3.3 联合逆转录聚合酶链反应（Co-RT-PCR）

联合逆转录聚合酶链反应（Co-operational reverse transcription-polymerase chain reaction）法使用 Olmos、Bertolini 和 Cambra（2002）用的 RT-PCR 引物：

内部引物 P1 (5′-ACC GAG ACC ACT ACA CTC CC-3′)
内部引物 P2 (5′-CAG ACT ACA GCC TCG CCA GA-3′)
外部引物 P10 (5′-GAG AAA AGG ATG CTA ACA GGA-3′)
外部引物 P20 (5′-AAA GCA TAC ATG CCA AGG TA-3′)。

25μl 反应混合物组成成分为：引物 P1 和 P2 各 0.1μM、引物 P10 和 P20 各 0.05μM、dNTPs 400μM、2 单位 AMV 逆转录酶、1 单位 Taq DNA 聚合酶、10×反应缓冲液 2μl、$MgCl_2$ 3mM、5% DMSO、0.3% Triton X-100、RNA 模板 5μl。热循环反应条件为：42℃、45min，94℃、2min，60 循环 –15s–94℃，50℃、15s，72℃、30s，最后扩展 72℃、10min。

该 RT-PCR 反应，采用异羟基洋地黄毒苷（3′digoxigenin）(DIG) 标记的 PPV 普通探针（5′-TCG TTT ATT TGG CTT GGA TGG AA-DIG-3′），并与扩增片断的比色检测相结合。将扩增的 cDNA 置于 95℃、5min 变性，然后立即放在冰上。取 1μl 样品放于尼龙薄膜上。使薄膜在室温下干燥，然后放入紫外透射仪中，在 254nm 下照射 4min，使之发生紫外交叉结合。预杂交，将该薄膜放在杂交管中，加入标准杂交缓冲液，温度 60℃，时间 1h。倒掉溶液，杂交：将用 3′DIG 标记的探针和标准杂交缓冲液混合，最终浓度调为 10pmol/ml，然后置于 60℃下，温育 2h。在室温下，用 2×洗液清洗薄膜 2 次、15min；再用 0.5×洗液清洗薄膜 2 次、15min。将薄膜放入洗液中平衡 2min，然后放入 1% 无菌封闭液（将 1g 封闭剂溶解在 100ml 马来酸缓冲液中配制）中浸泡 30min。在室温下，将薄膜放入浓度为 1:5 000（150 单位/L）抗–DIG–碱磷酸酶配对抗体（anti-DIG-alkaline phosphatase conjugate antibodies）、1% 封闭液（w/v）的混合溶液中，温育 30min。用洗液清洗薄膜 2 次、15min，用检测缓冲液（100mM Tris-HCl、100mM NaCl、pH 值为 9.5）平衡 2min。制备底物溶液：将 45μl NBT 溶液[75mg/ml 硝基蓝四氮唑盐（nitro blue tetrazolium salt）溶解于 70%（v/v）二甲基甲酰胺（dimethylformamide）中]和 35μl BCIP 溶液（50mg/ml 5-bromo-4chloro-3indolyl phosphate toluidinium 盐溶解于 100% 二甲基甲酰胺中）混合，加入 10ml 检测缓冲液。与底物温育后，用水冲洗，终止反应。

该检测方法比 Wetzel（1991）的 RT-PCR 法灵敏度高出 100 倍以上（Olmos、Bertolini 和 Cambra，2002），且在 DIAGPRO 计划的循环检测中得到验证，其准确率达到 94%（Cambra 等，2006c；Olmos 等，2007）。

3.3.4 实时逆转录聚合酶链反应（Real-time RT-PCR）

实时逆转录聚合酶链反应（Real-time reverse transcription-polymerase chain reaction）可以用 TaqMan 或 SYBR Green I 试剂盒。有两种 TaqMan 检测方法已作为 PPV 的普通检测方法（Schneider 等，2004；Olmos 等，2005）。第一种检测方法使用 Schneider 等（2004）所用的引物和 TaqMan 探针：

正向引物（5′-CCA ATA AAG CCA TTG TTG GAT C-3′）
逆向引物（5′-TGA ATT CCA TAC CTT GGC ATG T-3′）
TaqMan 探针（5′-FAM-CTT CAG CCA CGT TAC TGA AAT GTG CCA-TAMRA-3′）。

25μl 反应混合物组成成分为：1×反应混合物（dNTP 各 0.2mM，$MgSO_4$ 1.2mM）、正向引物和逆向引物各 200nM、TaqMan 探针 100nM、$MgSO_4$ 4.8mM、RT/Platinum® Taq mix（Superscript™ One-Step RT-PCR with Platinum® Taq kit；Invitrogen）0.5μl、RNA 模板 5μl。RT-PCR 热循环条件为：52℃、15min，95℃、5min，60 个循环 –95℃ –15s，60℃、30s。按仪器生产商使用说明书对 PCR 产物进行实时分析。

Schneider 等（2004）的这种方法，已用取自美国的 PPV 分离物作过检测评估，其中包括株系 PPV-C、PPV-D、PPV-EA、PPV-M 和 8 种其他病毒。该方法具有专化，始终能检测出 10~20 fg 的病毒 RNA（Schneider 等，2004）。还能检测多种寄主植物的 PPV 病毒，能检测桃叶、茎、芽、根中的 PPV 病毒。

第二种检测方法使用 Olmos 等（2005）所用的引物和 TaqMan 探针：

P241 引物（5′-CGT TTA TTT GGC TTG GAT GGA A-3′）

P316D 引物（5′-GAT TAA CAT CAC CAG CGG TGT G-3′）
P316M 引物（5′-GAT TCA CGT CAC CAG CGG TGT G-3′）
PPV-DM 探针（5′-FAM-CGT CGG AAC ACA AGA AGA GGA CAC AGA-TAMRA-3′）。

25μl 反应混合物组成成分为：P241 引物 1μM、P316D 和 P316M 引物各 0.5μM、TaqMan 探针 200nM、1×Universal PCR Master Mix 混合液（Applied Biosystems）①、1×MultiScribe and RNase Inhibitor Mix 混合液（Applied Biosystems）②、RNA 模板 5μl。RT-PCR 热循环条件为：48℃、30min，95℃、10min，40 个循环 -95℃ -15s，60℃、60s。按仪器生产商使用说明书对 PCR 产物进行实时分析。

Olmos 等（2005）采用的这种方法，已用三个分 PPV-D 和 PPV-M 的分离物进行了评估，其灵敏度比 DASI-ELISA 用 5B-IVIA 单克隆抗体检测的高出 1 000 倍以上。采用实时 RT-PCR 方法用 TaqMan （Olmos 等，2005）和提纯的核酸进行检测，其准确鉴定的真阳性率（用此技术诊断的真阳性数/感染 PPV 的植物株数）为 97.5%，而用带环斑样品检测的为 93.6%；采用 IC-RT-PCR 法为 91.5%，采用 DASI-ELISA 法用 5B-IVIA 单克隆抗体为 86.6%（Capote 等，2009）。

Varga 和 James（2005）描述了用 SYBR Green I 同时检测 PPV 和鉴定 D 株系和 M 株系的方法：
P 1（5′-ACC GAG ACC ACT ACA CTC CC-3′）
PPV-U（5′-TGA AGG CAG CAG CAT TGA GA-3′）
PPV-FD（5′-TCA ACG ACA CCC GTA CGG GC-3′）
PPV-FM（5′-GGT GCA TCG AAA ACG GAA CG-3′）
PPV-RR（5′-CTC TTC TTG TGT TCC GAC GTT TC-3′）。
为了确保正确检测，可能需要引入下列内部控制引物：
Nad5-F（5′-GAT GCT TCT TGG GGC TTC TTG TT-3′）
Nad5-R（5′-CTC CAG TCA CCA ACA TTG GCA TAA-3′）。

这里采取两步 RT-PCR 协议。RT 反应混合物组成成分为：10μM P1 引物 2μl、10μM Nad5-R 引物 2μl、总 RNA 4μg、水 5μl。72℃下温育 5min，置于冰上。加 5×first strand buffer 缓冲液（Invitrogen）③ 4μl、0.1 M DTT 2μl、10 mM dNTPs 1μl、RNaseOUT™（40 unitsμl^{-1}）（Invitrogen）④ 0.5μl、Superscript™ II（Invitrogen）⑤ 1μl、水 2.5μl。42℃下温育 60min，99℃下 5min。24μl PCR 反方混合物组成成分为：PPV-U 引物 400nM、PPV-FM 引物 350nM、PPV-FD 引物 150nM、PPV-RR 引物 200nM、Nad5-F 引物 100nM、Nad5-R 引物 100nM、dNTPs 200μM、MgCl$_2$ 2mM、1×Karsai buffer 缓冲液（Karsai 等，2002）、1:42 000 SYBR Green I（Sigma）⑥ 和 Platinum® Taq DNA 高保真聚合酶（Invitrogen）⑦ 0.1μl。将反应混合物和 cDNA（1:4）稀释液 1μl 加入无菌 PCR 管。PCR 热循环条件为：

---

① 本诊断协议使用 Invitrogen 牌的 "the Superscript™ One - Step RT - PCR with Platinum® Taq" 试剂盒，并不意味着批准了该产品，而除此之外的其他适合的产品不能用。提供此信息，只是为了方便采用本协议的用户，并不表示 CPM 认可所提及的化学制品、试剂和/或设备。只要能够得到同样结果，等效产品均可使用；

② 见脚注 2；

③ 本诊断协议使用 Invitrogen 牌的 "the first strand buffer、RNaseOUT™、Superscript™ II and Platinum® Taq DNA" 高保真聚合酶，并不意味着批准了该产品，而除此之外的其他适合的产品不能用。提供此信息，只是为了方便采用本协议的用户，并不表示 CPM 认可所提及的化学制品、试剂和/或设备。只要能够得到同样结果，等效产品均可使用；

④ 见脚注 1；

⑤ 见脚注 1；

⑥ 本诊断协议使用 Sigma 牌的 "SYBR Green I"，并不意味着批准了该产品，而除此之外的其他适合的产品不能用。提供此信息，只是为了方便采用本协议的用户，并不表示 CPM 认可所提及的化学制品、试剂和/或设备。只要能够得到同样结果，等效产品均可使用；

⑦ 见脚注 1

95℃、2min，39 个循环 – 95℃ – 15s，60℃、60s。解链曲线分析，将其温育在 60 ~ 95℃下，每秒钟 0.1℃，得到一条平滑曲线，平均 1 个点。根据 Varga 和 James（2005）的条件，每个产物的解链温度分别为：

普通 PPV 检测（74 bp 片断）：80.08 ~ 81.52℃

D 株系（114 bp 片断）：84.3 ~ 84.43℃

M 株系（380 bp 片断）：85.34 ~ 86.11℃

内部控制（181 bp 片断）：82.45 ~ 82.63℃。

Varga 和 James（2005）的这种检测方法，已用 PPV-C、PPV-D、PPV-EA、PPV-M 分离物和烟草属（*Nicotiana*）及李属（*Prunus*）植物上未曾鉴定的病毒株系的分离物进行了评估。

4 株系鉴定

本项将描述鉴定 PPV 株系的其他检测方法（DASI-ELISA、RT-PCR、Co-RT-PCR 和 real-time RT-PCR）。株系鉴定不是 PPV 鉴定的主要内容，但 NPPO 可能要求对株系进行确认，以便于帮助预测其流行学习性。

如果 PPV 存在变异现象，除了用基因序列和以 PCR 为基础的检测方法之外，其他方法（见下）可能对一小部分分离物的检测出现错误结果。虽然如此，通常还是可以通过血清学或分子学方法将 PPV D 和 PPV M 区别开（Cambra 等，2006a；Candresse 和 Cambra；Capote 等，2006）。

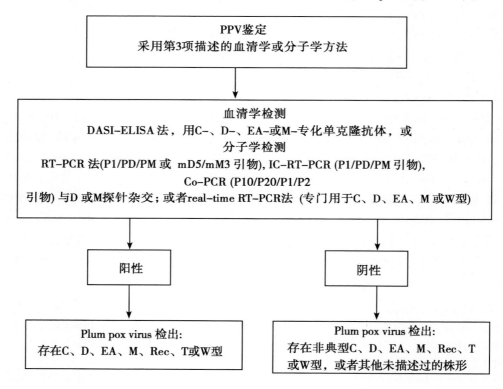

图 1 洋李痘疱病毒（*Plum pox virus*）株系鉴定方法

实际上，如果 NPPO 要求增强对 PPV 株型鉴定的信心，可能还需要做进一步的检测。当出现非典型的株型或未曾描述过的株型，也应该对 PVV 基因的全序列、外壳蛋白的全部或部分、P3-6K1 和细胞内容物蛋白进行测定。

4.1 株系血清学鉴定

采用 DASI-ELISA 法区分 PPV-D 和 PPV-M，应该按 Cambra 等（1994）的方法，使用 D- 和 M- 专化

单克隆抗体（Cambra 等，1994；Boscia 等，1997），并按生产商使用说明书操作。

该方法已在 DIAGPRO 计划中通过循环检测验证，其对 PPV-D 的检测准确率为 84%，对 PPV-M 的检测准确率为 89%（Cambra 等，2006c；Olmos 等，2007）。4D 单克隆抗体对 PPV-D 具有专化性，但它不能与所有的 PPV-D 分离物发生反应。此外，用 AL 单克隆抗体检测 PPV-M 时，与分离物发生反应的有 M、Rec 和 T 株系，这是因为它们均拥有相同的外壳蛋白质序列。因此，在用分子学方法区分 M、Rec 和 T 株系时，需要使用 M-专化单克隆抗体。

用血清学方法区分 PPV 分离物中的 EA 和 C 株型，可以采用 DASI-ELISA 法，使用 EA-和/或 C-专化单克隆抗体，见 Myrta 等（1998，2000）。但这些方法尚需要得到验证。

4.2 株系分子鉴定

4.2.1 逆转录聚合酶链反应

鉴定 PPV-D 和 PPV-M 使用 Olmos 等（1997）用的引物：

P1 (5′-ACC GAG ACC ACT ACA CTC CC-3′)

PD (5′-CTT CAA CGA CAC CCG TAC GG-3′) 或

PM (5′-CTT CAA CAA CGC CTG TGC GT-3′)。

25μl 反应混合物的组成成分为：P1 引物 1μM、PD 或 PM 引物 1μM、dNTPs 250μM、1 单位 AMV 反转录酶（10 单位/μl）、0.5 单位 Taq DNA 聚合酶（5 单位/μl）、10×Taq 聚合酶缓冲液 2.5μl、MgCl$_2$ 1.5mM、0.3% Triton X-100、2% 甲酰胺、RNA 模板 5μl。RT-PCR 反应热循环条件为：42℃、45min，94℃、2min，40 个循环 -94℃ -30s，60℃、30s，72℃、1min，最后扩展 72℃、10min。PCR 产物用凝胶电泳法分析。P1/PD 和 P1/PM 引物产生 198 bp 碱基对扩增片断。本方法已用 6 种 PPV-D 和 4 种 PPV-M 分离物验证过。

鉴定 PPV-Rec，要用 mD5/mM3 Rec-专化引物，见 Šubr、Pittnerova 和 Glasa（2004）：

mD5 (5′-TAT GTC ACA TAA AGG CGT TCT C-3′)

mM3 (5′-CAT TTC CAT AAA CTC CAA AAG AC-3′)。

25μl 反应混合物的组成成分（经 Šubr、Pittnerova 和 Glasa，2004 改进）为：引物各 1μM、dNTPs 250μM、1 单位 AMV 逆转录酶（10 单位/μl）、0.5 单位 Taq DNA 聚合酶（5 单位/μl）、10×Taq 聚合酶缓冲液 2.5μl、MgCl$_2$ 2.5 mM、0.3% Triton X-100 和 RNA 提取物（见第 3.3 项）5μl。通过凝胶电泳法对 605 bp PCR 产物进行分析。

4.2.2 免疫捕获逆转录聚合酶链反应

在免疫捕获阶段应该按第 3.3.2 项操作。将 PCR 反应混合物直接加入经包埋的 PCR 管中。对 PPV-D 和 PPV-M 的鉴定检测，见第 4.2.1 项。

4.2.3 联合逆转录聚合酶链反应

鉴定 PPV-D 或 PPV-M，应该按第 3.3.3 项操作，使用由 3′DIG-标记的专化 D-株和 M-株系专化探针（Olmos、Bertolini 和 Cambra，2002）：

PPV-D 专化探针：5′-CTT CAA CGA CAC CCG TAC GGG CA-DIG-3′

PPV-M 专化探针：5′-AAC GCC TGT GCG TGC ACG T-DIG-3′。

预杂交和杂交在 50℃下进行，使用标准预杂交和杂交缓冲液 +30% 甲酰胺（鉴定 PPV-D）+50% 甲酰胺（鉴定 PPV-M）。用 2%（w/v）封闭液。

4.2.4 实时逆转录聚合酶链反应

按 Varga 和 James（2005）的方法（见第 3.3.4 项），使用 SYBR Green I；或者采用 Capote 等（2006）的 TaqMan 方法，对 PPV-D 和 PPV-M 进行鉴定，都具有专化性。

Capote 等（2006）使用的引物和 TaqMan 探针是：

PPV-MGB-F 引物 (5′-CAG ACT ACA GCC TCG CCA GA-3′)

PPV-MGB-R 引物 (5′-CTC AAT GCT GCT GCC TTC AT-3′)

MGB-D 探针（5′-FAM-TTC AAC GAC ACC CGT A-MGB-3′）
MGB-M 探针（5′-FAM-TTC AAC AAC GCC TGT G-MGB-3′）。

25μl 反应混合物组成成分为：引物各 1μM、MGB-D 或 MGB-M FAM 探针 150nM、1×TaqMan Universal PCR Master Mix（Applied Biosystems）①、1×MultiScribe and RNase Inhibitor Mix（Applied Biosystems）②、RNA 模板（见第 3.3 项）5μl。RT-PCR 反应热循环条件为：48℃、30min，95℃、10min，40 个循环 -95℃ -15s，60℃、60s。按生产商使用说明书对 PCR 产物进行实时分析。本方法已用 PPV-D 和 PPV-M 分离物各 10 份、共同感染样品 14 份，进行了验证。

采用 Varga 和 James（2006）的方法，使用 SYBR Green I 对 PPV-C、PPV-EA 和 PPV-W 的鉴定，具有专化性。所用引物是：

P 1（5′-ACC GAG ACC ACT ACA CTC CC-3′）
PPV-U（5′-TGA AGG CAG CAG CAT TGA GA-3′）
PPV-RR（5′-CTC TTC TTG TGT TCC GAC GTT TC-3′）。

为了保证正确操作，采用下列内部控制引物：

Nad5-F（5′-GAT GCT TCT TGG GGC TTC TTG TT-3′）
Nad5-R（5′-CTC CAG TCA CCA ACA TTG GCA TAA-3′）。

25μl RT-PCR 反应混合物组成成分为：1:10（v/v）RNA 提取物（见第 3.3 项）水稀释溶液 2.5μl、master mix 混合液 22.5μl。master mix 混合液的组成成分是：Karsai Buffer（Karsai 等，2002）2.5μl，探针 PPV-U、PPV-RR 或 P 1 5μM、Nad5R 和 Nad5F 各 0.5μl，10 mM dNTPs 0.5μl、50 mM MgCl$_2$ 1μl、RNaseOUT™（40 单位/μl，Invitrogen）③ 0.2μl，Superscript™ III（200 单位/μl，Invitrogen）④ 0.1μl，Platinum® Taq DNA 高保真聚合酶（5 单位/μl，Invitrogen）⑤ 0.1μl，1:5 000（in TE，pH 值为 7.5）SYBR Green I（Sigma）⑥ 1μl 溶解于 16.1μl 水中。反应热循环条件为：50℃、10min，95℃、2min，29 个循环 -95℃ 15s，60℃、60s。解链曲线分析，是将其温育在 60~95℃下，每秒钟 0.1℃，得到一条平滑曲线，平均 1 个点。按 Varga 和 James（2006）方法，各产物的解链温度分别为：

C 株系（74bp 片段）：79.84℃
EA 株系（74bp 片段）：81.27℃
W 株系（74bp 片段）：80.68℃。

本方法已用每种 PPV-C、PPV-D、PPV-EA 和 PPV-W 的分离物进行过验证。

5 记录

要求按 ISPM 27:2006 第 2.5 项规定保存记录。

---

① 本诊断协议使用 Applied Biosystems 牌的 "the TaqMan Universal PCR Master Mix and the MultiScribe and RNase Inhibitor Mix,"并不意味着批准了该产品，而除此之外的其他适合的产品不能用。提供此信息，只是为了方便采用本协议的用户，并不表示 CPM 认可所提及的化学制品、试剂和/或设备。只要能够得到同样结果，等效产品均可使用。

② 见脚注 1

③ 本诊断协议使用 Invitrogen 牌的 "RNaseOUT, Superscript II and Platinum Taq DNA"高保真聚合酶，并不意味着批准了该产品，而除此之外的其他适合的产品不能用。提供此信息，只是为了方便采用本协议的用户，并不表示 CPM 认可所提及的化学制品、试剂和/或设备。只要能够得到同样结果，等效产品均可使用。

④ 见脚注 3

⑤ 见脚注 4

⑥ 本诊断协议使用 Sigma 牌的 "SYBR Green I"，并不意味着批准了该产品，而除此之外的其他适合的产品不能用。提供此信息，只是为了方便采用本协议的用户，并不表示 CPM 认可所提及的化学制品、试剂和/或设备。只要能够得到同样结果，等效产品均可使用。

实际上，当因诊断结果可能对其他贸易伙伴造成影响，尤其是出现违规情况，在某个地区首次发现病毒时，下列这些材料特别需要保存：

原始样品（做好标记，以便于追溯），应该冷藏保存在-80℃下，或冷冻干燥后保存在室温下。

如果至关重要，应该将 RNA 提取物保存在-80℃下；或/和将固定在纸或薄膜上的带有环斑的植物提取液、印压的组织切片，存放在室温条件下。

如果至关重要，应该将 RT-PCR 扩增产物保存在-20℃下。

6 信息联络点

APHIS PPQ PHP RIPPS, Molecular Diagnostic Laboratory, BARC Building 580, Powder Mill Road, Beltsville, Maryland 20705, United States of America (Dr. Laurene Levy, e-mail: Laurene. Levy @ aphis. usda. gov; Tel.: +1 3015045700; Fax: +1 3015046124).

Equipe de Virologie Institut National de la Recherche Agronomique (INRA), Centre de Bordeaux, UMR GD2P, IBVM, BP 81, F-33883 Villenave d'Ornon Cedex, France (Dr. Thierry Candresse, e-mail: tc@ bordeaux. inra. fr; Tel.: +33 557122389; Fax: +33 557122384).

Faculty of Horticultural Science, Department of Plant Pathology, Corvinus University, Villányi út 29-43, H-1118 Budapest, Hungary (Dr. Laszlo Palkovics, e-mail: laszlo. palkovics@ unicorvinus. hu; Tel.: +36 14825438; Fax: +36 14825023).

Institute of Virology, Slovak Academy of Sciences, Dúbravská, 84505 Bratislava, Slovakia (Dr. Miroslav Glasa, e-mail: virumig@ savba. sk; Tel.: +421 259302447; Fax: +421 254774284).

Instituto Valenciano de Investigaciones Agrarias (IVIA), Plant Protection and Biotechnology Centre, Carretera Moncada-Náquera km 5, 46113 Moncada (Valencia), Spain (Dr. Mariano Cambra, email: mcambra@ ivia. es; Tel.: +34 963424000; Fax: +34 963424001).

Istituto di Virologia Vegetale del CNR, sezione di Bari, via Amendola 165/A, I-70126 Bari, Italy (Dr. Donato Boscia, e-mail: d. boscia @ ba. ivv. cnr. it; Tel.: + 39 0805443067; Fax: + 39 0805442911).

Sidney Laboratory, Canadian Food Inspection Agency (CFIA), British Columbia, V8L 1H3 Sidney, Canada (Dr. Delano James, e-mail: Delano. James@ inspection. gc. ca; Tel.: +1 250 3636650; Fax: +1 250 3636661).

7 致谢

本诊断协议起草人为：Drs. M. Cambra, A. Olmos and N. Capote, IVIA (see preceding section); Mr. N. L. Africander, Department of Agriculture, Forestry and Fisheries, Private Bag X 5015, Stellenbosch, 75999, South Africa; Dr. L. Levy (see preceding section); Dr. S. L. Lenardon, IFFIVE-INTA, Cno. 60 Cuadras Km 51/2, Córdoba X5020ICA, Argentina; Dr. G. Clover, Plant Health & Environment Laboratory, Ministry of Agriculture and Forestry, PO Box 2095, Auckland 1140, New Zealand; and Ms. D. Wright, Plant Health Group, Central Science Laboratory, Sand Hutton, York YO41 1LZ, United Kingdom.

8 参考文献

Barba, M., Hadidi. A., Candresse. T. & Cambra, M. 2011. *Plum pox virus. In*: A. Hadidi, M. Barba, T. Candresse & W. Jelkmann, eds. *Virus and virus-like diseases of pome and stone fruits*, Chapter 36. St. Paul, MN, APS Press. 428 pp.

Boscia, D., Zeramdini, H., Cambra, M., Potere, O., Gorris, M. T., Myrta, A., DiTerlizzi, B. & Savino, V. 1997. Production and characterization of a monoclonal antibody specific to the M serotype of plum pox potyvirus. *European Journal of Plant Pathology*, 103: 477-480.

CABI. 2011. Crop Protection Compendium. http://www.cabi.org/cpc/, accessed 26 October 2011.

Cambra, M., Asensio, M., Gorris, M. T., Pérez, E., Camarasa, E., García, J. A., Moya, J. J., López-Abella, D., Vela, C. & Sanz, A. 1994. Detection of plum pox potyvirus using monoclonal antibodies to structural and non-structural proteins. *Bulletin OEPP/EPPO Bulletin*, 24: 569–577.

Cambra, M., Boscia, D., Myrta, A., Palkovics, L., Navrátil, M., Barba, M., Gorris, M. T. & Capote, N. 2006a. Detection and characterization of *Plum pox virus*: serological methods. *Bulletin OEPP/EPPO Bulletin*, 36: 254–261.

Cambra, M., Capote, N., Myrta, A. & Llácer, G. 2006b. *Plum pox virus* and the estimated costs associated with sharka disease. *Bulletin OEPP/EPPO Bulletin*, 36: 202–204.

Cambra, M., Capote, N., Olmos, A., Bertolini, E., Gorris, M. T., Africander, N. L., Levy, L., Lenardon, S. L., Clover, G. & Wright, D. 2006c. Proposal for a new international protocol for detection and identification of *Plum pox virus*. Validation of the techniques. *Acta Horticulturae*, 781: 181–191.

Candresse, T. & Cambra, M. 2006. Causal agent of sharka disease: historical perspective and current status of *Plum pox virus* strains. *Bulletin OEPP/EPPO Bulletin*, 36: 239–246.

Capote, N., Bertolini, E., Olmos, A., Vidal, E., Martínez, M. C. & Cambra, M. 2009. Direct sample preparation methods for detection of *Plum pox virus* by real-time RT-PCR. *International Microbiology*, 12: 1–6.

Capote, N., Gorris, M. T., Martínez, M. C., Asensio, M., Olmos, A. & Cambra, M. 2006. Interference between D and M types of *Plum pox virus* in Japanese plum assessed by specific monoclonal antibodies and quantitative real-time reverse transcription-polymerase chain reaction. *Phytopathology*, 96: 320–325.

Damsteegt, V. D., Scorza, R., Stone, A. L., Schneider, W. L., Webb, K., Demuth, M. & Gildow, F. E. 2007. *Prunus* host range of *Plum pox virus* (PPV) in the United States by aphid and graft inoculation. *Plant Disease*, 91: 18–23.

Damsteegt, V. D., Waterworth, H. E., Mink, G. I., Howell, W. E. & Levy, L. 1997. *Prunus tomentosa* as a diagnostic host for detection of *Plum pox virus* and other *Prunus* viruses. *Plant Disease*, 81: 329–332.

Desvignes, J. C. 1999. *Virus diseases of fruit trees*. Paris, CTIFL, Centr' imprint. 202 pp.

EPPO. 2004. Diagnostic protocol for regulated pests: *Plum pox potyvirus*. *Bulletin OEPP/EPPO Bulletin*, 34: 247–256.

EPPO. 2006. Current status of *Plum pox virus* and sharka disease worldwide. *Bulletin OEPP/EPPO Bulletin*, 36: 205–218.

García, J. A. & Cambra, M. 2007. *Plum pox virus* and sharka disease. *Plant Viruses*, 1: 69–79.

Gentit, P. 2006. Detection of *Plum pox virus*: biological methods. *Bulletin OEPP/EPPO Bulletin*, 36: 251–253.

ISPM 27. 2006. *Diagnostic protocols for regulated pests*. Rome, IPPC, FAO. ISPM 31. 2008. *Methodologies for sampling of consignments*. Rome, IPPC, FAO.

James, D. & Glasa, M. 2006. Causal agent of sharka disease: New and emerging events associated with *Plum pox virus* characterization. *Bulletin OEPP/EPPO Bulletin*, 36: 247–250.

Karsai, A., Müller, S., Platz, S. & Hauser, M. T. 2002. Evaluation of a homemade SYBR Green I reaction mixture for real-time PCR quantification of gene expression. *Biotechniques*, 32: 790–796.

Levy, L. & Hadidi, A. 1994. A simple and rapid method for processing tissue infected with plum pox potyvirus for use with specific 3–non-coding region RT-PCR assays. *Bulletin OEPP/EPPO Bulletin*, 24: 595–604.

Myrta, A., Potere, O., Boscia, D., Candresse, T., Cambra, M. & Savino, V. 1998. Production of a monoclonal antibody specific to the El Amar strain of plum pox virus. *Acta Virologica*, 42: 248–250.

Myrta, A., Potere, O., Crescenzi, A., Nuzzaci, M. & Boscia, D. 2000. Production of two monoclonal antibodies specific to cherry strain of plum pox virus (PPV-C). *Journal of Plant Pathology*, 82 (suppl. 2): 95–103.

Olmos, A., Bertolini, E. & Cambra, M. 2002. Simultaneous and co-operational amplification (Co-PCR): a new concept for detection of plant viruses. *Journal of Virological Methods*, 106: 51–59.

Olmos, A., Bertolini, E., Gil, M. & Cambra, M. 2005. Real-time assay for quantitative detection of non-persistently transmitted *Plum pox virus* RNA targets in single aphids. *Journal of Virological Methods*, 128: 151–155.

Olmos, A., Cambra, M., Dasi, M. A., Candresse, T., Esteban, O., Gorris, M. T. & Asensio, M. 1997. Simultaneous detection and typing of plum pox potyvirus (PPV) isolates by heminested-PCR and PCR-ELISA. *Journal of Virological Methods*, 68: 127 – 137.

Olmos, A., Capote, N., Bertolini, E. & Cambra, M. 2007. Molecular diagnostic methods for plant viruses. *In*: Z. K. Punja, S. DeBoer and H. Sanfacon, eds. *Biotechnology and plant disease management*, pp. 227 – 249. Wallingford, UK and Cambridge, USA, CAB International. 574pp.

Osman, F. & Rowhani, A. 2006. Application of a spotting sample preparation technique for the detection of pathogens in woody plants by RT-PCR and real-time PCR (TaqMan). *Journal of Virological Methods*, 133: 130 – 136.

PaDIL. 2011. http://old.padil.gov.au/pbt/, accessed 26 October 2011.

Schneider, W. L., Sherman, D. J., Stone, A. L., Damsteegt, V. D. & Frederick, R. D. 2004. Specific detection and quantification of *Plum pox virus* by real-time fluorescent reverse transcription-PCR. *Journal of Virological Methods*, 120: 97 – 105.

Šubr, Z., Pittnerova, S. & Glasa, M. 2004. A simplified RT-PCR-based detection of recombinant *Plum pox virus* isolates. *Acta Virologica*, 48: 173 – 176.

Ulubaş Serçe, Ç., Candresse, T., Svanella-Dumas, L., Krizbai, L., Gazel, M. & Çağlayan, K. 2009. Further characterization of a new recombinant group of *Plum pox virus* isolates, PPV-T, found in the Ankara province of Turkey. *Virus Research*, 142: 121 – 126.

Varga, A. & James, D. 2005. Detection and differentiation of *Plum pox virus* using real-time multiplex PCR with SYBR Green and melting curve analysis: a rapid method for strain typing. *Journal of Virological Methods*, 123: 213 – 220.

Varga, A. & James, D. 2006. Real-time RT-PCR and SYBR Green I melting curve analysis for the identification of *Plum pox virus* strains C, EA, and W: Effect of amplicon size, melt rate, and dye translocation. *Journal of Virological Methods*, 132: 146 – 153.

Wetzel, T., Candresse, T., Macquaire, G., Ravelonandro, M. & Dunez, J. 1992. A highly sensitive immunocapture polymerase chain reaction method for plum pox potyvirus detection. *Journal of Virological Methods*, 39: 27 – 37.

Wetzel, T., Candresse, T., Ravelonandro, M. & Dunez, J. 1991. A polymerase chain reaction assay adapted to plum pox potyvirus detection. *Journal of Virological Methods*, 33: 355 – 365.

发布历史

2004-11 SC added subject 2004-007 under technical area 2006-009: Viruses and phytoplasmas
2006-04 CPM-1 added topic Viruses and phytoplasmas
2008-09 SC approved for member consultation via e-mail 2010-06 member consultation
2011-10 SC e-decision recommended draft to CPM
2012-03 CPM-7 adopted Annex 2 to ISPM 27
ISPM 27.2006: Annex 2 *Plum pox virus* (2012)
2012年4月最后修订。

本附录于 2012 年 3 月经 CPM 第 7 次会议批准，属于标准 ISPM 27:2006 规定内容。

ISPM 27　附录 3
DP 3　谷斑皮蠹（*Trogoderma granarium* Everts）
（2012）

目　录

1　有害生物信息
2　分类信息
3　监测
4　鉴定
4.1　幼虫及其脱皮壳制备程序
4.2　成虫制备程序
4.3　常发生于储藏物中的皮蠹科昆虫属
4.3.1　皮蠹幼虫的鉴别
4.4　斑皮蠹属（*Trogoderma*）幼虫的鉴定
4.4.1　斑皮蠹属（*Trogoderma*）幼虫的鉴别特征
4.4.2　斑皮蠹属（*Trogoderma*）末龄幼虫的鉴定
4.4.3　谷斑皮蠹（*Trogoderma granarium*）幼虫的鉴别特征
4.4.4　谷斑皮蠹（*Trogoderma granarium*）幼虫描述
4.5　斑皮蠹属（*Trogoderma*）成虫的鉴定
4.5.1　皮蠹成虫的鉴别
4.5.2　斑皮蠹属（*Trogoderma*）成虫的鉴别特征
4.5.3　斑皮蠹属（*Trogoderma*）成虫的鉴定
4.5.4　谷斑皮蠹（*Trogoderma granarium*）成虫的鉴别特征
4.5.5　谷斑皮蠹（*Trogoderma granarium*）成虫描述
5　记录
6　信息联络点
7　致谢
8　参考文献
9　图片

1 有害生物信息

谷斑皮蠹（*Trogoderma granarium* Everts）（鞘翅目：皮蠹科），是一种重要的储藏物害虫。其经济重要性，不仅在于它能严重为害干储藏物，而且在于这些有谷斑皮蠹种群定殖的国家，将面临着出口限制。其活体种群可以长期生活在未处理干净的集装箱、包装材料和货物中，浸染非寄主材料。谷斑皮蠹还能增加黄曲霉（*Aspergillus flavus*）污染的可能性（Sinha 和 Sinha，1990）。

谷斑皮蠹可能原产于印度次大陆，目前已发生在亚洲、中东、非洲一些地区及欧洲少数国家。它是为数不多的几种局限分布的储藏物害虫之一。已知其分布在北纬35°至南纬35°，主要发生在赤道附近地区干燥炎热的环境中。然而，其可育种群，在密闭的储藏环境条件下，几乎可以在任何国家存活。由于谷斑皮蠹不能飞行，如果没有人为因素，它的扩散能力是非常有限的，因此寄主植物货物的国际转运，就成为其唯一扩散方式。能区分开谷斑皮蠹是在进口货物中截获（在边境实施植物卫生控制时发现，尚未进一步扩散）的，还是已经定殖并有造成浸染的记录，这非常重要（EPPO，2011）。

谷斑皮蠹通常发生在各种干的初级植物源储藏物中。其主要寄主为谷物、荞麦、谷物产品、豆类、紫花苜蓿、各种蔬菜种子、草本植物、香料和各种坚果。它还可以在椰肉干、果干、各种树胶及多种干动物源产品（部分或全部）如奶粉、皮毛、干制狗食、血干、死虫和动物干尸中，完成生活史。作为有害生物，它最喜欢发生在干热环境条件下，并造成严重侵染。在凉爽和湿热条件下，它竞争不过其他昆虫如米象属（*Sitophilus* spp.）和谷蠹［*Rhyzopertha dominica*（Fabricius）］。货物袋装储藏在传统仓库中，比散装储藏更加容易受到该害虫侵染。

谷斑皮蠹的一个重要生物学特性是，它能够生活在恶劣环境条件下。

根据食物的有效性及品质、温度和湿度情况，谷斑皮蠹一年可以发生一代到十多代。一个完整的生活史少则26天（温度32～35℃），多则220d或更长（在不适宜环境条件下）。在温带气候条件下，5℃以下，幼虫便停止活动，于是只能在保护环境中存活和繁殖。幼虫有两种遗传变异：一是一些能经受兼性滞育，二是另外一些不能经受兼性滞育。属于第一种类型的幼虫，会因为不利条件如低温、高温或/和食物缺乏等刺激而发生滞育现象。在滞育期间，它们的呼吸量降到了极低水平，因此极耐熏蒸。滞育幼虫也很耐低温，能够在-10℃以下存活。当条件适宜，害虫又可以快速繁殖，并对货物造成严重危害（EPPO/CABI，1997）。

除谷斑皮蠹之外，在储藏物中还可以发现其他斑皮蠹属害虫，但只有一些种类取食这类产品。在这些种类中，损失最大，能造成重大经济损失的是花斑皮蠹（*T. variabile* Ballion），因而一些国家将它列为检疫性有害生物。然而，大多数发生在储藏物中的皮蠹，是腐生性的，取食其他昆虫的尸体。在加利福尼亚，曾经开展了为期12年的调整，在储藏种子、动物饲料和杂货中，共发现了8种皮蠹（Strong 和 Okumura，1966）。Mordkovich 和 Sokolov（1999）指出，在储藏物中还发现了其他皮蠹，其中有发生在中国的长毛斑皮蠹（*T. longisetosum* Chao and Lee），它与黑斑皮蠹［*T. glabrum*（Herbst）］相似。有些热带皮蠹，也可能发生在储藏物中（Delobel 和 Tran，1993），其中之一是腔斑皮蠹（*T. cavum* Beal），标本由 Beal（1982）检验并描述，该昆虫发生玻利维亚，侵染稻谷。还有些发生在储藏物中的种类，与谷斑皮蠹极为相似。

如需要了解更多有关谷斑皮蠹的综合信息，请参见 EPPO PQR database（EPPO，2011）、Hinton（1945）、Lindgren 等（1955）、Varshalovich（1963）、Bousquet（1990）、Kingsolver（1991）、EPPO/CABI（1997）、Pasek（1998）、OIRSA（1999a）、PaDIL（2011）和 CABI（2011）。

已有两个区域性植物保护组织——OIRSA（1999a）和 EPPO（2002）发布了谷斑皮蠹诊断协议（统编者注：前者为区域性国际农业卫生组织，后者为欧洲及地中海区域植物保护组织）。制定本协议的起点是 EPPO（2002）发布的文件。

2 分类信息

学名：*Trogoderma granarium* Everts，1898

异名：*Trogoderma khapra* Arrow，1917

Trogoderma koningsbergeri Pic，1933

Trogoderma afrum Priesner，1951

Trogoderma granarium ssp. *afrum* Attia and Kamel，1965

普通名：khapra beetle（英语）

Trogoderme（dermeste）du grain，dermeste des grains（法语）

Trogoderma de los granos，escarabajo khapra，gorgojo khapra（西班牙语）

الشعرية الحبوب خنفساء（阿拉伯语）

分类地位：昆虫纲（Insecta）、鞘翅目（Coleoptera）、皮蠹科（Dermestidae）

3 监测

谷斑皮蠹的生长发育阶段包括：卵，产在谷物或其他储藏物的表面；幼虫（5~11龄），生活在储藏物中（幼虫也能在包装材料或仓储建筑中发现）；蛹，在末龄幼虫脱皮（脱皮壳）后，生活在储藏物中；成虫，生活在储藏物中。

监测谷斑皮蠹侵染的方法包括检查、物理搜寻、使用食物诱饵或信息素诱捕。通常，在受侵染的材料中只有幼虫，这是因为（1）成虫的寿命一般在12~25d（在恶劣条件下，能够达到147d）。而幼虫则为19~190d（滞育幼虫可达6年）；（2）发生在储藏物中的大多数皮蠹，幼虫会将成虫尸体部分或全部吃掉；（3）当条件适宜于种群发育时，成虫最常见。幼虫脱皮壳通常不会被取食，因此有它的存在，就表明有活体害虫的侵染。幼虫天生极为隐蔽，尤其是滞育幼虫，如果它们难于找到或几乎找不到藏身之所时，就会钻到裂缝或（墙壁）缝穴中，长期处于不活动状态。

在储藏物中，还能发现许多不属于斑皮蠹属的昆虫。皮蠹属（*Dermestes*）和毛皮蠹属（*Attagenus*）昆虫通常取食动物源材料，如狗食、肉干、血干。它们还取食大鼠、小鼠和鸟类尸体。圆皮蠹属（*Anthrenus*）和毛毯皮蠹属（*Anthrenocerus*）昆虫，严重为害毛和毛制品。在被其他储藏物害虫严重侵染的储藏物中，也经常发现不属于斑皮蠹属、圆皮蠹属和毛毯皮蠹属的昆虫，取食这些昆虫的尸体。

是否遭受谷斑皮蠹侵染，通常可以通过后述情况辨认：（1）害虫发生（特别是有取食的幼虫和脱皮壳）；（2）有侵染症状。成虫寿命短，通常难于看到。对产品造成为害，可能是一个警示信号，但往往也可能是其他普通昆虫取食的结果。幼虫通常先取食谷物种子的胚芽，然后是胚乳。种皮则被咬成不规则状。在散装货物中，通常集中在表层侵染，因此能发现大量脱皮壳、断刚毛和粪便（排泄物）（图1）。但是，在3~6m深的散装谷物堆中，偶而也能发现幼虫。因此，在检查这类有害生物时，要考虑采用偏性取样法（biased sampling），这十分重要。

应该将可疑样品拿到光线良好的地方，用10×手持放大镜检查。如果适当，应该根据产品颗粒大小，选用适当筛目的筛子，对样品进行过筛。通常用筛目为1mm、2mm和3mm的套筛过筛。用特定筛目收集的筛上物，应该放在Petri培养皿中，用立体显微镜在至少10×~25×下检查，以期发现该害虫。通过过筛，可以发现该害虫的各种发育虫态。但是，有些幼虫在谷物中取食，就发现不了。因此，必须通过加热的方法，如采用Berlese漏斗等分离工具，将样品加温到40℃，驱使害虫从谷物中爬出来，这特别适合遭受严重侵染的情形。感官检查比过筛好，这是因为后者容易造成对死成虫和幼虫脱皮壳的毁坏或严重损坏，从而使之难于或无法进行形态鉴定。

如果该害虫的侵染水平非常低，检查起来就特别困难。在黎明和黄昏时候，斑皮蠹属昆虫最活跃。害虫种群可以生活在建筑物或运输工具中遗留的残留物中。即便在没有食物的情况下，也能生活很长时间。因此，在尘灰堆、脱落的油漆和铁锈里，在空包装材料如粗麻布袋、帆布、瓦楞纸板中寻找幼虫，是非常重要的。幼虫常常躲藏在墙板中、内层里、底板间、绝缘层下、干燥的壁架上、电线槽管和电源开关盒内。由于脱皮壳容易随着空气飘散，因此必须检查窗台、通风口格栅和蜘蛛网。装有诱饵的捕鼠器，也应该经常检查。

除了初始检查之外，可以用各种诱捕器对谷斑皮蠹的发生进行监控。食饵诱捕器（装油籽、花生、小麦胚芽）或诱剂诱捕器（装小麦胚芽油），可以诱捕幼虫。简易诱捕器，如瓦楞纸板或粗麻布，能为幼虫提供栖身之所，可以放在地板上。监测完后，应该将诱捕器全部销毁。成虫可用信息素诱捕器监测，信息素胶囊要配合不干胶诱捕器一起使用。但是，斑皮蠹属信息素诱捕器是非专化性的，因此可能诱捕到多种皮蠹（Saplina，1984；Barak，1989；Barak 等，1990；Mordkovich 和 Sokolov，2000）。信息素诱捕器和食饵诱捕器应用均已商业化。

发现了昆虫，应该用小镊子或小吸器小心收集。宜多收集几号标本，这一点非常重要。因为幼虫鉴定非常困难，如果只有一号标本，解剖失败了，口器损坏严重，就无法作出准确鉴定。如果标本不是在同一地点立即进行鉴定，应该将它们放在 70% 的酒精中保存，并保证安全运递。

4 鉴定

近年来，已先后报道的斑皮蠹属昆虫，包括 117 种（Mroczkowski，1968）、115 种（Beal，1982）、130 种（Háva，2003）和 134 种（Háva，2011）。但还有许多种未曾描述过。对已定的异名要特别小心，因为它们大多不是通过对模式标本的详细比较而确定的。

通过外部特征对斑皮蠹属昆虫的卵和蛹进行鉴定，是不可能的。这是因为昆虫卵和蛹的外部特征非常少，因此研究也很少。幼虫鉴定非常困难，它不仅需要鉴定经验，而且要有解剖小型昆虫的熟练技巧。末龄幼虫脱皮后就化蛹。幼虫脱皮壳可以用于鉴定，但是需要小心，因为它容易破碎。成虫虽然最容易鉴定，但出错的情况也司空见惯，因此，需要开展就斑皮蠹属标本的制备、封片、确定等方面的培训。

训练有素的职员可以借助立体显微镜，在放大倍数为 10×~100× 下，对保存完好的成虫标本进行鉴定。但是，为了保证鉴定可靠，建议取外生殖器进行鉴定。转运储藏物特别是谷物时，容易损坏死成虫。在多数情况下，昆虫的足和触角容易脱落，鞘翅和前胸背板上的刚毛也会被擦掉。因此，对于这些受损的标本，虫体上失去了附肢，或者看不见形态特征，这时通常用外生殖器来鉴定。取出外生殖器（见第 4.2 项），用丙三醇、Hoyer 氏封固液（水 50ml、阿拉伯树胶 30g、水合氯醛 200g、甘油 20ml①）或类似封固液，制成临时玻片，放在显微镜载物台上进行检验。

幼虫鉴定，应该解剖口器（见第 4.1 项）。幼虫脱皮壳和解剖后的口器，都应该用 Hoyer 氏封固液（Beal，1960）或其他封固液如聚乙烯醇（PVA）封片，在解剖镜下观察。封片程序详见第 4.1 项。

解剖成虫和幼虫，可以在放大率为 10×~40× 倍的立体解剖镜下操作。检验外生殖器和幼虫口器，特别是内唇乳突，需要有高品质的复合显微镜，能在明视野和相差下，放大倍数达到 400×~800 倍。要获得更加满意的分辨率，有必要配备高倍显微镜（1 000×）。

现在已开发出用于特定目的的 ELISA 法和分子学方法，可以鉴定几种斑皮蠹属昆虫。由于这些方法尚不能对谷斑皮蠹和可能发生在储藏物中的其他斑皮蠹属昆虫，做出可靠且明确的鉴定，因此，在对仓库检查和对贸易植物材料货物检查时，即使发现了昆虫标本需要确定，亦不能用它们作为检疫诊断技术。目前，美国和澳大利亚正在该领域开展研究。

---

① 一些专家喜欢用含有 16ml 甘油的 Hoyer 氏封固液。

4.1 幼虫及其脱皮壳制备程序

在幼虫解剖前，应该在立体显微镜下进行检验。记录虫体大小、体色、刚毛排列情况及颜色。在对昆虫材料进行解剖操作和处理等会造成干扰之前，采用显微照相记录材料状况，可以对其作出正确描述。

鉴定幼虫时，应该把幼虫用 Hoyer 氏封固液或其他封固液如聚乙烯醇（PVA）封片，在解剖镜下观察。封片方法如下。

（1）首先，将标本放在显微镜载玻片上；最好腹面朝上，以保护诊断特征。

（2）用眼科手术剪，从头壳下方到腹部末节沿中线将虫体剪开。

（3）将幼虫放入试管，试管中加入 10% KOH 溶液，在水浴中加热至幼虫组织松开并能开始剥离表皮。

（4）用温热蒸馏水彻底冲洗。

（5）用细短毛笔，或 1 号昆虫针的钩头凸面，或微针环，全部去掉昆虫的内部组织。全部去掉第 7 腹节和第 8 腹节一侧的刚毛；用酸性品红或氯唑黑染色，使需要观察的结构更加清楚可辨。

（6）取下头壳，重新放回热 KOH 溶液中 5min。用温热蒸馏水彻底冲洗。在显微镜载玻片上滴上几滴 Hoyer 氏液或丙三醇，或者在带凹槽的载玻片上滴上几滴水，然后将头壳放上，进行解剖。头壳腹面朝上，用一根钝头的 1 号昆虫针，将其固定在玻片上。

（7）用钟表匠镊子和微针取下下颚、上颚和下唇须。取下内唇和触角，用酸性品红或氯唑黑进一步染色。用 Hoyer 氏封固液或其他封固液将头壳和下颚封固在带凹槽的载玻片上。将干净的虫皮放在载玻片靠近凹槽的平面处，完全展开，封片。最好腹面朝上。内唇、触角和下唇须应该和虫皮放在同一张盖玻片下封固。整个虫体部分全部放在同一张载玻片上封固。

（8）如果是幼虫脱皮壳，在解剖前，要将标本浸泡在 5% 的实验室用清洁剂中约两小时，然后用蒸馏水彻底冲洗干净。从前面剪开标本，解剖口器。可以不必清洗，直接用 Hoyer 氏液封片。

（9）标本封片后应该立即在载玻片上贴上标签，放入 40℃ 烘箱中至少烘 3d，以提高玻片标本质量（最好放 2~4 周）。烘干后，用封片漆（如甘酞树脂 Glyptal 和 Brunseal）将玻片环封，或者用指胶油至少封两层，以防止 Hoyer 氏液变干而损坏标本。显微玻片标本也可以在制备后，立即进行检验。

可以用优派若（Euparal）或加拿大香脂（Canada balsam）（编者注：此为两种封固剂）制备永久玻片标本，但这需要一个费力的脱水过程。

4.2 成虫制备程序

斑皮蠹属成虫标本在鉴定前，需要用实验室用清洁剂或超声波清洁器清洗。如果标本是用黏性诱捕器捕获的，可以用溶剂（如煤油）将粘胶溶解掉。溶剂则可用实验室用清洁剂去除。

标本制备前，先将成虫浸泡在温热的蒸馏水中约 1 小时。然后按下述方法操作。

（1）首先，将标本从水中捞出，用小镊子取下腹部。将标本干燥（去掉腹部），并将其固定在长方形纸板上，最好侧放。标本侧向粘着，不易损坏，且方便从背面和腹面进行双面检验。

（2）接着将腹部侧向切开，留下末节不动。放入 10% KOH 或 NaOH 溶液中，热浴约 10min。

（3）用水冲洗标本，用微型钩针小心取下外生殖器。取下外生殖器后，应该用粘胶将腹部与昆虫粘在同一张纸板上，腹面朝上。

（4）外生殖器需要放入苛性碱溶液中进一步软化。用微针将阳茎与阳茎背板和第九腹节剥离。用酸性品红或氯唑黑染色，使之更加清楚可辨。

外生殖器可用 Hoyer 氏封固液或其他封固液如聚乙烯醇（PVA）封片。阳茎应该封固在带有凹槽的显微镜载玻片上。雌虫外生殖器可以放在平面载玻片上封固。

封片完毕，应该立即给玻片和针插标本加上标签。玻片标本应该放在 40℃ 烘箱中至少烘 3d（最好 2~4 周）。玻片标本烘干后，应该环封（见第 4.1.9 项）。

如果外生殖器标本不需要作为永久或半永久封片，可以将它放在载玻片上，加几滴甘油，进行检验。鉴定完毕，可以将它们放入微型管中，加入几滴甘油；或者用粘胶将它们紧靠着腹部标本粘在长方形纸板上。

4.3 常发生于储藏物中的皮蠹科昆虫属

在储藏物中除了发现斑皮蠹属昆虫外，还能发现了其他属皮蠹，如圆皮蠹属（Anthrenus）、毛毯皮蠹属（Anthrenocerus）、毛皮蠹属（Attagenus）和皮蠹属（Dermestes）。要诊断所采集的标本，首先要鉴定到属。这些成虫，包括部分幼虫，可以至少用 Mound（1989）、Haines（1991）、Kingsolver（1991）、Banks（1994）、Háva（2004）及 Rees（2004）之一的检索表进行鉴定。北美地区的皮蠹可以用 Kingsolver（2002）的检索表进行分属鉴定。

用下列简明检索表（检索表1和检索表3），可以迅速把斑皮蠹属与经常发生在储藏物中的其他四属皮蠹区别开。其鉴别特征见第9项，图2-23。需要指出的是，在仓库中，还能发现其他属皮蠹，如螵蛸皮蠹属（Thaumaglossa）、球棒皮蠹属（Orphinus）和齿胫皮蠹属（Phradonoma）（Delobel 和 Tran，1993）。但仓库不是它们的特有场所。因此它们未包含在上述检索表中。

4.3.1 皮蠹幼虫的鉴别

幼虫可用简明检索表（检索表1）进行鉴别。在用此检索表鉴定斑皮蠹属幼虫或脱皮壳时，所鉴定到的属可能是其中的一个种，所以需要核对第4.4.1项中的详细特征。

如果所用的诊断（鉴定）检索表不是专门针对原产地（和截获）的标本，这就需要慎重，因为全球有许多皮蠹还未曾描述过。

检索表1　皮蠹幼虫鉴别简明检索表

1. 第9腹节具尾突，第10腹节骨化、圆柱形 ·············· 皮蠹属（Dermestes spp.）
   无尾突，第10腹节不骨化 ··· 2
2. 体背面无箭刚毛，下颚须4节 ························ 毛皮蠹属（Attagenus spp.）
   体背面具箭刚毛［图18（A）］，下颚须3节 ·································· 3
3. 腹板后缘波纹状弯曲或顶端微凹，背板后缘在膜质部分具箭刚毛簇，第8腹板无箭刚毛簇 ···
   ··· 圆皮蠹属（Anthrenus spp.）
   腹板后缘无波纹状弯曲或顶端微凹，背板后缘在骨质板上具箭刚毛簇，第8腹板具箭刚毛簇
   ··· 4
4. 触角第2节约为末节长度的2倍，箭刚毛头部长度至少为其最宽处的3倍 ············
   ·· 毛毯皮蠹属（Anthrenocerus spp.）
   触角第2节约与末节等长，箭刚毛头部长度小于其最宽处的3倍 ······················
   ··· 斑皮蠹属（Trogoderma spp.）

4.4 斑皮蠹属（Trogoderma）幼虫的鉴定

目前尚未发表包含斑皮蠹属所有种的检索表。其部分原因，就在于有许多种仍未描述。已发表的几个检索表，是针对有重要经济意义的种类。Banks（1994）发表了储藏物斑皮蠹属成虫和幼虫检索表，还包括在仓库中发现的一些种类的成虫和幼虫检索表。Beal（1960）制定了一个全球各地区的斑皮蠹属幼虫鉴定检索表，共14种，还包括其他储藏物害虫。Mitsui（1967）发表了日本斑皮蠹属成虫和幼虫鉴定图例检索表。Kingsolver（1991）和 Barak（1995）发表了皮蠹成虫和幼虫检索表，其中包括斑皮蠹属的种类。Zhang 等（2007）发表了8个经济重要性斑皮蠹属昆虫检索表。

4.4.1 斑皮蠹属（Trogoderma）幼虫的鉴别特征

下面所列的斑皮蠹属的鉴别特征，选自于 Rees（1943）、Hinton（1945）、Beal（1954，1960）、Okumura 和 Blanc（1955）、Haines（1991）、Kingsolver（1991）、Lawrence（1991）、Peacock（1993）、

Banks（1994）和 Lawrence 等（1999a）：

（1）体呈圆柱形，略扁平，长约为宽的6倍，两侧近平行，但向尾部渐收缩。
（2）头部发育完整，骨化，下口式。
（3）关节足3对。
（4）爪腹面前跗节刚毛不规则（对称）。
（5）多毛，体被各种刚毛：箭刚毛、芒刚毛和/或裂刚毛（图18、图20）。
（6）箭刚毛头部长度小于其最宽处的3倍。
（7）所有背片和背板上被大量箭刚毛，腹部第6~8节后侧具明显的直立箭刚毛簇（毛毯皮蠹属仅在第5、第6、第7节腹背板骨化部分后面的膜质上有此毛簇）。
（8）无尾突。

4.4.2 斑皮蠹属（*Trogoderma*）末龄幼虫的鉴定

可以用简明检索表（检索表2）将谷斑皮蠹［图2（C）、（D），图21］与发生在仓库中的其他斑皮蠹属昆虫区别开。但该检索表不能将已知发生在仓库中的所有斑皮蠹属昆虫鉴定出来。因此，如果必要，为了保证适当的可信度，可以采用 Beal（1956，1960）、Banks（1994）和 Peacock（1993）的检索表，来鉴定其他昆虫和几种无害昆虫幼虫，或至少可以将它们区别开。用此检索表鉴定谷斑皮蠹幼虫标本所用的特征，应该与后面第4.4.3项关于该种的详细特征和第4.4.4项关于幼虫的描述相比较。

检索表2 谷斑皮蠹（*Trogoderma granarium*）幼虫鉴别检索表

1. 内唇具4个乳突，常位于一个感觉杯中［图23（A）］ ································· 2
   内唇具6个乳突，位于一个感觉杯中；有时有1~2个乳突位于感觉杯之外［图23（B）、（C）］ ································· 3
2. 背板均一黄褐色，大芒刚毛基部不为浅灰色；端背片弱骨化；第8腹板前脊沟几乎全缺失（如果有，则浅且通常断裂）；触角基部50%~70%被刚毛，第2节通常有1根刚毛或无，端节基部有感觉孔；箭刚毛形状见图20（A）、（B） ················· 谷斑皮蠹（*Trogoderma granarium* Everts）
   背板通常暗灰褐色，至少在大芒刚毛基部如此；端背片褐色，骨化；第8腹节前脊沟明显；触角第2节无刚毛；箭刚毛形状见图20（C）、（D） ················· 黑斑皮蠹 *Trogoderma glabrum*（Herbst）
3. 触角基节上的刚毛聚集在内侧或内背侧，其外侧或外腹侧光滑；在完全伸展的触角上，其基节刚毛不伸达第2节顶端，触角端节感觉孔不位于基部；端背片中部小刚毛不超过前脊沟（见图19（C）；与图19（D）比较；在胸部和前腹背板［图19（A）］上的箭刚毛［图20（E）、（F）］非常稀少；背板上具单排大芒刚毛［图19（B）］ ················· 花斑皮蠹（*Trogoderma variabile* Ballion）
   标本无上述综合特征 ················· 斑皮蠹属（*Trogoderma*）其他昆虫

如果只有一个标本，或脱皮壳，或坏标本，用幼虫鉴定，应该视为不可靠。这是因为，许多种都存在种内变异，因此，作为种的一些特有特征，在单个标本上可能看不到，但其他种特有的一些特征却可能看到。此外，还有在储藏物中发生的其他大量无害斑皮蠹属昆虫及其特征，尚未得到充分研究。

4.4.3 谷斑皮蠹（*Trogoderma granarium*）幼虫的鉴别特征

谷斑皮蠹幼虫的鉴别特征如下。
（1）触角各节近等长。
（2）触角基部50%~70%被刚毛，刚毛伸达或超过第2节顶部，长度至少为第2节的3/4。
（3）末龄幼虫触角第2节通常有1根刚毛，有时无刚毛。
（4）触角末节基部至少有一个感觉孔。

(5) 内唇（图22）感觉杯中有4个乳突，通常合为一组［图23（A）］。
(6) 无裂刚毛。
(7) 无指向背板中线的背板刚毛。
(8) 在第1腹背板大芒刚毛前、前脊沟后至少有6根小芒刚毛。
(9) 前脊沟前的前中部小芒刚毛长度不超过该沟缝。
(10) 第1腹节上的中部大芒刚毛光滑或具不明显的小鳞片，顶端光滑、刚毛长度至少为其直径的4倍。
(11) 第8腹背板上的前脊沟几乎全部缺失，如果有，则浅且断裂。
(12) 第7腹背板上的前脊沟浅或断裂。
(13) 胸节和其他各节两侧不为灰色，即使在大侧刚毛基部也不是。

4.4.4 谷斑皮蠹（*Trogoderma granarium*）幼虫描述

1龄幼虫［图2（C）］，体长1.6~1.8mm，宽0.25~0.3mm。虫体均一黄白色，头和毛红褐色。老熟幼虫［图2（D）］体长4.5~6mm，宽1.5mm，体红褐色。虫体覆盖两种毛：芒刚毛［图18（B）］，毛轴上覆盖微小、坚硬、向上的尖锐鳞片；箭刚毛［图18（A）］，毛轴由多节组成，顶端呈箭头状。芒刚毛散布于头部和虫体各节的背面。第9腹节上的两组长芒刚毛形成尾巴状。箭刚毛见于所有背板和腹节，但在最后3节或者4节上，形成特有的、成对的、直立毛簇（Beal，1960，1991；EPPO/CABI，1997）。

4.5 斑皮蠹属（*Trogoderma*）成虫的鉴定

4.5.1 皮蠹成虫的鉴别

皮蠹成虫可用下列简明检索表（检索表3）鉴别。用该检索表鉴定的所有斑皮蠹属成虫标本，可能只属于该属中的一种，因此，需要核对第4.5.2项中的详细特征。

检索表3 皮蠹属成虫鉴别简明检索表

1. 无中单眼 ·· 皮蠹属（*Dermestes* spp.）（图15）
   有中单眼 ··· 2
2. 虫体被鳞片状刚毛；触角生于触角窝内，从前面能全部看到［图14（A）］ ·················
   ·· 圆皮蠹属（*Anthrenus* spp.）（图17）
   虫体被简单刚毛，有的发白、扁平（剑形），但从不为鳞片状 ··················· 3
3. 触角窝后缘完全封闭，触角棒3节、节间清晰···毛毯皮蠹属（*Anthrenocerus* spp.）
   触角窝后缘开放，或部分由后缘隆线围起，触角窝远比触角宽，从前面看不见 ············· 4
4. 触角窝后缘开放，后基节后缘呈角状，后跗节第1节比第2节短 ·····················
   ·· 毛皮蠹属（*Attagenus* spp.）（图16）
   触角窝后缘具隆线，后基节后缘平直，呈弓形或波状，后跗节第1节比第2节长 ··············
   ································· 斑皮蠹属（*Trogoderma* spp.）［图2（A）、4（A）、14（B）］

4.5.2 斑皮蠹属（*Trogoderma*）成虫的鉴别特征

下述特征选自Hinton（1945）、Beal（1954，1960）、Okumura和Blanc（1955）、Haines（1991）、Kingsolver（1991）、Lawrence and Britton（1991，1994）、Peacock（1993）、Banks（1994）、Lawrence等（1999b）和Háva（2004）：

(1) 虫体卵形，密被刚毛，刚毛简单，通常有2~3种不同类型，平浮、微黄、略扁平、剑状。
(2) 有中单眼。
(3) 前胸背板无侧隆线。
(4) 从前面看，前腹面上的触角窝不可见或略微可见。

（5）触角窝后缘隆线至少达到其长度的一半，侧面开放。
（6）前胸腹板前端呈"颈状"。
（7）中胸腹板被深沟分开。
（8）后基节板后缘弯曲或呈波纹状，但从不呈角状。
（9）后跗节第1节比第2节长。
（10）触角短，9~11节，3~8节为触角棒，触角外形通常平滑或偶见扇形，末节均匀增大。
（11）各足跗节均为5节。

4.5.3 斑皮蠹属（*Trogoderma*）成虫的鉴定

可以用下述简明检索表（检索表4），把谷斑皮蠹成虫与经常发生在储藏物中的其他一些斑皮蠹属昆虫区别开来。但该检索表不能用于鉴定发生在仓库中的所有斑皮蠹属昆虫。因此，如果未包含在该检索表中的，可以用 Beal（1954，1956）、Kingsolver（1991）、Banks（1994）、Mordkovich 和 Sokolov（1999）发表的检索表进行鉴定。这些检索表包含了发生在储藏物中的种类，所以可以用它们来鉴定谷斑皮蠹成虫。但需要注意的是，各种斑皮蠹属成虫的性别只能通过解剖外生殖器来鉴定（雌雄外生殖器形态，见图11、图12）。只有当昆虫标本的性别得以确定无误后，才能用外部鉴别特征如触角棒形态进行鉴定。

用此检索表鉴定谷斑皮蠹成虫标本的特征，还应该与后面第4.5.4项关于该种的详细鉴别特征和第4.5.5项所描述的特征进行比较。

表4 谷斑皮蠹（*Trogoderma granarium*）成虫鉴定检索表

1. 背部绒毛单色 ·· 非斑皮蠹属（*Trogoderma* spp.）害虫
   背部绒毛非单色，具斑纹或绒毛全部脱落；（除了黄褐色及红褐色刚毛处之外，还有剑形刚毛） ··· 2
2. 鞘翅无边缘清晰的斑纹，单色或杂色模糊 ··· 3
   鞘翅有边缘清晰的亮色或暗色区（见图3）··· 4
3. 体壁黑色，偶见模糊的褐色斑纹、基环、褐色和白色剑形刚毛形成的亚中带和亚端带；触角通常11节，雄虫触角棒5~7节，雌虫触角棒4~5节；雄虫第5腹板具一致的平浮刚毛 ···
   ····················· 黑斑皮蠹 ［*Trogoderma glabrum*（Herbst）］［图6（B）］
   体壁淡红褐色，常具模糊的浅色斑纹，散布的剑形刚毛偶尔形成2~3个模糊斑纹；触角通常11节，偶见9节或10节，雄虫触角棒4~5节，雌虫触角棒3~4节；雄虫第5腹板端部有浓密粗大的刚毛形成的毛斑 ···················· 谷斑皮蠹（*Trogoderma granarium* Everts）
4. 鞘翅体壁具清晰的淡色基环 ·· 5
   鞘翅体壁仅具清晰的带纹和斑点 ·· 7
5. 复眼前缘具清晰的凹痕 ············ 肾斑皮蠹（*Trogoderma inclusum* LeConte）［图6（D）］
   复眼前缘平直或稍微呈波纹状 ·· 6
6. 基环从不与前中带纹相连 ···
   ················· 花斑皮蠹（*Trogoderma variabile* Ballion）［图4（A）、（C），图5，图6（H）］
   鞘翅斑纹基环由一条或一些纵向带纹与前中带纹相连（肾斑皮蠹复眼具不明显的凹痕，由此可以排除）······饰斑皮蠹 ［*Trogoderma ornatum*（Say）］［图6（E）］，简斑皮蠹（*T. simplex* Jayne）［图6（F）］、胸斑皮蠹（*T. sternale* Jayne）［图6（G）］、拟肾斑皮蠹 ［*T. versicolor*（Creutzer）］［图6（I）］
7. 鞘翅体壁具3个边缘清晰的（基、亚中、端）带纹，其上的刚毛主要为白色的剑形刚毛，剑形刚毛上有稀疏的浅黄色平浮刚毛 ···
   ···················· 长斑皮蠹 ［*Trogoderma angustum*（Solier）］［图6（A）］

鞘翅体壁具边缘清晰的基带纹和中斑点或后斑点（图 5，左） ············· ·· 花斑皮蠹（*Trogoderma variabile*）（退化型）

一般而言，斑皮蠹属昆虫的鞘翅上通常会形成或多或少的完整基环、前中带纹和中带纹、端斑点。有些标本的鞘翅斑纹退化，表现在基环为一个弯曲的前带纹、前中带纹和/或中带纹，由小斑点组成。端斑点通常缺失。

如果要进行确定性鉴定，就应该观察到所有的鉴别特征（特别是标本受到损坏时）（见第 4.5.4 项）。

由于斑皮蠹属大量昆虫种未曾描述过，所以应该做外生殖器解剖。通过外生殖器检验，可以显著减少鉴定错误概率。

Maximova（2001）提供了鉴别谷斑皮蠹和花斑皮蠹、黑斑皮蠹成虫的补充特征，即用后翅的大小和形态来帮助鉴定受损坏的标本。尽管这两个特征不是强制性的，但它有助于提高基于其他特征鉴定的确实性（图 9、图 10）。不过，在解剖时，一定要取下后翅，并且用甘油或 Hoyer 液封片。

谷斑皮蠹后翅（平均长度 1.9mm）比花斑皮蠹和黑斑皮蠹（2.5mm）短；它们的颜色更浅，翅脉难于看清；前缘脉上的 S1 刚毛数量（平均 10 根）是花斑皮蠹和黑斑皮蠹（平均 20~23 根）的一半；前缘脉与翅痣间的小刚毛 S2 数量（平均 2 根，有时无）比花斑皮蠹和黑斑皮蠹（平均 8 根）少（图 9、图 10）。

4.5.4 谷斑皮蠹（*Trogoderma granarium*）成虫的鉴别特征

谷斑皮蠹成虫长椭圆形，长 1.4~3.4mm，宽 0.75~1.9mm。头部向下弯曲，头和前胸背板较鞘翅暗，足和腹部褐色。雌虫比雄虫大，颜色浅。

要准确鉴定谷斑皮蠹成虫，应该将标本对应着皮蠹科、斑皮蠹属和谷斑皮蠹的特征逐步进行鉴定。其鉴定特征如下。

（1）鞘翅表皮单色，通常淡褐色或淡红褐色，或杂色模糊，无明晰斑纹。

（2）鞘翅刚毛主要为褐色（淡黄或白色刚毛形成不明晰的带纹；如果成虫到处活动，则其刚毛会逐渐脱落，这时成虫外表光亮）。

（3）触角 9~11 节；雄虫触角棒 4~5 节；雌虫触角棒 3~4 节（图 7、图 8）。

（4）复眼内缘平直或呈波纹状。

（5）雄虫第 8 腹背板或多或少均匀骨化，其边缘上的刚毛有时向中间聚集；第 9 腹背板具近 U 形的宽基缘；第 10 腹背板具许多长刚毛。

（6）雌虫交配囊齿状骨片小，长度不超过受精囊的波状部分，具 10~15 个齿 ［图 12、图 13 (A)］。

（7）雄虫外生殖器具阳茎桥，桥平直、宽度均匀，在与阳茎侧叶的连接处较宽 ［图 11 (A)、(D)］。

4.5.5 谷斑皮蠹（*Trogoderma granarium*）成虫描述

谷斑皮蠹成虫见图 2 (A)、(B)。

雄成虫

虫体：长 1.4~2.3mm（平均 1.99mm），宽 0.75~1.1mm（平均 0.95mm），长宽之比约为 2.1：1。头和前胸背板暗红褐色；鞘翅浅红褐色，常具模糊的浅红褐色带纹。胸部和腹面浅红褐色；足黄红褐色。

刚毛：背面均匀分布着半直立的浅黄褐色粗刚毛和少量散生的暗红褐色刚毛，刚毛颜色和表皮颜色一致；前胸背板中部和侧面具模糊的黄白色剑形刚毛带纹，鞘翅具 2 个或 3 个模糊的黄白色剑形刚毛带纹；腹面具浓密的简单刚毛毛孔，在节腹面上更密，刚毛细小、短、平浮、黄褐色。

头部：刻点大，前部最大，具单眼，单眼之间相距 1~5 个刻点直径宽度，其间的表皮具光泽。

触角浅黄褐色，9~11 节，触角棒 4~5 节。触角窝浅，触角着生不紧密。复眼中间平坦，有时稍微呈波纹状。

胸部：前胸背板前缘具一排浅黄褐色、粗刚毛，指向前缘中部；而其脊面前半部上的刚毛指向后方，脊面后半部上的刚毛则指向小盾片。在前缘、侧缘和中部，刻点稍大且密；而在脊面上，刻点则小而简单，相距 2~4 个刻点直径宽度。

后侧缘末端平滑、具光泽，其他地方则密布细小刻点。前胸背板密布刻点，后部突起平直，并向端部逐渐收缩。

鞘翅密布刚毛孔刻点，刻点小、侧面密集，脊面上刻点相距 2~4 个刻点直径的宽度，侧面则相距 1~2 个刻点直径的宽度。

后翅翅脉不清晰；前缘脉上的粗刚毛 S1 平均 10 根，前缘脉与翅痣间的小刚毛 S2 平均 2 根，但有时无（图 9）。

胫节外侧具小刺。后跗节近基节大约与第 2 节等长；末节约为第 4 节的 2 倍。

腹部：第 1 节腹面上有或无浅腿节线。节腹面上被浅黄褐色、平浮细刚毛，倒数第 2 个节腹面的后半部密被半直立的暗黄褐色粗刚毛。

外生殖器：阳茎中叶端部比侧叶端部短。侧叶宽，在其内缘和外缘具稀疏的短刚毛，刚毛伸至阳茎长度的一半。侧叶桥位于距顶端 1/3 处，近端与末端均平直，桥与阳茎等宽或在连接处稍宽，基部突起逐渐收缩。

雌成虫

虫体：长 2.1~3.4mm（平均 2.81mm），宽 1.7~1.9mm（平均 1.84mm），长宽比约为 1.6:1。

触角有时少于 11 节，触角棒 3~4 节。

倒数第 2 个节腹面的后半部无半直立、浅黄褐色粗刚毛形成的浓密毛缘。

其他外部形态特征同上。

外生殖器：交配囊具 2 个小的齿状骨片，骨片与受精囊波纹状部分的长度等长或稍短。

5 记录

应该按 ISPM 27 第 2.5 项规定保存记录和证据。

如果该诊断结果可能给其他缔约方造成不利影响，则这些记录和证据（特别是保存的幼虫、成虫，标本封片、照片）应该至少保存 1 年。

6 信息联络点

有关本协议的进一步信息可以从下列渠道获取：

Department of Agriculture and Food Western Australia, Biosecurity & Research Division, Plant Biosecurity Branch, Entomology Unit, 3 Baron-Hay Court, South Perth, WA 6151, Australia（tel：+61 8 9368 3248，+61 8 9368 3965；fax：+61 8 9368 3223，+61 8 9474 2840；e-mail：aszito@agric.wa.gov.au）.

Main Inspectorate of Plant Health and Seed Service, Central Laboratory, Zwirki i Wigury 73, 87~100 Toruń, Poland（tel：+48 56 639 1111，+48 56 639 1115；fax：+48 56 639 1115；e-mail：w.karnkowski@piorin.gov.pl）.

Laboratorio de Plagas y Enfermedades de las Plantas. Servicio Nacional de Sanidad y Calidad Agroalimentaria（SENASA），Av. Ing. Huergo 1001, C1107AOK Buenos Aires, Argentina（tel：+54 11 4362 1177, extns 117, 118, 129 and 132；fax：+54 11 4362 1177, extn 171；e-mail：abriano@senasa.gov.ar, albabriano@hotmail.com）.

Disinfection Department of All-Russian Plant Quarantine Centre, 32 Pogranichnaya street, Bykovo-2,

Ramensky area, Moscow region, Russian Federation (tel: +7 499 2713824, fax: +7 4952237241, e-mail: artshamilov@mail.ru).

7 致谢

本诊断协议初稿由 Andras Szito (Department of Agriculture and Food Western Australia, Plant Biosecurity Branch, South Perth, Australia)、Witold Karnkowski (Main Inspectorate of Plant Health and Seed Service, Central Laboratory, Toruń, Poland)、Alba Enrique de Briano (Laboratorio de Plagas y Enfermedades de las Plantas, SENASA, Buenos Aires, Argentina) 和 Ana Lía Terra (Ministerio de Ganadería Agricultura y Pesca, Laboratorios Biológicos, Montevideo, Uruguay) 撰写。

8 参考文献

Banks, H. J. 1994. *Illustrated identification keys for* Trogoderma granarium, T. glabrum, T. inclusum *and* T. variabile *(Coleoptera: Dermestidae) and other* Trogoderma *associated with stored products*. CSIRO Division of Entomology Technical Paper, No. 32. Commonwealth Scientific and Industrial Research Organisation, Canberra. 66 pp.

Barak, A. V. 1989. Development of new trap to detect and monitor Khapra beetle (Coleoptera: Dermestidae). *Journal of Economic Entomology*, 82: 1470–1477.

1995. Chapter 25: Identification of common dermestids. In V. Krischik, G. Cuperus & D. Galliart, eds. *Stored product management*, pp. 187–196. Oklahoma State University, Cooperative Extension Service Circular No. E-912 (revised).

Barak, A. V., Burkholder, W. E. & Faustini, D. L. 1990. Factors affecting the design of traps for stored-products insects. *Journal of the Kansas Entomological Society*, 63 (4): 466–485.

Beal, R. S. Jr. 1954. Biology and taxonomy of nearctic species of *Trogoderma*. *University of California Publications in Entomology*, 10 (2): 35–102.

1956. Synopsis of the economic species of *Trogoderma* occurring in the United States with description of new species (Coleoptera: Dermestidae). *Annals of the Entomological Society of America*, 49: 559–566.

1960. *Descriptions, biology and notes on the identification of some* Trogoderma *larvae (Coleoptera, Dermestidae)*. Technical Bulletin, United States Department of Agriculture, No. 1226. 26 pp.

1982. A new stored product species of *Trogoderma* (Coleoptera: Dermestidae) from Bolivia. *The Coleopterists Bulletin*, 36 (2): 211–215.

1991. Dermestidae (Bostrychoidea) (including Thorictidae, Thylodriidae). In F. W. Stehr, ed. *Immature insects*, pp. 434–439. Duboque, Iowa, Michigan State University, Kendall/Hunt. Vol. 2, xvi + 975 pp.

Bousquet, Y. 1990. *Beetles associated with stored products in Canada: An identification guide*. Agriculture Canada Research Branch Publication 1837. Ottawa, Supply and Services Canada. 214 pp.

CABI. 2011. *Trogoderma granarium*. In Crop Protection Compendium, Wallingford, UK, CAB International (available online) http://www.cabi.org.

Delobel, A. & Tran, M. 1993. Les coléoptères des denrées alimentaires entreposées dans les régions chaudes. Faune tropicale XXXII. Paris, ORSTOM. 424 pp.

EPPO/CABI. 1997. *Trogoderma granarium.* In I. M. Smith, D. G. McNamara, P. R. Scott, & M. Holderness, eds. *Quarantine pests for Europe*, 2nd edition. Wallingford, UK. CAB International. 1425 pp.

EPPO. 2002. Diagnostic protocols for regulated pests, *Trogoderma granarium. Bulletin OEPP/EPPO Bulletin*, 32: 299–310.

2011. PQR-EPPO database on quarantine pests (available online). http://www.eppo.int.

Green, M. 1979. The identification of *Trogoderma variable* Ballion, *T. inclusum* and *T. granarium* Everts (Coleoptera, Dermestidae), using characters provided by their genitalia. *Entomologists Gazette*, 30: 199–204.

Haines, C. P. (ed.) 1991. Insects and arachnids of tropical stored products: their biology and identification (a training manual). Chatham Maritime, UK, Natural Resources Institute. 246 pp.

Háva, J. 2003. *World catalogue of the Dermestidae (Coleoptera)*. Studie a zprávy Okresního muzea Praha-Východ, Supplementum 1. 196 pp.

2004. World keys to the genera and subgenera of Dermestidae (Coleoptera) with descriptions, nomenclature and distributional records. *Acta Musei Nationalis Pragae*, *Series B*, *Natural History*, 60 (3 – 4): 149 – 164.

2011. Dermestidae of the world (Coleoptera). Catalogue of the all known taxons. Available online: http://www.dermestidae.wz.cz/catalogue-of-the-all-known-taxons.pdf, accessed January 2012.

Hinton, H. E. 1945. *A monograph of the beetles associated with stored products*, Vol. 1. London, British Museum (Natural History). 443 pp.

Kingsolver, J. M. 1991. Dermestid beetles (Dermestidae, Coleoptera). *In* J. R. Gorham, ed. *Insect and mite pests in food. An illustrated key*, pp. 113 – 136. Washington, DC, USDA ARS and USDHHS, PHS, Agriculture Handbook No. 655, Vol. 1: 324 pp.

2002. Dermestidae. *In* R. H. Arnett Jr., M. C. Thomas, P. E. Skelley, & J. H. Frank, eds. *American beetles*, Vol. 2, pp. 228 – 232. Boca Raton, Florida, CRC Press. 861 pp.

Lawrence, J. F. (coordinator). 1991. Order Coleoptera. *In* F. W. Stehr, ed. *Immature insects*, pp. 144 – 658. Dubuque, Iowa, Kendall/Hunt, Vol. 2. xvi + 975 pp.

Lawrence, J. F. & Britton, E. B. 1991. Coleoptera (beetles). *In* CSIRO, ed. *Insects of Australia*, 2nd edition, Vol. 2, pp. 543 – 683. Carlton, Melbourne University Press. 2 vols, xvi + 1137 pp.

1994. *Australian beetles*. Carlton, Melbourne University Press. x + 192 pp.

Lawrence, J. F., Hastings, A. M., Dallwitz, M. J., Paine, T. A. & Zurcher, E. J. 1999a. Beetle larvae of the world: Descriptions, illustrations, and information retrieval for families and subfamilies. CD-ROM, Version 1.1 for MS-Windows. Melbourne, CSIRO Publishing.

1999b. Beetles of the world: A key and information system for families and subfamilies. CDROM, Version 1.0 for MS-Windows. Melbourne, CSIRO Publishing.

Lindgren, D. L., Vincent, L. E. & Krohne, H. E. 1955. The Khapra beetle, *Trogoderma granarium* Everts. *Hilgardia*, 24 (1): 1 – 36.

Maximova, V. I. 2001. Идентификация капрового жука, *Защита и карантин растиений*, 4: 31.

Mitsui, E. 1967. [On the identification of the Khapra beetle.] *Reports of the Japan Food Research Institute*, Tokyo, 22: 8 – 13. (in Japanese)

Mordkovich, Ya. B. & Sokolov, E. A. 1999. Определитель карантинных и других опасных вредителей сырья, продуктов запаса и посевного материала, Колос, Москва: 384.

2000. Выявление капрового жука в складских помещниях, *Защита и карантин растиений*, 12: 26 – 27.

Mound, L. (ed.) 1989. Common insect pests of stored food products. A guide to their identification. London, British Museum (Natural History). 68 pp.

Mroczkowski, M. 1968. Distribution of the Dermestidae (Coleoptera) of the world with a catalogue of all known species. *Annales Zoologici*, 26 (3): 1 – 191.

OIRSA. 1999a. Trogoderma granarium Everts. In OIRSA, Hojas de Datos sobre Plagas y Enfermedades de Productos Almacenados de Importancia Cuarentenaria y/o Económica para los Países Miembros del OIRSA, pp. 120 – 145. El Salvador, OIRSA. Vol. 6. 164 pp.

1999b. Trogoderma variabile Ballion. In OIRSA, Hojas de Datos sobre Plagas y Enfermedades de Productos Almacenados de Importancia Cuarentenaria y/o Económica para los Países Miembros del OIRSA, pp. 146 – 161. El Salvador, OIRSA. Vol. 6. 164 pp.

Okumura, G. T. & Blanc, F. L. 1955. Key to species of *Trogoderma* and to related genera of Dermestidae commonly encountered in stored grain in California. *In* California Legislature Joint Interim Committee on Agricultural and Livestock Problems, *Special Report on the Khapra Beetle*, Trogoderma granarium, pp. 87 – 89. Sacramento, California.

PaDIL. 2011. Khapra beetle (*Trogoderma granarium*). Pest and Diseases Image Library (PaDIL), available online: http://www.padil.gov.au/pests-and-diseases/Pest/Main/135594, accessed 15 November 2011.

Pasek, J. E. 1998. *Khapra beetle* (Trogoderma granarium *Everts*): *Pest-initiated pest risk assessment*. Raleigh, NC, USDA. 46 pp.

Peacock, E. R. 1993. Adults and larvae of hide, larder and carpet beetles and their relatives (Coleoptera: Dermestidae) and of derontid beetles (Coleoptera: Derontidae). Handbooks for the identification of British insects No. 5, Royal Entomological Society, London. 144 pp.

Rees, B. E. 1943. Classification of the Dermestidae (larder, hide, and carpet beetles) based on larval characters, with a key to the North American genera. USDA Miscellaneous Publication No. 511. 18 pp.

Rees, D. P. 2004. *Insects of stored products*. Melbourne, Australia, CSIRO Publishing; London, UK, Manson Publishing. viii + 181 pp.

Saplina, G. S. 1984. Обследование складских помещений с помощью ловушек. *Защита растиений*, 9: 38.

Sinha, A. K. & Sinha, K. K. 1990. Insect pests, *Aspergillus flavus* and aflatoxin contamination in stored wheat: A survey at North Bihar (India). *Journal of Stored Products Research*, 26 (4): 223 – 226.

Strong, R. G. & Okumura, G. T. 1966. *Trogoderma* species found in California, distribution, relative abundance and food habits. *Bulletin, Department of Agriculture, State of California*, 55: 23 – 30.

Varshalovich, A. A. 1963. Капровый жук-опаснейший вредитель пищевых запасов. Сельхоиздат, Москва: 1 – 52.

Zhang, S. F., Liu H. & Guan, W. 2007. [Identification of larvae of 8 important species from genus *Trogoderma*], *Plant Quarantine*, 21 (5): 284 – 287 (in Chinese).

9 图片

图1 谷斑皮蠹（*Trogoderma granarium*）对储藏物的侵害症状

(A) 被破坏的小麦粒，(B) 受侵染的油菜籽，(C) 小麦粒被彻底破坏（粉末及残余麦粒），(D) 被幼虫脱皮壳污染的储藏物

(图片由 Pawe Olejarski, Instytut Ochrony Roślin-Państwowy Instytut Badawczy, Poznań, Poland 提供)

图2　谷斑皮蠹（*Trogoderma granarium*）
（A）雌成虫，（B）雌虫（左）和雄虫（右）的形态比较，（C）低龄幼虫，（D）老熟幼虫
比例尺：（A）、（B）、（D）为2mm，（C）为1mm

［图片（A），由Tomasz Klejdysz，Instytut Ochrony Roślin-Państwowy Instytut Badawczy，Poznań，Poland提供；（B）、（D），由Ya. B. Mordkovich and E. A. Sokolov，All-Russian Plant Quarantine Centre，Bykovo Russia提供；（C），由Cornel Adler，Julius Kühn-Institut（JKI），Germany提供］

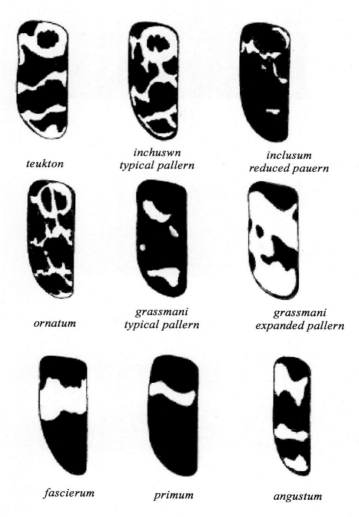

图3　斑皮蠹属（*Trogoderma* spp.）昆虫鞘翅斑纹（Beal，1954）

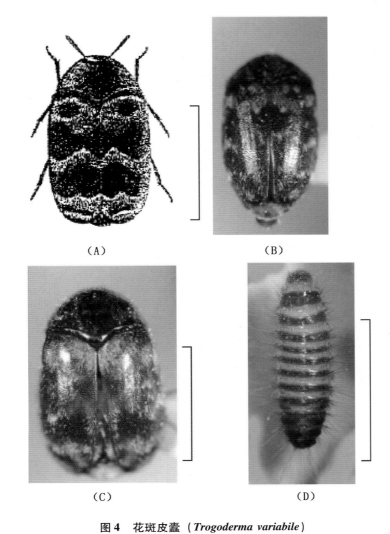

图 4 花斑皮蠹（*Trogoderma variabile*）

（A）成虫示意图，（B）雄虫，（C）雌虫，（D）幼虫 比例尺：2mm

［图片（A），由 OIRSA（1999b）提供；（B）~（D），由 Ya. B. Mordkovich and E. A. Sokolov，All-Russian Plant Quarantine Centre，Bykovo，Russia 提供］

图 5 花斑皮蠹（*Trogoderma variabile*）

左，退化型；中，典型型；右，增强型（Beal，1954）

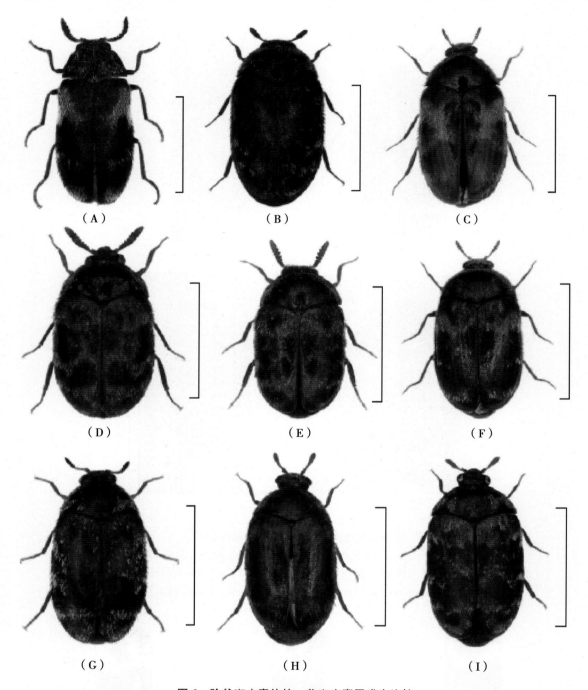

图6 除谷斑皮蠹外的一些斑皮蠹属成虫比较

（A）长斑皮蠹（*T. angustum*），（B）黑斑皮蠹（*T. glabrum*），（C）葛氏斑皮蠹（*T. grassmani*），（D）肾斑皮蠹（*T. inclusum*），（E）饰斑皮蠹（*T. ornatum*），（F）简斑皮蠹（*T. simplex*），（G）胸斑皮蠹（*T. sternale*），（H）花斑皮蠹（*T. variabile*），（I）拟肾斑皮蠹（*T. versicolor*）。 比例尺：2mm

（图片由 Tomasz Klejdysz, Instytut Ochrony Roślin-Państwowy Instytut Badawczy, Poznań, Poland 提供）

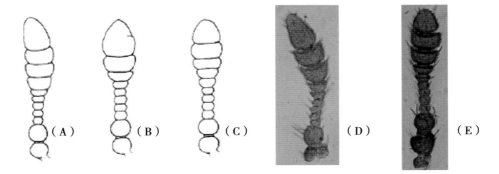

图 7 谷斑皮蠹（*Trogoderma granarium*）触角
（A）、（D）雄虫正常触角，（B）雌虫触角，节数减少，（C）、（E）雌虫正常触角
[图片 A~C，由 Beal（1956）提供，D、E，由 Ya. B. Mordkovich and E. A. Sokolov,
All-Russian Plant Quarantine Centre, Bykovo, Russia 提供]

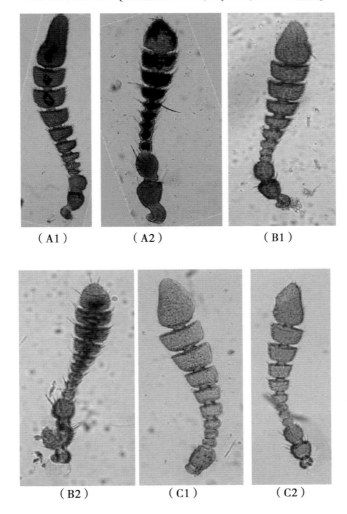

图 8 一些斑皮蠹属昆虫的触角
（A）花斑皮蠹（*T. variabile*），（B）黑斑皮蠹（*T. glabrum*），（C）条斑皮蠹（*T. teukton*）
1. 雄虫正常触角，2. 雌虫正常触角
（图片由 Ya. B. Mordkovich and E. A. Sokolov, All-Russian Plant Quarantine Centre, Bykovo, Russia 提供）

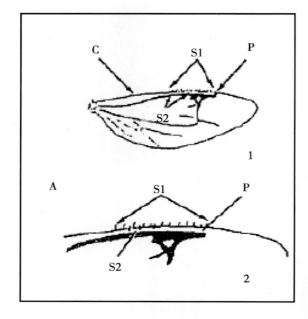 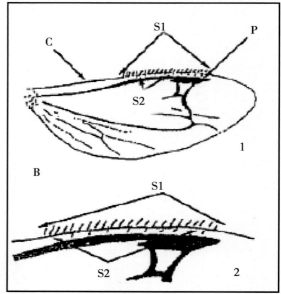

图 9 后翅形态图示

（A）谷斑皮蠹（*Trogoderma granarium*）（Maximova，2001）前缘脉上最多具 14（平均 10）根 S1 刚毛，在前缘脉和翅痣间具 2~5 根 S2 刚毛或无（平均 2 根）；（B）花斑皮蠹（*Trogoderma variabile*）和黑斑皮蠹（*T. glabrum*）具 16 根或更多的 S1 刚毛。

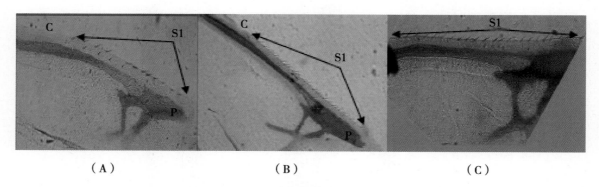

图 10 后翅形态

（A）谷斑皮蠹（*T. granarium*），（B）黑斑皮蠹（*T. glabrum*），（C）花斑皮蠹（*T. variabile*）

（图片由 Ya. B. Mordkovich and E. A. Sokolov,

All-Russian Plant Quarantine Centre, Bykovo, Russia 提供）

详细资料：1. 普通翅型，2. 放大的翅前缘部分（C. 前缘脉，P. 翅痣，S1. 前缘脉上的刚毛，S2. 前缘脉和翅痣间的小刚毛）。由于其他种的 S2 刚毛数量尚不清楚，所以该特征不作为诊断特征。

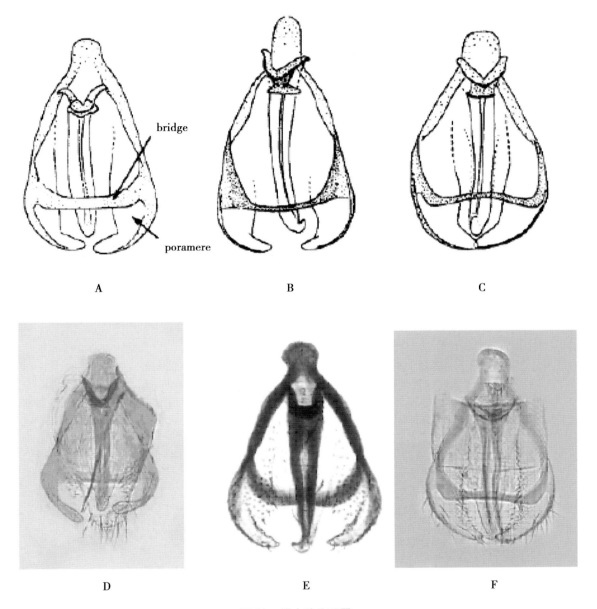

图 11 雄虫外生殖器

(A)、(D) 谷斑皮蠹 (*Trogoderma granarium*), (B) 肾斑皮蠹 (*T. inclusum*), (C)、(F) 花斑皮蠹 (*T. variabile*), (E) 黑斑皮蠹 (*T. glabrum*)

[图片 (A) ~ (C) 由 Green (1979) 提供, (D) ~ (F) 由 Ya. B. Mordkovich and E. A. Sokolov, All-Russian Plant Quarantine Centre, Bykovo, Russia 提供]

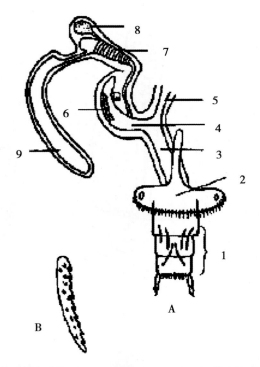

图12 谷斑皮蠹（*Trogoderma granarium*）雌虫外生殖器

（A）外生殖器全貌，（B）交配囊中的一块齿状骨片（Varshalovich，1963）

详细资料：1. 产卵器，2. 第7腹节骨片，3. 阴道，4. 交配囊，5. 输卵管，6. 交配囊上的两个齿状骨片，7. 受精囊上的波纹状部分，8. 受精囊，9. 副腺

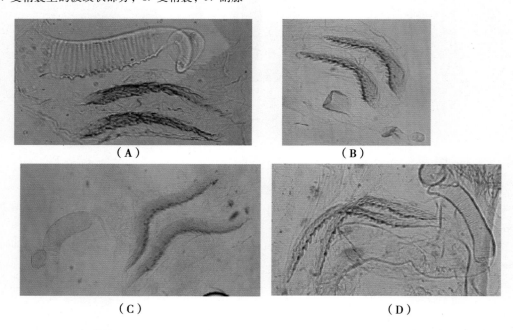

图13 各种斑皮蠹属昆虫的雌虫外生殖器交配囊上的齿状骨片

（A）谷斑皮蠹（*T. granarium*），（B）花斑皮蠹（*T. variabile*），
（C）黑斑皮蠹（*T. glabrum*），（D）条斑皮蠹（*T. teukton*）

（图片由 Ya. B. Mordkovich and E. A. Sokolov，All-Russian Plant Quarantine Centre，Bykovo，Russia 提供）

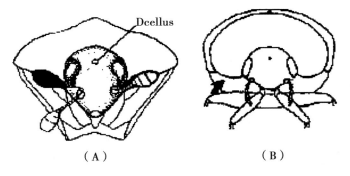

图 14 触角窝

（A）从前面观，触角窝明显可见［圆皮蠹属（Anthrenus）］，触角紧密生于触角窝中；（B）从前面观，看不见触角窝［斑皮蠹属（Trogoderma）］，触角不紧密生于触角窝中

［图片（A），由 Mound（1989），copyright：Natural History Museum，London，UK 提供；（B），由 Kingsolver（1991）提供］

图 15 皮蠹属（Dermestes）成虫

（A）火腿皮蠹（D. lardarius），（B）白腹皮蠹（D. maculates）　　比例尺：2mm

（图片由 Marcin Kadej，Instytut Zoologiczny，Uniwersytet Wrocławski，Wrocław，Poland 提供）

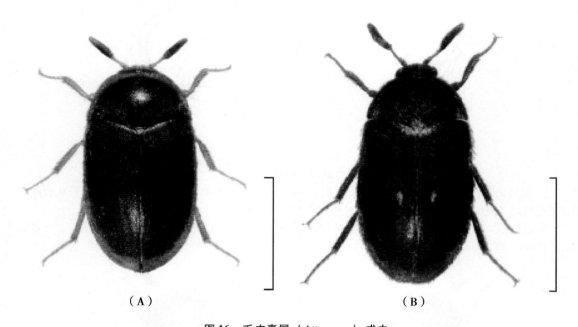

图 16 毛皮蠹属（*Attagenus*）成虫

（A）黑毛皮蠹（*A. unicolor*），（B）二星毛皮蠹（*A. pelio*） 比例尺：2mm

（图片由 Marcin Kadej, Instytut Zoologiczny, Uniwersytet Wroctawski, Wroctaw, Poland 提供）

图 17 小圆皮蠹（*Anthrenus verbasci*）成虫

比例尺：2mm

（图片由 Marcin Kadej, Instytut Zoologiczny, Uniwersytet Wrocławski, Wrocіaw, Poland 提供）

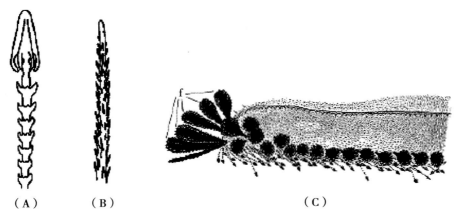

图18 幼虫刚毛

（A）箭刚毛（hastiseta），（B）芒刚毛（spiciseta），（C）卡氏斑皮蠹（*Trogoderma carteri*）幼虫第1腹板上的裂刚毛（f）（fiscisetae）

［图片（A）、（B）由 Varshalovich（1963）提供；（C）由 Beal（1960）提供］

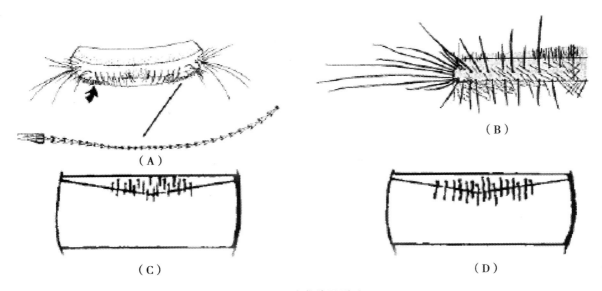

图19 腹背片及刚毛

（A）花斑皮蠹（*Trogoderma variabile*）幼虫腹板片上有膨大的箭刚毛，（B）花斑皮蠹（*T. variabile*）第1腹背片，（C）花斑皮蠹（*T. variabile*）第1腹背片前缘刚毛向尾部伸展不超过前脊沟，（D）第1腹背片前缘刚毛向尾部伸展超过前脊沟（除花斑皮蠹外的其他斑皮蠹）

［图片（A），由 Kingsolver（1991）提供；（B），由 Beal（1954）提供；（C）、（D），由 OIRSA（1999a）提供］

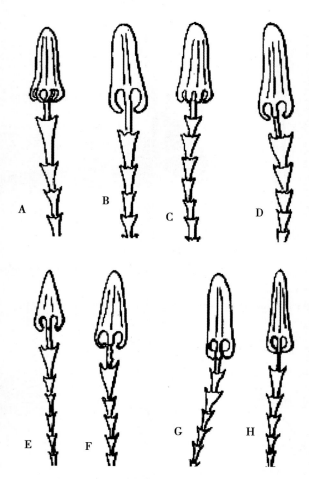

图 20　斑皮蠹属各种幼虫的箭刚毛比较

(A)、(B) 谷斑皮蠹 (*T. granarium*)，(C)、(D) 黑斑皮蠹 (*T. glabrum*)，(E)、(F) 花斑皮蠹 (*T. variabile*)，(G)、(H) (*T. inclusum*) (肾斑皮蠹)

[图片由 Peacock (1993)，copyright: Natural History Museum, London, UK 提供]

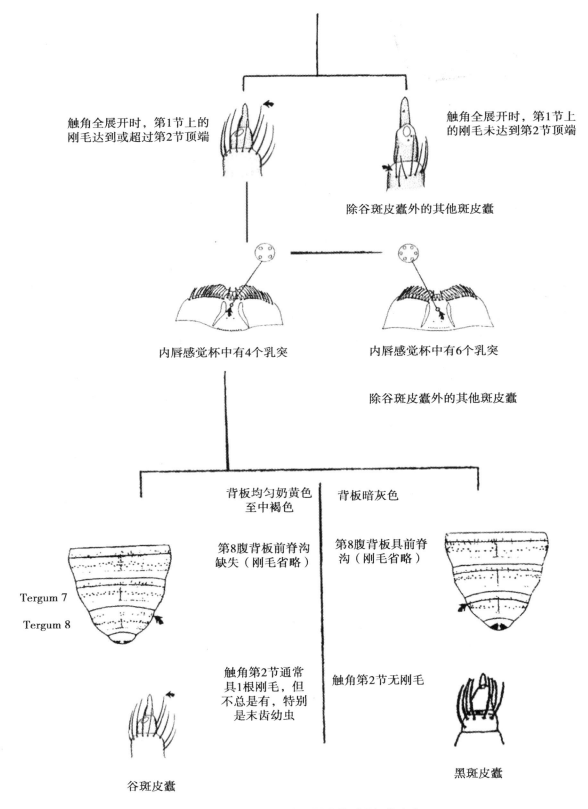

图 21　谷斑皮蠹与斑皮蠹属昆虫鉴别图解检索表
（图片由 Kingsolver，1991；OIRSA，1999a 提供）

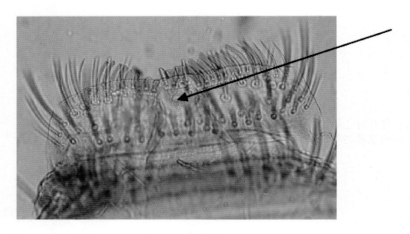

图 22　斑皮蠹属幼虫内唇感觉杯中的乳突（箭头处）

（图片由 Ya. B. Mordkovich and E. A. Sokolov，All-Russian Plant Quarantine Centre，Bykovo，Russia 提供）

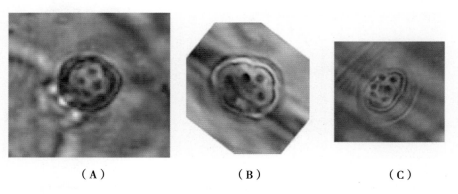

图 23　乳突

（A）谷斑皮蠹（*T. granarium*）幼虫感觉杯中有 4 个乳突，（B）花斑皮蠹（*T. variabile*）感觉杯中有 6 个乳突，（C）黑斑皮蠹（*T. glabrum*）感觉杯中有 6 个乳突

（图片由 Ya. B. Mordkovich and E. A. Sokolov，All-Russian Plant Quarantine Centre，Bykovo，Russia 提供）

发布历史

2004-11 SC added subject 2004-006 under technical area 2006-007: Insects and mites

2006-04 CPM-1 added topic diagnostic protocol for *Trogoderma granarium* (2004-006)

2008-09 SC approved for member consultation via e-mail 2011-06 member consultation

2012-03 CPM-7 adopted Annex 3 to ISPM 27

ISPM 27.2006: Annex 3 *Trogoderma granarium* Everts (2012)

2012年4月最后修订。

ISPM 28

植物卫生措施国际标准 ISPM 28

规定有害生物植物卫生处理

PHYTOSANITARY TREATMENTS FOR REGULATED PESTS

(2007 年)

IPPC 秘书处

发布历史

本部分不属于标准正式内容。

2004-04 ICPM-6 added topic Phytosanitary treatments for regulated pests (2004-028)

2004-11 SC approved Specification 22 Research protocols for phytosanitary measures

2005-08 TPPT developed draft text and sent for MC

2005-10 MC under fast-track process

2005-11 SC requested further review

2006-05 SC revised draft text and approved for MC

2006-06 Sent for MC

2006-11 SC revised draft text

2007-03 CPM-2 adopted standard

ISPM 28. 2007. *Phytosanitary treatments for regulated pests*. Rome, IPPC, FAO.

每个附件的发布情况见各附件。

2011 年 8 月最后修订。

目 录

批准

引言

范围

参考文献

定义

要求概述

背景

要求

1　目的及用途

2　处理方法提交及采纳程序

3　植物卫生处理要求

3.1　信息综述

3.2　支持提交植物卫生处理方法的处理效果数据

3.2.1　在实验室/对照条件下的处理效果数据

3.2.2　在实际操作条件下的处理效果数据

3.3　可行性和适用性

4　对所提交处理方法的评估

5　植物卫生处理方法公布

6　对处理方法的复审及重新评估

附件1（2011）已批准的附件目录

附录1（PT1）墨西哥按实蝇（*Anastrepha ludens*）辐照处理（2009）

附录2（PT2）西印度按实蝇（*Anastrepha obliqua*）辐照处理（2009）

附录3（PT3）山榄按实蝇（*Anastrepha serpentina*）辐照处理（2009）

附录4（PT4）澳洲果实蝇（*Bactrocera jarvisi*）辐照处理（2009）

附录5（PT5）昆士兰果实蝇（*Bactrocera tryoni*）辐照处理（2009）

附录6（PT6）苹果蠹蛾（*Cydia pomonella*）辐照处理（2009）

附录7（PT7）实蝇科（普通）辐照处理（2009）

附录8（PT8）苹果绕实蝇（*Rhagoletis pomonella*）辐照处理（2009）

附录9（PT9）梅球茎象（*Conotrachelus nenuphar*）辐照处理（2009）

附录10（PT10）梨小食心虫（*Grapholita molesta*）辐照处理（2010）

附录11（PT11）梨小食心虫（*Grapholita molesta*）（缺氧条件下）辐照处理（2010）

附录12（PT12）丽甘薯象（*Cylas formicarius elegantulus*）辐照处理（2011）

附录13（PT13）西印度甘薯象（*Euscepes postfasciatus*）辐照处理（2011）

附录14（PT14）地中海实蝇（*Ceratitis capitata*）辐照处理（2011）

批准

本标准于 2007 年 3 月经 CPM 第 2 次会议批准。如果附件批准信息与核心文本有出入，请见各附件。

引言

范围

本标准介绍了经 CPM 评估并采纳的植物卫生处理方法。标准同时描述了植物卫生处理方法效果的评估和提交要求，以及其他可用于植物卫生措施的植物卫生处理方法的相关信息。处理方法若经批准，将列在附件中，作为植物卫生措施。

植物卫生处理是为了控制规定应检物中的规定有害生物，且主要是针对国际贸易货物。这些业已批准的处理方法，是控制规定有害生物必须达到规定效果的最低要求。

本标准不包括杀虫剂注册或其他在国内批准的处理要求（如辐照处理）[①]。

参考文献

IPPC. 1997. *International Plant Protection Convention.* Rome，IPPC，FAO.

ISPM 5. *Glossary of phytosanitary terms.* Rome，IPPC，FAO.

ISPM 11. 2004. *Pest risk analysis for quarantine pests including analysis of environmental risks and living modified organisms.* Rome，IPPC，FAO.

定义

本标准引用的植物卫生术语定义，见 ISPM 5（植物卫生术语表）。

要求概述

协调一致的植物卫生处理方法，为植物卫生措施提供了广泛的支持，并促进对处理效果的相互认可。本标准附录所列出的植物卫生处理方法，都已经为 CPM 批准。

NPPOs 和 RPPOs 可以提交处理效果评估、可行性和适用性数据及其他相关信息。这些信息应该包括处理的详细记述，如处理效果数据、联系人姓名、提交处理方法的根据。处理合格评定，包括机械、化学、物理、辐照及气调处理等。处理效果数据，应该清楚明白，最好注明处理条件，如在实验室、对照和实际操作条件下等。关于处理的可行性和适用性问题，应该注明其处理成本、商业适用性、处理技术的专业要求及其通用性。

植物卫生处理技术小组（TPPT），将对所提交的完整信息进行研究，如果合适，将向 CPM 推荐，并建议批准采纳。

背景

根据 IPPC 第一条第 1 款"为了确保防止植物及其产品有害生物的扩散及传入，共同采取有效行动，适当提高控制措施"（IPPC，1997）的规定，缔约方可以将植物卫生处理作为植物卫生措施，对规定应检物进行处理，从而防止规定有害生物的传入和扩散。

IPPC（1997）第七条第 1 款的规定是："为了防止规定有害生物传入和/或扩散，进口缔约方有权根据切实可行的国际协定，对进口植物、植物产品和其他规定应检物做出规定。"

（a）对所涉及的进口植物、植物产品和其他规定应检物制定或采取植物卫生措施，包括检查、

---

① 本标准规定的植物卫生处理条款，不是另外增加缔约方的责任，要求其在国内批准、注册或采用

禁止进口和处理。

缔约方采取植物卫生措施，应该符合技术合理性要求（参见 IPPC 第七条第 2 款第 a 项，1997）。

NPPOs 采取植物卫生处理，以防止规定有害生物传入和扩散。这些处理方法，大多数有广泛研究数据支持，而其他方法也是基于历史资料。实际上，在处理规定有害生物时，许多国家采取了相同或相似的方法。但是，相互认可，常常是一个复杂且困难的过程。此外，对处理效果的评估，既不曾有国际上公认的组织和评估方法，也没有建立一个中心信息库，将这些处理方法存入其中。2004 年，植物卫生措施临时委员会（ICPM）在第六次会议上指出，有必要就重大植物卫生处理的国际性认可问题达成共识，并同意组建植物卫生处理技术小组（TPPT）。

要求

1 目的及用途

协调一致的植物卫生处理方法，为采取植物卫生措施提供了广泛的根据，并能加强 NPPOs 之间对处理效果的相互认可，从而促进国际贸易。此外，这些处理方法，对于开发专业技术，加强技术合作是大有裨益的。在处理同类有害生物或规定应检物时，NPPOs 不必一定要采用这些处理方法，也可以采取其他植物卫生处理方法。

所批准的植物卫生处理方法，要么是为了杀死有害生物、将其灭活或清除，要么是让有害生物失去繁殖力和生命力（达到一定指标），而且主要应用在国际贸易中。但每种处理方法的效果、专一性和适用性，应该尽量注明。NPPOs 可以根据相关情况，按这些标准选择一种或者多种处理方法。

当要求采取进口植物卫生处理措施时，缔约方应该考虑以下几点：

—— 缔约方要采取植物卫生措施，应该符合技术合理性规定。

—— 列入本标准附录中的植物卫生处理方法，是符合 ISPM 规定的，因而应予以考虑。

—— 进口缔约方立法机构，可能会阻止某些措施在其国内获得批准，因此如果可能，应该尽量采取等效处理措施。

2 处理方法提交及采纳程序

按照 IPPC"标准设立程序"及 IPPC"标准设立工作计划关于确定题目的程序及标准"规定，要提交标准，首先要提交标准题目（包括处理方法题目）。这些程序，可以从植物卫生国际门户网（https://www.ippc.int）上查询。

特别是如下情形，适合于植物卫生处理：

—— 一旦处理方法题目（如水果实蝇处理、木材害虫处理等）列入 IPPC 标准设立工作计划，IPPC 秘书处就会在标准委员会的指导下（根据 TPPT 的建议），按要求提交该题目及相关处理数据。

—— NPPOs 或者 RPPOs 向秘书处提交处理方法（按第 3 项要求，并随附相关信息）。

—— 只有符合本标准所列的处理方法，且由 NPPOs 或 PRROs 认可、并已在国内批准的，才能提交。这些处理方法包括但不仅限于机械、化学、辐照、物理（热处理、冷冻处理）及气调处理。NPPOs 和 PRROs 在提交植物卫生处理方法之前，还应该考虑其他因素，诸如对人类健康及安全、动物卫生和环境的影响（见 IPPC 序言，第一条第 1 款，第三条，1997）。此外，还应该考虑到规定应检物的质量和预期用途问题。

—— 对处理方法的提交，应该按第 3 项规定进行评估。如果提交得太多，TPPT 将和标准委员会协商，对他们的优先性做出排序。

—— 如果处理方法达到了第 3 项规定的要求，将结合评估报告和综述信息，向标准委员会提交，并依次进入 IPPC 标准设立程序。技术小组的信息综述报告和标准委员会（SC）报告，将向缔约方通报。其详细信息（如果不涉及保密问题），也将根据要求由秘书处通报。

——CPM 将决定采纳或拒绝某个处理方法。如果采纳批准，该方法就会添加到本标准的附录中。

3 植物卫生处理要求

按本标准规定，植物卫生处理应该满足如下要求：

——能有效杀死有害生物、使其失活或将其清除，或者让其丧失繁殖力或生命力。处理效果应该达到规定标准（量化或按统计方法表述）。如果无法得到实验数据，或者数据不全，则需要提供其他处理效果证据（如历史资料、实际信息或经验数据）。

——处理方法名称。档案完整，足以表明处理效果数据是来自适当的科学方法，包括相应的实验设计。处理数据应该是能验证的、可重复的，是根据统计方法或国际惯例的。这些研究成果，最好是已经发表在经过认真审查的杂志上。

——处理方法易行、适用，主要应用于国际贸易或其他目的。

——不产生植物毒素，无其他副作用。

提交的植物卫生处理方法应该包括如下内容：

——信息综述。

——植物卫生处理效果数据。

——方法的可行性和适用性信息。

3.1 信息综述

信息综述由 NPPOs 或 RPPOs 向秘书处提交，内容包括：

——处理方法名称。

——NPPOs 或 RPPOs 名称、联系信息。

——负责提交处理方法的联系人姓名及详细信息。

——处理方法描述（活性成分）、处理方式、规定应检物、规定有害生物、处理方案及其他相关信息。

——提交根据，包括与现行 ISPMs 的关系。

提交时，应该采用 IPPC 秘书处提供的正式文本格式，可查询植物卫生国际门户网（https://www.ippc.int）。

此外，NPPOs 或 RPPOs 应该对参与该题目的实验室、组织和/或科学家的资历或专业技能作出描述，包括取得的植物卫生处理实验数据，还包括植物卫生处理方法的制定和/或处理检测的质量保证体系及认证计划。在评估提交的数据时，这些信息将予以考虑。

3.2 支持提交植物卫生处理方法的处理效果数据

在提交处理方法时，所有处理效果数据都应该提供（包括已发表的或未发表的）。这些支持数据应该清楚明了且系统完整。对处理效果提出任何要求，都必须用数据来证明。

3.2.1 在实验室/对照条件下的处理效果数据

在处理目标有害生物时，应该对其发育世代做出明确规定。因为通常要求对国际贸易货物进行处理时，就是针对某些虫期。在某些情况下，如有害生物在规定应检物中，可能发生几个世代，则应该选取其中最具抗性的世代进行实验。当然，在实际工作中，为了防止有害生物，也会考虑有害生物的敏感世代，或者其他虫态。如果提供的处理效果数据不是有害生物最具抗性的世代（如有害生物最具抗性的世代与规定应检物不相关），则应该提供根据。针对特定有害生物的特定世代采取植物卫生处理措施，在提供处理效果数据时，还应该提供其统计置信度水平信息。

如果可能，数据中应该包括确定有效剂量的方法、处理方法的有效范围（如处理效果—剂量曲线）。在通常情况下，对处理效果进行评估，只是针对它们在实验条件下取得的结果。但是，如果处理范围扩大了（如温度范围扩大，含有其他植物品种或有害生物），就应该提供其他补充信息，以便于进行推断。如果所提供信息足以证明处理效果有效，就只需要对相关实验室的初步实验情况作一个综述。实验材料和方法，应该适合实际的处理要求，能达到规定的处理效果。

所提供数据的详细信息，应包括但不只限于以下内容：

有害生物信息

—— 有害生物名称（如属、种、品系、生物型、生理小种）、发育世代、实验室品系或野生品系。

—— 有害生物的培养、饲养或生长条件。

—— 被处理的有害生物的生物学习性（如生存能力、遗传变异性、重量、发育时间、发育世代、繁殖力、是否感病或被寄生）。

—— 自然或人为侵害方法。

—— 最具抗性的有害生物及发育世代（在规定应检物中的）。

规定应检物信息

—— 规定应检物种类及预期用途。

—— 植物或产品的植物学名称（可用的）。

· 种/品种。对不同品种的处理要求，要视该品种对处理效果的影响情况而定，所要提供的数据就是为了证明能够达到这些要求。

—— 植物或植物产品的状况，如：

· 是否未受目标有害生物的侵染（害）、未遭受有害生物的干扰，未被杀虫剂残留污染。

· 大小、形状、重量、成熟度、品质等。

· 是否在作物的易感生长季节被侵染。

· 收获后的储藏条件。

实验参数

—— 实验室实验结果的置信度水平，由统计方法及其计算数据所决定（包括处理数、重复数和对照）。

—— 实验设备及设施。

—— 实验设计（随机化的全模块设计）。

—— 实验条件（温度、相对湿度、昼夜周期）。

—— 临界监控参数（如暴露时间、剂量、规定应检物温度、环境温度及相对湿度）。

—— 对处理效果的测定方法（如死亡率是否适当、终点死亡率估算时间是否正确、处理死亡率、处理不育率、对照死亡率及对照不育率）。

—— 对超过临界参数之外的处理效果确定，如果可能，应包括暴露时间、剂量、温度、相对湿度、水分含量、大小、密度。

—— 对为害植物的毒性物质的测量方法（如果可能）。

—— 放射剂量检测系统、检测方法校正、检测方法精确度（针对辐照处理）。

3.2.2 在实际操作条件下的处理效果数据

当有足够的数据表明，在实际操作时处理结果是有效的，即使没有完成第3.2.1项的程序，这个处理方法也是可以提交评估的。如果处理方法是根据实验室条件建立的，就需要按实际操作条件，或模拟实际操作条件作测试验证。这些测试结果，应该能够确保将来所采用的处理方法，其效果达到规定要求。

如果实际处理条件与实验条件不同，则要注明对测试方案的修订情况。可以用初始测定结果作为参照，对实际操作处理方法进行改进，从而确定有效剂量（如温度、化学药剂、辐照处理）。

有时候，达到有效剂量的处理方法会与实验室方法不同，这些需要经过推断的实验室数据，都应该提供。

第3.2.1项要求的数据在这里也应该提供。至于其他数据，就看处理是在收获前或收获后，其内容包括：

—— 影响处理效果的因素［如收获前/后处理：包装种类、包装方法、码垛、处理时间（在包装或加工前/后，或在运输途中，抑或到达后）］。处理的各种情况均应该注明，比方包装对处理效果的影响、各种处理情况的数据。

—— 临界监控参数（如暴露时间、剂量、温度、规定应检物温度、环境温度、相对湿度），如：
- 气体取样点的数量及设置情况（熏蒸）。
- 湿度/温度传感器数量及设置情况。

此外，影响处理成败的特殊程序（如为了保持规定应检物的品质）应该记录进去。

3.3 可行性和适用性

为了评估植物卫生处理方法的可行性和适用性，应该尽可能提供如下信息：

—— 开展植物卫生处理的程序（包括使用是否方便、对操作人员的危险性、技术复杂性、必要的培训、必要的设备、必需的设施）。
—— 代表性处理设施及其费用、处理费用。
—— 商业适用性，包括费用的可承受性。
—— 其他 NPPOs 已批准作为植物卫生措施的应用范围。
—— 植物卫生处理的专业技术可行性。
—— 植物卫生处理方法的通用性（已应用的国家、有害生物种类和商品类是否广泛）。
—— 对其他植物卫生处理的辅助作用（如在对某种有害生物采取系统方法时，可作为其中的一种处理措施，或对其他有害生物进行处理时有辅助作用）。
—— 对可能产生的副作用进行综述（包括对环境、非目标生物、人类及动物健康的影响）。
—— 能否适用于对规定应检物/有害生物的处理。
—— 技术服务期限。
—— 为害植物的毒素及其他因素对规定应检物品质的影响。
—— 目标生物对处理产生抗性的风险。

在处理程序中，应该充分描述在商业处理应用时的处理方法。

4 对所提交处理方法的评估

在提交处理方法时，只有按第3项规定提供了全部信息，TPPT才会考虑评估。在信息评估时，亦按第3项要求进行。

如果注明了信息是保密的，将会得到尊重。这时，应该将保密信息及所提交的方法确认清楚。若保密信息是采纳该处理方法所必需的，将要求提交者公布这些信息。如果不同意公布，在批准处理方法时，可能会受到影响。

只有当规定应检物和目标生物经过测试，其条件符合测试要求，这些处理方法才能够被采纳批准。否则，需要推断（如将处理方法应用于一类有害生物，或一类规定应检物）的，就需要提供相关支持数据。

如果提交处理方法不符合第3项规定，就会将该信息提交给联络点，并通报原因。也建议提供其他补充信息，或开展进一步工作（如开展研究、田间试验和分析）的信息。

5 植物卫生处理方法公布

植物卫生处理方法经 CPM 采纳批准后，将列入本标准附件1的附录中。

6 对处理方法的复审及重新评估

如果有新信息可能对 CPM 现行处理方法产生影响，各缔约方均应该向 IPPC 秘书处提供此类信息。TPPT 将按标准设立正规程序对数据进行审查，对处理方法作出适当修订。

本附件仅作参考，不属于标准正式内容。2011 年 9 月由 IPPC 秘书处更新。

附件 1（2011） 已批准的附录目录

下列规定有害生物的植物卫生处理方法已由 CPM 批准为 ISPM 28:2007 的附录。这些处理方法文件，可在 IPP（https://www.ippc.int）上单独查询。

附录按目标有害生物、规定应检物和处理方法排列。

按目标规定有害生物排列的附录

目标有害生物	分类信息	目标规定应检物	处理方法	处理时间表（如活性成分、剂量）（最低吸收剂量）	附录号（PT No.）	批准年份
墨西哥按实蝇 *Anastrepha ludens*	实蝇科	水果及蔬菜	辐照	70 Gy	1	2009
西印度按实蝇 *A. obliqua*	实蝇科	水果及蔬菜	辐照	70 Gy	2	2009
山榄按实蝇 *A. serpentina*	实蝇科	水果及蔬菜	辐照	100 Gy	3	2009
澳洲果实蝇 *Bactrocera jarvisi*	实蝇科	水果及蔬菜	辐照	100 Gy	4	2009
昆士兰果实蝇 *B. tryoni*	实蝇科	水果及蔬菜	辐照	100 Gy	5	2009
地中海实蝇 *Ceratitis capitata*	实蝇科	水果及蔬菜	辐照	100 Gy	14	2011
梅球茎象 *Conotrachelus nenuphar*	象甲科	水果及蔬菜	辐照	92 Gy	9	2010
苹果蠹蛾 *Cydia pomonella*	卷叶蛾科	水果及蔬菜	辐照	200 Gy	6	2009
丽甘薯象 *Cylas formicarius elegantulus*	三锥象科	水果及蔬菜	辐照	165 Gy	12	2011
西印度甘薯象 *Euscepes postfasciatus*	象甲科	水果及蔬菜	辐照	150 Gy	13	2011
实蝇科（普通）	实蝇科	水果及蔬菜	辐照	150 Gy	7	2009
梨小食心虫 *Grapholita molesta*	卷叶蛾科	水果及蔬菜	辐照	232 Gy	10	2010
梨小食心虫（缺氧条件下）*G. molesta* under hypoxia	卷叶蛾科	水果及蔬菜	辐照	60 Gy	11	2010
苹果绕实蝇 *Rhagoletis pomonella*	实蝇科	水果及蔬菜	辐照	60 Gy	8	2009

按目标规定应检物排列的附录

目标规定应检物	目标有害生物	分类信息	处理方法	处理时间表（如活性成分、剂量）（最低吸收剂量）	附录号（PT No.）	批准年份
水果及蔬菜	墨西哥按实蝇 *Anastrepha ludens*	实蝇科	辐照	70 Gy	1	2009
水果及蔬菜	西印度按实蝇 *A. obliqua*	实蝇科	辐照	70 Gy	2	2009
水果及蔬菜	山榄按实蝇 *A. serpentina*	实蝇科	辐照	100 Gy	3	2009
水果及蔬菜	澳洲果实蝇 *Bactrocera jarvisi*	实蝇科	辐照	100 Gy	4	2009
水果及蔬菜	昆士兰果实蝇 *B. tryoni*	实蝇科	辐照	100 Gy	5	2009
水果及蔬菜	地中海实蝇 *Ceratitis capitata*	实蝇科	辐照	100 Gy	14	2011
水果及蔬菜	梅球茎象 *Conotrachelus nenuphar*	象甲科	辐照	92 Gy	9	2010
水果及蔬菜	苹果蠹蛾 *Cydia pomonella*	卷叶蛾科	辐照	200 Gy	6	2009
水果及蔬菜	丽甘薯象 *Cylas formicarius elegantulus*	三锥象科	辐照	165 Gy	12	2011
水果及蔬菜	西印度甘薯象 *Euscepes postfasciatus*	象甲科	辐照	150 Gy	13	2011
水果及蔬菜	实蝇科（普通）	实蝇科	辐照	150 Gy	7	2009
水果及蔬菜	梨小食心虫 *Grapholita molesta*	卷叶蛾科	辐照	232 Gy	10	2010
水果及蔬菜	梨小食心虫（缺氧条件下） *G. molesta under hypoxia*	卷叶蛾科	辐照	60 Gy	11	2010
水果及蔬菜	苹果绕实蝇 *Rhagoletis pomonella*	实蝇科	辐照	60 Gy	8	2009

按处理方法排列的附录

处理方法	目标有害生物	分类信息	目标规定应检物	处理时间表（如活性成分、剂量）（最低吸收剂量）	附录号（PT No.）	批准年份
辐照	墨西哥按实蝇 *Anastrepha ludens*	实蝇科	水果及蔬菜	70 Gy	1	2009
辐照	西印度按实蝇 *A. obliqua*	实蝇科	水果及蔬菜	70 Gy	2	2009
辐照	山榄按实蝇 *A. serpentina*	实蝇科	水果及蔬菜	100 Gy	3	2009
辐照	澳洲果实蝇 *Bactrocera jarvisi*	实蝇科	水果及蔬菜	100 Gy	4	2009
辐照	昆士兰果实蝇 *B. tryoni*	实蝇科	水果及蔬菜	100 Gy	5	2009
辐照	地中海实蝇 *Ceratitis capitata*	实蝇科	水果及蔬菜	100 Gy	14	2011
辐照	梅球茎象 *Conotrachelus nenuphar*	象甲科	水果及蔬菜	92 Gy	9	2010
辐照	苹果蠹蛾 *Cydia pomonella*	卷叶蛾科	水果及蔬菜	200 Gy	6	2009
辐照	丽甘薯象 *Cylas formicarius elegantulus*	三锥象科	水果及蔬菜	165 Gy	12	2011
辐照	西印度甘薯象 *Euscepes postfasciatus*	象甲科	水果及蔬菜	150 Gy	13	2011
辐照	实蝇科（普通）	实蝇科	水果及蔬菜	150 Gy	7	2009
辐照	梨小食心虫 *Grapholita molesta*	卷叶蛾科	水果及蔬菜	232 Gy	10	2010
辐照	梨小食心虫（缺氧条件下） *G. molesta under hypoxia*	卷叶蛾科	水果及蔬菜	60 Gy	11	2010
辐照	苹果绕实蝇 *Rhagoletis pomonella*	实蝇科	水果及蔬菜	60 Gy	8	2009

此植物卫生处理方法于 2009 年经 CPM 第 4 次会议批准。本附录为 ISPM 28:2007 规定内容。

附录 1（PT1） 墨西哥按实蝇（*Anastrepha ludens*）辐照处理（2009）

处理范围

该处理方法适用于最低吸收剂量为 70 Gy，对水果和蔬菜的辐照处理，从而防止墨西哥按实蝇羽化为成虫，达到其规定效果。该处理应该遵循 ISPM 18:2003[①] 规定的基本要求。

处理描述

处理名称：　墨西哥按实蝇（*Anastrepha ludens*）辐照处理
活性成分：　不详（N/A）
处理类型：　辐照
目标有害生物：墨西哥按实蝇［*Anastrepha ludens*（Loew）］（Diptera：Tephritidae）
目标应检物：墨西哥按实蝇所有寄主水果及蔬菜

处理时间表

最低吸收剂量 70 Gy，防止墨西哥按实蝇羽化为成虫。

处理效果为：$ED_{99.9968}$，可信度水平 95%（编者注：ED，即 Effective Dose，有效剂量）。

处理应该遵循 ISPM 18（植物卫生措施—辐照应用准则）规定。

辐照处理不能用于气调环境下储存的水果和蔬菜。

其他相关信息

由于辐照处理不能引起立即死亡，因而在检查时，会遇到墨西哥按实蝇活虫（幼虫/蛹），但它们实际上不能存活。因此，这不意味着处理失败。

植物卫生处理技术小组（TPPT）根据 Hallman & Martinez（2001）的研究成果，对该处理进行评估后，确定将此有效辐照剂量作为处理葡萄柚（*Citrus paradisi*）上的这种实蝇的有效剂量。

将此处理效果推论到所有水果，是根据辐照剂量测定系统对目标有害生物的实际吸收剂量这方面的知识和经验，而与寄主货物无关；以及根据对各种有害生物和商品的研究证据。这些有害生物和寄主包括：墨西哥按实蝇（*Anastrepha ludens*）（葡萄柚 *Citrus paradisi* 和芒果 *Mangifera indica*），加勒比按实蝇（*A. suspensa*）（杨桃 *Averrhoa carambola*、葡萄柚 *Citrus paradisi* 和芒果 *Mangifera indica*），昆士兰果实蝇（*Bactrocera tryoni*）（脐橙 *Citrus sinensis*、番茄 *Lycopersicon lycopersicum*、苹果 *Malus domestica*、芒果 *Mangifera indica*、鳄梨 *Persea americana* 和甜樱桃 *Prunus avium*），苹果蠹蛾（*Cydia pomonella*）（苹果 *Malus domestica* 和人工饲料），梨小食心虫（*Grapholita molesta*）（苹果 *Malus domestica* 和人工饲料）（Bustos 等，2004；Gould & von Windeguth，1991；Hallman，2004，Hallman & Martinez，2001；Jessup 等，1992；Mansour，2003；von Windeguth，1986；von Windeguth & Ismail，1987）。但需要承认，该处理效果，不是对该目标有害生物的所有潜在水果和蔬菜寄主的测试结果。因此，只要有证据表明在针对该有害生物的所有寄主时，类推不正确，则将对此处理方法进行复审。

[①] 植物卫生处理不包括杀虫剂登记和其他国内处理方法批准等相关问题，也不提供关于对人类健康或食品安全具体影响的信息，因为这应该通过国内程序，事先对处理方法给予批准。此外，在获得国际批准之前，该处理方法对一些寄主商品潜在的品质影响，需要加以考虑。然而，对某种处理可能给商品质量造成影响的评估，需要额外关注。缔约方没有义务在其领土范围批准、登记和采用这些方法

参考文献

Bustos, M. E., Enkerlin, W., Reyes, J. & Toledo, J. 2004. Irradiation of mangoes as a postharvest quarantine treatment for fruit flies (Diptera: Tephritidae). *Journal of Economic Entomology*, 97: 286-292.

Gould, W. P. & von Windeguth, D. L. 1991. Gamma irradiation as a quarantine treatment for carambolas infested with Caribbean fruit flies. *Florida Entomologist*, 74: 297-300.

Hallman, G. J. 2004. Ionizing irradiation quarantine treatment against Oriental fruit moth (Lepidoptera: Tortricidae) in ambient and hypoxic atmospheres. *Journal of Economic Entomology*, 97: 824-827.

Hallman, G. J. & Martinez, L. R. 2001. Ionizing irradiation quarantine treatments against Mexican fruit fly (Diptera: Tephritidae) in citrus fruits. *Postharvest Biology and Technology*, 23: 71-77.

Jessup, A. J., Rigney, C. J., Millar, A., Sloggett, R. F. & Quinn, N. M. 1992. Gamma irradiation as a commodity treatment against the Queensland fruit fly in fresh fruit. *Proceedings of the Research Coordination Meeting on Use of Irradiation as a Quarantine Treatment of Food and Agricultural Commodities*, 1990: 13-42.

Mansour, M. 2003. Gamma irradiation as a quarantine treatment for apples infested by codling moth (Lepidoptera: Tortricidae). *Journal of Applied Entomology*, 127: 137-141.

von Windeguth, D. L. 1986. Gamma irradiation as a quarantine treatment for Caribbean fruit fly infested mangoes. *Proceedings of the Florida State Horticultural Society*, 99: 131-134.

von Windeguth, D. L. & Ismail, M. A. 1987. Gamma irradiation as a quarantine treatment for Florida grapefruit infested with Caribbean fruit fly, *Anastrepha suspensa* (Loew). *Proceedings of the Florida State Horticultural Society*, 100: 5-7.

发布历史

此部分不属于本标准正式内容。

2006-04 CPM-1 added topic *Irradiation treatment for* Anasterepha ludens（2006－130）

2006-12 TPPT developed draft text

2007-05 SC approved draft text for MC

2007-10 Sent for MC under fast-track process

2008-07 TPPT revised draft text

2008-12 SC revised draft text for adoption via e-decision

2009-03 CPM-4 adopted Annex 1 to ISPM 28

ISPM 28.2007：Annex 1 *Irradiation treatment for* Anastrepha ludens（2009）. Rome, IPPC, FAO. 2011 年 8 月最后修订。

此植物卫生处理方法于 2009 年经 CPM 第 4 次会议批准。本附录为 ISPM 28:2007 规定内容。

附录 2（PT2） 西印度按实蝇（*Anastrepha obliqua*）辐照处理（2009）

处理范围

该处理方法适用于最低吸收剂量为 70 Gy，对水果和蔬菜的辐照处理，从而防止西印度按实蝇羽化为成虫，达到其规定效果。该处理应该遵循 ISPM 18:2003① 规定的基本要求。

处理描述

处理名称： 西印度按实蝇（*Anastrepha obliqua*）辐照处理
活性成分： 不详（N/A）
处理类型： 辐照
目标有害生物： 西印度按实蝇［*Anastrepha obliqua*（Macquart）］（Diptera：Tephritidae）
目标应检物： 西印度按实蝇所有寄主水果和蔬菜

处理时间表

最低吸收剂量 70 Gy，防止西印度按实蝇羽化为成虫。
处理效果为：$ED_{99.9968}$，可信度水平 95%。
处理应该遵循 ISPM 18（植物卫生措施—辐照应用准则）规定。
辐照处理不能用于气调环境下储存的水果和蔬菜。

其他相关信息

由于辐照处理不能引起立即死亡，因而在检查时，会遇到西印度按实蝇活虫（幼虫/蛹），但它们实际上不能存活。因此，这不意味着处理失败。

植物卫生处理技术小组（TPPT）根据 Bustos 等（2004），Hallman 与 Martinez（2001）和 Hallman 与 Worley（1999）的研究成果，对该处理进行评估后，确定将此有效辐照剂量作为处理葡萄柚（*Citrus paradisi*）和芒果（*Mangifera indica*）上的这种实蝇的有效剂量。

将此处理效果推论到所有水果，是根据辐照剂量测定系统对目标有害生物的实际吸收剂量这方面的知识和经验，而与寄主货物无关；以及根据对各种有害生物和商品的研究证据。这些有害生物和寄主包括：墨西哥按实蝇（*Anastrepha ludens*）（葡萄柚 *Citrus paradisi* 和芒果 *Mangifera indica*），加勒比按实蝇（*A. suspensa*）（杨桃 *Averrhoa carambola*、葡萄柚 *Citrus paradisi* 和芒果 *Mangifera indica*），昆士兰果实蝇（*Bactrocera tryoni*）（脐橙 *Citrus sinensis*、番茄 *Lycopersicon lycopersicum*、苹果 *Malus domestica*、芒果 *Mangifera indica*、鳄梨 *Persea americana* 和甜樱桃 *Prunus avium*），苹果蠹蛾（*Cydia pomonella*）（苹果 *Malus domestica* 和人工饲料），梨小食心虫（*Grapholita molesta*）（苹果 *Malus domestica* 和人工饲料）（Bustos 等，2004；Gould & von Windeguth，1991；Hallman，2004，Hallman & Martinez，2001；Jessup 等，1992；Mansour，2003；von Windeguth，1986；von Windeguth & Ismail，1987）。但需要承认，该处理效果，不是对该目标有害生物的所有潜在水果和蔬菜寄主的测试结果。因此，只要

---

① 植物卫生处理不包括杀虫剂登记和其他国内处理方法批准等相关问题，也不提供关于对人类健康或食品安全具体影响的信息，因为这应该通过国内程序，事先对处理方法给予批准。此外，在获得国际批准之前，该处理方法对一些寄主商品潜在的品质影响，需要加以考虑。然而，对某种处理可能给商品质量造成影响的评估，需要额外关注。缔约方没有义务在其领土范围批准、登记和采用这些方法

有证据表明在针对该有害生物的所有寄主时，类推不正确，则将对此处理方法进行复审。

参考文献

Bustos, M. E., Enkerlin, W., Reyes, J. & Toledo, J. 2004. Irradiation of mangoes as a postharvest quarantine treatment for fruit flies (Diptera: Tephritidae). *Journal of Economic Entomology*, 97: 286–292.

Gould, W. P. & von Windeguth, D. L. 1991. Gamma irradiation as a quarantine treatment for carambolas infested with Caribbean fruit flies. *Florida Entomologist*, 74: 297–300.

Hallman, G. J. 2004. Ionizing irradiation quarantine treatment against Oriental fruit moth (Lepidoptera: Tortricidae) in ambient and hypoxic atmospheres. *Journal of Economic Entomology*, 97: 824–827.

Hallman, G. J. & Martinez, L. R. 2001. Ionizing irradiation quarantine treatments against Mexican fruit fly (Diptera: Tephritidae) in citrus fruits. *Postharvest Biology and Technology*, 23: 71–77.

Hallman, G. J. & Worley, J. W. 1999. Gamma radiation doses to prevent adult emergence from immatures of Mexican and West Indian fruit flies (Diptera: Tephritidae). *Journal of Economic Entomology*, 92: 967–973.

Jessup, A. J., Rigney, C. J., Millar, A., Sloggett, R. F. & Quinn, N. M. 1992. Gamma irradiation as a commodity treatment against the Queensland fruit fly in fresh fruit. *Proceedings of the Research Coordination Meeting on Use of Irradiation as a Quarantine Treatment of Food and Agricultural Commodities*, 1990: 13–42.

Mansour, M. 2003. Gamma irradiation as a quarantine treatment for apples infested by codling moth (Lepidoptera: Tortricidae). *Journal of Applied Entomology*, 127: 137–141.

von Windeguth, D. L. 1986. Gamma irradiation as a quarantine treatment for Caribbean fruit fly infested mangoes. *Proceedings of the Florida State Horticultural Society*, 99: 131–134.

von Windeguth, D. L. & Ismail, M. A. 1987. Gamma irradiation as a quarantine treatment for Florida grapefruit infested with Caribbean fruit fly, *Anastrepha suspensa* (Loew). *Proceedings of the Florida State Horticultural Society*, 100: 5–7.

发布历史

此部分不属于本标准正式内容。

2006-04 CPM-1 added topic *Irradiation treatment for* Anasterepha obliqua（2006-115）
2006-12 TPPT developed draft text
2007-05 SC approved draft text for MC
2007-10 Sent for MC under fast-track process
2008-07 TPPT revised draft text
2008-12 SC revised draft for adoption via e-decision
2009-03 CPM-4 adopted Annex 2 to ISPM 28
ISPM 28.2007：Annex 2 *Irradiation treatment for* Anastrepha obliqua（2009）. Rome，IPPC，FAO.
2011年8月最后修订。

此植物卫生处理方法于 2009 年经 CPM 第 4 次会议批准。本附录为 ISPM 28:2007 规定内容。

附录 3（PT3） 山榄按实蝇（*Anastrepha serpentina*）辐照处理（2009）

处理范围

该处理方法适用于最低吸收剂量为 100 Gy，对水果和蔬菜的辐照处理，从而防止山榄按实蝇羽化为成虫，达到其规定效果。该处理应该遵循 ISPM 18:2003① 规定的基本要求。

处理描述

处理名称： 山榄按实蝇（*Anastrepha serpentina*）辐照处理
活性成分： 不详（N/A）
处理类型： 辐照
目标有害生物： 山榄按实蝇［*Anastrepha serpentina*（Wiedemann）］（Diptera：Tephritidae）
目标应检物： 山榄按实蝇所有寄主水果和蔬菜

处理时间表

最低吸收剂量 100 Gy，防止山榄按实蝇羽化为成虫。
处理效果为：$ED_{99.9972}$，可信度水平 95%。
处理应该遵循 ISPM 18（植物卫生措施—辐照应用准则）规定。
辐照处理不能用于气调环境下储存的水果和蔬菜。

其他相关信息

由于辐照处理不能引起立即死亡，因而在检查时，会遇到山榄按实蝇活虫（幼虫/蛹），但它们实际上不能存活。因此，这不意味着处理失败。

植物卫生处理技术小组（TPPT）根据 Bustos 等（2004）的研究成果，对该处理进行评估后，确定将此有效辐照剂量作为处理芒果（*Mangifera indica*）上的这种实蝇的有效剂量。

将此处理效果推论到所有水果，是根据辐照剂量测定系统对目标有害生物的实际吸收剂量这方面的知识和经验，而与寄主货物无关；以及根据对各种有害生物和商品的研究证据。这些有害生物和寄主包括：墨西哥按实蝇（*Anastrepha ludens*）（葡萄柚 *Citrus paradisi* 和芒果 *Mangifera indica*），加勒比按实蝇（*A. suspensa*）（杨桃 *Averrhoa carambola*、葡萄柚 *Citrus paradisi* 和芒果 *Mangifera indica*），昆士兰果实蝇（*Bactrocera tryoni*）（脐橙 *Citrus sinensis*、番茄 *Lycopersicon lycopersicum*、苹果 *Malus domestica*、芒果 *Mangifera indica*、鳄梨 *Persea americana* 和甜樱桃 *Prunus avium*），苹果蠹蛾（*Cydia pomonella*）（苹果 *Malus domestica* 和人工饲料），梨小食心虫（*Grapholita molesta*）（苹果 *Malus domestica* 和人工饲料）（Bustos 等，2004；Gould & von Windeguth，1991；Hallman，2004，Hallman & Martinez，2001；Jessup 等，1992；Mansour，2003；von Windeguth，1986；von Windeguth & Ismail，1987）。但需要承认，该处理效果，不是对该目标有害生物的所有潜在水果和蔬菜寄主的测试结果。因此，只要

---

① 植物卫生处理不包括杀虫剂登记和其他国内处理方法批准等相关问题，也不提供关于对人类健康或食品安全具体影响的信息，因为这应该通过国内程序，事先对处理方法给予批准。此外，在获得国际批准之前，该处理方法对一些寄主商品潜在的品质影响，需要加以考虑。然而，对某种处理可能给商品质量造成影响的评估，需要额外关注。缔约方没有义务在其领土范围批准、登记和采用这些方法

有证据表明在针对该有害生物的所有寄主时,类推不正确,则将对此处理方法进行复审。

参考文献

Bustos, M. E., Enkerlin, W., Reyes, J. & Toledo, J. 2004. Irradiation of mangoes as a postharvest quarantine treatment for fruit flies (Diptera: Tephritidae). *Journal of Economic Entomology*, 97: 286-292.

Gould, W. P. & von Windeguth, D. L. 1991. Gamma irradiation as a quarantine treatment for carambolas infested with Caribbean fruit flies. *Florida Entomologist*, 74: 297-300.

Hallman, G. J. 2004. Ionizing irradiation quarantine treatment against Oriental fruit moth (Lepidoptera: Tortricidae) in ambient and hypoxic atmospheres. *Journal of Economic Entomology*, 97: 824-827.

Hallman, G. J. & Martinez, L. R. 2001. Ionizing irradiation quarantine treatments against Mexican fruit fly (Diptera: Tephritidae) in citrus fruits. *Postharvest Biology and Technology*, 23: 71-77.

Jessup, A. J., Rigney, C. J., Millar, A., Sloggett, R. F. & Quinn, N. M. 1992. Gamma irradiation as a commodity treatment against the Queensland fruit fly in fresh fruit. *Proceedings of the Research Coordination Meeting on Use of Irradiation as a Quarantine Treatment of Food and Agricultural Commodities*, 1990: 13-42.

Mansour, M. 2003. Gamma irradiation as a quarantine treatment for apples infested by codling moth (Lepidoptera: Tortricidae). *Journal of Applied Entomology*, 127: 137-141.

von Windeguth, D. L. 1986. Gamma irradiation as a quarantine treatment for Caribbean fruit fly infested mangoes. *Proceedings of the Florida State Horticultural Society*, 99: 131-134.

von Windeguth, D. L. & Ismail, M. A. 1987. Gamma irradiation as a quarantine treatment for Florida grapefruit infested with Caribbean fruit fly, *Anastrepha suspensa* (Loew). *Proceedings of the Florida State Horticultural Society*, 100: 5-7.

发布历史

此部分不属于本标准正式内容。

2006-04 CPM-1 added topic *Irradiation treatment for* Anasterepha serpentina（2006-116）

2006-12 TPPT developed draft text

2007-05 SC approved draft text for MC

2007-10 Sent for MC under fast-track process

2008-07 TPPT revised draft text

2008-12 SC revised draft text for adoption via e-decision

2009-03 CPM-4 adopted Annex 3 to ISPM 28

ISPM 28. 2007：Annex 3 *Irradiation treatment for* Anastrepha serpentina（2009）. Rome，IPPC，FAO.

2011年8月最后修订。

此植物卫生处理方法于 2009 年经 CPM 第 4 次会议批准。本附录为 ISPM 28:2007 规定内容。

附录 4（PT4）澳洲果实蝇（*Bactrocera jarvisi*）辐照处理（2009）

处理范围

该处理方法适用于最低吸收剂量为 100 Gy，对水果和蔬菜的辐照处理，从而防止澳洲果实蝇羽化为成虫，达到其规定效果。该处理应该遵循 ISPM 18:2003[①] 规定的基本要求。

处理描述

处理名称：　　　　澳洲果实蝇（*Bactrocera jarvisi*）辐照处理
活性成分：　　　　不详（N/A）
处理类型：　　　　辐照
目标有害生物：　　澳洲果实蝇 [*Bactrocera jarvisi*（Tryon）]（Diptera：Tephritidae）
目标应检物：　　　澳洲果实蝇所有寄主水果和蔬菜

处理时间表

最低吸收剂量 100 Gy，防止澳洲果实蝇羽化为成虫。
处理效果为：$ED_{99.9981}$，可信度水平 95%。
处理应该遵循 ISPM 18（植物卫生措施—辐照应用准则）规定。
辐照处理不能用于气调环境下储存的水果和蔬菜。

其他信息

由于辐照处理不能引起立即死亡，因而在检查时，会遇到澳洲果实蝇活虫（幼虫/蛹），但它们实际上不能存活。因此，这不意味着处理失败。

植物卫生处理技术小组（TPPT）根据 Heather 等（1991）的研究成果，对该处理进行评估后，确定将此有效辐照剂量作为处理芒果（*Mangifera indica*）上的这种实蝇的有效剂量。

将此处理效果推论到所有水果，是根据辐照剂量测定系统对目标有害生物的实际吸收剂量这方面的知识和经验，而与寄主货物无关；以及根据对各种有害生物和商品的研究证据。这些有害生物和寄主包括：墨西哥按实蝇（*Anastrepha ludens*）（葡萄柚 *Citrus paradisi* 和芒果 *Mangifera indica*），加勒比按实蝇（*A. suspensa*）（杨桃 *Averrhoa carambola*、葡萄柚 *Citrus paradisi* 和芒果 *Mangifera indica*），昆士兰果实蝇（*Bactrocera tryoni*）（脐橙 *Citrus sinensis*、番茄 *Lycopersicon lycopersicum*、苹果 *Malus domestica*、芒果 *Mangifera indica*、鳄梨 *Persea americana* 和甜樱桃 *Prunus avium*），苹果蠹蛾（*Cydia pomonella*）（苹果 *Malus domestica* 和人工饲料），梨小食心虫（*Grapholita molesta*）（苹果 *Malus domestica* 和人工饲料）（Bustos 等，2004；Gould & von Windeguth，1991；Hallman，2004，Hallman & Martinez，2001；Jessup 等，1992；Mansour，2003；von Windeguth，1986；von Windeguth & Ismail，1987）。但需要承认，该处理效果，不是对该目标有害生物的所有潜在水果和蔬菜寄主的测试结果。因此，只要有证据表明在针对该有害生物的所有寄主时，类推不正确，则将对此处理方法进行复审。

[①] 植物卫生处理不包括杀虫剂登记和其他国内处理方法批准等相关问题，也不提供关于对人类健康或食品安全具体影响的信息，因为这应该通过国内程序，事先对处理方法给予批准。此外，在获得国际批准之前，该处理方法对一些寄主商品潜在的品质影响，需要加以考虑。然而，对某种处理可能给商品质量造成影响的评估，需要额外关注。缔约方没有义务在其领土范围批准、登记和采用这些方法

参考文献

Bustos, M. E., Enkerlin, W., Reyes, J. & Toledo, J. 2004. Irradiation of mangoes as a postharvest quarantine treatment for fruit flies (Diptera: Tephritidae). *Journal of Economic Entomology*, 97: 286–292.

Gould, W. P. & von Windeguth, D. L. 1991. Gamma irradiation as a quarantine treatment for carambolas infested with Caribbean fruit flies. *Florida Entomologist*, 74: 297–300.

Hallman, G. J. 2004. Ionizing irradiation quarantine treatment against Oriental fruit moth (Lepidoptera: Tortricidae) in ambient and hypoxic atmospheres. *Journal of Economic Entomology*, 97: 824–827.

Hallman, G. J. & Martinez, L. R. 2001. Ionizing irradiation quarantine treatments against Mexican fruit fly (Diptera: Tephritidae) in citrus fruits. *Postharvest Biology and Technology*, 23: 71–77.

Heather, N. W., Corcoran, R. J. & Banos, C. 1991. Disinfestation of mangoes with gamma irradiation against two Australian fruit flies (Diptera: Tephritidae). *Journal of Economic Entomology*, 84: 1304–1307.

Jessup, A. J., Rigney, C. J., Millar, A., Sloggett, R. F. & Quinn, N. M. 1992. Gamma irradiation as a commodity treatment against the Queensland fruit fly in fresh fruit. *Proceedings of the Research Coordination Meeting on Use of Irradiation as a Quarantine Treatment of Food and Agricultural Commodities*, 1990: 13–42.

Mansour, M. 2003. Gamma irradiation as a quarantine treatment for apples infested by codling moth (Lepidoptera: Tortricidae). *Journal of Applied Entomology*, 127: 137–141.

von Windeguth, D. L. 1986. Gamma irradiation as a quarantine treatment for Caribbean fruit fly infested mangoes. *Proceedings of the Florida State Horticultural Society*, 99: 131–134.

von Windeguth, D. L. & Ismail, M. A. 1987. Gamma irradiation as a quarantine treatment for Florida grapefruit infested with Caribbean fruit fly, *Anastrepha suspensa* (Loew). *Proceedings of the Florida State Horticultural Society*, 100: 5–7.

发布历史

此部分不属于本标准正式内容。

2006-04 CPM-1 added topic *Irradiation treatment for* Bactrocea jarvisi（2006-118）

2006-12 TPPT developed draft text

2007-05 SC approved draft text for MC

2007-10 Sent for MC under fast-track process

2008-07 TPPT revised draft text

2008-12 SC revised draft text for adoption via e-decision

2009-03 CPM-4 adopted Annex 4 to ISPM 28:2007

ISPM 28. 2007：Annex 4　*Irradiation treatment for* Bactrocera jarvisi（2009）. Rome，IPPC，FAO.

2011 年 8 月最后修订。

此植物卫生处理方法于 2009 年经 CPM 第 4 次会议批准。本附录为 ISPM 28:2007 规定内容。

附录 5 （PT5）昆士兰果实蝇（*Bactrocera tryoni*）辐照处理（2009）

处理范围

该处理方法适用于最低吸收剂量为 100 Gy，对水果和蔬菜的辐照处理，从而防止昆士兰果实蝇羽化为成虫，达到其规定效果。该处理应该遵循 ISPM 18:2003[①] 规定的基本要求。

处理描述

处理名称： 昆士兰果实蝇（*Bactrocera tryoni*）辐照处理
活性成分： 不详（N/A）
处理类型： 辐照
目标有害生物： 昆士兰果实蝇［*Bactrocera tryoni*（Froggatt）］（Diptera：Tephritidae）
目标应检物： 昆士兰果实蝇所有寄主水果和蔬菜

处理时间表

最低吸收剂量 100 Gy，防止昆士兰果实蝇羽化为成虫。
处理效果为：$ED_{99.9978}$，可信度水平 95%。
处理应该遵循 ISPM 18（植物卫生措施—辐照应用准则）规定。
辐照处理不能用于气调环境下储存的水果和蔬菜。

其他相关信息

由于辐照处理不能引起立即死亡，因而在检查时，会遇到昆士兰果实蝇活虫（幼虫/蛹），但它们实际上不能存活。因此，这不意味着处理失败。

植物卫生处理技术小组（TPPT）根据 Heather 等（1991）的研究成果，对该处理进行评估后，确定将此有效辐照剂量作为处理芒果（*Mangifera indica*）上的这种实蝇的有效剂量。

将此处理效果推论到所有水果，是根据辐照剂量测定系统对目标有害生物的实际吸收剂量这方面的知识和经验，而与寄主货物无关；以及根据对各种有害生物和商品的研究证据。这些有害生物和寄主包括：墨西哥按实蝇（*Anastrepha ludens*）（葡萄柚 *Citrus paradisi* 和芒果 *Mangifera indica*），加勒比按实蝇（*A. suspensa*）（杨桃 *Averrhoa carambola*、葡萄柚 *Citrus paradisi* 和芒果 *Mangifera indica*），昆士兰果实蝇（*Bactrocera tryoni*）（脐橙 *Citrus sinensis*、番茄 *Lycopersicon lycopersicum*、苹果 *Malus domestica*、芒果 *Mangifera indica*、鳄梨 *Persea americana* 和甜樱桃 *Prunus avium*），苹果蠹蛾（*Cydia pomonella*）（苹果 *Malus domestica* 和人工饲料），梨小食心虫（*Grapholita molesta*）（苹果 *Malus domestica* 和人工饲料）（Bustos 等，2004；Gould & von Windeguth，1991；Hallman，2004，Hallman & Martinez，2001；Jessup 等，1992；Mansour，2003；von Windeguth，1986；von Windeguth & Ismail，1987）。但需要承认，该处理效果，不是对该目标有害生物的所有潜在水果和蔬菜寄主的测试结果。因此，只要

[①] 植物卫生处理不包括杀虫剂登记和其他国内处理方法批准等相关问题，也不提供关于对人类健康或食品安全具体影响的信息，因为这应该通过国内程序，事先对处理方法给予批准。此外，在获得国际批准之前，该处理方法对一些寄主商品潜在的品质影响，需要加以考虑。然而，对某种处理可能给商品质量造成影响的评估，需要额外关注。缔约方没有义务在其领土范围批准、登记和采用这些方法

有证据表明在针对该有害生物的所有寄主时，类推不正确，则将对此处理方法进行复审。

参考文献

Bustos, M. E., Enkerlin, W., Reyes, J. & Toledo, J. 2004. Irradiation of mangoes as a postharvest quarantine treatment for fruit flies (Diptera: Tephritidae). *Journal of Economic Entomology*, 97: 286 – 292.

Gould, W. P. & von Windeguth, D. L. 1991. Gamma irradiation as a quarantine treatment for carambolas infested with Caribbean fruit flies. *Florida Entomologist*, 74: 297 – 300.

Hallman, G. J. 2004. Ionizing irradiation quarantine treatment against Oriental fruit moth (Lepidoptera: Tortricidae) in ambient and hypoxic atmospheres. *Journal of Economic Entomology*, 97: 824 – 827.

Hallman, G. J. & Martinez, L. R. 2001. Ionizing irradiation quarantine treatments against Mexican fruit fly (Diptera: Tephritidae) in citrus fruits. *Postharvest Biology and Technology*, 23: 71 – 77.

Heather, N. W., Corcoran, R. J. & Banos, C. 1991. Disinfestation of mangoes with gamma irradiation against two Australian fruit flies (Diptera: Tephritidae). *Journal of Economic Entomology*, 84: 1304 – 1307.

Jessup, A. J., Rigney, C. J., Millar, A., Sloggett, R. F. & Quinn, N. M. 1992. Gamma irradiation as a commodity treatment against the Queensland fruit fly in fresh fruit. *Proceedings of the Research Coordination Meeting on Use of Irradiation as a Quarantine Treatment of Food and Agricultural Commodities*, 1990: 13 – 42.

Mansour, M. 2003. Gamma irradiation as a quarantine treatment for apples infested by codling moth (Lepidoptera: Tortricidae). *Journal of Applied Entomology*, 127: 137 – 141.

von Windeguth, D. L. 1986. Gamma irradiation as a quarantine treatment for Caribbean fruit fly infested mangoes. *Proceedings of the Florida State Horticultural Society*, 99: 131 – 134.

von Windeguth, D. L. & Ismail, M. A. 1987. Gamma irradiation as a quarantine treatment for Florida grapefruit infested with Caribbean fruit fly, *Anastrepha suspensa* (Loew). *Proceedings of the Florida State Horticultural Society*, 100: 5 – 7.

发布历史

此部分不属于本标准正式内容。

2006-04 CPM-1 added topic *Irradiation treatment for* Bactrocera tryoni（2006-119）

2006-12 TPPT developed draft text

2007-05 SC approved draft text for MC

2007-10 Sent for MC under fast-track process

2008-07 TPPT revised draft text

2008-12 SC revised draft text for adoption via e-decision

2009-03 CPM-4 adopted Annex 5 to ISPM 28:2007

ISPM 28.2007：Annex 5 *Irradiation treatment for* Bactrocera tryoni（2009）. Rome，IPPC，FAO. 2011 年 8 月最后修订。

此植物卫生处理方法于 2009 年经 CPM 第 4 次会议批准。本附录为 ISPM 28:2007 规定内容。

附录6 （PT6）苹果蠹蛾（*Cydia pomonella*）辐照处理（2009）

处理范围

该处理方法适用于最低吸收剂量为 200 Gy，对水果和蔬菜的辐照处理，从而防止苹果蠹蛾羽化为成虫，达到其规定效果。该处理应该遵循 ISPM 18:2003① 规定的基本要求。

处理描述

处理名称：	苹果蠹蛾（*Cydia pomonella*）辐照处理
活性成分：	不详（N/A）
处理类型：	辐照
目标有害生物：	苹果蠹蛾［*Cydia pomonella*（L.）］（Lepidoptera：Tortricidae）
目标应检物：	苹果蠹蛾所有寄主水果和蔬菜

处理时间表

最低吸收剂量 200 Gy，防止苹果蠹蛾羽化为成虫。

处理效果为：$ED_{99.9978}$，可信度水平 95%。

处理应该遵循 ISPM 18（植物卫生措施—辐照应用准则）规定。

辐照处理不能用于气调环境下储存的水果和蔬菜。

其他相关信息

由于辐照处理不能引起立即死亡，因而在检查时，会遇到苹果蠹蛾活虫（幼虫/蛹），但它们实际上不能存活。因此，这不意味着处理失败。

植物卫生处理技术小组（TPPT）根据 Mansour（2003）的研究成果，对该处理进行评估后，确定将此有效辐照剂量作为处理苹果（*Malus domestica*）上的这种有害生物的有效剂量。

将此处理效果推论到所有水果，是根据辐照剂量测定系统对目标有害生物的实际吸收剂量这方面的知识和经验，而与寄主货物无关；以及根据对各种有害生物和商品的研究证据。这些有害生物和寄主包括：墨西哥按实蝇（*Anastrepha ludens*）（葡萄柚 *Citrus paradisi* 和芒果 *Mangifera indica*），加勒比按实蝇（*A. suspensa*）（杨桃 *Averrhoa carambola*、葡萄柚 *Citrus paradisi* 和芒果 *Mangifera indica*），昆士兰果实蝇（*Bactrocera tryoni*）（脐橙 *Citrus sinensis*、番茄 *Lycopersicon lycopersicum*、苹果 *Malus domestica*、芒果 *Mangifera indica*、鳄梨 *Persea americana* 和甜樱桃 *Prunus avium*），苹果蠹蛾（*Cydia pomonella*）（苹果 *Malus domestica* 和人工饲料），梨小食心虫（*Grapholita molesta*）（苹果 *Malus domestica* 和人工饲料）（Bustos 等，2004；Gould & von Windeguth，1991；Hallman，2004，Hallman & Martinez，2001；Jessup 等.，1992；Mansour，2003；von Windeguth，1986；von Windeguth & Ismail，1987）。但需要承认，该处理效果，不是对该目标有害生物的所有潜在水果和蔬菜寄主的测试结果。因此，只要有证据表明在针对该有害生物的所有寄主时，类推不正确，则将对此处理方法进行复审。

---

① 植物卫生处理不包括杀虫剂登记和其他国内处理方法批准等相关问题，也不提供关于对人类健康或食品安全具体影响的信息，因为这应该通过国内程序，事先对处理方法给予批准。此外，在获得国际批准之前，该处理方法对一些寄主商品潜在的品质影响，需要加以考虑。然而，对某种处理可能给商品质量造成影响的评估，需要额外关注。缔约方没有义务在其领土范围批准、登记和采用这些方法

参考文献

Bustos, M. E., Enkerlin, W., Reyes, J. & Toledo, J. 2004. Irradiation of mangoes as a postharvest quarantine treatment for fruit flies (Diptera: Tephritidae). *Journal of Economic Entomology*, 97: 286-292.

Gould, W. P. & von Windeguth, D. L. 1991. Gamma irradiation as a quarantine treatment for carambolas infested with Caribbean fruit flies. *Florida Entomologist*, 74: 297-300.

Hallman, G. J. 2004. Ionizing irradiation quarantine treatment against Oriental fruit moth (Lepidoptera: Tortricidae) in ambient and hypoxic atmospheres. *Journal of Economic Entomology*, 97: 824-827.

Hallman, G. J. & Martinez, L. R. 2001. Ionizing irradiation quarantine treatments against Mexican fruit fly (Diptera: Tephritidae) in citrus fruits. *Postharvest Biology and Technology*, 23: 71-77.

Jessup, A. J., Rigney, C. J., Millar, A., Sloggett, R. F. & Quinn, N. M. 1992. Gamma irradiation as a commodity treatment against the Queensland fruit fly in fresh fruit. *Proceedings of the Research Coordination Meeting on Use of Irradiation as a Quarantine Treatment of Food and Agricultural Commodities*, 1990: 13-42.

Mansour, M. 2003. Gamma irradiation as a quarantine treatment for apples infested by codling moth (Lepidoptera: Tortricidae). *Journal of Applied Entomology*, 127: 137-141.

von Windeguth, D. L. 1986. Gamma irradiation as a quarantine treatment for Caribbean fruit fly infested mangoes. *Proceedings of the Florida State Horticultural Society*, 99: 131-134.

von Windeguth, D. L. & Ismail, M. A. 1987. Gamma irradiation as a quarantine treatment for Florida grapefruit infested with Caribbean fruit fly, *Anastrepha suspensa* (Loew). *Proceedings of the Florida State Horticultural Society*, 100: 5-7.

发布历史

此部分不属于本标准正式内容。

2006-04 CPM-1 added topic *Irradiation treatment for* Cydia pomonella （2006-123）

2006-12 TPPT developed draft text

2007-05 SC approved draft text for MC

2007-10 Sent for MC under fast-track process

2008-07 TPPT revised draft text

2008-12 SC revised draft text for adoption e-decision

2009-03 CPM-4 adopted Annex 6 to ISPM 28:2007

ISPM 28.2007：Annex 6 *Irradiation treatment for* Cydia pomonella （2009）. Rome，IPPC，FAO. 2011年8月最后修订。

此植物卫生处理方法于 2009 年经 CPM 第 4 次会议批准。本附录为 ISPM 28:2007 规定内容。

附录 7 （PT7） 实蝇科（普通）辐照处理（2009）

处理范围

该处理方法适用于最低吸收剂量为 150 Gy，对水果和蔬菜的辐照处理，从而防止实蝇科（普通）羽化为成虫，达到其规定效果。该处理应该遵循 ISPM 18:2003[①] 规定的基本要求。

处理描述

处理名称：	实蝇科（普通）辐照处理
活性成分：	不详（N/A）
处理类型：	辐照
目标有害生物：	实蝇科 Tephritidae（Diptera：Tephritidae）
目标应检物：	实蝇科所有寄主水果和蔬菜

处理时间表

最低吸收剂量 150 Gy，防止实蝇羽化为成虫。

处理效果为：$ED_{99.9968}$，可信度水平 95%。

处理应该遵循 ISPM 18（植物卫生措施—辐照应用准则）规定。

辐照处理不能用于气调环境下储存的水果和蔬菜。

其他相关信息

由于辐照处理不能引起立即死亡，因而在检查时，会遇到实蝇活虫（幼虫/蛹），但它们实际上不能存活。因此，这不意味着处理失败。

植物卫生处理技术小组（TPPT）根据 Bustos et al.（2004），Follett & Armstrong（2004），Gould & von Windeguth（1991），Hallman（2004），Hallman & Martinez（2001），Hallman & Thomas（1999），Hallman & Worley（1999），Heather 等（1991），Jessup 等（1992），von Wideguth（1986）and von Windeguth & Ismail（1987）的研究成果，对该处理进行评估后，确定将此有效辐照剂量作为处理杨桃（*Averrhoa carambola*）、木瓜（*Carica papaya*）、葡萄柚（*Citrus paradisi*）、宽皮柚（*Citrus reticulata*）、脐橙（*Citrus sinensis*）、番茄（*Lycopersicon esculentum*）、苹果（*Malus domestica*）、芒果（*Mangifera indica*）、鳄梨（*Persea americana*）、甜樱桃（*Prunus avium*）和蓝梅（*Vaccinium corymbosum*）上的这类有害生物的有效剂量。

将此处理效果推论到所有水果，是根据辐照剂量测定系统对目标有害生物的实际吸收剂量这方面的知识和经验，而与寄主货物无关；以及根据对各种有害生物和商品的研究证据。这些有害生物和寄主包括：墨西哥按实蝇（*Anastrepha ludens*）（葡萄柚 *Citrus paradisi* 和芒果 *Mangifera indica*），加勒比按实蝇（*A. suspensa*）（杨桃 *Averrhoa carambola*、葡萄柚 *Citrus paradisi* 和芒果 *Mangifera indica*），昆士兰果实蝇（*Bactrocera tryoni*）（脐橙 *Citrus sinensis*、番茄 *Lycopersicon lycopersicum*、苹果 *Malus domesti-*

[①] 植物卫生处理不包括杀虫剂登记和其他国内处理方法批准等相关问题，也不提供关于对人类健康或食品安全具体影响的信息，因为这应该通过国内程序，事先对处理方法给予批准。此外，在获得国际批准之前，该处理方法对一些寄主商品潜在的品质影响，需要加以考虑。然而，对某种处理可能给商品质量造成影响的评估，需要额外关注。缔约方没有义务在其领土范围批准、登记和采用这些方法

ca、芒果 *Mangifera indica*、鳄梨 *Persea americana* 和甜樱桃 *Prunus avium*），苹果蠹蛾（*Cydia pomonella*）（苹果 *Malus domestica* 和人工饲料），梨小食心虫（*Grapholita molesta*）（苹果 *Malus domestica* 和人工饲料）（Bustos 等，2004；Gould & von Windeguth，1991；Hallman，2004，Hallman & Martinez，2001；Jessup 等，1992；Mansour，2003；von Windeguth，1986；von Windeguth & Ismail，1987）。但需要承认，该处理效果，不是对该目标有害生物的所有潜在水果和蔬菜寄主的测试结果。因此，只要有证据表明在针对该有害生物的所有寄主时，类推不正确，则将对此处理方法进行复审。

参考文献

Bustos, M. E., Enkerlin, W., Reyes, J. & Toledo, J. 2004. Irradiation of mangoes as a postharvest quarantine treatment for fruit flies (Diptera: Tephritidae). *Journal of Economic Entomology*, 97: 286–292.

Follett, P. A. & Armstrong, J. W. 2004. Revised irradiation doses to control melon fly, Mediterranean fruit fly, and Oriental fruit fly (Diptera: Tephritidae) and a generic dose for tephritid fruit flies. *Journal of Economic Entomology*, 97: 1254–1262.

Gould, W. P. & von Windeguth, D. L. 1991. Gamma irradiation as a quarantine treatment for carambolas infested with Caribbean fruit flies. *Florida Entomologist*, 74: 297–300.

Hallman, G. J. 2004. Ionizing irradiation quarantine treatment against Oriental fruit moth (Lepidoptera: Tortricidae) in ambient and hypoxic atmospheres. *Journal of Economic Entomology*, 97: 824–827.

Hallman, G. J. 2004. Irradiation disinfestation of apple maggot (Diptera: Tephritidae) in hypoxic and low-temperature storage. *Journal of Economic Entomology*, 97: 1245–1248.

Hallman, G. J. & Martinez, L. R. 2001. Ionizing irradiation quarantine treatments against Mexican fruit fly (Diptera: Tephritidae) in citrus fruits. *Postharvest Biology and Technology*, 23: 71–77.

Hallman, G. J. & Thomas, D. B. 1999. Gamma irradiation quarantine treatment against blueberry maggot and apple maggot (Diptera: Tephritidae). *Journal of Economic Entomology*, 92: 1373–1376.

Hallman, G. J. & Worley, J. W. 1999. Gamma radiation doses to prevent adult emergence from immatures of Mexican and West Indian fruit flies (Diptera: Tephritidae). *Journal of Economic Entomology*, 92: 967–973.

Heather, N. W., Corcoran, R. J. & Banos, C. 1991. Disinfestation of mangoes with gamma irradiation against two Australian fruit flies (Diptera: Tephritidae). *Journal of Economic Entomology*, 84: 1304–1307.

Jessup, A. J., Rigney, C. J., Millar, A., Sloggett, R. F. & Quinn, N. M. 1992. Gamma irradiation as a commodity treatment against the Queensland fruit fly in fresh fruit. *Proceedings of the Research Coordination Meeting on Use of Irradiation as a Quarantine Treatment of Food and Agricultural Commodities*, 1990: 13–42.

Mansour, M. 2003. Gamma irradiation as a quarantine treatment for apples infested by codling moth (Lepidoptera: Tortricidae). *Journal of Applied Entomology*, 127: 137–141.

von Windeguth, D. L. 1986. Gamma irradiation as a quarantine treatment for Caribbean fruit fly infested mangoes. *Proceedings of the Florida State Horticultural Society*, 99: 131–134.

von Windeguth, D. L. & Ismail, M. A. 1987. Gamma irradiation as a quarantine treatment for Florida grapefruit infested with Caribbean fruit fly, *Anastrepha suspensa* (Loew). *Proceedings of the Florida State Horticultural Society*, 100: 5–7.

发布历史

此部分不属于本标准正式内容。

2006-04 CPM-1 added topic *Irradiation treatment for* fruit flies of the family Tophridae (2006-126)

2006-12 TPPT developed draft text

2007-05 SC approved draft text for MC

2007-10 Sent for MC under fast-track process

2008-07 TPPT revised draft text

2008-12 SC revised draft text for adoption via e-decision

2009-03 CPM-4 adopted Annex 7 to ISPM 28:2007

ISPM 28.2007：Annex 7 *Irradiation treatment for fruit flies of the family* Tephriditae (2009). Rome, IPPC, FAO.

2011 年 8 月最后修订。

此植物卫生处理方法于 2009 年经 CPM 第 4 次会议批准。本附录为 ISPM 28:2007 规定内容。

附录 8 （PT8）苹果绕实蝇（*Rhagoletis pomonella*）辐照处理（2009）

处理范围

该处理方法适用于最低吸收剂量为 60 Gy，对水果和蔬菜的辐照处理，从而防止苹果绕实蝇发育为显头蛹，达到其规定效果。该处理应该遵循 ISPM 18:2003① 规定的基本要求。

处理描述

处理名称： 苹果绕实蝇（*Rhagoletis pomonella*）辐照处理
活性成分： 不详（N/A）
处理类型： 辐照
目标有害生物： 苹果绕实蝇［*Rhagoletis pomonella*（Walsh）］（Diptera：Tephritidae）
目标应检物： 苹果绕实蝇所有寄主水果和蔬菜

处理时间表

最低吸收剂量 60 Gy，防止苹果绕实蝇发育为显头蛹。
处理效果为：$ED_{99.9921}$，可信度水平 95%。
处理应该遵循 ISPM 18（植物卫生措施—辐照应用准则）规定。

其他相关信息

由于辐照处理不能引起立即死亡，因而在检查时，会遇到苹果绕实蝇（幼虫/蛹），但它们实际上不能存活。因此，这不意味着处理失败。

植物卫生处理技术小组（TPPT）根据 allman（2004）和 Hallman & Thomas（1999）的研究成果，对该处理进行评估后，确定将此有效辐照剂量作为处理苹果（*Malus domestica*）上的这种有害生物的有效剂量。

将此处理效果推论到所有水果，是根据辐照剂量测定系统对目标有害生物的实际吸收剂量这方面的知识和经验，而与寄主货物无关；以及根据对各种有害生物和商品的研究证据。这些有害生物和寄主包括：墨西哥按实蝇（*Anastrepha ludens*）（葡萄柚 *Citrus paradisi* 和芒果 *Mangifera indica*），加勒比按实蝇（*A. suspensa*）（杨桃 *Averrhoa carambola*、葡萄柚 *Citrus paradisi* 和芒果 *Mangifera indica*），昆士兰果实蝇（*Bactrocera tryoni*）（脐橙 *Citrus sinensis*、番茄 *Lycopersicon lycopersicum*、苹果 *Malus domestica*、芒果 *Mangifera indica*、鳄梨 *Persea americana* 和甜樱桃 *Prunus avium*），苹果蠹蛾（*Cydia pomonella*）（苹果 *Malus domestica* 和人工饲料），梨小食心虫（*Grapholita molesta*）（苹果 *Malus domestica* 和人工饲料）（Bustos 等，2004；Gould & von Windeguth，1991；Hallman，2004，Hallman & Martinez，2001；Jessup 等，1992；Mansour，2003；von Windeguth，1986；von Windeguth & Ismail，1987）。但需要承认，该处理效果，不是对该目标有害生物的所有潜在水果和蔬菜寄主的测试结果。因此，只要

---

① 植物卫生处理不包括杀虫剂登记和其他国内处理方法批准等相关问题，也不提供关于对人类健康或食品安全具体影响的信息，因为这应该通过国内程序，事先对处理方法给予批准。此外，在获得国际批准之前，该处理方法对一些寄主商品潜在的品质影响，需要加以考虑。然而，对某种处理可能给商品质量造成影响的评估，需要额外关注。缔约方没有义务在其领土范围批准、登记和采用这些方法

有证据表明在针对该有害生物的所有寄主时，类推不正确，则将对此处理方法进行复审。

参考文献

Bustos, M. E., Enkerlin, W., Reyes, J. & Toledo, J. 2004. Irradiation of mangoes as a postharvest quarantine treatment for fruit flies (Diptera: Tephritidae). *Journal of Economic Entomology*, 97: 286-292.

Gould, W. P. & von Windeguth, D. L. 1991. Gamma irradiation as a quarantine treatment for carambolas infested with Caribbean fruit flies. *Florida Entomologist*, 74: 297-300.

Hallman, G. J. 2004. Ionizing irradiation quarantine treatment against Oriental fruit moth (Lepidoptera: Tortricidae) in ambient and hypoxic atmospheres. *Journal of Economic Entomology*, 97: 824-827.

Hallman, G. J. 2004. Irradiation disinfestation of apple maggot (Diptera: Tephritidae) in hypoxic and low-temperature storage. *Journal of Economic Entomology*, 97: 1245-1248.

Hallman, G. J. & Martinez, L. R. 2001. Ionizing irradiation quarantine treatments against Mexican fruit fly (Diptera: Tephritidae) in citrus fruits. *Postharvest Biology and Technology*, 23: 71-77.

Hallman, G. J. & Thomas, D. B. 1999. Gamma irradiation quarantine treatment against blueberry maggot and apple maggot (Diptera: Tephritidae). *Journal of Economic Entomology*, 92: 1373-1376.

Jessup, A. J., Rigney, C. J., Millar, A., Sloggett, R. F. & Quinn, N. M. 1992. Gamma irradiation as a commodity treatment against the Queensland fruit fly in fresh fruit. *Proceedings of the Research Coordination Meeting on Use of Irradiation as a Quarantine Treatment of Food and Agricultural Commodities*, 1990: 13-42.

Mansour, M. 2003. Gamma irradiation as a quarantine treatment for apples infested by codling moth (Lepidoptera: Tortricidae). *Journal of Applied Entomology*, 127: 137-141.

von Windeguth, D. L. 1986. Gamma irradiation as a quarantine treatment for Caribbean fruit fly infested mangoes. *Proceedings of the Florida State Horticultural Society*, 99: 131-134.

von Windeguth, D. L. & Ismail, M. A. 1987. Gamma irradiation as a quarantine treatment for Florida grapefruit infested with Caribbean fruit fly, *Anastrepha suspensa* (Loew). *Proceedings of the Florida State Horticultural Society*, 100: 5-7.

发布历史

此部分不属于本标准正式内容。

2006-04 CPM-1 added topic *Irradiation treatment for* pomonella (2006-129)

2006-12 TPPT developed draft text

2007-05 SC approved draft text for MC

2007-10 Sent for MC under fast-track process

2008-07 TPPT revised draft text

2008-12 SC revised draft text for adoption via e-decision

2009-03 CPM-4 adopted Annex 8 to ISPM 28:2007

ISPM 28. 2007：Annex 8 *Irradiation treatment for* Rhagoletis pomonella (2009). Rome，IPPC，FAO. 2011年8月最后修订。

此植物卫生处理方法于 2010 年经 CPM 第 5 次会议批准。本附录为 ISPM 28:2007 规定内容。

附录 9（PT9） 梅球茎象（*Conotrachelus nenuphar*）辐照处理（2009）

处理范围

该处理方法适用于最低吸收剂量为 92 Gy，对水果和蔬菜的辐照处理，从而防止梅球茎象羽化为成虫，达到其规定效果。该处理应该遵循 ISPM 18:2003① 规定的基本要求。

处理描述

处理名称： 梅球茎象（*Conotrachelus nenuphar*）辐照处理
活性成分： 不详（N/A）
处理类型： 辐照
目标有害生物：梅球茎象［*Conotrachelus nenuphar*（Herbst）］（Coleoptera：Curculionidae）
目标应检物： 梅球茎像所有寄主水果和蔬菜

处理时间表

最低吸收剂量 92 Gy，防止梅球茎象羽化为成虫。
处理效果为：$ED_{99.9880}$，可信度水平 95%。
处理应该遵循 ISPM 18:2003（植物卫生措施—辐照应用准则）规定。
辐照处理不能用于气调环境下储存的水果和蔬菜。

其他相关信息

由于辐照处理不能引起立即死亡，因而在检查时，会遇到梅球茎象（幼虫/蛹），但它们实际上不能存活。因此，这不意味着处理失败。

虽然在辐照处理后仍然能发现处理后的成虫，但是在进口国进行诱捕时，下列因素可能会影响发现成虫的可能性：

成虫（如果有）很少会在这些装运的水果中，因为它们不在水果中化蛹。

经辐照的成虫几乎活不过一周的时间，因此，经过辐照后，不可能比未经辐照的成虫容易扩散。

植物卫生处理技术小组（TPPT）根据 Hallman（2003）的研究成果，对该处理进行评估后，确定将此有效辐照剂量作为处理苹果（*Malus domestica*）上的这种有害生物的有效剂量。

将此处理效果推论到所有水果，是根据辐照剂量测定系统对目标有害生物的实际吸收剂量这方面的知识和经验，而与寄主货物无关；以及根据对各种有害生物和商品的研究证据。这些有害生物和寄主包括：墨西哥按实蝇（*Anastrepha ludens*）（葡萄柚 *Citrus paradisi* 和芒果 *Mangifera indica*），加勒比按实蝇（*A. suspensa*）（杨桃 *Averrhoa carambola*、葡萄柚 *Citrus paradisi* 和芒果 *Mangifera indica*），昆士兰果实蝇（*Bactrocera tryoni*）（脐橙 *Citrus sinensis*、番茄 *Lycopersicon lycopersicum*、苹果 *Malus domestica*、芒果 *Mangifera indica*、鳄梨 *Persea americana* 和甜樱桃 *Prunus avium*），苹果蠹蛾（*Cydia pomonel-*

---

① 植物卫生处理不包括杀虫剂登记和其他国内处理方法批准等相关问题，也不提供关于对人类健康或食品安全具体影响的信息，因为这应该通过国内程序，事先对处理方法给予批准。此外，在获得国际批准之前，该处理方法对一些寄主商品潜在的品质影响，需要加以考虑。然而，对某种处理可能给商品质量造成影响的评估，需要额外关注。缔约方没有义务在其领土范围批准、登记和采用这些方法

la）（苹果 Malus domestica 和人工饲料），梨小食心虫（Grapholita molesta）（苹果 Malus domestica 和人工饲料）（Bustos 等，2004；Gould & von Windeguth，1991；Hallman，2004，Hallman & Martinez，2001；Jessup 等，1992；Mansour，2003；von Windeguth，1986；von Windeguth & Ismail，1987）。但需要承认，该处理效果，不是对该目标有害生物的所有潜在水果和蔬菜寄主的测试结果。因此，只要有证据表明在针对该有害生物的所有寄主时，类推不正确，则将对此处理方法进行复审。

参考文献

Bustos, M. E., Enkerlin, W., Reyes, J. & Toledo, J. 2004. Irradiation of mangoes as a postharvest quarantine treatment for fruit flies (Diptera: Tephritidae). *Journal of Economic Entomology*, 97: 286 – 292.

Gould, W. P. & von Windeguth, D. L. 1991. Gamma irradiation as a quarantine treatment for carambolas infested with Caribbean fruit flies. *Florida Entomologist*, 74: 297 – 300.

Hallman, G. J. 2003. Ionizing irradiation quarantine treatment against plum curculio (Coleoptera: Curculionidae). *Journal of Economic Entomology*, 96: 1399 – 1404.

Hallman, G. J. 2004. Ionizing irradiation quarantine treatment against Oriental fruit moth (Lepidoptera: Tortricidae) in ambient and hypoxic atmospheres. *Journal of Economic Entomology*, 97: 824 – 827.

Hallman, G. J. & Martinez, L. R. 2001. Ionizing irradiation quarantine treatments against Mexican fruit fly (Diptera: Tephritidae) in citrus fruits. *Postharvest Biology and Technology*, 23: 71 – 77.

Jessup, A. J., Rigney, C. J., Millar, A., Sloggett, R. F. & Quinn, N. M. 1992. Gamma irradiation as a commodity treatment against the Queensland fruit fly in fresh fruit. *Proceedings of the Research Coordination Meeting on Use of Irradiation as a Quarantine Treatment of Food and Agricultural Commodities*, 1990: 13 – 42.

Mansour, M. 2003. Gamma irradiation as a quarantine treatment for apples infested by codling moth (Lepidoptera: Tortricidae). *Journal of Applied Entomology*, 127: 137 – 141.

von Windeguth, D. L. 1986. Gamma irradiation as a quarantine treatment for Caribbean fruit fly infested mangoes. *Proceedings of the Florida State Horticultural Society*, 99: 131 – 134.

von Windeguth, D. L. & Ismail, M. A. 1987. Gamma irradiation as a quarantine treatment for Florida grapefruit infested with Caribbean fruit fly, *Anastrepha suspensa* (Loew). *Proceedings of the Florida State Horticultural Society*, 100: 5 – 7.

发布历史

此部分不属于本标准正式内容。

2006-04 CPM-1 added topic *Irradiation treatment for* Conotrachelus nenuphar (2006-120)
2006-12 TPPT developed draft text
2007-05 SC approved draft text for MC
2007-10 Sent for MC under fast-track process
2007-12 TPPT reviewed draft text
2008-12 SC revised draft text for adoption via e-decision
2009-03 Secretariat received formal objections prior to CPM-4
2009-05 SC requested to TPPT review
2009-11 TPPT reviewed and revised draft via email
2009-11 SC revised draft text for adoption
2010-03 CPM-5 adopted Annex 9 to ISPM 28:2007
ISPM 28. 2007：Annex 9 *Irradiation treatment for* Conotrachelus nenuphar (2010). Rome, IPPC, FAO. 2011 年 8 月最后修订。

此植物卫生处理方法于 2010 年经 CPM 第 5 次会议批准。本附录为 ISPM 28:2007 规定内容。

附录 10（PT10） 梨小食心虫（*Grapholita molesta*）辐照处理（2010）

处理范围

该处理方法适用于最低吸收剂量为 232Gy，对水果和蔬菜的辐照处理，从而防止梨小食心虫羽化为成虫，达到其规定效果。该处理应该遵循 ISPM 18:2003[①] 规定的基本要求。

处理描述

处理名称：　　　梨小食心虫（*Grapholita molesta*）辐照处理
活性成分：　　　不详（N/A）
处理类型：　　　辐照
目标有害生物：　梨小食心虫［*Grapholita molesta*（Busck）］（Lepidoptera：Tortricidae）
目标应检物：　　梨小食心虫所有寄主水果和蔬菜

处理时间表

最低吸收剂量 232 Gy，防止梨小食心虫羽化为成虫。

处理效果为：$ED_{99.9949}$，可信度水平 95%。

处理应该遵循 ISPM 18:2003（植物卫生措施—辐照应用准则）规定。

辐照处理不能用于气调环境下储存的水果和蔬菜。

其他相关信息

由于辐照处理不能引起立即死亡，因而在检查时，会遇到梨小食心虫（幼虫/蛹），但它们实际上不能存活。因此，这不意味着处理失败。

植物卫生处理技术小组（TPPT）根据 Hallman（2004）的研究成果，对该处理进行评估后，确定将此有效辐照剂量作为处理苹果（*Malus domestica*）上的这种有害生物的有效剂量。

将此处理效果推论到所有水果，是根据辐照剂量测定系统对目标有害生物的实际吸收剂量这方面的知识和经验，而与寄主货物无关；以及根据对各种有害生物和商品的研究证据。这些有害生物和寄主包括：墨西哥按实蝇（*Anastrepha ludens*）（葡萄柚 *Citrus paradisi* 和芒果 *Mangifera indica*），加勒比按实蝇（*A. suspensa*）（杨桃 *Averrhoa carambola*、葡萄柚 *Citrus paradisi* 和芒果 *Mangifera indica*），昆士兰果实蝇（*Bactrocera tryoni*）（脐橙 *Citrus sinensis*、番茄 *Lycopersicon lycopersicum*、苹果 *Malus domestica*、芒果 *Mangifera indica*、鳄梨 *Persea americana* 和甜樱桃 *Prunus avium*），苹果蠹蛾（*Cydia pomonella*）（苹果 *Malus domestica* 和人工饲料），梨小食心虫（*Grapholita molesta*）（苹果 *Malus domestica* 和人工饲料）（Bustos 等，2004；Gould & von Windeguth，1991；Hallman，2004，Hallman & Martinez，2001；Jessup 等，1992；Mansour，2003；von Windeguth，1986；von Windeguth & Ismail，1987）。但需要承认，该处理效果，不是对该目标有害生物的所有潜在水果和蔬菜寄主的测试结果。因此，只要

[①] 植物卫生处理不包括杀虫剂登记和其他国内处理方法批准等相关问题，也不提供关于对人类健康或食品安全具体影响的信息，因为这应该通过国内程序，事先对处理方法给予批准。此外，在获得国际批准之前，该处理方法对一些寄主商品潜在的品质影响，需要加以考虑。然而，对某种处理可能给商品质量造成影响的评估，需要额外关注。缔约方没有义务在其领土范围批准、登记和采用这些方法

有证据表明在针对该有害生物的所有寄主时,类推不正确,则将对此处理方法进行复审。

参考文献

Bustos, M. E., Enkerlin, W., Reyes, J. & Toledo, J. 2004. Irradiation of mangoes as a postharvest quarantine treatment for fruit flies (Diptera: Tephritidae). *Journal of Economic Entomology*, 97: 286–292.

Gould, W. P. & von Windeguth, D. L. 1991. Gamma irradiation as a quarantine treatment for carambolas infested with Caribbean fruit flies. *Florida Entomologist*, 74: 297–300.

Hallman, G. J. 2004. Ionizing irradiation quarantine treatment against Oriental fruit moth (Lepidoptera: Tortricidae) in ambient and hypoxic atmospheres. *Journal of Economic Entomology*, 97: 824–827.

Hallman, G. J. & Martinez, L. R. 2001. Ionizing irradiation quarantine treatments against Mexican fruit fly (Diptera: Tephritidae) in citrus fruits. *Postharvest Biology and Technology*, 23: 71–77.

Jessup, A. J., Rigney, C. J., Millar, A., Sloggett, R. F. & Quinn, N. M. 1992. Gamma irradiation as a commodity treatment against the Queensland fruit fly in fresh fruit. *Proceedings of the Research Coordination Meeting on Use of Irradiation as a Quarantine Treatment of Food and Agricultural Commodities*, 1990: 13–42.

Mansour, M. 2003. Gamma irradiation as a quarantine treatment for apples infested by codling moth (Lepidoptera: Tortricidae). *Journal of Applied Entomology*, 127: 137–141.

von Windeguth, D. L. 1986. Gamma irradiation as a quarantine treatment for Caribbean fruit fly infested mangoes. *Proceedings of the Florida State Horticultural Society*, 99: 131–134.

von Windeguth, D. L. & Ismail, M. A. 1987. Gamma irradiation as a quarantine treatment for Florida grapefruit infested with Caribbean fruit fly, *Anastrepha suspensa* (Loew). *Proceedings of the Florida State Horticultural Society*, 100: 5–7.

发布历史

此部分不属于本标准正式内容。

2006-04 CPM-1 added work topic *Irradiation treatment for* Grapholita molesta (2006-127A）

2006-12 TPPT developed draft text and recommended it to the SC

2007-07 SC revised draft text and approved for member consultation via email

2007-10 Member consultation under fast-track process

2008-07 TPPT reviewed and revised draft text via email

2008-12 SC revised draft text via e-decision

2009-03 Secretariat received formal objections prior to CPM-4

2009-05 SC requested TPPT for review draft text

2009-11 TPPT revised draft text via email

2009-11 SC reviewed draft text for adoption

2010-03 CPM-5 adopted Annex 10 to ISPM 28

ISPM 28.2007 Annex 10 *Irradiation treatment for* Grapholita molesta （2010）. Rome，IPPC，FAO. 2011年8月最后修订。

此植物卫生处理方法于 2010 年经 CPM 第 5 次会议批准。本附录为 ISPM 28:2007 规定内容。

附录 11（PT11） 梨小食心虫（*Grapholita molesta*）（缺氧条件下）辐照处理（2010）

处理范围

该处理方法适用于最低吸收剂量为 232Gy，在缺氧条件下，对水果和蔬菜的辐照处理，从而防止梨小食心虫产卵，达到其规定效果。该处理应该遵循 ISPM 18:2003① 规定的基本要求。

处理描述

处理名称： 梨小食心虫（*Grapholita molesta*）辐照处理（缺氧条件下）
活性成分： 不详（N/A）
处理类型： 辐照
目标有害生物： 梨小食心虫［*Grapholita molesta*（Busck）］（Lepidoptera：Tortricidae）
目标应检物： 梨小食心虫所有寄主水果和蔬菜

处理时间表

最低吸收剂量 232 Gy，防止梨小食心虫羽化为成虫。
处理效果为：$ED_{99.9932}$，可信度水平 95%。
处理应该遵循 ISPM 18:2003（植物卫生措施—辐照应用准则）规定。
辐照处理不能用于气调环境下储存的水果和蔬菜。

其他相关信息

由于辐照处理不能引起立即死亡，因而在检查时，会遇到梨小食心虫（幼虫/蛹/成虫），但它们实际上不能存活。因此，这不意味着处理失败。

虽然在辐照处理后仍然能发现处理后的成虫，但是，在进口国进行诱捕时，下列因素可能会影响发现成虫的可能性：

经辐照后，只有极少量成虫可能会羽化。

经辐照的成虫几乎活不过一周的时间，因此经过辐照后，不可能比未经辐照的成虫容易扩散。

植物卫生处理技术小组（TPPT）根据 Hallman（2004）的研究成果，对该处理进行评估后，确定将此有效辐照剂量作为处理苹果（*Malus domestica*）上的这种有害生物的有效剂量。

将此处理效果推论到所有水果，是根据辐照剂量测定系统对目标有害生物的实际吸收剂量这方面的知识和经验，而与寄主货物无关；以及根据对各种有害生物和商品的研究证据。这些有害生物和寄主包括：墨西哥按实蝇（*Anastrepha ludens*）（葡萄柚 *Citrus paradisi* 和芒果 *Mangifera indica*），加勒比按实蝇（*A. suspensa*）（杨桃 *Averrhoa carambola*、葡萄柚 *Citrus paradisi* 和芒果 *Mangifera indica*），昆士兰果实蝇（*Bactrocera tryoni*）（脐橙 *Citrus sinensis*、番茄 *Lycopersicon lycopersicum*、苹果 *Malus domestica*、芒果 *Mangifera indica*、鳄梨 *Persea americana* 和甜樱桃 *Prunus avium*），苹果蠹蛾（*Cydia pomonel-*

---

① 植物卫生处理不包括杀虫剂登记和其他国内处理方法批准等相关问题，也不提供关于对人类健康或食品安全具体影响的信息，因为这应该通过国内程序，事先对处理方法给予批准。此外，在获得国际批准之前，该处理方法对一些寄主商品潜在的品质影响，需要加以考虑。然而，对某种处理可能给商品质量造成影响的评估，需要额外关注。缔约方没有义务在其领土范围批准、登记和采用这些方法

la）（苹果 *Malus domestica* 和人工饲料），梨小食心虫（*Grapholita molesta*）（苹果 *Malus domestica* 和人工饲料）（Bustos 等，2004；Gould & von Windeguth，1991；Hallman，2004，Hallman & Martinez，2001；Jessup 等，1992；Mansour，2003；von Windeguth，1986；von Windeguth & Ismail，1987）。但需要承认，该处理效果，不是对该目标有害生物的所有潜在水果和蔬菜寄主的测试结果。因此，只要有证据表明在针对该有害生物的所有寄主时，类推不正确，则将对此处理方法进行复审。

参考文献

Bustos, M. E., Enkerlin, W., Reyes, J. & Toledo, J. 2004. Irradiation of mangoes as a postharvest quarantine treatment for fruit flies (Diptera: Tephritidae). *Journal of Economic Entomology*, 97: 286–292.

Gould, W. P. & von Windeguth, D. L. 1991. Gamma irradiation as a quarantine treatment for carambolas infested with Caribbean fruit flies. *Florida Entomologist*, 74: 297–300.

Hallman, G. J. 2004. Ionizing irradiation quarantine treatment against Oriental fruit moth (Lepidoptera: Tortricidae) in ambient and hypoxic atmospheres. *Journal of Economic Entomology*, 97: 824–827.

Hallman, G. J. & Martinez, L. R. 2001. Ionizing irradiation quarantine treatments against Mexican fruit fly (Diptera: Tephritidae) in citrus fruits. *Postharvest Biology and Technology*, 23: 71–77.

Jessup, A. J., Rigney, C. J., Millar, A., Sloggett, R. F. & Quinn, N. M. 1992. Gamma irradiation as a commodity treatment against the Queensland fruit fly in fresh fruit. *Proceedings of the Research Coordination Meeting on Use of Irradiation as a Quarantine Treatment of Food and Agricultural Commodities*, 1990: 13–42.

Mansour, M. 2003. Gamma irradiation as a quarantine treatment for apples infested by codling moth (Lepidoptera: Tortricidae). *Journal of Applied Entomology*, 127: 137–141.

von Windeguth, D. L. 1986. Gamma irradiation as a quarantine treatment for Caribbean fruit fly infested mangoes. *Proceedings of the Florida State Horticultural Society*, 99: 131–134.

von Windeguth, D. L. & Ismail, M. A. 1987. Gamma irradiation as a quarantine treatment for Florida grapefruit infested with Caribbean fruit fly, *Anastrepha suspensa* (Loew). *Proceedings of the Florida State Horticultural Society*, 100: 5–7.

发布历史

此部分不属于本标准正式内容。

2006-04 CPM-1 added topic *Irradiation treatment for Grapholita melosa under hypoxia*

2006-12 TPPT developed draft text and recommended to the SC (2006-127B)

2007-07 SC revised draft text and approved for member consultation via email

2007-10 Member consultation under fast-track process

2008-07 TPPT reviewed and revised draft text via email

2008-12 SC revised draft text via e-decision

2009-03 Secretariat received formal objections prior to CPM-4

2009-05 SC requested the TPPT to review

2009-11 TPPT revised draft text via email

2009-11 SC revised draft text for adoption

2010-03 CPM-5 adopted Annex 11 to ISPM 28:2007

ISPM 28. 2007: Annex 11 *Irradiation treatment for* Grapholita molesta *under hypoxia* (2010). Rome, IPPC, FAO.

2011年8月最后修订。

此植物卫生处理方法于 2011 年经 CPM 第 6 次会议批准。本附录为 ISPM 28:2007 规定内容。

附录 12（PT12） 丽甘薯象（*Cylas formicarius elegantulus*）辐照处理（2011）

处理范围

该处理方法适用于最低吸收剂量为 165Gy，对水果和蔬菜的辐照处理，从而防止丽甘薯象羽化为 F_1 代成虫，达到其规定效果。该处理应该遵循 ISPM 18:2003① 规定的基本要求。

处理描述

处理名称： 丽甘薯象（*Cylas formicarius elegantulus*）辐照处理
活性成分： 不详（N/A）
处理类型： 辐照
目标有害生物： 丽甘薯象［*Cylas formicarius elegantulus*（Summers）］（Coleoptera：Brentidae）
目标应检物： 丽甘薯像所有寄主水果和蔬菜

处理时间表

最低吸收剂量 165 Gy，防止丽甘薯象羽化为成虫。
处理效果为：$ED_{99.9952}$，可信度水平 95%。
处理应该遵循 ISPM 18:2003（植物卫生措施—辐照应用准则）规定。
辐照处理不能用于气调环境下储存的水果和蔬菜。

其他相关信息

由于辐照处理不能引起立即死亡，因而在检查时，会遇到丽甘薯象（卵/幼虫/蛹/成虫），但它们实际上不能存活。因此，这不意味着处理失败。

对于已制定丽甘薯象诱捕和监督活动的国家而言，应该考虑到，这些成虫可能会在进口国诱捕时，监测到。因此，虽然这些昆虫不会定殖，但会评估该措施是否适合于本国，如发现这些有害生物后，是否会干扰其现行的监视计划。

植物卫生处理技术小组（TPPT）根据 Follet（2006）和 Hallman（2001）的研究成果，对该处理进行评估后，确定将此有效辐照剂量作为处理番薯（*Ipomoea batatas*）上的这种有害生物的有效剂量。

将此处理效果推论到所有水果，是根据辐照剂量测定系统对目标有害生物的实际吸收剂量这方面的知识和经验，而与寄主货物无关；以及根据对各种有害生物和商品的研究证据。这些有害生物和寄主包括：墨西哥按实蝇（*Anastrepha ludens*）（葡萄柚 *Citrus paradisi* 和芒果 *Mangifera indica*），加勒比按实蝇（*A. suspensa*）（杨桃 *Averrhoa carambola*、葡萄柚 *Citrus paradisi* 和芒果 *Mangifera indica*），昆士兰果实蝇（*Bactrocera tryoni*）（脐橙 *Citrus sinensis*、番茄 *Lycopersicon lycopersicum*、苹果 *Malus domestica*、芒果 *Mangifera indica*、鳄梨 *Persea americana* 和甜樱桃 *Prunus avium*），苹果蠹蛾（*Cydia pomonella*）（苹果 *Malus domestica* 和人工饲料），梨小食心虫（*Grapholita molesta*）（苹果 *Malus domestica* 和人

---

① 植物卫生处理不包括杀虫剂登记和其他国内处理方法批准等相关问题，也不提供关于对人类健康或食品安全具体影响的信息，因为这应该通过国内程序，事先对处理方法给予批准。此外，在获得国际批准之前，该处理方法对一些寄主商品潜在的品质影响，需要加以考虑。然而，对某种处理可能给商品质量造成影响的评估，需要额外关注。缔约方没有义务在其领土范围批准、登记和采用这些方法

工饲料）（Bustos 等，2004；Gould & von Windeguth，1991；Hallman，2004，Hallman & Martinez，2001；Jessup 等，1992；Mansour，2003；von Windeguth，1986；von Windeguth & Ismail，1987）。但需要承认，该处理效果，不是对该目标有害生物的所有潜在水果和蔬菜寄主的测试结果。因此，只要有证据表明在针对该有害生物的所有寄主时，类推不正确，则将对此处理方法进行复审。

参考文献

Bustos, M. E., Enkerlin, W., Reyes, J. & Toledo, J. 2004. Irradiation of mangoes as a postharvest quarantine treatment for fruit flies (Diptera: Tephritidae). Journal of Economic Entomology, 97: 286–292.

Follett, P. A. 2006. Irradiation as a methyl bromide alternative for postharvest control of *Omphisa anastomosalis* (Lepidoptera: Pyralidae) and *Euscepes postfasciatus* and *Cylas formicarius elegantulus* (Coleoptera: Curculionidae) in sweet potatoes. Journal of Economic Entomology, 99: 32–37.

Gould, W. P. & von Windeguth, D. L. 1991. Gamma irradiation as a quarantine treatment for carambolas infested with Caribbean fruit flies. Florida Entomologist, 74: 297–300.

Hallman, G. J. 2001. Ionizing irradiation quarantine treatment against sweet potato weevil (Coleoptera: Curculionidae). Florida Entomologist, 84: 415–417.

Hallman, G. J. 2004. Ionizing irradiation quarantine treatment against Oriental fruit moth (Lepidoptera: Tortricidae) in ambient and hypoxic atmospheres. Journal of Economic Entomology, 97: 824–827.

Hallman, G. J. & Martinez, L. R. 2001. Ionizing irradiation quarantine treatments against Mexican fruit fly (Diptera: Tephritidae) in citrus fruits. Postharvest Biology and Technology, 23: 71–77.

Jessup, A. J., Rigney, C. J., Millar, A., Sloggett, R. F. & Quinn, N. M. 1992. Gamma irradiation as a commodity treatment against the Queensland fruit fly in fresh fruit. Proceedings of the Research Coordination Meeting on Use of Irradiation as a Quarantine Treatment of Food and Agricultural Commodities, 1990: 13–42.

Mansour, M. 2003. Gamma irradiation as a quarantine treatment for apples infested by codling moth (Lepidoptera: Tortricidae). Journal of Applied Entomology, 127: 137–141.

von Windeguth, D. L. 1986. Gamma irradiation as a quarantine treatment for Caribbean fruit fly infested mangoes. Proceedings of the Florida State Horticultural Society, 99: 131–134.

von Windeguth, D. L. & Ismail, M. A. 1987. Gamma irradiation as a quarantine treatment for Florida grapefruit infested with Caribbean fruit fly, *Anastrepha suspensa* (Loew). Proceedings of the Florida State Horticultural Society, 100: 5–7.

发布历史

此部分不属于本标准正式内容。

2006-12 TPPT developed draft text

2007-04 CPM-2 added topic *Irradiation treatment for* Cylas formicarius elegantulus（2006-124）

2007-10 SC revised draft text and approved for MC

2007-10 SC sent for MC under fast-track process

2008-03 Secretariat received formal objections prior to CPM-3

2008-08 SC revised draft text with TPPT consultation via email

2008-12 SC recommended draft text to CPM via e-decision

2009-03 Secretariat received formal objections prior to CPM-4

2009-05 SC requested TPPT to review

2009-08 TPPT revised draft text

2009-12 SC recommended draft text to CPM via e-decision

2010-03 Secretariat received formal objections prior to CPM-5

2010-05 SC requested TPPT to review

2010-07 TPPT revised draft text

2010-08 SC recommended draft text to CPM via e-decision

2011-03 CPM-6 adopted Annex 12 to ISPM 28

ISPM 28. 2007：Annex 12 *Irradiation treatment for* Cylas formicarius elegantulus（2011）. Rome, IPPC, FAO.

2011年12月最后修订。

此植物卫生处理方法于 2011 年经 CPM 第 6 次会议批准。本附录为 ISPM 28:2007 规定内容。

附录 13（PT13） 西印度甘薯象（*Euscepes postfasciatus*）辐照处理（2011）

处理范围

该处理方法适用于最低吸收剂量为 150Gy，对水果和蔬菜的辐照处理，从而防止西印度甘薯象羽化为 F_1 代成虫，达到其规定效果。该处理应该遵循 ISPM 18:2003[①] 规定的基本要求。

处理描述

处理名称： 西印度甘薯象（*Euscepes postfasciatus*）辐照处理
活性成分： 不详（N/A）
处理类型： 辐照 Irradiation
目标有害生物： 西印度甘薯象［*Euscepes postfasciatus*（Fairmaire）］（Coleoptera：Curculionidae）
目标应检物： 西印度甘薯像所有寄主水果和蔬菜

处理时间表

最低吸收剂量 150 Gy，防止西印度甘薯象羽化为 F_1 代成虫。

处理效果为：$ED_{99.9950}$，可信度水平 95%。

处理应该遵循 ISPM 18:2003（植物卫生措施—辐照应用准则）规定。

辐照处理不能用于气调环境下储存的水果和蔬菜。

其他相关信息

由于辐照处理不能引起立即死亡，因而在检查时，会遇到西印度甘薯象（卵/幼虫/蛹/成虫），但它们实际上不能存活。因此，这不意味着处理失败。

对于已制定丽甘薯象诱捕和监督活动的国家而言，应该考虑到，这些成虫可能会在进口国诱捕时，监测到。因此，虽然这些昆虫不会定殖，但会评估该措施是否适合于本国，如发现这些有害生物后，是否会干扰其现行的监视计划。

植物卫生处理技术小组（TPPT）根据 Follet（2006）的研究成果，对该处理进行评估后，确定将此有效辐照剂量作为处理番薯（*Ipomoea batatas*）上的这种有害生物的有效剂量。

将此处理效果推论到所有水果，是根据辐照剂量测定系统对目标有害生物的实际吸收剂量这方面的知识和经验，而与寄主货物无关；以及根据对各种有害生物和商品的研究证据。这些有害生物和寄主包括：墨西哥按实蝇（*Anastrepha ludens*）（葡萄柚 *Citrus paradisi* 和芒果 *Mangifera indica*），加勒比按实蝇（*A. suspensa*）（杨桃 *Averrhoa carambola*、葡萄柚 *Citrus paradisi* 和芒果 *Mangifera indica*），昆士兰果实蝇（*Bactrocera tryoni*）（脐橙 *Citrus sinensis*、番茄 *Lycopersicon lycopersicum*、苹果 *Malus domestica*、芒果 *Mangifera indica*、鳄梨 *Persea americana* 和甜樱桃 *Prunus avium*），苹果蠹蛾（*Cydia pomonella*）（苹果 *Malus domestica* 和人工饲料），梨小食心虫（*Grapholita molesta*）（苹果 *Malus domestica* 和人

[①] 植物卫生处理不包括杀虫剂登记和其他国内处理方法批准等相关问题，也不提供关于对人类健康或食品安全具体影响的信息，因为这应该通过国内程序，事先对处理方法给予批准。此外，在获得国际批准之前，该处理方法对一些寄主商品潜在的品质影响，需要加以考虑。然而，对某种处理可能给商品质量造成影响的评估，需要额外关注。缔约方没有义务在其领土范围批准、登记和采用这些方法

工饲料）（Bustos 等，2004；Gould & von Windeguth，1991；Hallman，2004，Hallman & Martinez，2001；Jessup 等，1992；Mansour，2003；von Windeguth，1986；von Windeguth & Ismail，1987）。但需要承认，该处理效果，不是对该目标有害生物的所有潜在水果和蔬菜寄主的测试结果。因此，只要有证据表明在针对该有害生物的所有寄主时，类推不正确，则将对此处理方法进行复审。

参考文献

Bustos, M. E., Enkerlin, W., Reyes, J. & Toledo, J. 2004. Irradiation of mangoes as a postharvest quarantine treatment for fruit flies (Diptera: Tephritidae). *Journal of Economic Entomology*, 97: 286 – 292.

Follett, P. A. 2006. Irradiation as a methyl bromide alternative for postharvest control of *Omphisa anastomosalis* (Lepidoptera: Pyralidae) and *Euscepes postfasciatus* and *Cylas formicarius elegantulus* (Coleoptera: Curculionidae) in sweet potatoes. *Journal of Economic Entomology*, 99: 32 – 37.

Gould, W. P. & von Windeguth, D. L. 1991. Gamma irradiation as a quarantine treatment for carambolas infested with Caribbean fruit flies. *Florida Entomologist*, 74: 297 – 300.

Hallman, G. J. 2004. Ionizing irradiation quarantine treatment against Oriental fruit moth (Lepidoptera: Tortricidae) in ambient and hypoxic atmospheres. *Journal of Economic Entomology*, 97: 824 – 827.

Hallman, G. J. & Martinez, L. R. 2001. Ionizing irradiation quarantine treatments against Mexican fruit fly (Diptera: Tephritidae) in citrus fruits. *Postharvest Biology and Technology*, 23: 71 – 77.

Jessup, A. J., Rigney, C. J., Millar, A., Sloggett, R. F. & Quinn, N. M. 1992. Gamma irradiation as a commodity treatment against the Queensland fruit fly in fresh fruit. *Proceedings of the Research Coordination Meeting on Use of Irradiation as a Quarantine Treatment of Food and Agricultural Commodities*, 1990: 13 – 42.

Mansour, M. 2003. Gamma irradiation as a quarantine treatment for apples infested by codling moth (Lepidoptera: Tortricidae). *Journal of Applied Entomology*, 127: 137 – 141.

von Windeguth, D. L. 1986. Gamma irradiation as a quarantine treatment for Caribbean fruit fly infested mangoes. *Proceedings of the Florida State Horticultural Society*, 99: 131 – 134.

von Windeguth, D. L. & Ismail, M. A. 1987. Gamma irradiation as a quarantine treatment for Florida grapefruit infested with Caribbean fruit fly, *Anastrepha suspensa* (Loew). *Proceedings of the Florida State Horticultural Society*, 100: 5 – 7.

发布历史

此部分不属于本标准正式内容。

2006-12 TPPT developed draft text

2007-04 CPM-2 added topic *Irradiation treatment for* Cylas formicarius elegantulus (2006-124)

2007-10 SC revised draft text and approved for MC

2007-10 SC sent for MC under fast-track process

2008-03 Secretariat received formal objections prior to CPM-3

2008-08 SC revised draft text with TPPT consultation via email

2008-12 SC recommended draft text to CPM via e-decision

2009-03 Secretariat received formal objections prior to CPM-4

2009-05 SC requested TPPT to review

2009-08 TPPT revised draft text

2009-12 SC recommended draft text to CPM via e-decision

2010-03 Secretariat received formal objections prior to CPM-5

2010-05 SC requested TPPT to review

2010-07 TPPT revised draft text

2010-08 SC recommended draft text to CPM via e-decision

2011-03 CPM-6 adopted Annex 12 to ISPM 28

ISPM 28. 2007: Annex 12 *Irradiation treatment for* Cylas formicarius elegantulus (2011). Rome, IPPC, FAO.

2011年12月最后修订。

此植物卫生处理方法于2011年经CPM第6次会议批准。本附录为ISPM 28:2007规定内容。

附录14（PT14）地中海实蝇（*Ceratitis capitata*）辐照处理（2011）

处理范围

该处理方法适用于最低吸收剂量为100Gy，对水果和蔬菜的辐照处理，从而防止地中海实蝇羽化为成虫，达到其规定效果。该处理应该遵循ISPM 18:2003[①]规定的基本要求。

处理描述

处理名称：   地中海实蝇（*Ceratitis capitata*）辐照处理
活性成分：   不详（N/A）
处理类型：   辐照
目标有害生物： 地中海实蝇（*Ceratitis capitata*）（Diptera：Tephritidae）（Mediterranean fruit fly）
目标应检物：   地中海实蝇所有寄主水果和蔬菜

处理时间表

最低吸收剂量100 Gy，防止地中海实蝇羽化为成虫。

处理效果为：$ED_{99.9970}$，可信度水平95%。

处理应该遵循ISPM 18:2003（植物卫生措施—辐照应用准则）规定。

辐照处理不能用于气调环境下储存的水果和蔬菜。

其他相关信息

植物卫生处理技术小组（TPPT）根据Follet和Armstrong（2004）、Torres-Rivera和Hallman（2007）的研究成果，对该处理进行评估后，确定将此有效辐照剂量作为处理番木瓜（*Carica papaya*）和芒果（*Mangifera indica*）上的这种有害生物的有效剂量。

将此处理效果推论到所有水果，是根据辐照剂量测定系统对目标有害生物的实际吸收剂量这方面的知识和经验，而与寄主货物无关；以及根据对各种有害生物和商品的研究证据。这些有害生物和寄主包括：墨西哥按实蝇（*Anastrepha ludens*）（葡萄柚 *Citrus paradisi* 和芒果 *Mangifera indica*），加勒比按实蝇（*A. suspensa*）（杨桃 *Averrhoa carambola*、葡萄柚 *Citrus paradisi* 和芒果 *Mangifera indica*），昆士兰果实蝇（*Bactrocera tryoni*）（脐橙 *Citrus sinensis*、番茄 *Lycopersicon lycopersicum*、苹果 *Malus domestica*、芒果 *Mangifera indica*、鳄梨 *Persea americana* 和甜樱桃 *Prunus avium*），苹果蠹蛾（*Cydia pomonella*）（苹果 *Malus domestica* 和人工饲料），梨小食心虫（*Grapholita molesta*）（苹果 *Malus domestica* 和人工饲料）（Bustos 等，2004；Gould & von Windeguth, 1991；Hallman, 2004, Hallman & Martinez, 2001；Jessup 等，1992；Mansour, 2003；von Windeguth, 1986；von Windeguth & Ismail, 1987）。但需要承认，该处理效果，不是对该目标有害生物的所有潜在水果和蔬菜寄主的测试结果。因此，只要有证据表明在针对该有害生物的所有寄主时，类推不正确，则将对此处理方法进行复审。

[①] 植物卫生处理不包括杀虫剂登记和其他国内处理方法批准等相关问题，也不提供关于对人类健康或食品安全具体影响的信息，因为这应该通过国内程序，事先对处理方法给予批准。此外，在获得国际批准之前，该处理方法对一些寄主商品潜在的品质影响，需要加以考虑。然而，对某种处理可能给商品质量造成影响的评估，需要额外关注。缔约方没有义务在其领土范围批准、登记和采用这些方法

参考文献

Bustos, M. E., Enkerlin, W., Reyes, J. & Toledo, J. 2004. Irradiation of mangoes as a postharvest quarantine treatment for fruit flies (Diptera: Tephritidae). *Journal of Economic Entomology*, 97: 286–292.

Follett, P. A. & Armstrong, J. W. 2004. Revised irradiation doses to control melon fly, Mediterranean fruit fly, and Oriental fruit fly (Diptera: Tephritidae) and a generic dose for tephritid fruit flies. *Journal of Economic Entomology*, 97: 1254–1262.

Gould, W. P. & von Windeguth, D. L. 1991. Gamma irradiation as a quarantine treatment for carambolas infested with Caribbean fruit flies. *Florida Entomologist*, 74: 297–300.

Hallman, G. J. 2004. Ionizing irradiation quarantine treatment against Oriental fruit moth (Lepidoptera: Tortricidae) in ambient and hypoxic atmospheres. *Journal of Economic Entomology*, 97: 824–827.

Hallman, G. J. & Martinez, L. R. 2001. Ionizing irradiation quarantine treatments against Mexican fruit fly (Diptera: Tephritidae) in citrus fruits. *Postharvest Biology and Technology*, 23: 71–77.

ISPM 18. 2003. Guidelines for the use of irradiation as a phytosanitary measure. Rome, IPPC, FAO.

Jessup, A. J., Rigney, C. J., Millar, A., Sloggett, R. F. & Quinn, N. M. 1992. Gamma irradiation as a commodity treatment against the Queensland fruit fly in fresh fruit. *Proceedings of the Research Coordination Meeting on Use of Irradiation as a Quarantine Treatment of Food and Agricultural Commodities*, 1990: 13–42.

Mansour, M. 2003. Gamma irradiation as a quarantine treatment for apples infested by codling moth (Lepidoptera: Tortricidae). *Journal of Applied Entomology*, 127: 137–141.

Torres-Rivera, Z. & Hallman, G. J. 2007. Low-dose irradiation phytosanitary treatment against Mediterranean fruit fly (Diptera: Tephritidae). *Florida Entomologist*, 90: 343–346.

von Windeguth, D. L. 1986. Gamma irradiation as a quarantine treatment for Caribbean fruit fly infested mangoes. *Proceedings of the Florida State Horticultural Society*, 99: 131–134.

von Windeguth, D. L. & Ismail, M. A. 1987. Gamma irradiation as a quarantine treatment for Florida grapefruit infested with Caribbean fruit fly, *Anastrepha suspensa* (Loew). *Proceedings of the Florida State Horticultural Society*, 100: 5–7.

发布历史

此部分不属于本标准正式内容。

2007-12 TPPT developed draft text

2008-04 CPM-3 added topic *Irradiation treatment for* Ceratitis capitata (2007-204)

2008-11 SC revised draft text and approved for MC

2010-06 SC sent for MC under fast-track process

2010-12 SC recommended draft text to CPM via e-decision

2011-03 CPM-6 adopted Annex 14 to ISPM 28

ISPM 28.2007：Annex 14 *Irradiation treatment for* Ceratitis capitata (2011). Rome，IPPC，FAO.

2011年8月最后修订。

植物卫生措施国际标准 ISPM 29

无有害生物区和有害生物低流行区认可

RECOGNITION OF PEST FREE AREAS AND AREAS OF LOW PEST PREVALENCE

(2007 年)

IPPC 秘书处

© FAO 2011

发布历史

本部分不属于标准正式内容。

2004-04 ICPM-6 added topic Areas of pest prevalence

2005-04 ICPM-7 noted topic Pest free areas and areas of low pest prevalence (2005-012)

2005-04 SC approved Specification 30 Guidelines for the recognition of the establishment of pest free areas and area of low pest prevalence

2005-10 EWG developed draft text

2006-05 SC revised draft text and approved for MC

2006-06 Sent for MC

2006-11 SC revised draft text for adoption

2007-03 CPM-2 adopted standard

ISPM 29. 2007. Recognition of pest free areas and areas of low pest prevalence. Rome, IPPC, FAO.

2011年8月最后修订。

目　　录

批准
引言
范围
参考文献
定义
要求概述
背景
要求
1　总体考虑
2　相关原则
2.1　对无有害生物区和有害生物低流行区的认可
2.2　主权与合作
2.3　非歧视性
2.4　避免不适当拖延
2.5　透明度
2.6　IPPC 及 ISPMs 的其他相关原则
3　对无有害生物区和有害生物低流行区的认可要求
3.1　缔约方责任
3.2　文件
4　无有害生物区和有害生物低流行区认可程序
4.1　出口缔约方 NPPO 提出认可请求
4.2　进口缔约方确认收到整套信息并指明其对评估而言是否完整
4.3　进口缔约方评估过程记述
4.4　技术信息评估
4.5　评估结果通报
4.6　官方认可
4.7　认可期限
5　关于无有害生物生产地和生产点考虑
附件1　无有害生物区或有害生物低流行区认可流程图（参见第4项）

批准

本标准于 2007 年 3 月经 CPM 第 2 次会议批准。

引言

范围

本标准为无有害生物区和有害生物低流行区双边认可提供指导,并对认可程序做了描述。但标准不包括具体认可时限。标准还涉及无有害生物生产地或生产点认可相关事宜。

参考文献

IPPC. 1997. *International Plant Protection Convention.* Rome, IPPC, FAO.

ISPM 1. 2006. *Phytosanitary principles for the protection of plants and the application of phytosanitary measures in international trade.* Rome, IPPC, FAO.

ISPM 4. 1995. *Requirements for the establishment of pest free areas.* Rome, IPPC, FAO. [published 1996]

ISPM 5. *Glossary of phytosanitary terms.* Rome, IPPC, FAO.

ISPM 6. 1997. *Guidelines for surveillance.* Rome, IPPC, FAO.

ISPM 8. 1998. *Determination of pest status in an area.* Rome, IPPC, FAO.

ISPM 9. 1998. *Guidelines for pest eradication programmes.* Rome, IPPC, FAO.

ISPM 10. 1999. *Requirements for the establishment of pest free places of production and pest free production sites.* Rome, IPPC, FAO.

ISPM 12. 2001. *Guidelines for phytosanitary certificates.* Rome, IPPC, FAO.

ISPM 13. 2001. *Guidelines for the notification of non-compliance and emergency action.* Rome, IPPC, FAO.

ISPM 14. 2002. *The use of integrated measures in a systems approach for pest risk management.* Rome, IPPC, FAO.

ISPM 17. 2002. *Pest reporting.* Rome, IPPC, FAO.

ISPM 20. 2004. *Guidelines for a phytosanitary import regulatory system.* Rome, IPPC, FAO.

ISPM 22. 2005. *Requirements for the establishment of areas of low pest prevalence.* Rome, IPPC, FAO.

ISPM 24. 2005. *Guidelines for the determination and recognition of equivalence of phytosanitary measures.* Rome, IPPC, FAO.

ISPM 26. 2006. *Establishment of pest free areas for fruit flies (Tephritidae).* Rome, IPPC, FAO.

WTO. 1994. *Agreement on the Application of Sanitary and Phytosanitary Measures.* Geneva, World Trade Organization.

定义

本标准引用的植物卫生术语定义,见 ISPM 5(植物卫生术语表)。

要求概述

无有害生物区(PFAs)和有害生物低流行区(ALPPs)认可,是一个技术加行政的过程,从而保证在确定某地区有害生物状况时,能达到可接受水平标准。对 PFAs 建立、ALPPs 建立及认可的相关要求,在其他 ISPMs 中也有相应规定。此外,在 IPPC 中也作了相应规定。

IPPC 缔约方,应该及时完成认可程序,避免不适当拖延。在认可过程中,各缔约方不仅不应该彼此歧视,而且应该在各个方面保持透明度。

在本标准程序中,涉及必要的详细信息及其验证问题,诸如在一些地区有害生物的根除或种群压低情况,是否达到了要求等。对各缔约方而言,程序还包括诸如认可申请、确认收到申请及整套相应信息、程序记述、信息评估、评估结果通报、提供官方认可等步骤。但是,如果某个地区无有害生物发生,或者 FPA 状况容易确认,这个程序(见第 4 项)就没有必要了,或者说只需要提交极少信息。

对 PFAs 和 ALPPs 的认可，进出口缔约双方均承担明确责任。

各缔约方对认可过程都要充分记录在案。

关于无有害生物生产地和生产点相关考虑事宜，也需要提供。

背景

为了获得、维持和提高市场准入，考虑到其他原因，出口缔约方可以建立 PFAs 或 ALPPs。无论如何，对于出口方而言，对其符合 ISPMs 的 PFAs 或 ALPPs 的及时认可，是至关重要的。

如果这些按 ISPMs 建立的 PFAs 或 ALPPs，达到了进口缔约方适当的保护水平标准，符合技术合理性要求，进口方就可以视其为有效的植物卫生措施，因而，这样的区域也有利于及时认可。

关于 PFAs 或 ALPPs 的认可，IPPC 的相关规定是：

"国家植物保护组织的职责应该包括：……保护受威胁地区和目的地，对无有害生物区和有生物低流行区进行确定、维持和监督。"（参见 IPPC 第四条第 2 款第 e 项）；

"为达到本公约之目的，各缔约方应该开展最广泛且行之有效的合作……"（参见 IPPC 第八条）。

WTO/SPS 第六条对 PFAs 和 ALPPs 的认可规定是（适合地区条件，包括适合无有害生物区和有害生物低流行区条件）。

要求

1 总体考虑

关于 PFAs 和 ALPPs 的建立及相关问题，涉及几个 ISPMs，其中多是关于技术要求的，其他是关于认可程序的。

ISPM 1:2006 包含 PFAs 和 ALPPs 的认可操作原则（参见第 2.3 项和第 2.14 项）。

ISPM 4:1995 指出：因为该类 PFAs，可能涉及贸易伙伴之间的协议问题以及协议的执行情况，所以还需要进口缔约方 NPPO 进行复查及评估（参见第 2.3.4 项）。

ISPM 8:1998 在有害生物记录中，对使用"无有害生物区声明"作了规定（参见第 3.1.2 项）。

ISPM 10:1999 对无有害生物生产地、生产点建立和应用的规定，可以作为进口植物、植物产品和其他规定应检物的风险管理措施，这些措施能够保证其达到进口植物卫生要求。

ISPM 22:2005 规定了在某个地区建立规定有害生物低流行区的要求及程序，从而促进出口，这里的有害生物是由进口缔约方规定的。该标准包括 ALPPs 的确定、验证和维持。

ISPM 26:2006 规定了建立和维持经济重要性实蝇 PFAs 的要求。

虽然对 PFAs 和 ALPPs 的认可，通常是进出口双方的信息交流过程。但是，如果双方已达成协议，即使没有详细信息，也可以认可，而不需要进行双边谈判和验证。

通常，无有害生物生产地、无有害生物生产点不需要认可，所以本标准只是针对其认可程序应用的特例，作了一些规定。

2 相关原则

2.1 对无有害生物区和有害生物低流行区的认可

ISPM 1:2006 指出"货物进口到缔约方，若要对其采取植物卫生措施，应该考虑出口国 NPPOs 发布的有害生物区状况信息。在这些区域内，规定有害生物可能没有发生、或者低流行，或者属于无有害生物生产地和无有害生物生产点。"

2.2 主权与合作

各缔约方有权根据现行国际协定，制定和采纳植物卫生措施，保护其领土范围内的植物健康，确定适当的植物卫生保护水平标准。进口缔约方有权对进口植物、植物产品和其他规定应检做出规定

（参见 IPPC 第七条第 1 款）。所以也有权对 PFAs 和 ALPPs 的认可作出决定。

但是，各缔约方也应该承担相应的责任和义务，诸如合作（参见 IPPC 第八条）。所以，为了加强合作，要求进口缔约方应该对 PFAs 和 ALPPs 进行认可。

2.3 非歧视性

进口缔约方在对出口方提出的 PFAs 和 ALPPs 的认可过程中，应该遵守非歧视性原则。

2.4 避免不适当拖延

各缔约方应该鼓励对 PFAs 和 ALPPs 的认可，在解决有争议的问题时，要避免不适当拖延。

2.5 透明度

进出口缔约方应该尽可能回应对方要求，向指定联络点及时提供最新认可进展情况（见第 3.1 项），从而保证认可过程的开放性和透明度。

当涉及国家或地区的规定有害生物状况发生变化时，相关认可情况应该按 IPPC（第八条第 1 款第 a 项）和 ISPMs（如 ISPM 17:2002）的规定，及时适当沟通。

为了提高透明度，鼓励各缔约方将已认可的 PFAs 和 ALPPs 在植物卫生国际门户网（IPP）上公布（信息应该及时更新）。

2.6 IPPC 及 ISPMs 的其他相关原则

在对 PFAs 和 ALPPs 进行认可时，各缔约方应该遵循 IPPC 的相关原则，享有以下权利，履行以下义务：

—— 影响最小（IPPC 第七条第 2 款第 g 项）。
—— 修订（IPPC 第七条第 2 款第 h 项）。
—— 协调一致（IPPC 第十条第 4 款）。
—— 风险分析（IPPC 第二条及第六条第 1 款第 b 项）。
—— 风险管理（IPPC 第七条第 2 款第 a、g 项）。
—— 合作（IPPC 第八条）。
—— 技术援助（IPPC 第二十条）。
—— 等效性（ISPM 1:2006 第 1、10 项）。

3 对无有害生物区和有害生物低流行区的认可要求

NPPOs 负责对无有害生物区和有生物低流行区的确定、维持和监督（IPPC 第四条第 2 款第 e 项）。在 PFAs 和 ALPPs 建立后，申请认可之前，应该参考相关 ISPMs 技术指导，如 ISPM 4:1995 关于 PFAs、ISPM 22:2005 关于 ALPPs 以及 ISPM 8:1998 的规定。

对于一些具体的规定有害生物种（类），在建立 PFAs 和 ALPPs 时，也可参照其他技术指导。

为了获得对 PFAs 和 ALPPs 的认可，进口缔约方应该根据地区类型及其地理特点、确定某地有害生物状况的方法（无有害生物区或有害生物低流行区）、缔约方的适当保护水平标准及现有技术合理性等因素，决定所需要提供的信息类型。

如果该地区没有该有害生物发生，则 PFA 状况就容易确定（如在该地区从来没有此有害生物的记录，已知长期没有发生，经监督也证实未发现此有害生物），本标准（第 4 项）的认可过程就不需要了，相关支持信息也没有必要。因此，对这类无有害生物的情况，可以按照 ISPM 8:1998 第 3.1.2 项第一段的规定进行认可，而不需要详尽信息和详细程序。

此外，诸如某种有害生物已被根除（ISPM 9:1998）或种群被压低，这就可能需要提供详细信息并加以确认，对其要求见本标准第 4.1 项。

3.1 缔约方责任

出口缔约方负责以下工作：

—— 对已建立的 PFA 和 ALPP 提出认可申请。

—— 提供 PFA 和 ALPP 的适当信息。
—— 指定认可过程联络点。
—— 提供认可过程中其他必要的适当信息。
—— 协助实地考察事宜（如果要求）。

进口缔约方负责以下工作：
—— 告知申请收到及其相关信息。
—— 记述认可程序，包括（如可能）评估预定时间表。
—— 指定认可过程联络点。
—— 技术性信息评估。
—— 联系实地考察及相关合作事宜。
—— 向出口缔约方通报评估结果：
  · 如果该地区被认可，需要及时并适当修改植物卫生措施；
  · 如果未被认可，需要向出口缔约方做出解释，包括其技术合理性问题。

进口缔约方，应该仅要求提供与认可相关的必要信息或数据。

3.2 文件

各缔约方对整个认可过程，从申请到最后决定，都应该建立完整档案，以便能清楚确认和验证信息来源和决策根据的准确性。

4 无有害生物区和有害生物低流行区认可程序

下面是进口缔约方对出口缔约方提出的 PFAs 和 ALPPs 进行认可的参考步骤。然而，在某些情况下，如第 3 项所述，本标准所规定的步骤可能用不上。

通常，为了加快认可进程，在递交申请前，出口缔约方可能希望向进口方咨询相关事宜。

附件 1 是认可步骤流程图，参考步骤见 4.1～4.6 项所述。

4.1 出口缔约方 NPPO 提出认可请求

出口缔约方向进口方提交 PFAs 和 ALPPs 认可申请。为了支持其申请条件，出口缔约方应该按 ISPM 4:1995 或 ISPM 22:2005 规定提供技术信息。这些信息应该充分详实，足以客观证明该地区的有害生物状况及维持情况，以及 PFAs 和 ALPPs 的状况及维持情况。这些情况包括如下内容：

—— 申请认可的类别，如 PFAs 或 ALPPs。
—— 认可地区位置及其状况，尽可能附上地图。
—— 有害生物种类、生物学习性、已知在相关地区的分布情况（参见 ISPM 4 和 ISPM 22）。
—— 出口商品或其他规定应检物种类。
—— 在指定区域内有害生物的寄主及其流行情况。
—— 建立 PFA 或 ALPP 的植物卫生措施、程序及达到的效果。
—— 维持 PFA 或 ALPP 的植物卫生措施及达到的效果。
—— 针对 PFA 或 ALPP 的相关植物卫生规定。
—— 对该地区（PFA 或 ALPP）的记录保管情况。
—— 出口缔约方提交与认可直接相关的组织机构和资源（财力）信息。
—— 纠偏行动计划，包括与相关进口缔约方的沟通情况。
—— 其他相关信息（如由其他缔约方提出对该地区的申请认可情况以及关于 ALPPs 可能的系统方法）。

出口缔约方应该指定涉及认可申请的联络点。

4.2 进口缔约方确认收到整套信息并指明其对评估而言是否完整

进口缔约方 NPPO 应该及时向出口方 NPPO 确认，申请和随附信息的接收情况，并指定申请认可联络点。

在开始评估前，进口缔约方 NPPO 应该尽可能与出口方 NPPO 联系，确认是否还缺少重要信息，或者是否还要提供其他重要信息。

出口缔约方 NPPO 应该向进口方 NPPO 提交缺少的信息，或对缺少信息的原因做出解释。

当出口缔约方提交了 PFA 或 ALPP 申请（如是否还需要提供进一步的信息，或是否还要完成其他新程序），进口方就应该对所提交的信息进行研究，确认所提交信息是否有效。如果以前提交的认可申请未被接收而需要重新提交，在评估时，相关详细技术资料均应该加以考虑。同样，如果缔约方收回了 PFA 或 ALPP 申请（如维持 PFA 或 ALPP 不经济）而又想重新恢复，以前所提交的信息也要加以考虑。这时，如果适当，评估就应该集中在所提交的这些经过校正或补充的信息上，及时完成评估，不得无故拖延。

4.3 进口缔约方评估过程记述

进口缔约方应该对信息评估及 PFA 或 ALPP 的认可过程进行记述，其中包括完成申请认可所必要的法律或行政步骤及要求。鼓励进口缔约方在对申请认可时，尽可能制定预定完成时间表。

4.4 技术信息评估

一旦收到全部信息，进口缔约方 NPPO 就应该对信息进行评估，主要涉及以下内容：

—— ISPMs 对 PFAs（ISPM 4:1995）或 ALPPs（ISPM 22:2005）的相关规定，包括：
- 建立 PFA 或 ALPP 体系。
- 维持对 PFA 或 ALPP 的植物卫生措施。
- 对 PFA 或 ALPP 的维持情况的检查验证。

—— 根据申请认可类别需参照的其他 ISPMs 规定（特别是第 1 项中的规定）。

—— 进出口缔约方国内的有害生物状况。

由第三方或其他缔约方认可的 PFAs 或 ALPPs，也可以作为评估参考。

为了完成评估，进口缔约方需要对所提交的信息进行清理，或者还要求补充信息。出口缔约方应该提供相关技术信息，以便加快评估工作完成的进度。

如果是根据目前的评估结果，按以前的双边贸易记录（尤其是在缺乏信息、截获记录或违反进口要求时），或按此前双边或与其他伙伴的区域认可情况进行认可，只要是合理的，就可以要求对操作程序进行实地验证或实地评审。实地验证或评审日程、议程和内容需要由双边议定，并要求对入境事宜提供便利。

评估工作应该及时完成，不得无故拖延。如果按预定时间表，评估工作尚无法按计划完成，进口方就应该按要求向出口方通报原因，并尽可能提供新的时间表。

出口方可以随时要求取消或推迟评估。如果出口方要求推迟评估，则预定时间表可能会变更。若进口方的有害生物状况发生变化，或植物卫生规定改变，则可能没有必要对 PFA 或 ALPP 进行认可，评估工作到此为止。

4.5 评估结果通报

评估完成后，进口方应该按要求得出结论，并将评估结果向出口方通报；如果所申请的 PFA 或 ALPP 未获得认可，进口方应对该决定的技术合理性做出解释。

一旦在 PFA 或 ALPP 的认可上出现争议，双边都应该努力消除之。

4.6 官方认可

IPPC 第七条第 2 款第 b 项规定："当缔约方采取的措施可能对其他缔约方造成直接影响时，应该立即将植物卫生要求、限制和禁止措施，向他们公布并传送。"如果进口方已对 PFA 或 ALPP 认可了，应该向出口方做出正式通报，明确确认这些被认可区域的类别及适用于哪些有害生物。这时，进口方应该对其进口植物卫生要求和相关程序及时做出修订。

4.7 认可期限

如果出现下列情况，对 PFA 或 ALPP 的认可将失效：

—— 在相关地区的有害生物状况发生了变化，且不再是 PFA 或 ALPP。

—— 出现了违反对这些认可区的规定，或违反进口方在双边协议中的规定等重大违规事件（不符合 ISPM 13:2001 第 4.1 项规定）。

5 关于无有害生物生产地和生产点考虑

通常，无有害生物生产地或生产点不需要按上述第 4 项的程序进行认可。因此 ISPM 10:1999 第 3.2 项的规定是"NPPO 签发了货物植物卫生证书，就表明其符合无有害生物生产地或生产点要求。不过，进口缔约方可能要求在植物卫生证书上添加适当的附加声明，以示达到了这些要求。"

但 ISPM 10 第 3.3 项也指出："出口缔约方 NPPO 应该根据进口缔约方要求，向其提供建立和维持无有害生物生产地或生产点的根据。如果在双边协议或协定中做出了相关规定，出口缔约方就应该迅速向进口缔约方提供关于无有害生物生产地或生产点建立或取消的相关信息。"

正如 ISPM 10 第 3.1 项所述的那样，"如果对有害生物的植物卫生安全性要求高，在建立和维持无有害生物生产地或生产点时，需要采取综合措施，这时可以制定一个操作计划。如果条件允许，则可以签订双边协议或协定，在体系中详细规定生产商和贸易商的责任和义务"。

所以，在这种情况下，可以参考上述第 4 项程序和其他双边程序。

本附件只作参考，不属于标准规定内容。

附件 1　无有害生物区或有害生物低流行区认可流程图
（参见第 4 项）

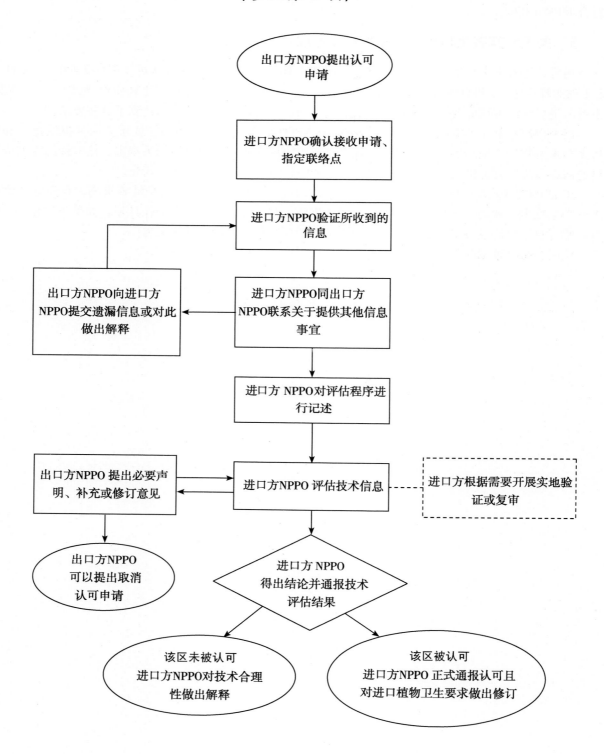

ISPM 30

植物卫生措施国际标准 ISPM 30

实蝇（实蝇科）有害生物低流行区的建立

ESTABLISHMENT OF AREAS OF LOW PEST PREVALENCE FOR FRUIT FLIES（TEPHRITIDAE）

（2008 年）

IPPC 秘书处

© FAO 2011

发布历史

本部分不属于标准正式内容。

2004-04 ICPM-6 added topic Fruit flies areas of low pest prevalence（2004-029）

2004-11 SC approved Specification 28 Areas of low pest prevalence for fruit flies

2005-09 TPFF developed draft text

2006-05 SC approved draft text and approved for MC

2006-06 Sent for MC

2007-11 SC revised draft text

2008-04 CPM-3 adopted standard

ISPM 30. 2008. Establishment of areas of low pest prevalence for fruit flies（Tephritidae）. Rome, IPPC, FAO.

2011 年 8 月最后修订。

目　　录

批准
引言
范围
参考文献
定义
要求概述
背景
要求
1　一般要求
1.1　操作计划
1.2　FF-ALPP 的确定
1.3　文件及记录保存
1.4　监管行动
2　具体要求
2.1　FF-ALPP 的建立
2.1.1　有害生物规定低流行水平标准的确定
2.1.2　地理描述
2.1.3　建立前的监督活动
2.2　植物卫生程序
2.2.1　监督活动
2.2.2　降低及维持目标实蝇种群数量水平
2.2.3　与寄主材料或规定应检物转运相关的植物卫生措施
2.2.4　关于 FF-ALPP 的国内声明
2.3　对 FF-ALPP 的维持
2.3.1　监督
2.3.2　维持目标实蝇低流行水平的措施
2.4　纠偏行动计划
2.5　暂停、恢复和失去 FF-ALPP 资格
2.5.1　暂停 FF-ALPP 资格
2.5.2　恢复 FF-ALPP 资格
2.5.3　失去 FF-ALPP 资格
附录 1　用于估算实蝇流行水平的参数
附录 2　在 FF-ALPP 的纠偏行动准则
附件 1　诱捕程序准则
附件 2　FF-ALPP 的典型应用

批准

本标准于 2008 年 4 月经 CPM 第 3 次会议批准。

引言

范围

本标准为 NPPO 建立和维持实蝇有害生物低流行区（FF-ALPPs，下同）提供准则。这些有害生物低流行区可以单独作为 NPPO 的有害生物风险管理措施，也可作为系统方法的一部分，从而促进实蝇寄主植物的贸易，最大限度地减少规定实蝇在区域内的扩散。本标准适用于经济重要性实蝇（Tephritidae）。

参考文献

IPPC. 1997. *International Plant Protection Convention.* Rome，IPPC，FAO.

ISPM 5. *Glossary of phytosanitary terms.* Rome，IPPC，FAO.

ISPM 6. 1997. *Guidelines for surveillance.* Rome，IPPC，FAO.

ISPM 8. 1998. *Determination of pest status in an area.* Rome，IPPC，FAO.

ISPM 14. 2002. *The use of integrated measures in a systems approach for pest risk management.* Rome，IPPC，FAO.

ISPM 17. 2002. *Pest reporting.* Rome，IPPC，FAO.

ISPM 22. 2005. *Requirements for the establishment of areas of low pest prevalence.* Rome，IPPC，FAO.

ISPM 26. 2006. *Establishment of pest free areas for fruit flies（Tephritidae）.* Rome，IPPC，FAO.

ISPM 29. 2007. *Recognition of pest free areas and areas of low pest prevalence.* Rome，IPPC，FAO.

WTO. 1994. *Agreement on the Application of Sanitary and Phytosanitary Measures.* Geneva，World Trade Organization.

定义

本标准引用的植物卫生术语定义，见 ISPM 5（植物卫生术语表）。

要求概述

建立和维持（FF-ALPP）的一般要求包括：
—— 确认 FF-ALPP 的可操作性及经济可行性。
—— 描述 FF-ALPP 之目的。
—— 制定 FF-ALPP 中的目标实蝇名录。
—— 操作计划。
—— 确定 FF-ALPP。
—— 文件及记录保存。
—— 监管行动。

建立 FF-ALPP，需要用一些参数来估算实蝇流行水平和监督用诱捕器的诱捕效果，见附录 1。FF-ALPP 的建立和维持，均需要有监督、控制措施和纠偏行动计划。纠偏行动计划见附录 2。

其他具体要求包括植物卫生程序以及暂停、失去和恢复 FF-ALPP 资格等。

背景

植物保护国际公约（IPPC，1997）和 WTO/SPS 措施协定（第六条）对有害生物低流行区（ALPPs）做了相应规定。ISPM 22:2005 描述了不同类型的 ALPPs，并给出了建立 ALPPs 的一般指导原则。ALPPs 还可以作为系统方法的一部分（ISPM 14:2002）。

对许多国家而言，实蝇是非常重要的一类有害生物，它会对水果造成为害，因而要求限制其寄主产品在国际国内的贸易。

实蝇的寄主范围广泛，传入可能性大，许多国家都要采取进口限制措施，对寄主原料和规定应检物的转运实施植物卫生措施，从而保证能适当降低其传入风险。

本标准为 NPPO 建立和维持 FF-ALPPs 提供指导，其目的在于促进贸易，将规定实蝇的传入或扩散风险降低到最低。

FF-ALPPs 通常用作实蝇无有害生物区、无有害生物生产地和无有害生物生产点的缓冲区（可以是一个永久的缓冲区，也可以是根除过程的一部分），或者基于出口目的，常常与其他降低有害生物风险的措施相关联，作为系统方法的一部分（这可能要求将 FF-ALPP 的一部分或全部作为缓冲区）。

FF-ALPPs 可以是自然形成的（后来经验证、声明、监控或管理），也可以是在作物生产期间，为了减少实蝇对作物的为害，在该地区实施压低实蝇种群数量的有害生物控制措施之后而形成的；还可能是为了把实蝇数量降低到某个规定低水平标准而建立的（编者注：此处即为后面所指的规定低流行水平标准，另请参见 ISPM 22:2005）。

建立 FF-ALPP，不仅与市场准入密切相关，也与其经济性和操作可行性密切相关。

如果建立 FF-ALPP 是为了出口实蝇寄主商品为目的，则建立和维持 FF-ALPP 采用的相关参数，就应该视进口国的要求而定，并遵照本标准和 ISPM 29:2007 的相关规定。

本标准关于建立 FF-ALPPs 的要求，也适合于水果在国内的 ALPPs（有害生物低流行区）之间的转运。

本标准所指的目标实蝇是双翅目实蝇科（Tephritidae）的按实蝇属（*Anastrepha*）、果实蝇属（*Bactrocera*）、小条实蝇属（*Ceratitis*）、寡鬃实蝇属（*Dacus*）、绕实蝇属（*Rhagoletis*）和驮实蝇属（*Toxotrypana*）害虫。

要求

1 一般要求

ISPM 22:2005（建立有害生物低流行区要求）中的概念和规定，适合于特定种或类有害生物包括实蝇的 ALPPs 的建立和维持，所以它们与本标准是一致的。

按本标准可以建立各种各样的 FF-ALPPs。有些需要用到标准中的各个要素，有的则只需要其中的一部分。

NPPO 在建立和维持 FF-ALPP 时，可能要求植物卫生措施和具体程序，这将在本标准中做进一步描述。如果适当，建立官方 FF-ALPP，可能需要部分或全部根据本标准中所规定的技术要素。这些要素，包括有害生物生物学和控制方法，它们会随着实蝇种类和所建立的 FF-ALPP 类型的不同而各异。

建立官方 FF-ALPP，应该全面考虑设立该项目的可操作性和经济可行性，以便达到维持有害生物低流行水平和建立 FF-ALPP 的目的。

在实蝇有害生物状况相同的地区，可以应用 FF-ALPP，以促进实蝇寄主在彼此之间的转运，从而保护这些地区不受规定实蝇的威胁。

建立 FF-ALPP 的先决条件是，这里存在这样一个天然的地区，或者是能够建立这样的一个地区，且由 NPPO 划界、监控并证实达到了实蝇规定低流行水平标准。该地区可适当保护 FF-PFA，或者能稳定作物产量，或者是为了压低种群数量和采取根除行动。也可能由于气候、生物学和地理因素等原因，在全年或一年的部分时间内，它们能降低或抑制实蝇种群数量，从而形成天然的 FF-ALPP。

FF-ALPP，可以针对一种，也可以针对多种实蝇。但是，对于多种目标实蝇的 FF-ALPP，需要具体考虑诱捕器的种类、其设置密度及设置场所。有害生物低流行水平标准，是按每种目标实蝇来确定的。

建立 FF-ALPPs，应该包括公共意识计划，它与 ISPM 26:2006 第 1.1 项类似。

1.1 操作计划

建立和维持 FF-ALPP 的官方操作计划，需要在植物卫生程序中做出具体规定。

在该操作计划中，应该对实施的主要程序做出规定，诸如监督行动程序，维持有害生物规定低流行水平标准程序、纠偏行动计划及其他要达到 FF-ALPP 目的的程序。

1.2 FF-ALPP 的确定

确定 FF-ALPP，需要考虑以下要素：

—— 地区划界［该特定区域的大小、详尽的地图资料，包括精确边界，以及与 GPS 匹配的边界、天然障碍、进入点（口岸）；可能的话，还应标出实蝇的商业寄主或非商业寄主的分布位置以及城区］。

—— 在该地区内，目标实蝇的种类和/或其季节性分布及空间分布。

—— 寄主的分布区域、丰度及季节性，包括是否可以确定为主要寄主（根据实蝇的生物学优先选择嗜好）。

—— 气候特征，包括降雨量、相对湿度、温度、盛行风速及风向。

—— 对限制及维持实蝇种群数量低流行水平标准各个因子的确认。

在一些地区，由于气候、地理或其他原因（如天敌、可适寄主的有效性及寄主的季节性），目标实蝇种群数量已显然低于规定低流行水平标准而不必采取控制措施，在这种情况下，应该开展适当时间内的监督工作，以证实其流行状况。对该流行状况的认可，可根据 ISPM 8:1998 第 3.1.1 项之规定进行。但是，如果实蝇种群数量经监测，发现高于有害生物规定低流行水平标准（如由于气候反常所引起），就应该采取纠偏行动。纠偏行动计划准则见附录 2。

1.3 文件及记录保存

用于 FF-ALPP 确定、建立、验证和维持的植物卫生程序都应该充分记录在案。这些程序应该定期复审和更新，包括如果需要，开展纠偏行动（见 ISPM 22:2005）。建议为建立 FF-ALPP 的操作计划制定一个操作程序手册。

确定和建立 FF-ALPP 的相关文件包括：

—— 该地区已知的实蝇寄主名录，包括其季节性和贸易性水果生产情况。

—— 划界记录，包括详尽的地图资料，能显示出边界、天然屏障及水果进入点（口岸）；描述农业生态特征，如土壤类型、目标实蝇的主要寄主分布区域，区域边界及城区；气候条件，如降雨量、相对湿度、温度、盛行风的风速及风向。

—— 监督记录包括：

· 诱捕：调查类型，诱捕器和诱饵的种类及数量，诱捕检查频率、诱捕器密度，诱捕器排列方式、诱捕时间及期限，每种诱捕器诱捕到的实蝇种类及数量，诱捕器的维修情况。

· 水果取样：类型、数量、日期、频率及结果。

—— 对实蝇种群数量造成影响的实蝇和其他有害生物的控制措施记录：措施种类及应用区域。

为了验证和维持 FF-ALPP，记录文件应该包括证明目标实蝇种群数量低于有害生物规定低流行水平标准的数据。调查记录和其他操作程序实施结果应该至少保存 24 个月。如果建立 FF-ALPP 是用于出口目的，这些记录应该按要求向进口国 NPPO 通报，必要时，可能需要开展验证工作。

还应该制定纠偏行动计划，并保存（见第 2.4 项）。

1.4 监管行动

实施 FF-ALPP 计划，包括国内应用规定、监督程序（如诱捕、水果取样）及纠偏行动计划，都应该符合官方批准程序。这些程序包括由官方授权，委托主要负责人完成相关事宜，如：

—— 该负责人拥有一定权力和责任，确保这些体系/程序能够适当运行并得以维持。

—— 昆虫学家（们）负责将实蝇鉴定到种。

NPPO 应该就 FF-ALPP 的建立和维持相关操作程序进行评估和审核，以确保有效管理，即使对于受 NPPO 委托而完成部分具体行动的其他机构也不例外。其对操作程序的监管包括以下内容：

——监督程序运行情况。
——实际监督能力。
——诱捕材料（诱捕器、诱剂）及诱捕程序。
——（对实蝇的）鉴定能力。
——控制措施应用情况。
——文件及记录保存。
——纠偏行动实施情况。

2 具体要求

2.1 FF-ALPP 的建立

建立 FF-ALPP 的基本要素见第 2.1 项和 ISPM 26:2006 第 2.2 项。这些要素也适用于后面所定义的 FF-ALPP。

2.1.1 有害生物规定低流行水平标准的确定

有害生物规定低流行水平标准，取决于目标实蝇—寄主—地区之间相互作用而引起的风险程度。这些标准应该由 FF-ALPP 所在地国家 NPPO 来制定，标准应该足够精确，从而使之在对监督数据和协议进行评估时，能够确定有害生物的流行水平是否低于这些标准。

对于一个给定的 FF-ALPP，如何确定其适当的有害生物流行水平标准，各 NPPOs 可以选用不同因素进行制定。通常可考虑以下因素：

——由贸易伙伴（为了继续贸易）规定的标准。
——由具有相同或类似实蝇种类、寄主和农业生态环境条件的 NPPOs 所采用的标准（包括从为达到无有害生物区标准而建立 FF-ALPPs 的操作中所得到的经验和历史数据）。

为估算实蝇流行水平所制定的参数，见附录 1。

2.1.2 地理描述

NPPO 应该确定出拟议的 FF-ALPP 边界。在隔离区（有物理或地理隔离），不必建立 FF-ALPPs。

作为 FF-ALPP 的边界，应该明确划定。该边界与实蝇寄主分布密切相关，或者与公认边界相一致。

2.1.3 建立前的监督活动

在建立 FF-ALPP 之前，应该开展监督调查，以评估实蝇的发生及流行水平，至于时间的长短，需要根据实蝇的生物学、生活习性、该地区的气候特点、寄主的有效性和适当的技术考虑而定。监督工作，应该至少连续坚持 12 个月。

2.2 植物卫生程序

2.2.1 监督活动

任何一种 ALPP 的诱捕监督体系都是相似的。对 FF-ALPP 的监督程序可参见 ISPM 6:1997 和 ISPM 26:2006 第 2.2.2.1 项关于诱捕程序及其他相关科学信息。

在低流行区内，通过水果取样，作为一种常规监督方法，进行实蝇监测，用得不多。但是如果在该地区采取了昆虫不育技术就另当别论了，因为这可能是一个主要方法。

NPPO 可以通过水果取样获得幼虫，从而弥补对成虫诱捕效果不好的问题。尤其是当没有合适的诱捕器时，水果取样对监督特别有用。如果在水果样品中发现了幼虫，则有必要将其饲养到成虫，以便于鉴定。如果有多种实蝇，就更应如此。但是光凭取样，还不能精确描述种群数量大小，也不能据此验证或证实 FF-ALPP 状况。监督程序，请参见 ISPM 26:2006 第 2.2.2.2 项关于水果取样程序的规定。

实蝇寄主的存在和分布，应该按商业和非商业性质分别记录。这些信息，会有助于制定诱捕计划和开展寄主取样工作，也有助于预测在该地区建立和维持 FF-ALPP 的植物卫生状况所面临的难易程度。

NPPO 应该有能力，或有办法鉴定在调查时发现的目标实蝇（包括成虫和幼虫）。同样，NPPO 也应该有能力验证针对目标实蝇的 FF-ALPP 状况。

2.2.2 降低及维持目标实蝇种群数量水平

采取特别措施，控制实蝇种群数量使之达到或低于有害生物规定低流行水平标准。压低实蝇种群数量，可能要采取多种控制措施；有些方法可参见 ISPM 22:2005 第 3.1.4.2 和 ISPM 26:2006 附录 1 的规定。

由于目标实蝇要么是土生土长的，要么是已定殖的，所以采取预防措施将其种群数量控制在有害生物规定低流行水平标准或其之下，常常是十分必要的（有些 FF-ALPPs 是天然形成的）。NPPO 应该努力寻求对环境影响最小的措施。

这些有效方法包括：

—— 化学防治（如采用选择性毒饵、空中或地面喷药、设置诱捕站、采用灭雄技术等）。

—— 物理防治（如水果套袋）。

—— 使用有益生物防治材料（如天敌，SIT）。（编者注：SIT，即昆虫不育技术）

—— 农业防治（如除去或销毁熟果或落果，除掉寄主植物或用非寄主植物替换寄主植物，早收，不鼓励实蝇寄主植物混作间作，果树结果前修剪，在果园周围种植诱捕寄主）。

2.2.3 与寄主材料或规定应检物转运相关的植物卫生措施

要降低规定实蝇进入 FF-ALPP 的风险，需要采取植物卫生措施。这些要求，请见 ISPM 22:2005 第 3.1.4.3 项和 ISPM 26:2006 第 2.2.3 项之规定。

2.2.4 关于 FF-ALPP 的国内声明

NPPO 应该对 FF-ALPP 状况进行验证（按 ISPM 8:1998），尤其是要确认是否符合本标准规定的程序（监督及控制）。如果适当，NPPO 应该将 FF-ALPP 的建立情况做出声明并进行通报。

为了验证 FF-ALPP 状况，加强国内管理，在 FF-ALPP 建立之后，应该不断验证 FF-ALPP 状况，并采取植物卫生措施进行适当维持。

2.3 对 FF-ALPP 的维持

一旦建立起了 FF-ALPP，NPPO 就应该保存相关文件及验证程序（供审核），且要继续实施本标准第 2.2 项规定的植物卫生程序。

2.3.1 监督

为了维持 FF-ALPP 状况，NPPO 应该按本标准第 2.2.1 之规定，继续开展监督工作。

2.3.2 维持目标实蝇低流行水平的措施

既然目标实蝇仍然在所建地区发生，那么在大多数情况下，第 2.2.2 项中所规定的措施都可以应用。

如果监控发现实蝇流行水平增加了（但低于该地区的规定低流行水平标准），就可以采取其他措施而达到 NPPO 设置的域值。因此，NPPO 可以要求实施（如 ISPM 22:2005 第 3.1.4.2 项所规定的）措施。设置的域值应该足以警示其将超过有害生物规定低流行水平标准，以防止转化为暂停（FF-ALPP 状况）状态。

2.4 纠偏行动计划

当目标实蝇种群数量超过了有害生物规定的低流行水平标准，NPPO 就应该实施纠偏行动计划。本标准附录 2 提供了关于 FF-ALPPs 的纠偏行动计划准则。

2.5 暂停、恢复和失去 FF-ALPP 资格

2.5.1 暂停 FF-ALPP 资格

如果目标实蝇种群数量超过了有害生物规定的低流行水平标准，无论是在整个 FF-ALPP，或是在

其中一部分，通常是整个 FF-ALPP 资格都要被暂停。但是，如果受侵染地区可以区分且能明确划界，则可以只暂停该部分的资格，其他部分可以重新界定。

应该及时向相关进口方 NPPOs 通报所采取的行动，不得无故拖延（关于有害生物报告要求的详细信息，请见 ISPM 17:2002）。

如果在程序实施时发生问题，也可以暂停（如诱捕方法、有害生物控制措施或文件不适当）。

如果 FF-ALPP 资格被暂停了，NPPO 就应该展开调查，找出失败的原因，提出应对措施，防止此类问题再次发生。

当 FF-ALPP 资格被暂停后，其恢复标准应该明确。

2.5.2 恢复 FF-ALPP 资格

恢复暂停地区的 FF-ALPP 资格，需符合以下条件：

—— 目标实蝇种群数量不再超过有害生物规定低流行水平标准，且已维持到一定时间。这个时间，是根据目标实蝇的生物学和其流行的环境条件所确定的；和/或

—— 程序不完善的地方得到了纠正且已被证实。

如果通过纠偏行动计划，能达到有害生物规定低流行水平标准且维持到上述规定的时间，程序中不完善的地方得到了纠正，则 FF-ALPP 资格就可以恢复。如果所建立的 FF-ALPP 是为了出口目的，其关于恢复的记录，应该按要求向进口方 NPPO 通报，如果必要，可能还需要进行验证。

2.5.3 失去 FF-ALPP 资格

如果根据实蝇生物学特点，在 FF-ALPP 资格被暂停且在适当时间范围内无法恢复，则失去 FF-ALPP 资格。如果 FF-ALPP 状况发生变化，应该及时向进口方 NPPOs 进行通报，不得无故拖延（关于有害生物报告详细要求，请见 ISPM 17:2002）。

一旦失去了 FF-ALPP 资格，就应该按本标准规定的程序重新建立和维持 FF-ALPP，同时还要考虑该地区的相关背景信息。

本附录为标准规定内容。

附录1　用于估算实蝇流行水平的参数

用于估算 FF-ALPP 地区实蝇流行水平的参数由 NPPO 制定。其中，用途最广的参数是每日每个诱捕器捕获的实蝇量（FTD）（下简称每日每器捕获量）。如果要得到准确的空间分布数据，就需要根据诱捕器的密度（如单位面积的 FTD）或每个诱捕器在一段时间内、在某个地区的诱捕情况来进行估算。

FTD 指数，是用于估算实蝇种群数量的，可以通过对每个诱捕器每天的诱捕数的平均值来计算。这个参数可以用来估算一定时间和空间范围内实蝇成虫的相对数量。它为比较不同地点和/或时间实蝇的种群数量情况，提供基本信息。

FTD 值是：诱捕实蝇总数/检查诱捕器的数量/诱捕器平均诱捕天数，公式为：

$$\mathrm{FTD} = \frac{F}{T \times D}$$

这里：
F = 诱捕实蝇总数
T = 检查诱捕器的数量
D = 诱捕器在田间的诱捕天数

如果常规检查以周为单位，或者在冬天还要长一些，则该参数可以用"每周每器捕获量"（FTW）表示，这样就可以估算出每个诱捕器每周诱捕到的实蝇数量。将 FTW 除以 7 就得到每日每器捕获量 FTD。如果出现对 FF-ALPP 的临界参数产生重大影响的情况时，就应该及时对它们进行复审和修订。

至于有害生物规定低流行水平标准，如上面所述的 FTD 值，需要根据 FF-ALPP 所保护水果遭受侵染的风险，以及 FF-ALPP 的具体目标（如无实蝇的出口水果）而定。如果一个 FF-ALPP 里有多种寄主（如 ALPP 旨在保护多种目标实蝇寄主），这个有害生物规定低流行水平标准，应该根据实蝇的每种寄主、实蝇对它们的侵染风险和优先选择性等科学信息而定。但是，如果建立 FF-ALPP，只是为了保护一种寄主植物，则其侵染指标就只需考虑该种植物就可以了。在这种情况下，对于目标实蝇的主要寄主，或侵染风险相对较高的次要寄主，常常需要制定一个比较低的有害生物规定低流行水平标准。

在制定一个适当的有害生物规定低流行水平标准时，目标实蝇的生物学（包括每年的世代数、寄主范围、该地区的寄主种类、极限温度、习性、繁殖及扩散能力）是最主要的因素。如果在一个 FF-ALPP 中，存在多种寄主，则这个有害生物规定低流行水平标准应该反映出寄主的多样性、丰度，以及每种实蝇对寄主的优先选择性和排列顺序。尽管在 FF-ALPP 中，对应于每种实蝇，可能会有各种有害生物规定低流行水平标准，但对整个区域和在 FF-ALPP 的操作时限内，这些标准应该固定不变。

估算实蝇种群数量所用诱捕器和诱剂的诱捕效果，以及诱捕器的维修程序，也应该考虑到。这是因为，有根据表明某种目标实蝇在同一个地点，由于诱捕器的诱捕效果不同，其所得到的 FTD 也不一样。因此，在将术语 FTD 值规定为有害生物低流行水平标准时，也应该将诱捕系统的诱捕效果做出说明。

一旦确定了有害生物规定低流行水平标准，确定了诱剂种类，除非要再找一个适当标准而决定采用诱剂新配方，否则对 FF-ALPP 所用的诱剂就没有必要更换或改变。对于那些有多种目标实蝇的 FF-

ALPPs，则需要用不同种类的诱剂，因此在设置诱捕器时，需要考虑各种诱剂之间的相互影响问题。

在评估实蝇种群数量时，水果取样可以作为诱捕监督的补充方法，特别是在无法用诱捕方法诱集目标实蝇时，只能如此。但需要注意的是，水果取样效果，依赖于样本大小、取样频率和时间。水果取样包括进行幼虫饲养，从而鉴定实蝇种类。如果是剖果检查，就要考虑到发现幼虫的效果。然而，水果取样检查是无法准确描述实蝇种群数量状况的，所以无法单独用它来确认或验证 FF-ALPP 状况。

本附录为标准规定内容。

附录2 在FF-ALPP的纠偏行动准则

在FF-ALPP中，如果程序及其在应用过程中出现偏差（如诱捕器数量不够或有害生物控制措施不当，文件不充分），或者监测到的目标实蝇种群数量超过了有害生物规定低流行水平标准，这就要考虑实施纠偏行动计划。纠偏行动的目的，就是确保程序及其应用适当，能够尽可能地将目标实蝇种群数量压低到有害生物规定低流行水平标准。NPPO负责制定适当的纠偏行动计划。纠偏行动计划不能一而再，再而三地实施，这是因为它会导致失去FF-ALPP资格，需要按本标准重新建立FF-ALPP的问题。

在制订纠偏行动计划时，需要考虑目标实蝇的生物学习性、FF-ALPP的地理特点、气候环境、物候学、该地区寄主的丰度和分布情况。

实施纠偏行动计划需要考虑以下要素：
—— 声明暂停FF-ALPP资格（如适当）。
—— 将纠偏行动计划纳入法律框架。
—— 初次反应及后续活动的时间范围。
—— 划界调查（诱捕及水果取样）及采取的压低种群数量行动。
—— 鉴定能力。
—— 有足够的操作资源（财力）。
—— 与国内NPPO和相关进口方NPPO沟通有效，包括提供与各方的详细联系方式。
—— 暂停地区的详细地图及边界范围。
—— 操作程序修订及纠正，或
—— 控制措施的有效范围，如杀虫剂的应用范围。

实施纠偏行动计划

1 实施纠偏行动计划通告

在实施纠偏行动计划之前，NPPO应该向利益攸关各方，包括向相关进口方进行通报。NPPO还要监督纠偏措施的实施。

通报应该包括实施该计划的根据，如程序存在缺陷，或者实蝇种群数量超过了有害生物规定低流行水平标准等。

2 植物卫生状况确定

一旦监测到实蝇种群数量超过有害生物规定的低流行水平标准，就应该立即开展划界调查（包括增设诱捕器、寄主水果取样、增加诱捕器检查频率），从而确定受侵害地区的范围，以更准确评估实蝇流行水平。

3 暂停FF-ALPP资格

如果目标实蝇种群数量超过了有害生物规定低流行水平标准，或者在程序上存在缺陷，就应该按本标准第2.5.1项规定暂停FF-ALPP资格。

4 纠正程序缺陷

要立即对缺陷程序及相关文件进行复审，找出缺陷源头。缺陷源头和采取的纠偏行动均应该记录在案。这个改进的监控程序，应该确保符合 FF-ALPP 的目标。

5 在受侵害地区采取控制措施

在受害地区，应该立即采取压低种群数量的具体行动。这些有效措施包括：
—— 采用选择性毒饵处理（空中和/或地面喷洒、设置诱捕站）。
—— 采用昆虫不育技术（SIT）。
—— 采用雄性不育技术。
—— 收集并销毁受侵染水果。
—— 除去或销毁寄主水果（如果可能）。
—— 杀虫剂处理（地面、涂抹）。

6 向相关机构通报

纠偏行动，应该向相关 NPPOs 和其他机构进行通报。IPPC 规定的有害生物报告要求见 ISPM 17:2002。

本附件仅作参考，不属于标准规定内容。

附件 1　诱捕程序准则

关于诱捕的相关信息，可以参照国际原子能机构（IAEA）刊物：

IAEA. 2003. *Trapping Guidelines for area-wide fruit fly programmes*. Vienna，Austria，Joint FAO/IAEA Division. 47pp.

该刊物已被广泛采用，容易得到，且获得权威认可。

本附件仅作参考，不属于标准规定内容。

附件 2　FF-ALPP 的典型应用

1　FF-ALPP 作为缓冲区

根据目标实蝇的生物学，它可能从受侵害区扩散到保护区，这就必须根据实蝇的低流行水平标准确立一个缓冲区（见 ISPM 26:2006）。建立 FF-ALPP（实蝇有害生物低流行区）和 FF-PFA（实蝇无有害生物区）应该同时进行，从而使 FF-ALPP 能够达到保护 FF-PFA 的目的。

1.1　将 FF-ALPP 确定为缓冲区

确定程序见本标准第 1.2 项规定。此外，在划分保护区边界时，要在地图上详细标明保护区的边界、寄主的分布、寄主所在区域、城区、入境点（口岸）、控制检查点。这里还涉及地理生物学特点相关信息，如其他寄主的流行情况、气候、山谷、平原、沙漠、江河、湖泊、海洋及其他可以作为天然障碍的区域。缓冲区的大小，对应着保护区的大小，依赖于目标实蝇的生物学特性（包括其习性、繁殖能力和扩散能力）、保护区的固有特点以及建立 FF-ALPP 的经济可行性和可操作性。

1.2　把 FF-ALPP 建成缓冲区

建立程序见本标准第 2.1 项。对于相关实蝇寄主商品从其他地区转运到该地区的问题，可能需要做出规定。其他补充信息请见 ISPM 26:2006 第 2.2.3 项的规定。

1.3　把 FF-ALPP 维持为缓冲区

维持程序见本标准第 2.3 项。既然缓冲区与所保护的生产地或产区具有相似的特征，那么就可以参考 ISPM 26:2006 第 2.3 项和 ISPM 22:2005 第 3.1.4.2 项、第 3.1.4.3 项及第 3.1.4.4 项关于 FF-PFA 的规定。还要充分认识到关于 FF-ALPP 作为缓冲区的信息发布的重要性。

2　作为出口目的的 FF-ALPPs

为了促进该地区水果出口，可以利用 FF-ALPPs。在多数情况下，FF-ALPPs 可以作为系统方法中降低有害生物风险的主要措施。与 FF-ALPPs 相关联的措施和/或因素包括：

收获前及收获后处理。

优先选用次要寄主或非寄主而不是主要寄主进行产品生产。

在没有风险的特殊季节出口寄主原料。

物理障碍（如收获前套袋，采用防虫建筑物）。

2.1　确定建立出口 FF-ALPP

确定程序见本标准第 1.2 项。此外，在确定 FF-ALPP 时，需要考虑以下各方面：

—— 相关产品（寄主）名录。

—— 发生目标实蝇的其他商业或非商业寄主（但不出口），以及实蝇的发生水平（如果可能）。

—— 其他信息，包括发生在 FF-ALPP 的目标实蝇或其他目标实蝇的生物学、发生及控制情况等历史记录。

2.2　维持出口 FF-ALPP

维持程序见本标准第 2.3.2 项规定。只要有寄主，就应该实施维持程序。如果可能，在淡季也可以进行低频次的监督检查。至于要低到什么程度，需要根据目标实蝇的生物学及与其寄主的关系而定。

植物卫生措施国际标准

ISPM 31

植物卫生措施国际标准 ISPM 31

货物抽样方法
METHODOLOGIES FOR SAMPLING OF CONSIGNMENTS

(2008 年)

IPPC 秘书处

发布历史

本部分不属于标准正式内容。

2004-04 ICPM-6 added topic Sampling of consignments (2004-030)

2004-04 SC approved Specification 20 Guidelines on sampling of consignments

2005-07 EWG developed draft text

2006-05 SC requested comments via e-mail

2007-05 SC revised draft text and approved for MC

2007-06 Sent for MC

2007-11 SC revised draft text

2008-04 CPM-3 adopted standard

ISPM 31. 2008. Methodologies for sampling of consignments. Rome, IPPC, FAO

2011年8月最后修订。

目　录

批准

引言

范围

参考文献

定义

要求概述

货物抽样目的

要求

1　批次确认

2　样本单元

3　统计抽样与非统计抽样

3.1　统计抽样

3.1.1　参数及相关概念

3.1.1.1　可接受量

3.1.1.2　监测水平

3.1.1.3　可信度水平

3.1.1.4　监测效力

3.1.1.5　样本数

3.1.1.6　容许量水平标准

3.1.2　参数与容许量水平标准之间的关联

3.1.3　统计抽样方法

3.1.3.1　简单随机抽样法

3.1.3.2　系统抽样法

3.1.3.3　分层抽样法

3.1.3.4　序贯抽样法

3.1.3.5　分组抽样法

3.1.3.6　固定比例抽样法

3.2　非统计抽样

3.2.1　方便抽样法

3.2.2　随意抽样法

3.2.3　选择性抽样法或目标抽样法

4　选择抽样方法

5　确定样本数

5.1　不知道有害生物在货物批次中的分布情况

5.2　有害生物在货物批次中聚集分布

6　不同监测水平

7　抽样结果

附件1 在附件2~5中引用的公式
附件2 小批次货物样本数计算：超几何抽样法（简单随机抽样）
附件3 大批次货物抽样法：二项式抽样法或Poisson抽样法
附件4 有害生物聚集分布抽样法：β-二项式抽样法
附件5 超几何抽样及固定比例抽样结果比较

批准

本标准于 2008 年 4 月经 CPM 第 3 次会议批准。

引言

范围

本标准为 NPPOs 检查或检验货物是否符合植物卫生要求，而选用适当的抽样方法，提供指导。本标准不作为田间抽样指导（如要求田间调查）。

参考文献

Cochran, W. G. 1977. *Sampling techniques.* 3rd edn. New York, John Wiley & Sons. 428 pp.

ISPM 1. 2006. *Phytosanitary principles for the protection of plants and the application of phytosanitary measures in international trade.* Rome, IPPC, FAO.

ISPM 5. *Glossary of phytosanitary terms.* Rome, IPPC, FAO.

ISPM 11. 2004. *Pest risk analysis for quarantine pests including analysis of environmental risks and living modified organisms.* Rome, IPPC, FAO.

ISPM 20. 2004. *Guidelines for a phytosanitary import regulatory system.* Rome, IPPC, FAO.

ISPM 21. 2004. *Pest risk analysis for regulated non-quarantine pests.* Rome, IPPC, FAO.

ISPM 23. 2005. *Guidelines for inspection.* Rome, IPPC, FAO.

定义

本标准引用的植物卫生术语定义，见 ISPM 5（植物卫生术语表）。

要求概述

NPPOs 对国际贸易货物进行抽样检查时所采取的抽样方法，是基于一系列抽样原理的。其中包括一些参数，诸如可接受水平（acceptance level）、监测水平（level of detection）、可信度水平（confidence level）、监测效力及样本数等。

统计学方法，诸如简单随机抽样法、系统抽样法、分层抽样法、序贯抽样法、分组抽样法等，均能提供可信结果。其他非统计抽样法，如简便抽样法、随意抽样法及选择性抽样法，在确定规定有害生物的发生与否时，可以提供有益结果，但是不能藉此进行统计推断。由于受操作限制，在实际工作中，抽样方法可能会受到一定影响。

NPPOs 在采用抽样方法时，要接受一定风险，即不合格批次可能有不被检出的风险。在检查时，所采用的统计方法，只能给出一定可信度下的结果，但无法证明货物中一定没有有害生物发生。

本标准为 ISPM 20:2004 和 ISPM 23:2005 提供统计根据和补充。对规定贸易货物的检查，是有害生物风险管理的基本方法，也是世界上广泛采用的植物卫生程序，并由此确定有害生物是否发生，或者是否符合进口植物卫生要求。

要检查整批货物是不现实的，因此植物卫生检查，就主要是通过抽取货物样本进行检查。需要指出的是，本标准所采用的抽样原理，也适合于其他植物卫生程序，特别是对检验样本的选取。

对植物、植物产品或其他规定应检物的抽样，可以在出口前，也可以在进境口岸，或者在 NPPO 认可的口岸进行。

要将 NPPO 制定和采用的抽样程序存档并保持透明度，还要遵守影响最小原则（ISPM 1:2006），这非常重要，尤其是那些通过对样本检查而导致拒签植物卫生证书、拒绝入境、对货物全部或部分进行处理或销毁时，更应如此。

NPPO 的抽样方法依赖于其抽样目的（如检验抽样），它可能只是为了统计目的，也可能进一步扩展，但要特别注明操作上的限制性。按抽样目的制定的抽样方法，在受操作限制的情况下，如果完全从统计的角度考虑，可能达不到其要求的可信度水平标准，但是这些方法仍然能给出有用的结果。如果抽样只是为了增加发现有害生物的机会，则选择性抽样或目标抽样也是很有益的。

货物抽样目的

对货物检查和/或检验进行抽样，是为了：
—— 发现规定有害生物。
—— 保证货物中的规定有害生物含量或其侵染单元数，不超过有害生物的规定容许量水平标准。
—— 保证货物处于常规植物卫生状况。
—— 发现植物卫生风险尚未确定的生物。
—— 优化特定规定有害生物的发现概率方案。
—— 最大限度地利用一切可以利用的抽样资源。
—— 收集诸如有害生物传入途径的监控信息。
—— 验证其是否符合植物卫生要求。
—— 确定货物被侵染的比例。

应当指出的是，基于抽样进行的检查和/或检验，常常涉及到一个误差范围的问题。在应用抽样程序进行检查和/或检验时，要承认有害生物发生概率的内存属性。利用统计抽样方法进行检查和/或检验，可以证明某种有害生物发生概率的可信度低于某个水平标准，但是它不能证明货物中就一定没有有害生物。

要求

1 批次确认

一批货物可能由一个批次或多个批次组成。如果一批货物由多个批次组成，则必须分别对它们进行感官检验，因而就需要对每个批次进行单独抽样。这样，对应于每个批次的货物样本应该隔离开，可以分辨清楚，从而保证在检查和/或检验发现不符合植物卫生要求时，能够正确将该批次区分出来。至于决定要检查哪个批次，请参见 ISPM 23:2005（第 1.5 项）的相关规定。

一个抽样批，应该是由一种商品的许多可以区分的单元所组成，具有相同的属性，诸如下列各项均相同：
—— 原产地。
—— 种植者。
—— 包装厂。
—— 种、品种或成熟度。
—— 进口商。
—— 生产地区。
—— 规定有害生物及其特性。
—— 在原产地进行处理。
—— 加工类型。

NPPO 用于区分货物批次的标准，应该一以贯之地用于类似的货物上。

如果为了方便而将多种商品当作一个批次来处理，那么就无法通过抽样结果来进行统计推理。

2 样本单元

抽样首先要确定一个适当的抽样样本单元（如一个水果，一根茎，一束，一个重量单位，一包或一箱）。在确定样本单元时，往往要受到有害生物在商品中的分布一致性等因素的影响，如有害生物是不动的还是可移动的，货物的包装情况如何、预期用途及抽样的操作性，等等。如果只考虑有害生物的生物学，而这种有害生物不喜欢移动，就可以将某个植物或植物产品作为一个适当的样本单元；而当有害生物喜欢移动时，则可以用纸箱或其他商品包装箱作为一个样本单元更为合适。但是，如果在检查时发现了多种有害生物，则需要另作考虑（如采用不同的样本单元）。样本单元应该是固定不变的，但彼此相互独立，这样，就可以简化NPPO通过样本对某个货物批或批次状况的推断过程。

3　统计抽样与非统计抽样

抽样方法，是NPPO批准的选取检查和/或检验单元的方法。对于植物卫生检查的抽样，是要从货物批或批次中抽出样本单元，而不将已抽取的样本单元放回去再抽①。NPPO可以选取其他统计或非统计抽样方法。

统计抽样或目标抽样，其目的是为了提高对货物批或批次中规定有害生物的检出能力。

3.1　统计抽样

统计抽样方法，包括一系列相关参数确定，以及最佳统计抽样方法选择等。

3.1.1　参数及相关概念

统计抽样，就是要在特定可信度范围内，能够监测到有害生物的某个侵染比例或百分率，因此，NPPO需要确定这些参数：可接受量，监测水平，可信度水平，监测效力及样本数。NPPO也可以制定某种有害生物的容许量水平标准（如对规定非检疫性有害生物）。

3.1.1.1　可接受量

可接受量（acceptance number），是指在采取植物卫生行动前，在给定的样本数内，有害生物的数量或者其侵染样本的单元数，这个数量是允许的。许多NPPOs把检疫性有害生物的可接受量定为"零"（0）。这样，如果该值为零，则在样本中监测到（发现）受侵染的单元，就要采取植物卫生行动。值得称赞的是，"零接受量"（zero acceptance number），并不意味着整批货物为零容许量水平标准（zero tolerance level）。也就是说，即使在样本中未能发现有害生物，但在货物的其他部分中仍然可能有有害生物发生，只不过其存在的概率非常低而已。

可接受量与样本是相关联的。可接受量，是指样本中允许的有害生物侵染样本数，或允许的有害生物数量，而容许量水平标准则是指整批货物的状况（参见第3.1.1.6项）。

3.1.1.2　监测水平

监测水平，是指NPPO对货物进行监测时，按照规定的监测效力和可信度水平标准，通过抽样，发现有害生物侵染的最低比例或最小百分率。

监测水平，可以针对某种有害生物、某类有害生物或未明确规定有害生物类而制定。监测水平可以来自以下情况：

—— PRA的结果，它监测到了有害生物的侵染程度达到了某个规定水平标准（其侵染程度达到了不可接受风险水平标准）。

—— 对在检查之前所采取植物卫生措施的有效性的评估结果。

—— 实际操作结果表明，要采取高于某个标准的检查强度是不现实的。

3.1.1.3　可信度水平

可信度水平，是指在货物中有害生物的侵染概率，超过监测水平而能被监测到的一个标准。通常

---

① 不重复抽样，是指从货物批或批次中抽出样本单元，在抽取下一个样本单元前，不将它放回去。当然，这不是说不能将抽出的样品放回到货物批中去（除非样品被销毁），而是说检查员在抽取剩余的样本之前，不应该将本次抽取的样品放回去再抽。

可信度水平采用95%。NPPOs可以根据不同的商品用途，选择不同的可信度水平标准。比方，对用于栽培植物的商品和消费用商品，前者所要求的监测可信度水平标准就要高一些。当然，由于实施植物卫生措施强度不同，不符合情况的历史记录存在差异，因而可信度水平标准也有所不同。但是，太高的可信度根本达不到，太低的可信度对决策又毫无意义。所以，95%的可信度，意味着在对货物进行抽样检查时，平均每100批中有95%是合格的，其中有5%不合格，但没有监测到。

3.1.1.4 监测效力

监测效力，是指通过检查或检验能够监测到（发现）有害生物的概率。通常，监测效力不能定为100%。这是因为，通过感官检查发现有害生物有一定难度，或者植物病害不表现出症状（处于潜伏期），或者由于人为差错降低了监测效力等。在确定样本数时，可以包含有一个较低的监测效力值（如80%，即在检查时，能够使有害生物被监测到的概率达到80%）。

3.1.1.5 样本数

样本数，就是从货物批或批次中抽取的、用于检查或检验的样本单元数。样本单元数的选取，见第5项。

3.1.1.6 容许量水平标准

容许量水平标准，是指整个货物批或批次中受有害生物侵染的百分率，是采取植物卫生行动的极限值（阈值）。

容许量水平标准，是为非检疫性有害生物制定的（见ISPM 21:2004第4.4项），也可以把它定为其他进口植物卫生要求（如木材上的树皮，植物根上的土壤）。

大多数NPPOs考虑到有害生物可能在非抽样单元（见上述3.1.1.1）中发生的可能性，将所有检疫性有害生物的容许量水平标准定为零（0）。但是，NPPO也可以通过PRA给检疫性有害生物制定一个容许量水平标准（参见ISPM 11:2004第3.1.4项），并为此制定一个抽样比例。比如有些检疫性有害生物的定殖潜力低，或者产品的最终用途（如新鲜水果蔬菜进口后用于深加工）抑制了有害生物传入受威胁地区的潜力，带有一定量的有害生物是可以接受的，这时，NPPOs在制定容许量水平标准时，就可以让该值大于零。

3.1.2 参数与容许量水平标准之间的关联

这五个参数（可接受量，监测水平，可信度水平，监测效力及样本数）在统计上是相互关联的。考虑到容许量水平标准已定，NPPO就应该根据样本中的可接受量，确定出监测方法的监测效力；然后从剩下的三个参数中任意选取两个进行确定，最后确定余下参数。

如果制定的容许量水平标准大于零（0），则所选的监测水平就应该等于（或小于，若可接受量大于零）容许量水平标准，从而保证在规定可信度水平范围内，当货物中有害生物的侵染率超过容许量水平标准时，能够监测出来。

如果在样本单元中未监测到（发现）有害生物，不能就说成是在规定的可信度水平范围内，有害生物在货物中的侵染百分率就低于监测水平；在适当大小的样本中，未能监测到（发现）有害生物，可信度水平只是表示其未超过容许量水平标准的概率为多少。

3.1.3 统计抽样方法

3.1.3.1 简单随机抽样法

简单随机抽样法，是基于这样的情形，即货物批或批次中所有样本单元被抽到的概率是均等的。该方法是根据一种抽样方法如随机数表，抽取样本单元。这种预先确定的随机抽取过程，是有别于下面（第3.2.2项）的随意抽样法的。

当不知道有害生物的分布情况或其侵染比例时，采用此方法。不过在实际应用中存在一定难度，因为它要求每个样本单元被选中的概率均等。如果有害生物在货物批次中不是随机分布的，则此方法就不理想。本方法与其他方法相比，会要求提供更多的资源。在应用时，还要依赖于货物的类型和/或形状。

3.1.3.2 系统抽样法

系统抽样法，是按固定的、预先设定的区间值，在货物中抽取样本单元。但是，选择的第一个单元必须是随机的。如果有害生物的分布状况与所选择的区间类似，则可能出现统计结果偏差。

本方法有两个好处，一是抽样过程可以由机械自动完成，二是只需随机选取第一个样本单元即可。

3.1.3.3 分层抽样法

分层抽样法，就是将货物批次再细分（分层），然后从每个批次的分层中抽取样本。抽样时，可遵守特定方法（如系统抽样法或随机抽样法）。在某些情况下，从每个分层中抽取的样本单元数可以不同，比如，样本数可以根据分层大小按比例抽取，或者根据对已掌握的关于分层中有害生物的侵染情况进行抽样。

如果一切顺利，分层抽样法常常能达到准确的监测效果，其变化范围小，结果也准确，尤其是在货物批次中，有害生物的侵染情况随着包装程序和储藏环境不同而出现变异时，就更加真实可靠。假如有害生物的分布状况已经知道了，操作条件也适宜，那么本抽样方法当为最佳选择。

3.1.3.4 序贯抽样法

序贯抽样法，是选择上述方法之一，从货物中抽取样本单元。当抽出一个（组）样本后，要将所得数据累加起来，与预先确定的范围进行比较，决定是否接受该批货物，或者拒收该批货物，或者还要继续抽样。

当容许量水平标准定为大于零（0），且第一个抽取的样本单元所提供的信息还不足以证明其超过了容许量水平标准时，可以采用本方法。如果要求任何样本数中的接受量都为零（0），则不能采用此方法。但本方法可以减少作决定所需要的样本数，也可以降低合格货物被拒收的可能性。

3.1.3.5 分组抽样法

分组抽样法，是根据货物批次所要求的样本单元总数，确定出分组大小（如水果：箱；花卉：束），然后选取样本组进行抽样。本方法易于计算，如果分组大小一样，则更为可信。如果抽样资源有限，常常采用此法；若有害生物是随机分布的，则效果尚佳。

分组抽样法，既可以采取分层抽样、系统抽样，也可采用随机抽样来进行分组选择。如果是统计抽样，那么此方法无疑是最实用的方法。

3.1.3.6 固定比例抽样法

当货物批次数量发生变化时，按固定比例抽取样本单元（如按2%抽取）就会出现一个问题，即与监测水平或可信度水平标准不相符。正如附件5所显示的那样，在给定监测水平的情况下，采用固定比例抽样法，会产生可信度发生变化的问题；同样，在给定可信度水平标准的情况下，监测水平亦会发生变化。

3.2 非统计抽样

其他非统计抽样方法，如方便抽样法、随意抽样法及选择性抽样法或目标抽样法，也可以为确定是否有规定有害生物的发生，提供有效结果。采用下列方法，要么是出于特殊操作考虑，要么抽样的目的纯粹是为了监测有害生物。

3.2.1 方便抽样法

方便抽样法，就是选择最方便的（如容易到达的、最便宜的、最快速的）方法，从货物批次中抽取样本单元，而不采用随机抽样方法或系统抽样方法。

3.2.2 随意抽样法

随意取样法，就是随意抽取样本单元，而不采用真正的随机取样方法。有时候，该方法也可能表现出随机性，这是因为检查员是在不带任何意识偏见而进行抽样的。但是，另一方面，却会出现无意识的偏差，这是因为该抽样的真正代表性是不得而知的。

3.2.3 选择性抽样法或目标抽样法

选择性抽样法，就是从最有可能感染有害生物或已明显感染了有害生物的货物批次中，故意抽取这些样本单元，从而增加了监测到（发现）规定有害生物的机会。这种方法有赖于检查员对商品的检查经验，以及对有害生物的生物学的熟悉程度。这种方法可能会引起对传入途径的分析，以确认货物批次中某个最容易受到侵染的特殊部分（如木材潮湿的部分，它更容易滋生线虫）。由于本方法是目标抽样，因而统计误差、有害生物在货物批次中的侵染程度统计结果，是无法做出的。但是，如果抽样只是为了增加发现规定有害生物的机会，则此方法却是正确有效的。在监测其他有害生物时，可能要求货物单个样本的可信度达到一般要求，所以选择性抽样或目标抽样，无法提供货物批或批次中有害生物的总体状况信息，因为这种抽样方法，只是关注某种特定有害生物是否能够被监测到（发现），而不是货物其他部分的情况如何。

4 选择抽样方法

在多数情况下，选择一种适当的抽样方法，必须根据在货物批或批次中有害生物的发生或分布的可靠信息，还要考虑到与检查相关的操作参数。在大多数植物卫生实践中，由于操作上的局限性，就决定了抽样方法的实用性。所以，在按统计有效性确定实际抽样方法时，就会缩小选择范围。

NPPO 最终选择的抽样方法，应该是容易操作、最能达到目的的方法，并要建立好档案以保持透明度。操作可行性与对相关具体因素的判定密切相关，但在应用上应该保持一致性。

如果是为了增加发现有害生物的机会，且检查员能够确认在货物批次的哪个环节受到有害生物侵染的风险高，则目标抽样法（见第3.2.3项）当属首选方法。但若不知道此情况，选择其他统计方法就更合适了。非统计抽样方法，会使得对每个样本单元的抽取概率不一样，且使可信度水平和监测水平无法量化。

如果抽样是为了提供货物的一般植物卫生信息，为了监测到多种检疫性有害生物，或者为了确证是否符合植物卫生要求，则采用统计取样法是恰当合理的。

在选择统计抽样方法时，需要考虑到在货物收获、挑选、包装过程已进行处理的情况，以及在货物批次中有害生物的可能分布情况。在抽取样本单元（组）时，抽样方法可以是多种方法的组合，如：分层抽样法可以是随机抽样或系统抽样。

如果抽样是为了确定（有害生物种群）是否超过了特定容许量水平标准：零（0），则选取序贯抽样法是适宜的。

如果抽样方法已经选定且正确应用，但为了得到不同结果而进行重复抽样，是不允许的。除非是必须关注的技术原因（如怀疑抽样方法应用不当），否则不宜重复抽样。

5 确定样本数

要确定样本数，NPPO 应该选取一个可信度水平标准（如 95%）、一个监测水平（如 5%）以及一个容许量值（如 0），确定一个监测效力值（如 80%）。根据这些参数值和批次大小，就可以计算出样本数。附件 2~5 给出了确定样本数的数学公式。在评估有害生物在货物批次中的分布情况时，本标准第 3.1.3 节提供了选取最佳统计取样方法的指导意见。

5.1 不知道有害生物在货物批次中的分布情况

由于抽样是不重复抽样，且样本数是一定的，所以应该采用超几何分布方法来确定样本数。如果在货物批次中，有有害生物分布，则可以按样本数抽取样本单元，从这些样本单元中监测到受侵染的单元，从而得到其概率分布情况（参见附件2）。在货物批次中，有害生物侵染的单元数可以计算为：（监测水平）×（货物批次中的单元总数）。

当货物批次增加，如果要达到某个特定的监测水平和可信度水平标准，样本数可以逼近上限。如果样本数小于批次数量的 5%，则计算样本数时，可以用二项式方法，也可以用 Poisson 分布方法

（参见附件3）。如果是大批次，对于特定的可信度水平和监测水平，三种统计分布方法（超几何、二项式和 Poisson 分布）几乎能给出同样的样本数，但是用二项式分布和 Poisson 分布计算样本数，比较容易些。

5.2 有害生物在货物批次中聚集分布

在田间，有害生物种群在大多数情况下会聚集到一定程度。由于商品在田间收获和包装时，未分组或挑选，因此货物批次中受有害生物侵染的单元分布形式，就可能是分组分布或聚集分布。在商品中，这种聚集分布概率常常低于所发现受侵染的概率。在大多数情况下，这种聚集作用对监测效力和样本数的影响，通常不大。如果 NPPO 已确知在货物批次中存在聚集侵染的高风险性，则可以采用分层抽样法进行抽样，从而增加监测到聚集侵染的概率。

如果有害生物是聚集分布的，在计算样本数时，最好采用 β-二项式分布法（见附件4）。但是，按此方法需要知道聚集度，而通常又无法知道，所以本方法一般不实用。因此，可以任选超几何分布、二项式分布和 Poisson 分布之一进行计算。但是需要注意的是，随着聚集度的增加，抽样可信度水平就会降低。

6 不同监测水平

由于进口货物批次数量大小不同，如果选择一个恒定参数作为监测水平，则可能导致受侵染单元数发生变化（如 10 000 个单元中受侵染率为 1%，其对应的受侵染单元数就是 100）。最理想的是，所选择的监测水平，能够部分反映出在特定时限内、在所有货物中受侵染的单元数量。如果 NPPOs 想要管理每批货物中受侵染的单元数，可以采用不同监测水平。因此，可以根据每批货物受侵染的数量，制定一个容许量水平标准；依照想要的可信度水平和监测水平标准，规定样本数大小。

7 抽样结果

根据抽样结果（通过抽样活动和抽样技术所得到的），可能会要求采取植物卫生行动（详见 ISPM 23:2005 第 2.5 项）。

本附件仅作参考，不属于标准规定内容。

附件 1　在附件 2~5 中引用的公式

公式号	目的	附件号
1	在样本中监测到 i 个受侵染单元的概率	2
2	发现未受侵染单元概率的近似计算	2
3	在一个样本的 n 个单元中监测到 i 个受侵染单元的概率（样本数小于批次数量的 5%）	3
4	在一个样本的 n 个单元中未发现一个受侵染单元的二项式分布概率	3
5	至少发现一个受侵染单元的二项式分布概率	3
6	用二项式分布公式 5 和 6 重新排列确定 n	3
7	二项式公式 6 的 Poisson 分布型	3
8	发现未受侵染单元的 Poisson 分布概率（简化型）	3
9	发现至少一个受侵染单元的 Poisson 分布概率（可信度水平标准）	3
10	用 Poisson 分布确定样本数 n	3
11	对聚集型空间分布的 β-二项式抽样方法	4
12	β-二项式—在检查了几个批次后未发现一个受侵染单元的概率（每个批次）	4
13	β-二项式—发现一个或多个受侵染单元的概率	4
14	β-二项式公式 12 和 13 重新排列确定 m	4

本附件仅作参考，不属于标准规定内容。

附件2 小批次货物样本数计算：超几何抽样法（简单随机抽样）

对于相对较小的批次量，要描述发现一种有害生物的概率，采用超几何分布是适合的。当样本数小于批次数量的5%时，可以认为是小批量。在这种情况下，从这个批次中抽取一个样本单元，会影响到在选取下一个单元时发现受侵染单元的概率。因此，超几何抽样法，以不重复抽样为基础。

在这里，还要假设有害生物在批次中的分布是非聚集的，且随机抽样。这种方法可以扩展到其他方法，如分层抽样法（详见 Cochran，1977）。

在样本中监测到（发现）i个受侵染单元的概率，其计算公式如下：

$$P(X=i) = \frac{\binom{A}{i}\binom{N-A}{n-i}}{\binom{N}{n}} \qquad \text{公式1}$$

这里：

$$\binom{a}{b} = \frac{a!}{b!(a-b)!}, \quad a! = a(a-1)(a-2)\cdots 1, \quad 0! = 1$$

$P(X=i)$是在样本中发现i个受侵染单元的概率，这里$i=0\cdots n$。

其对应的可信度水平是：$1-P(X=i)$

A = 批次中监测到受侵染的单元数（假设每个单元都检查或检验），给定监测效力（监测水平×N×效力，保留至整数）

i = 样本中受侵染的单元数

N = 批次中的单元数（批次数量）

n = 样本中的单元数（样本数）

特别是在计算发现未受侵染单元的概率的近似值时，可用公式：

$$P(X=0) = \left(\frac{N-A-u}{N-u}\right)^n \qquad \text{公式2}$$

这里 $u=(n-1)/2$（见 Cochran，1977）。

通过数学方法解方程确定n是困难的，但是可以通过近似值计算或最大概似法估算，得出它来。

表1和表2所示，是按不同批次数大小、监测水平和可信度水平计算出的样本数，这里可接受量为零（0）。

表1中带星号（*）的值是四舍五入的整数，因为在该单元中，这一部分受到侵染的情况是不可能发生的（如300个样本单元，0.5%的侵染率，货物中受侵染的单元为1.5个）。这就意味着当抽样强度稍微增大，如果按一批货物的受侵染单元数四舍五入取整计算，其抽样强度，会比它批量更大、侵染单元数更多的货物还要高（如将一个批次有700个单元的货物和另一批有800个单元的货物的计算结果进行比较，便可以看出）。这也意味着，受侵染单元比例稍微降低就能监测出来，而比表中所示的监测比例要好；或者说这种侵染被监测到的可能性，比表中所示的可信度还要高。表1中带有破折号（—）的数值，是指这种情况不会发生［如小于一个受害（染）单元］。

表1　根据批次大小在不同监测水平、95%和99%可信度水平下，
按超几何分布的最小样本数

批次中样本单元数	P=95%（可信度水平）监测水平（%）×监测效力					P=99%（可信度水平）监测水平（%）×监测效力				
	5	2	1	0.5	0.1	5	2	1	0.5	0.1
25	24*	—	—	—	—	25*	—	—	—	—
50	39*	48	—	—	—	45*	50	—	—	—
100	45	78	95	—	—	59	90	99	—	—
200	51	105	155	190	—	73	136	180	198	—
300	54	117	189	285*	—	78	160	235	297*	—
400	55	124	211	311	—	81	174	273	360	—
500	56	129	225	388*	—	83	183	300	450*	—
600	56	132	235	379	—	84	190	321	470	—
700	57	134	243	442*	—	85	195	336	549*	—
800	57	136	249	421	—	85	199	349	546	—
900	57	137	254	474*	—	86	202	359	615*	—
1 000	57	138	258	450	950	86	204	368	601	990
2 000	58	143	277	517	1 553	88	216	410	737	1 800
3 000	58	145	284	542	1 895	89	220	425	792	2 353
4 000	58	146	288	556	2 108	89	222	433	821	2 735
5 000	59	147	290	564	2 253	89	223	438	840	3 009
6 000	59	147	291	569	2 358	90	224	442	852	3 214
7 000	59	147	292	573	2 437	90	225	444	861	3 373
8 000	59	147	293	576	2 498	90	225	446	868	3 500
9 000	59	148	294	579	2 548	90	226	447	874	3 604
10 000	59	148	294	581	2 588	90	226	448	878	3 689
20 000	59	148	296	589	2 781	90	227	453	898	4 112
30 000	59	148	297	592	2 850	90	228	455	905	4 268
40 000	59	149	297	594	2 885	90	228	456	909	4 348
50 000	59	149	298	595	2 907	90	228	457	911	4 398
60 000	59	149	298	595	2 921	90	228	457	912	4 431
70 000	59	149	298	596	2 932	90	228	457	913	4 455
80 000	59	149	298	596	2 939	90	228	457	914	4 473
90 000	59	149	298	596	2 945	90	228	458	915	4 488
100 000	59	149	298	596	2 950	90	228	458	915	4 499
200 000 +	59	149	298	597	2 972	90	228	458	917	4 551

注：表1中带星号（*）的值是四舍五入的整数，因为在该单元中，这一部分受到侵染的情况是不可能发生的（如300个样本单元，0.5%的侵染率，货物中受侵染的单元为1.5个）。这就意味着当抽样强度稍微增大，如果按一批货物的受侵染单元数四舍五入取整计算，其抽样强度，会比它批量更大、侵染单元更多的货物还要高（如将一个批次有700个单元的货物和另一批有800个单元的货物的计算结果进行比较，便可以看出）。这也意味着，受侵染单元比例稍微降低就能监测出来，而比表中所示的监测比例要好；或者说这种侵染被监测到的可能性，比表中所示的可信度还要高。表1中带有破折号（—）的数值，是指这种情况不会发生［如小于一个受害（染）单元］

表2 根据批次大小在不同监测水平、80%和90%可信度水平下，
按超几何分布的最小样本数

批次中样本单元数	P=80%（可信度水平）监测水平（%）×监测效力					P=90%（可信度水平）监测水平（%）×监测效力				
	5	2	1	0.5	0.1	5	2	1	0.5	0.1
100	27	56	80	—	—	37	69	90	—	—
200	30	66	111	160	—	41	87	137	180	—
300	30	70	125	240*	—	42	95	161	270*	—
400	31	73	133	221	—	43	100	175	274	—
500	31	74	138	277*	—	43	102	184	342*	—
600	31	75	141	249	—	44	104	191	321	—
700	31	76	144	291*	—	44	106	196	375*	—
800	31	76	146	265	—	44	107	200	350	—
900	31	77	147	298*	—	44	108	203	394*	—
1 000	31	77	148	275	800	44	108	205	369	900
2 000	32	79	154	297	1 106	45	111	217	411	1 368
3 000	32	79	156	305	1 246	45	112	221	426	1 607
4 000	32	79	157	309	1 325	45	113	223	434	1 750
5 000	32	80	158	311	1 376	45	113	224	439	1 845
6 000	32	80	159	313	1 412	45	113	225	443	1 912
7 000	32	80	159	314	1 438	45	114	226	445	1 962
8 000	32	80	159	315	1 458	45	114	226	447	2 000
9 000	32	80	159	316	1 474	45	114	227	448	2 031
10 000	32	80	159	316	1 486	45	114	227	449	2 056
20 000	32	80	160	319	1 546	45	114	228	455	2 114
30 000	32	80	160	320	1 567	45	114	229	456	2 216
40 000	32	80	160	320	1 577	45	114	229	457	2 237
50 000	32	80	160	321	1 584	45	114	229	458	2 250
60 000	32	80	160	321	1 588	45	114	229	458	2 258
70 000	32	80	160	321	1 591	45	114	229	458	2 265
80 000	32	80	160	321	1 593	45	114	229	459	2 269
90 000	32	80	160	321	1 595	45	114	229	459	2 273
100 000	32	80	160	321	1 596	45	114	229	459	2 276
200 000 +	32	80	160	321	1 603	45	114	229	459	2 289

表2中带星号（*）的值是四舍五入的整数，因为在该单元中，这一部分受到侵染的情况是不可能发生的（如300个样本单元，0.5%的侵染率，货物中受侵染的单元为1.5个）。这就意味着当抽样强度稍微增大，如果按一批货物的受侵染单元数四舍五入取整计算，其抽样强度，会比它批量更大、侵染单元数更多的货物还要高（如将一个批次有700个单元的货物和另一批有800个单元的货物的计算结果进行比较，便可以看出）。这也意味着，受侵染单元比例稍微降低就能监测出来，而比表中所示的监测比例要好；或者说这种侵染被监测到的可能性，比表中所示的可信度还要高。表2中带有破折号（—）的数值，是指这种情况不会发生（如小于一个受侵染单元）

本附件仅作参考，不属于标准规定内容。

附件 3 大批次货物抽样法：二项式抽样法或 Poisson 抽样法

对于大批次货物，由于已充分混匀，发现受侵染单元的概率，可以用简单二项式统计法进行近似计算。样本数小于批次数的 5%。在样本中的 n 个单元中发现 i 个受侵染单元的概率，可以用下列公式计算：

$$P(X=i) = \binom{n}{i}\phi p^{i}(1-\phi p)^{n-i} \qquad \text{公式 3}$$

p 为货物批次中受侵染单元（侵染水平）的平均比值，ϕ 是检查效力百分数（检查效力÷100）。

$P(X=i)$ 是在样本中发现 $P(X=i)$ i 个受侵染单元的概率，其对应的可信度为：

$$1 - P(X=i), \quad i = 0, 1, 2\cdots n$$

对于植物卫生而言，在样本中未发现有害生物标本或危害症状的概率需要进行确定。在样本的 n 个单元中未发现一个受侵染单元的概率，可以用下述公式计算：

$$P(X=0) = (1-\phi p)^{n} \qquad \text{公式 4}$$

至少发现一个受侵染单元的概率，可以计算为：

$$P(X>0) = 1 - (1-\phi p)^{n} \qquad \text{公式 5}$$

重新排列确定 n 的方程为：

$$n = \frac{\ln[1-P(X>0)]}{\ln(1-\phi p)} \qquad \text{公式 6}$$

NPPO 确定侵染水平（p），检查效率（ϕ）和可信度水平 $[1-P(X>0)]$ 后，就可以确定样本数 n。

二项式分布，可以近似地用 Poisson 分布。当 n 增大，p 减小，二项式分布就近似于 Poisson 分布，计算公式为：

$$P(X=i) = \frac{(n\phi p)^{i}e^{-n\phi p}}{i!} \qquad \text{公式 7}$$

这里 e 为自然对数值。

发现未受侵染单元的概率为：

$$P(X=0) = e^{-n\phi p} \qquad \text{公式 8}$$

发现至少一个受侵染单元（可信度水平）的计算公式为：

$$P(X>0) = 1 - e^{-n\phi p} \qquad \text{公式 9}$$

解下面方程可得到 n，从而确定样本数。

$$n = \ln[1-P(X>0)]/\phi p \qquad \text{公式 10}$$

表 3 和表 4，分别列出了在可接受量为 0，不同监测水平、效力和可信度水平下的二项式分布和 Poisson 分布结果。比较表 1（附件 2）会发现，当 n 大、p 小、效力为 100% 时，其样本数在二项式分布和 Poisson 分布与超几何分布下的结果非常相似。

表3 大批次，充分混匀，按效力值在不同监测水平、可信度水平为99%和95%，样本数的二项式分布

效力（%）	P=95%（可信度水平）监测水平（%）					P=99%（可信度水平）监测水平（%）				
	5	2	1	0.5	0.1	5	2	1	0.5	0.1
100	59	149	299	598	2 995	90	228	459	919	4 603
99	60	150	302	604	3 025	91	231	463	929	4 650
95	62	157	314	630	3 152	95	241	483	968	4 846
90	66	165	332	665	3 328	101	254	510	1 022	5 115
85	69	175	351	704	3 523	107	269	540	1 082	5 416
80	74	186	373	748	3 744	113	286	574	1 149	5 755
75	79	199	398	798	3 993	121	305	612	1 226	6 138
50	119	299	598	1 197	5 990	182	459	919	1 840	9 209
25	239	598	1 197	2 396	11 982	367	919	1 840	3 682	18 419
10	598	1 497	2 995	5 990	29 956	919	2 301	4 603	9 209	46 050

表4 大批次，充分混匀，按效力值在不同监测水平、可信度水平为99%和95%，样本数的Poisson分布

效力（%）	P=95%（可信度水平）监测水平（%）					P=99%（可信度水平）监测水平（%）				
	5	2	1	0.5	0.1	5	2	1	0.5	0.1
100	60	150	300	600	2 996	93	231	461	922	4 606
99	61	152	303	606	3 026	94	233	466	931	4 652
95	64	158	316	631	3 154	97	243	485	970	4 848
90	67	167	333	666	3 329	103	256	512	1 024	5 117
85	71	177	353	705	3 525	109	271	542	1 084	5 418
80	75	188	375	749	3 745	116	288	576	1 152	5 757
75	80	200	400	799	3 995	123	308	615	1 229	6 141
50	120	300	600	1 199	5 992	185	461	922	1 843	9 211
25	240	600	1 199	2 397	11 983	369	922	1 843	3 685	18 421
10	600	1 498	2 996	5 992	29 958	922	2 303	4 606	9 211	46 052

本附件仅作参考，不属于标准规定内容。

附件 4 有害生物聚集分布抽样法：β-二项式抽样法

由于是聚集分布，需对此进行补偿，因而就要对抽样方法进行调整。在调整此方法时，应该假定在商品中的抽样是按组抽取的（如按箱抽取），且对每组中抽到的单元都进行了检查。这样，受侵染单元数比例 f，在所有分组中就不是一个常数了，但是，它符合下述 β-密度函数：

$$P(X=i) = \binom{n}{i} \frac{\prod_{j=0}^{i-1}(f+f\theta) \prod_{j=0}^{n-i-1}(1-f+j\theta)}{\prod_{j=0}^{n-1}(1+j\theta)} \qquad 公式11$$

f 为货物批次中受侵染数平均比值（侵染水平）。

$P(X=i)$　　为在货物批次中发现 i 个受侵染单元的概率。

n = 批次中的单元数

$\prod$　为乘积函数

θ 用于测算第 j 批次的聚集度（$0 < \theta < 1$）。

植物卫生抽样更关心的是，在检查了几批后仍然未发现受侵染的单元。就一批而言，当 X > 0 时，该概率为：

$$P(X>0) = 1 - \prod_{j=0}^{n-1}(1-f+j\theta)/(1+j\theta) \qquad 公式12$$

且在几个批次中每个没有受侵染单元的概率为：$P(X=0)^m$，m 为批次数。当 f 低时，等式 1 可以用下述公式计算：

$$Pr(X=0) \approx (1+n\theta)^{-(m f/\theta)} \qquad 公式13$$

能发现一个或多个受侵染单元的概率为：$1-Pr(X=0)$。

该等式可以用来重新排列确定 m：

$$m = \frac{-\theta}{f}\left[\frac{\ln[1-P(x>0)]}{\ln(1+n\theta)}\right] \qquad 公式14$$

分层抽样法提供了降低聚集影响的解决方法。因此应该选择分层抽样，而使其聚集度影响降低到最小。

当把聚集度和可信度水平固定后，就可以确定样本数了。如果没有聚集度，样本数就无法确定。在等式中，效力（φ）值小于 100% 时，可以用 f 代替 ϕf。

本附件仅作参考，不属于标准规定内容。

附件5 超几何抽样及固定比例抽样结果比较

表5 在10%监测水平下，不同抽样方法的可信度

批次数	超几何抽样（随机抽样）法		固定比例抽样法（2%）	
	样本数	可信度水平	样本数	可信度水平
10	10	1	1	0.100
50	22	0.954	1	0.100
100	25	0.952	2	0.191
200	27	0.953	4	0.346
300	28	0.955	6	0.472
400	28	0.953	8	0.573
500	28	0.952	10	0.655
1 000	28	0.950	20	0.881
1 500	29	0.954	30	0.959
3 000	29	0.954	60	0.998

表6 按95%可信度，不同抽样方法能达到的最低监测水平

批次数	超几何抽样（随机抽样）法		固定比例抽样法（2%）	
	样本数	最低监测水平	样本数	最低监测水平
10	10	0.10	1	1.00
50	22	0.10	1	0.96
100	25	0.10	2	0.78
200	27	0.10	4	0.53
300	28	0.10	6	0.39
400	28	0.10	8	0.31
500	28	0.10	10	0.26
1 000	28	0.10	20	0.14
1 500	29	0.10	30	0.09
3 000	29	0.10	60	0.05

植物卫生措施国际标准 ISPM 32

按有害生物风险进行的商品归类

CATEGORIZATION OF COMMODITIES ACCORDING TO THEIR PEST RISK

(2009 年)

IPPC 秘书处

© FAO 2011

发布历史

本部分不属于标准正式内容。

2004-04 ICPM-6 added topic Classification of commodities (2004-031)

2004-04 SC approved Specification 18 Classification of commodities by phytosanitary risk related to level of processing and intended use

2005-02 EWG developed draft text

2006-05 SC revised draft text and steward requested comments via email

2007-05 SC revised draft text and approved for MC

2007-06 Sent for MC

2007-11 SC-7 revised draft text and requested further study and review by TPPT 2008-05 SC-7 revised draft text and approved for MC

2008-06 Sent for MC 2008-11 SC revised draft text

2009-03 CPM-4 adopted standard

ISPM 32. 2009. Categorization of commodities according to their pest risk. Rome,
IPPC, FAO.

2012-08 IPPC Secretariat corrected editorial errors in Annex 1

2012 年 8 月最后修订。

目 录

批准

引言

范围

参考文献

定义

要求概述

背景

要求

1 按有害生物风险进行商品归类的要素

1.1 出口前的加工方法及加工程度

1.2 商品的预期用途

2 商品归类

附录1 商品经商业加工后不会再受检疫性有害生物侵染的加工方法

附录2 商品经商业加工后仍会再受检疫性有害生物侵染的加工方法

附件1 按有害生物风险对商品进行归类的流程图示例

附件2 归于第1类商品的示例

批准

本标准于 2009 年 3~4 月经 CPM 第 4 次会议批准。

引言

范围

本标准为进口国 NPPOs 根据其进口要求，按有害生物风险对商品进行归类，提供标准。该归类应该有助于确定是否需要进一步开展 PRA，以及是否需要开展植物卫生认证。

归类的第一步，是根据商品在出口前是否已经被加工过，如果是，再考虑其加工方法和加工程度如何。归类的第二步，是根据进口后的预期用途。

污染性有害生物或储藏性有害生物，可能也与加工后的商品有关，但本标准将不涉及此内容。

参考文献

IPPC. 1997. *International Plant Protection Convention*. Rome，IPPC，FAO.

ISPM 5. *Glossary of phytosanitary terms*. Rome，IPPC，FAO.

ISPM 11. 2004. *Pest risk analysis for quarantine pests including analysis of environmental risks and living modified organisms*. Rome，IPPC，FAO.

ISPM 12. 2001. *Guidelines for phytosanitary certificates*. Rome，IPPC，FAO.

ISPM 15. 2002. *Guidelines for regulating wood packaging material in international trade*. Rome，IPPC，FAO.［revised；now ISPM 15:2009］

ISPM 16. 2002. *Regulated non-quarantine pests：concept and application*. Rome，IPPC，FAO.

ISPM 20. 2004. *Guidelines for a phytosanitary import regulatory system*. Rome，IPPC，FAO.

ISPM 21. 2004. *Pest risk analysis for regulated non-quarantine pests*. Rome，IPPC，FAO.

ISPM 23. 2005. *Guidelines for inspection*. Rome，IPPC，FAO.

定义

本标准引用的植物卫生术语定义，见 ISPM 5（植物卫生术语表）。

要求概述

按有害生物风险对商品进行归类的观念，是考虑产品是否已经加工过，如果是，则考虑其加工方法和加工程度如何，它的预期用途是什么，以及因此而导致有害生物传入和扩散的潜在可能性会怎样。

这样，就可以把特定商品与有害生物风险相联系，从而进行归类。其目的就在于为进口国启动 PRA 时，能更好确定传入路（途）径，提供标准；为其在制定进口要求时，促进决策过程。

根据有害生物风险，将商品归为 4 类（两种为加工商品，两种为未加工商品）。加工方法及其对应的商品名录见后表。

背景

由于采取了加工方法，致使一些商品，在国际贸易中，消除了有害生物进入的风险。因此，不应该再采取控制措施（如采取植物卫生措施，要求提供植物卫生证书）。其他商品，即使进行了加工，但仍然存在有害生物风险，则需要采取适当的植物卫生措施。

商品的预期用途（如栽培用）就比其他用途（如加工用）商品，传入有害生物的可能性会更高（详见 ISPM 11:2004 第 2.2.1.5 项）。

按有害生物风险对商品进行归类的观念，首先是考虑产品是否已经加工过，如果是，则考虑其加工方法及加工程度如何；其次，是考虑它的预期用途是什么，以及它作为规定有害生物潜在传入路（途）径的可能性怎样。

本标准按有害生物风险对商品进行归类的目的，就在于为进口国启动 PRA 时，能更好确定传入路径，提供标准；为其制定进口要求时，促进决策过程。

IPPC 第六条第 1 款第（b）项规定："各缔约方可以对检疫性有害生物和规定非检疫性有害生物采取植物卫生措施。但这些措施仅限于：必须是为了保护植物健康和/或保证预期使用目的，且相关缔约方认为是技术合理的。"本标准正是根据商品的预期用途、加工方法及加工程度这些概念，这在其他 ISPM 中也有涉及，现摘录如下。

加工方法及加工程度：

—— 在 ISPM 12:2001 第 1.1 项的规定是：

进口缔约方，只应该对规定应检物提出植物卫生证书要求。一些经加工的植物产品也需要植物卫生证书，因为从其特性或加工情况来看，仍然具有传入规定有害生物的潜在可能性（如木材、棉花）。

对于那些没有有害生物传入风险的植物加工品或其他物品，进口缔约方均不应该要求提供植物卫生证书（编者注：在 2011 年版中已修订此内容。以下引用的 ISPM 标准也多已修订，请参照最新版本）。

—— 在 ISPM 15:2002 第 2 项规定是：

通过胶合、加热、加压或其组合工艺生产的木制品如胶合板、碎料板、波纹纸板或单板，已经进行了深度加工，消除了原木有害生物风险，在使用过程中亦不会受到该类有害生物的侵害，因此不将它们列入规定应检物。

—— 在 ISPM 23:2005 第 2.3.2 项的规定是通过检查，可以验证是否符合植物卫生要求。其举例中包括加工程度。

预期用途：

—— 在 ISPM 11:2004 第 2.2.1.5 和 2.2.3 项的规定。在分析有害生物转移到适宜寄主的可能性，以及定殖后扩散的可能性时，一个需要考虑的重要因素就是预期用途。

—— 在 ISPM 12:2001 第 2.1 项的规定。不同的植物卫生要求，适用于植物卫生证书中声明的不同最终预期用途。

—— 在 ISPM 16:2002 第 4.2 项的规定。不可接受的经济损失，随着有害生物种类、商品类别和预期用途的不同而各异。

—— 在 ISPM 21:2004 中，预期用途这一概念也广泛应用。

加工方法及加工程度与预期用途：

—— ISPM 20:2004 第 5.1.4 项指出，PRA 可以针对一种有害生物，也可以针对某种传播途径（如商品）的所有有害生物。在对商品进行分类时，可以按加工程度分，也可以按预期用途分。

—— 在 ISPM 23:2005 第 1.5 项的规定。决定将检查作为植物卫生措施，其中的一个因素就是商品的种类及预期用途。

要求

在 NPPO 根据这种归类而实施植物卫生法规时，尤其要考虑技术合理性原则、PRA 原则、风险管理原则、影响最小原则、协调一致原则和主权原则。

当进口国要决定对某种商品规定进口要求时，可以根据其有害生物风险，对商品进行归类。通过归类，可以区分出哪类商品因为有规定有害生物传入和扩散风险，需要进一步归类，哪类不需要。为了进行归类，应该考虑到下列因素：

—— 加工方法及加工程度。
—— 商品的预期用途。

进口国 NPPO 在评估了加工方法及加工程度并预期用途之后，就可以对该商品做出进口要求规定。

本标准不适用于进口后改变预期用途的情形（如进口用于磨粉的谷物，后来改为种用）。

1 按有害生物风险进行商品归类的要素

在确定与商品相关联的有害生物风险时，应该考虑其加工方法及加工程度。商品的加工方法及加工程度会显著影响商品的性质，从而使之不遭受有害生物的侵染。因此，进口国 NPPO 不应该要求其随附植物卫生证书[①]。

然而，如果商品即使经过加工，仍然能遭受有害生物侵染，则需要考虑预期用途。

1.1 出口前的加工方法及加工程度

本标准所强调的加工其最初目的，是提高商品品质，而不是为了植物卫生目的。但是由于加工也会影响相关有害生物，从而影响商品感染检疫性有害生物的可能性。

为了对拟定的商品进行归类，进口国 NPPO，可以要求出口国 NPPO 提供其加工方法相关信息。有时候，也需要知道加工程度（如温度和加热时间），因为它们会影响商品的物理性质和化学性质。

根据加工方法及加工程度，可以大致将商品归为以下三类：

—— 经加工后，商品不可能再感染检疫性有害生物。
—— 虽经加工，但商品仍然能感染检疫性有害生物。
—— 未经加工。

如果经过对加工方法和加工程度的评估，表明商品没有感染检疫性有害生物的可能性，则不必再考虑预期用途，也不必对商品进行控制。反之，则需要考虑预期用途。

对于未经加工的商品，通常应该考虑预期用途。

1.2 商品的预期用途

预期用途，其定义为根据进口时申报的植物、植物产品或其他规定应检物的使用用途。通常将商品的预期用途分为：

—— 栽培（种植）。
—— 消费及其他用途（如工艺品、装饰品、切花）。
—— 加工。

预期用途会影响商品中的有害生物风险，如一些预期用途，会让规定有害生物定殖或扩散。一些预期用途（如栽培）与其他用途（如加工）相比，前者的有害生物定殖可能性会更高。因此，就需要根据商品的预期用途（如大豆作种用与大豆加工用于人类消费），采取不同的植物卫生措施。

2 商品归类

NPPOs 可以根据加工与否、加工方法及加工程度，并适当考虑预期用途，对商品进行归类。

每类商品的归类类目见下，同时附有必要的植物卫生措施指导意见。

附件 1 是标准分析过程的流程图。

第 1 类商品　商品经过加工，不会感染检疫性有害生物。因此，不应该采取植物卫生措施；该类

---

① 本标准未将 ISPM 5（植物卫生术语表）定义的污染性有害生物，以及加工后感染的有害生物（如储藏性有害生物）纳入其中，按有害生物风险进行归类。但是，要注意到，在绝大多数情况下，标准中的加工方法，可以保证商品不感染有害生物，只是有些商品后来可能会受到有害生物污染或侵染。一般污染性有害生物，在检查时就能够发现。

商品在使用前，不应该要求对其相关的有害生物进行植物卫生认证。附录1列出了加工及加工后能达到第1类商品标准的例子。而附录2则列出了某些商品能达到第1类商品标准的例子。

第2类商品　商品虽经加工，但仍会感染检疫性有害生物。其预期用途，可以是消费，也可以是进一步加工。进口国NPPO可以决定是否需要开展PRA。附录2列举了加工及加工后能达到第2类商品标准的例子。

尽管第2类商品已经加工过，但由于在加工过程中未能全部清除所有检疫性有害生物，所以如果已确认该加工方法和加工程度不能消除检疫性有害生物风险，在评估这些检疫性有害生物定殖和扩散可能性时，就应该考虑商品的预期用途。因此，这就需要通过PRA，才能确定。

为了促进归类工作，协助进口国对商品进行归类，出口国应该按要求提供加工方法和加工程度的详细信息（如温度、暴露时间、颗粒大小）。

如果经过评估，证明经加工的商品，不存在有害生物风险，就不应该采取植物卫生措施，该商品就归为第1类商品。

第3类商品　商品未经加工，其用途为繁殖之外的其他用途，如消费或加工，需要开展PRA，以确定与该传入路（途）径相关的有害生物风险。

在该类商品类目中，包括一些消费用新鲜水果和蔬菜，还有切花。

由于在第2类和第3类商品中，存在检疫性有害生物传入和扩散风险，需要根据PRA来确定应该采取的植物卫生措施。

第4类商品　商品未经加工，其预期用途为栽培（种植），需要通过PRA来确定与此传入路径相关的有害生物风险。

本类商品包括繁殖材料（如切条、种子、马铃薯种薯、试管培养植物、微繁殖植物材料和其他栽培用植物）。

由于第4类商品未经加工，其用途又为繁殖或栽培（种植），因此与其他用途相比，其规定有害生物的传入和扩散风险更高。

本附录属于标准规定内容。

附录1 商品经商业加工后不会再受检疫性有害生物侵染的加工方法

商业加工	描述	加工商品示例	附加信息
碳化	在缺氧条件下燃烧，将有机物碳化为木炭	木炭	
烹饪（煮沸、加热、微波，包括将米做成半熟）	通过加热，主要是改变食品的物理结构，供消费	烹饪食品	常常涉及食品化学结构的改变，包括味道、质地、外观、营养特性的改变
染色	给纺织纤维和其他原材料染色，使颜色在pH值、温度和化学品的相互作用下，与之结合为一个整体	染色的植物纤维和纺织品	
提取	通过物理或化学方法，从植物原料中获取特定成分的过程，通常采用质量传递方法	植物油、乙醇、香精、糖	通常需要在高温条件下完成
发酵	通过厌氧或有氧作用，改变食品/植物材料的化学结构，通常涉及到微生物（如细菌、霉菌或酵母），如将蔗糖转变为乙醇或有机酸	葡萄酒、白酒及其他酒精饮料、发酵蔬菜	可能结合巴斯德杀菌法使用
制成麦芽	通过一系列作用，让谷物萌芽的种子产生酶的活性，将淀粉分解为糖；然后通过加热，让酶失去活性	麦芽	
多法加工	将加热、高压等多种加工方法结合起来	胶合板、碎料板、华夫刨花板	
巴斯德杀菌法	为了杀灭不良或有害微生物的一种热加工方法	巴氏灭菌果汁、酒精饮料（啤酒、葡萄酒）	通常要结合发酵、低温保藏（4℃）和正确的包装、处理。具体加工时间和温度，需要根据不同产品而定
腌制	将植物原料保存在适当的液体介质（如糖汁、盐水、油、醋或白酒）中，同时要求特定的pH值、盐度，保持厌氧状态或渗透性	蜜饯及腌制蔬菜、坚果、块茎、鳞茎	必须保持适当的pH值、盐度等条件
酱制（包括混合）	将水果/蔬菜组织混匀，如采取高速混合、过筛或搅拌机混合	酱制品（水果、蔬菜）	通常需要将水果或蔬菜的酱制和保存方法（如巴斯德杀菌及包装）相结合
焙制	在干热条件下将食品烘干并着上褐色	烤花生、焙咖啡、烤坚果	
灭菌	通过加热（蒸汽、干热或沸水）、辐照及化学处理杀死微生物的过程	灭菌培养基、果汁	灭菌可能没有明显改变商品状况，但是除掉了微生物
灭菌（工业）	通过热处理杀灭所有致病菌、产毒菌、腐败菌，从而使罐装装食品成为货架稳定产品的过程	蔬菜罐头、汤罐头；UTH（超高温）果汁	罐装食品的加工时间和温度因产品种类、处理方法和容器形状不同而各异。无菌加工及包装涉及到对流体产品的工业灭菌和在无菌条件下的包装
糖渍	用糖对水果进行裹衣或浸渍	蜜饯水果、糖渍水果、糖衣坚果	通常将果肉煮沸、烘干
软化	将脱水食品放在高压蒸汽或热水中，使其再水化的过程	软化果品	通常用于干制商品。可以与糖渍相结合

本附录属于标准规定内容。

附录2 商品经商业加工后仍会再受检疫性有害生物侵染的加工方法

商业加工	描述	加工商品示例	附加信息
（木材）制成木屑	把木材加工成小块	木屑	受有害生物侵染的可能性与木材种类、是否带有树皮及木屑大小有关
切片	切成片	水果、坚果、谷物及蔬菜切片（块）	
压碎	通过机械将植物材料压成碎片	草药、坚果	通常做成干制品
干燥/脱水（水果、蔬菜）	脱水或减少重量、体积	脱水水果和蔬菜	
上油漆（包括涂上真漆或清漆）	上漆	上漆的木材、藤杖、纤维	
剥皮与去壳	除去表皮、表皮组织或荚壳	去皮（壳）水果、蔬菜、谷物和坚果	
抛光（谷物及豆类）	通过摩擦或化学作用，去掉谷物表层结构，使其平滑、光亮	抛光的精米、可可豆	
收后处理（水果及蔬菜）	分级、分类、清洗/刷洗、水果/蔬菜打蜡	分级、分类、清洗/刷洗、打蜡的水果/蔬菜	通常在包装间完成
速冻	快速冷却，让其尽快结晶，从而确保水果和蔬菜品质	速冻水果和蔬菜	《速冻食品加工处理推荐国际操作规范》[1976 CAC/RCP 8-1976（Rev 3, 2008），Codex Alimentarius, FAO, Rome]指出："属于速冻加工食品，在低温系统链上各节点的温度应该保持在 -18℃或以下，可以允许一定的温差。"水果和蔬菜速冻时，尤其要杀死有害生物。速冻水果和蔬菜可直接食用，解冻后即会腐烂。因此，认为它们传播有害生物的风险极低[①]

---

① 建议各国不要对速冻水果和蔬菜加以控制。

本附件仅作参考，不属于标准规定内容。

附件1 按有害生物风险对商品进行归类的流程图示例

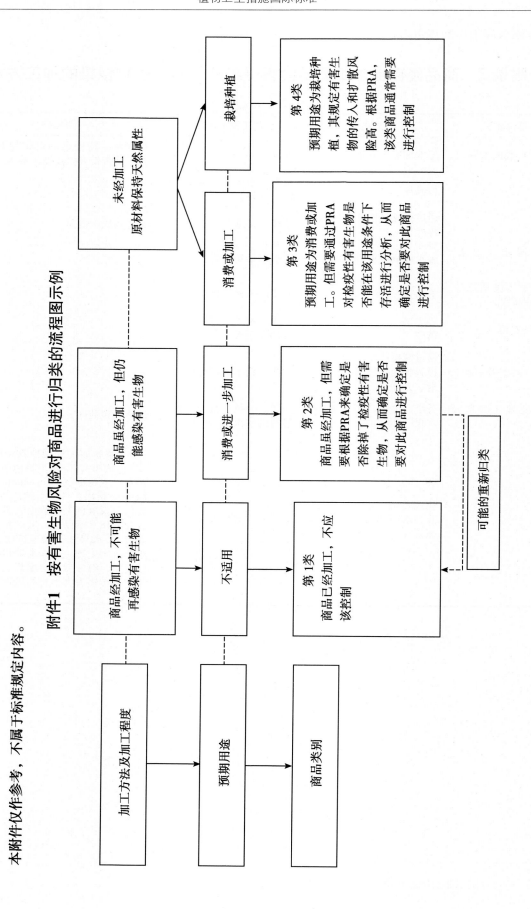

附件 2 归于第 1 类商品的示例

本附件仅作参考，不属于标准规定内容。

提取物	纤维	即食食品	水果和蔬菜	谷物和油籽产品	液体食品	糖料	木制品	其他
−提取物（香草）	−纸板	−可可粉	−蜜饯	−婴儿营养米粉	−酒精	−甜菜糖	−木炭	−啤酒酵母
−果胶	−纤维棉制品	−蛋糕及饼干	−罐装	−面包混合物	−椰汁（包装品）	−玉米淀粉葡萄糖	−冰棍	−啤酒麦芽
−瓜尔豆衍生物	−棉布	−番茄酱	−浓缩	−面包制品	−玉米豆奶	−玉米糖浆	−薄板横梁	−咖啡（焙烤的）
−啤酒花提取物	−皮棉	−巧克力	−低温干燥	−早餐用食品	−果汁饮料	−糊精	−火柴棍	−膳食
−水解植物蛋白	−纸	−调味品	−水果饼馅	−麦片（半熟的、碾碎的）	−果汁菜汁、水果和蔬菜汁，包括浓缩，速冻，甜美饮料	−葡萄糖	−石膏板	−酶
−人造黄油	−植物纤维布或纱线	−甜点粉	−糖渍	−木薯制品（木薯干粉，食品用发酵干制木薯衍生物	−植物油	−葡萄糖（右旋）	−胶合板箱	−树脂松节油
−矿质植物提取物	−工业用植物纤维	−蘸汁	−糖浆浸渍	−煮熟的谷物	−软饮料	−葡萄糖水合物	−牙签	−腐殖酸盐
−大豆卵磷脂	−植物纤维半加工品或其他相关原材料，亚麻，（如−剑麻，黄麻，甘蔗，竹，心草，长柔枝、棕竹）	−食用色素	−盐渍	−玉米芯粒	−汤	−果糖	−木浆	−橡胶（纺纱，橡胶）
−淀粉（马铃薯，小麦，玉米，木薯）		−食用香料	−果渣	−由谷物或油籽（豆类提取物）生产的面粉及工业产品，用于食品和饲料	−醋	−颗粒（糖）	−木松香	−香水
−酵母提取物		−食用调料	−预煮或熟食	−玉米粥、玉米渣	−木松节油	−葡萄糖		−虫胶
		−食品增补剂	−果肉	−米饭（半熟）		−麦芽糖		−茶叶
		−炸薯条（速冻）		−玉米乳清混合物、米粉		−枫糖		−维生素
		−速冻食品		−大豆粥、玉米、大豆混合粉、大豆粒、大豆蛋白		−枫糖浆		
		−水果酱				−糖蜜		
		−果胨（果酱）				−蔗糖		
		−马铃薯泥（干制）				−糖		
		−坚果黄油				−甜味剂		
		−酱（可可、温柏、花生酱）				−糖浆		
		−饼馅				−糖汁		
		−泡菜酱						
		−色拉味调料						
		−三明治酱						
		−酱油、混合调味酱						
		−调味品、混合调味品						
		−汤粉（干制）						
		−蔬菜调味料						

ISPM 33

植物卫生措施国际标准 ISPM 33

国际贸易无有害生物马铃薯（茄属 *SOLANUM SPP.*）微繁殖材料及微型薯

PEST FREE POTATO (*SOLANUM* SPP.) MICROPROPAGATIVE MATERIAL AND MINITUBERS FOR INTERNATIONAL TRADE

（2010 年）

IPPC 秘书处

发布历史

本部分不属于标准正式内容。

2004-04 ICPM-6 added topic *Export certification for potato minitubers and micropropagative material* (2004-032)

2004-04 SC approved Specification 21 *Guidelines for regulating potato micropropagation material and minitubers in international trade*

2005-09 EWG developed draft text

2006-05 SC revised draft text and steward requested comments via by e-mail

2008-05 SC-7 revised and approved draft text for MC

2008-06 Sent for MC

2009-11 SC revised draft text

2010-03 CPM-5 adopted standard

ISPM 33. 2010. *Pest free potato* (Solanum spp.) *micropropagative material and minitubers for international trade*. Rome, IPPC, FAO.

2011 年 8 月最后修订。

目　录

批准

引言

范围

参考文献

定义

要求概述

背景

要求

1　责任

2　有害生物风险分析（PRA）

2.1　特定路径的马铃薯规定有害生物名录

2.2　有害生物风险管理方案

2.2.1　马铃薯微繁殖材料

2.2.2　微型薯

3　无有害生物马铃薯微繁殖材料的生产

3.1　无有害生物马铃薯微繁殖材料的建立

3.1.1　验证无有害生物的检测程序

3.1.2　无有害生物马铃薯微繁殖材料的建立设施

3.2　无有害生物马铃薯微繁殖材料的维持与繁殖设施

3.3　建立与繁殖综合设施

3.4　对马铃薯微繁殖设施的补充规定

4　无有害生物微型薯的生产

4.1　合格材料

4.2　微型薯设施

5　职员能力

6　文件及记录保存

7　审核

8　植物卫生认证

附录1　对马铃薯微繁殖材料及微型薯官方检测实验室的一般要求

附录2　对马铃薯微繁殖设施的补充要求

附录3　对微型薯生产设施的补充要求

附件1　涉及马铃薯微繁殖材料的有害生物实例

附件2　涉及马铃薯微型薯产品的有害生物实例

附件3　无有害生物马铃薯微繁殖材料及微型薯的建立、维持及生产正规程序流程图

批准

本标准于 2010 年 3 月经 CPM 第 5 次会议批准。

引言

范围

本标准为国际贸易无有害生物马铃薯（马铃薯 Solanum tuberosum 及形成块茎的相关种类）微繁殖材料及微型薯的生产、维持和植物卫生认证提供指导。

但标准不适于大田种植的马铃薯繁殖材料，也不适用于消费与加工用马铃薯。

参考文献

ISPM 2. 2007. *Framework for pest risk analysis.* Rome，IPPC，FAO.

ISPM 5. 2010. *Glossary of phytosanitary terms.* Rome，IPPC，FAO.

ISPM 10. 1999. *Requirements for the establishment of pest free places of production and pest free production sites.* Rome，IPPC，FAO.

ISPM 11. 2004. *Pest risk analysis for quarantine pests including analysis of environmental risks and living modified organisms.* Rome，IPPC，FAO.

ISPM 12. 2001. *Guidelines for phytosanitary certificates.* Rome，IPPC，FAO.

ISPM 14. 2002. *The use of integrated measures in a systems approach for pest risk management.* Rome，IPPC，FAO.

ISPM 16. 2002. *Regulated non-quarantine pests：concept and application.* Rome，IPPC，FAO.

ISPM 19. 2003. *Guidelines on lists of regulated pests.* Rome，IPPC，FAO.

ISPM 21. 2004. *Pest risk analysis for regulated non-quarantine pests.* Rome，IPPC，FAO.

定义

本标准引用的植物卫生术语定义，见 ISPM 5（植物卫生术语表）。

除了 ISPM 5 之外，标准还采纳下列定义：

马铃薯微繁殖材料 （potato micropropagative material）	能形成块茎的茄属（Solanum spp.）试管植物（Plants in vitro）
微型薯 （minituber）	在特定保护环境条件下，将马铃薯微繁殖材料培养在无有害生物设施中的栽培介质里生产出的块茎
马铃薯种薯 （seed potatoes）	由可以形成块茎的栽培茄属（Solanum spp.）植物培养出的块茎（含微型薯）和马铃薯微繁殖材料

要求概述

用于生产出口马铃薯微繁殖材料和微型薯的设施，应该得到出口国 NPPOs 的授权认可，或直接由 NPPOs 操（运）作。进口国 NPPOs 要开展有害生物风险分析（PRA），就应该提供其制定关于贸易性马铃薯微繁殖材料和微型薯规定有害生物进口要求的合理性根据。

涉及马铃薯微繁殖材料风险管理的植物卫生措施，包括对进口国规定有害生物的检测（验）以及对该马铃薯微繁殖材料的维持和繁殖管理体系。该繁殖材料来自于无有害生物的候选植物，且保持在封闭和无菌环境中。在生产微型薯时，所采取的措施包括：马铃薯微繁殖材料为无有害生物繁殖材料，生产点为无有害生物生产点。

为了建立无有害生物马铃薯微繁殖材料，候选植物应该由 NPPO 授权认可或由 NPPO 直接运作的检测实验室进行检测（验）。该实验室应该达到一般要求，即能确保所有材料培养在维持和繁殖设施中，不带有进口国规定的有害生物。

用于建立无有害生物马铃薯微繁殖材料的设施，以及对有害生物的检测设施，都应该严格要求，从而避免材料受到污染和感染。无有害生物马铃薯微繁殖材料的维持和繁殖设施、微型薯生产设施，也应该严格要求，从而保证其无有害生物。还应该对职员进行培训，以便能胜任对无有害生物马铃薯微繁殖材料的建立和维持，以及对无有害生物微型薯的生产、必要的诊断检测工作，胜任行政、管理工作，掌握记录程序。每个设施和检测实验室的管理体系和程序，都应该在手册中做出规定。在整个生产和检测过程中，要使用适当文件，并保存好所有繁殖材料的身份确认信息，保持其可追溯性。

所有设施都应该得到官方审核，以确保它们始终符合要求。还应该对马铃薯微繁殖材料和微型薯进行检查，以确保符合进口国的进口植物卫生要求。国际贸易无有害生物马铃薯微繁殖材料和微型薯，应随附植物卫生证书。

背景

全世界许多有害生物都与马铃薯（马铃薯 *Solanum tuberosum* 及能形成块茎的相关种类）产品有关。因为马铃薯主要通过无性方式进行繁殖，这就可以通过种薯的国际贸易，引起有害生物的传入和扩散风险。马铃薯微繁殖材料，是取来自于经过适当检验（测）的材料，采取了适宜的植物卫生措施，认为不带有规定有害生物。从一开始就用这种材料作为启动材料，到生产出马铃薯来，就会减少规定有害生物传入和扩散风险。马铃薯微繁殖材料，可以在特定保护环境条件下，生产出微型薯。如果微型薯是在无有害生物环境条件下，用无有害生物马铃薯微繁殖材料生产，这种微型薯在国际贸易时，其风险也最低。

常规微繁殖未必能生产出无有害生物材料。材料中是否带有有害生物，需要通过适当的检验（测）来验证。

根据 ISPM 16:2002 规定，种植用马铃薯种认证计划（也称之为种薯认证计划），通常涉及到对有害生物的要求，也涉及对品种纯度和产品规格等非植物卫生要求。许多马铃薯种薯认证计划，都要求它来自经过检验（测）不带计划中规定的有害生物的植物。按该计划，生产国通常会对那些具有经济重要意义的有害生物进行控制。因此，某个特定计划中的有害生物，或者所采取措施的强度，可能未必都符合进口国的进口植物卫生要求。

在本标准中，无有害生物马铃薯微繁殖材料，是指该繁殖材料经过检验（测），未发现有进口国的规定有害生物，或者它来自经过检验（测）的材料，且保持在未受有害生物污染和感染的环境条件下。

要求

1 责任

进口国 NPPO 应该负责 PRA，并按要求核查文件和设施情况，以便能验证对这些设施所采取的植物卫生程序，符合进口植物卫生要求。

只有经 NPPO 授权认可或直接由 NPPO 运作的设施，才能够用于本标准规定的出口马铃薯微繁殖材料的生产与维持。出口国 NPPO 负责确保这些设施的植物卫生状况及相应的马铃薯种薯繁殖体系，符合进口国植物卫生要求；并且还要负责植物卫生认证。

2 有害生物风险分析（PRA）

PRA 为确定规定有害生物，制定马铃薯微繁殖材料和微型薯的进口植物卫生要求，提供技术合理性根据。PRA 应该由进口国 NPPO 根据 ISPM 2:2007 和 ISPM 11:2004 的规定，从所给定的原产地，对"马铃薯微繁殖材料"和"微型薯"的（有害生物传入）路径进行分析。同时，还应该按 ISPM 21:2004 的规定，适当确认规定非检疫性有害生物。

进口国应该向出口国 NPPOs 通报其 PRA 结果。

2.1　特定路径的马铃薯规定有害生物名录

根据本标准，鼓励进口国 NPPO 分别制定出关于马铃薯微繁殖材料和微型薯的特定路径的规定有害生物名录，且应该按要求向出口国 NPPO 提供该名录。

2.2　有害生物风险管理方案

实施有害生物风险管理措施，需要根据 PRA 结果。可以将此措施整合到马铃薯材料生产的系统方法中（见 ISPM 14:2002）。附件 3 给出了无有害生物马铃薯微繁殖材料和微型薯的建立、维持和生产的正规程序流程图。

2.2.1　马铃薯微繁殖材料

涉及马铃薯微繁殖材料有害生物风险管理的植物卫生措施包括：

——检验（测）植物个体（候选植物）是否带有进口国的规定有害生物，然后在设施中建立（无有害生物）马铃薯微繁殖材料。一旦通过所有相关检测，就可证明其为无有害生物状况（由经过这种检测的候选植物培育出的马铃薯微繁殖材料，就成为无有害生物马铃薯微繁殖材料）。

——采用管理体系，对无有害生物状况进行维持，即将马铃薯微繁殖材料控制在密闭的、无菌环境条件下，使其维持设施与繁殖设施保持无有害生物状况。

2.2.2　微型薯

涉及到微型薯生产的有害生物风险管理的植物卫生措施，尤其应该建立在对产地进行的有害生物风险评估的基础上，包括：

——微型薯是来源于无有害生物马铃薯微繁殖材料。

——其生产条件是：植物栽培种植在特定保护环境下，其栽培介质无有害生物；生产点为进口国对微型薯规定的无有害生物（包括其媒介）生产点。

3　无有害生物马铃薯微繁殖材料的生产

3.1　无有害生物马铃薯微繁殖材料的建立

作为培育无有害生物马铃薯微繁殖材料的候选植物，应该对其进行检查、检验（测），证明其无规定有害生物。这可能需要种植一个完整的生长周期，并进行检查、检测，确定不带有规定有害生物。此外，除了下面所述针对规定有害生物的实验室检测程序外，还应该对马铃薯微繁殖材料进行检查，确保它们不带其他有害生物或其为害症状，且不受一般微生物的污染。

如果发现候选植物受到侵染，通常会将其清除掉。但是，对于某些规定有害生物而言，NPPO 可能会同意采取公认技术（如茎尖分生组织培养法、温热疗法），结合传统微繁殖技术，消除有害生物对候选植物的侵染，但这项工作需要在开展试管繁殖计划前就进行。因此，在开展繁殖前，必须进行实验室检测，以确认该方法是否成功。

3.1.1　验证无有害生物的检测程序

应用检测程序检验候选植物，应该在官方检测实验室进行。该实验室，应该达到（附录 1 规定的）一般要求，以确保移栽到维持和繁殖设施中的马铃薯微繁殖材料，不带有进口国的规定有害生物。传统微繁殖方法，不能彻底消除某些有害生物，比如病毒、类病毒、植原体和细菌等。附件 1 列出了在马铃薯微繁殖材料上需关注的有害生物。

3.1.2　无有害生物马铃薯微繁殖材料的建立设施

用于从新的候选植物开始生产无有害生物马铃薯微繁殖材料的建立设施，应该获得 NPPO 授权认可，或者由 NPPO 直接运作。该设施，应该能提供安全措施，以确保从候选植物开始到培养出不带有害生物的马铃薯微繁殖材料期间，维持其无有害生物状况；在检测结果出来之前，保证这些植物与所检测的材料彼此隔离。因为受侵（感）染的植物和无有害生物马铃薯微繁殖材料（如块茎、试管植物等），可能会放在同一所设施内进行处理。因此，需要实施严格程序，防止有害生物污染和侵染。该程序包括：

—— 严禁未授权人员入内，限制授权职员进入。

—— 规定进入的职员穿专用防护服（专用鞋或消毒鞋），洗手（特别是那些在植物卫生高风险区域如检测设施处工作的职员，一定要特别小心）。

—— 按年代记录对材料处理所采取的行动，以便于在必要时，如监测到有害生物时，容易核查其染污或侵染情况。

—— 采取严格的无菌技术，包括在处理不同植物卫生风险的材料后，对工作区进行消毒，对工具器械进行灭菌（如用高压锅）处理。

3.2 无有害生物马铃薯微繁殖材料的维持与繁殖设施

无有害生物马铃薯微繁殖材料的维持与繁殖设施，应该与建立无有害生物马铃薯试管植物和开展规定有害生物检测的设施彼此分开（虽然在第3.3项有例外情况）。根据进口国对马铃薯微繁殖材料规定有害生物的要求，该设施应该按无有害生物生产点来运行（见ISPM 10:1999）。设施应该是：

—— 只能维持和繁殖官方认证的无有害生物马铃薯微繁殖材料，只允许无有害生物的材料进入设施。

—— 栽种其他植物，只能经官方允许且：

· 该繁殖材料的有害生物风险已经过评估，如果尚有风险，则该植物已经经过检测，且不带规定有害生物，然后才能进入设施。

· 采取适当预防措施，在空间和时间上，将它们与马铃薯植物隔离开。

—— 实施官方批准程序，防止规定有害生物进入设施。

—— 控制职员进入，并规定使用防护服，对防护服进行消毒，进入设施前洗手（特别是那些在植物卫生高风险区域如检测设施处工作的职员，一定要特别小心）。

—— 实施无菌程序。

—— 执行常规管理体系，由管理员或指定负责人进行检查，并做好记录。

—— 禁止非授权人员进入设施。

3.3 建立与繁殖综合设施

在特殊情况下，如果采取严格措施，能使维持的材料不受植物卫生风险较低的材料侵染，则（无有害生物马铃薯微繁殖材料的）建立设施，也可以用于无有害生物马铃薯微繁殖材料的维持设施。

这些严格措施包括：

—— 实施第3.1项和第3.2项中关于防止无有害生物马铃薯微繁殖材料侵染程序，以及隔离不同植物卫生风险材料的程序。

—— 采用独立层流橱柜和设备，存放维持材料和植物卫生风险较低材料；或者采取严格程序，使建立过程和维持过程分开。

—— 对维持材料按计划进行验证检测。

3.4 对马铃薯微繁殖设施的补充规定

在附录2中对马铃薯微繁殖设施做了补充规定。至于是否必要，则需要根据当地有害生物的发生情况和PRA结果而定。

在这些设施中建立和维持的无有害生物马铃薯微繁殖材料，可以进一步繁殖，生产微型薯，或进行国际贸易。

4 无有害生物微型薯的生产

在国际贸易中，下面这些用于微型薯生产的指导意见，也适用于微型薯的某一部分如其苗芽的生产。

4.1 合格材料

唯一能进入微型薯生产设施的马铃薯材料，应该是无有害生物马铃薯微繁殖材料。如果其他植物要进入设施进行繁殖，则必须是：

—— 已经开展了微型薯的植物卫生风险评估，如果有风险，则该植物已经经过检测，且不带规定有害生物，然后才能进入设施。

—— 采取适当预防措施，在空间和时间上，将它们与马铃薯植物隔离开，从而防止污染。

4.2 微型薯设施

根据进口国对微型薯规定有害生物的要求，该设施应该按无有害生物生产点来运行（见 ISPM 10:1999）。这些有害生物，包括涉及马铃薯微繁殖材料的诸如病毒、类病毒、植原体和细菌（见附件 1）和真菌、线虫、节肢动物等（见附件 2）。

应该在保护条件下进行生产，这些条件如生长室、温室、聚乙烯隧道或（根据当地的有害生物状况建立的）防虫网室（适当筛目），以防止有害生物进入。如果设施有适当的物理条件和可操作的安全措施，可以防止规定有害生物进入，就没有必须再增加补充要求。然而，如果达不到安全要求，就得增加补充要求。根据生产地的情况，这些要求包括：

—— 这些设施位于无有害生物区，或者该生产区、该生产点与规定有害生物源完全隔离。

—— 在设施周围建有规定有害生物缓冲区。

—— 设施位于有害生物及媒介低流行区。

—— 每年在生产时节，正是有害生物及媒介低流行时期。

应该控制授权职员进入设施，且规定从污染区域到干净区域，要使用防护服、对鞋进行消毒、进入前洗手，以防止污染。如果必要，还应该对设施进行净化。栽培介质、水、肥料和植物添加剂，都不得带有有害生物。

在生产周期内，还应该对设施进行规定有害生物监测，必要时，还应该采取有害生物防治措施，开展纠偏行动，并建立档案。在每个生产周期后，设施应该维持完好、干净。

在微型薯的处理、储藏、包装和运输过程中，应该处于保护条件下，从而防止规定有害生物污染和侵染。

附件 3 对微型薯生产的补充要求做了规定。但是否必须实施，需要根据当地有害生物的发生情况和 PRA 结果而定。

5 职员能力

员工应该得到培训，且能胜任：

—— 具有对无有害生物马铃薯微繁殖材料的建立、维持技能，胜任微型薯生产、相应诊断检测工作等。

—— 胜任行政、管理工作，掌握记录程序。

应该适时制定员工能力培训程序，及时培训，尤其是在进口植物卫生要求发生变化时，更应如此。

6 文件及记录保存

每个设施和检测实验室的管理体系、操作程序和使用说明书，都应该形成文件，编写在手册中。在编制这些手册时，应该强调以下几点：

—— 在无有害生物马铃薯微繁殖材料的建立、维持和繁殖期间，要特别注意那些防治措施，以防止有害生物在该繁殖材料和其他存在植物卫生风险的材料之间，发生污染和侵染。

—— 无有害生物微型薯的生产，包括管理、技术操作程序，要特别注意防治措施，以防止在生产、收获、储藏和运输到目的地期间，不遭受有害生物的感染、侵染和污染。

—— 所有验证无有害生物状况的实验室检测程序或步骤。

在整个生产和检测过程中，通过适当记录，妥善保存所有繁殖材料的身份证明资料，使之有可追溯性。所有检测记录、检测结果、材料谱系及销售记录，都应该保存好，以便于进出口国追溯，保存期至少 5 年。就无有害生物马铃薯微繁殖材料而言，那些决定有害生物状况材料的保存期，应该与该微繁殖材料的（无有害生物状况）维持期一样长。

关于员工培训和能力记录，其保存期应由 NPPO 决定，必要时还应该咨询进口国 NPPO。

7　审核

对所有设施、体系和记录，都应该由官方进行审核，以确保符合进口国的进口植物卫生要求。

进口国 NPPO 可以根据双边协议，参与此类审核工作。

8　植物卫生认证

马铃薯微繁殖材料设施、相关记录及植物，应该符合适当的植物卫生程序，以确保该微繁殖材料符合进口国的进口植物卫生要求。

马铃薯微型薯的生产设施、相关记录、栽培马铃薯作物及微型薯，都应该符合适当的植物卫生程序，以确保其符合进口国的进口植物卫生要求。

国际贸易无有害生物马铃薯微繁殖材料和微型薯，应该随附出口国 NPPO 根据 ISPM 12:2001 标准签发的植物卫生证书，并符合进口国的进口植物卫生要求。采用马铃薯种薯认证标签，可以帮助对货物批次的识别确认，特别是在标签上详细标明批次号，包括生产商识别号，则更为方便。

本附录为标准规定内容。

附录1 对马铃薯微繁殖材料及微型薯官方检测实验室的一般要求

由官方运作或授权许可，对马铃薯微繁殖材料和微型薯检测实验室的要求是：
—— 有胜任工作的职员，具备足够的知识和经验，能够开展检测，并对检测结果做出解释。
—— 有适当且足够的设备，可以开展微生物、血清学、分子及生物鉴定检测（验）。
—— 有检测过的相关验证数据，或至少有关于该检测方法合理性的足够证据。
—— 有防止样品污染的程序。
—— 与生产设施有适当隔离。
—— 有管理手册，记述了政策、组织机构、工作细节、检测标准、质量管理程序。
—— 有适当记录保存，且检测结果可追溯。

本附录为标准规定内容。

附录2 对马铃薯微繁殖设施的补充要求

除了在第3项的规定之外，下面对物理结构、设备和操作程序的要求，应该作为微繁殖设施所考虑的内容，至于是否实施，应该根据当地有害生物的发生情况和PRA结果而定。

物理结构

—— 入口为带气帘的双开门，在两个门之间，有换衣区。
—— 有合适的洗手间、介质制备室、接种室和植物栽种室。

设备

—— 给介质制备室、接种室和植物栽种室配备高效微粒空气（HEPA）过滤正压系统或其他等效系统。
—— 给栽培室配备适宜的光、温、湿控制系统。
—— 给接种室配备适当设备，或制定合理程序，以防止有害生物污染［如紫外线（UV）灭菌灯］。
—— 为接种室配备定期维护的层流橱柜。
—— 层流橱柜配备紫外线灭菌灯。

操作程序

—— 设施定期消毒/熏蒸计划。
—— 职员使用一次性/专用鞋，或者对鞋进行消毒。
—— 处理植物材料的适宜卫生方法（如在切试管组培苗时，要用流毒刀片，从消毒过的植物表面上切）。
—— 监控计划，用于检查接种室、层流橱柜和栽培室中气传污染物含量水平。
—— 对受（有害生物）感染马铃薯微繁殖材料的检查与处置程序。

本附录为标准规定内容。

附录3 对微型薯生产设施的补充要求

下面是对微型薯生产设施的补充要求，至于是否实施，应该根据当地有害生物的发生情况和PRA结果而定。

物理结构

—— 入口为带气帘的双开门，在两个门之间，有换衣服、换防护服及手套的地方，有消毒脚垫，有洗手及消毒设施。
—— 门入口、通风口及开口处，均应该安装防虫网，以防止当地有害生物及其媒介进入。
—— 在封闭的外部和内部环境之间要留出间隙。
—— 生产时要与土壤隔离开（如建成水泥地面，或者在地面上铺防护膜）。
—— 指定洗手、容器消毒及微型薯清洗、分级、包装和储藏的专用区域。
—— 配备空气过滤/消毒系统。
—— 凡是在水电供应不稳定的地方，应该配备备用应急设备。

环境管理

—— 配备适宜的光、空气循环及湿度控制设施。
—— 配备适合植物移栽的喷雾设施。

作物管理

—— 在规定时间内开展有害生物及媒介常规监控（如使用黏性昆虫诱捕器诱捕）。
—— 对植物材料进行处理的卫生方法。
—— 正确的处置程序。
—— 对产品批次的确认。
—— 批次之间的适当隔离。
—— 将植物放置在突出地面的长台上培养。

栽培介质、肥料及水

—— 采用无有害生物的无土栽培介质。
—— 在栽种前对栽培介质采用熏蒸/消毒/蒸汽灭菌处理，或者采用其他处理方法，以保证它不带有马铃薯有害生物。
—— 在栽培介质的运输和储藏过程中，要保证它不受污染。
—— 水源不能带有植物有害生物（或者对水源进行处理，或者用深井泉水），必要时定期开展马铃薯有害生物检测（验）。
—— 使用无机肥，或者使用经过处理去除了有害生物的有机肥。

收获后处理

—— 抽取微型薯样品，检测收获块茎中的指标性有害生物（如发现了一些有害生物，表明该微型薯的生产设施未能达到维持无有害生物状况的要求）。
—— 适宜的储藏条件。
—— 分级与包装（必要时，要遵照马铃薯种薯认证计划执行）。
—— 包装微型薯时，要用新的或经过充分灭菌的容器。
—— 运输容器足以防止有害生物及其媒介污染。
—— 处理设备和储藏设施要足够干净，消毒彻底。

本附件只作参考，不属于标准规定内容。

附件1　涉及马铃薯微繁殖材料的有害生物实例

请注意：下列名录不能作为制定规定有害生物名录的技术合理性根据。

病毒	缩写	属名
苜蓿花叶病毒 Alfalfa mosaic virus	AMV	苜蓿花叶病毒属 *Alfamovirus*
安第斯马铃薯潜隐病毒 Andean potato latent virus	APLV	芜菁黄花叶病毒属 *Tymovirus*
安第斯马铃薯斑驳病毒 Andean potato mottle virus	APMoV	豇豆花叶病毒属 *Comovirus*
滇芎B病毒A rracacha virus B-oca strain	AVB-O	樱桃锉叶病毒属（暂定）*Cheravirus*
甜菜曲顶病毒 Beet curly top virus	BCTV	甜菜曲顶病毒属 *Curtovirus*
颠茄斑驳病毒 Belladonna mottle virus	BeMV	芜菁黄花叶病毒属 *Tymovirus*
黄瓜花叶病毒 Cucumber mosaic virus	CMV	黄瓜花叶病毒属 *Cucumovirus*
茄子斑驳皱缩病毒 Eggplant mottled dwarf virus	EMDV	细胞核弹状病毒属 *Nucleorhabdovirus*
凤仙花坏死斑病毒 Impatiens necrotic spot virus	INSV	番茄斑萎病毒属 *Tospovirus*
马铃薯桃叶珊瑚病毒 Potato aucuba mosaic virus	PAMV	马铃薯X病毒属 *Potexvirus*
马铃薯黑环斑病毒 Potato black ringspot virus	PBRSV	线虫传多面体病毒属 *Nepovirus*
马铃薯潜隐病毒 Potato latent virus	PotLV	香石竹潜隐病毒属 *Carlavirus*
马铃薯卷叶病毒 Potato leafroll virus	PLRV	马铃薯叶卷病毒属 *Polerovirus*
马铃薯帚顶病毒 Potato mop-top virus	PMTV	马铃薯帚顶病毒属 *Pomovirus*
马铃薯粗缩病毒 Potato rough dwarf virus	PRDV	香石竹潜隐病毒属（暂定）*Carlavirus*
马铃薯A病毒 Potato virus A	PVA	马铃薯Y病毒属 *Potyvirus*
马铃薯M病毒 Potato virus M	PVM	香石竹潜隐病毒属 *Carlavirus*
马铃薯P病毒 Potato virus P	PVP	香石竹潜隐病毒属（暂定）*Carlavirus*
马铃薯S病毒 Potato virus S	PVS	香石竹潜隐病毒属 *Carlavirus*
马铃薯T病毒 Potato virus T	PVT	马铃薯T病毒属 *Trichovirus*

(续表)

病毒	缩写	属名
马铃薯 U 病毒 Potato virus U	PVU	线虫传多面体病毒属 *Nepovirus*
马铃薯 V 病毒 Potato virus V	PVV	马铃薯 Y 病毒属 *Potyvirus*
马铃薯 X 病毒 Potato virus X	PVX	马铃薯 X 病毒属 *Potexvirus*
马铃薯 Y 病毒（所有株系） Potato virus Y (all strains)	PVY	马铃薯 Y 病毒属（所有株系） *Potyvirus*
马铃薯黄矮病毒 Potato yellow dwarf virus	PYDV	细胞核弹状病毒属 *Nucleorhabdovirus*
马铃薯黄化花叶病毒 Potato yellow mosaic virus	PYMV	菜豆金黄花叶病毒属 *Begomovirus*
马铃薯黄脉病毒 Potato yellow vein virus	PYVV	毛形病毒属（暂定） *Crinivirus*
马铃薯黄化病毒 Potato yellowing virus	PYV	苜蓿花叶病毒属 *Alfamovirus*
茄科顶叶卷曲病毒 Solanum apical leaf curling virus	SALCV	菜豆金色黄花叶病毒属（暂定） *Begomovirus*
藜草花叶病毒 Sowbane mosaic virus	SoMV	南方菜豆花叶病毒属 *Sobemovirus*
烟草花叶病毒 Tobacco mosaic virus	TMV	烟草花叶病毒属 *Tobamovirus*
烟草坏死病毒 A 或烟草坏死病毒 D Tobacco necrosis virus A or Tobacco necrosis virus D	TNV-A or TNV-D	烟草坏死病毒属 *Necrovirus*
烟草脆裂病毒 Tobacco rattle virus	TRV	烟草脆裂病毒属 *Tobravirus*
烟草线条病毒 Tobacco streak virus	TSV	等轴不稳定环斑病毒属 *Ilarvirus*
番茄黑环病毒 Tomato black ring virus	TBRV	线虫传多面体病毒属 *Nepovirus*
番茄褪绿斑病毒 Tomato chlorotic spot virus	TCSV	番茄斑萎病毒属 *Tospovirus*
番茄卷叶新德里病毒 Tomato leaf curl New Delhi virus	ToLCNDV	菜豆金色黄花叶病毒属 *Begomovirus*
番茄花叶病毒 Tomato mosaic virus	ToMV	烟草花叶病毒属 *Tobamovirus*
番茄斑驳泰诺病毒 Tomato mottle Taino virus	ToMoTV	菜豆金色黄花叶病毒属 *Begomovirus*
番茄斑萎病毒 Tomato spotted wilt virus	TSWV	番茄斑萎病毒属 *Tospovirus*
番茄黄化曲叶病毒 Tomato yellow leaf curl virus	TYLCV	菜豆金色黄花叶病毒属 *Begomovirus*
番茄黄花叶病毒 Tomato yellow mosaic virus	ToYMV	菜豆金色黄花叶病毒属（暂定） *Begomovirus*
番茄黄脉条纹病毒 Tomato yellow vein streak virus	ToYVSV	双体病毒属（暂定） *Geminivirus*

(续表)

病毒	缩写	属名
野生马铃薯花叶病毒 Wild potato mosaic virus	WPMV	马铃薯 Y 病毒属 *Potyvirus*
类病毒		
墨西哥心叶茄类病毒 Mexican papita viroid	MPVd	纺锤形块茎类病毒属 *Pospiviroid*
马铃薯纺锤形块茎类病毒 Potato spindle tuber viroid	PSTVd	纺锤形块茎类病毒属 *Pospiviroid*
细 菌		
马铃薯环腐病菌 *Clavibacter michiganensis* subsp. *sepedonicus*		
迪克亚属 *Dickeya* spp.		
黑茎果胶杆菌 *Pectobacterium atrosepticum*		
胡萝卜软腐果胶杆菌胡萝卜软腐亚种 *P. carotovorum* subsp. *carotovorum*		
茄科雷尔氏菌 *Ralstonia solanacearum*		
植原体		
紫顶、僵化 purple top, stolbur		

本附件只作参考，不属于标准规定内容。

附件 2　涉及马铃薯微型薯产品的有害生物实例

请注意：下列名录不能作为制定规定有害生物名录的技术合理性根据。

除了在附件 1 中列入的有害生物之外，许多缔约方根据本国的有害生物状况，要求把这些有害生物从经过认证的微型马铃薯产品的检疫性有害生物或规定非检疫性有害生物名录中去掉，如：

细菌

链霉菌属（*Streptomyces* spp.）

假菌界

马铃薯疫霉绯腐病菌（*Phytophthora erythroseptica* Pethybr. var. *erythroseptica*）
马铃薯晚疫病菌［*P. infestans*（Mont.）de Bary］

真菌

马铃薯黑粉菌［*Angiosorus*（*Thecaphora*）*solani* Thirumalachar & M. J. O'Brien］Mordue
镰刀菌属（*Fusarium* spp.）
马铃薯皮斑病菌［*Polyscytalum pustulans*（M. N. Owen & Wakef.）M. B. Ellis］
茄丝核菌（*Rhizoctonia solani* J. G. Kühn）
马铃薯癌肿病菌［*Synchytrium endobioticum*（Schilb.）Percival］
大丽花轮枝菌（*Verticillium dahliae* Kleb.）
黑白轮枝菌（*V. albo-atrum* Reinke & Berthold）

昆虫

块茎跳甲（*Epitrix tuberis* Gentner）
马铃薯甲虫［*Leptinotarsa decemlineata*（Say）］
马铃薯块茎蛾［*Phthorimaea operculella*（Zeller）］
须材小蠹属（*Premnotrypes* spp.）
安第斯马铃薯块茎蛾［*Tecia solanivora*（Povolny）］

线虫

马铃薯茎线虫［*Ditylenchus destructor*（Thorne）］
起绒草茎线虫［*D. dipsaci*（Kühn）Filipjev］
苍白球异皮线虫［*Globodera pallida*（Stone）Behrens］
马铃薯金线虫［*G. rostochiensis*（Wollenweber）Skarbilovich］
根结线虫属（*Meloidogyne* spp. Göldi）
异常珍珠线虫［*Nacobbus aberrans*（Thorne）Thorne & Allen］
原生动物 Protozoa
马铃薯粉痂病菌［*Spongospora subterranea*（Wallr.）Lagerh.］

本附件只作参考，不属于标准规定内容。

附件 3 无有害生物马铃薯微繁殖材料及微型薯的建立、维持及生产正规程序流程图

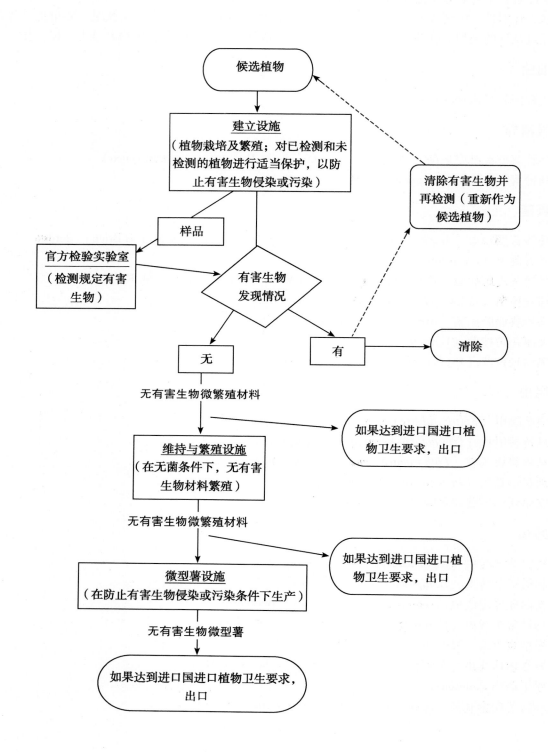

植物卫生措施国际标准 ISPM 34

入境后植物检疫站的设计及运作

DESIGN AND OPERATION OF POST-ENTRY QUARANTINE STATIONS FOR PLANTS

(2010 年)

IPPC 秘书处

© FAO 2011

发布历史

本部分不属于标准正式内容。

2002-04 ICPM-4 noted topic Procedures Pest Entry Quarantine

2004-04 ICPM-6 added topic Post-entry quarantine facilities (2004-033)

2004-07 extraordinary SC approved Specification 24 Post-entry quarantine facilities

2005-05 EWG developed draft text

2006-05 SC requested comments to steward

2007-05 SC replaced steward

2008-05 SC-7 revised draft text and requested review by EWG

2008 EWG revised draft text via e-mail

2009-05 SC-7 approved draft text for MC

2009-06 Sent for MC

2009-11 SC revised draft text

2010-03 CPM-5 adopted standard

ISPM 34. 2010. Design and operation of post-entry quarantine stations for plants. Rome, IPPC, FAO.

2011年8月最后修订。

目　　录

批准

引言

范围

参考文献

定义

要求概述

背景

要求

1　对入境后检疫站（PEQ Stations）的一般要求

2　对入境后检疫站（PEQ Stations）的具体要求

2.1　地点

2.2　物理要求

2.3　操作要求

2.3.1　对职员的要求

2.3.2　技术及操作程序

2.3.3　记录保存

2.4　对检疫性有害生物或媒介的诊断与清除

2.5　对入境后检疫站的审核

3　结束入境后检疫（PEQ）程序

附件1　对入境后检疫站的要求

批准

本标准于 2010 年 3 月经 CPM 第 5 次会议批准。

引言

范围

本标准描述了入境后检疫站（PEQ stations）的设计与运作的一般准则。该类检疫站用于封存进口植物产品，主要是栽培植物。封存目的，是为了验证它们是否受到了检疫性有害生物的侵（感）染。

参考文献

ISPM 1. 2006. *Phytosanitary principles for the protection of plants and the application of phytosanitary measures in international trade.* Rome，IPPC，FAO.

ISPM 2. 2007. *Framework for pest risk analysis.* Rome，IPPC，FAO.

ISPM 5. 2010. *Glossary of phytosanitary terms.* Rome，IPPC，FAO.

ISPM 11. 2004. *Pest risk analysis for quarantine pests including analysis of environmental risks and living modified organisms.* Rome，IPPC，FAO.

定义

本标准引用的植物卫生术语定义，见 ISPM 5（植物卫生术语表）。

要求概述

为了确定是否要对规定的植物商品采取植物卫生措施，应该先开展 PRA。就此类商品中的一些产品而言，在对那些已由 PRA 确定的有害生物风险进行管理时，进口国 NPPO 可能要求采取入境后检疫的办法。即如果检疫性有害生物难以监测；有害生物的为害迹象或症状表现，需要花费时间；或者需要进行检测（验）或处理时，就可以将该批植物货物封存在入境后检疫站（PEQ station）内，采取适当的植物卫生措施。

要使入境后检疫站成功运作，对它的设计和管理要求是，要确保与该植物产品货物相关的检疫性有害生物能够得到适当封闭，不得让它们从检疫站中迁移或逃逸出来。该检疫站，还应该确保其封存条件最有利于对该植物货物进行观察、研究、进一步检查、检测或处理。

入境后检疫站可能由田地、网室、温室/实验室等构成。其设施配置，应该根据进口的植物种类及与之相关的检疫性有害生物而定。

入境后检疫站的选址要恰当，要符合物理要求和操作要求。这就需要兼顾植物和其潜在的检疫性有害生物的生物学特点，还要考虑到该类有害生物对它们的影响。

对入境后检疫站的操作要求，包括对职员要求、技术与操作程序、记录保存等政策和程序。检疫站应该建立检疫性有害生物的监测和鉴定体系，建立处理、清除或销毁体系，从而开展对被侵染材料或者其他可以滋生这类有害生物的材料的处理工作。

如果植物在入境后检疫站内结束检疫后未能发现检疫性有害生物，就可以放行。

背景

进口植物有可能传入检疫性有害生物。在考虑对这些商品采取植物卫生措施时，NPPOs 应该采取何种措施，需要根据风险管理原则（ISPM 1:2006）。为了评估特定路径的有害生物风险，确定适当的植物卫生措施，应该开展 PRA。在国际贸易中，就许多商品而言，进口国 NPPOs 确定的风险管理措施，是为了降低有害生物风险，而不是必须采取入境后检疫的办法。但是对于某些商品，特别是栽培植物，NPPOs 可能决定一个检疫期，对它们进行入境后检疫。

有时候，NPPOs 可能必须对某批入境货物按一个检疫期进行检疫，这是因为还不能对其中是否存在检疫性有害生物做出定论。有了检疫期，就可以对是否存在有害生物进行检测（验）；可以让其表现出为害迹象或症状；必要时，还可以进行适当处理。

在入境后检疫站进行封存的目的，就是为了防止与植物相关的有害生物发生逃逸。如果完成了必要的检查、检测（验）、处理和验证活动，该货物就可以适时放行、销毁或留作参照材料。

本标准所描述的准则，亦适用于其他需要检疫的生物（如检疫性有害生物、有益生物、生物防治材料）的封存，不过可能还需要其他一些具体要求。

决定是否需要将入境后检疫作为植物卫生措施

对于栽培植物或其他植物特定商品，应该按照 ISPM 2:2007 和 ISPM 11:2004 的规定，开展 PRA，从而确定所要采取的植物卫生措施。根据 PRA 确定与该植物相关的有害生物风险，从而决定要采取的植物卫生措施，这可能涉及到制定一个入境后检疫的特定检疫期，对有害生物风险进行管理。入境后检疫站的物理特性和操作特性，决定了它的封闭水平，以及能充分封闭各种检疫性有害生物的能力。

进口国 NPPO 一旦决定要采取入境后检疫措施，就应该确定选用下列方法以达到该措施要求：
—— 现有的入境后检疫站（包括田间隔离场），无需改造。
—— 对现有入境后检疫站进行物理结构或操作条件改造。
—— 重新设计并建造一个新入境后检疫站。
—— 在不同地区或国家进行检疫。

要求

1 对入境后检疫站（PEQ Stations）的一般要求

对植物货物入境后检疫站的要求，应该考虑植物的生物学、检疫性有害生物的生物学及与之相关媒介的生物学，尤其是它们的扩散和蔓延方式。成功封闭检疫植物货物的要求是：能够防止所有相关检疫性有害生物逃逸，能够阻止入境后检疫站外的有害生物进入检疫站，防治检疫站内的检疫性有害生物转移或传播到检疫站外。

2 对入境后检疫站（PEQ Stations）的具体要求

入境后检疫站可能由后面一个或多个设施构成：田间场地、网室、温室、实验室等。至于入境后检疫站需要配备什么样的设施，应该根据进口植物种类及与之相关的检疫性有害生物而定。

NPPOs 在确定对入境后检疫站的要求时，应该全面考虑各个方面的问题（诸如地点、物理及操作要求、废物处理设施以及对检疫性有害生物进行有效监测、诊断和处理的适当体系）。NPPOs 应该通过检查和审核，确保封闭效果达到适当水平。附件 1 是根据各种检疫性有害生物生物学而制定的入境后检疫站要求指导。

2.1 地点
在确定入境后检疫站的地点时，应该考虑以下因素：
—— 检疫性有害生物意外逃逸风险。
—— 及早发现有害生物逃逸的可能性。
—— 如果发生逃逸，采取有效管理措施的可能性。

入境后检疫站要提供足够的隔离条件，要坚固稳定（如需要最小限度地暴露在恶劣的气候或地质条件下）。还应该考虑与可疑植物及相关植物有适当的隔离（如该检疫站的设置地点要远离农业或园艺产品，远离森林或生物多样性密集区）。

2.2 物理要求

在入境后检疫站的物理设计中，要考虑到植物的生长要求、与货物相关的检疫性有害生物的生物学、检疫站的工作流程和应急要求（如断电或缺水问题）。官方设施和基础服务支持设施，应该符合规定要求，且要与检疫站中的植物有适当隔离。

需要考虑的物理要求包括：
—— 检疫站的划界。
—— 田间场所的隔离。
—— 按不同封闭水平标准，对内部出入区进行划分。
—— 建筑材料（墙、地面、屋顶、门、纱网、窗）。
—— 检疫站的规模（要确保检疫站有效运行，相关程序得以执行）。
—— 设置货物内部分割的隔离间。
—— 设置进入检疫站的通道（以防止在植物隔离生长区有人来车往问题）。
—— 开口设计（门、窗、通风口、排水口及其他管道设计）。
—— 处理系统（空气、水、固体及液体废物处理系统）。
—— 设备（专用生物安全橱柜、高压灭菌锅）。
—— 水电供应，包括备用发电机。
—— 入口处设置洗脚池。
—— 工人及衣物净化间。
—— 标识使用。
—— 安全措施。
—— 废物处理设施的使用。

2.3 操作要求

入境后检疫站要么由进口国 NPPO 运作，要么由其授权运作，并对检疫站进行审核。

在运作入境后检疫站，管理其中与植物货物相关的有害生物风险时，要制定具体的操作程序。应该制订一部程序手册，必要时，经过 NPPO 批准，在其中详细描述达到该检疫站目标的各个程序。

操作要求涉及到适当政策和管理重审、常规审核、职员培训、入境后检疫站的一般操作、植物记录保存与追溯、应急预案、卫生与安全及文档管理等程序。

2.3.1 对职员的要求

对职员的要求包括：
—— 拥有一名适当的合格主管人员，全面负责维持入境后检疫站的运行及各项工作。
—— 拥有合格的职员，负责完成所分配的维持入境后检疫站的运行及相关工作。
—— 拥有适当合格的科学支持职员，或者可以找到这类人员。

2.3.2 技术及操作程序

技术和操作要求，应该编写在程序手册中，其内容包括：
—— 在入境后检疫站中封存的植物限量，从而避免超过检疫站的实际能力，以至于妨碍检查，或者损害检疫工作。
—— 确保在检疫站有足够的空间，以便于将不同货物或货物批次隔离开来。
—— 规定在将植物运入之前，或一旦发现有害生物之后，就对检疫站进行除害处理。
—— 制定处理和卫生程序，以防止有害生物通过手、切削工具、鞋和衣服扩散；还包括对入境后检疫站的外部除害处理程序。

——描述怎样对植物进行控制、取样和运输，然后送到诊断实验室，进行检疫性有害生物检测（验）。
——必要时使用特制的封闭设施（如生物安全橱柜、箱）。
——规定对设备（如高压灭菌锅、生物安全橱柜）进行评估和管理（如维护、校正）。
——使用专用或一次性个人防护设备。
——规定在入境后检疫站内或其周围（如用诱捕器）对有害生物的发生，进行监控。
——采用适当的检查/检测（验）方法，对检疫性有害生物进行监测。
——制定有效预案，以防止出现检疫中断或失败的情形（如起火、植物或有害生物从检疫站中释放出来、停电或其他紧急情况）。
——制定违规处理程序，包括对感染检疫性有害生物的植物进行适当处理、销毁，以及必要时保存标本的程序。
——建立追溯体系，全面追踪货物在检疫站中的全部过程（该追溯体系应该使用唯一标识号，以确保植物货物从到达、搬运、处理、检测，直到放行或对受感染货物销毁为止，完全一致）。
——确立构成违反检疫规定的标准，建立报告体系，以确保任何违规情况及所采取的措施，得以及时向 NPPO 报告。
——规定对文件复审、修订及管理的程序。
——制定检疫站内外审时间表，确保该检疫站符合要求（如建筑结构完整性、卫生要求）。
——对受侵（感）染货物的处置和灭活规定。
——对废弃物的净化与处置程序，包括对包装和栽培介质的处置。
——限制职员与入境后检疫站外有风险的植物接触。
——制定控制授权人员和来宾进入检疫站的办法（如陪同来访者、限制来宾访问、建立来宾访问记录系统）。
——制定确保职员合格的程序，包括适时开展培训和举行能力测试。

2.3.3 记录保存

需要保存以下记录：
——入境后检疫站位置图，标明检疫站的位置、所有入口和访问点。
——在检疫站开展的全部活动记录（如职员活动、检查、有害生物监测、有害生物鉴定、检测、处理、检疫植物货物的处置与放行）。
——检疫站中所有植物货物及其原产地记录。
——设备记录。
——入境后检疫站职员及被授权进入检疫站（或其中特定区域）人员名单。
——职员培训及技能记录。
——来宾记录。

2.4 对检疫性有害生物或媒介的诊断与清除

入境后检疫站应该适当建立监测体系，监控检疫站及其周边有害生物的发生情况，以及监控并确认检疫性有害生物或其潜在媒介。检疫站要有诊断专家，这是最基本的。他们可以来自检疫站内，也可以来自别的部门。不管怎样，最终诊断结论，应该由 NPPO 做出。

入境后检疫站，应该有专家、设施或设备，待一旦在检疫站中监测到植物材料受到侵染，就可以尽快开展处理、清除或销毁工作。

2.5 对入境后检疫站的审核

NPPO 应该确保对入境后检疫站的定期官方审核，从而使之符合物理及操作要求。

3 结束入境后检疫（PEQ）程序

只有当植物货物经检疫未发现检疫性有害生物后，才能从检疫站放行。

如果发现植物受到检疫性有害生物侵染，就应该处理、清除受侵染物或销毁。销毁处理，就是要消除有害生物从检疫站逃逸的任何可能性（如化学销毁、焚烧、高压灭菌）。

在特殊情况下，对受侵染或可能受侵染的植物，可以采取以下处理方法：

—— 将其运送到其他入境后检疫站，做进一步的检查、检测或处理。

—— 退回到原产地国；如果符合接收国进口植物卫生要求，或与相应 NPPO 达成协议，可以在严格限制/安全条件下，转运到这些国家。

—— 将它们保存起来，作为检疫技术或科学工作的参考材料。

因此，在涉及与植物转运相关的有害生物风险分析时，各种风险都应该考虑到。

入境后检疫程序结束后，NPPO 应该备案存档。

本附件只作参考，不属于标准规定内容。

附件1 对入境后检疫站的要求

以下是 NPPO 在设立植物货物入境后检疫站时需要考虑的内容。这些要求是基于对与之相关的植物检疫性有害生物生物学而制定的。至于其他特定有害生物风险，可能需要制定其他要求。

对入境后检疫站的一般要求
· 植物与其他区域的物理隔离，包括与职员办公室的隔离 · 适当的安全措施，能确保植物未经授权，不得接近，或从检疫站运出 · 植物生长在无有害生物的栽培介质里（如灭菌的盆装混合介质或无土栽培介质） · 植物生长在突出地面的长台上 · 为进口植物提供适当的生长条件（如温度、光照和湿度） · 提供有利于有害生物出现迹象或表现症状的条件 · 密封所有出入口，包括电线和管道口（有地面开口的设施除外），以控制本地有害生物（如啮齿动物、粉虱、蚂蚁），防止它们进入检疫站 · 建立体系，制定方法，在废物和设备运离检疫站前，对废弃物进行灭菌、净化或销毁（包括受侵染的植物），对设备（如切削工具）进行处理 · 合理的灌溉系统，以防止有害生物传播 · 对于温室和网室：为了方便清洗和净化，其容易受到污染的表面要用光滑防渗漏材料建造 · 对于温室和网室：顶棚与墙壁要用抗退化材料，防止昆虫或其他节肢动物破坏 · 来宾穿过的防护服（实验室专用外套、鞋或鞋套、一次性手套），在离开检疫站时要脱下 · 职员在离开检疫站中存放有风险材料的区域时，要进行净化处理

（检疫性有害生物）生物学特性	对入境后检疫站的要求
有害生物专门通过嫁接传播（一些已知没有媒介生物的病毒或植原体）	· 检疫站设施可能包括田间场地、网室、温室或实验室 · PEQ 检疫站边界划分清楚 · 与潜在寄主适当隔离 · 将寄主材料限制在 PEQ 检疫站内
有害生物或其媒介只通过土壤或水扩散（如胞囊线虫、线虫传多面体病毒）	· 检疫站设施可能包括网室、隧道或温室 · 门窗不用时关闭，打开时应该装上纱窗 · 有洗脚池 · 有防渗漏地面 · 对废弃物或废水（进入或排出检疫站的）进行适当处理，以清除检疫性有害生物 · 对土壤做适当处理，以清除土传媒介 · 将植物与土壤适当隔离开 · 防止排出的废水进入用于灌溉寄主植物的水源 · 在排水管上安装土壤收集器
有害生物或媒介为气传、易移动且体型大于 0.2mm（如蚜虫）	· 检疫站设施可能包括网室、温室或实验室 · 有自关密封门，门上配备适当的密封和清理器 · 经过两扇门的入口处，要有门廊或前庭相隔 · 在前庭要设置非手动操作的水池 · 在前庭要安装杀虫剂喷雾装置 · 纱网网孔不超过 0.2mm（70筛目）（设置在网室及通风口），以防止有害生物或媒介出入 · 在检疫性有害生物或其媒介从 PEQ 检疫站（从各个方向）扩散的可能范围内，不应该有轮换寄主植物材料 · 有害生物监控计划，包括使用黏性诱捕器、诱捕灯或其他昆虫监测装置 · 提供加热、通风和空调系统的进气气流 · 备用供电系统，供气流系统和其他设备之用 · 在废弃物及设备（如切削工具）运离 PEQ 检疫站前，对它们进行灭菌或净化处理

(续表)

（检疫性有害生物）生物学特性	对入境后检疫站的要求
有害生物或媒介为气传、易移动但体型小于 0.2mm 的（如一些螨类或蓟马）	· 设施包括温室，用普通玻璃、抗冲击的聚碳酸酯或双层塑料建造，或者有一个实验室 · 有自关密封门，门上配备适当的密封和清理器 · 经过两扇门的入口处，要有门廊或前庭相隔 · 在前庭要设置非手动操作的水池 · 在前庭要安装杀虫剂喷雾装置 · 在检疫性有害生物或其媒介从 PEQ 检疫站（从各个方向）扩散的可能范围内，不应该有轮换寄主植物材料 · 有害生物监控计划，包括使用黏性诱捕器、诱捕灯或其他昆虫监测装置 · 提供加热、通风和空调系统的进气气流 · 配备高效微粒空气（HEPA）过滤器或其等效装置（HEPA 可以过滤掉 99.97% 直径为 0.3μm 的微粒） · 在废弃物及设备（如切削工具）运离 PEQ 检疫站前，对它们进行灭菌或净化处理 · 配有备用供电系统，供气流系统产生负压和其他设备之用 · 进气和排气系统连锁，以保证始终有进气气流
有害生物极易移动或容易扩散（如锈菌、气传细菌）	· 设施可能包括温室，用防碎玻璃或双层聚碳酸酯建造，或者有一个实验室 · 有洗脚池 · 有自关密封门，门上配备适当的密封和清理器 · 经过两扇门的入口处，要有门廊或前庭相隔 · 在前庭要设置非手动操作的水池 · 在检疫性有害生物或其媒介从 PEQ 检疫站（从各个方向）扩散的可能范围内，不应该有轮换寄主植物材料 · 提供加热、通风和空调系统的进气气流 · 配有备用供电系统，供气流系统产生负压和其他设备之用 · 没有从建筑物外直接进入检疫站的入口 · 隧道门相互连锁，每次只能打开一扇门 · 配备高效微粒空气（HEPA）过滤器或其等效装置（HEPA 可以过滤掉 99.97% 直径为 0.3μm 的微粒） · 废气全部通过 HEPA 过滤 · 在所有固体或液体废弃物及设备（如切削工具）运离 PEQ 检疫站前，对它们进行灭菌或净化处理 · 进气和排气系统连锁，以保证始终有进气气流 · 安装安全报警器 · 有沐浴室（供职员离开检疫站时使用） · 安装操作监控系统，监控诸如压力差、废水处理，以防止主要系统发生故障

植物卫生措施国际标准 ISPM 35

实蝇（实蝇科）有害生物风险管理系统方法

SYSTEMS APPROACH FOR PEST RISK MANAGEMENT OF FRUIT FLIES (TEPHRITIDAE)

（2012 年）

IPPC 秘书处

© FAO 2012

发布历史

本部分不属于标准正式内容。

2004 ICPM-6 approved topic *Pest free areas and systems approaches for fruit flies* (2004-022)

2007-06 specification for Technical Panel 2 (2nd revision)

2009-05 SC approved draft for member consultation

2010-04 SC draft sent for member consultation

2011-05 SC-7 modified text based on 2010 MC comments

2011-08 TPFF reviewed text for consistency with term *target fruit fly species*

2011-11 SC reviewed and approved draft ISPM to go to CPM-7, 2012

2012-03 CPM-7 adopted standard

ISPM 35. 2012. *Systems approach for pest risk management of fruit flies (Tephritidae)*. Rome, IPPC, FAO.

目　　录

批准

引言

范围

参考文献

定义

要求概述

背景

要求

1　决定实施实蝇系统方法（FF SA）

2　制定实蝇系统方法

3　文件及记录保存

4　验证

5　容许量水平标准

6　不符与违规

批准

本标准于 2012 年 3 月经 CPM 第 7 次会议批准。

引言

范围

本标准为制定、实施、验证经济重要性实蝇（Tephritidae）风险管理系统方法综合措施提供准则。

参考文献

IPPC. *International Plant Protection Convention*. Rome，IPPC，FAO.

ISPM 2. 2007. *Framework for pest risk analysis*. Rome，IPPC，FAO.

ISPM 5. *Glossary of phytosanitary terms*. Rome，IPPC，FAO.

ISPM 11. 2004. *Pest risk analysis for quarantine pests including analysis of environmental risks and living modified organisms*. Rome，IPPC，FAO.

ISPM 13. 2001. *Guidelines for the notification of non-compliance and emergency action*. Rome，IPPC，FAO.

ISPM 14. 2002. *The use of integrated measures in a systems approach for pest risk management*. Rome，IPPC，FAO.

ISPM 24. 2005. *Guidelines for the determination and recognition of equivalence of phytosanitary measures*. Rome，IPPC，FAO.

ISPM 26. 2006. *Establishment of pest free areas for fruit flies（Tephritidae）*. Rome，IPPC，FAO

定义

本标准引用的植物卫生术语定义，见 ISPM 5（植物卫生术语表）。

要求概述

为了制定实蝇系统方法（FF SA），需要考虑到寄主、目标实蝇和寄主水果蔬菜①产区之间的关系。至于有害生物风险管理措施方案，则应该由 PRA 来决定。

FF SA 至少应该包含两种独立措施，将应用于整个过程的各个阶段，尤其是在生长期与收获期间、采收后与运输期间以及在进口国的进境与分销期间。还可以结合其他措施（诸如选种不易感染的寄主植物、实施作物管理或收后管理），制定关于目标实蝇在有害生物低流行区、暂时或局部未发生区的 FF SA，从而减少有害生物风险，达到进口国的进口植物卫生要求。

为了制定、实施和验证 FF SA，必须制定操作程序。出口国 NPPOs 应该确保这些程序相互一致，并得到验证。在程序实施过程中，应该对其进行监控，一旦出现不符情况，就需要采取纠偏行动。

应该就 FF SA 的制定、实施和验证工作，建立好文档。必要时，出口国 NPPOs 应该对文件进行复审，并及时更新。

背景

实蝇科中的许多昆虫都是经济重要性害虫，如果一旦传入，就存在有害生物风险。为了确认或管理目标实蝇风险，进口国 NPPOs 应该开展 PRA，并实施植物卫生措施（见 ISPM 2:2007、ISPM 11:2004）。

当单一措施不适用、不可行或系统方法比单一措施更具有成本效益时，作为有害生物风险管理措

---

① 下文将水果和蔬菜均当作水果对待。

施的系统方法就发展起来了。要决定是否实施某种 FF SA，取决于寄主水果、目标实蝇与其特定水果产区之间的关系。

系统方法要求至少有两种彼此独立的方法，进行组合；当然，也可以包括各种彼此独立的方法（ISPM 14:2002）。在 FF SA 中所采用的处理方法，如果作为单一方法，可能不会太有效。因此，这些措施可能要应用在不同时间和不同地点，会涉及许多机构和个人。

为了保证寄主水果的进口或转运，进口国通常会采取植物卫生措施如处理，或者实施实蝇无有害生物区（FF-PFAs）要求。FF SA 可以作为一种替代方案，以促进实蝇寄主水果向受威胁地区出口或转运。NPPOs 可能要对 FF SA 进行认可，以便确认其与单一措施是否具有等效性。出口国可能需要就这些措施的等效性，寻求进口国的认可和批准。如果该系统方法有效且得以实施，则其他进出口国就可以采纳其中的要件，从而促进在条件相似地区的水果转运。

FF SA 可以适用于小者，如一个生产地，大到一个国家的水果产区。

要求

1 决定实施实蝇系统方法（FF SA）

进口国制定技术合理的进口植物卫生要求，并进行沟通，是其职责所在。将有害生物风险管理措施整合到 FF SA 中，成为备选方案之一，是进口国制定进口植物卫生要求的根据（ISPM 14:2002）。

制定 FF SA 是出口国 NPPOs 的职责。在下列情况下，可以制定并实施 FF SA：

（1）进口国在其进口植物卫生要求中，规定了在出口国采用的系统方法。

（2）虽然进口国没有明确要求系统方法，但是为了达到进口国的进口植物卫生要求，出口国 NPPOs 认为制定一个系统方法，是适宜且有效的。但这时，出口国可能要就此措施的等效性与进口国进行谈判，以便获得其正式认可和批准（ISPM 24:2005）。

FF SA 应该是各种措施的恰当综合运用，从而达到适当的保护水平。这些措施应该具有坚实的科学基础，从而当其被选择之后，能够达到进口植物卫生要求。在操作可行性方面，除了要考虑实施该措施对目标实蝇进行风险管理时，其限制性应最小之外，还要考虑其成本效益。

在制定 FF SA 时，NPPOs 让利益攸关方参与制定工作是明智的（ISPM 2:2007）。

对制定 FF SA 的基本信息要求如下：

——寄主植物应该鉴定到种。如果风险随着品种的不同而发生变化（如品种对有害生物侵染的忍耐力发生变化），则应该鉴定到品种。

——与待检验水果成熟度的关系（如在植物生理学上成熟的香蕉，不适宜实蝇寄生）。

——与相关寄主的目标实蝇的数据应该有效（如其学名、发生情况及种群波动性、对寄主的选择性）。

——对已确定实施 FF SA 的水果产区，应该记述完整，且建立档案，如果可能，要特别关注寄主植物在商业产区和非商业产区的分布情况。

实际上，FF SA 可以应用于同一水果产区的一种寄主或多种寄主上，也可以应用于一种目标实蝇或多种目标实蝇上。

2 制定实蝇系统方法

自从水果在出口国生产到进口国销售的各个过程中，这些措施都可能会用得到。进口国 NPPOs 还可以在货物进口时，采取其中一种或多种措施。为防止实蝇侵染而采取的各项措施包括：

在种植前

——选择目标实蝇发生少的种植地（如为有害生物低流行区，因为地理位置、海拔和气候不适宜实蝇的区域）。

—— 选择不易遭受实蝇为害的果树树种或品种。
—— 采取卫生措施。
—— 与非实蝇寄主植物混作。
—— 在特定时期种植寄主植物，如在目标实蝇发生少或尚未发生时种植。

在生长期
—— 控制水果成熟度、限时生产。
—— 化学防治，如用杀虫剂诱饵处理、设置诱捕点诱捕、采用灭雄（虫）技术以及生物防治技术，如释放天敌。
—— 物理保护机制（如水果套袋、使用实蝇防护设施）。
—— SIT 技术。
—— 大规模诱捕。
—— 加强产区内非商业寄主的管理（如果适当，可清除寄主，或用非寄主植物进行置换）。
—— 采用诱捕或水果取样方法，对目标实蝇进行监测和调查。
—— 采取卫生措施（如适时将果园中的落果收集、清除或处置掉，或者将果树上的成熟水果摘除）。
—— 水果去皮。

在收获时
—— 在当年水果的特定发育时期或时间进行收获。
—— 为防止收获时被侵染，采取安全措施。
—— 监督，包括剖果检查。
—— 采取卫生措施（如安全清除或处置落果）。

采收后管理
—— 为防止收获时被侵染，采取安全措施，如将水果冷冻，冷藏运输，在装有防虫网的包装间加工，仓库和运输工具采用低温冷藏，且将水果包装完好。
—— 在包装厂内或周围进行实蝇诱捕，监测是否有目标实蝇。
—— 采取卫生措施［如将包装间带有侵染痕迹的水果（加工时剔出来的）清除掉］。
—— 取样、检查（如剖果）和检验（测）。
—— 对采取单一措施不太有效的水果进行处理。
—— 包装要求（如采用防虫包装）。
—— 确保货物批次的可追溯性。

运输及销售
—— 采取安全措施，防止目标实蝇侵染。
—— 对采取单一措施不太有效的水果进行处理（在装运前、装运时或装载后处理）。
—— 限制销售地域，或者在目标实蝇未发生的地区或未发生的季节销售，或者在没有实蝇适宜寄主的地区销售。

在某些或整个过程采取的措施
—— 实施公众意识计划，让公众提供支持。
—— 控制水果寄主的转运，选用其他路（途）径输入（如对生产点或隔离区的要求）到该地区。

3　文件及记录保存

出口国 NPPOs 应该将 FF SA 的制定、实施和验证的相关文件备案保存完好。应该对进出口国 NPPOs 的职责和任务做出规定，并建立文档。这些文件和记录应该定期复审，及时更新，至少保存 24

个月，且按进口国 NPPOs 的要求予以提供。

这些文件可能包括：

—— 进口植物卫生要求，如果可能，还包括有害生物风险分析报告。
—— 对这些降低有害生物风险措施的确认及记述。
—— 对 FF SA 操作程序要求的记述。
—— 对拟实施 FF SA 地区的记述。
—— 对出口的寄主水果和目标实蝇的记述。
—— 相关机构、其职责、任务及相互联系的详细情况，包括：
- 相关机构和利益攸关者的登记。
- 在监督和防治程序中的合作协议。
- 对 FF SA 的符合性要求（水果原产地、在生产地的运输要求、水果的挑选与包装、水果运输及其安全措施）。
- 适当的纠偏行动协议。
- 记录保存及其有效提供。
—— 有害生物监督及防治计划。
—— 调查结果。
—— 对 FF SA 参与人员的培训计划。
—— 追溯程序。
—— 具体程序的技术根据。
—— 调查、监测及诊断方法。
—— 纠偏行动记述及其后续记录。
—— 对 FF SA 实施情况的复审。
—— 意外情况预案。

4 验证

在 FF SA 中的措施，应该按官方批准的程序实施。出口国 NPPOs 应该对实施情况进行监控，以确保该体系能够达到目的的。

出口国 NPPOs 还有责任在 FF SA 实施的整个过程中，对实施情况及其有效性进行监控。如果发现 FF SA 实施良好，但其中某个或多个要件在整个实施过程中，无法充分保证对有害生物风险管理的有效性，这时就需要对 FF SA 进行修订，从而保证达到进口植物卫生要求。但这种修订，不必暂停贸易活动，也没有必要再对 FF SA 中的其他要件进行验证。对 FF SA 的验证频率，会受该方案设计的影响。

进口国 NPPOs 可能根据与出口国 NPPOs 的协议规定，对 FF SA 进行审核。

5 容许量水平标准

在许多情况下，制定 FF SA 的根据，是将目标实蝇的发生控制在容许量水平标准或标准之下［涉及实蝇，有时用术语"规定有害生物种群水平标准"（specified pest population level），而不用"容许量水平标准"］。该标准是由进口国 NPPOs 为确定地区规定的，如针对某个有害生物低流行区（ALPP）规定的。这里可能会有两种情况，即目标实蝇天然发生低，或者需要采取控制措施才能降低其发生量。

如果要求提供目标实蝇的发生量被控制在规定容许量水平标准或之下的证据，这就需要获得实蝇诱捕结果和水果取样检查结果。对目标实蝇发生情况的监督工作，不仅要在种植季节，而且要在非种植期间就开始进行。

6 不符与违规

不符情况可能涉及到 FF SA 实施不当，或该方法本身失败。如果是这样，那么出口国 NPPOs 可以暂停不符合 FF SA 要件规定的相关贸易，直到采取纠偏行动处理好此事为止。这种不符情况，可能发生在 FF SA 实施过程的某个或多个阶段。能确定出是在哪个阶段出了不符问题，这非常重要。

出口国 NPPOs 应该向进口国 NPPOs 通报这种不符情况，以及它可能影响到的出口货物或植物卫生认证情况。

进口国 NPPOs 应该向出口 NPPOs 通报违规情况（ISPM 13:2001）。

植物卫生措施国际标准 ISPM 36

栽培植物综合措施

INTEGRATED MEASURES FOR PLANTS FOR PLANTING

（2012 年）

IPPC 秘书处

© FAO 2012

发布历史

本部分不属于标准正式内容。

2005 ICPM-7 added topic *Plants for planting*（including movement, post-entry quarantine and certification programmes）（2005-002）.

2006-05 SC approved specification 34

2006-09 EWG drafted ISPM

2007-02 EWG revised draft ISPM

2008-05 SC-7 revised draft ISPM via e-mail consultation based on SC-7 recommendation

2008-12 EWG revised draft ISPM

2010-04 SC approved draft ISPM to go for MC

2010-06 member consultation

2011-05 SC-7 revised draft ISPM

2011-11 SC revised in meeting

2012-03 CPM-7 adopted standard

ISPM 36. 2012. *Integrated measures for plants for planting*. Rome, IPPC, FAO.

目　录

批准
引言
范围
参考文献
定义
要求概述
背景
要求

1　管理根据
2　综合措施
2.1　一般综合措施
2.1.1　生产地批准
2.1.2　生产地要求
2.2　在有害生物高风险情况下的补充综合措施
2.2.1　在有害生物高风险情况下对生产地的要求
2.2.1.1　生产地手册
2.2.1.2　有害生物管理计划
2.2.1.3　植物保护专家
2.2.1.4　人员培训
2.2.1.5　植物材料检验
2.2.1.6　包装及运输
2.2.1.7　内审
2.2.1.8　记录
2.3　不符合生产地要求
3　出口国 NPPO 的职责
3.1　制定综合措施
3.2　批准生产地
3.3　监督已批准的生产地
3.4　出口检查与签发植物卫生证书
3.5　提供信息
4　进口国 NPPO 的职责
4.1　审核
附录1　影响栽培植物有害生物风险的因素
附件1　在生产地减少有害生物风险的有害生物风险管理措施实例
附件2　不符合情况实例

批准

本标准于 2012 年 3 月经 CPM 第 7 次会议批准。

引言

范围

本标准概述了在栽培植物（不含种子）生产地确认和实施综合措施的主要标准，为栽培植物作为有害生物风险路（途）径的确认和管理提供指导。

参考文献

ISPM 2. 2007. *Framework for pest risk analysis*. Rome，IPPC，FAO.
ISPM 5. *Glossary of phytosanitary terms*. Rome，IPPC，FAO.
ISPM 11. 2004. *Pest risk analysis for quarantine pests including analysis of environmental risks and living modified organisms*. Rome，IPPC，FAO.
ISPM 12. 2011. *Phytosanitary certificates*. Rome，IPPC，FAO.
ISPM 13. 2001. *Guidelines for the notification of non-compliance and emergency action*. Rome，IPPC，FAO.
ISPM 17. 2002. *Pest reporting*. Rome，IPPC，FAO.
ISPM 20. 2004. *Guidelines for a phytosanitary import regulatory system*. Rome，IPPC，FAO.
ISPM 21. 2004. *Pest risk analysis for regulated non-quarantine pests*. Rome，IPPC，FAO.
ISPM 24. 2005. *Guidelines for the determination and recognition of equivalence of phytosanitary measures*. Rome，IPPC，FAO.
ISPM 32. 2009. *Categorization of commodities according to their pest risk*. Rome，IPPC，FAO.

定义

本标准引用的植物卫生术语定义，见 ISPM 5（植物卫生术语表）。

要求概述

通常认为，栽培（种植）植物所携带的有害生物风险比其他规定应检物的要高，因此可以采取综合管理措施，对这些作为规定有害生物路径的栽培植物进行有害生物风险管理，以确保其符合进口植物卫生要求。在利用这些综合措施时，将涉及到 NPPOs 和生产商[①]，并依赖于风险管理措施在整个生产和销售过程中的应用情况。

综合措施可以由出口国 NPPOs 制定并实施。一般综合措施要求包括：保存生产地平面图、植物检验、记录、有害生物处理、卫生措施等。如果合理，还可以增加补充要件，如生产地管理手册，包括有害生物管理计划、适当的人员培训、包装和运输的特殊要求，以及必要的内审和外审。

出口国 NPPOs 应该对实施综合措施的生产地予以批准，并对其进行督查，同时签发植物卫生证书，证明这些货物符合进口国的进口植物卫生要求。

背景

有几个植物卫生措施国际标准为有害生物风险管理提供总体指导（诸如 ISPM 2:2007、ISPM 11:2004、ISPM 21:2004 和 ISPM 32:2009）。应该根据有害生物风险分析（PRA）的结论，决定采取植物卫生措施，从而使有害生物风险降低到进口国规定的可接受风险水平标准。

---

① 下文所指生产商即生产地的栽培植物生产商。

通常认为，栽培植物携带有害生物风险比其他规定应检物的要高。因此，为应对这种高风险，下面将提供该有害生物风险管理具体补充指导意见。

综合措施可应用于生产地，对规定有害生物进行风险管理，尤其是适用于对那些在进出口检查时难于监测到（发现）的有害生物的管理，因为：

—— 有些有害生物特别是在其发生量少的情况下，不会引起明显可见症状。

—— 在检查时侵染症状正处于潜伏期或症状被掩盖了（如因为使用杀虫剂所致、营养不平衡、植物处于休眠期、其他非规定有害生物发生、带有症状的叶片被去掉了）。

—— 小昆虫或卵隐藏在植物芽的鳞片或皮下面。

—— 包装种类、货物规格及物理状况影响检查效果。

—— 许多有害生物特别是病原体的检测方法可能不适用。

在实施有害生物风险管理综合措施时，不仅要求出口国NPPOs参与，而且要求栽培植物的生产商全程参与。

综合措施是为管理规定有害生物而制定的，但是用它来管理生产地的其他有害生物也颇有裨益。

希望本标准能通过制定综合措施使用指南，尽量减少有害生物的国际扩散，从而为保护生物多样性和环境做出贡献。

要求

1 管理根据

进口国可以根据技术合理性规定，制定栽培植物进口植物卫生要求，并与其他国家进行沟通（参见ISPM 2:2007、ISPM 11:2004和ISPM 21:2004）。附录1概述了当进口国NPPOs欲对栽培植物开展PRA时，需要考虑的一些因素。

出口国NPPOs应该研究并制定符合进口植物卫生要求的措施。综合措施可以按下列两种情形研究制定：

—— 进口国在其进口植物卫生要求中规定了综合措施，供进口国采用。

—— 进口国虽未明确要求采用综合措施，但出口国NPPOs认为采用综合措施是适宜且有效，能达到进口国的进口植物卫生要求，因此规定综合措施，让出口到特定国家的栽培植物生产商采用。

如果是后一种情形，出口国NPPOs认为需要采取的"综合措施"应该与进口植物卫生措施具有等效性，将会寻求进口国对这些措施的等效性进行正式认可和批准（ISPM 24:2005）。

为了获得向特定国家出口栽培植物的资格，希望参与实施综合措施的生产商，也应该获得NPPOs的认可和批准。随后，那些遵守了出口国NPPOs制定的综合措施要求的生产商，就可以获得批准。

2 综合措施

本标准描述了两个主要层次的综合措施。第2.1项（一般综合措施）描述了一套广泛应用于所有培植物的综合措施；第2.2项（在有害生物高风险情况下的补充综合措施）描述了在有害生物高风险情况下，管理有害生物风险的补充要件。要求应用全部要件，可能没有必要；而且，对于一些生产体系而言，不是所有要件都能应用（如大田作物的物理障碍）。因此，在第2.2项描述的要件中，仅有部分是适用的。为了管理好有害生物风险，除了在出口前或进境时进行检查之外，NPPOs也可以考虑应用这些措施。

2.1 一般综合措施

如果生产地符合下面的一般综合措施要求，出口国NPPOs可以给予批准。

2.1.1 生产地批准

欲采用一般综合措施的生产商，获得批准的条件如下：

—— 保存最新生产地平面图，还包括对何时、何地、怎样生产栽培植物的记录，对处理、储存、准备从生产地运输等情况的记录（在生产地的所有植物种类、植物材料的类型，如是否为切穗、试管苗、裸根植物等）。

—— 记录要保存一定时间，该时间由出口国 NPPOs 根据栽培植物（在哪里、如何）购买、储存、生产、分销情况及其他涉及有害生物状况的信息而定。

—— 有权任用在有害生物鉴定和控制领域久负盛名的植物保护专家。

—— 指定一名联系人，负责与出口 NPPOs 进行联络。

2.1.2 生产地要求

对采用一般综合措施的生产地获得批准的适当要求如下：

—— 按照出口国 NPPOs 的通知和议定书规定，根据需要，由指定人员对植物和生产地适时进行检查。

—— 保存所有检查记录，包括对发现有害生物及采取纠偏行动的记录。

—— 必要时采取特殊措施（如使植物不带有进口国的规定有害生物），并将这些措施存档备案。

—— 如果在进口国发现了规定有害生物，则向出口国 NPPOs 通报。

—— 建立环境卫生及人员保健卫生体系并存档备案。

附件1表1，提供了有害生物管理措施的具体实例。这些措施针对有害生物特点，适用于大多数生产地的栽培植物。

附件1表2，提供了可能的有害生物管理措施实例。NPPOs 可能要求针对不同的栽培植物和与之相关的有害生物，采取不同措施。这里列举的措施，常常应用于与栽培植物相关的重大有害生物。

2.2 在有害生物高风险情况下的补充综合措施

如果单独采用一般综合措施不足以管理有害生物风险，出口国 NPPOs 虽然可以批准生产地，但该生产地必须符合在有害生物高风险情况下的补充综合措施要求。

2.2.1 在有害生物高风险情况下对生产地的要求

出口国 NPPOs，应该要求申请采用在有害生物高风险情况下的补充综合措施的生产商，制定生产地手册，并在其中记述有害生物管理计划及生产方式、操作方法等相关信息。如果确信采用该综合措施能够达到进口国的进口植物卫生要求，出口国 NPPOs 可以批准此生产地的特定植物，向特定目的地国家出口。

下列各项是生产商需要备案的文档要件和措施实施要件，也是出口国 NPPOs 需要审核的内容。

2.2.1.1 生产地手册

生产地手册应该记述各项要求、要件、程序、操作方法等全部内容，这些构成了栽培植物有害生物风险管理措施。手册由生产商制定、实施和维护，但需要得到出口国[①] NPPOs 的批准。手册或其中的部分内容，应该针对特定的植物或特定的目的地。如果手册需要修订，应该重新向出口国 NPPOs 提交，并获得批准。

生产地手册可能包括以下要件。

—— 组织机构及相关人员职责记述，包括指派生产地技术负责人的姓名和植物保护专家姓名（见第 2.2.1.3 项）（其中之一可以作为 NPPOs 与生产商之间联络点的联系人，并应该在发现进口国的规定有害生物时，向出口国 NPPOs 通报）。

—— 生产地最新平面图及其记述，并记录何种栽培植物在何时、何地、如何生产、处理、储存以及准备怎样从生产地运输等内容（包括植物种类，植物材料源及类型如切穗、试管苗、裸根植物等）。

—— 有害生物管理计划（见第 2.2.1.2 项）。

---

① 如果质量管理体系文件有效，也可以提交给 NPPOs，供参考用。

—— 对在生产地的发运点和收货点情况的记述。
—— 对输入植物材料的管理程序，包括确保输入材料与现有材料的隔离程序。
—— 对转包及批准程序的记述。
—— 对保存繁殖材料源及原产地证据的文件程序记述。
—— 对怎样开展内审工作的记述，包括内审频率及负责人。
—— 在进口国发现规定有害生物后，向出口国 NPPOs 的通报程序。
—— 如果发现不符合情况，在可能的情况下，召回植物的程序。
—— 来宾访问程序。

2.2.1.2 有害生物管理计划

有害生物管理计划，包含在生产地手册中，应该记述出口国 NPPOs 的批准程序或过程，其目的在于防止有害生物的侵染，或对有害生物进行防治。其中包括针对每种植物及植物材料类型的进口植物卫生要求的记述。附件 2 表 2，提供了有害生物有效管理措施实例。NPPOs 可能要求针对不同的栽培植物和与之相关的有害生物，采取不同措施。这里列举的措施，常常应用于与栽培植物相关的重大有害生物。

有害生物风险管理计划应该包括以下要件。

—— 环境卫生及人员保健卫生—防止有害生物传入到生产地，最大限度地降低有害生物在生产地的扩散，如：
· 定期清除受侵染的植物及植物残体。
· 对工具和设备进行消毒处理。
· 清除杂草及非作物植物材料。
· 对水进行处理。
· 对地表水进行管理。
· 个人卫生（如洗手、洗脚、穿戴包裹严实、穿围裙）。
· 限制人员进入。
· 使用包装材料和包装设备的常规程序。

—— 有害生物防治—作物保护用品，防止或处理有害生物的程序和措施如下：
· 物理屏障（如纱网、双层门）。
· 对栽培介质和培养容器进行消毒处理。
· 使用作物保护用品（化学药品、生物制品）。
· 处置受侵染植物。
· 对有害生物及其媒介进行大规模诱捕。
· 气候调节。
· 热水或热处理。
· 用其他证明可以控制相关有害生物的方法进行处理。

—— 对输入植物材料进行控制—对输入植物材料进行风险管理的方法和文件记录如下：
· 确保进入生产地的所有栽培植物不带进口国的规定有害生物、其可能的媒介生物，基本不带其他有害生物的措施。
· 如果监测到有害生物或其可能的媒介生物，应该遵循的程序。
· 记录保存，包括检查人员的姓名、检查日期、有害生物（包括可能的媒介生物）、损害或为害状、采取的纠偏行动。

—— 对植物材料（见第 2.2.1.5 项）和生产点进行检查—在生产地对所有植物材料进行检查（感官检验、取样、检测、诱捕）的方法、频率和强度，包括对有害生物鉴定实验室和鉴定方法的详细记录。

—— 出口前对植物材料的检查—对准备出口的待检植物的检查方法、频率和强度。
—— 对受侵染植物的确认和管理记录如下：
- 受侵染植物是怎样被确认和处理的。
- 确保不符合进口国进口植物卫生要求则不能出口的措施。
- 为了防止有害生物群集和扩散而对所清除的植物材料的处置情况。
—— 保存使用作物保护用品和其他有害生物管理措施的记录。

2.2.1.3 植物保护专家

出口国NPPOs应该要求生产商，在实施有害生物高风险情况下的综合措施时，任用在有害生物鉴定和防治领域的知名专家，以确保按生产地手册，使卫生措施、有害生物监测和防治工作，得以贯彻落实。植物保护专家可以在需要进行有害生物鉴定时，充当诊断专家联系人。

2.2.1.4 人员培训

人员应该得到培训，以便监测有害生物，特别进口国的规定有害生物，并按正式报告体系，通报有害生物发生信息。还要开展对植物材料管理方法的培训，以降低有害生物风险。

2.2.1.5 植物材料检验

生产的所有植物材料（包括用于国内市场和其他生产点的植物），都应该由指定人员按正规时间表和规定方法进行检查，以确认是否有有害生物发生；必要时，要采取纠偏行动。

2.2.1.6 包装及运输

涉及包装和运输时，需要考虑以下事宜：
—— 植物材料应该正确包装，以防止有害生物侵染。
—— 包装材料应该清洁、不带有害生物，符合进口植物卫生要求。
—— 在生产地装运植物材料的运输工具，应该进行检查，必要时，在装运前进行清洁处理。
—— 货物每个批次都应该确认清楚，以便能追溯到生产地。

2.2.1.7 内审

应该开展内审，以确保生产商遵守手册中规定的程序。内审应该集中于对手册及其执行情况的审查，看其是否符合进出口国NPPOs的要求。比如，内审时可能会就人员对有害生物的鉴定资质和防治能力、承担任务、履行职责，以及记录是否保存完整、可否追溯到植物材料原产地、标签等进行评估。

内审应该由独立于直接负责该审查活动之外的人员实施。审查的结果不符合情况（见第2.3项和附件2），应该进行记录并向生产商提出，以便进行复审。涉及不符合情况的纠偏行动，应该立即、有效开展，并记录在案。

如果在评审中确认了严重不符合情况（见第2.3项），生产商或评审员应该立即以书面形式向出口国NPPOs通报，以确保受侵染的栽培植物不会从生产地出口，直到所有严重不符合项得到纠正为止。出口国NPPOs应该监督生产商，立即采取纠偏行动。

2.2.1.8 记录

应该保存最新纪录，并提供给出口国NPPOs，如果适当，也可以提供给进口国NPPOs。生产地手册，应该明确规定每个人在保存各种记录中的责任，明确记录保存的场所与方法。记录保存事宜，应该由出口国NPPOs决定。记录内容应该包括：日期、执行该任务或制定文件人员的姓名及签字。下面是一个记录实例，其必要内容包括：
—— 植物卫生证书和其他信息（如发票），以证明输入植物材料的原产地及其植物卫生状况。
—— 对输入植物材料的检查结果。
—— 审核结果。
—— 在生产过程的检验结果，包括有害生物、发现的为害情况及症状、所采取的纠偏行动。
—— 对防止或防治有害生物（扩散）的有害生物管理措施（包括应用方法、所用产品、剂量、应用日期，以及如果可行，其应用期限）记录。
—— 对输出植物的检验记录，包括该出口材料的类型、数量及进口国名称。
—— 生产商出口植物材料的植物卫生证书副本。
—— 对已确认的不符合情况及所采取纠偏行动或预防行动记录。
—— 人员负责实施有害生物管理措施的记录。
—— 人员培训及资质记录。
—— 内审报告格式和内审项目清单格式副本。
—— 对生产地栽培植物前后追溯所必须保存的记录。

2.3 不符合生产地要求

不符合（Non-conformity）情况，是指按出口国NPPOs制定的综合措施，在对产品或程序实施时出现的任何失败情况。

出口国NPPOs应该区分下列两种不同不符合情况，重视其严重性：
—— 严重不符合情况，危及到生产地实施的综合措施的有效性，或增加对栽培植物的侵染风险。
—— 非严重不符合情况，不会立即危及在生产地实施的综合措施或增加对栽培植物的侵染风险。

非严重不符合情况，可以通过在出口国NPPOs开展内审和外审时发现，也可以通过对植物材料的检验来发现。

如果出口国NPPOs发现下列情况，应该收回对生产地（或其他部分）的批准，并立即暂停出口：
—— 发现严重不符合情况。
—— 反复发现非严重不符合情况。
—— 发现多起非严重不符合情况。
—— 发现生产商没有在规定时间内开展必需的纠偏行动。
—— 收到进口国有害生物截获通报。

一旦采取了纠偏行动，且在出口国NPPOs审核证明该不符合情况得到纠正之后，应该恢复（出口）。

根据纠偏行动，可能需要对这些要求做出修改，并采取措施防止再次出现失败情况。

附件2列举了不符合情况实例。

3 出口国NPPO的职责

出口国NPPOs负责以下工作：
—— 向生产商传达进口国的要求。
—— 编制综合措施要求。
—— 批准欲参与实施综合措施的生产地。
—— 对已批准的生产地进行监督。
—— 开展植物卫生认证，证明在所批准生产地生产的栽培植物全部符合进口植物卫生要求。
—— 按要求向进口国NPPOs提供其制定的综合措施信息。
—— 如果适当，按第4.1项规定，就进口国NPPOs的来访和审核事宜，给予批准并提供方便。
—— 按ISPM 17:2002规定，向进口国NPPOs提供相关有害生物暴发的适当信息。

3.1 制定综合措施

在编制综合措施时，出口国NPPOs应该规定生产商需要达到的要求，明确提出进口国的要求。此外，对生产商的文件和沟通要求，也要作出规定。

3.2 批准生产地

符合一般综合措施的生产地批准要求，已在第2.1.1项做了规定。

对于寻求实施高风险条件下补充综合措施的生产地，其批准要求在第2.2.1中已做出规定，且应该根据：
—— 对生产地初始文件的审核（包括生产地手册审核），以证实符合批准要求，该要求是根据产品生产中的有害生物风险因素制定的。
—— 对实施情况审核，以证明：
· 该生产商遵守了该生产地手册中规定的议定书、程序和标准。
· 所必需的支持性文件充分、通用且已为人员所使用。
· 记录和文件适当且妥善保存。
· 已开展内审和纠偏行动。
· 生产商足以保证任何有害生物问题都能够得到确认，并采取适当行动，从而确保只有符合进口植物卫生要求的植物出口。
· 在生产地生产的所有植物材料全部没有检疫性有害生物，或者 NPPOs 定期通报检疫性有害生物的侵染情况，采取了适当措施，证明有害生物被根除。
—— 根据需要制定达到规定非检疫性有害生物允许量水平标准的程序。

在全面完成对文件和实施情况的审核后，出口国 NPPOs 就可以针对特定国家和特定产品出口的生产地，予以批准。

3.3 监督已批准的生产地

出口国 NPPOs 批准生产地之后，应该对这些获得批准的生产地，特别是要通过对其生产和操作体系的监控或审核，进行监督。至于监控或审核频率和时间，应该视有害生物风险、进口植物卫生要求以及生产商的符合记录情况而定。监控或审核应该包括检查，如果可行，还包括对栽培植物的检验（测），以及对落实相关综合措施文件和实际管理情况的验证。

3.4 出口检查与签发植物卫生证书

实施综合措施，可以减少 NPPOs 在植物生长期的检查，减少对出口栽培植物货物的检查频率和强度。如果符合 ISPM 12:2011 的规定，就可以签发植物卫生证书。

3.5 提供信息

出口国 NPPOs，应该向进口国 NPPOs 提供关于综合措施应用情况的信息。

4 进口国 NPPO 的职责

进口国 NPPOs 负责制定技术合理的进口植物卫生要求，并进行交流沟通。为此，进口国 NPPOs 应该在进口之前，考虑到影响有害生物风险，特别是与栽培植物相关（参见附录1）的有害生物风险的各种因素。进口植物卫生要求应该与已确认的有害生物风险相一致。

进口国 NPPOs 应该就进口时或其后发现的任何违规（Non-compliance）情况（见 ISPM 13:2001），向出口国 NPPOs 进行通报。

进口国 NPPOs 也可以对出口国提交的生产地批准体系进行复审，在适当时，开展审核工作。进口国 NPPOs 应该将复审、监控和审核结果，向出口国 NPPOs 进行反馈。

4.1 审核

进口国 NPPOs 可以要求出口国 NPPOs，提供由生产商或出口国 NPPOs 开展审核的审核报告。还可以要求对出口国编制的综合措施进行审核。该审核，包括文件复审，对按综合措施要求生产的植物的检查和检验（测）；如果适当，开展对实施综合措施情况的现场审核（见 ISPM 20:2004），或者参观特定地点，但这有正当根据，比如出现（ISPM 13:2001）违规情况，需要进行现场审核。

本附录属于标准规定内容。

附录1 影响栽培植物有害生物风险的因素

影响有害生物风险与植物相关的因素

最先考虑与植物相关的有害生物风险因素是植物的种、品种和原产区。如果给定了植物物种，则有害生物风险的高低就与其植物材料的类型有关。下面给出了有害生物风险从高到低的排列顺序（一般认为这些风险会因特定环境的变化而发生变化）：

（1）分生组织培养苗。
（2）试管苗。
（3）芽条/枝条。
（4）去根切条。
（5）带根切条。
（6）根段、切根、枝根或根茎。
（7）鳞茎和块茎。
（8）裸根植物。
（9）盆栽带根植物。

此外，有害生物风险会随着植物年龄的增长而增加，这是因为植物越老，它暴露给潜在有害生物的时间就越长。

影响有害生物风险与生产有关的因素

栽培植物的生产方式，会影响有害生物风险水平。这些因素包括：

（1）栽培介质。
（2）灌溉方式及水源。
（3）栽培环境。
（4）不同植物混栽。

通常，用土壤作栽培介质，可能会比无土介质引起更高的有害生物风险，这是因为土壤可以携带土传有害生物（如微生物、节肢动物、线虫）。通过消毒、灭菌或其他有效处理方法对栽培介质进行处理，可以控制某些有害生物风险。

水源和灌溉水的质量可能会影响有害生物风险。这是因为一些有害生物是通过水进行传播的，所以地表水可能比经过处理的水所携带有害生物风险要高。同样，灌溉方式可能产生适宜于有害生物发育或扩散的小气候或环境条件（如喷灌比滴灌风险高）。

下面列举栽培环境可能影响有害生物风险的例子，风险由低到高排列：

（1）栽培箱。
（2）温室。
（3）网室。
（4）田间容器栽培（如罐栽、盆栽）。
（5）田间栽培。
（6）从野外收集植物。

上面所列举的诸如用栽培箱、温室和网室栽培与田间栽培相比，其能够更好地控制植物材料，更好地排除有害生物。植物栽培在培养箱中，介质经过消毒处理，或者栽培在薄膜上，就能防止土传有害生物。田间栽培作物，通常需要采用栽培或化学方法，对有害生物进行防治。在野外收集的植物，通常无法防止有害生物，因此其携带有害生物的风险高。同样，水生植物，不管带有或不带培养基，都会有传播有害生物的特殊风险。从生产体系上讲，可能无法按上述方法归类，且可能由几种栽培环境构成（如将收集来的野生植物，先移栽到培养容器中，再在田间栽培，然后才出口）。认证计划要求综合考虑这些因素，且要提供特殊安全措施。

影响有害生物风险的预期用途

按 ISPM 32:2009 的商品归类，栽培植物属于有害生物高风险类商品。不同预期用途，包括该植物为一年生还是多年生，种植在室内还是在室外，种植在城区、大田还是在苗圃里，都会影响有害生物风险。

本附件仅作参考，不属于标准规定内容。

附件1 在生产地减少有害生物风险的有害生物风险管理措施实例

表1 用于生产地降低栽培植物有害生物风险的措施，按有害生物类群归类

（有害生物类群可以重叠，如第一类与第三类，可能需要采取各种措施来充分应对有害生物风险）

	有害生物群	有效措施
1	引起潜在侵染、可通过栽培植物传播、无为害迹象或症状的有害生物类	—— 取自经检测不带相关有害生物的母本植物； —— 与侵染源隔离［如建立缓冲区或地理隔离与其他植物隔开，用温室或聚隧道隔离，在时间上（如生长季节）与侵染源隔离（时间隔离）］； —— 对植物样品进行检测，无有害生物； —— 按规定认证计划生产，或实施洁净核遗传材料计划，从而控制相关有害生物； —— 采用指示植物； —— 用组培苗（包括分生组织顶端培养苗）生产，从而消除病原体
2	在栽培季节有可见发育阶段、有明显为害症状的有害生物类	—— 在生长季节检查，无有害生物或为害症状（在一定的时间间隔如出口前三个月每月一次、或者在不同生长时期进行检查）； —— 在生长季节对母本植物进行检查； —— 收获后检查，确定是否符合规定的有害生物容许量水平标准（如因真菌或细菌引起的鳞茎腐烂允许量水平）； —— 用杀虫剂处理； —— 确保症状表现的适宜条件； —— 按特定认证计划或洁净核遗传材料计划生产，从而控制相关有害生物
3	通过接触传播的有害生物类	—— 防止与侵染源（如其他植物）的接触； —— 在不同批/批次之间对修剪工具及设备进行卫生处理； —— 编制生产地活动计划，首先针对健康卫生要求高的植物； —— 在隔离场所使用专用的衣服和设施（如网室）； —— 用杀虫剂处理； —— 与侵染源隔离（如建立缓冲区或地理隔离与其他植物隔开，用温室或聚隧道隔离，时间隔离）
4	通过媒介传播的有害生物类	—— 与侵染源隔离（如建立缓冲区或地理隔离与其他植物隔开，用温室或聚隧道隔离，时间隔离）； —— 种植前对土壤检测，确保无土传有害生物或媒介，或者保证符合其容许量水平标准； —— 用杀虫剂处理控制有害生物媒介（如蚜虫）
5	通过风传播的有害生物类	—— 与侵染源隔离（如建立缓冲区或地理隔离与其他植物隔开，用温室或聚隧道隔离，时间隔离）； —— 使用杀虫剂
6	通过水传播的有害生物类	—— 使用无污染水源，不带有害生物； —— 灌溉水在使用或再利用前进行消毒或灭菌处理； —— 与侵染源隔离（如建立缓冲区或地理隔离与其他植物隔开，用温室或聚隧道隔离，时间隔离）
7	能够在植物上繁殖的土传有害生物类	—— 与侵染源隔离（如建立缓冲区或地理隔离与其他植物隔开，用温室或聚隧道隔离，时间隔离）； —— 取自经检测不带相关有害生物的母本植物； —— 按规定认证计划生产，或实施洁净核遗传材料计划，从而控制相关有害生物； —— 对样品进行检测，无有害生物； —— 种植前对土壤进行处理，或经检测无真菌、线虫及线虫传播的病毒； —— 使用无土栽培介质

(续表)

	有害生物群	有效措施
8	在栽培介质中附着于植物上的土传有害生物类	—— 使用前对栽培介质进行消毒处理； —— 使用惰性栽培介质； —— 使用无土栽培介质； —— 与侵染源隔离，防止植物与土壤接触（如将植物放置在凸起的苗床长台上培养）； —— 出口前用杀虫剂处理（用药剂浸透或熏蒸）； —— 将根部的栽培介质清洗掉（并将其移栽于无菌容器中，培养在无菌栽培介质上）
9	在土壤中附着于植物上的土传有害生物类	—— 与侵染源隔离（如建立缓冲区或地理隔离与其他植物隔开，用温室或聚隧道隔离，时间隔离）； —— 栽培前对土壤进行处理，使之不带有害生物（特别是线虫和真菌）； —— 出口前用杀虫剂进行处理（如用药剂浸透或熏蒸）； —— 冲洗根部土壤（并移植在装有无菌栽培介质的无菌容器里培养）

表 2　用于生产地降低栽培植物有害生物风险的措施，按植物材料类型分类

根据有害生物风险对植物的大致分类	有害生物类	有效措施
分生组织培养苗和试管苗	病毒及类病毒、细菌、真菌、茎线虫、螨类和昆虫	—— 取自经检测不带相关有害生物的母本植物 —— 栽培在无菌介质、密封的无菌环境中 —— 检测植物样品无有害生物
芽条/枝条	细菌、病毒、真菌、昆虫和其他有害生物	见前表 1 第 1 至 7 类
去根切条	昆虫、病毒、细菌、真菌和其他有害生物	见前表 1 第 1 至 7 类 —— 用热水处理
带根切条	线虫、昆虫、病毒、细菌及其他有害生物	措施将依赖于栽培介质的其他有害生物风险。见前表 1 第 1 至 7 类
鳞茎和块茎、根段、切根、枝根或根茎	线虫、病毒、细菌、真菌、昆虫及其他有害生物	见前表 1 第 1 至 7 类 —— 用热水浸泡控制线虫
裸根植物	线虫及所有其他气生植物部分的有害生物	见前表 1 第 1 至 7 类
栽培在无土介质中的植物	线虫及所有其他气生植物部分的有害生物	见前表 1 第 1 至 8 类
土栽植物	线虫及所有其他气生植物部分的有害生物	见前表 1 第 1 至 9 类

本附件仅作参考，不属于标准规定内容。

附件 2　不符合情况实例

下面是不符合情况实例：

（1）监测到进口国关注的在生产地或来自生产地植物上的检疫性有害生物或规定非检疫性有害生物（设有容许量水平标准）。

（2）未开展必要的实验室检测或分析，或者未正确按程序鉴定有害生物。

（3）在生产地未对规定有害生物采取控制措施。

（4）未向出口国 NPPOs 通报在生产地发生的规定有害生物情况。

（5）出口了不合格的植物（类）、植物来源于未认可的原产地、或者植物不符合进口国植物卫生要求。

（6）货物随附文件中没有列全植物名称。

（7）未按生产地手册和有害生物管理计划保存完整有害生物管理记录。

（8）未完整保存植物材料的原产国记录。

（9）未在规定的时间内开展预定的纠偏行动。

（10）未按要求开展内审。

（11）未任用培训合格的人员、任命负责人或植物保护专家从事本工作。

（12）对生产地手册或有害生物管理计划进行了重大修改而未事先获得出口国 NPPOs 批准。

（13）未对输入/输出的植物材料进行检查。

（14）未能将经检验的出口栽培植物与未经检验的其他植物材料隔离。

（15）未维持有效的有害生物管理计划。

（16）未保持生产地环境卫生管理习惯。

（17）未定期对人员提供相关培训。

（18）未保存对落实生产地手册的所有人员的最新名单和培训记录。

（19）未始终如一地签署报告或记录，未注明日期。

（20）未记录生产的相关植物种类变化情况、其在生产地的所在场所、欲出口的植物材料等。

（21）未监测记录有害生物低流行种群情况。

（22）在对生产地手册中规定的管理措施进行变更后，未向出口国 NPPO 通报。